教育部高等学校材料类专业教学指导委员会规划教材

冶金工业出版社

普通高等教育“十四五”规划教材

冶金原理

主　编　安胜利

副主编　王艺慈　柴轶凡

参　编　张　婧　邓永春　张福顺

扫码看本书

数字资源

北　京

冶 金 工 业 出 版 社

2024

内 容 提 要

本书是根据全日制普通高等学校冶金工程专业培养方案的要求编写的，作为冶金工程专业基础课“冶金原理”的教材，将钢铁冶金原理和有色冶金原理有机结合，系统论述。全书共5章，包括冶金过程热力学基础、冶金过程动力学基础、钢铁冶金过程应用案例、有色冶金过程应用案例、稀土冶金过程应用案例。本书既包含了冶金基础理论，又侧重于理论在冶金过程中的应用，理论联系实际，突出实用性。

本书可作为高等院校冶金工程专业和相近专业本科生的专业基础课教材，也可作为冶金工程、化学工程、材料科学与工程等相关专业研究生、科研及工程技术人员的参考书。

图书在版编目(CIP)数据

冶金原理 / 安胜利主编 . -- 北京 : 冶金工业出版社，2024. 8. --（普通高等教育“十四五”规划教材）.

ISBN 978-7-5024-9890-0

Ⅰ. TF01

中国国家版本馆 CIP 数据核字第 2024X9F580 号

冶金原理

出版发行 冶金工业出版社　**电　话** (010)64027926
地　址 北京市东城区嵩祝院北巷39号　**邮　编** 100009
网　址 www. mip1953. com　**电子信箱** service@ mip1953. com

责任编辑 杨 敏 美术编辑 吕欣童 版式设计 郑小利
责任校对 王永欣 责任印制 窦 唯
北京建宏印刷有限公司印刷
2024年8月第1版，2024年8月第1次印刷
787mm×1092mm 1/16；25. 75 印张；627 千字；404 页
定价 62. 00 元

投稿电话 (010)64027932 投稿信箱 tougao@cnmip. com. cn
营销中心电话 (010)64044283
冶金工业出版社天猫旗舰店 yjgycbs. tmall. com
（本书如有印装质量问题，本社营销中心负责退换）

前　言

“冶金原理”是冶金工程专业一门重要的专业基础课程。根据工程教育认证对本科教学的要求，将原“钢铁冶金原理”和“有色冶金原理”两门课程整合为一门“冶金原理”课程，故在教学内容上需要打破钢铁冶金和有色金属冶金工艺技术和理论体系的界限，凝练不同工艺过程的共同理论基础，同时增加了地区特色的“稀土冶金理论”教学内容，课程教学内容的改革与调整需要编写与之相适应的新教材。

本书根据冶金工程专业（本科）“冶金原理”课程教学大纲的要求和教育部高等学校材料类专业教学指导委员会规划教材出版计划编写，主要阐述冶金过程的物理化学基础及其在各工艺过程中的应用；全书共分为5章，第1章为冶金过程热力学基础、第2章为冶金过程动力学基础、第3章为钢铁冶金过程应用案例、第4章为有色冶金过程应用案例、第5章为稀土冶金过程应用案例。本书侧重“冶金过程热力学基础”和“冶金过程动力学基础”理论在冶金过程中的应用案例教学，实践性较强，并涵盖了地区特色的“稀土冶金”基础理论，其中“钢铁冶金原理”内容已在冶金工程专业二十余届学生中使用，并在教学中不断完善，理论充分，且兼顾了本科学生考研深造的需要。书中部分教学资源作为拓展学习内容，学生可根据自身基础、兴趣、考研等情况通过扫描二维码的方式进行选择性自主学习。

本书由内蒙古科技大学“冶金原理”课程教学团队安胜利、王艺慈、柴轶凡、张婧、邓永春、张福顺六位教师共同编写，全书由安胜利教授主编，罗果萍教授、彭军教授审校。初稿完成后，采用邀请专家单独审稿与会议讨论的形式对书稿内容进行了审定，参加审定会的有东北大学沈峰满教授、重庆科技大学朱光俊教授、北京科技大学闫柏军教授、中南大学周秋生教授、武汉科技大学高运明教授、华北理工大学李俊国教授、安徽工业大学岳强教授等，感谢他们提出的宝贵意见。内蒙古科技大学校领导及教务处、材料与冶金学院、稀土产业学院等对本书的编写工作给予了大力关注与支持，在此一并表示衷心感谢。

由于编者水平所限，书中不足之处，敬请同行专家及广大读者批评指正。

编　者
2024年1月

目　　录

绪　　言

冶金学是一门研究从矿石中提取金属，以及金属材料制备、加工和应用的科学。它涉及到对矿石、燃料、水等资源的开采、加工、冶炼和制造金属材料的过程，以及这些材料在人类社会中的使用和回收等环节。冶金学的研究范围广泛，包括各种金属及其合金的物理、化学和力学性能，以及各种冶金工艺和技术的研究和应用。纵观冶金发展史，三四千年以前人们就已经开始从矿石中提取铜、铁等金属，并逐渐掌握了不同的冶金技术和工艺。随着科学技术的发展，冶金学也不断地进步和完善。现代冶金学已经发展成为一门高度专业化的学科，研究领域涵盖了采矿、选矿、冶炼、铸造、轧制、焊接等多个方面。同时，冶金学也与材料科学、物理学、化学等学科密切相关，不断推动着新材料、新技术和新工艺的研发和应用技术的进步。

冶金原理是研究金属提取和制备过程中物理和化学现象的基础学科。它主要关注的是金属矿石的分解、金属的还原、合金的制备等过程中的物理化学原理和变化。冶金原理为冶金学提供了理论指导和技术支持，是冶金学发展的重要支柱。冶金原理起源于古代冶金学，随着冶金学的发展而逐渐发展完善。在现代，冶金原理已经成为一个相对独立的学科，其理论和技术在冶金学中得到了广泛应用。近年来，随着新材料、新能源等领域的快速发展，冶金原理也在不断创新和发展，为现代工业发展提供了重要的基础理论支撑。

冶金原理是冶金学的重要基础学科之一，它为冶金学的各个领域提供了理论依据和基本方法。在金属提取和制备过程中，其研究成果可以指导冶炼工艺的设计和优化，提高金属回收率和产品质量。同时也为新材料、新能源等领域的技术开发提供了重要的理论支持。

冶金原理涉及热力学、动力学和电化学等多个领域，其基本概念和方法包括化学反应的热力学分析、化学反应的动力学分析、电化学反应的原理和应用等。这些概念和方法在冶金过程中具有重要的应用价值，可以帮助我们深入理解金属提取和制备过程中的物理和化学变化。

冶金原理研究的内容在金属提取和制备过程中有着广泛的应用。例如，在钢铁冶炼中，可以指导高炉炼铁、转炉炼钢等工艺的设计和优化；在有色金属冶炼中，可用于电解提取、热分解、萃取等方法的研究和应用。此外，冶金原理还在资源高效利用、节能减排、新能源材料与器件研发等方面发挥着重要作用。

随着科学技术的不断进步和社会需求的不断提高，冶金原理将迎来新的发展机遇和挑战。未来，冶金原理将更加注重基础理论的研究和创新，推动新材料的研发、新能源的开发以及资源的高效利用。同时，冶金原理也将更加注重跨学科的协同和应用，与其他学科的交叉融合将成为推动冶金原理发展的重要途径。

1 冶金过程热力学基础

冶金过程是多相体系复杂的物理化学过程。利用热力学原理可以计算和分析冶金反应过程的热力学函数变化，根据反应条件和热力学函数变化判断反应进行的方向和限度。这就是研究冶金过程热力学的主要任务。

1.1 化学反应的热效应及吉布斯自由能变化

1.1.1 热力学函数

1.1.1.1 焓

一个体系的焓可以定义为：

$$H = U + pV \tag{1-1-1}$$

式中 H——焓（或称为热焓）；

U——内能，即体系内质点所具有的总能量，包括动能和质点间相互作用能；

p，V——分别为体系的压力和体积。

焓是状态函数。若一个体系在恒压下由一个状态变化为另一个状态时，体系所吸收或放出的热量为 q_p，则：

$$q_p = \Delta H = H_2 - H_1 \tag{1-1-2}$$

式中，H_1和 H_2分别为初始状态和终了状态的焓。这个过程所吸收或放出的热量 q_p称为该过程的热效应。

1.1.1.2 熵

若有一个可逆过程，由初始状态变到终了状态，设 S_1和 S_2分别为初始状态和终了状态的熵，则该过程的熵变为：

$$\Delta S = S_2 - S_1 = q_{可逆}/T \tag{1-1-3}$$

式中 $q_{可逆}/T$——该可逆过程的热温熵。

对于可逆过程：

$$\mathrm{d}S = \frac{\delta q_{可逆}}{T}$$

对于不可逆过程（也称自发过程）：

$$\mathrm{d}S > \frac{\delta q_{可逆}}{T}$$

熵也是体系的状态函数，体系中质点排列的状态数越多，越混乱，熵值（S）越大，自发过程总是向着熵增大的方向进行。

1.1.1.3 吉布斯自由能

由热力学第一定律和第二定律得出：

$$dW \leqslant TdS - dU \tag{1-1-4}$$

两边减去 pdV 得：

$$dW - pdV \leqslant TdS - dU - pdV \tag{1-1-5}$$

设：

$$G = H - TS \tag{1-1-6}$$

式中 G——吉布斯自由能（Gibbs free energy），它由系统的状态函数 H、T、S 组成，因此 G 也是状态函数；

dW——该过程体系所作的功，包括膨胀功和非膨胀功两部分。

则由式（1-1-5）得：

$$dW' \leqslant -dG \tag{1-1-7}$$

式中 dW'——该过程体系所作的非膨胀功。

由式（1-1-7）知，过程可逆时，体系所作的非膨胀功等于体系吉布斯自由能的减小；而过程不可逆时，体系所作的非膨胀功小于体系吉布斯自由能的减小。对于不作非膨胀功的恒温恒压过程则有：

$$dG \leqslant 0 \tag{1-1-8}$$

或

$$\Delta G \leqslant 0 \tag{1-1-9}$$

即对于不作非膨胀功的恒温恒压过程，如果体系的吉布斯自由能减小，则过程不可逆，过程自发进行；如果吉布斯自由能变化为零，则过程可逆，过程达到平衡。

1.1.2 热力学函数之间的关系

根据 U、H、S、G 的定义及其状态函数性质可得出热力学函数之间的关系如表 1-1-1 所示。

表 1-1-1 热力学函数之间的基本关系式

热力学函数	自然变量全微分	一次导数	麦克斯威尔关系式
U	S, V $dU = TdS - pdV$	$(\partial U/\partial S)_V = T$ $(\partial U/\partial V)_S = -p$	$(\partial T/\partial U)_S = -(\partial p/\partial S)_V$
$H = U + pV$	S, p $dH = TdS + Vdp$	$(\partial H/\partial S)_p = T$ $(\partial H/\partial p)_S = V$	$(\partial T/\partial p)_S = (\partial V/\partial S)_p$
$A = U - TS$	T, V $dA = -SdT - pdV$	$(\partial A/\partial T)_p = -S$ $(\partial A/\partial V)_S = -p$	$(\partial S/\partial V)_T = (\partial p/\partial T)_V$
$G = H - TS = A + pV$	T, p $dG = -SdT + Vdp$	$(\partial G/\partial p)_T = V$ $(\partial G/\partial T)_p = -S$	$(\partial S/\partial p)_T = -(\partial V/\partial T)_p$

根据热力学函数之间的关系可以得出体系是否处于热力学平衡状态的判据。在不同条件下应用不同的平衡判据，这些判据列于表 1-1-2 中。

表 1-1-2　热力学平衡判据

判据	特定条件	判据表达式	
		只作膨胀功	作其他功
熵判据	U，V 恒定	$dS_{U,V} \geqslant 0$	$dS_{U,V} \geqslant \delta W/T_{环}$
焓判据	S，p 恒定	$dH_{S,p} \leqslant 0$	$dH_{S,p} \leqslant -\delta W$
内能判据	S，V 恒定	$dU_{S,V} \leqslant 0$	$dU_{S,V} \leqslant -\delta W$
吉布斯自由能判据	T，p 恒定	$dG_{T,p} \geqslant 0$	$dG_{T,p} \leqslant -\delta W$

注：$T_{环}$为环境温度；δW 为功。

1.1.3　热效应计算

热效应计算主要包括物理过程中热效应的计算和化学反应热效应的计算。

1.1.3.1　物理过程中热效应的计算

纯物质的加热或冷却过程是一个物理过程，其焓变可以用 Kirchoff 公式计算。在恒压下，加热某纯物质由 T_1到 T_2时有以下关系：

$$dH/dT = c_p \tag{1-1-10}$$

$$\Delta H = \int_{T_1}^{T_2} c_p dT \tag{1-1-11}$$

式中　c_p——该物质的比定压热容，表示物质温度升高 1 ℃所吸收的热量，J/(g·K)，c_p 可以表示为温度的函数，即 $c_p = f(T)$。

若物质在升降温过程中存在相变，由于相变是在恒温下进行的过程，相变时伴随着吸热或放热，设相变热为 ΔH_t，则升温过程的热效应为：

$$\Delta H = \int_{T_1}^{T_2} c_{p(1)} dT + \Delta H_t + \int_{T_1}^{T_2} c_{p(2)} dT \tag{1-1-12}$$

式中　$c_{p(1)}$，$c_{p(2)}$——分别为物质相变前后两种状态下的比定压热容。

若将物质由室温的固体加热到液态及气态时，全过程的焓变为：

$$\Delta H = \int_{298}^{T_t} c_{p(s1)} dT + \Delta H_t + \int_{T_t}^{T_f} c_{p(s2)} dT + \Delta H_f + \int_{T_f}^{T_b} c_{p(l)} dT + \Delta H_b + \int_{T_b}^{T} c_{p(g)} dT \tag{1-1-13}$$

式中　ΔH_t，ΔH_f，ΔH_b——分别为相变热、熔化热、蒸发热；

T_t，T_f，T_b——分别为相变温度、熔点和沸点；

$c_{p(s1)}$，$c_{p(s2)}$，$c_{p(l)}$，$c_{p(g)}$——分别为固体 1、固体 2、液体和气体的比定压热容。

1.1.3.2　化学反应热效应计算

化学反应过程伴随着热量的吸收和放出，在恒压或恒容条件下进行的化学反应，反应物和生成物的温度相同，这时反应过程吸收和放出的热称为化学反应的热效应。

化学反应热效应可以通过盖斯定律计算，即化学反应热效应只与反应的始末状态有关，而与过程的途径无关。因此可将化学反应式当作代数方程来相加减、乘除系数。如 Fe 被氧化为 Fe_2O_3的反应

$$6Fe + 9/2O_2 = 3Fe_2O_3 \qquad \Delta H_3$$

其热效应 ΔH_3可以通过另两个步骤的热效应计算，即：

$$6Fe + 4O_2 = 2Fe_3O_4 \qquad \Delta H_1 = 2232\ kJ$$
$$+)\ 2Fe_3O_4 + 1/2O_2 = 3Fe_2O_3 \qquad \Delta H_2 = 65\ kJ$$

$$6Fe + 9/2O_2 = 3Fe_2O_3 \qquad \Delta H_3 = 2297\ kJ$$

即：$4/3Fe + O_2 = 2/3Fe_2O_3 \qquad \Delta H = 510\ kJ$

化学反应热效应也可以由反应产物与反应物的热容利用 Kirchoff 公式计算。已知反应产物和反应物的比定压热容，则可求出产物比定压热容和与反应物比定压热容和之差：

$$\Delta c_p = \sum c_{p,产物} - \sum c_{p,反应物} \tag{1-1-14}$$

设已知 T_1温度下反应的热效应为 ΔH_{T_1}，则 T 温度时的热效应为：

$$\Delta H_T = \Delta H_{T_1} + \int_{T_1}^{T} \Delta c_p \mathrm{d}T \tag{1-1-15}$$

一般情况下，ΔH_{298}可由热力学数据表查出，故式（1-1-15）可表示为：

$$\Delta H_T = \Delta H_{298} + \int_{298}^{T} \Delta c_p \mathrm{d}T \tag{1-1-16}$$

由于 c_p是温度的函数，一般情况下，热力学数据表中给出的 c_p-T 的函数式为：

$$c_p = a + bT + cT^{-2} \tag{1-1-17}$$

式中，a，b，c 为常数。则 Δc_p-T 的关系可表示为：

$$\Delta c_p = \Delta a + \Delta bT + \Delta cT^{-2} \tag{1-1-18}$$

将式（1-1-18）代入式（1-1-15），积分即可求出反应的热效应 ΔH_T。

1.1.4 化学反应的吉布斯自由能变化

1.1.4.1 化学反应的等温方程式

化学反应的吉布斯自由能变化 ΔG 可以利用产物吉布斯自由能总和与反应物吉布斯自由能总和之差计算，即

$$\Delta G = \sum G_P - \sum G_R$$

同样，在标准状态下，化学反应的 $\Delta G^\ominus$为：

$$\Delta G^\ominus = \sum (G^\ominus)_P - \sum (G^\ominus)_R$$

式中 $(G^\ominus)_P$，$(G^\ominus)_R$——分别为各产物和反应物的标准生成吉布斯自由能。

设气体物质参与的化学反应为：$aA+bB = cC+dD$

其吉布斯自由能变化为：

$$\Delta G = (cG_C + dG_D) - (aG_A + bG_B) \tag{1-1-19}$$

对于理想气体 i，由热力学可知，在恒温下吉布斯自由能为：

$$G_i = G_i^\ominus + RT\ln p_i$$

假设上述化学反应中各气体物质均为理想气体，代入各物质的吉布斯自由能得：

$$\Delta G = \Delta G^\ominus + RT\ln \frac{p_C^c \cdot p_D^d}{p_A^a \cdot p_B^b} \tag{1-1-20}$$

式（1-1-20）称为上述化学反应的等温方程式。式中 p_C、p_D、p_A、p_B分别是气体 C、D、A、B 的分压，单位为大气压。

令
$$J_p = \frac{p_C^c \cdot p_D^d}{p_A^a \cdot p_B^b}$$
称 J_p为压力商。则式（1-1-20）可写为：
$$\Delta G = \Delta G^{\ominus} + RT\ln J_p \tag{1-1-21}$$
当反应达到平衡状态时，则 $\Delta G = 0$，而参加反应的各物质的分压为平衡分压。由式（1-1-20）得：
$$\Delta G^{\ominus} = -RT\ln\left(\frac{p_C^c \cdot p_D^d}{p_A^a \cdot p_B^b}\right)_{平衡}$$
令
$$K = \left(\frac{p_C^c \cdot p_D^d}{p_A^a \cdot p_B^b}\right)_{平衡}$$
式中　K——化学反应的平衡常数，是反应产物和反应物的平衡压力商。于是得：
$$\Delta G^{\ominus} = -RT\ln K \tag{1-1-22}$$
式（1-1-22）代入式（1-1-21），可将化学反应等温方程式写为：
$$\Delta G = -RT\ln K + RT\ln J_p \tag{1-1-23}$$
若参加反应的各物质为溶液中的组元，则溶液中组元 i 的偏摩尔吉布斯自由能：
$$\overline{G_i} = G_i^{\ominus} + RT\ln a_i$$
代入式（1-1-19）中可得出含有溶液参加的化学反应的等温方程式：
$$\Delta G = \Delta G^{\ominus} + RT\ln\frac{a_C^c \cdot a_D^d}{a_A^a \cdot a_B^b}$$
或
$$\Delta G = \Delta G^{\ominus} + RT\ln J_a \tag{1-1-24}$$
式中　a_A，a_B，a_C，a_D——分别为参加反应的物质 A、B、C、D 的活度；

J_a——活度商，$J_a = \frac{a_C^c \cdot a_D^d}{a_A^a \cdot a_B^b}$。

当反应处于平衡状态时，$\Delta G = 0$，于是得
$$\Delta G^{\ominus} = -RT\ln K$$
式中，$K = \left(\frac{a_C^c \cdot a_D^d}{a_A^a \cdot a_B^b}\right)_{平衡}$ 为平衡状态时的活度商，即平衡常数。

在恒温恒压下，化学反应的吉布斯自由能变化是反应进行方向和限度的判据：

当 $\Delta G<0$，即 $K>J$ 时，反应正向进行；

当 $\Delta G>0$，即 $K<J$ 时，反应逆向进行；

当 $\Delta G=0$，即 $K=J$ 时，反应达到平衡状态。

由此可知，ΔG 的正负决定了化学反应进行的方向，而 $\Delta G^{\ominus}$或平衡常数 K 决定了化学反应进行的最大限度，即化学反应达到平衡状态。由 $\Delta G^{\ominus}$或 K 可以计算反应平衡时参加反应的各物质的平衡组成。

1.1.4.2　平衡常数与温度的关系

对于一定的化学反应，$\Delta G^{\ominus}$仅与温度有关，即仅是温度的函数。由式（1-1-22）知，平衡常数也仅随温度变化，在一定温度下，K 是常数。

在恒压下，式（1-1-22）两边对 T 微分得：

$$\left(\frac{\partial \Delta G^{\ominus}}{\partial T}\right)_p = -R\ln K - RT\left(\frac{\partial \ln K}{\partial T}\right)_p$$

上式两边同时乘以 T：$T\left(\frac{\partial \Delta G^{\ominus}}{\partial T}\right)_p = -RT\ln K - RT^2\left(\frac{\partial \ln K}{\partial T}\right)_p$

$$= \Delta G^{\ominus} - RT^2\left(\frac{\partial \ln K}{\partial T}\right)_p$$

由 Gibbs-Helmholtz 方程可得：

$$\Delta G^{\ominus} = \Delta H^{\ominus} + T\left(\frac{\partial \Delta G^{\ominus}}{\partial T}\right)_p$$

代入上式得：

$$\left(\frac{\partial \ln K}{\partial T}\right)_p = \frac{\Delta H^{\ominus}}{RT^2} \quad (1\text{-}1\text{-}25)$$

式（1-1-25）表示在恒压下温度对平衡常数的影响，称为范特霍夫等压方程。由此关系可以分析讨论温度变化时，平衡常数或参加化学反应各物质平衡组成的变化。

1.1.5 化学反应的标准吉布斯自由能变化

1.1.5.1 化学反应标准吉布斯自由能变化的计算

已经知道，化学反应进行的方向可用 ΔG 来判断。而在标准状态下，可以应用 $\Delta G^{\ominus}$ 作为反应方向的判据。对于实际的化学反应（包括冶金反应），在一定条件下能否进行，对于工程工艺条件的设计是极其重要的。因此经常需要计算化学反应的 $\Delta G^{\ominus}$。$\Delta G^{\ominus}$ 根据具体条件，可以由热力学数据表中查到的物质的标准生成吉布斯自由能计算；可以利用化学反应的平衡常数计算；可以应用电化学反应的电动势计算；可以采用线性组合法计算；也可以应用自由能函数计算。下面介绍这 5 种方法。

A 由标准生成吉布斯自由能计算 $\Delta G^{\ominus}$

标准生成吉布斯自由能（$\Delta_f G_m^{\ominus}$）为标准状态下，由稳定单质生成 1 mol 物质时吉布斯自由能的变化值，单位为 kJ/mol。规定单质的 $\Delta_f G_m^{\ominus}$ 为零。

设任一化学反应式为：　　$aA + bB = cC + dD$

则该反应的 $\Delta G^{\ominus}$ 计算式为：

$$\Delta G^{\ominus} = \sum \Delta_f G^{\ominus}_{m(产物)} - \sum \Delta_f G^{\ominus}_{m(反应物)}$$
$$= (c\Delta_f G^{\ominus}_{m(C)} + d\Delta_f G^{\ominus}_{m(D)}) - (a\Delta_f G^{\ominus}_{m(A)} + b\Delta_f G^{\ominus}_{m(B)}) \quad (1\text{-}1\text{-}26)$$

【例 1-1】 试求下列反应的标准吉布斯自由能变化 $\Delta G^{\ominus}$ 及平衡常数 K 的温度关系式。

$$TiO_2(s) + 3C(石墨) = TiC(s) + 2CO(g)$$

解：由热力学数据表可查出各化合物的标准生成吉布斯自由能：

$$\Delta_f G^{\ominus}_{m(TiC,s)} = -184800 + 12.55T \quad (J/mol)$$
$$\Delta_f G^{\ominus}_{m(CO,g)} = -114400 - 85.77T \quad (J/mol)$$
$$\Delta_f G^{\ominus}_{m(TiO_2,s)} = -941000 + 177.57T \quad (J/mol)$$

则：$\Delta G^{\ominus} = 2\Delta_f G^{\ominus}_{m(CO,g)} + \Delta_f G^{\ominus}_{m(TiC,s)} - \Delta_f G^{\ominus}_{m(TiO_2,s)}$

$$= 2 \times (-114400 - 85.77T) + (-184800 + 12.55T) - (-941000 + 177.57T)$$
$$= 527400 - 336.56T \quad (\text{J/mol})$$

因为：$\Delta G^{\ominus} = -RT\ln K = -19.147T\lg K$

故：$\lg K = -\dfrac{\Delta G^{\ominus}}{19.147T} = -\dfrac{527400 - 336.56T}{19.147T} = -\dfrac{27545}{T} + 17.58 \quad (\text{J/mol})$

B　由化学反应的平衡常数计算 $\Delta G^{\ominus}$

平衡常数 K 与温度 T 存在如下关系：

$$\ln K = \frac{A}{T} + B \tag{1-1-27}$$

式中　A，B——常数，由试验测定。

若以不同温度下测得的反应的平衡常数 K 计算 $\ln K$，并对该温度的倒数 $1/T$ 作图，可得一直线关系，而由直线的斜率和截距可分别得出较大温度范围内的常数 A 及 B，从而可得该反应的 $\ln K$ 及 $\Delta G^{\ominus}$ 与温度的关系式：

$$\Delta G^{\ominus} = -RT\ln K = -RT\left(\frac{A}{T} + B\right) = -RA - RBT \quad (\text{J/mol}) \tag{1-1-28}$$

【例 1-2】 在不同温度下测得碳酸钙分解反应 $CaCO_3(s) = CaO(s) + CO_2$ 的平衡常数如表1-1-3所示，试用图解法及回归分析法计算反应平衡常数的温度式和 $\Delta G^{\ominus}$ 的温度式。

表 1-1-3　碳酸钙在不同温度下的平衡常数 *K*

温度/℃	800	820	840	860	880
K	0.158	0.220	0.315	0.435	0.690

解：利用式（1-1-27）的关系，可由各温度下测定的反应平衡常数的 $\lg K$ 对 $1/T$ 作图，由所作直线的参数得到平衡常数对数的温度关系式。计算数值如表 1-1-4 所示。

表 1-1-4　计算的数值表

温度/℃	800	820	840	860	880
T/K	1073	1093	1113	1133	1153
$\frac{1}{T}$	9.32×10^{-4}	9.15×10^{-4}	8.98×10^{-4}	8.83×10^{-4}	8.67×10^{-4}
$\lg K$	−0.80	−0.66	−0.50	−0.36	−0.16

由表 1-1-4 的数值作“$\lg K$-$\frac{1}{T}$”的关系，如图 1-1-1 所示。直线的斜率为：

$$A = \frac{(-0.80) - (-0.16)}{(9.32 - 8.67) \times 10^{-4}} = -9846$$

$$\lg K = \frac{A}{T} + B = -\frac{9846}{T} + B$$

将各温度下的 $\lg K$ 与 $1/T$ 代入上式求得 B 值，计算平均值 $\overline{B} = 8.36$。

则：

$$\lg K = -\frac{9846}{T} + 8.36$$

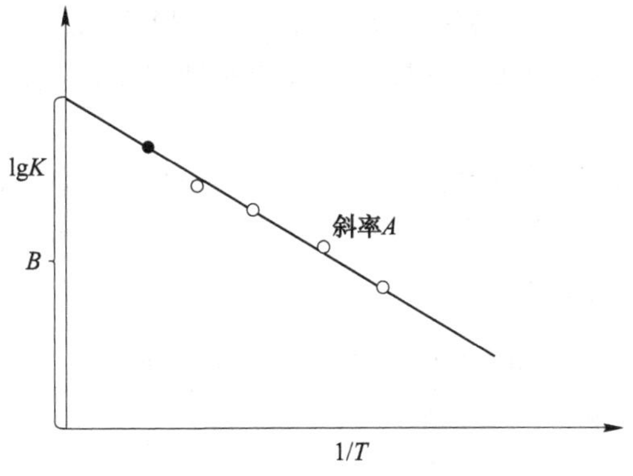

图 1-1-1 lgK 与 1/T 直线关系

$$\Delta G^{\ominus} = -RT\ln K = -19.147T\lg K = -19.147T\left(-\frac{9846}{T} + 8.36\right)$$

$$= 188521 - 160.07T$$

采用软件对表中数据进行回归得：

$$\lg K = -\frac{9771}{T} + 8.28$$

可见图解法与回归分析法计算结果接近。

C 由电化学反应的电动势计算 $\Delta G^{\ominus}$

根据热力学原理可以得出：

$$\Delta G = -nEF \tag{1-1-29}$$

式中 n——电化学反应传递的电子数；

E——电动势，V；

F——法拉第常数，96500 J/V（23060 cal/V）。

设组成以氧化镁稳定氧化锆为固体电解质的电化学电池，固体电解质起到导电和隔离正、负两极物质的作用。

$$(-)\mathrm{Pt}\,|\,\mathrm{Mo}, \mathrm{MoO_2}\,\|\,\mathrm{ZrO_2(MgO)}\,\|\,\mathrm{Fe}, \mathrm{FeO}\,|\,\mathrm{Pt}(+)$$

在 $ZrO_2(MgO)$ 固体电解质的右端，即电池正极，发生以下电极反应：

$$2\mathrm{FeO(s)} \longrightarrow 2\mathrm{Fe(s)} + \mathrm{O_2(g)}$$

$$\mathrm{O_2(g)} + 4\mathrm{e} \longrightarrow 2\mathrm{O^{2-}}$$

生成的 O^{2-} 通过 $ZrO_2(MgO)$ 固体电解质的 O^{2-} 空位传递到电池左端即负极。在电池负极发生以下电极反应：

$$2\mathrm{O^{2-}} - 4\mathrm{e} \longrightarrow \mathrm{O_2(g)}$$

$$\mathrm{O_2(g)} + \mathrm{Mo(s)} \longrightarrow \mathrm{MoO_2(s)}$$

电极反应相加，得到电池反应为：

$$2\mathrm{FeO(s)} + \mathrm{Mo(s)} = \mathrm{MoO_2(s)} + 2\mathrm{Fe(s)}$$

参加反应的物质都是固态，所以 $\Delta G = \Delta G^{\ominus}$。电池反应的标准吉布斯自由能变化可由下式求出：

$$\Delta G^{\ominus} = \Delta_f G^{\ominus}_{m(\mathrm{MoO_2,s})} - 2\Delta_f G^{\ominus}_{m(\mathrm{FeO,s})}$$

即： $-4EF=\Delta G^{\ominus}=\Delta_f G^{\ominus}_{m(MoO_2,s)}-2\Delta_f G^{\ominus}_{m(FeO,s)}$

如果应用 Fe+FeO 为参比电极，其标准生成吉布斯自由能是已知的，则可由上式求出MoO_2的标准生成吉布斯自由能。

【例 1-3】 下列固体电解质电池：Pt｜Mo,MoO_2｜ZrO_2+(CaO)｜Fe,FeO｜Pt，测得不同温度下电池的电动势 E 如表 1-1-5 所示，试计算反应 2FeO(s)+Mo(s)═MoO_2(s)+2Fe(s)的$\Delta G^{\ominus}$及 $\Delta_f G^{\ominus}_{m(MoO_2,s)}$的温度关系式。

表 1-1-5 电池反应测定的电动势

温度/℃	750	800	850	900	950	1000	1050
E/mV	22.1	17.8	13.2	8.8	3.8	-1.3	-6.9

解：

正极反应： $2FeO(s)+4e═2Fe(s)+2O^{2-}$

负极反应： $Mo(s)+2O^{2-}═MoO_2(s)+4e$

则电池反应为：

$$2FeO(s)+Mo(s)═MoO_2(s)+2Fe(s)$$

$\Delta G^{\ominus}$的温度式为： $\Delta G^{\ominus}=-4EF=A+BT$

将表 1-1-5 中数据代入上式，进行回归确定 A、B：

$$\Delta G^{\ominus}=-46702+37.11T \quad (J/mol)$$

查热力学数据表得： $\Delta_f G^{\ominus}_{m(FeO,s)}=-264000+64.59T \quad (J/mol)$

因为 $\Delta G^{\ominus}=\Delta_f G^{\ominus}_{m(MoO_2,s)}-2\Delta_f G^{\ominus}_{m(FeO,s)}$

所以

$$\begin{aligned}\Delta_f G^{\ominus}_{m(MoO_2,s)}&=\Delta G^{\ominus}+2\Delta_f G^{\ominus}_{m(FeO,s)}\\&=(-46702+37.11T)+2\times(-26400+64.59T)\\&=-574702+166.29T \quad (J/mol)\end{aligned}$$

此式适用范围为 750~1050 ℃。

D 利用线性组合法计算化学反应的 $\Delta G^{\ominus}$

各种类型化学反应的 $\Delta G^{\ominus}$与温度 T 都存在线性关系：$\Delta G^{\ominus}=A+BT$，其中 A、B 为常数，可查表得到。任一反应的化学式可由几个相关的反应线性组合，其 $\Delta G^{\ominus}$也可以由这几个相关反应的 $\Delta G^{\ominus}$进行线性组合求得。

【例 1-4】 用线性组合法求反应 $CO(g)+H_2O(g)═CO_2(g)+H_2(g)$ 在 1600 K 下的$\Delta G^{\ominus}$。已知：

$C(s)+O_2(g)═CO_2(g)$ (1) $\Delta G_1^{\ominus}=-394100-0.84T$ (J/mol)

$2C(s)+O_2(g)═2CO(g)$ (2) $\Delta G_2^{\ominus}=-223400-175.31T$ (J/mol)

$2H_2(g)+O_2(g)═2H_2O(g)$ (3) $\Delta G_3^{\ominus}=-493700+109.90T$ (J/mol)

解：

线性组合： $(1)-\frac{1}{2}\times(2)-\frac{1}{2}\times(3)$

即得反应方程式： $CO(g)+H_2O(g)═CO_2(g)+H_2(g)$

$$\Delta G^{\ominus} = \Delta G_1^{\ominus} - \frac{1}{2} \times \Delta G_2^{\ominus} - \frac{1}{2} \times \Delta G_3^{\ominus}$$

$$= (-394100 - 0.84T) - \frac{1}{2} \times (-223400 - 175.31T) - \frac{1}{2} \times (-493700 + 109.90T)$$

$$= -35550 + 31.92T \quad (\mathrm{J/mol})$$

将 1600 K 代入上式，得到：

$$\Delta G^{\ominus} = -35550 + 31.92 \times 1600 = 15522\ \mathrm{J/mol}$$

故在 1600 K 标准状态下，该反应自发向左进行。

E 由自由能函数计算化学反应的 $\Delta G^{\ominus}$

为了方便地计算化学反应的 $\Delta G^{\ominus}$，前人的工作中通过热容计算出了物质以 298 K 为基准的自由能函数（$G^{\ominus}-H_{298}^{\ominus}$）$/T$，并建立了数据表。目前通用的是 JANAF 热化学数据表。利用自由能函数通过以下步骤计算化学反应的 $\Delta G^{\ominus}$：

（1）查出产物和反应物的自由能函数值，求出 $\Delta\left[\frac{G^{\ominus} - H_{298}^{\ominus}}{T}\right]$

$$\Delta\left[\frac{G^{\ominus} - H_{298}^{\ominus}}{T}\right] = \sum\left[\frac{v(G^{\ominus} - H_{298}^{\ominus})}{T}\right]_{\mathrm{P}} - \sum\left[\frac{v(G^{\ominus} - H_{298}^{\ominus})}{T}\right]_{\mathrm{R}}$$

式中 v——参加化学反应物质的化学计量系数。

（2）求出化学反应在 298 K 时的 $\Delta H_{298}^{\ominus}$。

（3）利用下式求出 $\Delta G^{\ominus}$：

$$\frac{\Delta G^{\ominus}}{T} = \frac{\Delta H_{298}^{\ominus}}{T} + \Delta\left[\frac{G^{\ominus} - H_{298}^{\ominus}}{T}\right] \tag{1-1-30}$$

【例 1-5】 已知下列数据

物质	$\frac{G^{\ominus}-H_{298}^{\ominus}}{T}$/cal·(K·mol)$^{-1}$ (2000 K)	$\Delta H_{298}^{\ominus}$/cal·mol^{-1}
SiC(s)	-14.0	-26700
O_2	-57.14	0
SiO_2(l)	-26.0	-209900
CO_2	-62.97	-94050

注：1 cal=4.1868 J。

求反应 SiC(s) + $2O_2$ ═ SiO_2(l) + CO_2 在 2000 K 时的 $\Delta G^{\ominus}$。

解：

$$\Delta[(G^{\ominus} - H_{298}^{\ominus})/T] = (-26.0 - 62.97) - (-14 - 2 \times 57.14)$$

$$= 39.31\ \mathrm{cal/(K \cdot mol)}$$

$$\Delta H_{298}^{\ominus} = (-209900 - 94050) - (-26700) = -277250\ \mathrm{cal/mol}$$

$$\frac{\Delta G^{\ominus}}{T} = \frac{\Delta H_{298}^{\ominus}}{T} + \Delta\left[\frac{G^{\ominus} - H_{298}^{\ominus}}{T}\right]$$

$$= -277250/2000 + 39.31$$

$$= -99.31$$

$$\Delta G^{\ominus} = -99.31 \times 2000 = -198620\ \mathrm{cal/mol} = 830231.6\ \mathrm{J/mol}$$

1.1.5.2 化学反应标准吉布斯自由能变化与温度的关系

在热力学数据表中，可以查得物质的比定压热容 c_p 与温度的关系式，表示形式为：

$$c_p = a + bT + cT^2 + dT^{-2} \qquad \mathrm{J/(mol \cdot K)}$$

由基尔霍夫（Kirchoff）公式：

$$\Delta H_T^{\ominus} = \Delta H_{298}^{\ominus} + \int_{298}^{T} \Delta c_p \mathrm{d}T$$

式中

$$\Delta c_p = \sum (vc_p)_{\mathrm{P}} - \sum (vc_p)_{\mathrm{R}} = \Delta a + \Delta bT + \Delta cT^2 + \Delta dT^{-2}$$

而

$$\Delta a = \sum (va)_{\mathrm{P}} - \sum (va)_{\mathrm{R}}$$

Δb、Δc、Δd 等可以类推。

同样可得：

$$\Delta S_T^{\ominus} = \Delta S_{298}^{\ominus} + \int_{298}^{T} \frac{\Delta c_p}{T} \mathrm{d}T$$

由式

$$\Delta G_T^{\ominus} = \Delta H_T^{\ominus} - T\Delta S_T^{\ominus}$$

得到在温度 T 时标准吉布斯自由能变化 $\Delta G_T^{\ominus}$：

$$\Delta G_T^{\ominus} = \Delta H_{298}^{\ominus} - T\Delta S_{298}^{\ominus} + \int_{298}^{T} \Delta c_p \mathrm{d}T - \int_{298}^{T} \frac{\Delta c_p}{T} \mathrm{d}T \tag{1-1-31}$$

代入 Δc_p 积分得：

$$\Delta G_T^{\ominus} = \Delta H_{298}^{\ominus} - T\Delta S_{298}^{\ominus} - T(\Delta aM_0 + \Delta bM_1 + \Delta cM_2 + \Delta dM_3) \tag{1-1-32}$$

式中：

$$M_0 = \frac{\ln T}{298} + \frac{298}{T} - 1$$

$$M_1 = \frac{(T - 298)^2}{2T}$$

$$M_2 = -\frac{1}{6}\left(T^2 + \frac{2 \times 298^2}{T} - 3 \times 298^2\right)$$

$$M_3 = \frac{(T - 298)^2}{2 \times 298^2 T^2}$$

1.2 溶液热力学性质

1.2.1 溶液及其浓度

1.2.1.1 溶液

由两种或两种以上物质组成的，其浓度可以在一定范围内连续变化的均匀体系称为溶液。广义的溶液包括气体混合物（气体溶液）、液体溶液和固溶体（固态溶液）。

组成溶液的物质，习惯上将量多的称为溶剂，将其他物质称为溶质。不论溶剂还是溶质，从热力学观点出发并无本质区别，故统称为组元。

冶金体系中包含有各种溶液，如炉气、钢液、熔渣等均是多组元溶液。为了更好地认识冶金体系的特性，必须掌握溶液体系热力学性质。

1.2.1.2 溶液的浓度

溶液的性质及关系式中都含有溶液组元的浓度。在冶金理论研究和生产实践中常用以下几种浓度的表示方法：

（1）质量百分数（$w_{i,\%}$）。每 100 g 溶液中所含溶质组元 i 的质量（g），称为组元 i 的质量百分数，即

$$w_{i,\%} = \frac{W_i}{W} \times 100 \qquad \sum w_{i,\%} = 100 \tag{1-2-1}$$

式中 W_i——溶液中组元 i 的质量；

W——溶液的总质量。

（2）摩尔分数（x_i）。溶液中组元 i 的物质的量与溶液中各组元总物质的量之比，称为组元 i 的摩尔分数。对于由 k 个组元组成的溶液，组元 i 的摩尔分数为：

$$x_i = \frac{n_i}{\sum n_i} \qquad \sum x_i = 1 \tag{1-2-2}$$

式中 n_i——溶液中组元 i 的物质的量；

$\sum n_i$——溶液中 k 个组元的物质的量之和。

在二元稀溶液中，组元 i 的摩尔分数 x_i 与质量百分数（$w_{i,\%}$）的关系为：

$$x_i = \frac{\dfrac{w_{i,\%}}{M_i}}{\dfrac{w_{i,\%}}{M_i} + \dfrac{100 - w_{i,\%}}{M_j}}$$

由于 $w_{i,\%} \ll 100 - w_{i,\%}$，$w_{i,\%} \ll 100$。故：

$$x_i = \frac{M_j}{100 M_i} w_{i,\%} \tag{1-2-3}$$

式中 M_i——组元 i 的摩尔质量；

M_j——溶剂 j 的摩尔质量。

（3）摩尔百分数（$x_{i,\%}$）。

溶液中组元 i 的摩尔分数乘以 100，称为组元 i 的摩尔百分数，即

$$x_{i,\%} = x_i \times 100, \qquad \sum x_{i,\%} = 100 \tag{1-2-4}$$

（4）浓度（c_i）。单位体积溶液中组元 i 的物质的量。

$$c_i = \frac{n_i}{V} \qquad \text{mol/L 或 mol/m}^3 \tag{1-2-5}$$

（5）体积百分数（$\varphi_{i,\%}$）。气体溶液中，组分 i 的体积与混合气体的总体积之比乘以 100，称为组分 i 的体积百分数，即：

$$\varphi_{i,\%} = \frac{V_i}{V_{总}} \times 100 \qquad \sum \varphi_{i,\%} = 100 \tag{1-2-6}$$

(6) 气体组分的分压 (p_i)。气体溶液中，组分 i 的体积百分数乘以气体总压再除以100，称为气体组分 i 的分压，即：

$$p_i = \frac{\varphi_{i,\%}}{100} \times p_{总} \tag{1-2-7}$$

1.2.2 溶液的偏摩尔量及化学位

对于多组元溶液体系，可以利用偏摩尔量来描述溶液的热力学性质。设某一热力学广度性质 g(g 可以是 U、H、V、S、F、G 等)，则在恒温、恒压下热力学性质 g 可表示为 $g=g(T, p, n_1, n_2, \cdots, n_i, \cdots)$，$g$ 对其组元 i 的物质的量的偏微分称为溶液组元 i 的偏摩尔量：

$$\bar{g} = (\partial g/\partial n_i)_{T,p,n_j(j\neq i)} \tag{1-2-8}$$

当该热力学性质为吉布斯自由能 G 时，组元 i 的偏摩尔吉布斯自由能 $\overline{G_i}$ 称为组元 i 的化学位，用 μ_i 表示，则

$$\mu_i = \bar{G}_i = (\partial g/\partial n_i)_{T,p,n_j(j\neq i)} \tag{1-2-9}$$

偏摩尔量或化学位有三个基本关系式：

(1) 微分式：

$$\mathrm{d}G = \sum \bar{G}_i \mathrm{d}n_i = \sum \mu_i \mathrm{d}n_i \tag{1-2-10}$$

(2) 集合式。偏摩尔吉布斯自由能和溶液体系总的吉布斯自由能的关系为：

$$G = \sum n_i \bar{G}_i = \sum n_i \mu_i \tag{1-2-11}$$

对于 1 mol 溶液，则

$$G = \sum x_i \bar{G}_i = \sum x_i \mu_i \tag{1-2-12}$$

由于化学位的绝对值难以求出，所以常采用相对化学位。对于纯组元，其化学位等于摩尔吉布斯自由能，用 $G^{\ominus}$ 表示，则对纯物质 i 有：

$$\mu_i^{\ominus} = G_i^{\ominus}$$

故相对化学位可表示为：

$$\Delta \bar{G}_i = \Delta \mu_i = \mu_i - \mu_i^{\ominus} = \bar{G}_i - G_i^{\ominus} \tag{1-2-13}$$

即用溶液中组元 i 的化学位与某一标准态的化学位之差表示相对化学位。一般情况下，常采用相同温度、压力下的纯液态物质 i 作标准态。由上式可得出溶液的吉布斯自由能变化的集合式为：

$$\Delta G = G - G^{\ominus} = \sum n_i \bar{G}_i - \sum n_i G_i^{\ominus} = \sum n_i (\bar{G}_i - G_i^{\ominus})$$

即

$$\Delta G = \sum n_i \Delta \bar{G}_i = \sum n_i \Delta \mu_i \tag{1-2-14}$$

(3) Gibbs-Duhem 方程。在恒温恒压下，溶液中各组元的化学位随其浓度的变化不是独立的，而是相互联系的，Dibbs-Duhem 方程表示了这种关系：

$$\sum x_i \mathrm{d}\bar{G}_i = 0 \tag{1-2-15}$$

或者

$$\sum x_i \mathrm{d}\mu_i = 0$$

对于二元系，在恒温、恒压下

$$G = n_1\overline{G}_1 + n_2\overline{G}_2$$

求微分得

$$\mathrm{d}G = n_1\mathrm{d}\overline{G}_1 + \overline{G}_1\mathrm{d}n_1 + n_2\mathrm{d}\overline{G}_2 + \overline{G}_2\mathrm{d}n_2$$

由偏摩尔自由能的微分式知：

$$\mathrm{d}G = \overline{G}_1\mathrm{d}n_1 + \overline{G}_2\mathrm{d}n_2$$

两式比较即得 Gibbs-Duhem 方程：

$$n_1\mathrm{d}\overline{G}_1 + n_2\mathrm{d}\overline{G}_2 = 0$$

或

$$x_1\mathrm{d}\overline{G}_1 + x_2\mathrm{d}\overline{G}_2 = 0$$

Gibbs-Duhem 方程表示了溶液体系中各组元化学位与其浓度的相互关系，是一个重要方程，是从任一组元的已知化学位求其他组元化学位及由任一组元已知活度或活度系数求其他组元活度或活度系数的重要依据。

1.2.3 溶液组元的活度

1.2.3.1 理想溶液

不同组元混合形成溶液时，其原子或分子质点之间存在着不同的物理化学作用，使所形成的溶液具有不同的性质。在实践中人们发现有一类溶液存在以下规律：

在恒温恒压下，与溶液平衡的气相中组元 i 的饱和蒸气压 p_i 与溶液中该组元的摩尔分数 x_i 成正比：

$$p_i = p_i^* x_i \tag{1-2-16}$$

式中，比例系数 p_i^* 为纯组元 i 的蒸气压。此规律称为拉乌尔（Raoult）定律。

在任意温度下，各组元在全部浓度范围内都服从拉乌尔定律的溶液称为理想溶液。冶金体系中，Fe-Mn、Fe-Ni 及 FeO-MnO 等熔体都可近似看作理想溶液。

理想溶液中，同种原子对和异种原子对的交互作用能是相等的，因此溶液形成时无热效应，也无体积变化。

由热力学关系式可以导出理想溶液的热力学性质如下：

体积变化： $\Delta V = 0$

混合热： $\Delta H = 0$

熵变： $\Delta S = -R\sum n_i \ln x_i$

或 $\Delta S_\mathrm{m} = -R\sum x_i \ln x_i$

化学位： $\mu_i = \mu_i^\ominus + RT\ln x_i$

吉布斯自由能变化： $\Delta G = RT\sum n_i \ln x_i$

或 $\Delta G_\mathrm{m} = RT\sum x_i \ln x_i$

1.2.3.2 稀溶液

实际上服从理想溶液规律的溶液体系是很少的，多数溶液的性质需用其他的规律来描述。当溶质浓度很小时，亨利（Henry）发现在恒温恒压下溶质组元 i 在与溶液平衡的气相中的饱和蒸气压（p_i）与其在溶液中的浓度（c_i）成正比：

$$p_i = k_H c_i \tag{1-2-17}$$

此规律称为亨利定律。k_H称为亨利常数，它表示在恒温恒压下，当溶质浓度为一单位时该溶质的饱和蒸气压。溶质组元服从亨利定律的溶液称为稀溶液（或极稀溶液）。

在稀溶液中，溶质组元浓度很低（$x_i \to 0$），溶质质点完全被溶剂质点包围，可以不考虑溶质质点之间的作用力。而溶剂质点周围基本上都是溶剂质点，每个溶剂质点所受的作用力与纯溶剂中差别不大。故对二元稀溶液，在一定浓度范围内，溶质若服从亨利定律，则在同一浓度范围内，溶剂必然服从拉乌尔定律。

因此，在恒温恒压下，稀溶液溶剂的化学位（μ_1）可表示为：

$$\mu_1 = \mu_1^{\ominus} + RT\ln x_1$$

式中，$\mu_1^{\ominus}$为纯溶剂的化学位。而溶质的化学位（μ_2）为：

$$\mu_2 = \mu_2^{\ominus} + RT\ln p_2$$

由亨利定律，$p_2 = k_H c_2$，故：

$$\mu_2 = \mu_2^{\ominus} + RT\ln k_H + RT\ln c_2$$

令 $\mu'_2 = \mu_2^{\ominus} + RT\ln k_H$，则：

$$\mu_2 = \mu'_2 + RT\ln c_2$$

式中，μ'_2为溶质浓度；c_2为一单位时溶质的化学位。

1.2.3.3 活度与活度系数

拉乌尔定律和亨利定律只能用来描述理想溶液和稀溶液，如图 1-2-1 中直线 1 和直线 2 分别为以拉乌尔定律和亨利定律表示的理想溶液和稀溶液的蒸气压。而实际遇到的溶液体系大多数不符合拉乌尔定律或亨利定律，把既不符合拉乌尔定律又不符合亨利定律的溶液称为实际溶液，其蒸气压线如图 1-2-1 中曲线 3。由此可见，实际溶液的蒸气压除了在组元浓度为 $x_i \to 0$ 或 $x_i \to 1$ 之外的其他浓度范围与拉乌尔定律及亨利定律都有较大的偏差。在这种情况下，只有两条路可走，要么去寻找新的规律或定律来描述溶液体系；要么对已有的定律进行校正，使描述实际溶液性质的规律保持拉乌尔定律或者亨利定律这样简单的形式。后者是更简单易行的方法，故被人们所采用。这样就提出了活度的概念。以组元活度代替拉乌尔定律或亨利定律表达式中的浓度，即可直接应用其形式来描述实际溶液的蒸气压。

实际溶液组元 i 蒸气压的表达有两种形式：

（1）与拉乌尔定律比较，对浓度进行校正，即：

$$p_i = p_i^* x_i \gamma_i = p_i^* a_i$$

式中，γ_i为活度系数；a_i为活度，则

$$a_i = p_i / p_i^* = \gamma_i x_i \tag{1-2-18}$$

$$\gamma_i = a_i / x_i \tag{1-2-19}$$

由此可知，活度系数是实际溶液中活度与浓度的比值，它表示了实际溶液和理想溶液的偏差。

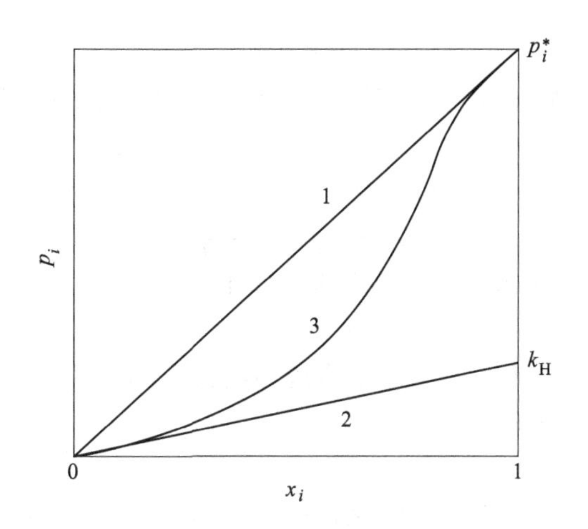

图 1-2-1 溶液蒸气压与浓度的关系
1—拉乌尔定律；2—亨利定律；3—实际溶液的蒸气压

（2）与亨利定律比较，对浓度进行校正，即：

$$p_i = k_H f_i c_i = k_H a_i$$

式中，f_i为活度系数；a_i为活度，则

$$a_i = p_i / k_H = f_i c_i \tag{1-2-20}$$

$$f_i = a_i / c_i \tag{1-2-21}$$

其中浓度 c_i根据具体条件可以是质量分数、摩尔分数等形式。由以上讨论可以得出溶液组元 i 的活度的定义为：

$$a_i = p_i / p_{i(标)} \tag{1-2-22}$$

式中，p_i为摩尔分数为 x_i的实际溶液组元 i 的蒸气压；$p_{i(标)}$ 为 p_i^* 或 k_H，分别为纯物质 i 的蒸气压和亨利常数，称之为标准态物质的蒸气压。因此溶液组元的活度是组元 i 的蒸气压与标准态物质蒸气压的比值。故活度是无量纲的数值，显然活度的数值与标准态的选择有密切关系。

1.2.3.4 活度的标准态

活度标准态的选择对热力学计算结果并没有影响。因此，为了使用方便，在不同的情况下可以选择不同的标准态。钢铁冶金中常用的标准态有以下几种：

（1）以纯物质为标准态，与拉乌尔定律作比较。由活度的定义，此时 $p_{i(标)} = p_i^*$，p_i^* 为 i 组元纯物质的蒸气压。故：

$$a_i = p_i / p_i^* \tag{1-2-23}$$

由此可以得出实际溶液中组元 i 在不同浓度范围内活度及活度系数的表达式。

在符合拉乌尔定律的浓度（即 $x_i \to 1$）范围内：

$$a_i = p_i / p_i^* = p_i^* x_i / p_i^* = x_i$$

$$\gamma_i = a_i / x_i = 1$$

在符合亨利定律的浓度（即 $x_i \to 0$）范围内：

$$a_i = p_i / p_i^* = k_H x_i / p_i^* = (k_H / p_i^*) \cdot x_i$$

令 $\gamma_i^0 = k_H/p_i^*$，则

$$a_i = \gamma_i^0 x_i$$

γ_i^0为稀溶液中溶质 i 以纯物质为标准态计算的活度系数，表示稀溶液对理想溶液的偏差。在不符合两定律的浓度范围内：

$$a_i = p_i/p_i^* = p_i x_i/(p_i^* x_i) = (p_i/p_{i(R)})x_i = \gamma_i x_i$$

$$\gamma_i \neq 1, \quad \gamma_i \neq \gamma_i^0$$

（2）以假想纯物质为标准态，同亨利定律作比较。此时，$p_{i(标)} = k_H$，则

$$a_i = p_i/k_H \tag{1-2-24}$$

式中，k_H为亨利常数，即亨利定律表示的直线外推到 $x_i = 1$ 时的截距，如图 1-2-2 所示。下面讨论在不同浓度范围内的活度。

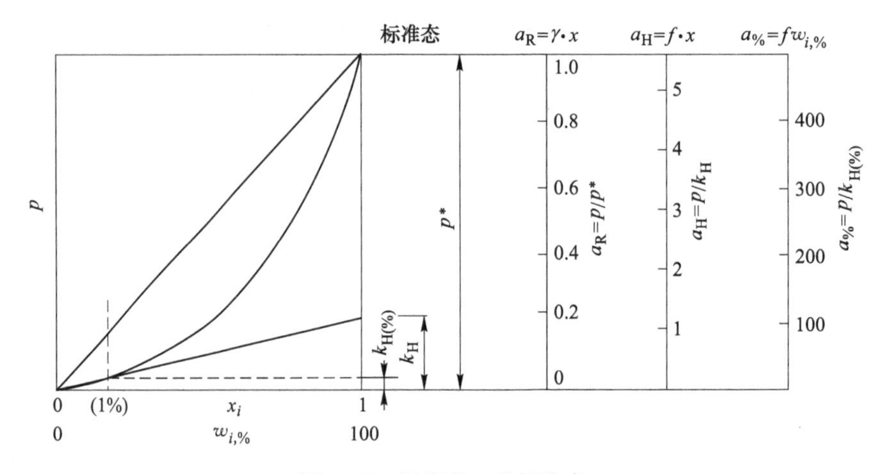

图 1-2-2　活度的三种标准态

在符合亨利定律的浓度范围内：

$$a_i = p_i/k_H = k_H x_i/k_H = x_i$$

$$f_i = 1$$

在不符合亨利定律的浓度范围内：

$$a_i = p_i/k_H = p_i x_i/(k_H x_i) = (p_i/p_{i(H)})x_i = f_i x_i$$

$$f_i \neq 1$$

（3）以 1%（质量分数）溶液为标准态，同亨利定律作比较。此时，在亨利定律中溶质浓度用质量百分数来表示。则在稀溶液中

$$x_i = (M_j/(100M_i)) \cdot w_{i,\%}$$

而亨利定律可写为：

$$\begin{aligned} p_{i(\%)} &= k_H \cdot (M_j/(100M_i)) \cdot w_{i,\%} \\ &= k_{H(\%)} w_{i,\%} \end{aligned}$$

式中，$k_{H(\%)} = k_H \cdot M_j/(100M_i)$。如图 1-2-2 所示，$k_{H(\%)}$是亨利定律在 $w_{i,\%} = 1$ 时的蒸气压值。于是可得出活度的表达式为

$$a_i = p_i/k_{H(\%)} \tag{1-2-25}$$

下面讨论在不同浓度范围内的活度。

在符合亨利定律的浓度范围内：

$$a_i = p_i/k_{H(\%)} = k_{H(\%)}w_{i,\%}/k_{H(\%)} = w_{i,\%}$$
$$f_i = 1$$

在不符合亨利定律的浓度范围内：

$$a_i = f_i w_{i,\%}$$
$$f_i \neq 1$$

1.2.3.5 活度标准态的选择及转换

活度的值与标准态的选择有关，虽然标准态的选择是任意的，但它的选择应使组分在溶液中表现的性质（如蒸气压），与其作为参考态的拉乌尔定律或亨利定律所得的值尽可能接近。一般作为溶剂或浓度较高的组分可选纯物质作标准态，当其进入浓度较大的范围内时，其活度值接近于其浓度值。当组分的浓度较低时，可选择假想纯物质或1%（质量分数）溶液作标准态，进入较小浓度范围时，其活度值也接近其浓度值。

对于冶金熔体，需要注意组分活度的以下特点：

（1）在冶金过程中，作为溶剂的铁，当其中元素的溶解量不高，而铁的浓度很高时，可视为 $x_{[Fe]}=1$，以纯物质为标准态时，$a_{Fe(R)} = x_{[Fe]} = 1$，$\gamma_{Fe} = 1$。

（2）形成饱和溶液的组分 i 以纯物质为标准态时，其 $a_{i(R)}=1$。因为在饱和溶液中，当溶解的组分［i］与其纯固相平衡共存时，它们的吉布斯自由能或化学势相等：$G_i^{\ominus}+RT\ln p_i^* = G_i^{\ominus}+RT\ln p_{[i]}$（$p_{[i]}$为组分［$i$］的蒸气压），故 $p_{[i]}=p_i^*$，则 $a_{i(R)}=p_{[i]}/p_i^*=1$。

（3）如果溶液属于稀溶液，则可以浓度代替其活度，冶金中金属溶液的组分常以1%（质量分数）溶液作标准态，组元 i 的活度可表示为 $a_{i(\%)}=w_{i,\%}$。

（4）熔渣中组分的活度常选纯物质标准态，这是因为其浓度都比较高。

此外，在热力学计算中，常涉及活度标准态之间的转换，有下列几种转化关系。

（1）纯物质标准态活度与假想纯物质标准态活度之间的转换：

$$\frac{a_{i(R)}}{a_{i(H)}} = \frac{\dfrac{p_i}{p_i^*}}{\dfrac{p_i}{k_{H(x)}}} = \frac{k_{H(x)}}{p_i^*} = \gamma_i^0 \quad 故 \quad a_{i(R)} = \gamma_i^0 a_{i(H)}$$

（2）纯物质标准态活度与1%（质量分数）溶液标准态活度之间的转换：

$$\frac{a_{i(R)}}{a_{i(\%)}} = \frac{\dfrac{p_i}{p_i^*}}{\dfrac{p_i}{k_{H(\%)}}} = \frac{k_{H(\%)}}{p_i^*} = \frac{M_j}{100M_i} \times \frac{k_{H(x)}}{p_i^*} = \frac{M_j}{100M_i}\gamma_i^0 \quad 故 \quad a_{i(R)} = \frac{M_j}{100M_i}\gamma_i^0 a_{i(\%)}$$

（3）假想纯物质标准态活度与1%（质量分数）溶液标准态活度之间的转换：

$$\frac{a_{i(H)}}{a_{i(\%)}} = \frac{\dfrac{p_i}{k_{H(x)}}}{\dfrac{p_i}{k_{H(\%)}}} = \frac{k_{H(\%)}}{K_{H(x)}} = \frac{M_j}{100M_i} \times \frac{k_{H(x)}}{k_{H(x)}} = \frac{M_j}{100M_i} \quad 故 \quad a_{i(H)} = \frac{M_j}{100M_i} a_{i(\%)}$$

【例 1-6】 Fe-Cu 系在 1873 K 时铜以纯物质为标准态的活度见表 1-2-1。试计算铜以假想纯物质和 1%（质量分数）溶液为标准态的活度。

表 1-2-1 Fe-Cu 系中 Cu 的活度（$a_{Cu(R)}$）

$x[Cu]$	0.015	0.025	0.061	0.217	0.467	0.626	0.792	1.000
$a_{Cu(R)}$	0.119	0.182	0.424	0.730	0.820	0.870	0.888	1.000

解：

计算公式为：

$$a_{Cu(H)} = \frac{a_{Cu(R)}}{\gamma_{Cu}^{0}} \quad 及 \quad a_{Cu(\%)} = a_{Cu(R)} \Big/ \left(\frac{M_{Fe}}{100M_{Cu}} \cdot \gamma_{Cu}^{0} \right)$$

（1）计算以假想纯物质为标准态的活度。

首先，应求出 γ_{Cu}^{0}。

当 $x[Cu] \to 0$ 时为稀溶液，则：

$$\gamma_{Cu}^{0} = \gamma_{Cu} = \frac{a_{Cu(R)}}{x[Cu]} = \frac{0.119}{0.015} = 7.93$$

因为：

$$\frac{a_{Cu(H)}}{a_{Cu(R)}} = \frac{\dfrac{p_{Cu}}{k_{H(x)}}}{\dfrac{p_{Cu}}{p_{Cu}^{*}}} = \frac{p_{Cu}^{*}}{k_{H(x)}} = \frac{1}{\gamma_{Cu}^{0}}$$

所以：

$$a_{Cu(H)} = \frac{a_{Cu(R)}}{\gamma_{Cu}^{0}} = \frac{a_{Cu(R)}}{7.93}$$

（2）计算以 1%（质量分数）溶液为标准态的活度。

因为：

$$\frac{a_{Cu(\%)}}{a_{Cu(R)}} = \frac{\dfrac{p_{Cu}}{k_{H(\%)}}}{\dfrac{p_{Cu}}{p_{Cu}^{*}}} = \frac{p_{Cu}^{*}}{k_{H(\%)}} = \frac{p_{Cu}^{*}}{\dfrac{M_{Fe}}{100M_{Cu}}k_{H(x)}} = \frac{100M_{Cu}}{M_{Fe} \cdot \gamma_{Cu}^{0}} (M_{Cu} = 63.5, M_{Fe} = 55.8, \gamma_{Cu}^{0} = 7.93)$$

所以：

$$a_{Cu(\%)} = \frac{100M_{Cu}}{M_{Fe} \cdot \gamma_{Cu}^{0}} a_{Cu(R)} = \frac{100 \times 63.5}{55.8 \times 7.93} a_{Cu(R)}$$

计算结果见表 1-2-2。

表 1-2-2 Fe-Cu 的 $a_{Cu(R)}$、$a_{Cu(H)}$ 和 $a_{Cu(\%)}$

$x[Cu]$	0.015	0.025	0.061	0.217	0.467	0.626	0.792	1.000
$a_{Cu(R)}$	0.119	0.182	0.424	0.730	0.820	0.870	0.888	1.000
$a_{Cu(H)}$	0.015	0.023	0.053	0.092	0.103	0.110	0.112	0.126
$a_{Cu(\%)}$	1.076	2.614	6.080	10.470	11.760	12.480	12.740	14.340

1.2.3.6 实际溶液的热力学性质

实际溶液与理想溶液的差别在于是否符合拉乌尔定律。引入活度后，只要用活度代替理想溶液组元热力学函数表达式中的浓度，就可以用校正的拉乌尔定律描述实际溶液的热力学性质。

A 以纯物质为标准态时的化学位

$$\mu_i = \mu_i^{\ominus}(T,p) + RT\ln a_i = \mu_i^{\ominus}(T,p) + RT\ln x_i + RT\ln\gamma_i \tag{1-2-26}$$

式中，$\mu_i^{\ominus}(T,p)$ 为纯物质标准态的化学位。

偏摩尔吉布斯自由能变化可以表示为：

$$\Delta\overline{G}_i = \Delta\mu_i = RT\ln x_i + RT\ln\gamma_i \tag{1-2-27}$$

因为形成理想溶液时的自由能变化为 $\Delta\overline{G}_{i(\mathrm{R})} = RT\ln x_i$，故

$$\Delta\overline{G}_i - \Delta\overline{G}_{i(\mathrm{R})} = RT\ln\gamma_i \tag{1-2-28}$$

由此可知，$RT\ln\gamma_i$表示实际溶液与理想溶液的吉布斯自由能差值，只与γ_i有关，而γ_i与溶液中质点间的交互作用能有关。因此：

（1）当异种质点间的交互作用能（u_{12}）大于同种质点间的交互作用能（u_{11}，u_{22}），即 $u_{12}>1/2(u_{11}+u_{22})$ 时，溶液趋向于形成有序态或化合物，此时 $\gamma_i<1$，溶液对理想溶液产生负偏差，溶液形成时放出热量（$\Delta H<0$），同时体积变化 $\Delta V<0$。

（2）当 $u_{12}<1/2(u_{11}+u_{22})$ 时，溶液质点趋向形成同类质点的偏聚，此时 $\gamma_i>1$，溶液对理想溶液产生正偏差，溶液形成时吸收热量（$\Delta H>0$），体积变化 $\Delta V>0$。

（3）当 $u_{12}=1/2(u_{11}+u_{22})$ 时，形成理想溶液，$\gamma_i=1$，$a_i=x_i$。

由以上可知，$RT\ln\gamma$ 代表了溶液的非理想程度，它是溶液的一种本质特性。一般情况下，常用“超额函数”来表示这一特性。溶液中组元 i 的超额偏摩尔吉布斯自由能（G_i^{ex}）定义为：实际溶液中组元 i 的偏摩尔吉布斯自由能（$\overline{G}_{i(\mathrm{m})}$）与同一浓度假设为理想溶液时组元 i 的偏摩尔吉布斯自由能（$\overline{G}_{i(\mathrm{R})}$）的差值，即：

$$\overline{G}_i^{\mathrm{ex}} = \overline{G}_{i(\mathrm{m})} - \overline{G}_{i(\mathrm{R})} \tag{1-2-29}$$

因为

$$\overline{G}_{i(\mathrm{m})} = G_i^{\ominus} + RT\ln a_i$$

$$\overline{G}_{i(\mathrm{R})} = G_i^{\ominus} + RT\ln x_i$$

所以

$$\overline{G}_i^{\mathrm{ex}} = RT\ln\gamma_i$$

实际溶液的摩尔吉布斯自由能可表示为：

$$G_{\mathrm{m}} = \sum x_i G_i^{\ominus} + RT\sum x_i \ln x_i + \overline{G}_i^{\mathrm{ex}} \tag{1-2-30}$$

可见，实际溶液的摩尔吉布斯自由能由 3 部分组成：（1）各组元形成溶液前的摩尔吉布斯自由能之和；（2）形成理想溶液的吉布斯自由能；（3）形成实际溶液时多于理想溶液的超额吉布斯自由能。

同样可以定义超额偏摩尔焓（$\overline{H}_i^{\mathrm{ex}}$）和超额偏摩尔熵（$\overline{S}_i^{\mathrm{ex}}$）。其关系为：

$$\overline{G}_i^{\mathrm{ex}} = \overline{H}_i^{\mathrm{ex}} - T\overline{S}_i^{\mathrm{ex}} \tag{1-2-31}$$

$$\overline{H}_i^{\mathrm{ex}} = \overline{G}_i^{\mathrm{ex}} - T\left(\frac{\partial \overline{G}_i^{\mathrm{ex}}}{\partial T}\right) = -RT^2\frac{\partial \ln\gamma_i}{\partial T} \tag{1-2-32}$$

$$\bar{S}_i^{ex} = -\frac{\partial \bar{G}_i^{ex}}{\partial T} \tag{1-2-33}$$

对于整个溶液来说，形成溶液时的超额摩尔吉布斯自由能变化（ΔG^{ex}）为实际溶液的摩尔吉布斯自由能变化（ΔG_m）与形成理想溶液的摩尔吉布斯自由能变化（ΔG_R）之差，即：

$$\Delta G^{ex} = \Delta G_m - \Delta G_R \tag{1-2-34}$$

因为

$$\Delta G_m = RT\sum x_i \ln x_i \gamma_i$$

$$\Delta G_R = RT\sum x_i \ln x_i$$

所以

$$\Delta G^{ex} = RT\sum x_i \ln \gamma_i \tag{1-2-35}$$

溶液的超额摩尔熵变为：

$$\Delta S^{ex} = \Delta S_m - \Delta S_R = \Delta S_m - R\sum x_i \ln x_i \tag{1-2-36}$$

因为理想溶液的 $\Delta H=0$，所以形成实际溶液的超额摩尔焓就等于溶液的摩尔生成焓：

$$\Delta H^{ex} = \Delta H_m \tag{1-2-37}$$

B　以 1%（质量分数）溶液为标准态时的化学位

以 1%（质量分数）溶液为标准态时，溶液中组元 i 的化学位可以表示如下：

$$\mu_{[i]} = \mu_i^{\ominus}(T,p) + RT\ln a_i$$
$$= \mu_{i(\%)}^{\ominus}(T,p) + RT\ln w_{i,\%} + RT\ln f_i$$

或

$$\Delta\mu_i = \Delta G_i = RT\ln w_{i,\%} + RT\ln f_i$$

式中，$\mu_{i(\%)}^{\ominus}(T,p) = \mu_i^{\ominus}(T) + RT\ln k_{H(\%)}$，是以 1%（质量分数）溶液为标准态，$a_i=1$ 时的标准化学位。

1.2.3.7　正规溶液

实际溶液中，有一些溶液形成时混合热虽然不为零，但数值不大，一般不超过 4 kJ/mol。为了简化处理这类溶液，1927 年 J. H. Hildebrand 提出了正规溶液模型。所谓正规溶液（regular solution），是指混合熵与理想溶液的混合熵相同，而混合热不为零的溶液。

由正规溶液特征可得出其热力学性质：

超额熵：
$$\Delta S^{ex} = 0,\qquad \Delta S_i^{ex} = 0 \tag{1-2-38}$$

混合熵：
$$\Delta S_m = \Delta S_R = x_i \sum S_{iR} = -R\sum x_i \ln x_i \tag{1-2-39}$$

超额焓：
$$\Delta H_i^{ex} = \Delta H_i = \Delta G_i^{ex} = RT\ln\gamma_i \tag{1-2-40}$$

混合热：
$$\Delta H_m = RTx_i \ln\gamma_i \tag{1-2-41}$$

超额吉布斯自由能：
$$\Delta G^{ex} = \Delta H^{ex} = \Delta H_m \tag{1-2-42}$$

组元 i 的偏摩尔超额自由能变化和溶液的超额吉布斯自由能随温度的变化率为：

$$\frac{\partial \Delta \bar{G}_i^{ex}}{\Delta T} = \frac{\partial RT\ln\gamma_i}{\partial T} = -\Delta \bar{S}_i^{ex} = 0 \tag{1-2-43}$$

$$\frac{\partial \Delta G^{ex}}{\Delta T} = -\Delta S^{ex} = 0 \tag{1-2-44}$$

由此可知，对于正规溶液，$RT\ln\gamma_i$不随温度变化。

引入 α 函数：

$$\alpha = \frac{\ln\gamma_i}{(1 - x_i)^2} \tag{1-2-45}$$

正规溶液中，α 函数与组成无关，且对于二元溶液 1、2 组元具有相同值。因此混合热可表示为：

$$\Delta H_m = RT(x_1\ln\gamma_1 + x_2\ln\gamma_2) \tag{1-2-46}$$

代入 $\ln\gamma_1 = \alpha(1 - x_1)^2$ 和 $\ln\gamma_2 = \alpha(1 - x_2)^2$ 得：

$$\Delta H_m = RT\alpha[x_1(1 - x_1)^2 + x_2(1 - x_2)^2] \tag{1-2-47}$$

式中，$RT\alpha=b$，则：

$$b = RT\ln\gamma_1/(1 - x_1)^2 \tag{1-2-48}$$

因此，两个组元的活度系数有以下关系：

$$RT\ln\gamma_1 = bx_2^2$$

$$RT\ln\gamma_2 = bx_1^2$$

由式（1-2-48）可知，b 与温度无关，同时也和溶液的组成无关。

对于缺乏试验数据的实际溶液，常常利用正规溶液模型来处理，如利用正规溶液的公式由一个温度下已知的活度估算其他温度下的活度；从相图的液相线和固相线计算溶液组元的活度。因此正规溶液的公式具有一定的实际意义。在冶金溶液体系中，可以用正规溶液模型处理 Si、Al、Ti、Cu、V 等与 Fe 形成的溶液。此外 Tl-Sn、Pb-Sb、Sn-Bi 等体系也可以认为是正规溶液。

1.2.4 活度的测定与计算方法

溶液组元的活度和活度系数可以通过试验测定，或通过热力学性质计算求得。常用的方法有蒸气压法、分配定律法、化学平衡法、电动势 Gibss-Duhem 方程法及由相图计算活度等。

1.2.4.1 蒸气压法

蒸气压法测定活度，所采用的理论基础就是活度的定义式：

$$a_i = p_i/p_{i(标)}$$

测定活度时，测量出体系中组元 i 在不同浓度下的蒸气压 p_i 以及标准态的蒸气压 $p_{i(标)}$，即可计算出活度。标准态选择不同，$p_{i(标)}$ 有不同的数值。例如选择纯物质 i 为标准态，$p_{i(标)}$ 就是纯 i 物质的蒸气压（p_i^*）；若采用1%（质量分数）溶液为标准态，则 $p_{i(标)} = k_{H(\%)}$。

蒸气压法测定活度常用于有易挥发组元的有色金属体系，也应用于 Fe-S、Fe-Si、Fe-Cr 等体系。

【例 1-7】 在 682 ℃下，测得不同浓度的 Cd-Sn 合金体系中 Cd 的蒸气压如表 1-2-3 所示，求 Cd 的活度。

表 1-2-3 Cd-Sn 合金中 Cd 的活度计算表（682 ℃）

Cd 的含量		蒸气压	以纯 Cd(l) 为标准态		以 1%（质量分数）溶液为标准态	
w(Cd)/%	x_{Cd}	p_{Cd}/mmHg	a_{Cd}	γ_{Cd}	a_{Cd}/%	f_{Cd}/%
1	0.0106	6	0.024	2.26	1.00	1.00
20	0.21	110	0.44	2.09	18.3	0.91
40	0.42	180	0.72	1.71	30.0	0.75
60	0.61	230	0.92	1.51	38.3	0.64
80	0.81	245	0.98	1.21	40.8	0.51
100	1.00	250	1.00	1.00	41.7	0.42

注：1 mmHg＝133.322 Pa。

解：根据题中数据，可以纯 Cd(l) 及 1%（质量分数）溶液为标准态计算活度。

以纯 Cd(l) 为标准态时：

$$p_{i(s)} = p_{Cd}^* = 250\text{mmHg}$$

则 Cd 的活度为

$$a_{Cd} = \frac{p_{Cd}}{p_{Cd}^*} = \frac{p_{Cd}}{250}$$

活度系数

$$\gamma_{Cd} = \frac{a_{Cd}}{x_{Cd}}$$

代入数据即可求出不同浓度下的 a_{Cd} 及 γ_{Cd}，数据列于表 1-2-3 中。

若以 1%（质量分数）溶液为标准态，设 $w(Cd)= 1\%$溶液服从亨利定律，则：

$$p_{i(s)} = k_{H(\%)} = 6\ \text{mmHg}$$

$$a_{Cd} = \frac{p_{Cd}}{k_{H(\%)}} = \frac{p_{Cd}}{6}$$

$$f_{Cd} = \frac{a_{Cd}}{w(Cd)_{\%}}$$

代入数据，求出 $w(Cd)= 1\%$溶液为标准态时的 a_{Cd}，f_{Cd}列于表 1-2-3 中。

【例 1-8】 用蒸气压测得 973 K，Sn-Zn 系中 Zn 不同浓度的蒸气压如表 1-2-4 所示。在此温度下，Zn 的饱和蒸气压 $p_{Zn}^* = 7.984 \times 10^{-2}$Pa，试计算三种标准态下 Zn 的活度和活度系数。

表 1-2-4 Sn-Zn 系中 Zn 的蒸气压

x(Zn)	0.050	0.100	0.150	0.200	0.300	0.400	0.500
p_{Zn}/Pa	0.551×10^{-2}	1.086×10^{-2}	1.605×10^{-2}	2.124×10^{-2}	3.114×10^{-2}	3.992×10^{-2}	4.744×10^{-2}

解：

下面分别计算取纯物质标准态、假想纯物质标准态和 1%（质量分数）溶液标准态时 Zn 的活度和活度系数。

（1）取纯物质标准态时：

由题可知： $p_{Zn}^* = 7.984 \times 10^{-2}$ Pa

故：

$$a_{Zn(R)} = \frac{p_{Zn}}{p_{Zn}^*} = \frac{p_{Zn}}{7.984 \times 10^{-2}}$$

$$\gamma_{Zn} = \frac{p_{Zn}}{p_{Zn}^* \cdot x_{Zn}} = \frac{p_{Zn}}{7.984 \times 10^{-2} \cdot x_{Zn}}$$

（2）取假想纯物质标准态时：

首先计算亨利常数 $k_{H(x)}$

$$a_{Zn(H)} = \frac{p_{Zn}}{k_{H(x)}}$$

$$p_{Zn} = k_{H(x)} \cdot a_{Zn(H)} = k_{H(x)} \cdot f_{Zn} \cdot x(Zn)$$

由于稀溶液中，$x(Zn) \to 0$，$f_{Zn} = 1$

故：$k_{H(x)} = \dfrac{p_{Zn}}{x(Zn)}$ 为一常数，即：$k_{H(x)} = \lim\limits_{x(Zn)\to 0}\left(\dfrac{p_{Zn}}{x(Zn)}\right)$

则：

$$k_{H(x)} = \frac{0.551 \times 10^{-2}}{0.050} = 11.0 \times 10^{-2}\text{Pa}$$

然后再计算以假想纯物质为标准态的 Zn 的活度和活度系数 $a_{Zn(H)}$、f_{Zn}：

$$a_{Zn(H)} = \frac{p_{Zn}}{k_{H(x)}} = \frac{p_{Zn}}{11.0 \times 10^{-2}}$$

$$f_{Zn} = \frac{p_{Zn}}{k_{H(x)} \cdot x(Zn)} = \frac{p_{Zn}}{11.0 \times 10^{-2} \cdot x(Zn)}$$

（3）取 1%（质量分数）溶液标准态时：

$$a_{Zn} = \frac{p_{Zn}}{k_{H(\%)}}$$

$$f_{Zn(\%)} = \frac{p_{Zn}}{k_{H(\%)}}$$

首先计算 $k_{H(\%)}$：

$$k_{H(\%)} = \frac{M_j}{100M_i} k_{H(x)} = \frac{M_{Sn}}{100M_{Zn}} \times k_{H(x)}$$

$$= 11.0 \times 10^{-2} \times \frac{118.7}{100 \times 65.4} = 0.20 \times 10^{-2}\text{Pa}$$

则：

$$a_{Zn} = \frac{p_{Zn}}{0.20 \times 10^{-2}}$$

$$f_{Zn(\%)} = \frac{p_{Zn}}{0.20 \times 10^{-2} \cdot w(Zn)_{\%}}$$

可由溶液中 Zn 的质量百分数 $w(Zn)_{\%}$ 与摩尔分数 $x(Zn)$ 的关系求出：

$$x(Zn) = \frac{\dfrac{w(Zn)_{\%}}{M_{Zn}}}{\dfrac{w(Zn)_{\%}}{M_{Zn}} + \dfrac{100 - w(Zn)_{\%}}{M_{Sn}}}$$

$$w(\text{Zn})_{\%}=\frac{100}{\frac{M_{\text{Sn}}}{M_{\text{Zn}}}\times\frac{1}{x(\text{Zn})}+\left(1-\frac{M_{\text{Sn}}}{M_{\text{Zn}}}\right)}=\frac{100}{\frac{118.7}{65.4}\times\frac{1}{x(\text{Zn})}+\left(1-\frac{118.7}{65.4}\right)}$$

三种不同标准态下 Zn 的活度和活度系数见表 1-2-5。

表 1-2-5 Sn-Zn 系 Zn 的活度及活度系数

$x[\text{Zn}]$	0.050	0.100	0.150	0.200	0.300	0.400	0.500
p_{Zn}/Pa	0.551×10^{-2}	1.086×10^{-2}	1.605×10^{-2}	2.124×10^{-2}	3.114×10^{-2}	3.992×10^{-2}	4.744×10^{-2}
$a_{\text{Zn(R)}}$	0.069	0.136	0.201	0.266	0.390	0.500	0.594
γ_{Zn}	1.38	1.36	1.34	1.33	1.30	1.25	1.20
$a_{\text{Zn(H)}}$	0.050	0.099	0.146	0.193	0.283	0.363	0.431
$f_{\text{Zn(H)}}$	1.00	0.99	0.97	0.965	0.943	0.907	0.863
$a_{\text{Zn(\%)}}$	2.755	5.43	8.025	10.62	15.57	19.96	23.72
$w[\text{Zn}]_{\%}$	2.82	5.76	8.86	12.11	19.10	26.86	35.51
$f_{\text{Zn(\%)}}$	0.98	0.94	0.91	0.88	0.82	0.74	0.67

1.2.4.2 分配定律法

当一种物质 i 溶解于两个互不相溶的溶液 A 和 B 中，达到平衡后，根据多相体系的平衡条件，有

$$\mu_{i(\text{A})}=\mu_{i(\text{B})} \tag{1-2-49}$$

因

$$\mu_{i(\text{A})}=\mu_{i(\text{A})}^{\ominus}+RT\ln a_{i(\text{A})}$$

$$\mu_{i(\text{B})}=\mu_{i(\text{B})}^{\ominus}+RT\ln a_{i(\text{B})}$$

代入式（1-2-49）得

$$RT\ln\frac{a_{i(\text{A})}}{a_{i(\text{B})}}=\mu_{i(\text{B})}^{\ominus}-\mu_{i(\text{A})}^{\ominus}$$

即

$$L_i=\frac{a_{i(\text{A})}}{a_{i(\text{B})}}=\exp\left[\frac{\mu_{i(\text{B})}^{\ominus}-\mu_{i(\text{A})}^{\ominus}}{RT}\right] \tag{1-2-50}$$

上式表示，在恒温恒压下，若一种物质 i 溶解于两个同时存在的互不相溶的溶液 A 和 B 中，当体系达到平衡时，该物质在两溶液中的活度之比为常数。因此若已知物质 i 在一相中的活度，就可据此求出该物质在另一相中的活度。

式中 L_i 与活度标准态的选择有关。如果物质 i 在两相中的活度都是选择纯物质为标准态，则有

$$\mu_{i(\text{A})}^{\ominus}=\mu_{i(\text{B})}^{\ominus}$$

则

$$L_i=\frac{a_{i(\text{A})}}{a_{i(\text{B})}}=1$$

即

$$a_{i(\text{A})}=a_{i(\text{B})}$$

若选择不同的标准态时，则 $\mu_{i(\text{A})}^{\ominus}\neq\mu_{i(\text{B})}^{\ominus}$，$L_i\neq1$，此时计算活度还需要已知 L_i 值。因为

L_i是只与温度有关，而与浓度无关的常数，因此可以通过物质 i 在两相中形成稀溶液时的浓度比求得。在稀溶液中，分配定律可表示为

$$L_i = c_{i(A)}/c_{i(B)}$$

【例 1-9】 在 1873 K，与纯氧化亚铁渣平衡的铁液中氧的质量百分数为 0.211。试验测得与组成为 $w(CaO) = 41.93\%$，$w(MgO) = 2.74\%$，$w(SiO_2) = 42.58\%$，$w(FeO) = 10.97\%$，$w(Fe_2O_3) = 1.79\%$的炉渣平衡的铁液中氧的质量分数为 0.048%。试计算此渣内 FeO 的活度及活度系数。

解：氧在炉渣和铁液间的平衡关系为：

$$(FeO) \Longrightarrow [O] + [Fe]$$

反应的平衡常数

$$K = \frac{a_{[O]} \cdot a_{[Fe]}}{a_{(FeO)}}$$

炉渣中 FeO 的活度以纯物质为标准态；铁液中氧活度以 1%（质量分数）溶液为标准态，因氧在铁液中形成稀溶液，故 $a_{[O]} = w[O]_{\%}$；铁以纯物质为标准态，因 $x[Fe] \to 1$，所以，$a[Fe] = x[Fe] = 1$。于是氧在炉渣和铁液间的分配比：

$$L_O = \frac{w[O]_{\%}}{a_{(FeO)}}$$

铁液与纯氧化铁渣平衡时，$a_{(FeO)} = 1$，而 $w[O]_{\%} = 0.211$，故

$$L_O = \frac{w[O]_{\%}}{a_{(FeO)}} = 0.211$$

当铁液与试验中的炉渣平衡时，$w[O]_{\%} = 0.048$。则

$$a_{(FeO)} = \frac{w[O]_{\%}}{L_O} = \frac{0.048}{0.211} = 0.227$$

取 100 g 炉渣作为炉渣组元物质的量（mol）的计算基准，由炉渣组成可得：

$$n(CaO) = 41.93/56 = 0.749,\ n(MgO) = 2.74/40 = 0.069$$

$$n(SiO_2) = 42.58/60 = 0.710,\ n(FeO) = 10.97/72 = 0.152$$

$$n(Fe_2O_3) = 1.79/160 = 0.011,\ \sum n = 1.691$$

所以

$$x(FeO) = 0.152/1.691 = 0.090$$

因此

$$\gamma_{(FeO)} = \frac{w[O]_{\%}}{L_O \cdot x(FeO)} = 2.52$$

1.2.4.3 化学平衡法

利用化学平衡试验测定平衡常数，以求溶液组元的活度是钢铁冶金中常用的方法之一。如铁液中的 C、S、O 等的活度，都可通过气相和金属铁液之间反应的平衡常数和平衡气相分压测定求出。如对于化学反应 $CO_2+[C]=2CO$、$H_2+[S]=H_2S$，可利用化学平衡法确定溶液中组元［C］、［S］的活度。

例如 CO_2、CO 与溶解于铁液中 C 的化学反应 $CO_2+[C]=2CO$ 计算溶液中［C］的活度。

（1）若以1%（质量分数）溶液为标准态

$$K = \frac{p_{CO}^2}{p_{CO_2}} \times \frac{1}{a_{[C]}} = \frac{p_{CO}^2}{p_{CO_2}} \times \frac{1}{f_C \cdot w[C]_{\%}} = \frac{p_{CO}^2}{p_{CO_2} \cdot w[C]_{\%}} \times \frac{1}{f_C} = K' \times \frac{1}{f_C}$$

式中：

$$K' = \frac{p_{CO}^2}{p_{CO_2} \cdot w[C]_{\%}}$$

［C］活度计算方法如下：

计算不同 $w[C]_{\%}$ 及 $\frac{p_{CO}^2}{p_{CO_2}}$ 下的 K'，当 $w[C]_{\%} \to 0$ 时，$f_C = 1$，$K' = K^{\ominus}$，$\lg K' = \lg K$，以 $\lg K'$-$w[C]_{\%}$ 作图为一直线，直线外延到 $w[C]_{\%} = 0$ 的截距 $\lg K' = \lg K$，则 $K' = K$ 即可求出。

即：

$$a_{[C]} = \frac{p_{CO}^2}{p_{CO_2} \cdot K}$$

（2）若以纯物质为标准态

当 $w[C]_{\%}$ 达到饱和时，气相中 $p_C = p_C^*$，$a_{[C]} = \frac{p_C}{p_C^*} = \frac{p_C^*}{p_C^*} = 1$

当 $w[C]_{\%} = w[C]_{\%饱和}$ 时：

$$K = \left(\frac{p_{CO}^2}{p_{CO_2}}\right)_{碳饱和} \times \frac{1}{a_{[C]饱和}} = \left(\frac{p_{CO}^2}{p_{CO_2}}\right)_{碳饱和}$$

平衡常数确定后：

$$a_{[C]} = \frac{p_{CO}^2}{p_{CO_2}} \times \frac{1}{K}$$

【例 1-10】 在 1813 K 时，用 CO、CO_2 混合气体与铁液中溶解的碳反应：$CO_2 + [C] = 2CO$，测得不同浓度的 $(p_{CO}^2/p_{CO_2})_平$ 比值如表 1-2-6 所示，试计算碳的活度及活度系数。

表 1-2-6 反应 $CO_2 + [C] = 2CO$ 平衡时的 p_{CO}^2/p_{CO_2}

$w[C]_{\%}$	0.100	0.216	0.425	0.640	1.06	2.92	5.20（饱和）
p_{CO}^2/p_{CO_2}	43	93	191	292	525	2930	15300

解：

（1）以纯石墨为标准态时，可将溶解态的［C］看作纯石墨。

$$CO_2 + C_{(石)} = 2CO$$

$$\Delta G^{\ominus} = 166550 - 171T \text{ J/mol}$$

因为：

$$\Delta G^{\ominus} = -RT\ln K$$

所以：

$$\lg K = -\frac{166550 - 171T}{19.147T} = -\frac{166550}{19.147 \times 1813} + \frac{171}{19.147} = 4.133$$

$$K = 13583$$

$$a_{[C](R)} = \frac{p_{CO}^2}{p_{CO_2}} \times \frac{1}{K} = \frac{p_{CO}^2}{p_{CO_2}} \times \frac{1}{13583}$$

$$\gamma_{[C]} = \frac{p_{CO}^2}{p_{CO_2}} \times \frac{1}{13583} \times \frac{1}{x[C]}$$

$$x[C] = \frac{\frac{w[C]_\%}{12}}{\frac{w[C]_\%}{12} + \frac{w[Fe]_\%}{55.85}} = \frac{\frac{w[C]_\%}{12}}{\frac{w[C]_\%}{12} + \frac{100 - w[C]_\%}{55.85}}$$

将相应的 $w[C]_\%$ 代入上式计算出 $x[C]$，再代入 $a_{[C](R)}$ 及 $\gamma_{[C]}$，即可求得 $a_{[C](R)}$ 及 $\gamma_{[C]}$。

此外，平衡常数也可由表中数据直接得出，当 $w[C]_{\%饱和} = 5.20$ 时，$a_{[C](R)} = 1$，

$$K = \frac{p_{CO}^2}{p_{CO_2}} \times \frac{1}{a_{[C]}} = 15300$$

然后根据上面方法求出 $a_{[C](R)}$ 及 $\gamma_{[C]}$。

（2）以1%（质量分数）溶液为标准态时

$$CO_2 + [C] \Longrightarrow 2CO$$

$$K = \frac{p_{CO}^2}{p_{CO_2}} \times \frac{1}{a_{[C](\%)}} = \left(\frac{p_{CO}^2}{p_{CO_2}} \times \frac{1}{w[C]_\%}\right) \times \frac{1}{f_C} = K' \times \frac{1}{f_C}$$

以 $\lg K'$-$w[C]_\%$ 作图，直线外延到 $w[C]_\% = 0$ 的截距，$\lg K' = \lg K^\ominus = 2.623$

则：

$$K' = K = 420$$

$$a_{[C](\%)} = \frac{p_{CO}^2}{p_{CO_2}} \times \frac{1}{420}$$

$$f_C = \frac{p_{CO}^2}{p_{CO_2}} \times \frac{1}{420} \times \frac{1}{w[C]_\%}$$

将相应的 $w[C]_\%$ 及 $\frac{p_{CO}^2}{p_{CO_2}}$ 代入，即可求出 $a_{[C](\%)}$ 及 $f_{[C]}$。

【例 1-11】 计算 1600 ℃下铁液中 S 的活度。以不同配比的 H_2S-H_2 混合气体与铁液反应，达到平衡后，分析铁中的 S 含量，如表 1-2-7 中数据。

表 1-2-7　1600 ℃时 Fe-S 体系中 S 的活度

p_{H_2S}/p_{H_2}	$w[S]_\%$	K'	$f_S = K'/K^\ominus$	a_S
0.65×10^{-3}	0.25	2.6×10^{-3}	0.98	0.25
1.3×10^{-3}	0.5	2.6×10^{-3}	0.98	0.49
2.5×10^{-3}	1.0	2.5×10^{-3}	0.94	0.94
4.7×10^{-3}	2.0	2.35×10^{-3}	0.88	1.76
6.6×10^{-3}	3.0	2.2×10^{-3}	0.83	2.49
8.2×10^{-3}	4.0	2.1×10^{-3}	0.79	3.16

铁液与气体之间的反应为：

$$[S] + H_2(g) \Longrightarrow H_2S(g)$$

平衡常数

$$K=\frac{P_{H_2S}}{P_{H_2}\cdot a_{[S]}}$$

铁液中 S 含量很低，故可以选择 1%（质量分数）溶液为 a_S 的标准态。则 $a_{[S]}=f_S w[S]_{\%}$。当 S 在铁液中形成稀溶液时，$f_S=1$，$a_{[S]}=w[S]_{\%}$。平衡常数可写为：

$$K=\frac{p_{H_2S}}{p_{H_2}}\cdot\frac{1}{f_S w[S]_{\%}}=K'\cdot\frac{1}{f_S}$$

式中

$$K'=\frac{p_{H_2S}}{p_{H_2}}\cdot\frac{1}{w[S]_{\%}}$$

试验中由给定的 p_{H_2S}/p_{H_2} 和测定的 $w[S]_{\%}$ 即可求出 K'，结果列于表 1-2-7 中。由表中 K' 数据可知，K' 随 $w[S]_{\%}$ 变化。当 $w[S]_{\%}\to 0$ 时，$f_S\to 1$，由上式知 $K'\to K^{\ominus}$。由此可以作 K'-$w[S]_{\%}$ 关系曲线如图 1-2-3 所示。将曲线外推到 $w[S]_{\%}\to 0$ 处，所得的 $K'=K^{\ominus}=2.65\times 10^{-3}$。于是就可以利用 K-K' 关系及 $a_S=f_S w[S]_{\%}$ 求出 f_S 和 a_S，结果也列于表 1-2-6 中。

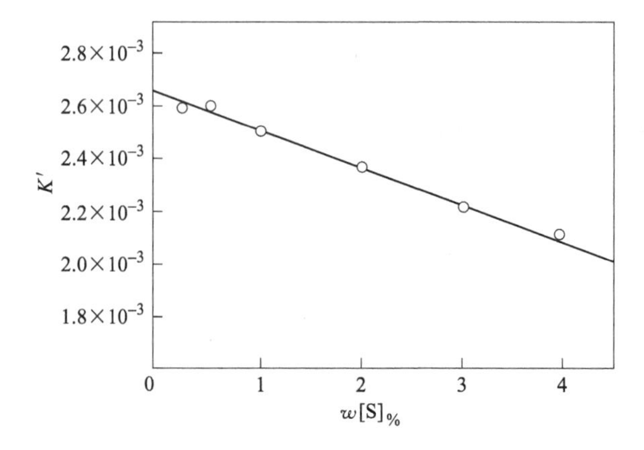

图 1-2-3 Fe-S 体系求 K 的方法图

1.2.4.4 电动势法

由浓差电池电动势测定计算溶液组元的活度方法已被冶金工作者广泛应用。利用该方法可以测定金属溶液、合金、熔渣等体系中组元的活度。浓差电池电解质可以是熔盐，也可以是固体电解质。其中固体电解质浓差电池由于使用方便、耐高温、测量结果稳定可靠，因此应用更为普遍。

通过固体电解质浓差电池电动势计算活度，其原理和方法由钢液中氧活度的测定和计算为例来说明。测定钢液中氧活度的固体电解质电池可表示为：

$$(-)\,Mo,Cr+Cr_2O_3\,|\,ZrO_2(MgO)\,|\,[O],Mo(+)$$

电极反应为：

正极 $$\frac{1}{3}Cr_2O_3+2e=\!=\!=\frac{2}{3}Cr(s)+O^{2-}$$

负极 $$O^{2-}=\!=\!=[O]+2e$$

两电极反应相加得出电池反应：

$$\frac{1}{3}Cr_2O_3 = \frac{2}{3}Cr(s) + [O]$$

电池反应的自由能变化为：

$$\Delta G = \Delta G^{\ominus} + RT\ln a_{[O]} \tag{1-2-51}$$

上述电池中，由于两电极氧的化学位不同而使氧由化学位高的一极经氧化锆固体电解质迁移到低化学位端。由热力学原理知，恒温恒压下体系自由能的减少等于体系对外界所作的最大有用功，即

$$-\Delta G = \delta W'$$

在此，体系对外所作的有用功是电功，即所迁移的电量与电位差的乘积。电池反应过程中，1 mol 原子氧通过电解质迁移时所作的电功为：

$$\delta W' = nEF$$

故：

$$\Delta G = -nEF \tag{1-2-52}$$

式中 E——电池电动势；

F——法拉第常数（96500J/(V·mol)）；

n——迁移的电子数，在此 $n=2$。

因此

$$\Delta G = -2EF$$

代入式（1-2-51）得：

$$\ln a_{[O]} = -\frac{\Delta G^{\ominus}}{RT} - \frac{2EF}{RT} \tag{1-2-53}$$

由反应 $\frac{1}{2}O_2 = [O]$ $\Delta G^{\ominus} = -117040 - 2.884T$

和 $\frac{2}{3}Cr(s) + \frac{1}{2}O_2 = \frac{1}{3}Cr_2O_3(s)$ $\Delta G^{\ominus} = -376952 + 85.48T$

得出以下反应的标准吉布斯自由能：

$$\frac{1}{3}Cr_2O_3 = \frac{2}{3}Cr(s) + [O] \qquad \Delta G^{\ominus} = -259912 - 88.36T$$

代入式（1-2-53）得：

$$\lg a_{[O]} = -\frac{13575 + 10.08E}{T} + 4.62 \tag{1-2-54}$$

【例 1-12】 在 1600 ℃用参比电极（$Cr+Cr_2O_3$）的定氧探头测定钢液中的氧浓度时，测得电池的电动势为 310 mV。电池结构为 Cr，$Cr_2O_3 | ZrO_2+(CaO) | [O]_{Fe}$，已知：

$$\frac{2}{3}Cr(s) + [O] = \frac{1}{3}Cr_2O_3(s), \qquad \Delta G^{\ominus} = -252897 + 85.33T \quad (J/mol)$$

求钢液中的氧浓度。

解：电极反应为：

正极：

$$[O]_{Fe} + 2e = O^{2-} \tag{1}$$

负极：

$$\frac{2}{3}Cr(s) + O^{2-} = \frac{1}{3}Cr_2O_3(s) + 2e \tag{2}$$

由（1）+（2）得电池反应：

$$\frac{2}{3}Cr(s) + [O]_{Fe} = \frac{1}{3}Cr_2O_3(s)$$

$$\Delta G = \Delta G^{\ominus} + RT\ln \frac{a_{Cr_2O_3}^{\frac{1}{3}}}{a_{Cr}^{\frac{2}{3}} \cdot a_{[O]}} = \Delta G^{\ominus} - RT\ln a_{[O]} = - nEF$$

$$\ln a_{[O]} = \frac{\Delta G^{\ominus}}{RT} + \frac{nEF}{RT} = \frac{-252897 + 85.33T}{RT} + \frac{2 \times 0.31 \times 96500}{RT}$$

$$= -\frac{252897}{8.314 \times 1873} + \frac{85.33}{8.314} + \frac{2 \times 0.31 \times 96500}{8.314 \times 1873} = -0.923$$

$$a_{[O]} = 0.119$$

钢液中氧的浓度很低，为稀溶液

$$f_{[O]} = 1$$

$$w[O]_{\%} = \frac{0.119}{1} = 0.119$$

注意：题中电动势单位为 mV，而法拉第常数 F 的单位为 J/V，单位需要换算一致。

1.2.4.5　用 Gibbs-Duhem 方程计算活度

当二元体系一个组元的活度或活度系数已知时，可以利用 Gibbs-Duhem 方程求出另一组元的活度或活度系数。二元溶液体系的 Gibbs-Duhem 方程为：

$$x_1 d\mu_1 + x_2 d\mu_2 = 0$$

因为

$$\mu_i = \mu_i^{\ominus} + RT\ln a_i$$

$$d\mu_i = RT d\ln a_i$$

所以

$$x_1 d\ln a_1 + x_2 d\ln a_2 = 0$$

$$d\ln a_1 = -\frac{x_2}{x_1} d\ln a_2$$

积分得

$$\int_{x_1=1}^{x_1=x_1} d\ln a_1 = -\int_{x_2=0}^{x_2=x_2} \frac{x_2}{x_1} d\ln a_2$$

当 $x_1=1$ 时，$a_1=1$，$d\ln a_1=0$。代入上式得：

$$\ln a_1 = -\int_{x_2=0}^{x_2=x_2} \frac{x_2}{1-x_2} d\ln a_2 \tag{1-2-55}$$

或用常用对数表示：

$$\lg a_1 = -\int_{x_2=0}^{x_2=x_2} \frac{x_2}{1-x_2} d\lg a_2$$

以 $x_2/(1-x_2)$ 为纵坐标，以 $-\lg a_2$ 为横坐标作图，如图 1-2-4 所示。用图解积分，所得曲线与两个坐标轴所包围的面积为：

$$-\int_{x_2=0}^{x_2=x_2} \frac{x_2}{1-x_2} d\lg a_2$$

若自 $x_2=0$ 到 $x_2=x_2$ 积分（如图 1-2-4 中阴影部分的面积），原则上可以求得不同 x_2 时的 a_1 值。但当 $x_2 \to 0$ 时，$x_2/(1-x_2) \to 0$，$a_2 \to 0$，而 $-\lg a_2 \to \infty$；当 $x_2 \to 1$ 时，$x_2/(1 -$

$x_2) \to \infty$，$a_2 \to 1$，$-\lg a_2 \to 0$。$x_2/(1-x_2)$--$\lg a_2$ 曲线既不与纵坐标轴相交，也不与横坐标轴相交。因此积分限选择 $x_2 \to 1$ 或 $x_2 \to 0$ 时，图解积分都不能得到准确结果，使其应用受到限制。

根据二元溶液体系组元的浓度关系：

$$x_1 + x_2 = 1$$
$$dx_1 + dx_2 = 0$$

则

$$x_1 \frac{d\ln x_1}{x_1} + x_2 \frac{d\ln x_2}{x_2} = 0$$

整理得

$$x_1 d\ln x_1 + x_2 d\ln x_2 = 0$$

与 Gibbs-Duhem 方程比较

$$x_1 d\ln a_1 + x_2 d\ln a_2 = 0$$

得出

$$x_1 d\ln\gamma_1 + x_2 d\ln\gamma_2 = 0 \tag{1-2-56}$$

上式为用活度系数表示的 Gibbs-Duhem 方程，移项并积分得：

$$\int_{x_1=1}^{x_1=x_1} d\ln\gamma_1 = -\int_{x_2=0}^{x_2=x_2} \frac{x_2}{1-x_2} d\ln\gamma_2 \tag{1-2-57}$$

当 $x_1=1$ 时，$\gamma_1=1$，$\ln\gamma_1=0$，故

$$\ln\gamma_1 = -\int_{x_2=0}^{x_2=x_2} \frac{x_2}{1-x_2} d\ln\gamma_2 \tag{1-2-58}$$

或用常用对数表示：

$$\lg\gamma_1 = -\int_{x_2=0}^{x_2=x_2} \frac{x_2}{1-x_2} d\lg\gamma_2$$

以 $x_2/(1-x_2)$ 对 $-\lg\gamma_2$ 作图（见图 1-2-5），用图解积分法可以求得 γ_1。当 $x_2 \to 0$ 时，$x_2/(1-x_2) \to 0$，而 $-\lg\gamma_2 \to -\lg\gamma_2^0$（确定值），曲线可与横坐标轴相交，积分式有确定值，即可求出 $\lg\gamma_1$ 和 γ_1 值。但当 $x_2 \to 1$ 时，$x_2/(1-x_2) \to \infty$，则曲线不与纵坐标轴相交，故仍然难以求出准确的图解积分值。需要应用其他方法计算活度。

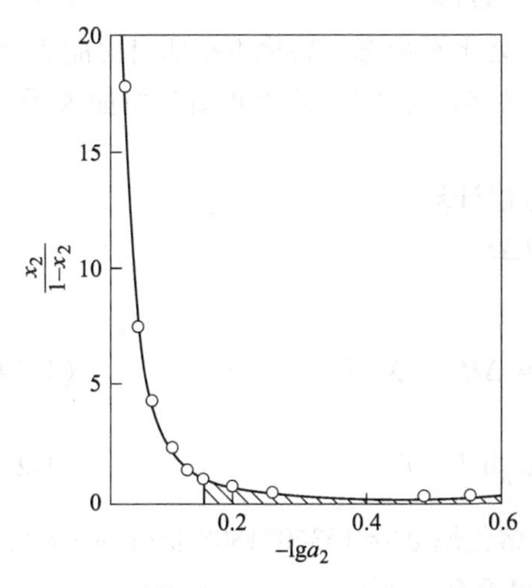

图 1-2-4 二元体系 $x_2/(1-x_2)$ 与 $-\lg a_2$ 的关系图

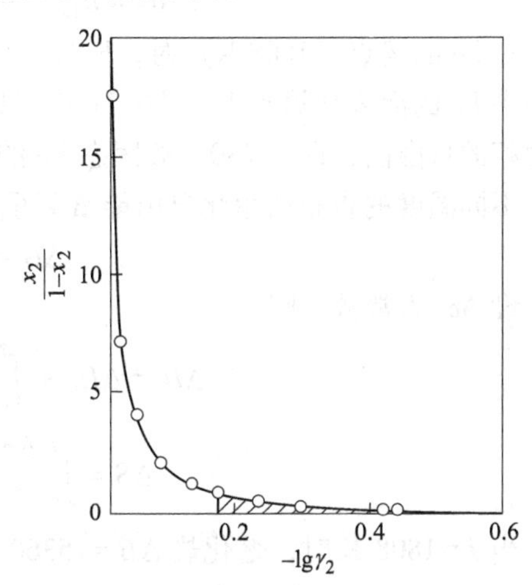

图 1-2-5 二元体系 $x_2/(1-x_2)$ 与 $-\lg\gamma_2$ 的关系图

1.2.4.6 由二元相图求活度

若已知二元相图，则可利用下列方法计算活度。

A 熔化吉布斯自由能法

该方法是先求出不同组成的溶液在液相线温度下溶剂的活度，再用一定的关系计算出不同组成的溶液在同一温度下溶剂的活度。现以 Fe-S 二元相图计算体系中 Fe 的活度为例说明计算原理和方法。

图 1-2-6 为 Fe-S 二元系相图，也可看作 Fe-FeS 二元相图，含 $w(S)=36.5\%$ 的组成相当于 $w(FeS)=100\%$。Fe 的熔化反应为：

$$Fe(s) \longrightarrow Fe(l)$$

取纯液态 Fe 为标准态，则固态 Fe 的化学位由两部分组成，即

$$\mu_{Fe(s)} = \mu^{\ominus}_{Fe(l)} + RT\ln a_{Fe(s)}$$

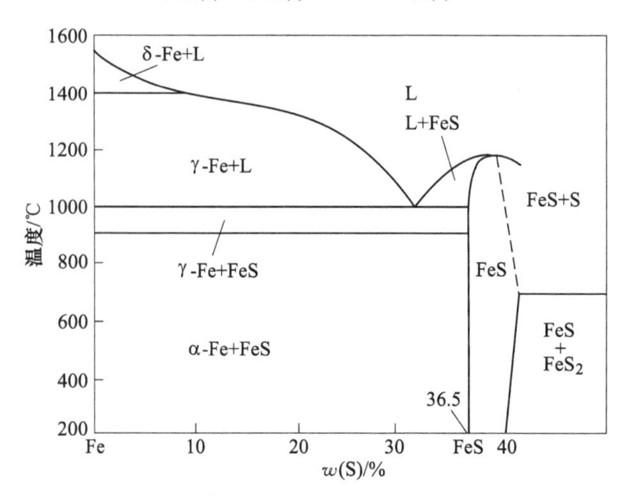

图 1-2-6 Fe-S 二元系相图

熔化吉布斯自由能：

$$\Delta G = \mu^{\ominus}_{Fe(l)} - \mu_{Fe(s)} = -RT\ln a_{Fe(s)} \tag{1-2-59}$$

在 Fe 的熔点（1808 K）时，Fe(s) 和 Fe(l) 处于平衡态，熔化吉布斯自由能 $\Delta G=0$，两相中 Fe 的活度均等于 1。但在 Fe 熔点以下时，液相不稳定，其吉布斯自由能大于同温度固相的自由能，即 $\Delta G>0$，故固态 Fe 的活度<1。

不同温度的吉布斯熔化自由能 ΔG 可由以下方法计算：

$$\Delta G = \Delta H - T\Delta S$$

设 Δc_p 为常数，则

$$\Delta H = \Delta H_0 + \int_0^T \Delta c_p \mathrm{d}T \approx \Delta H_0 + \Delta c_p T \tag{1-2-60}$$

$$\Delta S = \int_0^T \frac{\Delta c_p}{T}\mathrm{d}T \approx \Delta c_p \ln T + C \tag{1-2-61}$$

当 $T=1808$ K 时，熔化热 $\Delta H=15360$ J/mol，熔化熵 $\Delta S=15360/1808$ J/(mol · K)，而 $\Delta c_p=1.26$ J/(mol · K)。代入式（1-2-60）和式（1-2-61）得：

$$\Delta H_0 = 13096 \text{ J/mol} \qquad C = -0.912$$

故 $$\Delta H = 13096 + 1.26T \qquad \Delta S = 1.26\ln T - 0.912$$

$$\Delta G = 13096 + 2.17T - 1.26T\ln T$$

$$\Delta G = 13096 + 2.17T - 1.26T\ln T = \mu^{\ominus}_{Fe(l)} - \mu_{Fe(s)} = -RT\ln a_{Fe(s)} \tag{1-2-62}$$

在液相线上，任一浓度的溶液与该温度下析出的固相处于平衡，组元在两相中的化学位相等。当取同一标准态时，组元在两相中的活度相同，即溶液内溶剂 Fe 的活度与固态 Fe 的活度相等。因此利用式（1-2-62）可以计算出沿液相线任何温度下溶液内 Fe 的活度。表 1-2-8 中给出了计算结果 $\lg a_{Fe(s)}$。

由 Fe-FeS 相图可查得液相线温度和 $w[S]_{\%}$，通过浓度关系计算得 x_{Fe} 及 x_{Fe}/x_{FeS}，这些数据列于表 1-2-8 中。液相线温度下 Fe 的活度系数为：

$$\gamma_{Fe(s)} = \frac{a_{Fe(s)}}{x_{Fe(s)}}$$

取对数得 $$\lg\gamma_{Fe(s)} = \lg a_{Fe(s)} - \lg x_{Fe(s)}$$

为了计算其他温度下的 $\lg a_{Fe(s)}$ 及 $\lg\gamma_{Fe(s)}$，假设 Fe-FeS 溶液为正规溶液。则由正规溶液理论，$\ln\gamma_{Fe(s)}$ 与 T 的关系为：

$$RT\ln\gamma_{Fe(s)} = bx_{FeS}^2$$

式中，b 是与温度无关的常数，可以从已知温度和组成时的 $\ln\gamma_{Fe(s)}$ 求得。利用此式再计算出不同温度下的 $\lg\gamma_{Fe(s)}$。表 1-2-8 中给出了 1500 ℃和 1600 ℃的 $\lg\gamma_{Fe(s)}$ 值。以一定温度下的 $\lg\gamma_{Fe(s)}$ 对 $x_{Fe(s)}^2$ 作图，如图 1-2-7 所示。用外推法求得 $x_{Fe(s)} = 1$，即 $w[S]_{\%} = 36.5$ 时的 $\lg\gamma_{Fe(s)}$ 值，即为纯 FeS 熔体中 Fe 的活度系数的对数值。

表 1-2-8　Fe-FeS 溶液中 Fe 的活度

液相线温度/℃	$w[S]_{\%}$	$\lg a_{Fe(s)}$	x_{Fe}	$\frac{x_{Fe}}{x_{FeS}}$	$\lg\gamma_{Fe(s)}$		
					液相线温度/℃	1500 ℃	1600 ℃
1	2	3	4	5	6	7	8
1535	0	0	1.0	∞	0.0	—	—
1400	6.9	-0.035	0.870	6.70	0.025	0.024	0.022
1350	15.0	-0.050	0.693	2.25	0.109	0.100	0.094
1300	22.0	-0.066	0.508	1.03	0.228	0.200	0.191
1200	26.4	-0.099	0.374	0.60	0.328	0.272	0.258
1100	29.1	-0.138	0.284	0.40	0.409	0.317	0.300
988	31.0	-0.185	0.216	0.27	0.481	0.343	0.324
外推值	36.5	—	0.0	0.00	—	0.433	0.410

对有固溶体的二元相图，计算活度时需要修正。因为由以上方法计算的活度为纯溶剂固体的活度，而不是固溶体的活度。若溶质含量不太高时，假定其服从拉乌尔定律，则固溶体中溶剂 A 的活度 a_A 为：

$$a_A = a_{A(s)}x_A$$

式中　x_A ——固溶体中溶剂的摩尔分数；

$a_{A(s)}$ ——固体纯溶剂的活度。

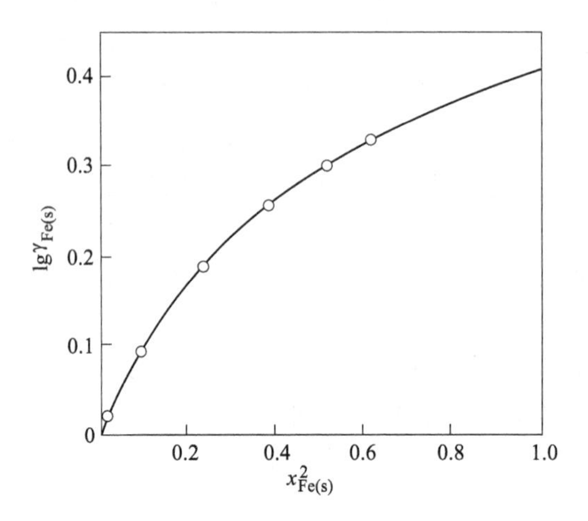

图 1-2-7　Fe-S 体系 Fe(s) 的活度系数（1600 ℃）

B　熔点下降法

溶液中由于溶质存在，其熔点较纯溶剂的熔点要低。如果测定出某一组成溶液的熔点，则可计算出该溶液内溶剂的活度。

取纯液态溶剂为标准态，设 T_m为纯溶剂的熔点，T 为某组成溶液的熔点，则溶液中所析出固体溶剂的活度为：

$$a_{(s)} = \frac{p_{(s)}}{p^{\ominus}_{(1)}} \tag{1-2-63}$$

或
$$\ln a_{(s)} = \ln p_{(s)} - \ln p^{\ominus}_{(1)} \tag{1-2-64}$$

在恒压恒组成下，将上式对温度微分：

$$\left(\frac{\partial \ln a_{(s)}}{\partial T}\right)_{p,C} = \left(\frac{\partial \ln p_{(s)}}{\partial T}\right)_{p,C} - \left(\frac{\partial \ln p^{\ominus}_{(1)}}{\partial T}\right)_{p,C}$$

由等压方程式知：

$$\left(\frac{\partial \ln p_{(s)}}{\partial T}\right)_{p,C} = \frac{\Delta H_f}{RT^2}$$

$$\left(\frac{\partial \ln p^{*}_{(1)}}{\partial T}\right)_{p,C} = \frac{\Delta H_V}{RT^2}$$

所以
$$\left(\frac{\partial \ln a_{(s)}}{\partial T}\right)_{p,C} = \frac{\Delta H_f}{RT^2} - \frac{\Delta H_V}{RT^2}$$

式中，ΔH_f和 ΔH_V分别为固体的升华热和液体的蒸发热。则纯溶剂的熔化热为：

$$\Delta H_m = \Delta H_f - \Delta H_V$$

则
$$\left(\frac{\partial \ln a_{(s)}}{\partial T}\right)_{p,C} = \frac{\Delta H_m}{RT^2}$$

或
$$\mathrm{d}\ln a_{(s)} = \frac{\Delta H_m}{RT^2}\mathrm{d}T \tag{1-2-65}$$

上式积分得：
$$\int_1^{a_{(s)}} \mathrm{dln}a_{(s)} = \int_{T_m}^{T} \frac{\Delta H_m}{RT^2}\mathrm{d}T$$

当温度变化不太大时，ΔH_m可以认为是常数，则

$$\ln a_{(s)} = -\frac{\Delta H_m}{R}\left(\frac{1}{T} - \frac{1}{T_m}\right) = -\frac{\Delta H_m(T_m - T)}{RTT_m} \tag{1-2-66}$$

由式（1-2-66）可计算任一温度下，从溶液中析出的纯固体溶剂的活度，其值等于同一温度下，与固相平衡的溶液中溶剂的活度。

1.3 标准溶解吉布斯自由能

在高温冶金中，参加化学反应的物质有些是以溶解状态存在于金属液或熔渣中的。例如，铁液中［Si］的氧化可用下列反应式表示：

$$[Si] + O_2 = (SiO_2)$$

即溶解于铁液中的［Si］氧化形成的SiO_2溶解于炉渣中。这种反应的标准吉布斯自由能变量与由纯物质态参加的化学反应 $Si(l) + O_2 = SiO_2(s)$ 的标准吉布斯自由能变量不一定相同。这是因为在上述两个反应中 Si 和［Si］、SiO_2和（SiO_2）存在的状态不同。它们所具有的标准吉布斯自由能不尽相同，从而两反应的 $\Delta_r G_m^{\ominus}$ 也不尽相同。而前一反应中的溶解态［Si］和（SiO_2）的吉布斯自由能，包含了由它们的纯液态物质标准态转变为溶解标准态的吉布斯自由能变量的所谓标准溶解吉布斯自由能。因此，利用组分的标准溶解吉布斯自由能，就可计算有溶液参加的高温多相化学反应的 $\Delta_r G_m$。

1.3.1 标准溶解吉布斯自由能的计算

定义：标准溶解吉布斯自由能（$\Delta G_{[i]}^{\ominus}$）：某纯组分（固态、液态或气态）溶解于溶剂中，形成标准溶液时吉布斯自由能的变化值。其数值与溶解的标准态有关。

注意：溶解前常以纯物质为标准态，溶解后常选 1%（质量分数）溶液为标准态。

物质在溶解前是纯态（固态、气态或液态的纯物质），其标准态自然是纯物质。物质溶解到溶液中后，溶解态的标准态通常有三种选择法。

（1）形成纯物质标准溶液的标准溶解吉布斯自由能。对于纯物质的溶解：$i = [i]_R$

$$\Delta G_{[i]}^{\ominus} = \overline{G}_{[i]} - G_i^{\ominus} = \mu_{[i]} - \mu_i^{\ominus} = (\mu_i^{\ominus}(T) + RT\ln p_{[i]}) - (\mu_i^{\ominus}(T) + RT\ln p_i^*)$$
$$= RT\ln p_{[i]} - RT\ln p_i^* = RT\ln\frac{p_{[i]}}{p_i^*} \tag{1-3-1}$$

式中 $p_{[i]}$——溶解组分［i］的蒸气压；

p_i^*——纯组分 i 的蒸气压。

当组分 i 溶解形成纯物质标准溶液时，$p_{[i]} = p_i^*$，从而 $\Delta G_{[i]}^{\ominus} = RT\ln 1 = 0$。

因此，物质溶解前后，如两者的标准态完全相同，则物质的标准溶解吉布斯自由能为零。

（2）形成假想纯物质标准溶液的标准溶解吉布斯自由能。对于纯物质的溶解：$i = [i]_H$

$$\Delta G_{[i]}^{\ominus} = RT\ln \frac{p_{[i]}}{p_i^*}$$

$$p_{[i]} = k_{H(x)} \cdot x_i = k_{H(x)}$$

故
$$\Delta G_{[i]}^{\ominus} = RT\ln \frac{k_{H(x)}}{p_i^0} = RT\ln\gamma_i^0 \tag{1-3-2}$$

（3）形成 1%（质量分数）标准溶液的标准溶解吉布斯自由能。对于纯物质的溶解：$i = [i]_{\%}$

$$\Delta G_{[i]}^{\ominus} = RT\ln \frac{p_{[i]}}{p_i^*}$$

$$p_{[i]} = k_{H(\%)} \cdot w_{i,\%} = k_{H(\%)}$$

故
$$\Delta G_{[i]}^{\ominus} = RT\ln \frac{k_{H(\%)}}{p_i^*} = RT\ln\left(\frac{M_j}{100M_i} \cdot k_{H(x)}\right) \Big/ p_i^*$$

$$= RT\ln\left(\frac{M_j}{100M_i} \cdot \gamma_i^0\right) \tag{1-3-3}$$

对于溶解于铁液中的组元 i：$M_j = 55.85$

$$\Delta G_{[i]}^{\ominus} = RT\ln\left(\frac{55.85}{100M_i} \cdot \gamma_i^0\right) = RT\ln\gamma_i^0 + RT\ln\frac{55.85}{100M_i} = A + BT \tag{1-3-4}$$

利用试验测定的 γ_i^0，由 $\Delta G_{[i]}^{\ominus} = RT\ln\left(\frac{M_j}{100M_i} \cdot \gamma_i^0\right)$ 计算 $\Delta G_{[i]}^{\ominus}$。

γ_i^0 不仅是不同标准态活度之间的转换系数，也是计算标准溶解吉布斯自由能的主要数据。表 1-3-1 所示为铁液内元素 i 在 1873 K 下的 γ_i^0 值及标准溶解吉布斯自由能 $\Delta G_{[i]}^{\ominus}$ 的二项式，溶解元素的标准态为 1%（质量分数）溶液。

表 1-3-1　元素 i 在铁液中的 γ_i^0 值及标准溶解吉布斯自由能 $\Delta G_{[i]}^{\ominus}$

元素 i	γ_i^0（1873 K）	$\Delta G_{[i]}^{\ominus}$/J·mol^{-1}
Ag(l) ══ [Ag]	200	82420−43.76T
Al(l) ══ [Al]	0.029	−63180−27.91T
B(s) ══ [B]	0.022	−65270−21.55T
$C_{(石)}$ ══ [C]	0.57	22590−42.26T
Ca(g) ══ [Ca]	2240	−39500+49.4T
Ce(l) ══ [Ce]	0.032	−54400+46.0T
Co(l) ══ [Co]	1.07	1000−38.74T
Cr(l) ══ [Cr]	1.0	−37.70T
Cr(s) ══ [Cr]	1.14	19250−46.86T
Gu(l) ══ [Cu]	8.6	33470−39.37T
$1/2H_2$ ══ [H]	—	36480+30.48T
Mg(g) ══ [Mg]	91	−78690+70.80T
Mn(l) ══ [Mn]	1.3	4080−38.16T

续表 1-3-1

元素 i	γ_i^0（1873 K）	$\Delta G_{[i]}^{\ominus}$/J·mol^{-1}
Mo(l) ══ [Mo]	1.0	$-42.80T$
Mo(s) ══ [Mo]	1.86	$27610-52.38T$
$1/2N_2$ ══ [N]	—	$3600+23.89T$
Nb(l) ══ [Nb]	1.0	$-42.7T$
Nb(s) ══ [Nb]	1.4	$23000-52.3T$
Ni(l) ══ [Ni]	0.66	$-23000-31.05T$
$1/2O_2$ ══ [O]	—	$-117150-2.89T$
$1/2P_2$ ══ [P]	—	$-122200-19.25T$
Pb(l) ══ [Pb]	1400	$212500-106.3T$
$1/2S_2$ ══ [S]	—	$-135060+23.43T$
Si(l) ══ [Si]	0.0013	$-131500-17.61T$
Ti(l) ══ [Ti]	0.074	$-40580-37.03T$
Ti(s) ══ [Ti]	0.077	$-25100-44.98T$
V(l) ══ [V]	0.08	$-42260-35.98T$
V(s) ══ [V]	0.1	$-20710-45.6T$
W(l) ══ [W]	1.0	$-48.12T$
W(s) ══ [W]	1.2	$31380-63.6T$
Zr(l) ══ [Zr]	0.014	$-80750-34.77T$
Zr(s) ══ [Zr]	0.016	$-64430-42.38T$

表 1-3-1 中的 γ_i^0 按照数值的特征可分为下列几类：

（1）$\gamma_i^0=1$，元素在铁液中形成理想溶液或近似理想溶液，如 Mn、Co、Cr、Nb、W；

（2）$\gamma_i^0 \gg 1$，元素在铁液中的溶解度很小，在高温下挥发能力很大的元素，如 Ca、Mg，因为其 $k_{H(x)} \gg p_i^*$（亨利定律对拉乌尔定律呈很大的正偏差），故 $\gamma_i^0 = k_{H(x)}/p_i^* \gg 1$；

（3）$\gamma_i^0 \ll 1$，元素与铁原子形成稳定的化合物，如 Al、B、Si、Ti、V、Zr 等；

（4）气体溶解前不是液态，而是 100 kPa 的气相，故无 γ_i^0 值；

（5）以固态溶解的元素的 γ_i^0 比以液态溶解的 γ_i^0 值要高些，因为前者的 $\Delta G_{[i]}^{\ominus}$ 中包含元素的熔化吉布斯自由能。

【例 1-13】 液体铬在 1873 K 溶解于铁液中形成 1%（质量分数）溶液时，测得 $\gamma_{Cr}^0=1$，铬的熔点为 2130 K，熔化焓为 19246 J/mol，试求固体铬的标准溶解吉布斯自由能的温度式。

解： 固体铬的溶解过程为： Cr(s) → Cr(l) → [Cr]

$$\mathrm{Cr(s)} = \mathrm{Cr(l)} \qquad \Delta G_m^{\ominus} \tag{1}$$

$$\Delta G_m^{\ominus} = \Delta H_m^{\ominus} - T\Delta S_m^{\ominus} = 19246 - T \times \frac{19246}{2130} = 19246 - 9.04T(\mathrm{J/mol})$$

$$\mathrm{Cr(l)} = [\mathrm{Cr}] \qquad \Delta G_{(\mathrm{Cr,l})}^{\ominus} \tag{2}$$

$$\Delta G^{\ominus}_{(Cr,l)} = RT\ln\left(\gamma^0_{Cr} \times \frac{M_{Fe}}{100M_{Cr}}\right) = 19.147T\lg\gamma^0_{Cr} + 19.147T\lg\left(\frac{55.85}{100 \times 52}\right)$$

$$= 19.147 \times 1873\lg1 + 19.147T\lg\left(\frac{55.85}{100 \times 52}\right) = -37.70T(\text{J/mol})$$

$$\Delta G^{\ominus}_{(Cr,s)} = \Delta G^{\ominus}_{m} + \Delta G^{\ominus}_{(Cr,l)} = 19246 - 9.04T - 37.70T = 19246 - 46.74T(\text{J/mol})$$

【例 1-14】 硅在铁液中的溶解焓由量热计测得为 $\Delta H^{\ominus}_{[Si]}=-131766\text{J/mol}$，1873 K 时的 $\gamma^0_{Si}=0.0013$，试计算硅溶解的标准吉布斯自由能与温度的关系式。

解：

$$\Delta G^{\ominus}_{[Si]} = RT\ln\left(\frac{M_j}{100M_i}\cdot\gamma^0_i\right) = RT\ln\left(\frac{M_{Fe}}{100M_{Si}}\cdot\gamma^0_{Si}\right)$$

$$= 19.147 \times 1873 \times \lg\left(\frac{55.85}{100 \times 28} \times 0.0013\right) = -164472\text{J/mol}$$

测得　$\Delta H^{\ominus}_{[Si]} = -131766\text{J/mol}$

因为　$\Delta G^{\ominus}_{[Si]} = \Delta H^{\ominus}_{[Si]} - T\Delta S^{\ominus}_{[Si]}$

在 1873 K 时，$-164472=-131766-1873\times\Delta S^{\ominus}_{[Si]}$

$$\Delta S^{\ominus}_{[Si]} = -17.46\text{J/(mol·K)}$$

所以　$\Delta G^{\ominus}_{[Si]} = -131766 + 17.46T \quad (\text{J/mol})$

1.3.2　有溶液参加的反应的标准溶解吉布斯自由能的计算

组分的标准溶解吉布斯自由能是计算有溶解组分参加反应的 $\Delta G^{\ominus}$ 及平衡常数 $K^{\ominus}$ 的基本数据。这种反应的 $\Delta G^{\ominus}$ 是纯物质参加反应的 $\Delta G^{\ominus}_{(纯)}$ 与溶解组分的标准吉布斯自由能 $\Delta G^{\ominus}_{[i]}$ 的线性组合，对于溶液中组元［i］参与的反应，其标准溶解吉布斯自由能不可忽略。

【例 1-15】 试计算熔渣中 SiO_2 被碳还原，形成溶解于铁液中硅的反应的 $\Delta G^{\ominus}$ 值。

解： 反应式：　$(SiO_2) + 2C_{(石)} = [Si] + 2CO$

选标准态：（SiO_2）以纯固态 $SiO_2(s)$ 为标准态、［Si］以 1%（质量分数）溶液为标准态。

已知

$$SiO_2(s) + 2C_{(石)} = Si(l) + 2CO \quad (1)$$

$$\Delta G^{\ominus}_1 = 717550-369.18T \quad (\text{J/mol})$$

$$SiO_2(s) = (SiO_2) \quad (2)$$

$$\Delta G^{\ominus}_2 = 0 \quad (\text{J/mol})$$

$$Si(l) = [Si] \quad (3)$$

$$\Delta G^{\ominus}_3 = -131500 - 17.61T \quad (\text{J/mol})$$

由（1）－（2）＋（3）得（4）：

$$(SiO_2) + 2C_{(石)} = [Si] + 2CO \quad (4)$$

$$\Delta G^{\ominus}_4 = \Delta G^{\ominus}_1 - \Delta G^{\ominus}_2 + \Delta G^{\ominus}_3 = 586050 - 386.79T \quad (\text{J/mol})$$

【例 1-16】 溶解于铁液中的铝 $x[Al]=0.2$，$\gamma_{Al}=0.034$，试计算 1873 K 时，溶解铝分别以①纯液态铝；②假想纯液态铝；③$w[Al]_{\%}=1$ 溶液为标准态时，被氧气（$p_{O_2}=100\text{ kPa}$）氧化的 ΔG。

已知 $\gamma^0_{Al}=0.029(1873\text{ K})$，反应 $2Al(l)+3/2O_2=Al_2O_3(s)$ 的 $\Delta G^{\ominus}=-1682927+323.24T$（J/mol）。

解: $2[Al] + 3/2O_2 = Al_2O_3(s)$ (1) $\Delta G_1^{\ominus}$

已知 $2Al(l) + 3/2O_2 = Al_2O_3(s)$ (2) $\Delta G_2^{\ominus} = -1682927 + 323.24T(J/mol)$

$2Al(l) = 2[Al]$ (3) $\Delta G_3^{\ominus}$

故 $\Delta G_1^{\ominus} = \Delta G_2^{\ominus} - \Delta G_3^{\ominus} = -1682927 + 323.24T - \Delta G_3^{\ominus}$

$$\Delta G = \Delta G_1^{\ominus} + RT\ln\frac{a_{Al_2O_3}}{a_{[Al]}^2 \cdot p_{O_2}^{\frac{3}{2}}} = \Delta G_1^{\ominus} - 2RT\ln a_{[Al]} \qquad p_{O_2} = 1\text{ atm}(1\text{ atm} = 101325\text{ Pa})$$

①纯液态铝为标准态:

$$\Delta G_3^{\ominus} = 0$$

$$\Delta G = \Delta G_1^{\ominus} + RT\ln\frac{a_{Al_2O_3}}{a_{[Al]}^2 \cdot p_{O_2}^{\frac{3}{2}}} = \Delta G_1^{\ominus} - 2RT\ln a_{[Al]}$$

$$\begin{aligned}\Delta G &= \Delta G_1^{\ominus} - 2 \times 19.147T(\lg a_{[Al](R)}) \\ &= -1682927 + 323.24 \times 1873 - 2 \times 19.147 \times 1873(\lg\gamma_{Al} \cdot x[Al]) \\ &= -1077500 - 2 \times 19.147 \times 1873 \times \lg(0.034 \times 0.2) \\ &= -922037\text{ J/mol}\end{aligned}$$

②假想纯液态铝为标准态:

$$\Delta G_3^{\ominus} = 2RT\ln\gamma_{Al}^0 = 2 \times 19.147 \times 1873 \times \lg0.029 = -110284\text{ J/mol}$$

$$\Delta G_1^{\ominus} = \Delta G_2^{\ominus} - \Delta G_3^{\ominus} = -1682927 + 323.24 \times 1873 - (-110284) = -967216\text{ J/mol}$$

因为

$$\frac{a_{Al(H)}}{a_{Al(R)}} = \frac{\dfrac{p_{Al}}{k_{H(x)}}}{\dfrac{p_{Al}}{p_{Al}^*}} = \frac{p_{Al}^*}{k_{H(x)}} = \frac{1}{\gamma_i^0}$$

所以

$$a_{Al(H)} = \frac{a_{Al(R)}}{\gamma_i^0}$$

$$\begin{aligned}\Delta G &= \Delta G_1^{\ominus} - 2RT\ln a_{[Al](H)} = -967216 - 2 \times 19.147 \times 1873\lg\frac{a_{[Al](R)}}{\gamma_{Al}^0} \\ &= -967216 - 2 \times 19.147 \times 1873\lg\frac{0.034 \times 0.2}{0.029} = -921973\text{ J/mol}\end{aligned}$$

③$w[Al] = 1\%$溶液为标准态:

$$\Delta G_3^{\ominus} = 2RT\ln\left(\frac{M_{Fe}}{100M_{Al}} \cdot \gamma_{Al}^0\right) = 2 \times 19.147 \times 1873\lg\left(\frac{55.85}{100 \times 27} \times 0.029\right) = -231093\text{ J/mol}$$

$$\Delta G_1^{\ominus} = \Delta G_2^{\ominus} - \Delta G_3^{\ominus} = -1682927 + 323.24 \times 1873 - (-231093) = -846407\text{ J/mol}$$

$$\frac{a_{Al(\%)}}{a_{Al(R)}} = \frac{\dfrac{p_{Al}}{k_{H(\%)}}}{\dfrac{p_{Al}}{p_{Al}^*}} = \frac{p_{Al}^*}{k_{H(\%)}} = \frac{p_{Al}^*}{\dfrac{M_{Fe}}{100M_{Al}}k_{H(x)}} = \frac{1}{\dfrac{M_{Fe}}{100M_{Al}}\gamma_i^0}$$

$$\Delta G = \Delta G_1^{\ominus} - 2RT\ln a_{[\mathrm{Al}](\%)} = -846407 - 2 \times 19.147 \times 1873\lg\left(\frac{a_{[\mathrm{Al}](\mathrm{R})}}{\frac{55.85}{100 \times 27} \times 0.029}\right)$$

$$= -846407 - 2 \times 19.147 \times 1873 \times \lg\left(\frac{0.034 \times 0.2}{\frac{55.85}{100 \times 27} \times 0.029}\right) = -922021\ \mathrm{J/mol}$$

计算结果：

纯物质标准态：　　$\Delta G = -922037$ J/mol

假想纯物质标准态：　　$\Delta G = -921973$ J/mol

1%（质量分数）溶液标准态：　　$\Delta G = -922021$ J/mol

注意：选不同标准态计算时，ΔG 基本相同，说明有溶液参与反应的 ΔG 值与溶液中组元标准态的选取无关。

1.4　多元溶液中溶质活度的相互作用系数

冶金熔体（熔渣，金属液）均是多元体系，每个溶质组元的活度或活度系数除与自身及溶剂组元的性质有关外，还要考虑各组分之间的相互作用，因此每个组分的活度系数都会因其他组分的存在而改变。例如，由图 1-4-1 可见，在 Fe-C 系内，Si 能提高 C 的活度，Cr 则降低 C 的活度。当铁液中尚有其他元素，如 Mn、P、S 等存在时，C 的活度将有更复杂的变化。对于多组分溶液内组分的活度系数，瓦格纳（C. Wagner）于 1952 年提出了 $\ln\gamma_i$ 函数按泰勒级数展开成组分浓度的多项式，代入试验测定的相互作用系数，就可计算出多元系中组分的活度系数，这种方法称为瓦格纳法。

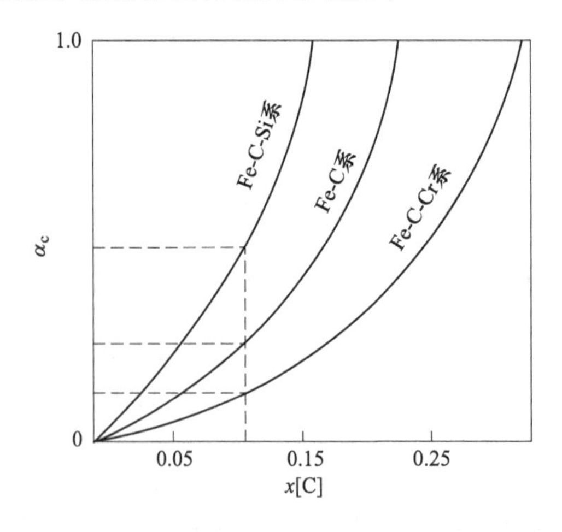

图 1-4-1　Fe-C 系内 Si、Cr 对 C 活度的影响

1.4.1　活度相互作用系数

1.4.1.1　以纯物质为标准态的活度系数 γ_i 的计算方法

对于由 j 个组元组成的多元溶液，其中溶质 i 的活度系数 γ_i，是其他溶质组元浓度的函数：

$$\ln\gamma_i = f(x_2, x_3, \cdots, x_i, \cdots, x_j) \tag{1-4-1}$$

按 Taylor 级数将此函数关系式展开：

$$\ln\gamma_i = \ln\gamma_i^0 + \left(x_2 \cdot \frac{\partial \ln\gamma_i}{\partial x_2} + x_3 \cdot \frac{\partial \ln\gamma_i}{\partial x_3} + \cdots + x_i \cdot \frac{\partial \ln\gamma_i}{\partial x_i} + \cdots + x_j \cdot \frac{\partial \ln\gamma_i}{\partial x_j}\right) + \frac{1}{2}\left(x_2^2 \cdot \frac{\partial^2 \ln\gamma_i}{\partial x_2^2} + 2x_2 \cdot x_3 \cdot \frac{\partial^2 \ln\gamma_i}{\partial x_2 \partial x_3} + x_3^2 \cdot \frac{\partial^2 \ln\gamma_i}{\partial x_3^2} + \cdots\right) + \cdots \tag{1-4-2}$$

当各种溶质组元的浓度很低时，高阶导数可忽略不计，如对于铁液中的溶质组元则有：

$$\ln\gamma_i = \ln\gamma_i^0 + x_2 \cdot \frac{\partial \ln\gamma_i}{\partial x_2} + x_3 \cdot \frac{\partial \ln\gamma_i}{\partial x_3} + \cdots + x_i \cdot \frac{\partial \ln\gamma_i}{\partial x_i} + \cdots + x_j \cdot \frac{\partial \ln\gamma_i}{\partial x_j} \tag{1-4-3}$$

当 $x_j \to 0$ 时，$\frac{\partial \ln\gamma_i}{\partial x_j}$为一常数 ε_i^j，称为组元 j 对 i 的活度相互作用系数。

$$\varepsilon_i^j = \left[\frac{\partial \ln\gamma_i}{\partial x_j}\right]_{x_j \to 0} \tag{1-4-4}$$

式中　ε_i^j——x_1-x_i-x_j 三元系中，当溶剂摩尔分数 x_1 不变时，改变溶液中溶质组元 j 的浓度使 $\ln\gamma_i$ 的值变化。

$$\ln\gamma_i = \ln\gamma_i^0 + x_2\varepsilon_i^2 + x_3\varepsilon_i^3 + \cdots + x_i\varepsilon_i^i + \cdots + x_j\varepsilon_i^j = \ln\gamma_i^0 + \sum_{j=2}^{j} x_j \cdot \varepsilon_i^j \tag{1-4-5}$$

式中　γ_i^0——二元稀溶液中组元 i 以纯物质为标准态的活度系数。

$$\gamma_i^0 = \frac{k_{H(x)}}{p_i^*} \tag{1-4-6}$$

1.4.1.2　以 1%（质量分数）溶液为标准态的活度系数 f_i 的计算方法

溶液组元：1，2，3，…，i，…，j

组元的质量百分数：$w_{1,\%}$，$w_{2,\%}$，$w_{3,\%}$，…，$w_{i,\%}$，…，$w_{j,\%}$

当以 1%（质量分数）溶液为活度的标准态时：

$$\lg f_i = f(w_{2,\%}, w_{3,\%}, \cdots, w_{i,\%}, \cdots, w_{j,\%})$$

$$\left(\frac{\partial \lg f_i}{\partial w_{j,\%}}\right)_{w_{j,\%} \to 0} = e_i^j \tag{1-4-7}$$

式中　e_i^j——组元 j 对 i 的活度相互作用系数（见表 1-4-1）。

$$\lg f_i = \lg f_i^0 + e_i^2 w_{2,\%} + e_i^3 w_{3,\%} + \cdots + e_i^i w_{i,\%} + \cdots + e_i^j w_{j,\%} \tag{1-4-8}$$

式中　f_i^0——稀溶液中的组元 i 以 1%（质量分数）溶液为标准态的活度系数。

$$f_i^0 = 1,\ \lg f_i^0 = 0$$

$$\lg f_i = e_i^2 w_{2,\%} + e_i^3 w_{3,\%} + \cdots + e_i^i w_{i,\%} + \cdots + e_i^j w_{j,\%} = \sum_{j=2}^{j} e_i^j w_{j,\%} \tag{1-4-9}$$

表 1-4-1 铁液内组元活度的相互作用系数 e_i^j（1873 K）

i \ j	Al	B	C	Cr	Co	Cu	Mn	Mo	Ni	N	Nb	O	H	P	S	Si	Ti	V	W	Zr
Al	0.045	—	0.091	—	—	0.006	—	—	—	-0.053	—	-6.6	0.24	—	0.03	0.0056	—	—	—	—
B	—	0.038	0.22	—	—	—	-0.0009	—	—	0.074	—	-1.8	0.49	—	0.048	0.078	—	—	—	—
C	0.043	0.24	0.14	-0.024	0.0076	0.016	-0.012	-0.0083	0.012	0.11	-0.06	-0.34	0.67	0.051	0.046	0.08	—	-0.077	-0.0056	—
Cr	—	—	-0.12	-0.0003	—	0.016	—	0.0018	0.0002	-0.19	—	-0.14	-0.33	-0.053	-0.02	-0.0043	0.059	—	—	—
Co	—	—	0.021	-0.022	0.0022	—	0.0041	—	—	0.032	—	0.018	-0.14	0.0037	0.0011	—	—	—	—	—
Cu	—	—	0.066	0.018	—	-0.023	—	—	—	0.026	—	-0.065	-0.24	0.044	-0.021	0.027	—	—	—	—
Mn	—	0.022	-0.07	—	-0.0036	—	—	—	—	-0.091	0.0035	-0.083	-0.31	-0.0035	-0.048	—	—	—	—	—
Mo	—	—	-0.097	-0.0003	—	—	0.0046	—	—	-0.1	—	-0.0007	-0.2	—	-0.0005	—	—	—	—	—
Ni	—	—	0.042	-0.0003	—	—	-0.008	—	0.0009	0.028	—	0.01	-0.25	-0.0035	-0.0037	0.0057	—	—	—	—
N	-0.028	0.094	0.13	-0.047	0.011	0.009	-0.021	-0.011	0.01	0	-0.06	0.05	—	0.045	0.007	0.047	-0.53	-0.093	-0.0015	-0.63
Nb	—	—	-0.49	-0.011	—	—	0.0028	—	—	-0.42	—	-0.83	-0.61	—	-0.047	—	—	—	—	—
O	-0.39	-2.6	-0.45	-0.04	0.008	-0.013	-0.021	0.0035	0.006	0.057	-0.14	-0.2	-3.1	0.07	-0.133	-0.131	-0.6	-0.3	-0.0085	0.44
H	0.013	0.058	0.06	-0.0002	0.0018	0.0005	-0.0014	0.0022	0	—	-0.0023	-0.19	—	0.011	0.008	0.027	-0.019	-0.0074	0.0048	—
P	0.037	—	0.13	-0.03	0.004	0.024	0	—	0.0002	0.094	—	0.13	0.21	0.062	0.028	0.12	-0.04	—	—	—
S	0.035	0.13	0.11	-0.011	0.0026	-0.0084	-0.026	0.0027	0	0.01	—	-0.27	0.12	0.029	-0.028	0.063	-0.072	-0.016	0.011	-0.052
Si	0.058	0.2	0.18	-0.0003	—	0.014	0.002	—	0.005	0.09	—	-0.23	0.64	0.11	0.056	0.11	—	0.025	—	—
Ti	—	—	-0.165	0.055	—	—	0.0043	—	—	-1.8	—	-1.8	-1.1	-0.0064	-0.11	0.05	0.013	—	—	—
V	—	—	-0.34	—	—	—	—	—	—	-0.35	—	-0.97	-0.59	-0.041	-0.028	0.042	—	0.015	—	—
W	—	—	-0.15	—	—	—	—	—	—	-0.072	—	-0.052	0.088	—	0.035	—	—	—	—	—
Zr	0.001	—	—	—	—	—	—	—	—	-4.1	—	2.53	—	—	-0.16	—	—	—	—	0.022

【例 1-17】 试计算成分为 $w[C]_{\%}=5.0$，$w[Mn]_{\%}=2.0$，$w[Si]_{\%}=1.0$，$w[S]_{\%}=0.05$，$w[P]_{\%}=0.06$ 的铁液中硫的活度，温度为 1873 K。

解： 选 1%（质量分数）溶液为标准态，则：

$$\lg f_i = \sum_{j=2}^{j} e_i^j w_{j,\%}$$

$$\begin{aligned}\lg f_S &= e_S^C w[C]_{\%} + e_S^{Mn} w[Mn]_{\%} + e_S^{Si} w[Si]_{\%} + e_S^S w[S]_{\%} + e_S^P w[P]_{\%} \\ &= 0.11 \times 5 + (-0.026) \times 2 + 0.063 \times 1 + (-0.028) \times 0.05 + 0.029 \times 0.06 \\ &= 0.561\end{aligned}$$

$$f_S = 3.64$$

$$a_S = f_S \cdot w[S]_{\%} = 3.64 \times 0.05 = 0.182$$

1.4.2　活度相互作用系数之间的关系

（1）以纯物质为标准态的活度相互作用系数 ε_i^j 与 ε_j^i 间的关系：

$$\varepsilon_i^j = \varepsilon_j^i$$

（2）以 1%（质量分数）溶液为标准态的活度相互作用系数 e_i^j 与 e_j^i 的关系：

$$e_i^j = \frac{M_i}{M_j} e_j^i + \frac{M_j - M_i}{230 M_j} \approx \frac{M_i}{M_j} e_j^i$$

（3）两个标准态下活度相互作用系数 e_i^j 与 ε_i^j 间的关系：

$$\varepsilon_i^j = 230 \frac{M_j}{M_i} e_i^j + \frac{M_i - M_j}{M_i}$$

$$e_i^j = \frac{1}{230}\left[(\varepsilon_i^j - 1)\frac{M_i}{M_j} + 1\right]$$

式中　M_i——溶质组元 i 的摩尔质量；

　　　M_j——溶质组元 j 的摩尔质量。

1.5　冶金炉渣理论和性质

1.5.1　炉渣在冶金过程中的作用

火法冶金过程中，在获得所需金属或合金的同时，产生了另一种称为炉渣或熔渣的产物。它是由冶金原料中的杂质氧化物和燃料中的灰分及熔剂等产生的多组元熔体。在冶金过程中，冶金炉渣和金属熔体及炉气相接触，在其界面产生各种物理化学反应，因而对冶金过程起着重要作用。

炉渣是一种多组元的复杂体系。其化学组成根据不同的冶炼过程和目的及其来源而不同。表 1-5-1 列出了几种典型炉渣的化学成分。

表 1-5-1　炉渣的典型成分（质量分数）　　（%）

	炉渣类别	SiO_2	Al_2O_3	CaO	MgO	MnO	FeO	Fe_2O_3	P_2O_5	S	其他
冶炼渣	高炉渣（炼钢生铁）	28~39	6~16	27~48	3~17	0.25~3.0	0.2~0.77	—	—	0.4~0.7	
	高炉渣（铸造生铁）	34.5~42	7.1~16.8	26~48	3~17	0.05~0.9	0.17~0.92	—	—	0.5~3.1	
	高炉渣（硅铁）	42	17.7	33.1	5.4	0.4	0.1	—	—	1.0	
	高炉渣（锰铁）	27.8~30	8.3~9.6	43.5~46	8.0~9.2	6.7~9.0	0.35~0.5	—	—	2.9~3.1	
	矿热炉渣（Si-Mn）	38~42	13~21	20~28	1~4	4~8	—	—	—		
精炼渣	氧气顶吹转炉渣	18~25	1.5~2.0	36~40	5~7	9~15	6~8	1~3	0.5~1.0		
	酸性平炉渣	45~48	2~4	1~3		12~20	19~27	2~4	1.0~6.0		
	碱性电炉（氧化期）	12~20	3~5	40~50	7~12	5~10	8~15	2~4	0.5~1.5		
	碱性电炉（还原期）	15~18	6~7	50~55	0~10	<0.5	<1.0				CaF_2 8~10 CaC_2 1~4
富集渣	钒渣	20~24				5~8	28~42				V_2O_5 9~16 TiO_2 0~12
	高钛渣	0.8~5		1~6	0.4~8		3~8				TiO_2 75~94
合成渣	铸钢用保护渣	33~50	5~20	2~20							Na_2O 0~8 CaF_2 2~20
	连铸保护渣	40~60	<10	10~38							C 5~7
	炉外精炼渣		45	55							CaF_2<10

炉渣类型大体上有以下几种：

（1）以矿石为原料进行还原熔炼，得到粗金属的同时，形成的炉渣，这种炉渣称为冶炼渣。如高炉渣，主要由高炉炉料中未被还原的氧化物 SiO_2、Al_2O_3、CaO 等组成。

（2）粗金属精炼中的氧化产物形成的炉渣，称为精炼渣或氧化渣。如炼钢过程中产生的炉渣，主要含有 CaO、SiO_2、FeO、MnO、P_2O_5等。

（3）富集渣，即将原料中的某些可提炼成分富集于炉渣中，以便回收该成分的金属的炉渣。如钛精矿还原熔炼所得到的高钛渣；提炼钒、铌的钒渣、铌渣等。

（4）合成渣，按冶炼目的用各种造渣材料预先合成的炉渣，如连铸保护渣、覆盖渣等。

由上可知，不同的冶炼过程形成不同的炉渣，起着不同的作用。炉渣起着分离、吸收杂质的作用。由矿石原料获得金属过程中，炉渣吸收了炉料中的脉石、燃料中的灰分及所加的熔剂。在形成炉渣的同时，分离了金属和杂质。在炼钢过程中，通过炉渣和钢液界面的脱硫、脱磷等反应，而实现去除有害成分的目的。覆盖在金属液表面的炉渣，可以保护金属不再被氧化而损失，同时可以减少有害气体如 H_2、N_2等的溶解。

我国的铁矿多为共生矿，其中含有重要的资源，如包头白云鄂博矿的稀土、铌；攀枝花的含钒、钛矿等。可以通过炉渣将这些元素富集而成为进一步提取这些元素的原料。

此外，对于某些炉渣还可以作其他用途，如高炉渣水淬后可以制造水泥；炼钢的高磷渣可以制造磷肥；有些炉渣还可以用作铺路的建筑材料等。

由于更多的炉渣除了冶炼过程的作用外，属于废弃物而大量集中堆放，造成严重的环境污染。因此需要深入研究和认识炉渣，从不同方面去考虑炉渣的有效利用。我国对资源的综合利用（包括炉渣的综合利用）越来越重视，这是变废为宝的有力措施。

炉渣多方面作用的有效发挥与炉渣化学组成、相组成、炉渣结构及物理化学性质有密切关系，本节将对以上几个方面作详细讨论。

1.5.2 炉渣相组成及相图

粗略地看，炉渣中包含有气相、液相、固相。炉渣中的组元在高温下相互反应，产生不同的相组织（如固溶体、氧化物、复杂化合物等）。可以用相图来表示所产生的相组织、相组织产生的条件及相关系等。

1.5.2.1 二元渣系相图

A $CaO-SiO_2$二元系相图

$CaO-SiO_2$二元系是冶金炉渣的重要体系，其相图如图 1-5-1 所示。该体系中存在多种形式的硅酸钙，同时还存在多种晶型的转变，因此是一个比较复杂的二元体系相图。

$CaO-SiO_2$体系中含有 4 种化合物：偏硅酸钙 $CaO \cdot SiO_2$（简写为 CS）、焦硅酸钙 $3CaO \cdot 2SiO_2(C_3S_2)$、正硅酸钙 $2CaO \cdot SiO_2(C_2S)$ 及硅酸三钙 $3CaO \cdot SiO_2(C_3S)$。其中 CS 和 C_2S 为同分熔化化合物，而 C_3S 和 C_3S_2为异分熔化化合物。利用同分熔化化合物 CS 和 C_2S 的组成线可以将 $CaO-SiO_2$相图划分为 3 个体系进行分析。

（1）$CaO-C_2S$ 体系。具有一个低共熔点，含有一个异分熔化化合物 C_3S，存在温度为 1250~1900 ℃。低于 1250 ℃时 C_3S 分解为 CaO 和 C_2S。

（2）C_2S-CS 体系。该体系中含有一个异分熔化化合物 C_3S_2和一个包晶点，在 1475 ℃发生包晶反应：

$$L + C_2S \longrightarrow C_3S_2$$

（3）$CS-SiO_2$体系。这是一个共晶型相图，具有一个共晶点；存在一个两液相分层区（L_1+L_2），两个液相在 1700 ℃以上平衡共存。1700 ℃时的相平衡关系为：

$$L_1 \longrightarrow L_2 + SiO_2$$

低于 1700 ℃时，L_2消失，L_1和 SiO_2平衡共存。温度降低时，L_1中不断析出 SiO_2，当温度为 1436 ℃时，发生共晶反应：

$$L_1 \longrightarrow CS + SiO_2$$

相图中的其他水平线为晶型转变线。水平线及各相区的相平衡关系如图 1-5-1 所示。

B $Al_2O_3-SiO_2$二元系相图

$Al_2O_3-SiO_2$二元系的相平衡随着使用原料的纯度和研究条件的不同而有不同的结果。一般情况下认为图 1-5-2 给出的相图更符合工业生成的条件。该相图中含有一个异分熔化化合物 $3Al_2O_3 \cdot 2SiO_2(A_3S_2)$，即莫来石。莫来石中可以溶解少量的刚玉（$Al_2O_3$）形成固溶体，其 $w(Al_2O_3)$ 在 71.8%~77.5%之间。

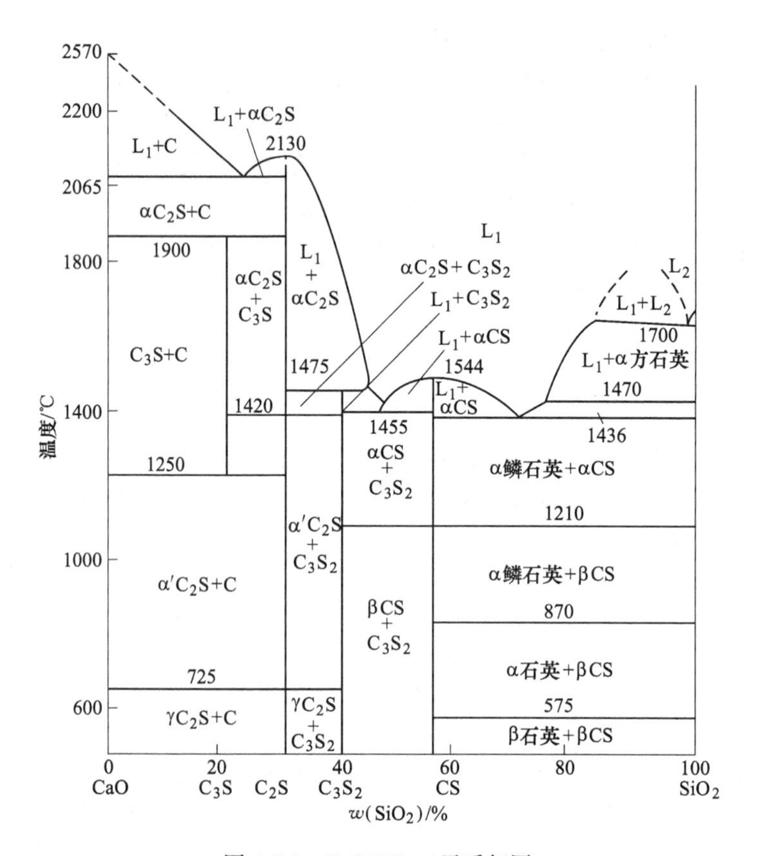

图 1-5-1　CaO-SiO_2二元系相图

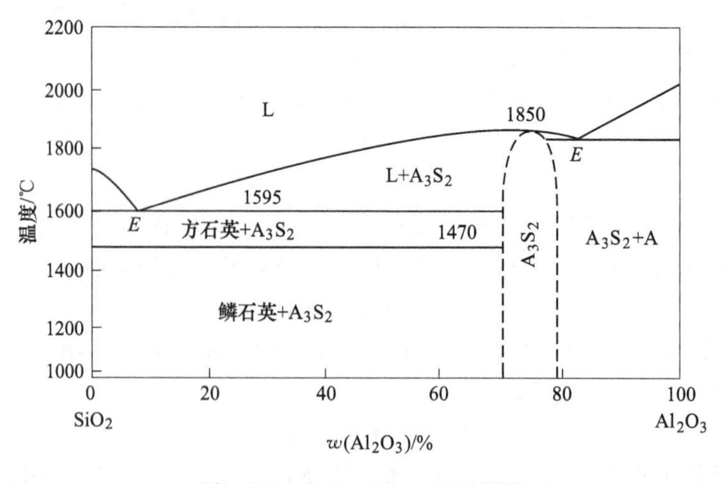

图 1-5-2　Al_2O_3-SiO_2二元系相图

C　FeO-SiO_2二元系相图

图 1-5-3 所示为 FeO-SiO_2二元系相图。其中含有一个同分熔化化合物 2FeO · SiO_2（正硅酸铁，又称为铁橄榄石，简记为 F_2S），从其对应的液相线非常平滑的特征可知，该化合物稳定性较差，在其熔点（1205 ℃）以上时将发生分解。

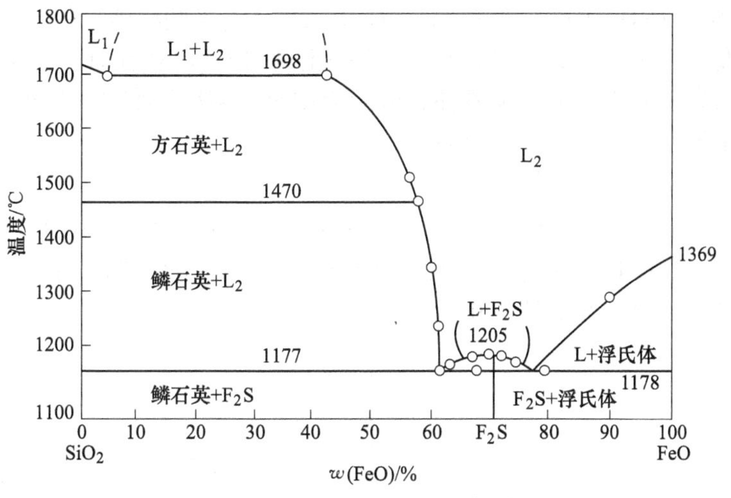

图 1-5-3 $FeO-SiO_2$二元系相图

D $CaO-Al_2O_3$二元系相图

图 1-5-4 所示为 $CaO-Al_2O_3$ 二元系相图。$CaO-Al_2O_3$ 体系中有 3 个同分熔化化合物（$12CaO\cdot7Al_2O_3(C_{12}A_7)$、$CaO\cdot Al_2O_3(CA)$ 和 $CaO\cdot2Al_2O_3(CA_2)$）及 2 个异分熔化化合物（$3CaO\cdot Al_2O_3(C_3A)$ 和 $CaO\cdot6Al_2O_3(CA_6)$）。这些化合物熔点都较高，仅在 $C_{12}A_7$ 组成附近较窄的成分区域（$w(CaO)=44\%\sim52\%$）内出现较低温度（1450～1550 ℃）的液相。

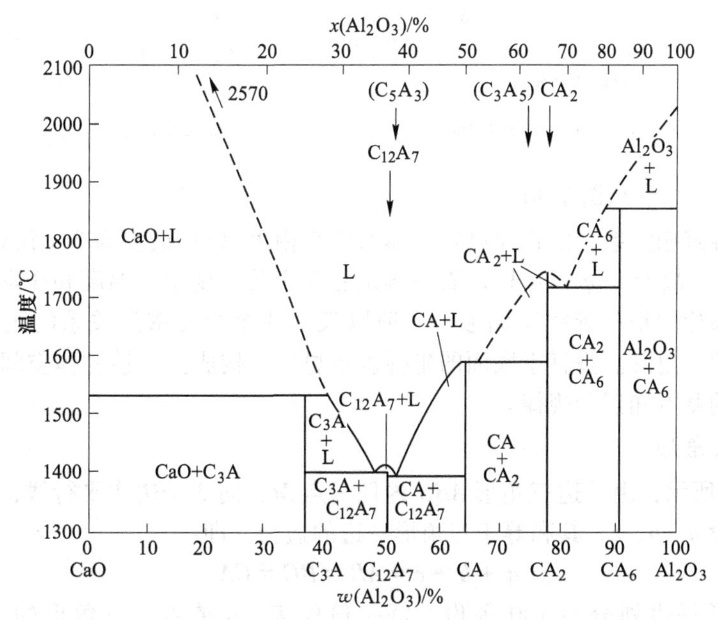

图 1-5-4 $CaO-Al_2O_3$二元系相图

E Fe_2O_3-CaO 二元系相图

Fe_2O_3-CaO 相图如图 1-5-5 所示。Fe_2O_3可与 CaO 形成以下异分熔化化合物：2CaO ·

Fe_2O_3(铁酸二钙)、CaO · Fe_2O_3(铁酸钙)、CaO · $2Fe_2O_3$(半铁酸钙) 等。这些化合物存在的稳定性都较低。由 Fe_2O_3-CaO 相图可知，有一定量的 Fe_2O_3存在时，可使 CaO 熔点降低很多，出现成分范围较大的低温度液体，故炉渣中有 Fe_2O_3出现时，有利于 CaO 的溶解，在烧结过程中有利于铁酸钙黏结相的形成。

F　CaF_2-Al_2O_3二元系相图

CaF_2-Al_2O_3二元系相图如图 1-5-6 所示。该体系在 1270 ℃及 $w(Al_2O_3)=27\%$处有一个共晶点。由图可知，CaF_2能显著降低该体系的熔化温度。因此，CaF_2可以作为助熔剂加入到炉渣中，以降低炉渣体系的熔点和黏度。

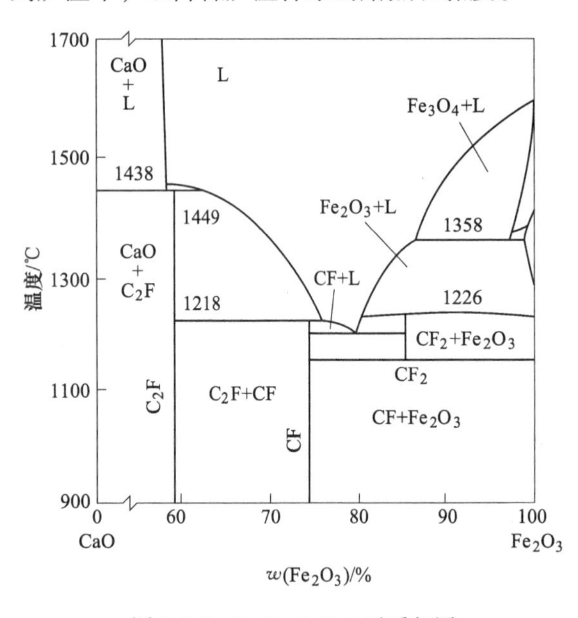

图 1-5-5　Fe_2O_3-CaO 二元系相图

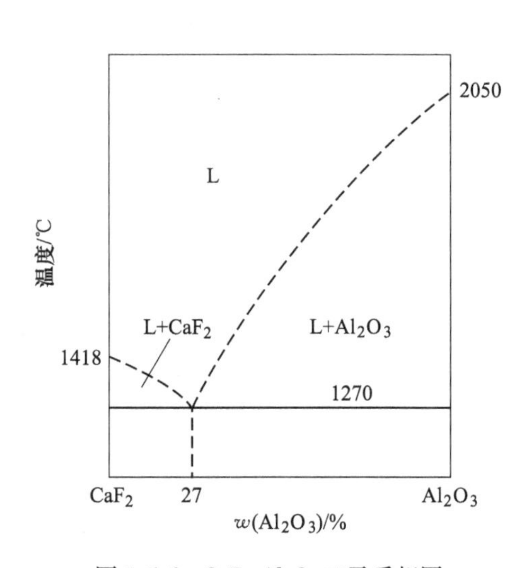

图 1-5-6　CaF_2-Al_2O_3二元系相图

1.5.2.2　三元系相图基础

对于三元凝聚相体系，由相律可知，体系的自由度 (f) 最大为 3 (独立组元数 $c=3$，相数 φ 最少为 1，故 $f=c-\varphi+1=3$)，表明体系有 3 个独立变量：温度和任意两个组元的浓度。因此三元系相图是三维空间图形。一般以表示 3 个组元浓度关系的正三角形作为底面，称之为浓度三角形。垂直于底面的坐标表示温度，构成正三棱柱体空间图形。以下说明三元系相图的基本知识和规律。

A　浓度三角形

如图 1-5-7 所示，由等边三角形 ABC 内任一点 M，向 3 个边作平行线，读取平行线在各边上所截线段 a、b、c，其和等于三角形一边的边长，即：

$$a + b + c = AB = BC = CA$$

若把三角形每边划分为 100 等份，每一份代表 1%浓度，三角形的 3 个顶点代表 100%，即 3 个纯组元。则三角形内任一点 M 代表一个三元系的组成，组元 A、B、C 在该三元体系中的浓度分别为 $a\%$、$b\%$、$c\%$。

B　浓度三角形的基本规则

(1) 等含量规则。平行于三角形的任何一边的直线上的所有点所代表的三元系中，直线所对的顶角组元的浓度都相等。如图 1-5-7 中 *HMI* 直线上所有体系点的组成中，组元 C 的质量分数都相等，即线段 *c* 所代表的含量。

（2）等比例规则。从浓度三角形的任一个顶点到对边的任意直线，在此直线上所有各点所代表的三元系中，含另外两个顶点所代表的组元的浓度之比都相等。如图 1-5-8 中直线 *CD* 上各点 *M*、*M′*所代表的三元系中，A 和 B 的含量有以下关系：

$$\frac{a_1}{b_1} = \frac{a_2}{b_2} = \cdots = \frac{CE}{CF} = 常数$$

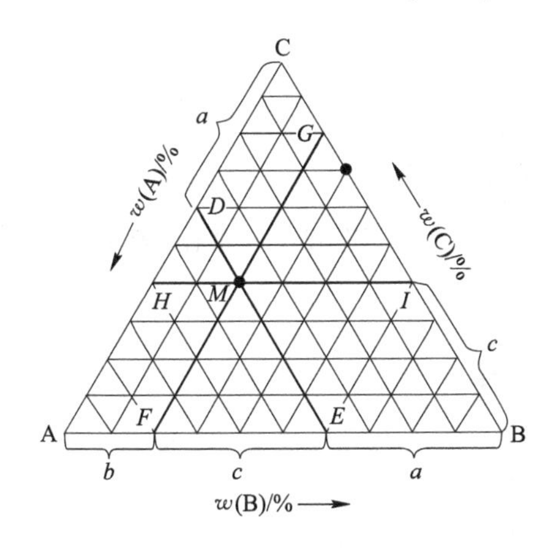

图 1-5-7　浓度三角形

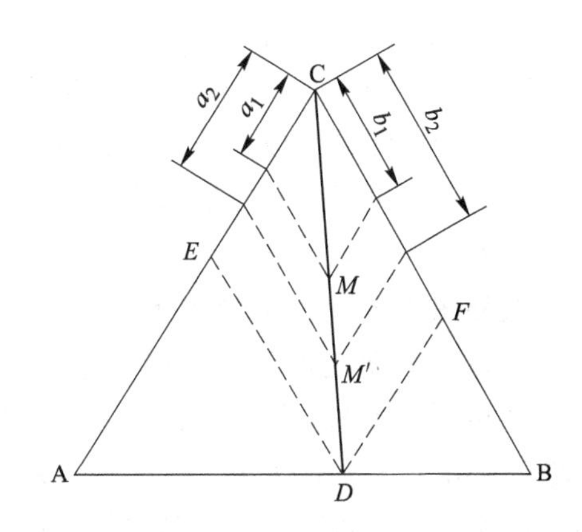

图 1-5-8　等比例规则示意图

（3）背向规则。浓度三角形中 *O* 点所代表的三元系（见图 1-5-9），当温度下降时析出组元 C，则液相线成分将沿着 *CO* 的延长线向着离开 *C* 的方向变化。移动的距离越长，析出的组元 C 的量越多。其余两组元的浓度保持不变。

（4）杠杆规则。如图 1-5-10 所示，若有 2 个三元系 M、N，组成一个新的三元系 R，则在浓度三角形内新三元系的组成点 *R* 必定在 *M*、*N* 的连线上。*R* 的位置由 *M*、*N* 的重量关系确定：

$$\frac{W_M}{W_N} = \frac{NR}{RM}$$

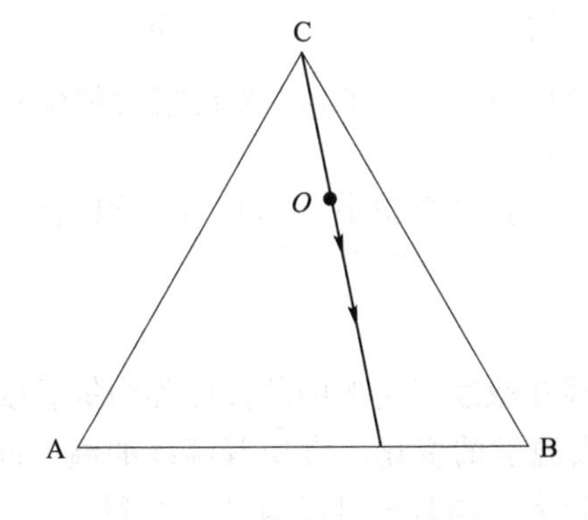

图 1-5-9　背向规则示意图

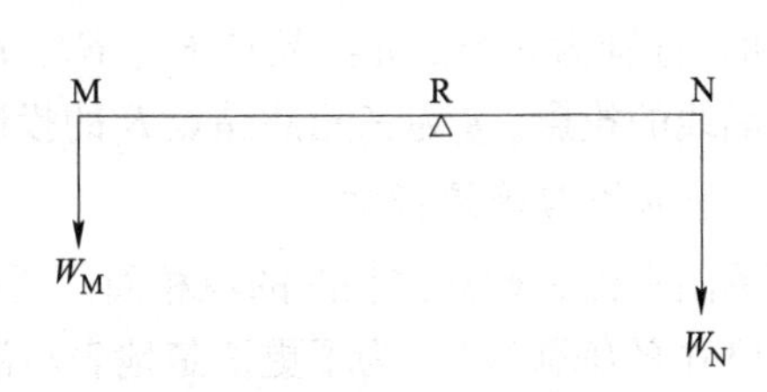

图 1-5-10　杠杆规则示意图

该关系称为杠杆规则。M、N、R 的连线称为结线。反之，当一个已知成分和重量的三元系 R，分解出的两个相互平衡的相 M、N 的成分点必定在通过 R 的直线上。M、N 的重量由杠杆规则确定：

$$W_M = W_R \cdot \frac{RN}{MN}$$

$$W_N = W_R \cdot \frac{RM}{MN}$$

而
$$W_M + W_N = W_R$$

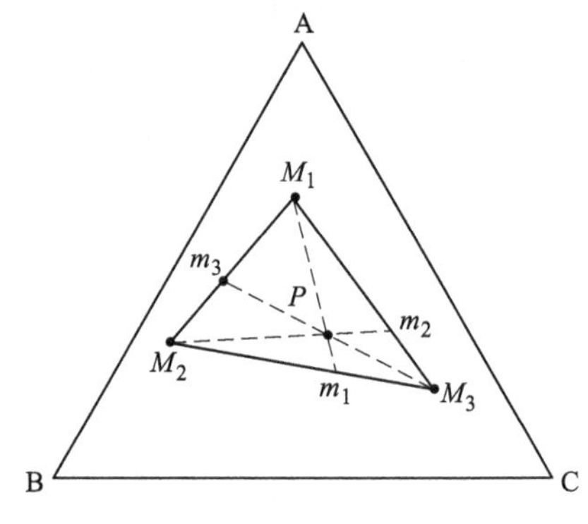

图 1-5-11　重心规则示意图

(5) 重心规则。如图 1-5-11 所示，若 3 个三元系 M_1、M_2、M_3混合组成一个新的三元系 P，则 P 点必定在原来 3 个三元系组成点连成的 $\triangle M_1M_2M_3$ 的重心位置。重心位置可以用杠杆规则确定。

C　立体图及平面投影图

三元系相图由浓度三角形表示 3 个组元的浓度关系，由垂直于浓度三角形的竖轴表示温度，这样表示的相图称为立体图，如图 1-5-12 所示。图中 t_A、t_B、t_C表示纯组元 A、B、C 的熔点。三棱柱的每个侧面代表一个二元系相图，分别具有共晶点 E_1、E_2、E_3。两个相邻二元系的液相线由于第三组元的加入而向三角形内部扩展构成了三元系的液相面。它是表示体系熔化完成（或开始结晶）温度与组成关系的曲面。3 个液相面分别为 3 个纯组元 A、B、C 的初晶面。3 个液相面两两相交的交线为两个组元同时从液相结晶出来的液相线，称为二元共晶线。二元共晶线上三相平衡共存。3 条共晶线交于一点（E_t），此点上，3 个组元同时析出，称为三元共晶点，四相平衡共存。在该点上液相消失，全部转变为固相。

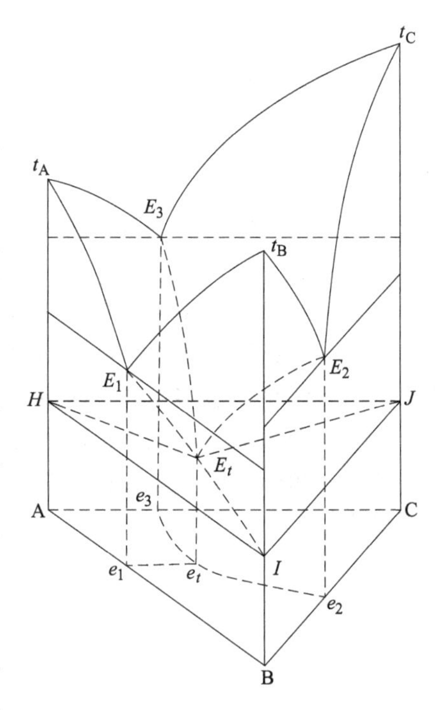

图 1-5-12　三元体系立体相图

三元系立体图形象直观，但使用起来不方便。实际应用中，多将立体图投影到浓度三角形中，构成平面投影图，如图 1-5-13 所示。3 个初晶面投影在浓度三角形 $\triangle ABC$ 中为 $Ae_1e_te_3$、$Be_1e_te_2$ 和 $Ce_2e_te_3$。e_1、e_2和 e_3分别为 3 个二元共晶点 E_1、E_2、E_3的投影。投影图中的 e_1e_t、e_2e_t和 e_3e_t为 3 条二元共晶线的投影。e_t为三元共晶点 E_t的投影。

D　等温线与等温截面

用等温平面去截立体相图的液相面，所得截线在浓度三角形中的投影称为等温线（如图 1-5-13 中的细弧线）。为了更清楚地表示液相面温度的变化，常使等温线的温度间隔相等。这样等温线越密，则该处的液相面温度变化越大。同时也可以清楚地看到，等温线表示的温度越低，则该处的熔点越低。

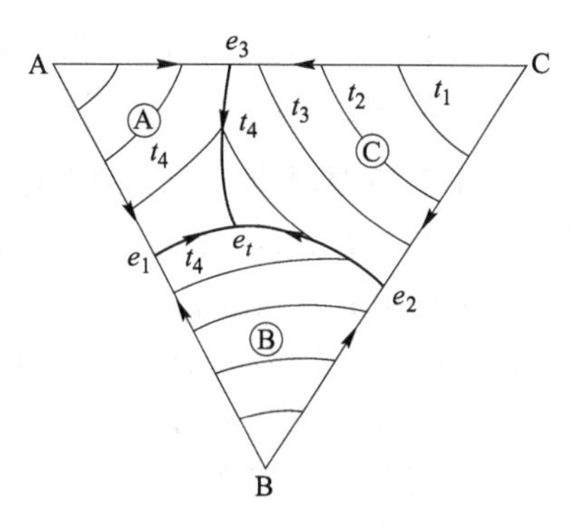

图 1-5-13　三元体系相图的投影图

等温截面是利用一系列平行于底面的等温面去截立体图，所得交线画在平面上就是等温截面。因此，利用等温线可以画出等温截面，如图 1-5-14 所示。由于等温截面的温度已定，因此自由度相应减少一个。图中 *Acd*、*Baf*、*Cbf* 三个区是液-固二相区，自由度为 1。在二相区中，只要选定一个组元的浓度，其他两个组元的浓度也即确定。例如选定液相中 A 的含量为 *m*（图 1-5-14（b）），从 *m* 画一直线平行于 *BC*，并与 *af* 相交于 *n*，则 *n* 就代表该温度下液相的组成，与之平衡的固相为纯 B。*nB* 线为结线，其两端就代表处于平衡二相的成分。图中 *f* 点在二元共晶线上，它是液相与晶体 B、C 三相平衡共存点，自由度为 0。连接 *Bf*、*Cf* 构成的△*BfC* 是结线三角形，所围区域为三相区。

对复杂体系的等温截面的绘制，为了避免错误，可以应用边界规则判断，即凡是相邻的相区，其平衡共存相的数目相差 1 个。

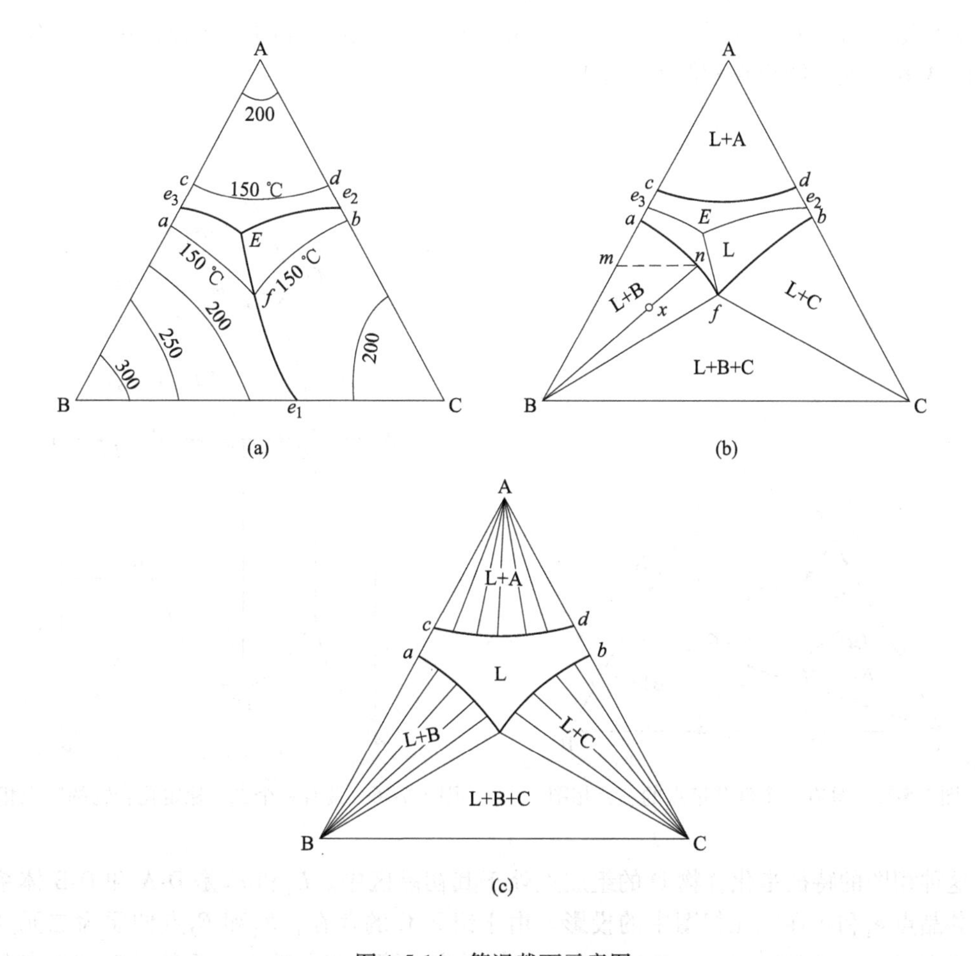

图 1-5-14　等温截面示意图

1.5.2.3 三元系相图的基本类型

A 具有一个低共熔点的三元相图

图 1-5-15 是具有一个低共熔点的三元相图，其特征已于前面作了介绍。现说明相图中体系的结晶过程。设有组成点为 M 的体系，当温度 $T>t_M$时，体系全部为液相。冷却到 $T=t_M$时，液相组成点到达液相面上，由于 M 在 A 的初晶区内，这时开始析出晶体 A，平衡关系为 L=A。温度继续降低，晶体 A 不断析出，液相组成点按背向规则沿 MK 方向变化。液相量和固相量由杠杆规则决定。当 $T=t_K$时，即液相组成点到达二元共晶线 E_1E_t上，A 和 B 两固相同时析出。平衡关系为 L=A+B，可变量或是温度或是液相中一个组元的浓度（$f=1$）。继续冷却时，液相组成点从 K 点沿 E_1E_t向 E_t点变化。由于第二个固相 B 的析出，固相组成离开 A 点沿 AB 变化，液相组成点和固相组成点和物系点 M 在一条直线上，固相和液相的量符合杠杆规则。温度降低到 $T=T_{E_t}$时，液相组成到达三元共晶点 E_t，这时 A、B、C 三个固相同时从液相中析出，四相平衡共存（$f=0$），平衡关系为 L=A+B+C。液相中 A、B、C 的相对含量不变，但液相总量不断减少直到全部消失，结晶完成。固相组成由于 C 的析出而离开 AB 线沿 FM 向 M 点变化。液相消失时，固相组成到达 M 点。

B 具有一个二元稳定化合物的三元系相图

这种相图如图 1-5-16 所示。A 和 B 生成一个二元稳定化合物（同分熔化化合物）D。相应的 A-B 二元相图也在相图下方给出。

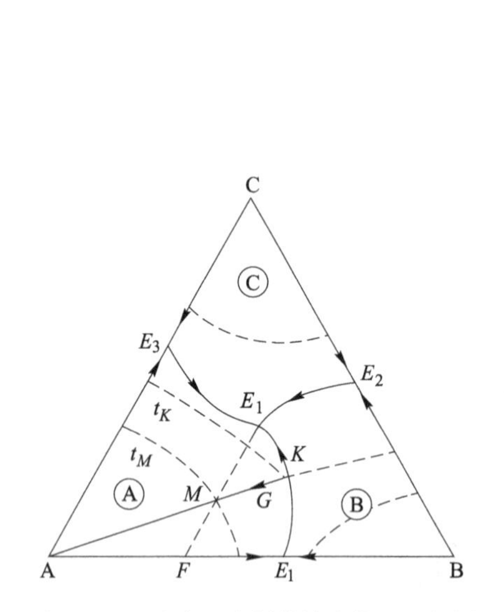

图 1-5-15 具有一个低共熔点的三元相图

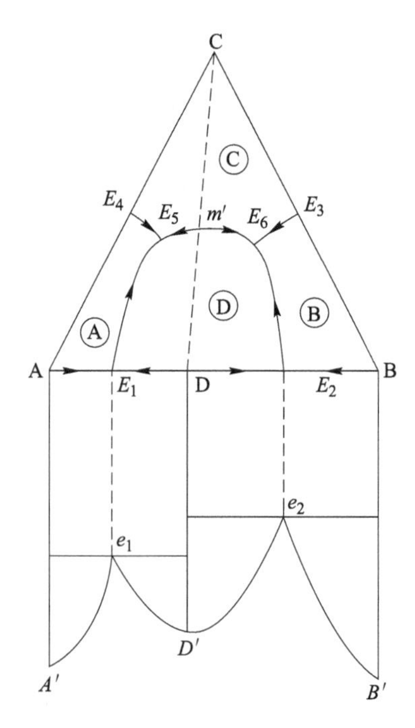

图 1-5-16 具有一个二元稳定化合物的三元相图

这种相图的特征是化合物 D 的组成点处于其初晶区中。E_1和 E_2是 D-A 和 D-B 体系的二元共晶点 e_1和 e_2在三元相图中的投影。由于组元 C 的存在，E_1和 E_2点伸展为二元共晶线 E_1E_5和 E_2E_6。同样，A-C、B-C 两个二元体系由于第三组元的加入而使其低共熔点分别

伸展为 E_3E_6 和 E_4E_5 两条二元共晶线。连结 D 和 C，把 $\triangle ABC$ 划分为 $\triangle ADC$ 和 $\triangle BDC$ 两个三角形。形成各有一个三元共晶点的三元体系相图，三元共晶点分别为 E_5 和 E_6。m' 点是 D-C 二元系的低共熔点。

整个相图分为 4 个初晶区；5 条二元共晶线，即 E_1E_5、E_2E_6、E_4E_5、E_5E_6 和 E_3E_6；2 个三元共晶点 E_5 和 E_6。

此相图中任一物系点的结晶过程与前面具有一个低共晶点的相图相同。只是位于各分三角形内的物系点的结晶过程在各自的三角形内完成。

把原体系三角形划分所得的各个基本类型的三元体系称为分三角形。分三角形内各组成点的结晶过程可以按分三角形代表的三元体系来考虑，组成点位于哪一个分三角形，结晶结束时所获得的固相即为该分三角形 3 个顶点所代表的纯组元的混合物，结晶结束于分三角形对应的三元无变点。

划分分三角形要注意以下两点：

（1）总体系中有几个无变点就有几个分三角形（多晶转变时的三元无变点除外）。

（2）以每个无变点周围的初晶区所对应的三个组元构成分三角形所代表的三元体系。

C 具有一个不稳定的二元化合物的三元系相图

图 1-5-17 为这种类型相图。相图中，A 和 B 生成一个不稳定二元化合物（异分熔化化合物）D。化合物 D 的组成点不在其初晶区内。P 点为 A-B 二元系的二元转熔点 P' 的投影。PE_4 线为二元转熔线，其上发生转熔反应 L+A=D，温度降低的方向用双箭头表示。E_4 点是三元转熔点，在该点 A、D、C 与液相四相平衡共存，相平衡关系为 L+A=D+C。处于 E_4 点的液相结晶时有两种可能：一种是发生转熔反应的结果使晶体 A 消失，这时液相组成点将沿 E_4E_5 变化，在 E_5 点液相完全消失而结晶结束；另一种情况是液相在 E_4 点消失，结晶结束。发生哪一种结晶过程，可以由原始物系点在哪一个分三角形内来判断。如果物系点在 $\triangle ADC$ 中，则液相在 E_4 点消失，结晶在 E_4 点结束，结晶产物是 A+D+C；如果物系点在 $\triangle BDC$ 中，则液相在 E_5 点消失，结晶在 E_5 点结束，结晶产物是 B+D+C。

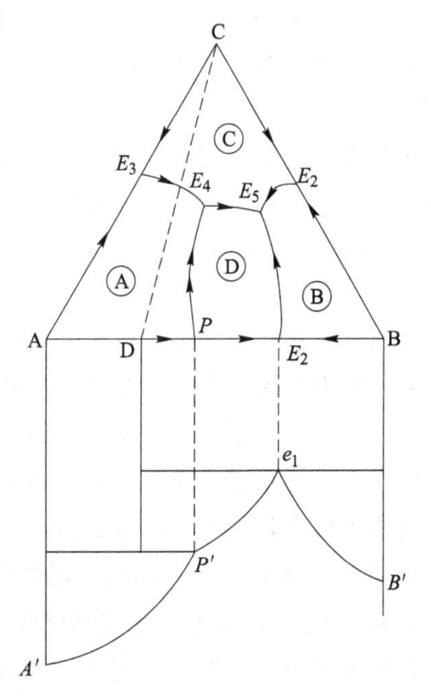

图 1-5-17 具有一个二元不稳定化合物的三元系相图

对于此种相图，规定在划分三角形时将化合物组成点 D 与其所对的顶点 C 用虚线连结，表示原三角形不能划分为两个独立的分三角形。

在讨论相图时，经常遇到需要判断共晶线或转熔线的问题。这个问题可以应用切线规则解决，即通过两固相的初晶区交界线上任一点作切线，如果切线与这两固相的组成点的连线相交，则可判定在切点时的液相将同时析出这两个固相。这样的交界线为共晶线，相图上以单箭头表示温度降低的方向。如果切线与这两个固相组成点的连线不相交而与其延长线相交，则可判定在切点时的液相将会把已析出的一个固相转熔而析出另一个固相，这种交界线是转熔线，以双箭头表示温度降低的方向。

下面讨论图 1-5-18 中几个物系点的结晶过程。

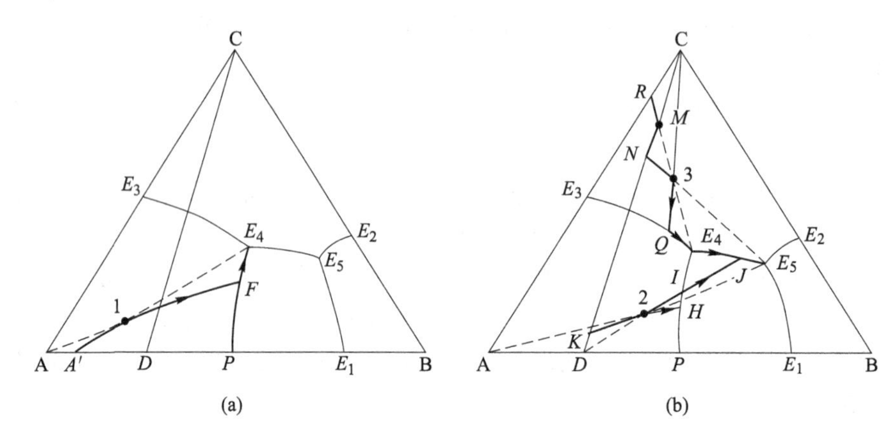

图 1-5-18　生成不稳定二元化合物的三元体系的结晶过程

（a）物系点 1；（b）物系点 2、3

（1）物系点 1：物系点 1 在 A 的初晶区内，当温度降低到此点的等温线温度时，开始析出 A，液相组成沿 $A1$ 延长线方向变化到 F 点时发生转熔反应，生成化合物 D，平衡关系为 L+A=D。随后液相组成沿 FE_4 变化到 E_4 点，而固相组成由于 D 的析出则沿 AD 方向变化到 A'。在 E_4 点上体系中 A 继续转熔并析出 D 和 C，平衡关系为 L+A=D+C。此点为四相平衡共存，自由度为零，温度恒定直到液相消失，结晶结束。固相组成由于 C 的析出而沿 $A1$ 方向变化最后到达 1 点。最后的结晶产物是 A+D+C。

（2）物系点 2：物系点 2 在 A 的初结晶区内，处于△BCD 中。当熔体冷却结晶时，首先析出 A，然后液相组成沿 $A2$ 的延长线方向变化。变化到 H 点时发生转熔反应生成化合物 D，平衡关系为 L+A=D。相应的固相组成由于 D 的析出而沿 AD 方向变化。温度继续降低时，液相组成沿 PE_4 方向变化到 I 点，这时晶体 A 全部转熔，固相组成到达 D 点，体系自由度 $f=2$，液相组成离开 PE_4 曲线进入 D 的初晶区并沿 $D2I$ 的延长线变化，D 不断析出。当液相组成变化到 E_4E_5 共晶线上时，发生共晶反应 L=D+C，同时析出晶体 D 和 C。温度继续降低，液相组成沿 E_4E_5 共晶线变化直到三元共晶点 E_5。固相组成则沿 DC 方向变化到达 K 点。在 E_5 点发生三元共晶反应 L=D+C+B，同时析出 D、C 和 B，固相组成由 K 点变化到原物系点 2。温度恒定不变直到液相完全消失，结晶结束。最后结晶产物为 D、C 和 B。

（3）物系点 3：此物系点位于 C 的初晶区并在△BCD 内。熔体冷却时，首先析出 C，然后液相组成沿 $C3$ 延长线方向变化直到共晶线 E_3E_4 上的 Q 点。在 Q 点发生二元共晶反应 L=A+C，相应的固相组成沿 CA 变化。继续降低温度时，液相组成沿 QE_4 变化到 E_4 点，固相组成到达 R 点。在 E_4 点发生转熔反应生成 D，平衡关系为 L+A=C+D。在此点上温度恒定，直到 A 被完全转熔而消失，而固相组成沿 RM 变化到达 M 点。温度继续降低，液相组成沿 E_4E_5 变化并发生共晶反应析出晶体 C 和 D，即 L=C+D，相应的固相组成沿 MN 方向变化。当液相组成到达 E_5 点时，发生三元共晶反应同时析出 B、D 和 C，L=B+D+C，直到液相消失，固相组成沿 $N3$ 方向变化到原物系点 3。最终的结晶产物是 B、D 和 C。

D 具有一个稳定三元化合物的三元系相图

如图 1-5-19 所示，在 A-B-C 三元系中，A、B 和 C 生成三元化合物 M($A_xB_yC_z$)，M 的组成点处于其初晶区内。

此类相图有 3 个三元低共熔点 E_1、E_2和 E_3；4 个初晶区。M 点与 3 个组元 A、B 和 C 连接把整个体系划分为 3 个分三角形△ABM、△BCM 和△ACM。这样就把复杂的三元系相图划分成了 3 个简单的三元体系。

E 具有一个不稳定的三元化合物的三元系相图

在 A-B-C 三元体系中，生成一个三元不稳定化合物 M($A_xB_yC_z$)，其组成点 M 不在其初晶区内，见图 1-5-20。

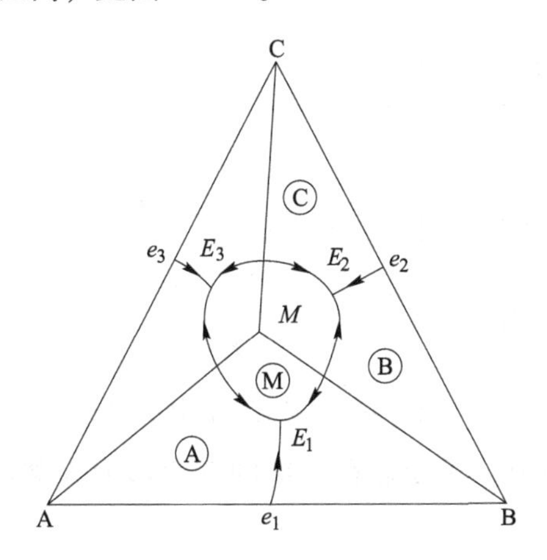

图 1-5-19 生成一个稳定三元化合物的三元系相图

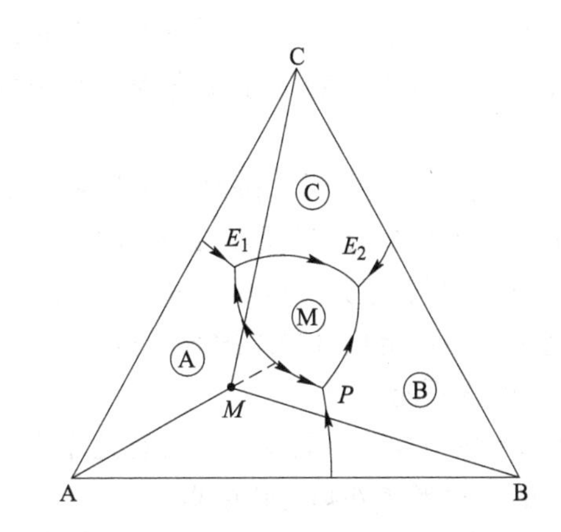

图 1-5-20 生成一个不稳定三元化合物的三元系相图

应用分三角形规则将体系划分为 3 个分体系，即△ACM、△ABM 和△BCM。其三元无变点分别为 E_1（低共熔点）、P（转熔点）和 E_2（低共熔点）。应用切线规则判断相界线的性质，共晶线用单箭头表示温度降低的方向；转熔线用双箭头表示温度降低的方向，如图 1-5-20 所示。

F 具有液相分层的三元系相图

具有液相分层的三元系相图如图 1-5-21 所示。图下方为相应的 A-B 二元系相图。二元系相图中，IKJ 曲线为液相分层区的混溶曲线，K 为临界点。在三元系中由于第三组元的加入使混溶线扩展为混溶面。在浓度三角形中的投影为 $IKJK'$，K 为最高临界点，K'为最低临界点。在此区域内，有两个不互溶的液相平衡共存。这两个液相的平衡组成点由一系列结线表示，如图中的 L_1L_2、$L_1'L_2'$、$L_1''L_2''$等。当温度低于 K'时，液相分层消失。

当组成点 M 的体系冷却时，首先析出 A 结晶相，然后液相组成沿 AM 的延长线变化，到达混溶面 L_1点时，液相 L 分层为 L_1和 L_2。温度继续降低，液相总组成仍然沿 AM 的延长线变化，相应的两个分层的液相 L_1沿 $L_1L_1'L_1''$…变化，而 L_2沿 $L_2L_2'L_2''$…变化。两个分层液相的相对含量由杠杆规则决定。当液相总组成变化到 L_n时，液相分层消失，液相组成离开液相分层区继续析出 A。当液相组成变化到 P 点时，发生二元共晶反应 L=A+B。液相组成

到达 E 点时发生三元共晶反应 L＝A+B+C，同时析出 A、B 和 C。直到液相消失，结晶结束。结晶过程中，固相组成变化为 A→F→M。

1.5.2.4　三元炉渣体系相图

A　实际三元系相图的分析方法

实际三元系相图大多是由几种基本类型相图构成的复杂相图，其中可能含有多种二元或三元化合物。这些化合物可能是稳定的或是不稳定的。因此，在相图分析中需要掌握以上所学三元系相图的基本规律及以下的相图分析方法。

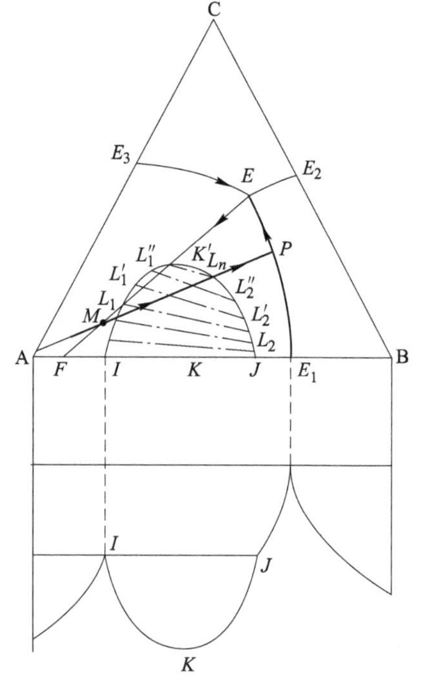

图 1-5-21　具有液相分层的三元系相图

（1）判断化合物的性质。根据化合物的组成点是否在其初晶区内，确定该化合物是稳定的或是不稳定的。

（2）划分分三角形。按照三角形划分规则将原三角形划分为多个分三角形，其原则如下：

1）连接相邻组元点构成三角形，稳定化合物用实线连接，不稳定化合物用虚线连接；

2）连线不能相交；

3）体系中有几个无变点，就有几个分三角形，无变点在相应的三角形内为共晶点，在相应的三角形之外则为转熔点。

（3）利用切线规则确定相界线的性质。

（4）判断无变点的性质。

（5）确定结晶过程中的平衡关系。在结晶过程中，利用三点结线规则确定液相和固相的平衡关系，即利用液相组成点-物系点-固相组成点的结线确定平衡共存相的组成和重量关系。

B　$CaO-SiO_2-Al_2O_3$ 渣系相图

图 1-5-22 所示为该体系相图。此相图中含有 10 个二元化合物（其中 5 个是不稳定化合物，5 个是稳定化合物）和 2 个三元稳定化合物，其名称及性质列于表 1-5-2。按照分三角形划分规则，可将此相图划分为 15 个分三角形，相对应的有 15 个无变点，其中 8 个是共晶点。无变点与三角形的对应关系、性质及组成列于表 1-5-3 中。

表 1-5-2　$CaO-SiO_2-Al_2O_3$ 体系中的化合物

化合物	熔点或分解点/℃
钙斜长石 CAS_2	1553
铝方柱石 C_2AS	1590
假硅灰石 α-CS	1540
正硅酸钙 C_2S	2130
C_5A_3（或 $C_{12}A_7$）	1415
铝酸钙 CA	1600

续表 1-5-2

化合物	熔点或分解点/℃
二铝酸钙 CA_2	1750
莫来石 A_3S_2	1910
铝酸三钙 C_3A	1535 分解
六铝酸钙 CA_6	1850 分解
二硅酸三钙 C_3S_2	1475 分解
硅酸三钙 C_3S	约 2070 分解

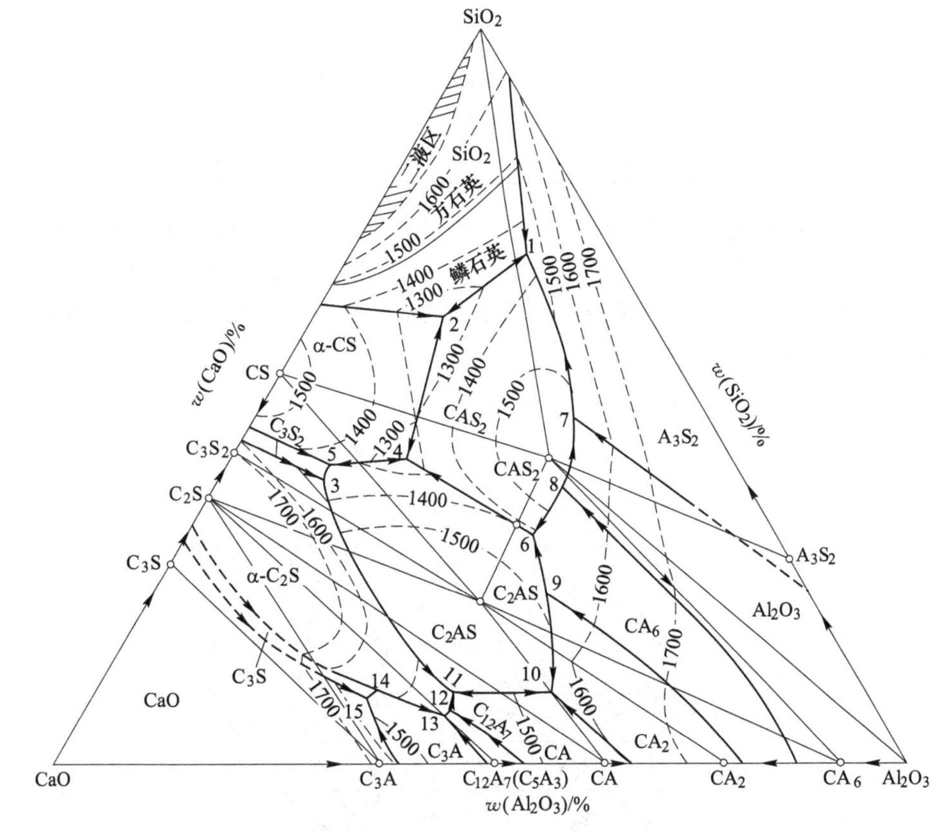

图 1-5-22　$CaO-SiO_2-Al_2O_3$渣系相图

表 1-5-3　$CaO-SiO_2-Al_2O_3$体系中的三元无变点

四相点编号	相平衡关系	性质	温度/℃	组成（质量分数）/%		
				CaO	Al_2O_3	SiO_2
1	$L \rightleftharpoons CAS_2+A_3S_2+S$	共晶点	1345	9.8	19.8	70.4
2	$L \rightleftharpoons CAS_2+\alpha\text{-}CS+S$	共晶点	1170	23.3	14.7	62.2
4	$L \rightleftharpoons CAS_2+C_2AS+\alpha\text{-}CS$	共晶点	1265	38.0	20.0	42.0
5	$L \rightleftharpoons C_2AS+C_3S_2+\alpha\text{-}CS$	共晶点	1310	47.2	11.8	41.0
6	$L \rightleftharpoons CAS_2+C_2AS+CA_6$	共晶点	1380	29.2	39.0	31.8

续表 1-5-3

四相点编号	相平衡关系	性质	温度/℃	组成（质量分数）/%		
				CaO	Al_2O_3	SiO_2
7	$L \rightleftharpoons C_2AS+CA+CA_2$	共晶点	1505	37.5	53.2	9.3
12	$L \rightleftharpoons CA+C_5A_3+\alpha'\text{-}C_2S$	共晶点	1335	49.5	43.7	6.8
13	$L \rightleftharpoons C_3A+C_5A_3+\alpha'\text{-}C_2S$	共晶点	1335	52.0	41.2	6.8
3	$L+\alpha'\text{-}C_2S \rightleftharpoons C_3S_2+C_2AS$	包晶点	1335	48.2	11.9	39.2
10	$L+A \rightleftharpoons CAS_2+A_3S_2$	包晶点	1512	48.2	42.0	9.7
8	$L+A \rightleftharpoons CAS_2+CA_6$	包晶点	1495	23.0	41.0	36.0
9	$L+CA_2 \rightleftharpoons C_2AS+CA_6$	包晶点	1475	31.2	44.5	24.3
11	$L+C_2AS \rightleftharpoons CA+\alpha'\text{-}C_2S$	包晶点	1380	48.3	42.0	9.7
14	$L+C_3S_4 \rightleftharpoons C_3A+\alpha\text{-}C_2S$	包晶点	1455	58.3	33.0	8.7
15	$L+C \rightleftharpoons C_3A+C_3S$	包晶点	1470	59.7	32.8	7.5

相图中靠近 SiO_2 顶点的 $CaO\text{-}SiO_2$ 一边有一个液相分层区，当 $w(Al_2O_3)=3\%$ 时液相分层区消失。在冶金中，高炉渣、某些铁合金冶炼渣、铸钢保护渣等的主要组成范围可以归结为此体系。图 1-5-23 所示为高炉渣组成范围内的局部相图。利用这个局部相图可以调整高炉渣的组成，控制冶炼条件。

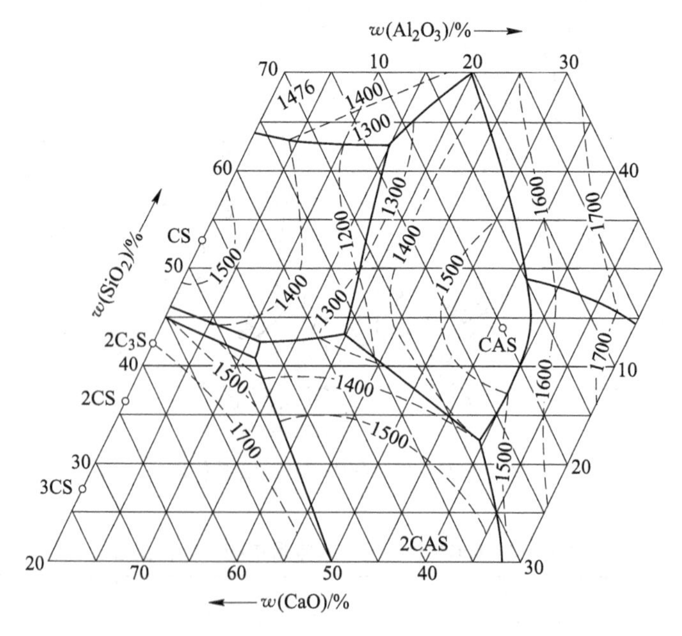

图 1-5-23　高炉渣系的局部相图

$CaO\text{-}SiO_2\text{-}Al_2O_3$ 体系相图在硅酸盐工业如耐火材料、玻璃、水泥、陶瓷等领域中得到了广泛的应用。图 1-5-24 给出了各种硅酸盐在此三元系中的大致组成范围。

C　$CaO\text{-}SiO_2\text{-}FeO$ 渣系相图

此相图如图 1-5-25 所示，它是碱性炼钢炉渣的基本相图。$CaO\text{-}SiO_2\text{-}FeO$ 渣系相图也被

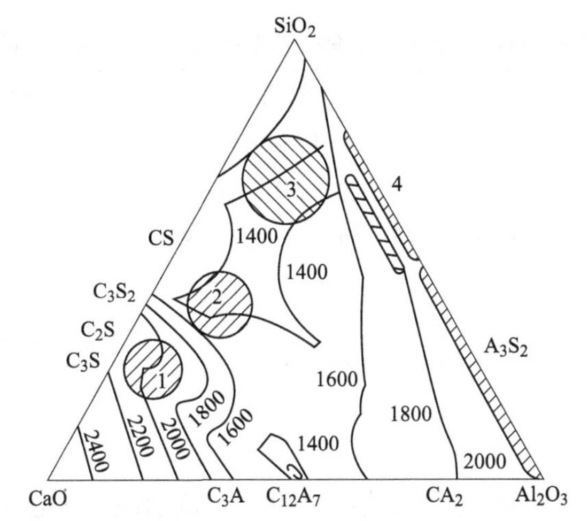

图 1-5-24 $CaO-SiO_2-Al_2O_3$ 体系中各种材料的组成范围示意图

1—硅酸盐水泥；2—高炉渣；3—玻璃；4—耐火材料

应用于炼铜等有色金属冶炼。

该相图的特点是：含有一个三元稳定化合物 CaO · FeO · SiO_2(铁钙橄榄石，用 CFS 表示)；5 个二元化合物，其中 3 个是稳定化合物。相图中有 12 个相区。部分分三角形、无变点和相平衡关系见表 1-5-4。在 SiO_2 顶点附近有一个宽广的液相分层区；在 CaO 顶点处出现高熔点区；存在一个很大的 C_2S 的初晶面。在炼钢温度下，此相图有很宽广的液相区。

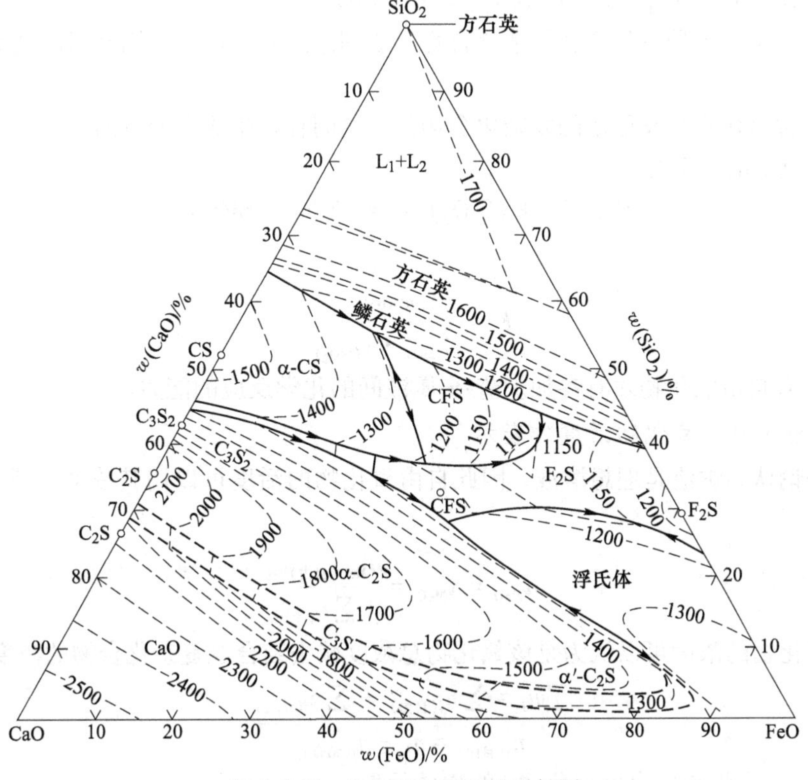

图 1-5-25 $CaO-SiO_2-FeO$ 渣系相图

表 1-5-4 $CaO-SiO_2-FeO$ 渣系相图的部分分三角形，无变点及相平衡关系

无变点	对应分三角形	相平衡关系	性质	温度/℃
1	$S-CS-F_2S$	$L=S+CS+F_2S$	共晶点	1105
2	$CS-C_3S_2-CFS$	$L=CS+C_3S_2+CFS$	共晶点	1220
3	$C_3S_2-C_2S-CFS$	$L+C_2S=C_3S_2+CFS$	转熔点	1227
4	$C_2S-CFS-F$	$L=C_2S+CSF+F$	共晶点	1223
5	C_3S-C-F	$L+C=C_3S+F$	转熔点	1300

1.5.3 炉渣结构理论

炉渣的各种物理化学性质，如酸碱性、氧化性、流动性、导电性等都与熔渣的结构有密切关系。虽然已经知道炉渣主要是由氧化物组成的，但炉渣中的这些氧化物以何种形态存在；这些氧化物在炉渣中的分布及在反应中的作用如何等，这些问题都需要用炉渣结构理论来回答。目前炉渣结构理论主要有分子结构假说和离子结构理论两种。

1.5.3.1 炉渣的分子结构假说

A 炉渣分子理论的主要内容

(1) 炉渣是由各种电中性的氧化物分子组成的。这些氧化物分子包括自由氧化物（如 CaO、FeO、MgO、Al_2O_3、SiO_2、P_2O_5等）以及由酸性和碱性氧化物结合生成的复杂化合物（如 $CaO \cdot SiO_2$、$2CaO \cdot SiO_2$、$CaO \cdot P_2O_5$等）。

(2) 炉渣中的各种氧化物及复杂化合物形成理想溶液，可以应用理想溶液的规律处理炉渣。

(3) 各种氧化物与其形成的复杂化合物分子之间存在生成和分解的平衡反应，其平衡浓度取决于反应的平衡常数。如

$$2(CaO) + (SiO_2) = (2CaO \cdot SiO_2)$$

平衡常数

$$K = \frac{x_{(2CaO \cdot SiO_2)}}{x^2_{(CaO)} \cdot x_{(SiO_2)}}$$

(4) 只有自由氧化物才有参加炉渣-金属液间的化学反应的能力。

B 炉渣中自由氧化物活度的表示

分子理论认为炉渣是理想溶液，因此自由氧化物的活度可以用其浓度（即摩尔分数）来表示。

$$a_{MeO} = x_{MeO} = \frac{n_{MeO(自由)}}{\sum n_i}$$

自由氧化物的浓度可以认为是该氧化物总浓度减去结合成复杂化合物的浓度，即：

$$\sum n_i = \sum n_{i(自由)} + \sum n_{i(结合)}$$

$$n_{i(自由)} = n_i - n_{i(结合)}$$

式中 $n_{i(自由)}$——炉渣中自由氧化物 i 的物质的量；

$\sum n_{i(自由)}$——炉渣中各自由氧化物的物质的量之和；

$n_{i(结合)}$——炉渣中结合成复杂化合物的氧化物 i 的物质的量；

$\sum n_{i(结合)}$——结合成复杂化合物的各氧化物的物质的量之和；

n_i——炉渣中氧化物 i 的物质的量；

$\sum n_i$——炉渣中各组元物质的量之和。

【例 1-18】 熔渣成分为 $w(CaO)=27.6\%$，$w(SiO_2)=17.5\%$，$w(FeO)=29.3\%$，$w(Fe_2O_3)=5.2\%$，$w(MgO)=9.8\%$，$w(P_2O_5)=2.7\%$，$w(MnO)=7.9\%$，假定渣中有下列复合化合物：$4CaO\cdot P_2O_5$、$4CaO\cdot 2SiO_2$、$CaO\cdot Fe_2O_3$。所有这些复杂化合物不发生离解，MgO、MnO、CaO 视为同等性质的碱性氧化物，试求 CaO 及 FeO 的活度。

解：渣中的酸性氧化物为 SiO_2、Fe_2O_3、P_2O_5，形成的复杂化合物为 $4MeO\cdot 2SiO_2$、$MeO\cdot Fe_2O_3$、$4MeO\cdot P_2O_5$。其中 MeO 可为 CaO、MgO 和 MnO，FeO 全部为自由氧化物。

$$a_{(CaO)}=x(CaO)_{自由}=\frac{n(CaO)_{自由}}{\sum n}$$

$$a_{(FeO)}=x(FeO)_{自由}=\frac{n(FeO)_{自由}}{\sum n}$$

$\sum n=\sum n_{自由}+\sum n_{复合}$ 为渣中自由及复合化合物的总物质的量。

取 100 g 熔渣，计算各种氧化物及化合物的物质的量：

$$n(CaO)=\frac{27.6}{56}=0.493 \qquad n(SiO_2)=\frac{17.5}{60}=0.292$$

$$n(FeO)=\frac{29.3}{72}=0.407 \qquad n(Fe_2O_3)=\frac{5.2}{160}=0.0325$$

$$n(MgO)=\frac{9.8}{40}=0.245 \qquad n(P_2O_5)=\frac{2.7}{142}=0.019$$

$$n(MnO)=\frac{7.9}{71}=0.111 \qquad n(4MeO\cdot 2SiO_2)=\frac{1}{2}n(SiO_2)=\frac{1}{2}\times 0.292=0.146$$

$$n(4MeO\cdot P_2O_5)=n(P_2O_5)=0.019 \qquad n(MeO\cdot Fe_2O_3)=n(Fe_2O_3)=0.0325$$

式中，1 mol $4CaO\cdot 2SiO_2$ 含有 2 mol SiO_2，故 $n(4CaO\cdot 2SiO_2)/n(SiO_2)=1/2$，从而 $n(4CaO\cdot 2SiO_2)=1/2n(SiO_2)$。由同样关系可得 $n(4CaO\cdot P_2O_5)=n(P_2O_5)$。

$$\begin{aligned}\sum n(MeO)_{自由}&=[n(CaO)+n(MgO)+n(MnO)]-[2n(SiO_2)+4n(P_2O_5)+n(Fe_2O_3)]\\&=(0.493+0.245+0.111)-(2\times 0.292+4\times 0.019+0.0325)=0.1565\end{aligned}$$

式中，形成 1 mol $4CaO\cdot 2SiO_2$ 消耗的 CaO（包括 MnO、MgO 在内）的物质的量为 SiO_2 的 2 倍，即 $2n(SiO_2)$；形成 1 mol $4CaO\cdot P_2O_5$ 消耗 CaO 的物质的量为 P_2O_5 的 4 倍，即 $4n(P_2O_5)$。

$$\begin{aligned}\sum n&=\sum n_{(自由)}+\sum n_{(结合)}=\sum n(MeO)_{自由}+n(FeO)+\sum n_{(结合)}\\&=0.1565+0.407+(0.146+0.019+0.0325)=0.761\end{aligned}$$

$$a_{(CaO)}=x(CaO)_{自由}=\frac{n(MeO)_{自由}}{\sum n}=\frac{0.1565}{0.761}=0.206$$

$$a_{(FeO)}=x(FeO)_{自由}=\frac{n(FeO)_{自由}}{\sum n}=\frac{0.407}{0.761}=0.535$$

此例题中未考虑$4CaO \cdot 2SiO_2$的离解，实际上，它在渣中有一定程度的离解，因此，渣中出现了复合化合物$2CaO \cdot 2SiO_2$。总之，分子结构假说计算组分活度因渣中复合化合物选择的不同而有所不同，即计算的准确度与选择的复合化合物和试验确定的相近性有关。

C 对炉渣分子结构假说的评价

（1）据分子结构假说，可将化学反应式写成分子式表示的反应式，能够表明参加反应的各种物质间的化学计量关系，成为热力学计算的基础。

（2）但为了计算其中自由氧化物的活度，假设存在许多复合化合物，这种假设是根据经验人为选定的，实际上不一定存在，这种假设缺乏科学依据。

（3）对炉渣是分子理想溶液的假设也是缺乏事实依据的。

1.5.3.2 炉渣的离子结构理论

A 炉渣中离子存在的试验依据

（1）熔渣具有导电性，其导电性低于水溶液电解质而高于分子晶体，因而可以推断熔渣中有离子存在，试验也证实了熔渣中的导电质点是离子。

（2）熔渣可以电解，阴极上析出金属，也证明熔渣中离子的存在。

B 炉渣离子结构理论的要点

（1）炉渣由简单的阳离子、阴离子和复合阴离子团所组成，阴阳离子的总电荷数相等，熔渣总体上是电中性的。如（Ca^{2+}）、（Mg^{2+}）、（Fe^{2+}）、（O^{2-}）、（S^{2-}）、（SiO_4^{4-}）、（PO_4^{3-}）、（FeO_2^-）、（AlO_2^-）。

（2）炉渣中Si-O复合阴离子团的结构随熔渣的组成而变化，随着碱度及$n(O)/n(Si)$降低，结构变复杂。如$(Si_2O_7)^{6-}$、$(Si_3O_9)^{6-}$、$(Si_4O_{12})^{8-}$、$(Si_6O_{18})^{12-}$等。

炉渣中的简单离子和复合阴离子能够稳定存在，是参加反应的基本单元。复合阴离子结构比较复杂，而且其结构随组成而变化。复合硅氧阴离子是硅酸盐炉渣的主要复合阴离子。构成一系列复合硅氧阴离子的最小单元是$(SiO_4)^{4-}$。随着炉渣中的$n(O)/n(Si)$的不同，$(SiO_4)^{4-}$聚合形成不同的形态。随着$n(O)/n(Si)$的降低，复合硅氧离子中含基本单元$(SiO_4)^{4-}$增多，结构越复杂，由$(Si_xO_y)^{z-}$可表示复合硅氧离子的结构通式。图1-5-26中给出了$(Si_xO_y)^{z-}$的结构示意图。表1-5-5列出了复合硅氧离子的结构参数、结构形态及在炉渣中存在的相应的矿物名称。

表1-5-5 硅氧复合阴离子的结构参数

离子种类	$n(O)/n(Si)$	离子结构的形状	化学式	矿物名称
SiO_4^{4-}	4.0	简单四面体	$M_2SiO_4(2MO \cdot SiO_2)$	橄榄石
$Si_2O_7^{6-}$	3.5	双连四面体	$M_3Si_2O_7(3MO \cdot SiO_2)$	方柱石
$(SiO_3^{2-})_n$	3.0	由3、4、6个四面体构成环	$MSiO_3(MO \cdot SiO_2)$	绿柱石
$(SiO_3^{2-})_\infty$	3.0	无限多个四面体构成线	$MSiO_3(MO \cdot SiO_2)$	辉石
$(Si_4O_{11}^{5-})_n$	2.75	无限多个四面体构成链	$M_3Si_4O_{11}(3MO \cdot 4SiO_2)$	闪石
$(Si_2O_5^{2-})_n$	2.50	许多个四面体构成网	$MSi_2O_5(MO \cdot 2SiO_2)$	云母
$(SiO_2)_n$	2.0	三度空间格架	SiO_2	石英

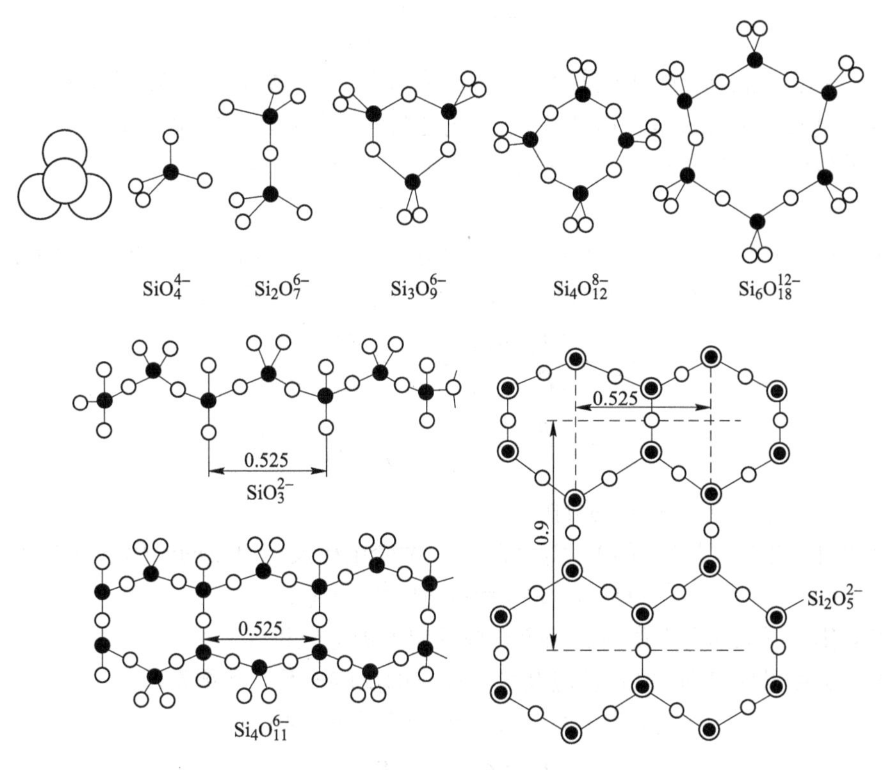

图 1-5-26 硅氧复合阴离子的结构示意图

C 炉渣的离子溶液结构模型

炉渣的离子理论表明，炉渣是由离子组成的。当金属和炉渣接触时，就会有物质和电荷的转移。下面以碱性炉渣为例说明炉渣-金属间化学反应的平衡。

设碱性炉渣中含有 CaO、MgO、FeO、MnO 及少量 SiO_2、CaS、P_2O_5，该炉渣与含有 Mn、P、Si、O 和 S 等杂质的液态铁保持平衡。则根据离子理论，体系中 Fe、Mn、O、S 等杂质元素按反应（1）~反应（4）分配在炉渣和铁液中，这种反应称为电极反应，各电极反应的平衡电极电位分别为式（1-5-1）~式（1-5-4）。

$$(Fe^{2+}) + 2e =\!=\!= [Fe] \tag{1}$$

$$\varepsilon_{Fe} = \varepsilon_{Fe}^0 + \frac{RT}{2F}\ln\frac{a_{Fe^{2+}}}{a_{Fe}} \tag{1-5-1}$$

$$(Mn^{2+}) + 2e =\!=\!= [Mn] \tag{2}$$

$$\varepsilon_{Mn} = \varepsilon_{Mn}^0 + \frac{RT}{2F}\ln\frac{a_{Mn^{2+}}}{a_{Mn}} \tag{1-5-2}$$

$$(O^{2-}) =\!=\!= [O] + 2e \tag{3}$$

$$\varepsilon_O = \varepsilon_O^0 + \frac{RT}{2F}\ln\frac{a_O}{a_{O^{2-}}} \tag{1-5-3}$$

$$(S^{2-}) =\!=\!= [S] + 2e \tag{4}$$

$$\varepsilon_S = \varepsilon_S^0 + \frac{RT}{2F}\ln\frac{a_S}{a_{S^{2-}}} \tag{1-5-4}$$

式中，ε_{Fe}、ε_{Mn}、ε_O、ε_S 分别为反应（1）~反应（4）的平衡电极电位，V；ε_{Fe}^0、ε_{Mn}^0、ε_O^0、ε_S^0 分别为上述反应的标准电极电位，V；F 为法拉第常数；R 为气体常数。

当上述各反应达到平衡时，在金属-炉渣界面上电位值是恒定的，即

$$\varepsilon_{Fe} = \varepsilon_{Mn} = \varepsilon_O = \varepsilon_S$$

因此，式（1-5-1）~式（1-5-4）右端相等，由此可导出各反应的平衡条件。如从式（1-5-1）和式（1-5-3）可导出氧在炉渣-金属铁液间的分配平衡：

$$\varepsilon_{Fe}^0 + \frac{RT}{2F}\ln\frac{a_{Fe^{2+}}}{a_{Fe}} = \varepsilon_O^0 + \frac{RT}{2F}\ln\frac{a_O}{a_{O^{2-}}}$$

$$\ln L_O = \ln\frac{a_{Fe^{2+}} \cdot a_{O^{2-}}}{a_{Fe} \cdot a_O} = \frac{2F}{RT}(\varepsilon_O^0 - \varepsilon_{Fe}^0) \tag{1-5-5}$$

式中，L_O称为氧在炉渣-铁液间的分配比。

以上的讨论相当于反应（1）和反应（3）两个电极反应组成的电化学反应（5）：

$$[O] + [Fe] = [Fe^{2+}] + (O^{2-}) \tag{5}$$

当该电化学反应达到平衡时，两个电极反应电极电位相等。

同样方法可以导出 Mn 氧化反应及脱 S 反应的反应式及其平衡常数：

$$(Fe^{2+}) + [Mn] = [Fe] + (Mn^{2+}) \tag{6}$$

$$\ln K = \ln\frac{a_{Fe} \cdot a_{Mn^{2+}}}{a_{Fe^{2+}} \cdot a_{Mn}} = \frac{2F}{RT}(\varepsilon_{Fe}^0 - \varepsilon_{Mn}^0) \tag{1-5-6}$$

$$(S^{2-}) + [O] = [S] + (O^{2-}) \tag{7}$$

$$\ln K = \ln\frac{a_{O^{2-}} \cdot a_S}{a_O \cdot a_{S^{2-}}} = \frac{2F}{RT}(\varepsilon_O^0 - \varepsilon_S^0) \tag{1-5-7}$$

由以上讨论可知，利用离子理论定量计算炉渣-金属间化学反应的热力学，涉及到离子的活度这一未知数。为了计算炉渣中离子的活度，在离子结构理论的基础上建立了各种离子溶液模型，其中主要有完全离子溶液模型，正规离子溶液模型和离子聚合反应模型-马松模型三种。

a　完全离子溶液模型

完全离子溶液模型是1946年由乔姆金（Тёмкин）提出的。其要点是：

（1）炉渣完全由正负离子组成；

（2）溶液中离子的排列与晶体相似，每个离子仅被带异号电荷的离子所包围；

（3）同号电荷的离子，不论电荷数为多少，与邻近离子的相互作用完全等同。

由此可知，完全离子溶液可以视作由两个不可分割的理想溶液组成的，即阳离子与阳离子、阴离子与阴离子分别混合为理想溶液。因此完全离子溶液形成时，其混合热为零，而混合熵为无序混合熵。由此按照理想溶液热力学关系得出结论：对于完全离子溶液，其组元的活度等于组成该组元的离子摩尔分数的乘积。

如炉渣中组元（MeO），其解离反应为：

$$(MeO) = (Me^{2+}) + (O^{2-})$$

则 $$a_{(\text{MeO})}=a_{\text{Me}^{2+}}\cdot a_{\text{O}^{2-}}=x(\text{Me}^{2+})\cdot x(\text{O}^{2-}) \tag{1-5-8}$$

显然存在以下关系：

$$\Delta G=-T\Delta S=-RT\ln(x(\text{Me}^{2+})\cdot x(\text{O}^{2-}))$$

由完全离子溶液模型的假设，可以得出离子摩尔分数的计算方法为某离子的物质的量与所有同号离子物质的量总和的比值，即

$$x_{i^+}=\frac{n_{i^+}}{\sum n_{i^+}}\qquad x_{i^-}=\frac{n_{i^-}}{\sum n_{i^-}}$$

设某炉渣体系含有 SiO_2、FeO、CaO 及 P_2O_5，物质的量分别为 $n(SiO_2)$、$n(FeO)$、$n(CaO)$ 及 $n(P_2O_5)$。碱性氧化物将按下式完全解离：

$$(\text{CaO})=\!=\!=(\text{Ca}^{2+})+(\text{O}^{2-})$$

$$(\text{FeO})=\!=\!=(\text{Fe}^{2+})+(\text{O}^{2-})$$

而酸性氧化物在碱性炉渣中按下式结合（O^{2-}）生成复杂阴离子：

$$(\text{SiO}_2)+2(\text{O}^{2-})=\!=\!=(\text{SiO}_4)^{4-}$$

$$(\text{P}_2\text{O}_5)+3(\text{O}^{2-})=\!=\!=2(\text{PO}_4)^{3-}$$

渣系中各种离子的物质的量分别为：

$$n(\text{Ca}^{2+})=n(\text{CaO})\qquad n(\text{Fe}^{2+})=n(\text{FeO})$$

$$n(\text{O}^{2-})=n(\text{CaO})+n(\text{FeO})-2n(\text{SiO}_2)-3n(\text{P}_2\text{O}_5)$$

$$n(\text{SiO}_4^{4-})=n(\text{SiO}_2)\qquad n(\text{PO}_4^{3-})=2n(\text{P}_2\text{O}_5)$$

所以 $$\sum n_{i^+}=n(\text{Ca}^{+})+n(\text{Fe}^{2+})=n(\text{CaO})+n(\text{FeO})$$

$$\sum n_{i^-}=n(\text{O}^{2-})+n(\text{SiO}_4^{4-})+n(\text{PO}_4^{3-})=n(\text{CaO})+n(\text{FeO})-n(\text{SiO}_2)-n(\text{P}_2\text{O}_5)$$

各离子的摩尔分数分别为：

$$x(\text{Ca}^{2+})=\frac{n(\text{Ca}^{2+})}{\sum n_{i^+}}\qquad x(\text{Fe}^{2+})=\frac{n(\text{Fe}^{2+})}{\sum n_{i^+}}$$

$$x(\text{O}^{2-})=\frac{n(\text{O}^{2-})}{\sum n_{i^-}}\qquad x(\text{SiO}_4^{4-})=\frac{n(\text{SiO}_4^{4-})}{\sum n_{i^-}}\qquad x(\text{PO}_4^{3-})=\frac{n(\text{PO}_4^{3-})}{\sum n_{i^-}}$$

完全离子溶液模型考虑了离子的存在，但没有考虑所带电荷相同而种类和大小不同的离子之间作用的差别。经试验研究证明，完全离子溶液模型只适用于 SiO_2 含量低于 10%的高碱度炉渣。这时阴离子形式简单，如假定阴离子是（SiO_4^{4-}）、（PO_4^{3-}）、（AlO_2^{-}）等是合理的。而在 SiO_2 含量较高的酸性炉渣中，硅氧离子结构复杂，应用完全离子溶液模型就会产生较大的偏差。

当 $w(SiO_2)>10\%$ 时，引入活度系数加以修正：

$$a_{\text{MeO}}=(\gamma_{\text{Me}^{2+}}\cdot\gamma_{\text{O}^{2-}})\cdot(x(\text{Me}^{2+})\cdot x(\text{O}^{2-}))$$

$$\lg\gamma_{\text{Fe}^{2+}}\cdot\gamma_{\text{S}^{2-}}=1.53\left[\sum x(\text{SiO}_4^{4-})\right]-0.17$$

$$\lg\gamma_{\text{Fe}^{2+}}\cdot\gamma_{\text{O}^{2-}}=1.53\left[\sum x(\text{SiO}_4^{4-})\right]-0.17$$

式中 $\sum x(\text{SiO}_4^{4-})$ ——炉渣中复合阴离子团摩尔分数之和。

$$\sum x(\text{SiO}_4^{4-})=\frac{n(\text{SiO}_4^{4-})+n(\text{PO}_4^{3-})+n(\text{AlO}_2^{-})}{n(\text{SiO}_4^{4-})+n(\text{PO}_4^{3-})+n(\text{AlO}_2^{-})+n(\text{O}^{2-})}$$

【例 1-19】 熔渣成分为 $w(FeO)=12.03\%$，$w(MnO)=8.84\%$，$w(CaO)=42.68\%$，$w(MgO)=14.97\%$，$w(SiO_2)=19.34\%$，$w(P_2O_5)=2.15\%$，试用完全离子溶液模型计算 FeO，CaO，MnO 的活度及活度系数。在 1873 K 测得与此渣平衡的钢液中 $w[O]=0.058\%$，试确定此模型计算 FeO 活度的精确度。

解：（1）计算熔渣组分活度的公式为：$a_{(MO)}=x(M^{2+})\cdot x(O^{2-})$

假定熔渣中有 Fe^{2+}、Mn^{2+}、Ca^{2+}、Mg^{2+}、O^{2-}、SiO_4^{4-}、PO_4^{3-} 等离子。先计算各离子的物质的量，以 100 g 熔渣作为计算基础：

组分	FeO	MnO	CaO	MgO	SiO_2	P_2O_5	$\sum n_B$
n_B/mol	0.167	0.125	0.762	0.374	0.322	0.015	1.765

1 mol 碱性氧化物电离形成 1 mol 阳离子和 O^{2-}：

$$CaO = Ca^{2+} + O^{2-} \quad FeO = Fe^{2+} + O^{2-} \quad MgO = Mg^{2+} + O^{2-} \quad MnO = Mn^{2+} + O^{2-}$$

故 $n(Ca^{2+})=n(CaO)$，$n(Fe^{2+})=n(FeO)$，$n(Mg^{2+})=n(MgO)$，$n(Mn^{2+})=n(MnO)$。

而 $\sum n_{B^+} = n(CaO) + n(FeO) + n(MgO) + n(MnO) = 1.428$。

络离子按下列反应形成：

$$SiO_2 + 2O^{2-} = SiO_4^{4-} \qquad 故\ n(SiO_4^{4-}) = n(SiO_2) = 0.322$$

$$P_2O_5 + 3O^{2-} = 2PO_4^{3-} \qquad 故\ n(PO_4^{3-}) = 2n(P_2O_5) = 0.030$$

自由氧离子的物质的量，等于熔渣内碱性氧化物物质的量之和减去酸性氧化物形成络离子消耗的碱性氧化物物质的量之和的差值。而 1 mol SiO_2消耗 2 mol 氧离子，即$n(O^{2-})=2n(SiO_2)$；1 mol P_2O_5消耗 3 mol 氧离子，即 $n(O^{2-})=3n(P_2O_5)$，故

$$n(O^{2-}) = \sum n_{B^+} - 2n(SiO_2) - 3n(P_2O_5) = 1.428 - 2\times0.322 - 3\times0.015 = 0.739$$

而

$$\begin{aligned}\sum n_{B^-} &= n(O^{2-}) + n(SiO_4^{4-}) + n(PO_4^{3-}) \\ &= n(O^{2-}) + n(SiO_2) + 2n(P_2O_5) \\ &= 0.739 + 0.322 + 2\times0.015 = 1.091\end{aligned}$$

阳离子及氧离子的摩尔分数为：

$$x(Fe^{2+}) = \frac{n(Fe^{2+})}{\sum n_{B^+}} = \frac{0.167}{1.428} = 0.117 \qquad x(Mg^{2+}) = \frac{n(Mg^{2+})}{\sum n_{B^+}} = \frac{0.374}{1.428} = 0.262$$

$$x(Mn^{2+}) = \frac{n(Mn^{2+})}{\sum n_{B^+}} = \frac{0.125}{1.428} = 0.088 \qquad x(O^{2-}) = \frac{n(O^{2-})}{\sum n_{B^-}} = \frac{0.739}{1.091} = 0.677$$

$$x(Ca^{2+}) = \frac{n(Ca^{2+})}{\sum n_{B^+}} = \frac{0.762}{1.428} = 0.534$$

FeO、CaO、MnO 的活度如下：

$$a_{(FeO)} = x(Fe^{2+})\cdot x(O^{2-}) = 0.117\times0.677 = 0.079$$

$$a_{(CaO)} = x(Ca^{2+})\cdot x(O^{2-}) = 0.534\times0.677 = 0.362$$

$$a_{(MnO)} = x(Mn^{2+})\cdot x(O^{2-}) = 0.088\times0.677 = 0.060$$

活度系数按 $\gamma_B=a_B/x_B$计算，而 $x_B=n_B/\sum n$，式中$\sum n=1.765$，故

$$\gamma_B = a_B\cdot(\sum n/n_B) = 1.765\times a_B/n_B$$

$$\gamma_{FeO} = \frac{0.079 \times 1.765}{0.167} = 0.83$$

$$\gamma_{CaO} = \frac{1.765 \times 0.362}{0.762} = 0.84$$

$$\gamma_{MnO} = \frac{1.765 \times 0.060}{0.125} = 0.85$$

（2）根据与熔渣平衡的钢液中氧的质量分数（0.058%）计算 $a_{(FeO)}$。

$$(FeO) = [Fe] + [O]$$

$$L_O = 0.23 = \frac{w[O]_{\%}}{a_{FeO}}$$

$$a_{(FeO)} = \frac{w[O]_{\%}}{L_O} = \frac{0.058}{0.23} = 0.252 > 0.079$$

可见，用完全离子溶液模型计算的 $a_{(FeO)}$ 偏低，这是因为 $w(SiO_2) = 19.34\% > 10\%$，必须引入活度系数加以修正。

$$\lg(\gamma_{Fe^{2+}} \cdot \gamma_{O^{2-}}) = 1.53 \sum x(SiO_4^{4-}) - 0.17$$

$$= 1.53 \times \frac{0.322 + 0.030}{1.091} - 0.17 = 0.324$$

$$\gamma_{Fe^{2+}} \cdot \gamma_{O^{2-}} = 2.10$$

$$a_{(FeO)} = (\gamma_{Fe^{2+}} \cdot \gamma_{O^{2-}}) \cdot x(Fe^{2+}) \cdot x(O^{2-}) = 2.10 \times 0.079 = 0.166$$

可见，引入活度系数后，计算值与实测值偏差减小。

b 正规离子溶液模型

正规离子溶液模型是拉姆斯登（J. Lumsden）等根据正规溶液模型提出的。其主要内容为：

（1）炉渣由简单金属阳离子和 O^{2-} 组成，阳离子如 Fe^{2+}、Mn^{2+}、Ca^{2+}、Mg^{2+}、Si^{4+}、P^{5+} 等，而阴离子只有 O^{2-}；

（2）由于这些阳离子的静电不同，故和 O^{2-} 混合时产生热效应；

（3）各种阳离子无序分布于 O^{2-} 之中，和完全离子溶液的状态相同。

由该模型可得出由 k 个组元组成的正规离子溶液组元 1 的活度系数的计算式为：

$$RT\ln\gamma_1 = \sum_{i \neq 1}^{k} \alpha_{i1} x_i - \sum_{i=1}^{k-1} \sum_{j=i+1}^{k} \alpha_{ij} x_i x_j \tag{1-5-9}$$

式中 α_{i1}，α_{ij}——分别为 $i1$ 及 ij 离子对的混合能参数；

x_i，x_j——离子 i，j 的离子摩尔分数。

设炉渣由以下 6 种组元组成，阳离子摩尔分数如下：

组元	FeO	MnO	CaO	MgO	SiO_2	P_2O_5
x_i	x_1	x_2	x_3	x_4	x_5	x_6

则式（1-5-9）中最后一项可展开为：

$$\sum_{i=1}^{k-1} \sum_{j=i+1}^{k} \alpha_{ij} x_i x_j = \alpha_{12}x_1x_2 + \alpha_{13}x_1x_3 + \alpha_{14}x_1x_4 + \alpha_{15}x_1x_5 + \alpha_{16}x_1x_6 + \alpha_{23}x_2x_3 + \alpha_{24}x_2x_4 + \alpha_{25}x_2x_5 + \alpha_{26}x_2x_6 + \alpha_{34}x_3x_4 + \alpha_{35}x_3x_5 + \alpha_{36}x_3x_6 + \alpha_{45}x_4x_5 + \alpha_{46}x_4x_6 + \alpha_{56}x_5x_6$$

根据相应的二元系相图（$MO-SiO_2$，$MO-P_2O_5$）的共晶成分及下式

$$RT\ln\gamma_i = \alpha(1 - x_i)^2$$

可计算得 α_{ij}。取 $\alpha_{25}=-41.9$ kJ，$\alpha_{36}=-201$ kJ，$\alpha=\alpha_{35}=\alpha_{45}=-113$ kJ，其余 $\alpha_{ij}=0$，于是

$$\sum_{i=1}^{k-1}\sum_{j=i+1}^{k}\alpha_{ij}x_ix_j = \alpha_{25}x_2x_5 + \alpha(x_3 + x_4)x_5 + \alpha_{36}x_3x_6 = A \tag{1-5-10}$$

对于组元 1(FeO)、2(MnO)、4(MgO)、6(P_2O_5)，分别有：

$$RT\ln\gamma_1 = -\alpha_{25}x_2x_5 - \alpha(x_3 + x_4)x_5 - \alpha_{36}x_3x_6 = -A$$

式中的 $\alpha_{i1}x_i=0$。

$$RT\ln\gamma_2 = \alpha_{52}x_5 - \alpha_{25}x_2x_5 - \alpha(x_3 + x_4)x_5 - \alpha_{36}x_3x_6 = \alpha_{52}x_5 - A$$

式中的 $\sum_{i\neq 1}^{k}\alpha_{i1}x_i = \alpha_{25}x_5$，其余项为零。

$$RT\ln\gamma_4 = \alpha_{45}x_5 - A$$

式中的 $\sum_{i\neq 1}^{k}\alpha_{i1}x_i = \alpha_{45}x_5$，其余项为零。

$$RT\ln\gamma_6 = \alpha_{36}x_3 - A$$

将各 α_{ij}代入各式，可得 FeO、MnO、P_2O_5的活度系数计算式：

$$\lg\gamma_{FeO} = \lg\gamma_{Fe^{2+}} = \frac{1000}{T}[2.18x(Mn^{2+})x(Si^{4+}) + 5.90(x(Ca^{2+}) + x(Mg^{2+}))x(Si^{4+}) + 10.50x(Ca^{2+})x(P^{5+})] \tag{1-5-11}$$

$$\lg\gamma_{MnO} = \lg\gamma_{Mn^{2+}} = \lg\gamma_{Fe^{2+}} - \frac{2180}{T}x(Si^{4+}) \tag{1-5-12}$$

$$\lg\gamma_{P_2O_5} = \lg\gamma_{P^{5+}} = \lg\gamma_{Fe^{2+}} - \frac{10500}{T}x(Ca^{2+}) \tag{1-5-13}$$

而氧化物的活度可按完全离子溶液模型公式计算，如对于 FeO、P_2O_5分别有：

$$a_{FeO} = x(Fe^{2+})x(O^{2-})\gamma_{Fe^{2+}}\gamma_{O^{2-}} = \gamma_{Fe^{2+}}x(Fe^{2+})$$

$$a_{P_2O_5} = x^2(P^{5+})x^5(O^{2-})\gamma_{P^{5+}}^2\gamma_{O^{2-}}^5 = (\gamma_{P^{5+}}x(P^{5+}))^2$$

由于炉渣中只有 O^{2-}一种阴离子，故式中的 $a_{O^{2-}}=x(O^{2-})=1$。

正规离子溶液模型无需考虑难以确定的复杂离子的存在形式，可以比较好地处理高碱度氧化性炉渣及炉渣与钢液间 O、P、S 的分配。

1.5.4　炉渣的物理化学性质

炉渣的物理化学性质对冶金过程的正常进行及冶金产品的成分、性能产生重要的影响。因此对于冶金工作者来说很好地认识炉渣的物理化学性质是很重要的。

1.5.4.1　炉渣的碱度及氧化性

A　碱度

冶金炉渣的主要成分是氧化物。各种氧化物的性质如酸碱性不同，组成的炉渣也表现出不同的化学性质。对于氧化物的酸碱性，按照氧化物在反应中的化学行为可分为三类：

（1）碱性氧化物，如 CaO、MgO、MnO、FeO 等。这类氧化物在反应中能够提供 O^{2-}。

（2）酸性氧化物，如 SiO_2、P_2O_5、Fe_2O_3等。这类氧化物能够结合 O^{2-} 成为复杂阴离子。

（3）两性氧化物，如 Al_2O_3。当炉渣中碱性氧化物含量高时，该氧化物呈酸性，结合 O^{2-}生成铝酸盐；而当酸性氧化物含量高时，提供 O^{2-}生成硅酸铝。

炉渣中酸性氧化物和碱性氧化物的相对含量可以表示炉渣的酸碱度。因此定义碱度为炉渣中碱性氧化物与酸性氧化物浓度的比值，用 R 表示。浓度可用质量百分数或者摩尔分数。一般 $R>1$ 的炉渣称为碱性渣。炉渣碱度的数学表示法多样，要根据具体情况选择合理的表达式。常用的表示方法有以下几种：

（1）$R = w(CaO)_{\%}/w(SiO_2)_{\%}$ 或 $R = x(CaO)/x(SiO_2)$。

这是炉渣碱度最简单的表示方法，应用最普遍。当炉渣中其他碱性和酸性氧化物较少或其他氧化物含量基本不变时，应用这种表示方法是合理的。

（2）$R = \sum w(\text{碱性氧化物})_{\%}/\sum w(\text{酸性氧化物})_{\%}$ 或 $R = \sum x(\text{碱性氧化物})/\sum x(\text{酸性氧化物})$。

这种表示碱度的方法考虑了其他氧化物对碱度的贡献，但由于各种氧化物碱性和酸性的强弱不同，对炉渣酸碱性的贡献差别很大，而把它们同等对待是不合理的。

（3）$R = [w(CaO)_{\%} - 1.18w(P_2O_5)_{\%}]/w(SiO_2)_{\%}$ 或 $R = x(CaO) - 3x(P_2O_5)/x(SiO_2)$。

这种方法考虑了炉渣中生成复合化合物 $3CaO \cdot P_2O_5$。由于部分 CaO 生成了复合化合物而失去了参加化学反应的能力，故对炉渣酸碱性有贡献的只是那些自由 CaO。类似地，若考虑生成其他复合化合物时，也有类似的碱度表示方法。

按照炉渣的分子理论，炉渣中碱性氧化物和酸性氧化物要生成不同形式的复合氧化物。因为只有自由氧化物才有参加化学反应的能力，故把炉渣中自由碱性氧化物的含量称为“超额碱”或“剩余碱”。假设某一炉渣体系含有 CaO、MgO、MnO 等碱性氧化物和 SiO_2、P_2O_5、Al_2O_3、Fe_2O_3 等酸性氧化物，渣中生成了 $2CaO \cdot SiO_2$、$4CaO \cdot P_2O_5$、$3CaO \cdot Al_2O_3$和 $CaO \cdot Fe_2O_3$等复合化合物，则该炉渣体系的超额碱可表示为：

$$n(\text{超额碱}) = n(CaO) + n(MgO) + n(MnO) - 2n(SiO_2) - 4n(P_2O_5) - 3n(Al_2O_3) - n(Fe_2O_3)$$

$$x(\text{超额碱}) = x(CaO) + x(MgO) + x(MnO) - 2x(SiO_2) - 4x(P_2O_5) - 3x(Al_2O_3) - x(Fe_2O_3)$$

超额碱常用于讨论和计算 S 的分配比。但由于假设了某些实际上并不一定存在的复合化合物，计算值有较大的分歧，而且计算也比较繁琐，故普遍性较差。

B 炉渣的氧化性

炉渣的氧化性表示炉渣向液态金属中提供氧的能力。由于在钢-渣界面存在氧的分配平衡：

$$(FeO) = [Fe] + [O]$$

氧可以由炉渣传递进入钢液中，发生氧化钢液中杂质元素的反应。相反，如果炉渣中（FeO）浓度很低，钢液中的氧又可按以上反应逆方向进入炉渣，实现扩散脱氧。

钢液中［O］浓度可由氧在钢-渣两相间的分配系数 L_O 及炉渣中 FeO 的活度 $a_{(FeO)}$ 求出：

$$L_O = \frac{a_{(FeO)}}{a_{[Fe]} \cdot a_{[O]}}$$

选择纯液态铁为 $a_{[Fe]}$ 的标准态，则 $a_{[Fe]} = 1$；而当［O］较低时，选择1%（质量分数）溶液为 $a_{[O]}$ 的标准态，可有 $a_{[O]} = w[O]_{\%}$，则

$$w[O]_{\%} = \frac{a_{(FeO)}}{L_O}$$

$$\lg a_{FeO} = \lg w[O]_{\%} - \lg L_O = \frac{6320}{T} - 2.734 + \lg w[O]_{\%}$$

由于 L_O 只与温度有关，$\lg L_O = -\frac{6320}{T} + 2.734$，因此，在一定温度下，$w[O]_{\%}$ 与 $a_{(FeO)}$ 成正比，即炉渣中 $a_{(FeO)}$ 越大，则与炉渣平衡的钢液中 $w[O]_{\%}$ 也越高，炉渣的氧化性就越强。因此炉渣的氧化性可用（FeO）的活度来表示。

炉渣中铁的氧化物有 FeO 和 Fe_2O_3 两种形式，其含量随炉渣成分、温度及 p_{O_2} 而变化。在描述炉渣氧化性时，若完全忽略 Fe_2O_3 而只考虑 FeO 是不合理的，因为它们之间存在平衡关系：

$$2(Fe^{2+}) + \frac{1}{2}O_2 = 2(Fe^{3+}) + (O^{2-})$$

或

$$2(FeO) + \frac{1}{2}O_2 = (Fe_2O_3)$$

生产中为了方便，常将炉渣中的 Fe_2O_3 折算成 FeO，而用全氧化铁量（$\sum w(FeO)_{\%}$）表示炉渣的氧化性。折算方法有两种，即全氧折算法和全铁折算法。

全氧折算法是把各种氧化铁中全部氧表示为 FeO。计算式为：

$$\sum w(FeO)_{\%} = w(FeO)_{\%} + 1.35 w(Fe_2O_3)_{\%}$$

$$\begin{array}{ccc} (Fe_2O_3) + [Fe] & = & 3(FeO) \\ 160 & & 3\times72 \\ 1 & & x \end{array}$$

$$x = 216 \div 160 = 1.35$$

全铁折算法是将各种氧化铁中全部铁表示为 FeO，即

$$\begin{array}{ccc} (Fe_2O_3) & = & 2(FeO) + 1/2O_2 \\ 160 & & 144 \\ 1 & & y \end{array}$$

$$y = 144 \div 160 = 0.9$$

所以计算式为：

$$\sum w(FeO)_{\%} = w(FeO)_{\%} + 0.9 w(Fe_2O_3)_{\%}$$

应该指出，理论上用 $\sum w(FeO)_{\%}$ 表示炉渣氧化性是不严格的，因为炉渣不是理想溶液，$w(FeO)_{\%}$ 不能代表参加化学反应的有效浓度，而用 $a_{\sum(FeO)}$ 表示炉渣的氧化性才是合理的。

1.5.4.2 炉渣的脱S能力——硫容量

硫是钢铁冶金过程中需要严格控制的元素之一。炼钢过程中，硫去除的主要途径之一

就是利用硫在炉渣-钢液界面的分配平衡。

硫在炉渣中存在的形态与体系的氧分压有关。当 $p_{O_2} \ll 0.1$ Pa 时，硫以（S^{2-}）离子形态存在；当 $p_{O_2} \gg 10$ Pa 时，硫以（SO_4^{2-}）离子形式存在。钢铁冶金炉渣中的硫可以认为是通过以下反应进入到炉渣：

$$\frac{1}{2}S_2 + (O^{2-}) = \frac{1}{2}O_2 + (S^{2-})$$

平衡常数

$$K = \frac{a_{(S^{2-})} p_{O_2}^{1/2}}{a_{(O^{2-})} p_{S_2}^{1/2}}$$

令

$$x(S^{2-}) = n \times w(S)_{\%}$$

则：

$$K' = \frac{K}{n} = \frac{w(S)_{\%} \gamma_{(S^{2-})}}{a_{(O^{2-})}} \cdot \left(\frac{p_{O_2}}{p_{S_2}}\right)^{\frac{1}{2}}$$

式中，K'为包含转换系数 n 在内的平衡常数。

在一定温度下，对组成确定的炉渣，上式可以表示为：

$$K' = \frac{w(S)_{\%} \gamma_{(S^{2-})}}{a_{(O^{2-})}} \cdot \left(\frac{p_{O_2}}{p_{S_2}}\right)^{\frac{1}{2}}$$

现定义

$$C_S = w(S)_{\%} \cdot \left(\frac{p_{O_2}}{p_{S_2}}\right)^{\frac{1}{2}} \quad (1\text{-}5\text{-}14)$$

C_S称为炉渣的硫容量，表示炉渣吸收 S 的能力。由式（1-5-14）可知，在一定的 $\frac{p_{O_2}}{p_{S_2}}$ 比值下，C_S越大则炉渣中平衡的 $w(S)_{\%}$越高，炉渣的脱 S 能力越强。

经试验测定得出某些二元渣系的 C_S如图 1-5-27 所示。由此可总结得到以下规律：

（1）随着碱性氧化物含量的增加，C_S增大，即碱性炉渣具有较强的吸收 S 的能力。

（2）同一组成的炉渣，当温度升高时 C_S增大。

此外 CaO-CaF_2渣系有很高的 C_S，可能是 CaF_2促进了 CaO 的脱 S 作用。这一渣系常被用于钢包脱 S 处理。

炉渣成分对三元渣系硫容量的影响大致与二元渣系的规律相似。图 1-5-28 所示为高炉渣系的 C_S。由图可见，C_S 随碱度的提高而增大。此外用 Al_2O_3 代替 SiO_2，也使 C_S增大。由图 1-5-28（b）的试验结果得出 C_S与碱度 R 的关系为：

$$\lg C_S = -5.57 + 1.39R \quad (1\text{-}5\text{-}15)$$

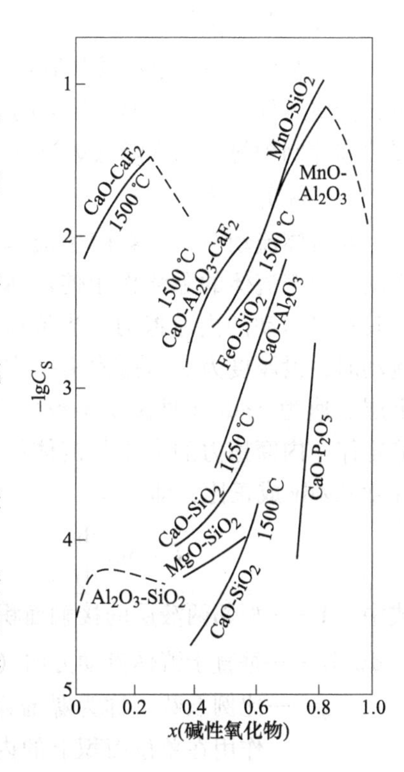

图 1-5-27 二元渣系的 C_S

式中的碱度计算式为 $R=\dfrac{x(\mathrm{CaO})+\dfrac{1}{2}x(\mathrm{MgO})}{x(\mathrm{SiO_2})+\dfrac{1}{3}x(\mathrm{Al_2O_3})}$，即考虑了 MgO 对 CaO 的碱当量数，$Al_2O_3$对 SiO_2的碱当量数。

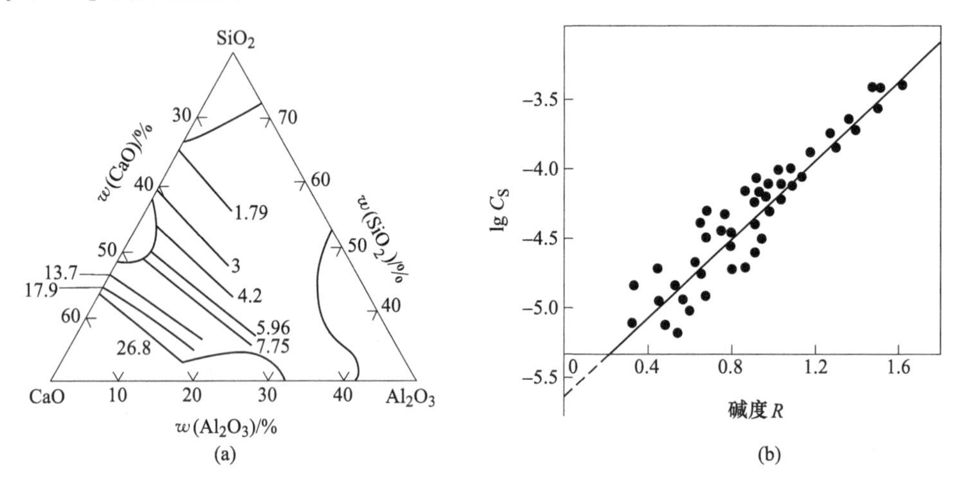

图 1-5-28　高炉渣系的 C_S

（a）$CaO-SiO_2-Al_2O_3$系，$C_S\times10^5$，1500 ℃；（b）$CaO-SiO_2-Al_2O_3-MgO$ 系，1500 ℃

1.5.4.3　黏度

炉渣黏度对冶金过程的顺利进行起着重要的作用，同时也直接影响控制冶金反应的传热、传质过程。另一方面，炉渣的黏度也严重影响炉衬的寿命，流动性过大的炉渣会严重侵蚀和冲刷炉衬，大幅降低炉衬寿命。因此对炉渣黏度的认识和控制是至关重要的。

A　黏度系数

当流体流动时，就会产生流体层之间的相对运动。由于流体的黏滞作用使流体层之间产生阻止其相对运动的内摩擦力。当流体以不大的速度流动时，设厚度为 dy 的流体层，其下层流速为 v，上层流速为 v+dv（见图 1-5-29），则根据牛顿黏滞定律，内摩擦力的大小与流体层面积 A 和速度梯度 dv/dy 成正比，即

$$F=\eta A\frac{\mathrm{d}v}{\mathrm{d}y}\tag{1-5-16}$$

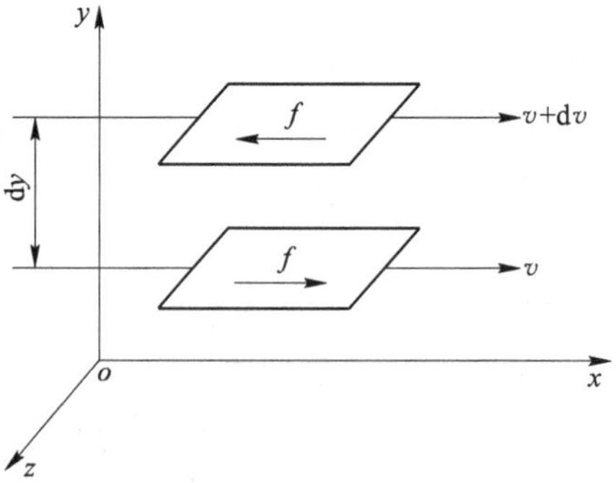

图 1-5-29　黏度定义示意图

式中　A——相邻两液层的接触面积，m^2；

dv/dy——垂直于流体流动方向（x）上的速度梯度，s^{-1}；

η——比例系数，称为黏滞系数，简称为黏度。其物理意义是：单位速度梯度下，作用在单位面积上的内摩擦力。黏度的单位为 $N\cdot s/m^2$或 Pa·s(帕·秒)。工程上常用另一种单位：泊（p），1 p=0.1 Pa·s。

熔渣的黏度为 0.1~10 Pa·s，比金属液高两个数量级。

这样定义的黏度称为动力学黏度。在工程上常用动力学黏度（η）与流体密度（ρ）的商表示黏度，称为运动学黏度，以 ν 表示，其关系为：

$$\nu = \eta/\rho \tag{1-5-17}$$

运动学黏度的单位为沱（用 st 表示），量纲是 m^2/s。运动学黏度的倒数表示流体的流动性。因此，运动黏度越小，流体的流动性越好。

为了比较不同液体黏度的大小，表 1-5-6 中列出了几种液体的黏度值。

表 1-5-6　熔点附近某些液体的黏度值

液体	温度/℃	黏度/Pa·s
水	20	0.001
甘油	20	0.780
$PaCl_2$	498	0.055
稀炉渣	1595	0.0020
正常渣	1595	0.020
稠渣	1595	>0.200
生铁	1425	0.0015
钢液	1595	0.0025

B　黏度和温度的关系

炉渣黏度取决于其质点（阴、阳离子或离子团）由一个位置到另一位置迁移的可能性，这种可能性越大，则黏度就越小。从离子的大小来说，阳离子远小于阴离子或阴离子团。因此阴离子或阴离子团的迁移对黏度起了决定作用。从能量观点来看，阴离子团迁移时必须克服一定能垒 E（黏滞活化能），只有那些具有 E 能量的阴离子团才能实现迁移。而温度越高，质点具有的能量就越大，具有能量 E 的质点数越多，因而黏度越小。阴离子的能量分布服从玻耳兹曼分布，即具有 E 能量的阴离子数正比于 $\exp(E_\eta/(RT))$，所以炉渣的黏度与温度的关系可用指数规律表示：

$$\eta = \eta_0 \exp\left(\frac{E_\eta}{RT}\right) \tag{1-5-18}$$

对金属熔体、简单熔盐和高碱度炉渣，式（1-5-18）是适用的。如对（Li、Na、K）$_2$O-SiO_2 和（Ca、Sr、Ba）O-SiO_2 系熔渣的黏度测定结果表明，在 1150~1800 ℃的温度范围内，$\lg\eta$-$1/T$ 符合直线关系。但对酸性硅酸盐炉渣，硅氧复杂阴离子随着温度的升高而发生解离或引起质点间键能的改变，使 E 不能保持常数，故 $\lg\eta$-$1/T$ 偏离直线关系。

炉渣黏度与温度的关系和炉渣化学性质有很大关系。图 1-5-30 表示两种典型炉渣即酸性渣（$w(SiO_2)_\% > 40$）和碱性渣（$w(SiO_2)_\% < 35$）黏度随温度的变化关系曲线。由此可知，酸性渣的黏度随温度变化是均匀的，而碱性渣黏度随温度变化有明显的突变。酸性渣中硅氧阴离子聚合程度大，结晶性差，即使冷却到液相线温度以下仍然能保持过冷液体状态。因此温度降低时酸性渣中质点活动能力逐渐变差，黏度平缓增大。这种渣通常称为长渣。碱性渣在高温下，随温度下降黏度变化不大。但是温度降低到一定值时，黏度急剧增

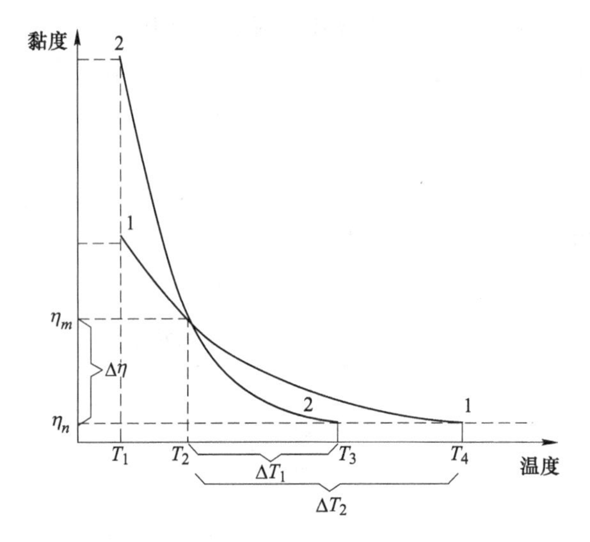

图 1-5-30　酸性渣（曲线 1）和碱性渣（曲线 2）黏度与温度的关系

大。其原因是碱性渣的结晶性能强，在接近液相线温度时会有大量晶体析出，炉渣成为非均匀相，使黏度迅速增大。这种渣通常称为短渣。黏度开始急剧改变的转折温度称为炉渣的熔化性温度。在冶炼过程中，经常需要知道这一转折温度。

均匀渣液中出现固相颗粒的黏度：

$$\eta = \eta_0(1 + a\phi)$$

式中　ϕ——渣中固体颗粒的体积分数（$0<\phi<1$）；

a——常数，$\phi<0.1$ 时，$a=2.5$；

η_0——均匀渣液黏度，Pa · s。

C　黏度与成分的关系

前已述及炉渣黏度表现在其质点迁移的能力。而对不同炉渣，主要取决于结构复杂的阴离子。由于复杂阴离子与简单离子相比，其迁移能力要小得多，因此对阴离子结构产生影响的组成因素都将对黏度起到明显的作用。根据炉渣中硅氧离子结构的变化规律可知，$n(O)/n(Si)$ 降低时，硅氧离子（Si_xO_y）$^{z-}$变得更复杂，因而使黏度增大。相反 $n(O)/n(Si)$ 提高时，硅氧离子趋于简单化，使黏度降低。例如，向酸性渣中加入 SiO_2，将会使黏度迅速增大。相反加入碱性氧化物，如 FeO、MnO、MgO、CaO 等时，相当于向渣中提供 O^{2-}，则可引起硅氧复杂离子解离而变为简单离子，导致黏度降低。对于高熔点氧化物如 CaO，当温度不太高时，CaO 加入量过多，由于不能全部熔化或产生高熔点化合物，反使黏度增大。

CaF_2对调整炉渣黏度有明显的效果。当加入 CaF_2时，引入的 F^-能使复杂阴离子解离：

$$(\text{—}\overset{|}{\underset{|}{Si}}\text{—O—}\overset{|}{\underset{|}{Si}}\text{—}) + 2F^- = 2(\text{—}\overset{|}{\underset{|}{Si}}\text{—F}) + O^{2-}$$

从而降低了炉渣黏度。CaF_2的加入对酸性炉渣或碱性炉渣均能有效地降低黏度，因此在冶金工艺中常用 CaF_2作为炉渣的稀释剂。

D 等黏度图

为了应用方便，把与实际生产中的炉渣体系相近的二元或三元渣系在一定温度下的黏度试验测定值画在相图中，把相等黏度的组成点连成曲线，构成等黏度线。通常把这些图称为等黏度图。以下给出几种典型炉渣体系的等黏度图。

（1）$CaO-SiO_2-Al_2O_3$系。图1-5-31所示为$CaO-SiO_2-Al_2O_3$渣系在1500 ℃下的等黏度图。由图可知，组成范围为$w(CaO)=40\%\sim55\%$，$w(Al_2O_3)=5\%\sim20\%$区域内，黏度有较小值（<2 Pa·s）。该渣系黏度主要受碱度和Al_2O_3含量的影响。

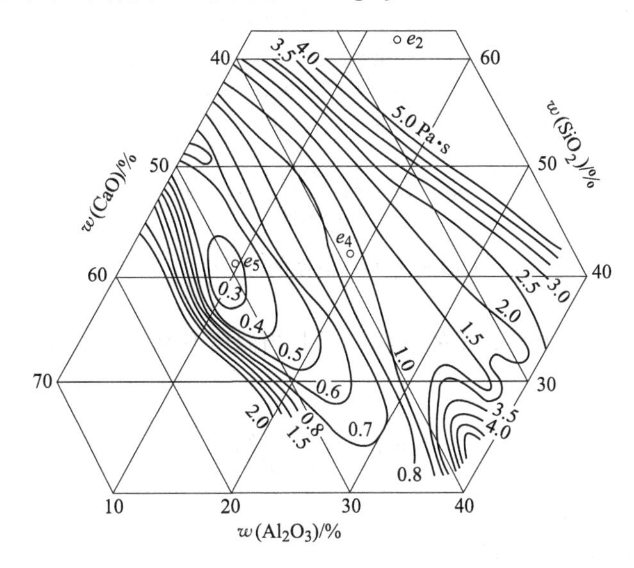

图1-5-31 $CaO-SiO_2-Al_2O_3$渣系的等黏度图（1500 ℃）

由于Al_2O_3呈两性，对酸性渣和碱性渣黏度都有影响。在酸性渣中，$w(Al_2O_3)>20\%$时，黏度有所增大。在碱性渣中，$w(Al_2O_3)$在10%左右黏度较小，提高Al_2O_3质量分数时，也使黏度增大。在低CaO含量和高CaO含量区，炉渣黏度均较大。前者使渣中复杂阴离子聚合。而后者由于CaO溶解度有限，出现固体CaO颗粒进入非均相区。

此外，该渣系在不同冶炼条件下还受MgO、MnO、TiO_2等的影响。

（2）$CaO-SiO_2-FeO$系。图1-5-32所示为$CaO-SiO_2-FeO$三元系在1400 ℃下的等黏度图。该体系的黏度在较大成分范围内都比较小。当接近$w(CaO)_\%/w(SiO_2)_\%=1$时达到最小值。当$w(FeO)_\%$一定，而$w(CaO)_\%/w(SiO_2)_\%$增大或减小时，黏度均增大。当$w(CaO)_\%/w(SiO_2)_\%$一定，而$w(FeO)_\%$提高时，黏度降低。

1.5.4.4 导电性

炉渣有明显的离子导电性。炉渣导电性的研究，有助于对炉渣离子结构的认识，而且可以对某些冶金工艺制度提供依据。如电弧炉炼钢、电渣重熔等，炉渣的导电性直接影响电能消耗、供电制度和熔池温度等。

描述导电性的物理量是电导率K，即电阻率的倒数。

$$K=\frac{C}{R}$$

式中 C——电导池常数，由已知电导率的熔盐测出；

R——熔渣的电阻值，Ω；

K——电导率，S/m，冶金炉渣电导率为 $10\sim10^3$ S/m(1873 K)。

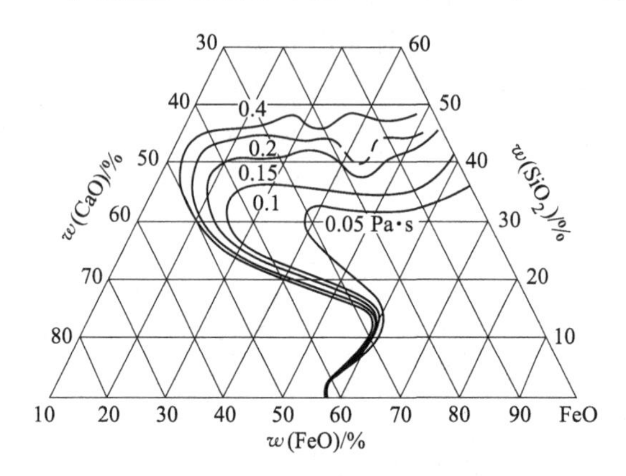

图 1-5-32 CaO-SiO_2-FeO 渣系的等黏度图（1400 ℃）

炉渣电导率的大小取决于离子的迁移，因此当温度升高时，离子电导率增大。电导率与温度的关系为

$$K = K_0 \exp\left(-\frac{E_K}{RT}\right) \tag{1-5-19}$$

式中 K——电导率，S/cm；

E_K——电导活化能，J/mol；

K_0——指前因子。

前面对黏度的讨论已知，炉渣黏度与温度的关系为式（1-5-18），与式（1-5-19）相比，由于 $E_\eta>E_K$，若设 $n=E_\eta/E_K$，即 $E_\eta=nE_K$，则可得到一定组成的炉渣电导率和黏度的关系：

$$K^n\eta = C \tag{1-5-20}$$

式中，C 为常数。

由上式可知，电导率的变化和黏度的变化相反。但电导率的变化率小于黏度的变化率。这是因为电导率取决于尺寸较小而移动快的简单离子，而黏度则取决于尺寸大而移动慢的复合阴离子，即式中的 $n>1$。

不同组成的炉渣，因其结构差别很大，因此电导率也有很大差别。SiO_2 等共价键成分较大的氧化物在炉渣中形成复合阴离子，在电场作用下难以迁移，故电导率很小，熔点附近电导率 $K<10^{-5}$ S/cm。碱性氧化物中离子键占优势，熔融态时解离成为简单阴离子，易于迁移，熔点时电导率 $K\approx1$ S/cm。一些过渡金属的氧化物，如 FeO、TiO_2、MnO 等，由于金属阳离子价数的变化，将形成相当数量的自由电子和电子空穴，使氧化物表现出较大的电子导电性，其电导率高达 150~200 S/cm。

（1）酸性氧化物 SiO_2、P_2O_5 等，可结合 O^{2-} 形成复合阴离子团，使电导率降低（$K<1$）；

（2）碱性氧化物 CaO、MgO 等，可电离出简单离子，Me^{2+}、O^{2-}，使电导率升高（$K\approx1$）；

（3）过渡金属氧化物：FeO、MnO、TiO_2 等，化合价可变，放出自由电子，使电导率明显升高（$K\approx150\sim200$ S/cm）。

表 1-5-7 列出了某些二元硅酸盐熔体的电导率，由表中数据可知电导率随组成的变化很明显。其中 FeO-SiO_2体系在 w(FeO) 增大时表现出明显的电子导电性。研究结果表明在 1400 ℃时，成分为 2FeO · SiO_2的熔体离子导电占 90%，而 19FeO · SiO_2熔体离子导电只占 10%。

表 1-5-7　二元硅酸盐熔体的电导率

体系	x(MO)/%	T/℃	K/S · cm^{-1}
CaO-SiO_2	36~56	1600	0.24~0.68
	25~60	1750	0.25~1.0
FeO-SiO_2	58~83	1300	1.3~18.3
		1450	2.8~29.0
MnO-SiO_2	47~77	1340	0.43~2.5
	35~77	1700	0.6~9.5
	51~65	1500	0.80~2.2
Al_2O_3-SiO_2	2~7	1600	$4\times10^{-4}\sim3\times10^{-3}$
		1750	$6\times10^{-4}\sim4\times10^{-3}$

图 1-5-33 给出了 1500 ℃，CaO-MnO-SiO_2体系和 CaO-FeO-SiO_2体系及 1600 ℃下 CaO-Al_2O_3-SiO_2体系的等电导率图。可以看到在硅酸盐体系中加入 FeO、MnO 时，电导率都明显增大。

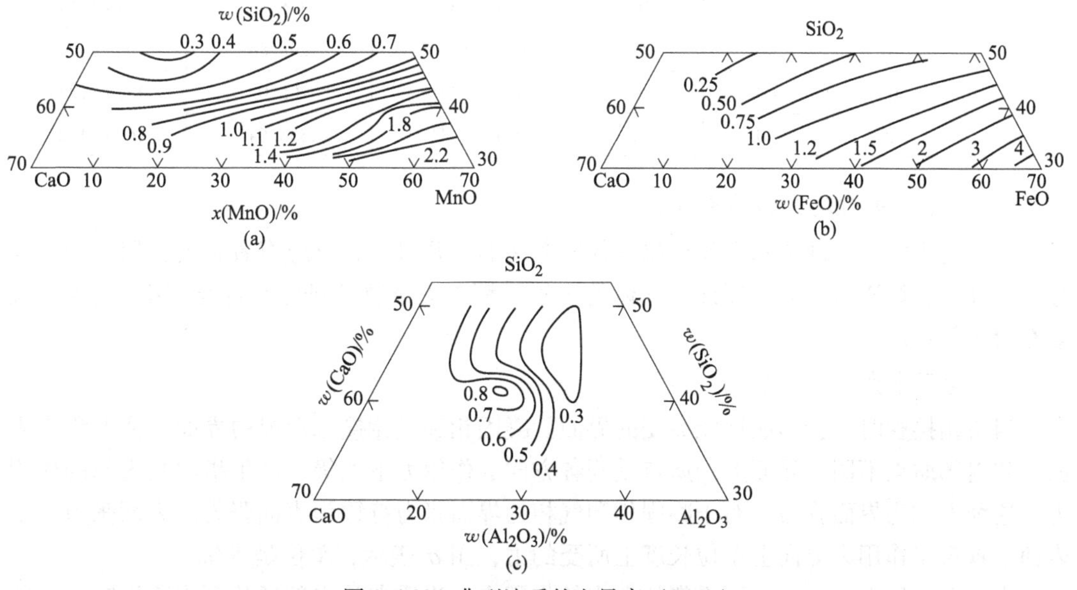

图 1-5-33　典型渣系的电导率（S/cm）

（a）CaO-MnO-SiO_2系（1500 ℃）；（b）CaO-FeO-SiO_2系（1500 ℃）；（c）CaO-Al_2O_3-SiO_2系（1600 ℃）

1.5.4.5　炉渣中组元的扩散

炉渣中组元的扩散系数都比铁液中组元的扩散系数低约一个数量级。因此渣-铁间反应的限制性环节往往是炉渣中组元的扩散。

离子的扩散系数与其半径和炉渣的黏度都有关系。离子半径小，则易扩散。离子半径相同时，它们的扩散则与其周围异种离子的作用有关。阳离子电荷越高，这种作用越大，扩散越慢。

扩散系数与温度的关系可表示为：

$$D = D_0 \exp\left(-\frac{E_D}{RT}\right) \tag{1-5-21}$$

由此也可以得出扩散系数和黏度的关系：

$$D^n \eta = C \tag{1-5-22}$$

式中，$n=E_\eta/E_D$；C 为常数。

表 1-5-8 给出了 $CaO\text{-}SiO_2\text{-}Al_2O_3$ 体系内组元的扩散系数。由表中数据可知，在 1723 K 时，组元扩散系数的数量级为 $10^{-10} \sim 10^{-11}\ m^2/s$。

表 1-5-8 $CaO\text{-}SiO_2\text{-}Al_2O_3$ 体系中组元的扩散系数

组元	组成（质量分数）/%			D (1723 K)/$m^2 \cdot s^{-1}$	E_D/kJ · mol^{-1}	T/K
	CaO	SiO_2	Al_2O_3			
Ca	55	45	0	0.6×10^{-10}	251.04	1728～1803
	49	0	51	0.5×10^{-10}	292.88	1693～1758
	32.5	57.5	10	7.5×10^{-10}	87.86	1723～1823
	43	39	18	0.95×10^{-10}	125.52	1623～1735
Al	43.5	46.5	10	0.72×10^{-10}	355.64	1713～1793
Si	39	40	21	0.13×10^{-10}	298.88	1638～1773
S	50.3	40	20	0.9×10^{-10}	205.02	1718～1853
O	40	40	20	6.0×10^{-10}	355.64	1625～1823

1.5.4.6 表面现象和界面现象

冶金过程中表面现象和界面现象是普遍存在的，并对冶金反应有着重要作用。炉渣与金属的分离、炉渣对炉衬的侵蚀、气体的溶解、钢中夹杂物的排除等都与钢-渣-气界面现象有密切关系。

A 表面张力和界面张力

当两相接触时，会形成性能突变的界面。凝固相和气相接触形成的界面习惯上称为表面。和内部质点不同，界面上的质点受到各方向的作用力不相等，产生指向其内部的作用力，这种力称为界面张力。对于凝固相和气相的界面张力特称为表面张力。表面张力表示表面上垂直于作用力方向上单位长度上所受的力，用 σ 表示，单位是 N/m。

表面上的质点由于受到不平衡的向内的作用力，当质点从内部迁移到表面层时，必须从周围吸收能量来抵抗这种作用力。因此与内部质点相比，表面层具有较高的能量，这部分能量叫作表面自由能，简称表面能。单位面积具有的表面能称为比表面能，其数值与表面张力相等，符号也用 σ 表示。热力学证明，表面自由能变化 dG 等于表面张力和表面积 dA 的乘积：

$$dG_s = \sigma dA$$

$$\sigma = (dG/dA)_{T,p} \tag{1-5-23}$$

由上式可知，表面张力是恒温恒压下，增加单位表面所引起的自由能的增量。

同样，对于界面现象，界面自由能变化为：

$$dG_{界} = \sigma_{1\text{-}2} dA_{界}$$

式中　$\sigma_{1\text{-}2}$——界面张力；

$dA_{界}$——体系界面面积变化。

B　炉渣组元对表面张力的影响

炉渣是离子溶液，因此炉渣表面张力的大小主要取决于离子间的静电引力。对二元硅酸盐体系，SiO_2含量提高时，硅氧阴离子聚合程度增大，减小了与金属阳离子的作用力，使体系表面张力减小。相反，碱性氧化物含量增大时，复杂阴离子解离为半径较小的阴离子，使体系表面张力增大。

多组元炉渣中，不同离子对表面张力的作用可以其电荷与半径之比（z/r）的影响说明。z/r 值小的离子与 z/r 值大的离子相比，前者与 O^{2-}形成的氧化物表面张力比后者小。图 1-5-34 给出了各种阳离子的 z/r 与其氧化物表面张力的关系。阳离子 Li^+、Na^+、K^+和 Ca^{2+}、Mn^{2+}、Ba^{2+}等的 z/r 值都小于 Fe^{2+}的 z/r 值，它们在铁质硅酸盐中作为表面活性物质（凡是能吸附于溶液表面而使溶液表面张力降低的物质）被排斥到表面，导致体系表面张力降低。

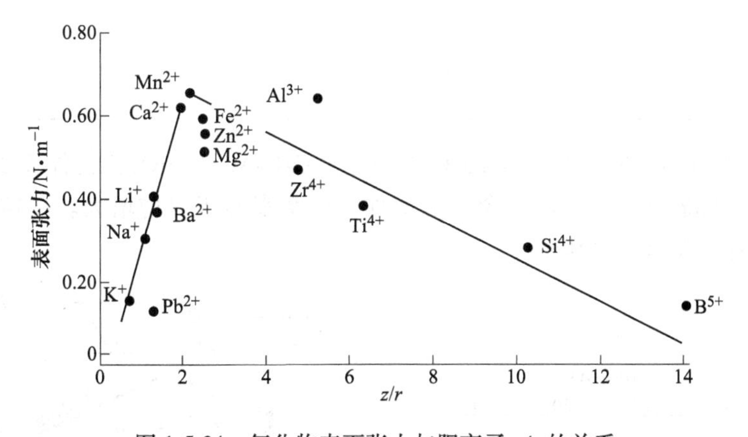

图 1-5-34　氧化物表面张力与阳离子 z/r 的关系

对于不含或含少量表面活性物质的炉渣体系，其表面张力可以利用各组元的摩尔分数及表面张力因子估算：

$$\sigma = \sum x_i \sigma_i \tag{1-5-24}$$

式中　x_i——组元 i 的摩尔分数；

σ_i——组元 i 的表面张力因子，N/m。

组元 i 的表面张力因子是由有关的二元或三元熔体表面张力测定值外推到 $x_i = 1$ 时得出的。表 1-5-9 为各氧化物的表面张力因子。例如有如下成分的熔体：$x(SiO_2) = 0.35$、$x(Al_2O_3) = 0.07$、$x(CaO) = 0.45$、$x(MgO) = 0.12$、$x(FeO) = 0.01$，可以用其计算该熔体的表面张力为：

$$\sigma = 487\ \text{mN/m}$$

该成分的熔体经试验测定得表面张力 $\sigma = 495$ mN/m。两者比较接近。

表 1-5-9 氧化物的表面张力因子

氧化物	σ_i/mN · m^{-1}		
	1300 ℃	1400 ℃	1500 ℃
K_2O	168	156	—
Na_2O	308	297	—
BaO	—	366	366
PaO	140	140	—
CaO	—	614	586
MnO	—	653	641
ZnO	550	540	—
FeO	—	584	560
MgO	—	512	502
ZrO_2	—	470	502
Al_2O_3	—	640	630
TiO_2	—	380	—
SiO_2	—	285	286

图 1-5-35 和图 1-5-36 分别为 CaO-FeO-SiO_2 和 CaO-Al_2O_3-SiO_2 三元体系的等表面张力图。由图可知，随着 Al_2O_3 和 CaO 含量的增加，体系表面张力均增大。在这两个体系中，SiO_2 含量增加时，表面张力都减小。

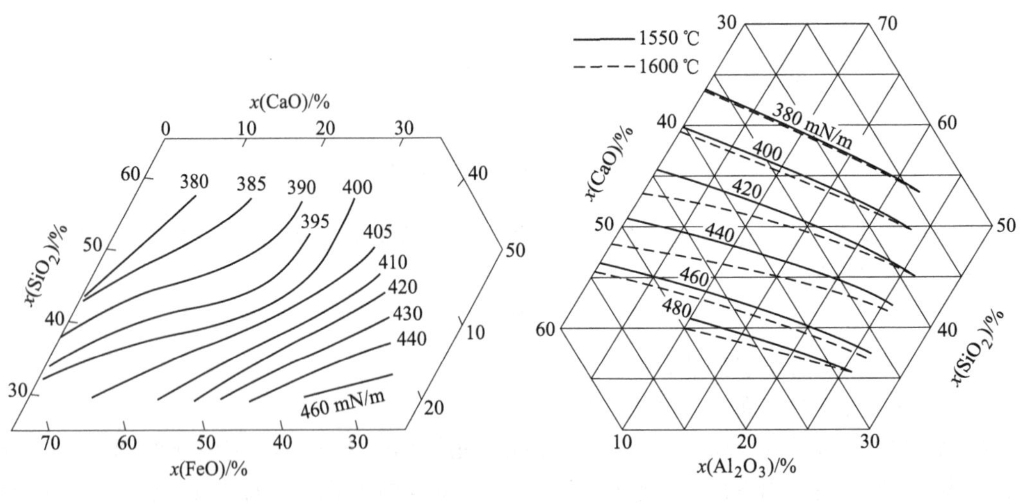

图 1-5-35 CaO-FeO-SiO_2 三元系等表面张力图（1623 ℃）

图 1-5-36 CaO-Al_2O_3-SiO_2 三元系等表面张力图（1550 ℃，1600 ℃）

C 温度对表面张力的影响

图 1-5-37 给出了二元硅酸盐熔体表面张力温度系数 $d\sigma/dT$ 与 SiO_2 含量的关系。可以看出，二元熔体的 $d\sigma/dT$ 均随 $w(SiO_2)$ 的提高而增大。随着温度升高，硅酸盐熔体中复杂硅氧离子解离的趋势增大，因此 $d\sigma/dT$ 随 $w(SiO_2)$ 的提高而增大。M_2O-SiO_2 体系中硅氧离子存在形态比较简单，温度升高时对阴离子解离的影响不大，但却能够相当显著地增大质点间距，故有 $d\sigma/dT<0$。对于 MO-SiO_2 体系，二价金属阳离子对复杂硅氧离子的解离作用要小得多，因此 $d\sigma/dT>0$。

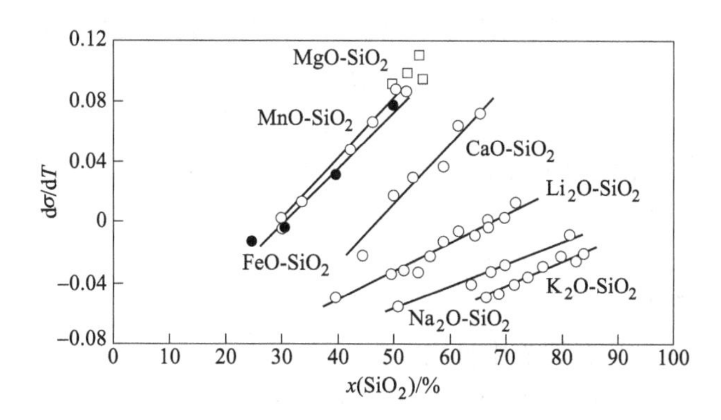

图 1-5-37 二元硅酸盐熔体 $d\sigma/dT$ 与 SiO_2 含量的关系

D 钢-渣界面张力

当熔融炉渣滴在钢液表面上时，形成如图 1-5-38 所示的形状。当渣滴稳定后，O 点上所受的三个力即渣和钢的表面张力 σ_s 和 σ_m、渣-钢界面张力 σ_{ms}，与渣-钢润湿角（或称为接触角 θ）之间存在以下关系：

$$\sigma_{ms}^2 = \sigma_m^2 + \sigma_s^2 - 2\sigma_m\sigma_s\cos\theta \tag{1-5-25}$$

式中 σ_m——金属液表面张力；

σ_s——渣液表面张力；

σ_{ms}——钢-渣界面张力。

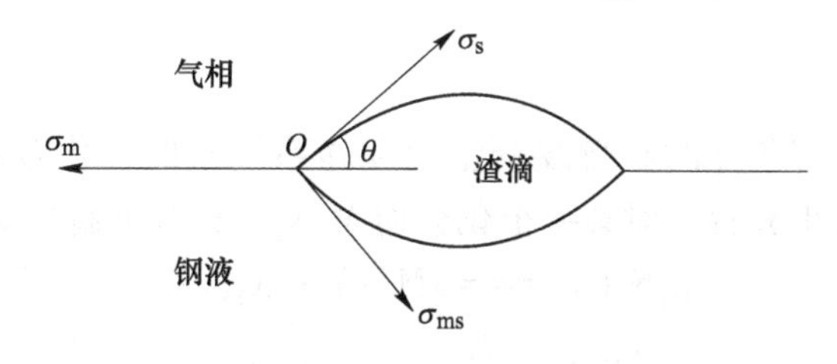

图 1-5-38 钢液表面上渣滴形状示意图

当 $\theta=0°$ 时，$\sigma_{ms}=\sigma_m-\sigma_s$，两相完全润湿，$\sigma_{ms}$ 最小；

当 $\theta=180°$ 时，$\sigma_{ms}=\sigma_m+\sigma_s$，两相完全不润湿，$\sigma_{ms}$ 最大；

当 $0°<\theta<180°$ 时，渣与钢液部分润湿。

润湿角 $\theta\to0°$，钢渣界面张力越小，润湿性越好。故：凡能降低 σ_m 或提高 σ_s 的物质均能使界面张力 σ_{ms} 减小。

σ_{ms}受渣和钢中的表面活性物质的影响。一般来说，能够降低（或提高）钢液表面张力的物质，也可能降低（或提高）渣-钢界面张力；而能够降低（或提高）渣的表面张力的物质，却有可能提高（或降低）σ_{ms}。提高渣中 FeO、MnO、CaC_2和 FeS 等含量时，σ_{ms}降低很大。钢中的 Si、P、Cr 能够以氧化物形式进入渣中，在渣表面形成复杂阴离子，使σ_{ms}降低。而钢中的 C、W、Mo、Ni 等元素对σ_{ms}的影响不大。渣中 CaF_2和钢中的 O、S 等能够使σ_{ms}显著降低。

E　与表面或界面张力相关的冶金现象

（1）泡沫渣的形成。当大量气体进入渣中又不能聚合排出时形成泡沫渣。

条件：
$$\left(\frac{\sigma_s}{\eta}\right) < \left(\frac{\sigma_s}{\eta}\right)_{临}$$

（2）熔渣的乳化。熔渣以液珠状分散在铁液中，形成乳化液，称为熔渣的乳化。乳化程度可用乳化系数$S_{乳}$表示：

$$S_{乳} = \sigma_m - \sigma_s - \sigma_{ms}$$

当$S_{乳}>0$时，易乳化；

当$S_{乳}<0$时，炉渣易从金属液中排出；

当σ_m增大，σ_s和σ_{ms}减小时，$S_{乳}$增大，易乳化。

【例 1-20】　测得还原渣和两种电炉钢的表面张力分别为 GCr15：$\sigma_m = 1.630$ N/m，3Cr13：$\sigma_m = 1.660$ N/m，熔渣 $\sigma_s = 0.466$ N/m，界面张力 GCr15-渣：$\sigma_{ms} = 1.290$ N/m，3Cr13-渣：$\sigma_{ms} = 1.00$ N/m，温度 1873 K。试计算此种渣在两钢液中能否发生乳化？

解：GCr15：$S_{乳} = \sigma_m - \sigma_s - \sigma_{ms} = 1.630 - 0.466 - 1.290 = -0.126 < 0$，此种渣不能发生乳化。

3Cr13：$S_{乳} = \sigma_m - \sigma_s - \sigma_{ms} = 1.660 - 0.466 - 1.00 = 0.194 > 0$，此种渣能发生乳化。

1.6　氧化还原反应热力学

1.6.1　化合物的分解压及分解温度

1.6.1.1　分解压

化合物稳定存在是有条件的。当改变温度和体系气氛时，化合物的稳定性会发生变化，在一定条件下将发生分解。对某一个化合物 M_xN_2，设其分解反应为：

$$M_xN_2(s) = xM(s) + N_2(g)$$

分解达到平衡时，平衡常数 $K = \dfrac{a_{M(s)}^x}{a_{M_xN_{2(s)}}} p_{N_2}$。

对于纯固态 M_xN_2和 M，以纯物质为活度标准态时，有 a_M 和 $a_{M_xN_2}$均等于 1，则

$$K = p_{N_2}$$

即化合物 M_xN_2分解反应的平衡常数等于分解出的气体物质 N_2的平衡分压，称 N_2的平衡分压为化合物 M_xN_2的分解压，用 $p_{N_2(M_xN_2)}$ 表示。分解压与化合物分解反应的标准自由能变化$\Delta G^{\ominus}_{分}$有以下关系：

$$\Delta G_{分}^{\ominus}=-RT\ln p_{N_2(M_xN_2)}=-RT\ln K \tag{1-6-1}$$

由式（1-6-1）可知，在一定温度下，化合物的分解压越大，则 $\Delta G_{分}^{\ominus}$越小，化合物的分解趋势越大，其稳定性越小。

由于化合物 M_xN_2分解反应的 $\Delta G_{分}^{\ominus}$和其标准生成自由能的关系：

$$\Delta G_{分}^{\ominus}=-\Delta G_{生}^{\ominus}$$

故
$$\Delta G_{生}^{\ominus}=RT\ln p_{N_2(M_xN_2)} \tag{1-6-2}$$

而
$$\Delta G_{生}^{\ominus}=\Delta H^{\ominus}-T\Delta S^{\ominus}$$

所以
$$\lg p_{N_2(M_xN_2)}=\frac{\Delta H^{\ominus}}{19.147T}-\frac{\Delta S^{\ominus}}{19.147}$$

或者写为：
$$\lg p_{N_2(M_xN_2)}=\frac{A}{T}+B \tag{1-6-3}$$

式中，$A=\frac{\Delta H^{\ominus}}{19.147T}$，$B=-\frac{\Delta S^{\ominus}}{19.147}$，由式（1-6-2）可以用 M_xN_2的标准生成自由能求出一定温度下的分解压。也可以通过试验测定不同温度下的 $p_{N_2(M_xN_2)}$，得出 $\lg p_{N_2(M_xN_2)}$-$1/T$ 的线性关系，即式（1-6-3）。

1.6.1.2 分解温度

某一化合物 M_xN_2置于 N_2的分压为 p_{N_2}的环境中，可以利用化学反应等温方程式求出化合物 M_xN_2的分解温度。由分解反应等温方程式：

$$\Delta G=\Delta G^{\ominus}+RT\ln p_{N_2}=-RT\ln p_{N_2(M_xN_2)}+RT\ln p_{N_2} \tag{1-6-4}$$

可得出：

当 $p_{N_2}>p_{N_2(M_xN_2)}$时，$\Delta G>0$，反应逆向进行，化合物不分解，即 M_xN_2稳定存在；

当 $p_{N_2}<p_{N_2(M_xN_2)}$时，$\Delta G<0$，反应正向进行，化合物分解，即 M_xN_2不能稳定存在；

当 $p_{N_2}=p_{N_2(M_xN_2)}$时，$\Delta G=0$，化合物开始分解。

将化合物 M_xN_2的分解压 $p_{N_2(M_xN_2)}$与温度 T 作图，得到如图 1-6-1 所示的图形，称之为 M_xN_2的分解反应平衡图。分解压 $p_{N_2(M_xN_2)}$-T 曲线将图分为 3 个部分：在分解压-温度曲线上方，$p_{N_2}>p_{N_2(M_xN_2)}$；在曲线下方，$p_{N_2}<p_{N_2(M_xN_2)}$；在曲线上，$p_{N_2}=p_{N_2(M_xN_2)}$。所以，若 M_xN_2处于曲线的上方的气氛中，不发生分解，是稳定存在的；若 M_xN_2处于曲线的下方的气氛中，将发生分解。

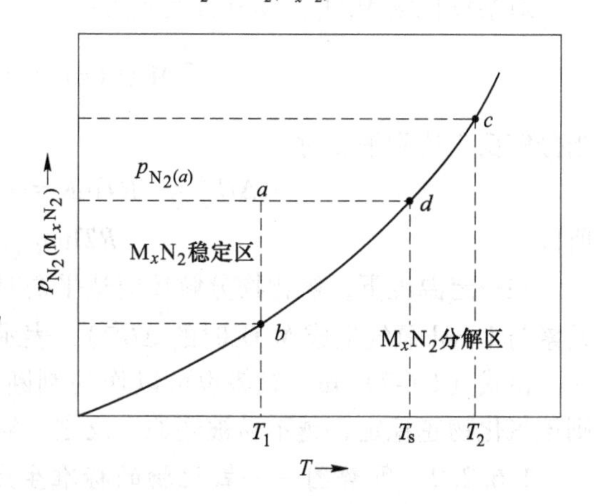

图 1-6-1 化合物 M_xN_2的分解平衡示意图

当体系中 p_{N_2}一定时，如 $p_{N_2(a)}$，温度为 T_1，即初始状态为 a 点。此时 M_xN_2的分解压为 $p_{N_2(b)}$，因为 $p_{N_2(a)}>p_{N_2(b)}$，M_xN_2在 T_1下是稳定存在的。温度 T 升高时，$p_{N_2(M_xN_2)}$随着 T 的升高而沿着曲线增大。当 T 升高到 T_s时，$p_{N_2(M_xN_2)}=p_{N_2(a)}$，分解反应的 $\Delta G=0$，M_xN_2与 M 和 N_2处于平衡状态。继续升高 T，如 $T=T_2$，则分解压 $p_{N_2(M_xN_2)}>p_{N_2(a)}$，分解反应的

$\Delta G<0$，M_xN_2发生分解。把 T_s称为化合物 M_xN_2的开始分解温度。

因为 $$\Delta G^{\ominus}_{生} = RT\ln p_{N_2(M_xN_2)} = RT\ln p_{N_2} = \Delta H^{\ominus} - T\Delta S^{\ominus}$$

所以 $$T_s = \frac{\Delta H^{\ominus}}{R\ln p_{N_2} + \Delta S^{\ominus}} \tag{1-6-5}$$

体系温度继续升高时，M_xN_2的分解压逐渐增大，当 $p_{N_2(M_xN_2)}$ 达到体系的总压 $p_{总}$ 时，即 $p_{N_2(M_xN_2)}=p_{总}$，化合物剧烈分解。这时的温度称为化合物的沸腾温度，用 T_b表示，则

$$T_b = \frac{\Delta H^{\ominus}}{R\ln p_{总} + \Delta S^{\ominus}} \tag{1-6-6}$$

【例 1-21】 试计算高炉炉内 $\varphi(CO_2)=16\%$的区域内，总压为 1.25×10^5 Pa 时，石灰石的开始分解温度和沸腾分解温度。

已知：$$\lg p_{CO_2(CaCO_3)} = -\frac{8908}{T} + 7.53$$

解： $$CaCO_3(s) = CaO(s) + CO_2$$

当 $p_{CO_2(CaCO_3)}=p_{CO_2}$时，$T=T_{开}$；当 $p_{CO_2(CaCO_3)}=p_{总}$ 时，$T=T_{沸}$。

$$p_{CO_2} = 16\% \times 1.25 \times 10^5 \text{ Pa} = 0.2 \text{ atm}$$

$$p_{总} = 1.25 \times 10^5 \text{ Pa} = 1.25 \text{ atm}$$

因为：$$\lg p_{CO_2(CaCO_3)} = -\frac{8908}{T} + 7.53$$

$$T = \frac{-8908}{\lg p_{CO_2(CaCO_3)} - 7.53}$$

故 $$T_{开} = \frac{-8908}{\lg 0.2 - 7.53} = 1083 \text{ K}$$

$$T_{沸} = \frac{-8908}{\lg 1.25 - 7.53} = 1198 \text{ K}$$

1.6.2 氧化物的氧势及氧势图

1.6.2.1 氧化物的氧势

对某氧化物 M_xO_y，其分解反应为：

$$\frac{2}{y}M_xO_y(s) = \frac{2x}{y}M(s) + O_2$$

当分解反应达到平衡时，

$$\Delta G^{\ominus}_{分} = -RT\ln K = -RT\ln p_{O_2(平)} = -\Delta G^{\ominus}_{生} \tag{1-6-7}$$

所以 $$RT\ln p_{O_2(平)} = \Delta G^{\ominus}_{生}$$

在一定温度下，氧化物分解反应达平衡时，反应的 $RT\ln p_{O_2(平)}$ 称为氧化物的氧势（或元素与 1 mol 氧气生成 M_xO_y时的 $\Delta G^{\ominus}_{生}$），表示氧化物分解出氧气的趋势。

由式（1-6-7）知，氧势也可以作为判断氧化物稳定性的依据。氧化物的氧势越小，则该氧化物越稳定，越不易被还原。反之，氧化物的氧势越大，则该氧化物越不稳定。

1.6.2.2 氧势图——氧化物的标准生成自由能-温度图（$\Delta G^{\ominus}_{生}$-T 图）

1944 年之后，H. J. Elingham 等把氧化物的标准生成自由能与温度作成图形，建立了

氧化物标准生成自由能-温度图（图 1-6-2），又称为氧势图。

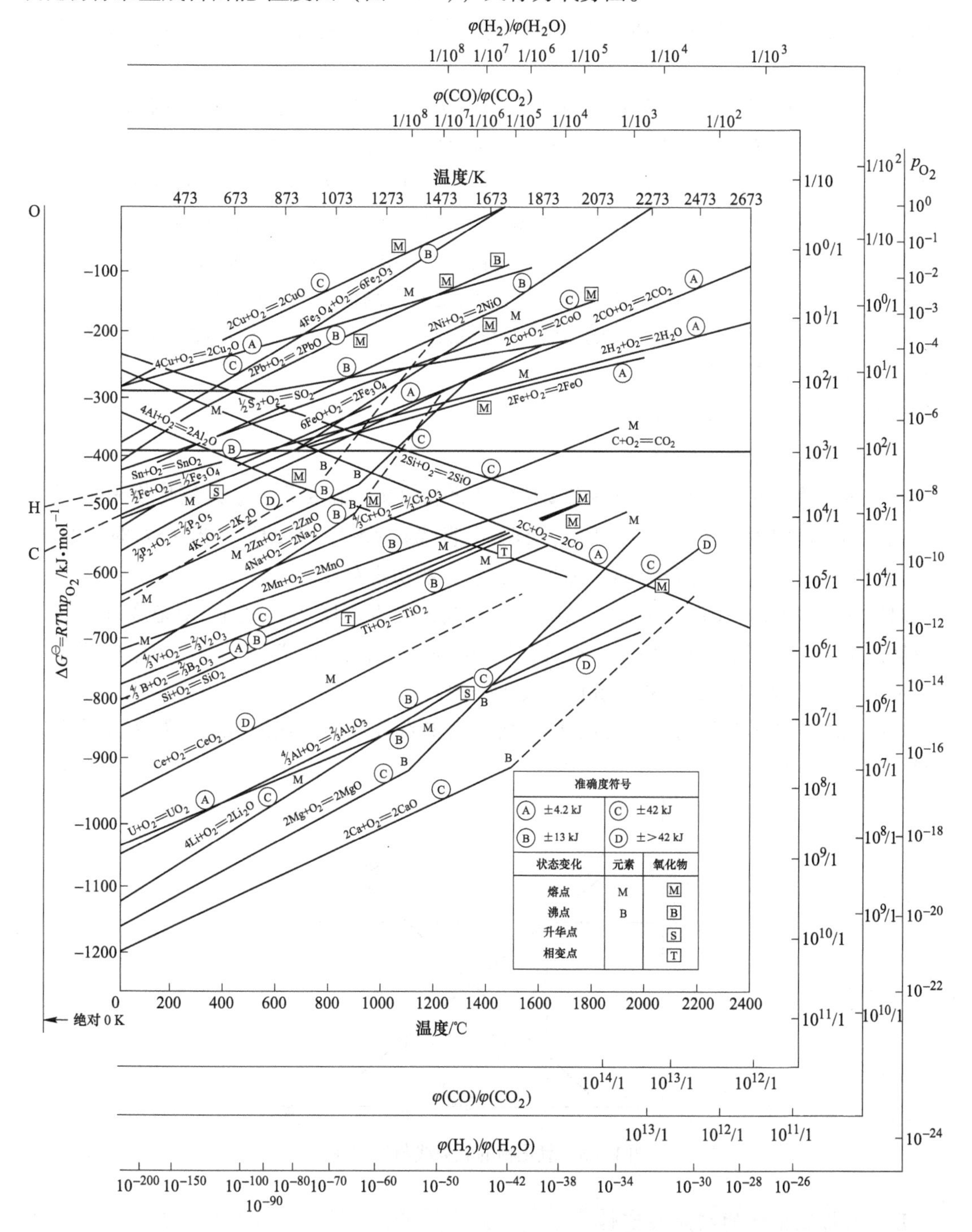

图 1-6-2 氧化物的标准生成自由能-温度图

氧势图中氧化物的标准生成自由能是用 $\Delta G^{\ominus}_{生}$ 和温度 T 的二项式（即 $\Delta G^{\ominus}_{生} = a + bT$）绘制而成的。其中为了不同氧化物比较方便，将 $\Delta G^{\ominus}_{生}$ 折合为 1 mol O_2 的数值。图中横轴为温度，温度的单位分别用℃和 K 表示。纵轴为 $\Delta G^{\ominus}_{生}=RT\ln p_{O_2}$，单位为 kJ/mol O_2或 kcal/mol O_2。此外还有 3 个辅助纵轴，分别表示氧化物的分解压 p_{O_2}，气相中的 H_2/H_2O 比值和 CO/CO_2比值。

氧势图中 $\Delta G^{\ominus}_{生}$-T 呈直线关系，直线的斜率为氧化物生成反应的反应熵的负值（即 $-\Delta S^{\ominus}$），截距为 $\Delta H^{\ominus}$。由 $\Delta S^{\ominus}$的正负决定了氧化物稳定性随温度的变化特征：

（1）$\Delta G^{\ominus}_{生}$-T 直线的斜率为正值，即反应的 $\Delta S^{\ominus}<0$，多数氧化物的 $\Delta G^{\ominus}_{生}$-T 直线的斜率是正值。$\Delta G^{\ominus}_{生}$随温度的升高而增大，表明氧化物的稳定性随温度的升高而减小。

（2）直线斜率为负值，即 $\Delta S^{\ominus}>0$。少数氧化物的 $\Delta G^{\ominus}_{生}$-T 曲线具有这种特征，其 $\Delta G^{\ominus}_{生}$随温度的升高而减小，表明氧化物的稳定性随温度的升高而增大。如 CO。

（3）反应的 $\Delta S^{\ominus}\approx 0$，氧化物的 $\Delta G^{\ominus}_{生}$-T 直线近似水平，表明其稳定性基本上不随温度改变。这种氧化物如 CO_2。

1.6.2.3　氧势图的应用

A　判断氧化物的稳定性

对于氧化物 MeO_2，$\Delta G^{\ominus}_{生}$-T 直线和 $\Delta G^{\ominus}=0$ 直线的交点温度 T_1，就是氧化物 MeO_2在标准状态下的分解温度。如图 1-6-3 所示，$\Delta G^{\ominus}_{生}$-T 直线斜率>0，如 $\Delta G^{\ominus}_1$，当 $T>T_1$时，$\Delta G^{\ominus}_1>0$，氧化物不稳定；反之，$T<T_1$时，$\Delta G^{\ominus}_1<0$，氧化物稳定存在。

对于氧化物 CO，$\Delta G^{\ominus}_{生}$-T 直线和 $\Delta G^{\ominus}=0$ 直线的交点温度 T_2，就是 CO 在标准状态下的分解温度。$\Delta G^{\ominus}_{生}$-T 直线斜率<0，如图 1-6-3 中的 $\Delta G^{\ominus}_2$，当 $T>T_2$时，$\Delta G^{\ominus}_2<0$，氧化物稳定；反之，当 $T<T_2$时，$\Delta G^{\ominus}_2>0$，氧化物发生分解。

MeO_2与 CO 的氧势线的交点温度 $T_{交}$，为两者的选择氧化或还原温度。$T>T_{交}$，C 还原 MeO_2，生成 Me+CO。

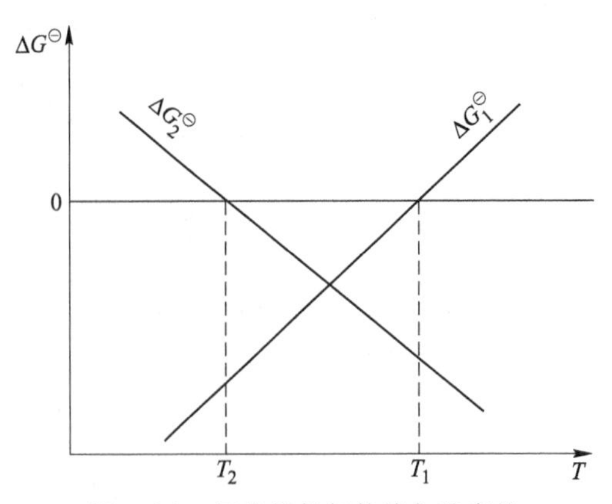

图 1-6-3　氧化物的氧势线与稳定性

B　判断氧化物的相对稳定性

在氧势图中 $\Delta G^{\ominus}_{生}$-T 线位置低的氧化物 $Me'O_2$ 较稳定，对应元素 Me′与氧的亲和力大，易被氧化。位置高的氧化物 MeO_2不稳定，对应元素 Me 与氧的亲和力小，MeO_2易被还原出 Me。

由于 CO 的 $\Delta G^{\ominus}_{生}$-T 线走向向下，斜率为负，温度升高，C 与氧的亲和力增大，C 的还原能力增强。当 MeO_2和 $Me'O_2$ 的氧势线与 CO 的氧势线相交时，$T>T_{交}$，MeO_2及 $Me'O_2$ 被 C 还原。氧势线位置靠下的氧化物所对应的元素可将位置靠上的氧化物还原。

对于钢铁冶金反应来说，C 为万能还原剂，可以将氧势图分为 3 个区域：

（1）在 CO 的 $\Delta G^{\ominus}_{生}$-T 直线以上的区域，这个区域中的氧化物（如 Fe、W、P、Mo、Sn、Ni、As、Cu 等的氧化物）都能被 C 还原生成 CO；

（2）在 CO 的 $\Delta G^{\ominus}_{生}$-T 直线以下的区域，该区域中的氧化物（如 Al、Ba、Mg、Ce、Ca 等的氧化物）都比 CO 稳定，不能被 C 还原。

（3）中间区域，即 CO 的 $\Delta G^{\ominus}_{生}$-T 直线和各氧化物（如 Cr、Mn、Nb、V、B、Si 及 Ti 等的氧化物）的 $\Delta G^{\ominus}_{生}$-T 直线相交的区域，在这个区域中，C 和其他元素的氧化是由 $\Delta G^{\ominus}_{生}$-T 的交点温度决定的。$T>T_{交}$时，C 先被氧化成 CO，即 CO 稳定性较其他元素氧化物大；$T<T_{交}$时，其他元素先被氧化生成该元素的氧化物，即 CO 稳定性较该元素的氧化物稳定性小。如 Cr 和 C 相比，在 $T<1520$ K 时，Cr 先被氧化，而当 $T>1520$ K 时，C 比 Cr 先氧化生成 CO，这一交点温度被称为元素和 C 的氧化转化温度。

C　p_{O_2}坐标的应用

含氧气体的氧势：$RT\ln p_{O_2}$，在 T 温度下，对于氧分压为 p_{O_2}的含氧气体，其中氧的化学势为：$\mu_{O_2}=\mu^{\ominus}_{O_2}+RT\ln p_{O_2}$。

将（$\mu_{O_2}-\mu^{\ominus}_{O_2}$）称为氧的相对化学势，常称为氧势（oxygen potential）。

$$\pi_{O_2}=RT\ln p_{O_2}$$

当氧分压为 p_{O_2}，$T=0$ K 时，含氧气体的氧势 $\pi_{O_2}=0$，故所有氧势线均是过 O（0，0）点，斜率为 $R\ln p_{O_2}$的直线簇，将 O 点与 p_{O_2}坐标上相应的氧分压点 p_{O_2}连线，即为该氧分压下的气相氧势线，如图 1-6-4 所示。

由 p_{O_2}坐标可求出任一氧化物 MeO 在 T 时的分解压 p_{O_2}值。

求法：将 O 点与 T 下 MeO 的氧势点连线，交 p_{O_2}坐标上的值。

D　p_{CO}/p_{CO_2}标尺和 p_{H_2}/p_{H_2O}的应用

对于混合气体 CO-CO_2的氧势：

$$2CO+O_2 \xlongequal{\quad} 2CO_2$$

$$\Delta G^{\ominus}_{生}=-565390+175.17T(\text{J/mol})$$

平衡时：

$$\Delta G=\Delta G^{\ominus}_{生}+RT\ln\left(\frac{p^2_{CO_2}}{p^2_{CO}\cdot p_{O_2}}\right)(\text{J/mol})=0$$

$$RT\ln p_{O_2}=-565390+\left(175.17-2R\ln\frac{p_{CO}}{p_{CO_2}}\right)T(\text{J/mol})$$

$T=0$ K 时，氧势 $RT\ln p_{O_2}=-565390$ J/mol 即为 0 K 坐标上的 C 点。

对于 MeO_2被 CO 还原的温度及$(p_{CO}/p_{CO_2})_{平}$可将 C 点与 MeO_2的氧势点连线求得，如图 1-6-5 所示。比如体系分压为（p_{CO}/p_{CO_2}）$_1$时，将 C 点与 p_{CO}/p_{CO_2}标尺上的点（p_{CO}/p_{CO_2}）$_1$连线，与 MO_2氧势线相交，交点对应的温度为 T_1，即该分压条件下 MeO_2被 CO 还原的温度。

对于混合气体 H_2-H_2O 的氧势：

$$2H_2+O_2 \xlongequal{\quad} 2H_2O(g)$$

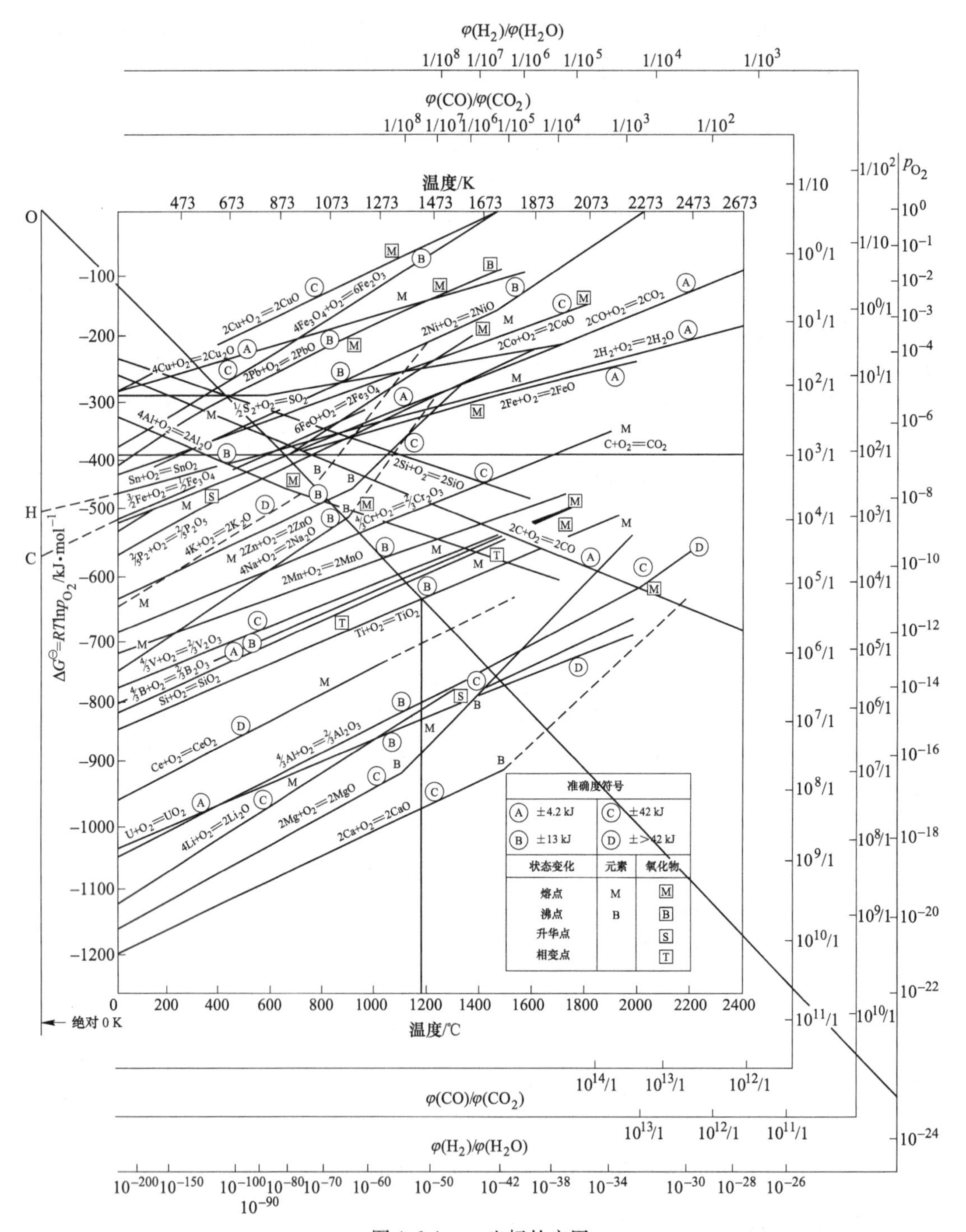

图 1-6-4 p_{O_2}坐标的应用

$$\Delta G^{\ominus}_{生} = -494784 + 111.70T\ (\mathrm{J/mol})$$

平衡时：

$$\Delta G = \Delta G^{\ominus}_{生} + RT\ln\left(\frac{p^2_{H_2O}}{p^2_{H_2}\cdot p_{O_2}}\right)\ (\mathrm{J/mol}) = 0$$

$$RT\ln p_{O_2}=-494784+\left(111.70-2R\ln\frac{p_{H_2}}{p_{H_2O}}\right)T(\mathrm{J/mol})$$

T=0 K时，氧势 $RT\ln p_{O_2}=-494784$ J/mol 即为0 K坐标上的 H 点。

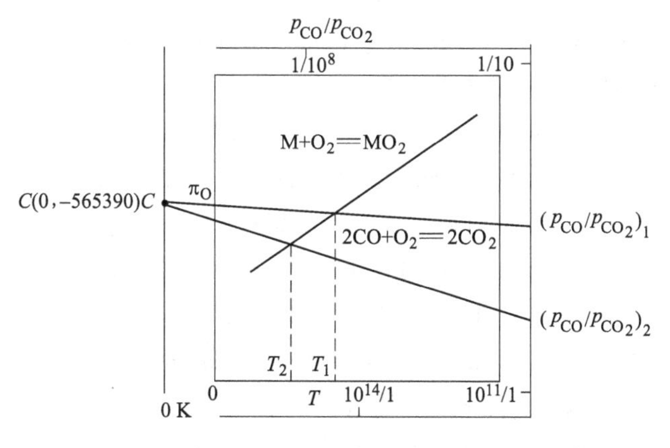

图 1-6-5　p_{CO}/p_{CO_2}标尺的应用

对于 MeO_2被 H_2还原的温度及（p_{H_2}/p_{H_2O}）$_平$ 可将 H 点与 MeO_2的氧势点连线求得，如图1-6-6所示。比如体系分压为（p_{H_2}/p_{H_2O}）$_2$时，将 H 点与 p_{H_2}/p_{H_2O}标尺上的点（p_{H_2}/p_{H_2O}）$_2$连线，与 MO_2氧势线相交，交点对应的温度为 T_2，即该分压条件下 MeO_2 被 H_2还原的温度。

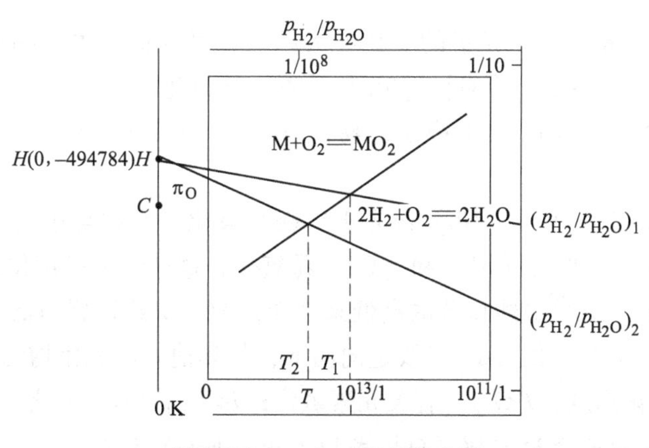

图 1-6-6　p_{H_2}/p_{H_2O}标尺的应用

1.6.3　溶于铁液中元素的氧化

氧势图（图1-6-2）画出了各种元素氧化生成氧化物的标准生成自由能 $\Delta G^{\ominus}_{生}$和温度 T 的关系。图中各元素及氧化物均为纯物质。但对于发生在冶金过程中溶解在铁液中的元素氧化还原反应则必须考虑元素溶解于铁液形成溶液时的溶解自由能及参加反应的氧的形态。

1.6.3.1 元素被 O_2 氧化

任一元素 M 溶解于铁液的溶解自由能通常以 1%（质量分数）溶液为标准状态。例如金属 Cr 溶解于铁液的溶解反应：

$$Cr(s) = [Cr]$$

$$\Delta G^{\ominus} = 4600 - 11.20T \qquad (cal/mol, 1\ cal = 4.1868\ J)$$

当铁液中［Cr］被 O_2 氧化时，氧化反应为：

$$4/3[Cr] + O_2 = 2/3Cr_2O_3(s)$$

其反应的标准自由能变化可以由以下两个反应的标准自由能变化得出：

$$4/3Cr(s) + O_2 = 2/3Cr_2O_3(s)$$

$$\Delta G^{\ominus} = -180360 + 49.90T \qquad (cal/mol)$$

$$4/3Cr(s) = 4/3[Cr]$$

$$\Delta G^{\ominus} = 6130 - 14.93T \qquad (cal/mol)$$

两式相减，即得出［Cr］被 O_2 氧化反应的 $\Delta G^{\ominus}$ 为：

$$\Delta G^{\ominus} = -186500 + 55.83T \qquad (cal/mol)$$

这一数据给出了溶解在铁液中的［Cr］被 O_2 氧化为固态的 Cr_2O_3 的标准自由能变化和温度的关系。

把各种溶解于铁液中的元素被 O_2 氧化为氧化物的标准自由能变化和温度作图，如图 1-6-7 所示。

与氧势图相比，该图更实际地反映出炼钢过程中铁液中元素被 O_2 氧化的顺序。由图 1-6-7 可以得出：

（1）$\Delta G^{\ominus}$-T 线位置越低，元素的氧化能力越强，可保护位置高的元素不被氧化。如［Fe］在炼钢中可保护［Cu］、［Ni］、［Mo］、［W］不氧化。

（2）［P］氧化生成的 P_2O_5 不稳定，易回［P］。加石灰造渣，生成稳定的 $4CaO \cdot P_2O_5$ 进入炉渣。

（3）［Cr］、［Mn］、［V］、［Nb］优先于［Fe］氧化（存在直接氧化）。

（4）［Si］、［B］、［Ti］、［Al］和［Ce］易氧化，这些元素可用作强脱氧剂，脱氧能力的强弱可由图 1-6-7 $\Delta G^{\ominus}$-T 线位置的高低来判断，$\Delta G^{\ominus}$-T 线位置越低则脱氧能力越强。

（5）$[C]+[O] \rightarrow [CO]$ 的 $\Delta G^{\ominus}$-T 线走向向下，与其他元素氧化物的 $\Delta G^{\ominus}$-T 线有交点，$T_{交}$ 为氧化顺序的转化温度：$T<T_{交}$，有关元素氧化；$T>T_{交}$，［C］氧化。

1.6.3.2 铁液中元素被溶解［O］或炉渣中（FeO）氧化

A 渣-钢间氧的平衡

氧气转炉冶炼中，氧气与金属熔池作用时，首先将 Fe 大量氧化生成（FeO），由于在钢-渣界面上产生氧的平衡，使氧通过（FeO）向钢中传递而进入钢液。成为溶解态的氧［O］。这一过程可由图 1-6-8 表示。

B 溶解元素被［O］或（FeO）氧化

反应器中，若溶解元素［M］和溶解［O］相遇时会产生氧化反应：

$$[M] + [O] = MO(s)$$

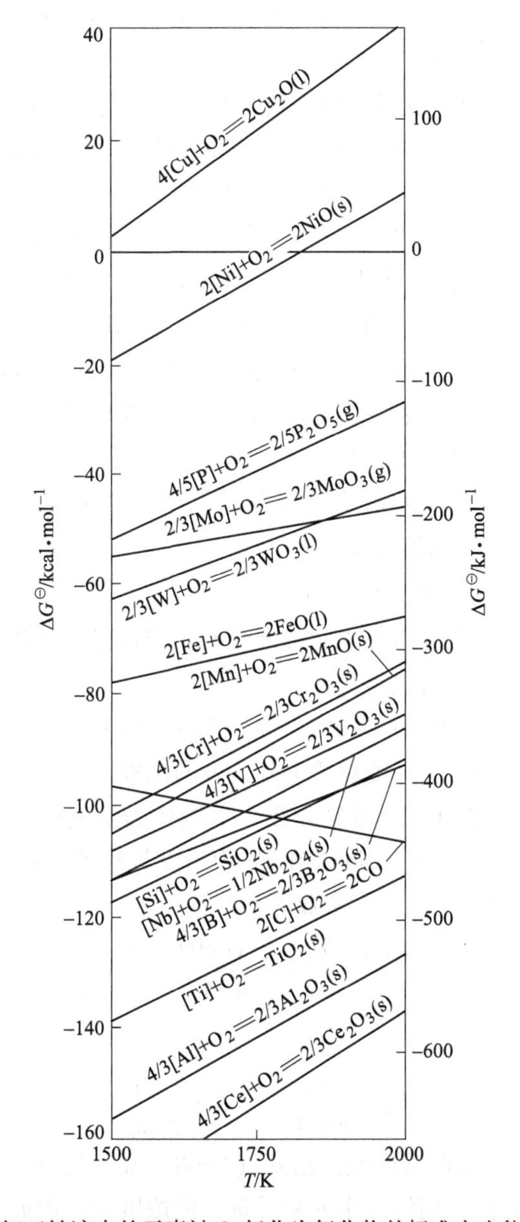

图 1-6-7 溶解于铁液中的元素被 O_2氧化为氧化物的标准自由能变化-温度图

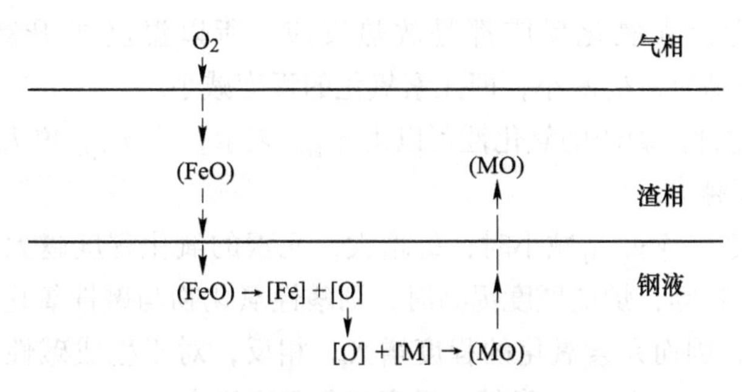

图 1-6-8 氧在渣-钢间的平衡示意图

在钢-渣界面上，有炉渣中的（FeO）氧化钢中溶解元素［M］的反应：

$$[M] + (FeO) = MO(s) + [Fe]$$

在上述反应式中，为了相互比较元素氧化的顺序，都折合为两个原子氧参加的反应。例如钢中溶解的［Cr］的氧化反应，其反应式和标准自由能变化为：

$$4/3[Cr] + 2[O] = 2/3Cr_2O_3(s)$$

$$\Delta G^{\ominus} = -130500 + 57.21T \quad (cal/mol)$$

$$4/3[Cr] + 2(FeO) = 2/3Cr_2O_3(s) + 2[Fe]$$

$$\Delta G^{\ominus} = -72690 + 32.19T \quad (cal/mol)$$

同样的方法可以把各种元素被［O］或（FeO）氧化反应的标准自由能 $\Delta G^{\ominus}$ 与温度的关系式求出，并绘制成 $\Delta G^{\ominus}$ -T 关系图，如图 1-6-9 和图 1-6-10 所示。利用这两幅图可以比较各种元素被［O］或（FeO）氧化的先后顺序。由图可以看出，各元素被［O］或（FeO）氧化的顺序与图 1-6-7 中元素被 O_2 氧化的顺序完全相同，所不同的是反应 $\Delta G^{\ominus}$ -T 线相应地提高了，即 $\Delta G^{\ominus}$ -T 的值增大了。

C　元素氧化的热力学条件分析

在炼钢条件下，元素氧化反应处于非标准状态，而且元素氧化生成的氧化物进入炉渣成为炉渣的组元，氧化反应式可以写为：

$$[M] + (FeO) = (MO) + [Fe]$$

对于（FeO）和（MO），选择纯物质为其活度的标准态，则 $a_{(FeO)}$ 和 $a_{(MO)}$ 都不等于 1。钢液中溶解元素［M］，选择 1%（质量分数）溶液作为活度标准态，当 $w[M]_{\%}$ 较小时，则可有 $a_{[M]} = w[M]_{\%}$。对于［Fe］，则选纯 Fe 为活度标准态，由于钢液中 Fe 浓度很高，则 $a_{[Fe]} = 1$。因此上述氧化反应的平衡常数可写为：

$$K = \frac{a_{(MO)} \cdot a_{[Fe]}}{a_{[M]} \cdot a_{(FeO)}} = \frac{x(MO) \cdot \gamma_{(MO)}}{w[M]_{\%} \cdot a_{(FeO)}}$$

整理上式得出：

$$L_M = \frac{x_{(MO)}}{w[M]_{\%}} = K \cdot \frac{a_{(FeO)}}{\gamma_{(MO)}} \tag{1-6-8}$$

式中，L_M 为元素 M 在渣-钢间的分配比。由式（1-6-8）知，L_M 越大，则表示元素被氧化进入炉渣的氧化物的浓度越高，而钢液中元素［M］的浓度低。由此可以得出影响元素氧化的因素如下：

（1）温度。因为元素氧化反应都是放热反应，所以温度 T 升高时 K 减小。由式（1-6-8）知，当 T 升高时，L_M 减小，即元素氧化的程度减小。

（2）炉渣的氧化性。炉渣的氧化性可以由 $a_{(FeO)}$ 表示，当 $a_{(FeO)}$ 增大时，L_M 也增大，因此元素被氧化的程度越大。

（3）炉渣的碱度。当 $\gamma_{(MO)}$ 减小时，L_M 增大，元素的氧化程度越大。对于生成酸性氧化物的元素，如 Si、P 等，炉渣碱度提高时，则酸性氧化物与碱性氧化物结合生成复杂氧化物而使 $\gamma_{(MO)}$ 降低，因而元素氧化的程度增大。相反，对于生成碱性氧化物的元素，如 Mn，炉渣碱度降低时，则使 $\gamma_{(MO)}$ 降低，元素氧化程度增大。

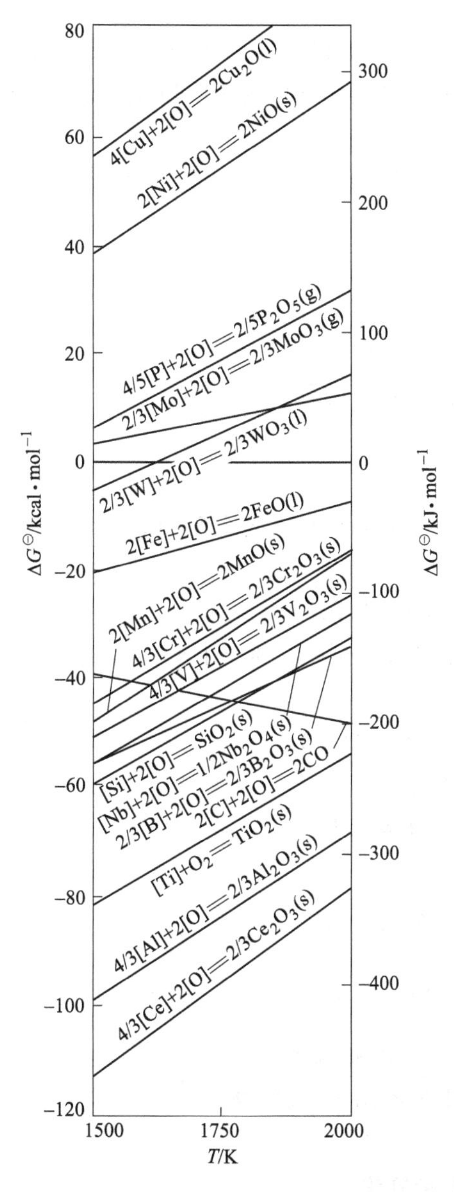

图 1-6-9 溶解于铁液中的元素被［O］氧化的 $\Delta G^{\ominus}$-T 图

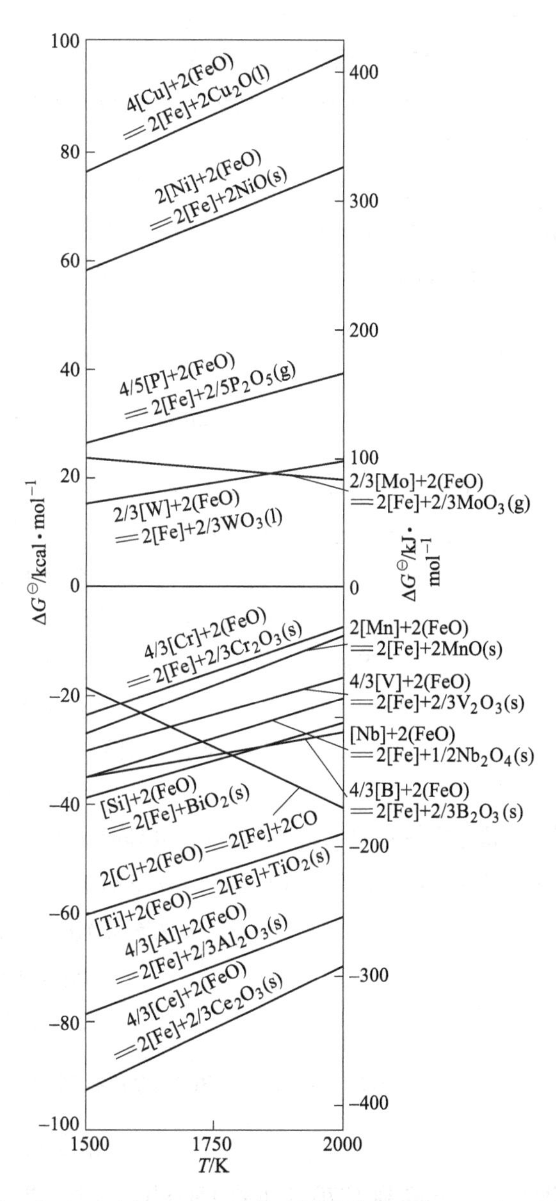

图 1-6-10 溶解于铁液中的元素被（FeO）氧化的 $\Delta G^{\ominus}$-T 图

（4）几种元素同时氧化。当有几种元素同时氧化时，出现选择性氧化，此时按照 ΔG 的大小排列元素氧化的先后顺序，ΔG 越小，则该元素越易被氧化，其中［C］是一个重要元素，［C］的氧化影响着其他元素的氧化，［C］的氧化和其他元素的氧化存在选择性氧化，其选择性氧化的转化温度可以由以下反应的 $\Delta G=0$ 确定：

$$2[\mathrm{C}] + \frac{2}{y}(\mathrm{M}_x\mathrm{O}_y) = \frac{2x}{y}[\mathrm{M}] + 2\mathrm{CO}$$

令
$$\Delta G = -RT\ln K + RT\ln J = 0$$

即可得出选择性氧化的转化温度。

【例 1-22】 用氧气吹炼成分为 $w[Si]_{\%}=1$，$w[C]_{\%}=4.5$ 的铁水，生成的熔渣成分为 $w(CaO)_{\%}=55$，$w(SiO_2)_{\%}=30$，$w(FeO)_{\%}=15$，与熔池接触的气压为 100 kPa，试求碳开始大量氧化的温度。

解： 这是在求非标准状态下，即题中所给铁水及熔渣条件下，硅和碳的选择性氧化转化温度。可由硅和碳氧化耦合反应的等温方程式计算。

选择氧化反应式：　　$(SiO_2) + 2[C] = [Si] + 2CO$

这是非标准态下 Si-C 的选择性氧化问题。

由组合法求得：　　$\Delta G^{\ominus} = 540570 - 302.27T$ J/mol

$$\Delta G = 540570 - 302.27T + RT\ln\frac{a_{[Si]} \cdot p_{CO}^2}{a_{(SiO_2)} \cdot a_{[C]}^2}$$

现分别求上式中的 $a_{[Si]}$、$a_{[C]}$ 及 $a_{(SiO_2)}$。

$$\lg f_{Si} = \sum e_{Si}^{j} w_{j,\%} = e_{Si}^{Si} w[Si]_{\%} + e_{Si}^{C} w[C]_{\%} = 0.11 \times 1 + 0.18 \times 4.5 = 0.92$$

$$f_{Si} = 8.32$$

$$a_{[Si]} = f_{Si} \cdot w[Si]_{\%} = 8.32 \times 1 = 8.32$$

$$\lg f_{C} = \sum e_{C}^{j} w_{j,\%} = e_{C}^{C} w[C]_{\%} + e_{C}^{Si} w[Si]_{\%} = 0.14 \times 4.5 + 0.08 \times 1 = 0.71$$

$$f_{C} = 5.13$$

$$a_{[C]} = f_{C} \cdot w[C]_{\%} = 5.13 \times 4.5 = 23.08$$

$$a_{(SiO_2)} = \gamma_{SiO_2} \cdot x(SiO_2)$$

熔渣成分换算：$x(SiO_2)=0.31$，$x(CaO)=0.57$，$x(FeO)=0.1$

查图已知，$\lg\gamma_{SiO_2}=-1.12$，$\gamma_{SiO_2}=7.5\times10^{-2}$

$$a_{(SiO_2)} = 7.5 \times 10^{-2} \times 0.31 = 2.3 \times 10^{-2}$$

$$p_{CO} = \frac{100 \times 10^3}{1 \times 10^5} = 1 \text{ atm}$$

$$\Delta G = 540570 - 302.27T + 19.147T\lg\frac{8.32 \times 1^2}{2.3 \times 10^{-2} \times 23.08^2} = 0$$

$$T = 1770 \text{ K}$$

即当温度升高到 1770 K（约 1500 ℃）时，碳开始大量氧化。

【例 1-23】 计算成分为 $w[Cr]_{\%}=12$，$w[Ni]_{\%}=9$，$w[C]_{\%}=0.35$ 的金属炉料，在电炉内冶炼不锈钢时，“去碳保铬”的最低温度。如采用吹氧法使 $w[C]_{\%}$ 下降到 0.05，而钢液的温度提高到 1800 ℃，试求钢液的 $w[Cr]_{\%}$。如果欲达到前述的钢液成分，而希望冶炼温度不高于 1650 ℃，采用了真空操作，试求所需的真空度。

解：（1）　　$(Cr_3O_4) + 4[C] = 3[Cr] + 4CO$

$$\Delta G^{\ominus} = 934706 - 617.22T \text{ J/mol}$$

若 $\Delta G \leqslant 0$，则可实现“去碳保铬”

$$\Delta G = 934706 - 617.22T + 19.147T\lg\frac{a_{Cr}^3 \cdot p_{CO}^4}{a_{C}^4}$$

$$\lg f_{Cr} = e_{Cr}^{Cr} \cdot w[Cr]_{\%} + e_{Cr}^{C} \cdot w[C]_{\%} + e_{Cr}^{Ni} \cdot w[Ni]_{\%}$$
$$= -0.0003 \times 12 + (-0.12) \times 0.35 + 0.0002 \times 9 = -0.044$$
$$f_{Cr} = 0.904$$
$$a_{Cr} = 0.904 \times 12 = 10.85$$
$$\lg f_{C} = e_{C}^{C} \cdot w[C]_{\%} + e_{C}^{Cr} \cdot w[Cr]_{\%} + e_{C}^{Ni} \cdot w[Ni]_{\%}$$
$$= 0.14 \times 0.35 + (-0.024) \times 12 + 0.012 \times 9 = -0.131$$
$$f_{C} = 0.740$$
$$a_{C} = 0.740 \times 0.35 = 0.259$$
$$p_{CO} = 1\ \text{atm}（非真空）$$
$$\Delta G = 934706 - 617.22T + 19.147T\lg\frac{10.85^3 \times 1^4}{0.259^4} \leqslant 0$$
$$T \geqslant 1823\ \text{K}(1550\ ℃)$$

故“去碳保铬”的最低温度为 1823 K。

（2）当 $(Cr_3O_4) + 4[C] = 3[Cr] + 4CO$ 达到平衡时，$T = 1800\ ℃ = 2073\ K$，$w[C]_{\%} = 0.05$，求 $w[Cr]_{\%}$。

当吹氧使熔池温度达到 1800 ℃，而 $w[C]_{\%} = 0.05$ 时，与此 $w[C]_{\%}$ 平衡的 $w[Cr]_{\%}$ 可由反应的平衡常数求出：$K = \dfrac{a_{Cr}^3 \cdot p_{CO}^4}{a_C^4} = \dfrac{a_{Cr}^3}{a_C^4}$。

$$\lg K = -\frac{\Delta G^{\ominus}}{19.147T} = -\frac{934706 - 617.22T}{19.147T} = -\frac{48817}{T} + 32.24$$
$$\lg\frac{a_{Cr}^3}{a_C^4} = -\frac{48817}{2073} + 32.24 = 8.69$$
$$\lg\frac{(f_{Cr} \cdot w[Cr]_{\%})^3}{(f_C \cdot w[C]_{\%})^4} = 8.69$$

展开上式得：$$3\lg f_{Cr} + 3\lg w[Cr]_{\%} - 4\lg f_C - 4\lg w[C]_{\%} = 8.69 \quad (1)$$
$$\lg f_{Cr} = e_{Cr}^{Cr} \cdot w[Cr]_{\%} + e_{Cr}^{C} \cdot w[C]_{\%} + e_{Cr}^{Ni} \cdot w[Ni]_{\%}$$
$$= -0.0003w[Cr]_{\%} + (-0.12) \times 0.05 + 0.0002 \times 9$$
$$= -0.0042 - 0.0003w[Cr]_{\%}$$
$$\lg f_C = e_{C}^{C} \cdot w[C]_{\%} + e_{C}^{Cr} \cdot w[Cr]_{\%} + e_{C}^{Ni} \cdot w[Ni]_{\%}$$
$$= 0.14 \times 0.05 + (-0.024) \times w[Cr]_{\%} + 0.012 \times 9 = -0.024w[Cr]_{\%} + 0.115$$

代入式（1）得：$$\lg w[Cr]_{\%} + 0.032w[Cr]_{\%} - 1.32 = 0$$

解方程得：$w[Cr]_{\%} = 10.0$，即与 0.05%的［C］平衡的［Cr］为 10.0%。

（3）在真空操作条件下，求 p_{CO}。

$$T = 1650\ ℃ = 1923\ \text{K},\quad w[C]_{\%} = 0.05,\quad w[Cr]_{\%} = 10.0$$
$$\lg K = \lg\frac{a_{Cr}^3 \cdot p_{CO}^4}{a_C^4} = -\frac{\Delta G^{\ominus}}{19.147T} = -\frac{48817}{T} + 32.24 = -\frac{48817}{1923} + 32.24 = 6.85$$
$$K = \frac{a_{Cr}^3 \cdot p_{CO}^4}{a_C^4} = 7.08 \times 10^6 \quad (2)$$

$$\lg f_{Cr} = e_{Cr}^{Cr} \cdot w[Cr]_{\%} + e_{Cr}^{C} \cdot w[C]_{\%} + e_{Cr}^{Ni} \cdot w[Ni]_{\%}$$

$$= -0.0003 \times 10.0 + (-0.12) \times 0.05 + 0.0002 \times 9 = -7.2 \times 10^{-3}$$

$$f_{Cr} = 1$$

$$a_{Cr} = f_{Cr} w[Cr]_{\%} = 1 \times 10.0 = 10$$

$$\lg f_{C} = e_{C}^{C} \cdot w[C]_{\%} + e_{C}^{Cr} \cdot w[Cr]_{\%} + e_{C}^{Ni} \cdot w[Ni]_{\%}$$

$$= 0.14 \times 0.05 + (-0.024) \times 10.0 + 0.012 \times 9 = -0.125$$

$$f_{C} = 0.750, \quad a_{C} = f_{C} w[C]_{\%} = 0.750 \times 0.05 = 0.0375$$

代入式（2）：

$$p_{CO} = 0.345 \text{ atm} = 0.345 \times 10^5 \text{ Pa} = 3.45 \times 10^4 \text{ Pa}$$

真空度为 3.45×10^4 Pa。

1.6.4 C-H-O 体系的氧化还原反应

火法冶金中，热能的获得在许多情况下是借助于燃料燃烧产生的化学能，其中燃料的主要燃烧成分是 C、H_2、CO 等。另一方面，这些可燃成分及燃烧产物又直接参加冶炼过程的氧化-还原反应，成为还原熔炼反应中的主要还原剂（C、H_2、CO）和氧化剂（CO_2 和 H_2O）。C-H-O 体系中可以有以下 8 个化学反应：

$$C + O_2 = CO_2 \quad \Delta G^{\ominus} = -394762 - 0.84T \quad (J/mol) \quad (1)$$

$$2C + O_2 = 2CO \quad \Delta G^{\ominus} = -225754 - 173.03T \quad (J/mol) \quad (2)$$

$$2CO + O_2 = 2CO_2 \quad \Delta G^{\ominus} = -563770 + 171.35T \quad (J/mol) \quad (3)$$

$$2H_2 + O_2 = 2H_2O \quad \Delta G^{\ominus} = -494784 + 111.70T \quad (J/mol) \quad (4)$$

$$CO + H_2O = H_2 + CO_2 \quad \Delta G^{\ominus} = -34493 + 29.83T \quad (J/mol) \quad (5)$$

$$C + CO_2 = 2CO \quad \Delta G^{\ominus} = 172130 - 177.46T \quad (J/mol) \quad (6)$$

$$C + H_2O = CO + H_2 \quad \Delta G^{\ominus} = 135540 - 144.0T \quad (J/mol) \quad (7)$$

$$C + 2H_2O = CO_2 + 2H_2 \quad \Delta G^{\ominus} = 98960 - 110.53T \quad (J/mol) \quad (8)$$

上述 8 个化学反应不是完全独立的。利用反应体系独立反应数的计算方法可以得出该体系的独立反应数。在 C-H-O 体系中，存在的物质有 C、H_2、O_2、CO、CO_2 和 H_2O 共 6 种；组成该体系的元素为 C、H、O 等 3 种。因此可得出独立反应数为：

独立反应数＝物质数－元素数＝6－3＝3

独立反应数为 3，即上述 8 个反应中只有 3 个反应是独立的，其他反应都可以由这 3 个独立反应推导出来。C-H-O 体系的反应在冶金过程中起着重要作用，因此研究这些反应的热力学条件对于控制冶金反应有着重要的意义。

1.6.4.1 温度对燃烧反应平衡的影响

A CO 和 CO_2 稳定性的比较

反应（1）和反应（2）分别称为 C 的完全燃烧反应和 C 的不完全燃烧反应。由反应的 $\Delta G^{\ominus}$ 可知，C 的完全燃烧反应的 $\Delta G^{\ominus}$-T 直线是水平的，其 $\Delta S^{\ominus} = 0.84 \approx 0$，这表明 C 氧化生成的 CO_2 的稳定性不随温度 T 的变化而变化。而 C 的不完全燃烧反应的 $\Delta G^{\ominus}$ 随温度 T 的升高而降低，即 $\Delta G^{\ominus}$-T 直线的斜率 $\Delta S^{\ominus} > 0$，生成的 CO 的稳定性随温度 T 的升高而增大，如图 1-6-11 所示。

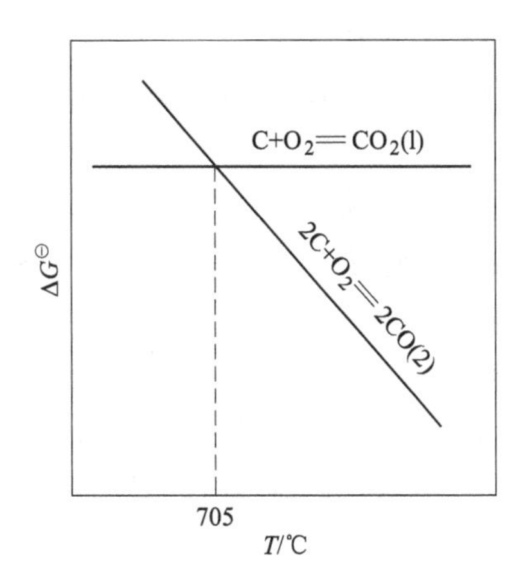

图 1-6-11 CO 和 CO_2稳定性的比较

由图 1-6-11 可知，反应（1）和反应（2）的 $\Delta G^{\ominus}$ -T 直线在 705 ℃时相交，表明 CO 和 CO_2在 705 ℃下稳定性相同。当 T<705 ℃时，CO_2较 CO 更稳定；当 T>705 ℃时，CO 较 CO_2更稳定。

B CO 和 H_2的燃烧反应

CO 和 H_2的燃烧反应是强放热反应。其热效应可利用 Kirholff 公式计算。不同温度下的热效应数据如表 1-6-1 所示。由表中数据可知，CO 和 H_2燃烧反应的热效应随温度的变化不大。

表 1-6-1 CO 和 H_2与 1 mol O_2 燃烧反应的热效应

燃烧反应	不同温度下反应的热效应/kJ · mol^{-1}			
	1000 K	1500 K	2000 K	2500 K
CO 的燃烧反应	−566.10	−560.61	−555.13	−553.46
H_2的燃烧反应	−495.85	−502.08	−501.79	−489.57

由氧势图中 CO 和 H_2燃烧反应的 $\Delta G^{\ominus}$ -T 直线可知，在很高的温度下，这两个反应的 $\Delta G^{\ominus}$ 仍然有很大的负值。这表明 CO 和 H_2的燃烧反应进行的趋势是很大的。

CO 和 H_2燃烧反应（反应（3）和反应（4））的 $\Delta G^{\ominus}$-T 直线在 810 ℃下相交，如图 1-6-12 所示，此时燃烧产物 CO_2和 H_2O 的稳定性相同；当温度 T<810 ℃时，CO_2较 H_2O 更稳定；当温度 T>810 ℃时，H_2O 比 CO_2更稳定。

反应（4）和反应（3）相减得：

$$CO_2 + H_2 \Longrightarrow CO + H_2O$$

即反应（5），称为水煤气反应。该反应是一个可逆反应，在不同的温度下，H_2可以还原 CO_2，CO 也可以还原 H_2O。反应进行的方向也可以利用氧势图（图 1-6-12）分析得出。

当 T>810 ℃时，反应进行的方向为：

$$CO_2 + H_2 \longrightarrow CO + H_2O$$

即在此温度范围，H_2O 比 CO_2更稳定，或者说 H_2还原能力强。

当温度 T<810 ℃时，反应进行的方向为：

$$CO + H_2O \longrightarrow CO_2 + H_2$$

即在 $T<810$ ℃时，H_2O 的稳定性比 CO_2 的稳定性要差，或者说 CO 还原能力强。

当 $T=810$ ℃时，反应（5）达到平衡。

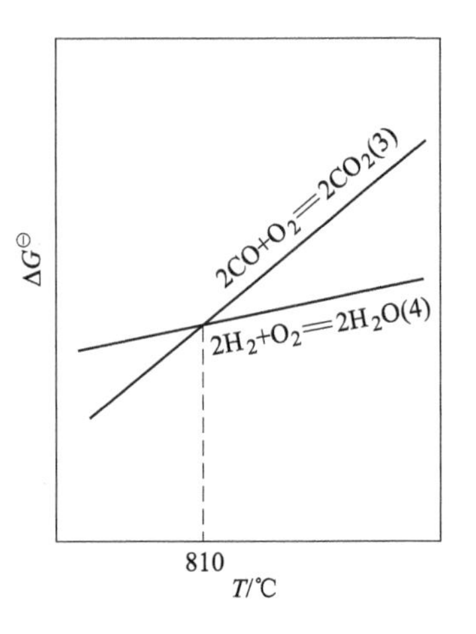

图 1-6-12　CO 和 H_2 燃烧反应的 $\Delta G^\ominus$ -T

1.6.4.2　压力对燃烧反应平衡的影响（总压、分压）

以上对 C-H-O 体系反应的讨论是在标准状态，可以利用反应的标准自由能变化来判断反应进行的方向。当反应产物不是标准状态时，应该用 ΔG 来判断反应的方向和化合物的稳定性。此时要引入对 $\Delta G^\ominus$ 的校正值，并在氧势图上得出校正后的氧势线。

A　对于反应（1）

$$C + O_2(1\ \text{atm}) = CO_2(p_{CO_2} \neq 1\ \text{atm})$$

$$\Delta G = \Delta G^\ominus + RT\ln \frac{p_{CO_2}}{a_C \cdot p_{O_2}}$$

选择纯固体 C 为 C 活度的标准态，则 $a_C = 1$，$p_{O_2} = 1$，反应的标准自由能变化为 $\Delta G^\ominus = -394762 - 0.84T$，故

$$\Delta G = -394762 - 0.84T + RT\ln p_{CO_2} = -394762 - (0.84 - R\ln p_{CO_2})T$$

（1）当 $p_{CO_2} = 1$ atm 时，$\Delta G = \Delta G^\ominus = -394762 - 0.84T$。在氧势图中为过（0 K，-394.76 kJ）点的直线。如图 1-6-13（a）中直线（1-1）。

（2）当 $p_{CO_2}>1$ atm 时，$\Delta G = -394762 - (0.84 - R\ln p_{CO_2})T$，其中 $R\ln p_{CO_2}>0$，所以 $0.84 - R\ln p_{CO_2}<0.84$。在氧势图中 ΔG-T 直线为（1-2）直线。相当于直线（1-1）绕（0 K，-394.76 kJ）点逆时针旋转一定角度得出直线（1-2），两直线的距离为 $|RT\ln p_{CO_2}|$。

（3）当 $p_{CO_2}<1$ atm 时，$R\ln p_{CO_2}<0$，故 $0.84 - R\ln p_{CO_2}>0.84$。在氧势图中 ΔG-T 直线为（1-3）。相当于直线（1-1）绕（0 K，-394.76 kJ）点顺时针旋转一定角度得出直线（1-3），两直线的距离为 $|RT\ln p_{CO_2}|$。

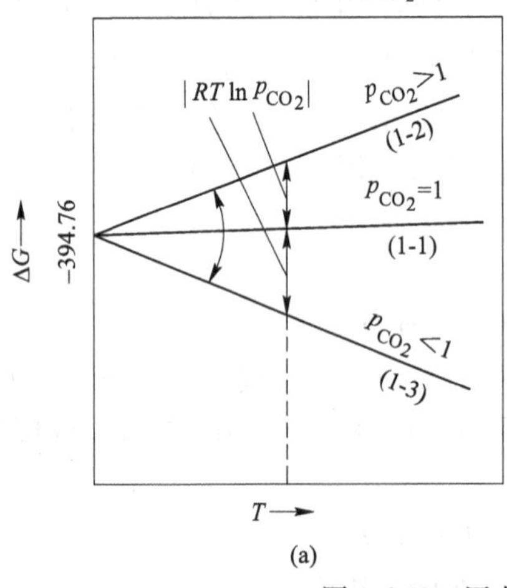

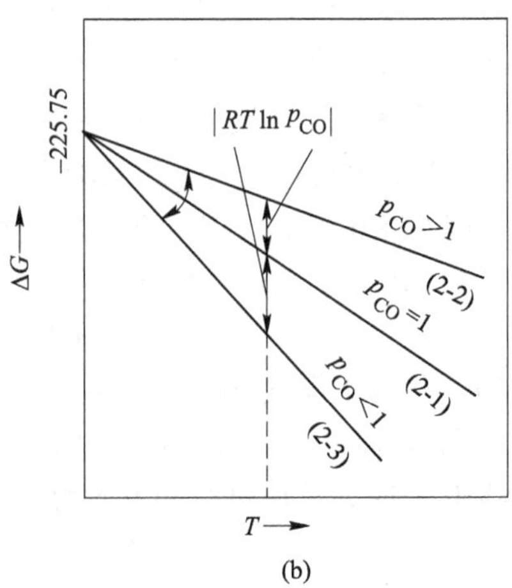

图 1-6-13　压力对反应平衡的影响

（a）反应（1）；（b）反应（2）

B 对于反应（2）

$$2C + O_2(1\ atm) \xlongequal{} 2CO(p_{CO} \neq 1\ atm)$$

$$\Delta G = \Delta G^{\ominus} + 2RT\ln p_{CO}$$

$a_C = 1$，$p_{O_2} = 1$，反应的标准自由能变化为 $\Delta G^{\ominus} = -225754 - 173.03T$，故

$$\Delta G = -225754 - 173.03T + 2RT\ln p_{CO} = -225754 - (173.03 - 2R\ln p_{CO})T$$

（1）当 $p_{CO} = 1$ atm 时，$\Delta G = \Delta G^{\ominus} = -225754 - 173.03T$。在氧势图中为过（0 K，−225.75 kJ）点的直线，如图 1-6-13（b）中直线（2-1）。

（2）当 $p_{CO} > 1$ atm 时，$\Delta G = -225754 - (173.03 - 2R\ln p_{CO})T$，其中 $2R\ln p_{CO} > 0$，所以 $173.03 - 2R\ln p_{CO} < 173.03$。在氧势图中，$\Delta G$-$T$ 直线为（2-2）直线。相当于直线（2-1）绕（0 K，−225.75 kJ）点逆时针旋转一定角度得出直线（2-2），两直线的距离为 $|2RT\ln p_{CO}|$，也就是直线的斜率减小了 $|2RT\ln p_{CO}|$。

（3）当 $p_{CO} < 1$ atm 时，$173.03 - 2R\ln p_{CO} > 173.03$。在氧势图中，$\Delta G$-$T$ 直线为（2-3）直线。相当于直线（2-1）绕（0 K，−225.75 kJ）点顺时针旋转距离 $|RT\ln p_{CO}|$ 得出直线（2-3）。

由以上的分析可知，当燃烧产物的分压降低时可以改变 C-O 反应的能力，即可以使 C 的燃烧反应的趋势增大，反应产物 CO_2 和 CO 的稳定性提高。

1.6.4.3 布氏反应（Boudouard reaction）

A 反应名称

固体 C 在高温条件下，可以与 CO_2 反应生成 CO，反应式为：

$$C + CO_2 \xlongequal{} 2CO \qquad \Delta G^{\ominus} = 172130 - 177.45T$$

此反应即为 C-H-O 体系中的反应（6）。在文献中常把该反应称为布氏反应。也有的文献称之为 C 的溶损反应（solution loss reaction）、C 的气化反应等。布氏反应是以 C 作还原剂或燃料的反应体系中最主要的反应之一。

B 反应气相平衡组成与温度和压力的关系

布氏反应的平衡常数
$$K = \frac{p_{CO}^2}{p_{CO_2}}$$

反应自由能变化
$$\Delta G^{\ominus} = -RT\ln \frac{p_{CO}^2}{p_{CO_2}}$$

设体系中 CO 和 CO_2 的浓度分别为 $\varphi(CO)_{\%}$ 和 $\varphi(CO_2)_{\%}$，则有

$$\varphi(CO)_{\%} + \varphi(CO_2)_{\%} = 100$$

若体系总压为 p，则 CO 和 CO_2 的分压分别为：

$$p_{CO} = \frac{\varphi(CO)_{\%}}{100} \cdot p$$

$$p_{CO_2} = \frac{\varphi(CO_2)_{\%}}{100} \cdot p$$

所以，标准自由能变化

$$\Delta G^{\ominus} = -RT\ln \frac{p_{CO}^2}{p_{CO_2}} = -RT\ln\left[\frac{\varphi(CO)_{\%}^2}{100 \cdot \varphi(CO_2)_{\%}} \cdot p\right]$$

代入式 $\varphi(CO)_{\%}+\varphi(CO_2)_{\%}=100$，即 $\varphi(CO_2)_{\%}=100-\varphi(CO)_{\%}$，得：

$$\Delta G=-RT\ln\left[\frac{\varphi(CO_2)_{\%}^2}{100(100-\varphi(CO)_{\%})}\cdot p\right]$$

将自然对数变为常用对数，并整理得：

$$\lg\left[\frac{\varphi(CO)_{\%}^2}{100\cdot\varphi(CO_2)_{\%}}\cdot p\right]=-\frac{\Delta G}{19.147T}=-\frac{8990}{T}+9.27 \quad (1\text{-}6\text{-}9)$$

上式为布氏反应气相平衡组成与温度、压力的关系。下面分别讨论：

a　反应体系平衡 $\varphi(CO)$-T 的关系

设 p 为常数，例如 $p=1$ atm，将 $\varphi(CO)$-T 作图，得到体系平衡 $\varphi(CO)$-T 的关系如图 1-6-14 所示。由图可知，当温度升高时，体系中平衡 $\varphi(CO)$ 增大，$\varphi(CO_2)$ 减小。

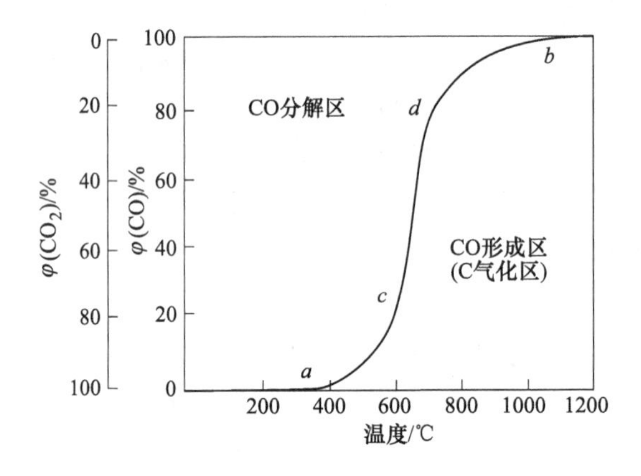

图 1-6-14　布氏反应的平衡图（$p=1$ atm）

在 400 ℃以下，体系中的气相基本上是 CO_2；而在 1000 ℃以上时，体系中的气相基本上是 CO。图 1-6-14 中，体系平衡 $\varphi(CO)$-T 曲线将图形分为两个区域，即 CO 的分解区（曲线以上）和 CO 的生成区（曲线以下）。在曲线以上，由等温方程式得：

$$\Delta G=\Delta G^{\ominus}+RT\ln J_p=-RT\ln\left[\frac{\varphi(CO)^2}{\varphi(CO_2)}\right]_{eq}+RT\ln\left[\frac{\varphi(CO)^2}{\varphi(CO_2)}\right]$$

在曲线以上的区域中有：

$$\varphi(CO)>\varphi(CO)_{eq},\quad \varphi(CO_2)<\varphi(CO_2)_{eq}$$

即
$$\frac{\varphi(CO)^2}{\varphi(CO_2)}>\left[\frac{\varphi(CO)^2}{\varphi(CO_2)}\right]_{eq}$$

所以 $\Delta G>0$，反应进行的方向为：$CO\rightarrow C+CO_2$，即 CO 分解。

在曲线以下的区域中有：

$$\varphi(CO)<\varphi(CO)_{eq},\quad \varphi(CO_2)>\varphi(CO_2)_{eq}$$

即
$$\frac{\varphi(CO)^2}{\varphi(CO_2)}<\left[\frac{\varphi(CO)^2}{\varphi(CO_2)}\right]_{eq}$$

所以 $\Delta G<0$，反应向生成 CO 的方向进行，即 $C+CO_2\rightarrow CO$。

b 反应体系平衡 $\varphi(\mathrm{CO})$-p 的关系

由式（1-6-9）知，$\lg\left[\frac{\varphi(\mathrm{CO})_{\%}^{2}}{100(100-\varphi(\mathrm{CO})_{\%})}\cdot p\right]=-\frac{8990}{T}+9.27$，设温度一定，即 T=常数，则：

$$\lg\left[\frac{\varphi(\mathrm{CO})_{\%}^{2}}{100(100-\varphi(\mathrm{CO})_{\%})}\cdot p\right]=常数$$

由此可知，$A=\frac{\varphi(\mathrm{CO})_{\%}^{2}}{100(100-\varphi(\mathrm{CO})_{\%})}$与体系总压$p$成反比。当压力$p$增大时，$A$降低，体系中平衡的$\varphi(\mathrm{CO})$降低，$\varphi(\mathrm{CO_2})$升高，平衡$\varphi(\mathrm{CO})$-$T$曲线向下移动，如图1-6-15所示。反之，当体系总压p减小时，A增大，体系中平衡的$\varphi(\mathrm{CO})$提高，$\varphi(\mathrm{CO_2})$降低，$\varphi(\mathrm{CO})$-T曲线向上移动。

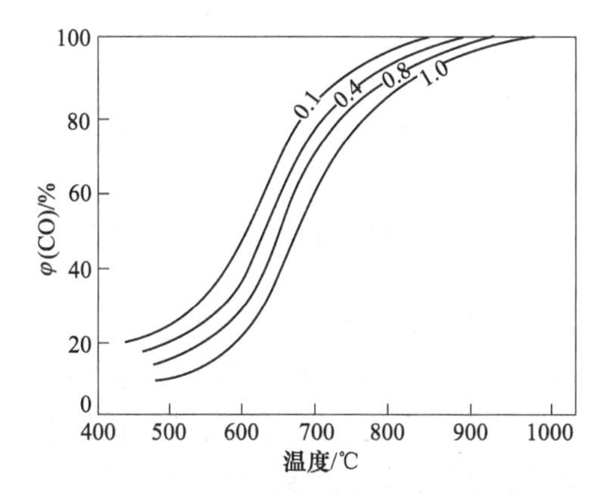

图 1-6-15 压力对布氏反应的影响
图中曲线上的数据为压力，单位为 atm，1 atm = 101325 Pa）

1.6.5 氧化还原反应热力学

大多数金属都是由矿石中的金属氧化物经火法冶炼获得的。氧化物的稳定性都很高。其热分解温度也很高，如FeO(3600 ℃)、$\mathrm{Ni_2O_3}$(2200 ℃) 等。如此高的分解温度在一般的冶金工业条件下是不可能实现的。因此，利用热分解的方法由氧化物提取金属是难以实现的。

虽然热分解不能实现由氧化物提取金属的目的，但是有一些物质或元素与氧的结合能力很强，在一定条件下可以从金属氧化物中夺取氧而达到分离提取金属的目的，这些物质称为还原剂，如 $\mathrm{H_2}$、CO、C 等。钢铁冶金中把还原反应分为间接还原反应和直接还原反应。所谓间接还原反应就是利用气体还原剂如 $\mathrm{H_2}$、CO 还原金属氧化物的反应。而直接还原反应是利用固体 C 为还原剂还原金属氧化物的反应。

设有某一还原剂 N 还原氧化物 $\mathrm{MO_2}$生成 $\mathrm{NO_2}$和 M，则还原反应的标准自由能变化可以由氧化物 $\mathrm{NO_2}$和 $\mathrm{MO_2}$的标准生成自由能得出：

$$\mathrm{N + O_2 = NO_2} \qquad \Delta G_1^{\ominus}$$

$$(-)\,\mathrm{M + O_2 = MO_2} \qquad \Delta G_2^{\ominus}$$

$$\mathrm{MO_2 + N = M + NO_2} \qquad \Delta G^{\ominus} = \Delta G_1^{\ominus} - \Delta G_2^{\ominus}$$

标准状态下，在某一温度时，N 能否还原 MO_2 可以通过 $\Delta G^{\ominus}$ 来判断，而 $\Delta G^{\ominus}$ 可以由氧势图中读出。在氧势图中找到 NO_2 和 MO_2 的 $\Delta G^{\ominus}$-T 线的位置，如图 1-6-16 所示。根据 NO_2 和 MO_2 的 $\Delta G^{\ominus}$-T 线的相对位置可以获得 N 还原 MO_2 的反应的温度条件。

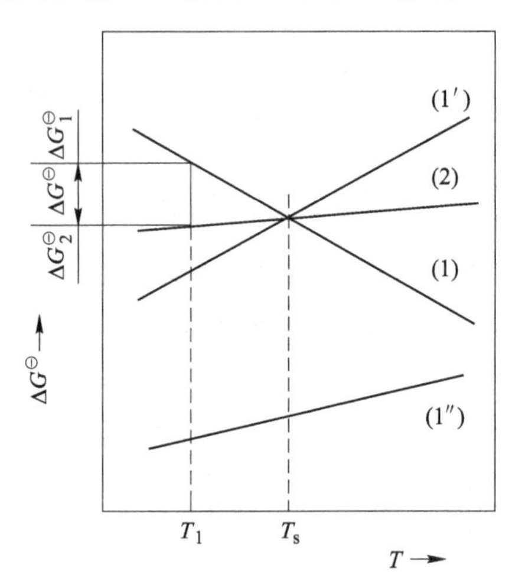

图 1-6-16 氧化物还原反应的温度条件

由图 1-6-16 可知，N 还原 MO_2 的还原反应有两种情况：

（1）被还原的氧化物 MO_2 与还原剂的氧化物 NO_2 的 $\Delta G^{\ominus}$-T 线有交点，这时交点温度就是还原反应进行与否的界限温度，将交点温度称为还原转化温度，用 T_s 表示。

1）$\Delta G_1^{\ominus}$-T 和 $\Delta G_2^{\ominus}$-T 线斜率异号，如氧势线（1）和（2）。

当 $T>T_s$ 时，$\Delta G_1^{\ominus} < \Delta G_2^{\ominus}$，$\Delta G^{\ominus} = \Delta G_1^{\ominus} - \Delta G_2^{\ominus} < 0$，N 能够还原 MO_2。

当 $T<T_s$ 时，$\Delta G_1^{\ominus} > \Delta G_2^{\ominus}$，$\Delta G^{\ominus} = \Delta G_1^{\ominus} - \Delta G_2^{\ominus} > 0$，N 不能还原 MO_2。

当 $T=T_s$ 时，$\Delta G_1^{\ominus} = \Delta G_2^{\ominus}$，$\Delta G^{\ominus} = \Delta G_1^{\ominus} - \Delta G_2^{\ominus} = 0$，还原反应达到平衡。

2）$\Delta G_1^{\ominus}$-T 和 $\Delta G_2^{\ominus}$-T 线斜率同号，如氧势线（1′）和（2）。

当 $T>T_s$ 时，$\Delta G_1^{\ominus} > \Delta G_2^{\ominus}$，$\Delta G^{\ominus} = \Delta G_1^{\ominus} - \Delta G_2^{\ominus} > 0$，N 不能还原 MO_2。

当 $T<T_s$ 时，$\Delta G_1^{\ominus} < \Delta G_2^{\ominus}$，$\Delta G^{\ominus} = \Delta G_1^{\ominus} - \Delta G_2^{\ominus} < 0$，N 能够还原 MO_2。

（2）被还原的金属氧化物 MO_2 的 $\Delta G^{\ominus}$-T 线与氧化物 NO_2 的 $\Delta G^{\ominus}$-T 线无交点，如图 1-6-16 中氧势线（1″）和（2）。此类还原反应是不可逆的。在很宽的温度范围内，氧势线（1″）始终在氧势线（2）之下，即 $\Delta G_1^{\ominus} < \Delta G_2^{\ominus}$，$\Delta G^{\ominus} = \Delta G_1^{\ominus} - \Delta G_2^{\ominus} < 0$。因此在任何温度下 N 均能还原 MO_2。

应该指出，以上讨论的是在标准状态下的还原反应，用 $\Delta G^{\ominus}$ 来作为反应进行方向的判据是可以的。但是在实际生产中，还原反应更多是在非标准状态下进行的。由于参加还原反应的物质中，有的是以气体存在的，而反应体系中参加反应的气体物质的分压不一定是 1 atm。因此正确地判断反应进行的方向，应该使用等温方程式表示的反应的自由能变化 ΔG。

下面讨论选择 CO 和 C 作还原剂时，还原氧化物的热力学条件。

1.6.5.1 CO 还原氧化物

CO 还原氧化物 MO 的反应可写为：

$$MO(s) + CO \xlongequal{} M(s) + CO_2$$

该反应的热效应 $\Delta H^{\ominus}$ 和标准自由能变化 $\Delta G^{\ominus}$ 可以通过以下两个反应得出：

$$2CO + O_2 \xlongequal{} 2CO_2 \tag{1}$$

$$2M(s) + O_2 \xlongequal{} 2MO(s) \tag{2}$$

反应（1）-反应（2），系数除以 2 即得出还原反应。由于反应（2）是放热反应，其 $\Delta H_2^{\ominus} < 0$，因此可得出还原反应的标准自由能变化

$$\Delta G^{\ominus} = 1/2(\Delta G_1^{\ominus} - \Delta G_2^{\ominus})$$

还原反应平衡常数为：

$$K = \frac{p_{CO_2}}{p_{CO}} \tag{1-6-10}$$

而
$$p_{CO_2} = \frac{\varphi(CO_2)_{\%}}{100}p \qquad p_{CO} = \frac{\varphi(CO)_{\%}}{100}p \tag{1-6-11}$$

反应体系中存在
$$\varphi(CO)_{\%} + \varphi(CO_2)_{\%} = 100 \tag{1-6-12}$$

解方程式（1-6-10）~式（1-6-12），即可得出反应体系中平衡的气相组成为：

$$\varphi(CO)_{\%} = \frac{100}{1+K} \qquad \varphi(CO_2)_{\%} = \frac{100K}{1+K}$$

利用上式作出 $\varphi(CO)$-T 关系图，即 CO 还原氧化物 MO 的平衡气相组成与温度的关系图，如图 1-6-17 所示。图中曲线为还原反应平衡组成线。可以利用等温方程式分析还原反应进行的方向：

$$\Delta G = \Delta G^{\ominus} + RT\ln\left(\frac{p_{CO_2}}{p_{CO}}\right) = -RT\ln\left(\frac{p_{CO_2}}{p_{CO}}\right)_{eq} + RT\ln\left(\frac{p_{CO_2}}{p_{CO}}\right)$$

也可以写为：$\Delta G = -RT\ln\left(\frac{\varphi(CO_2)}{\varphi(CO)}\right)_{eq} + RT\ln\left(\frac{\varphi(CO_2)}{\varphi(CO)}\right)$

在图中平衡组成线以上的区域，如 a 点。

由于 $\varphi(CO)>\varphi(CO)_{eq}$，$\varphi(CO_2)<\varphi(CO_2)_{eq}$，故 $\left(\frac{\varphi(CO_2)}{\varphi(CO)}\right)_{eq} > \left(\frac{\varphi(CO_2)}{\varphi(CO)}\right)$。

由等温方程式知，还原反应的 $\Delta G < 0$，因此在平衡组成曲线以上的区域中，还原反应进行的方向为 MO+CO→M+CO_2。曲线以上的区域是 M 的稳定存在区。同理可分析得

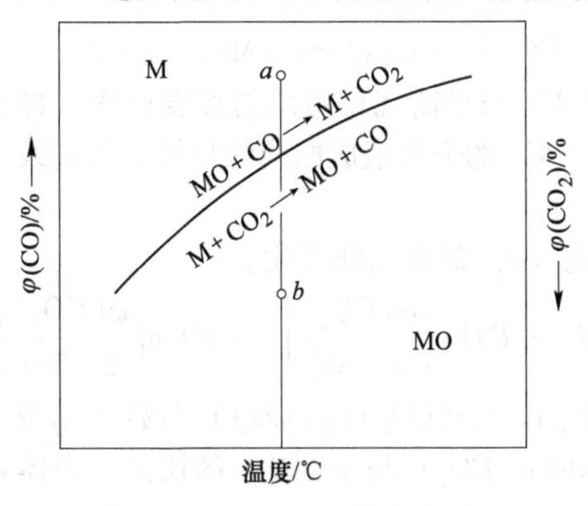

图 1-6-17　CO 还原氧化物 MO 的平衡气相组成与温度的关系图

出，在曲线以下的区域中，如 b 点，反应进行的方向为：$CO_2+M \rightarrow MO+CO$，该区域是 MO 的稳定存在区。

在讨论还原反应时，平衡组成 $\varphi(CO)$-T 曲线的走向是需要考虑的。$\varphi(CO)$-T 曲线的走向和还原反应的 $\Delta H^{\ominus}$ 有关。由等压方程式：

$$\frac{\mathrm{d}\ln K}{\mathrm{d}T}=\frac{\Delta H^{\ominus}}{RT^2}$$

还原反应平衡常数　$K=\dfrac{\varphi(CO_2)_{\%}}{\varphi(CO)_{\%}}=\dfrac{100-\varphi(CO)_{\%}}{\varphi(CO)_{\%}}=\dfrac{100}{\varphi(CO)_{\%}}-1$

$$\mathrm{d}\ln K=\frac{1}{K}\mathrm{d}K=\frac{1}{K}\left(\frac{-100}{w(CO)_{\%}^2}\right)\mathrm{d}\varphi(CO)_{\%}=\frac{-100\mathrm{d}\varphi(CO)_{\%}}{\varphi(CO)_{\%}(100-\varphi(CO)_{\%})}$$

代入等压方程式并整理得：

$$\frac{\mathrm{d}\varphi(CO)_{\%}}{\mathrm{d}T}=\frac{-\Delta H^{\ominus}}{RT^2}\cdot\frac{\varphi(CO)_{\%}(100-\varphi(CO)_{\%})}{100}$$

上式中 $\dfrac{\varphi(CO)_{\%}(100-\varphi(CO)_{\%})}{100}>0$，故 $\dfrac{\mathrm{d}\varphi(CO)_{\%}}{\mathrm{d}T}$ 的符号取决于 $\Delta H^{\ominus}$ 的符号。当 $\Delta H^{\ominus}<0$（即放热反应）时，即温度升高时，平衡的 $\varphi(CO)$ 增大，曲线的走向是随温度升高向上升的。当 $\Delta H^{\ominus}>0$（即吸热反应）时，则 $\dfrac{\mathrm{d}\varphi(CO)_{\%}}{\mathrm{d}T}<0$，即温度升高时，平衡的 $\varphi(CO)$ 降低，曲线的走向是随温度的升高向下降的。

1.6.5.2　固体碳还原氧化物

固体 C 还原氧化物的反应由于气体产物的不同有两种反应：

$$MO(s)+C(s) = M(s)+CO \tag{1}$$

$$2MO(s)+C(s) = 2M(s)+CO_2 \tag{2}$$

在高温下，如 $T>1000$ ℃，C-O 体系中 CO_2 的浓度很低。因此在高温下，C 还原氧化物的反应以反应（1）为主。为了讨论 C 还原氧化物的热力学条件，把该反应看作是由氧化物的间接还原反应和布氏反应组合而成：

$$MO(s)+CO = M(s)+CO_2 \tag{3}$$

$$+\quad CO_2+C = 2CO \tag{4}$$

$$MO(s)+C(s) = M(s)+CO \tag{1}$$

将反应（3）和反应（4）的平衡气相组成与温度作图（即平衡 $\varphi(CO)$-T 曲线），如图 1-6-18 所示。由于反应（4）的平衡组成曲线的特征，使曲线（3）和曲线（4）总存在交点，交点温度用 T_0 表示。

由等温方程式得出反应（3）的自由能变化。

$$\Delta G=-RT\ln\left(\frac{\varphi(CO_2)}{\varphi(CO)}\right)_{eq}+RT\ln\left(\frac{\varphi(CO_2)}{\varphi(CO)}\right)$$

式中，$(\varphi(CO_2)/\varphi(CO))_{eq}$ 和 $(\varphi(CO_2)/\varphi(CO))$ 分别表示反应（3）平衡 $\varphi(CO_2)$ 与 $\varphi(CO)$ 的比值和体系实际的 $\varphi(CO_2)$ 与 $\varphi(CO)$ 的比值。当体系中 C 过剩时，由此可以分析得出曲线（3）和曲线（4）的交点温度，T_0 是还原反应的开始反应温度。

当 $T>T_0$ 时，体系中 $\varphi(CO)>\varphi(CO)_{(3)eq}$，而 $\varphi(CO_2)<\varphi(CO_2)_{(3)eq}$，所以，$(\varphi(CO_2)/\varphi(CO))_{eq}>(\varphi(CO_2)/\varphi(CO))$，反应（3）的 $\Delta G<0$，即反应（3）正向进行。

当 $T<T_0$ 时，体系中 $\varphi(CO)<\varphi(CO)_{(3)eq}$，而 $\varphi(CO_2)>\varphi(CO_2)_{(3)eq}$，所以，$(\varphi(CO_2)/\varphi(CO))_{eq}<(\varphi(CO_2)/\varphi(CO))$，反应（3）的 $\Delta G>0$，还原反应不能进行。

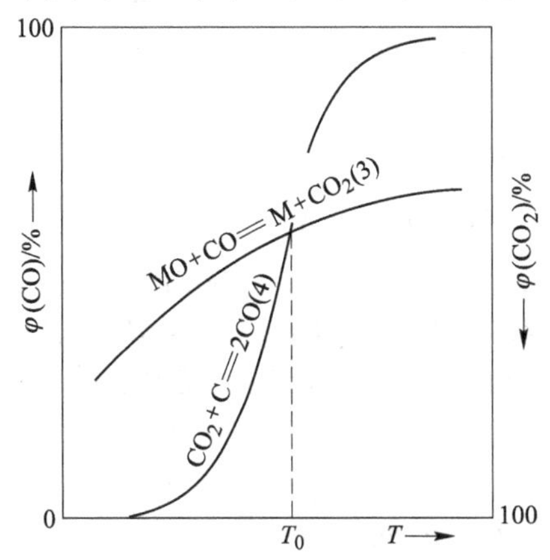

图 1-6-18　C 还原氧化物 MO 的平衡气相组成与温度的关系图

习　题

1-1　化学反应的热效应是如何定义的？标准生成吉布斯自由能是如何定义的？

1-2　计算 1 atm 下，Cu(s) 由室温升至 1000 ℃的热效应。

1-3　用成分为 $w(Cr)=13\%$，$w(Ni)=9\%$ 及 $w(C)=0.45\%$ 的金属炉料在电炉内冶炼不锈钢，试计算去碳保铬的最低冶炼温度。

已知：$Cr_3O_4(s)+4[C]═══3[Cr]+4CO$　　$\Delta G^{\ominus}=934706-617.22T(J/mol)$

$$f_{Cr}=0.87,\quad f_C=0.74$$

电炉内 CO 的分压为 1 atm。

1-4　炼钢炉内用锰脱氧的反应如下：$[Mn]+[O]═MnO(s)$，试判断炼钢温度为 1600 ℃的标准状态下，反应能否自动向右进行？

$$Mn(l)+\frac{1}{2}O_2(g)═══MnO(s)\qquad ①\ \Delta G_1^{\ominus}=-399150+82.1T\quad (J/mol)$$

$$Mn(l)═══[Mn]\qquad ②\ \Delta G_2^{\ominus}=-38.12T\quad (J/mol)$$

$$\frac{1}{2}O_2(g)═══[O]\qquad ③\ \Delta G_3^{\ominus}=-117152-2.89T\quad (J/mol)$$

1-5　利用化合物的标准生成吉布斯自由能 $\Delta_f G_m^{\ominus}$ 计算下列反应的 $\Delta G^{\ominus}$ 及平衡常数。

$Mn(s)+FeO(l)═══MnO(s)+Fe(l)$　　$2Cr_2O_3(s)+3Si(l)═══4Cr(s)+3SiO_2(s)$

1-6　在不同温度下测得反应 $FeO(s)+CO═Fe(s)+CO_2$ 的平衡常数值见下表，试用作图法及回归分析法计算此反应的平衡常数及 $\Delta G^{\ominus}$ 的温度关系式。

反应平衡常数的测定值

温度/℃	600	700	800	900	1000	1100
K	0.818	0.667	0.515	0.429	0.351	0.333

1-7　在 1073 K，下列电池

$$Mo,MoO_2 \mid ZrO_2+(CaO) \mid Fe,FeO$$

$$Mo,MoO_2 \mid ZrO_2+(CaO) \mid Ni,NiO$$

测得的电动势分别为 173 mV 和 284 mV，试计算下列反应的 $\Delta G^{\ominus}$：$FeO(s)+Ni(s)=NiO(s)+Fe(s)$。

1-8　用线性组合法求下列反应的 $\Delta G^{\ominus}$：$Fe_2SiO_4(s)+2C_{(石)}=2Fe(s)+SiO_2(s)+2CO$。

已知：

$$FeO(s)+C_{(石)}=Fe+CO \qquad \Delta G^{\ominus}=158970-160.25T \qquad (J/mol)$$

$$2FeO(s)+SiO_2(s)=Fe_2SiO_4(s) \qquad \Delta G^{\ominus}=-36200+21.09T \qquad (J/mol)$$

1-9　请解释概念：质量百分数、摩尔分数、气体组分的分压值、组元 i 的偏摩尔量及偏摩尔吉布斯自由能（或化学位）、拉乌尔定律、理想溶液、亨利定律、稀溶液、活度。

1-10　对于由组元 i、j 组成的二元稀溶液，i 为溶质元素，请推导组元 i 的摩尔分数 x_i 和质量百分数 $w_{i,\%}$ 之间的关系。

1-11　请推导 Gibbs-Duhem 方程（$\sum x_i d\bar{G}_i=0$ 或 $\sum x_i d\mu_i=0$）。

1-12　请推导两个亨利常数 $k_{H(\%)}$ 和 $k_{H(x)}$ 之间的关系。

1-13　请推导不同标准态活度之间的关系：$a_{i(R)}$、$a_{i(H)}$、$a_{i(\%)}$。

1-14　参照亨利定律或拉乌尔定律，请选取纯物质标准态、假想纯物质标准态、1%（质量分数）溶液标准态，分别导出活度及活度系数的表达式。

1-15　请解释 γ_i^0 的意义。

1-16　在 1800 K 测得 Fe-Ni 系内 Ni 以纯液态为标准态的活度系数，见下表。试求镍在稀溶液内的 γ_{Ni}^0 及以 1%（质量分数）溶液为标准态的活度。

Fe-Ni 系内镍的活度系数

$x[Ni]$	0.1	0.2	0.3	0.4	0.5
γ_{Ni}	0.668	0.677	0.690	0.710	0.750

1-17　实验测得 1873 K 时与成分为 $w(CaO)=41.93\%$、$w(MgO)=2.74\%$、$w(SiO_2)=42.58\%$、$w(FeO)=13.39\%$ 的熔渣平衡的铁液中 $w[O]_{\%}=0.048$，而与纯 FeO 渣平衡的铁液中氧的浓度为 $\lg w[O]_{\%}=-\dfrac{6320}{T}+2.734$，试求熔渣中 FeO 的活度及活度系数。

1-18　反应 $H_2+[S]=H_2S$ 在 1873 K 下平衡时的 p_{H_2S}/p_{H_2} 见下表，试计算铁液中硫的活度及活度系数（取 1%（质量分数）溶液标准态）。

反应 $H_2+[S]=H_2S$ 平衡时的 p_{H_2S}/p_{H_2}

$w[S]_{\%}$	0.455	0.681	0.995	1.357	1.797
$(p_{H_2S}/p_{H_2})\times 10^{-3}$	1.18	1.73	2.52	3.30	4.40

1-19　利用固体电解质电池测定 08 沸腾钢液的氧含量，电池结构为：$Mo \mid [O]_{Fe} \mid ZrO_2+(CaO) \mid Mo,MoO_2 \mid Mo$，各温度的电动势值见下表。试求钢液中氧的质量分数与温度的关系式（$\lg w[O]=A/T+B$）。已知：$Mo+2[O]=MoO_2$，$\Delta G^{\ominus}=-343980+172.28T$（J/mol）。

各温度测定的电动势

T/K	E/mV
1863	140
1833	172
1823	163

1-20　何为标准溶解吉布斯自由能？

1-21　写出形成纯物质、假想纯物质、1%（质量分数）溶液时，标准吉布斯自由能的表达式。

1-22　计算锰及铜溶解于铁液中形成 1%（质量分数）溶液的标准吉布斯自由能。已知：$\gamma_{Mn}^0=1$，$\gamma_{Cu}^0=8.6$。

1-23　固体钒溶于铁液中的 $\Delta G^{\ominus}(V)=-20710-45.6T$ (J/mol)，试求 1873 K 时的 $\gamma_{V(s)}^0$。

1-24　在 1873 K 时，铁液中硅被 O_2 氧化：$[Si]+O_2 = SiO_2(s)$，铁液中硅的浓度 $x[Si]=0.2$，$\gamma_{Si}=0.03$，$p_{O_2}=100$ kPa，试计算氧化反应的 $\Delta_r G_m$。硅的标准态为：（1）纯硅；（2）假想纯硅；1%（质量分数）溶液。$\gamma_{Si}^0=0.0013$。

1-25　何为活度相互作用系数？

1-26　轴承钢的成分为 $w[C]=1.05\%$、$w[Si]=0.6\%$、$w[Mn]=1.0\%$、$w[P]=0.02\%$、$w[S]=0.02\%$、$w[Cr]=1.10\%$，试计算 1873 K 时钢液中硫的活度系数及活度。

1-27　试计算成分为 $w[C]=5.0\%$、$w[Mn]=2.0\%$、$w[Si]=1.0\%$、$w[S]=0.05\%$、$w[P]=0.06\%$ 的生铁中锰、硅的活度，温度为 1873 K。

1-28　简述炉渣的分类及作用。

1-29　简述熔渣分子结构假说的主要内容。

1-30　简述完全离子溶液模型的主要内容。

1-31　概念题：

（1）碱度；（2）碱性氧化物；（3）酸性氧化物；（4）两性氧化物；（5）熔渣的氧化性；
（6）炉渣的熔化温度；（7）炉渣的熔化性温度；（8）表面张力；（9）比表面能；
（10）表面活性物质

1-32　在生产过程中取样检测时，熔渣中的（FeO）将会氧化为（Fe_2O_3），一般用 $\sum w(FeO)_{\%}$ 表示熔渣的氧化性大小，需要将（Fe_2O_3）含量折算为（FeO），有哪几种折算方法？具体如何折算？

1-33　用分子结构假说理论计算与下列熔渣平衡的铁液中氧的浓度。熔渣成分为 $w(CaO)=21.63\%$，$w(MgO)=5.12\%$，$w(SiO_2)=7.88\%$，$w(FeO)=46.56\%$，$w(Fe_2O_3)=11.88\%$，$w(Cr_2O_3)=6.92\%$。在 1893 K，与纯氧化铁渣平衡的铁液 $w[O]=0.249\%$。假定熔渣中有 FeO、$(2CaO \cdot SiO_2)_2$、$CaO \cdot Fe_2O_3$、$FeO \cdot Cr_2O_3$ 复杂化合物分子存在，将 MnO、MgO 与 CaO 同等看待。

1-34　试用完全离子溶液模型及 CaO-SiO_2-FeO 系活度曲线图，分别计算成分 $w(CaO)=45\%$、$w(SiO_2)=15\%$、$w(FeO)=18\%$、$w(MgO)=16.8\%$、$w(P_2O_5)=1.2\%$、$w(MnO)=4.0\%$ 的熔渣在 1873 K 时 FeO 的活度。

1-35　测得还原渣及 GCr15 钢的表面张力分别为 0.45 N/m 及 1.63 N/m，两者的接触角 $\alpha=35°$，求钢-渣的界面张力，并确定此种还原渣能否在钢液中乳化。

1-36　黏度的影响因素有哪些？各因素具体有何影响？

1-37　表面张力的影响因素有哪些？各因素具体有何影响？

1-38　泡沫渣的形成条件是什么？

1-39　什么是熔渣乳化现象？熔渣在钢液中乳化应具备什么条件？

1-40　溶解于钢液中的［Cr］的选择性氧化反应为：$2[Cr]+3CO = (Cr_2O_3)+3[C]$。试求钢液成分为 $w[Cr]=18\%$、$w[Ni]=9\%$、$w[C]=0.1\%$ 及 $p'_{CO}=100$ kPa 时，［Cr］和［C］氧化的转化温度。

1-41 在电弧炉内，用不锈钢返回料吹氧冶炼不锈钢时，熔池的 $w[Ni]=9\%$。如吹氧终点碳规定为 $w(C)=0.03\%$，而铬保持在 $w(Cr)=10\%$，试问：（1）吹炼应达到多高的温度？（2）采用 $\varphi(O_2)/\varphi(Ar)=1/25$ 的 O_2+Ar 混合气体进行吹炼时，吹炼温度可降低多少？

1-42 用不锈钢返回料吹氧熔炼不锈钢时，采用氧压为 10^4 Pa 的真空度，钢液成分为 $w[Cr]=10\%$ 及 $w[Ni]=9\%$，试求吹炼温度为 1973 K 的 $w[C]_{\%}$。

1-43 含钒生铁的成分为 $w[C]=4.0\%$、$w[V]=0.4\%$、$w[Si]=0.25\%$、$w[P]=0.03\%$、$w[S]=0.08\%$，利用雾化提钒处理提取钒渣及半钢，试求“去钒保碳”的温度条件。钒渣的 $\gamma_{V_2O_3}=10^{-7}$，$x(V_2O_3)=0.112$。

1-44 概念题：分解压、开始分解温度、沸腾温度、氧化物氧势、选择性氧化还原的转化温度、直接还原反应、间接还原反应。

1-45 温度、压力对布氏反应平衡气相组成的影响。

1-46 试计算 $CaCO_3(s)$ 及 $MgCO_3(s)$ 的分解压分别等于 1.3×10^5 Pa 的分解温度。

1-47 将 $CaCO_3(s)$ 放置于 $\varphi(CO_2)=12\%$的气氛中，总压 $p'=10^5$ Pa，试求 $CaCO_3(s)$ 分解的开始温度和沸腾温度。

1-48 把 5×10^{-4} kg 的 $CaCO_3(s)$ 放在体积为 1.5×10^{-3} m^3的真空容器内，加热到 800 ℃，问有多少千克的 $CaCO_3(s)$ 未能分解而残留下来？

1-49 $MnCO_3$在氮气流中加热分解，在 410 ℃测得各时间的分解率如下表所示，试确定此分解反应的限制环节。

$MnCO_3$的分解率

时间/min	2	4	6	8	10	12	14	16	18	20
分解率/%	6	17	27	49	53	61	69	71	78	85

1-50 试判定 1500 ℃时，Al_2O_3、SiO_2、FeS、Fe_3C、FeO 的相对稳定性。

1-51 利用氧势图回答下列问题：

（1）求 $SiO_2(s)$ 生成反应的 $\Delta_f H_m^{\ominus}(SiO_2,s)$ 及 $\Delta_f S_m^{\ominus}(SiO_2,s)$。

（2）说明下列反应在给定温度下氧势线斜率改变的原因：

$2Mg(s)+O_2 == 2MgO(s)$，1100 ℃；$2Pb(s)+O_2 == 2PbO(s)$，1470 ℃；

$2Ca(s)+O_2 == 2CaO(s)$，1480 ℃。

（3）求 CuO(s) 分解时，分解压 $p_{O_2(CuO)}=100$ kPa 的温度。

（4）在 100 kPa 下向焦炭吹水蒸气，在什么温度条件下可得到水煤气$(CO+H_2)$(反应为 $H_2O(g)+C=H_2+CO$)？

（5）温度为 1300 K 时 NiO(s) 的分解压是多少？

（6）在什么温度下 C 能还原 $SnO_2(s)$、$Cr_2O_3(s)$、$SiO_2(s)$？

（7）H_2还原 $Fe_3O_4(s)$ 到 FeO(s) 的温度是多少？

（8）求 1000 ℃时 Mg 还原 $Al_2O_3(s)$ 的 $\Delta_r G_m^{\ominus}$。

（9）求 $Cr_2O_3(s)$ 的平衡氧分压达 $p'_{O_2}=10^{-19}$ Pa 时的温度。

（10）求 Fe(s) 分别与 10^{-4} Pa、10^{-5} Pa、10^{-10} Pa 的 O_2在 1000 ℃反应时，形成 FeO(s) 的 $\Delta_r G_m^{\ominus}$ 及 $p_{O_2(平)}$。

2 冶金过程动力学基础

冶金热力学中，通过反应过程体系始末状态的热力学性质（如自由能）的变化来判断过程进行的方向和能够达到的最大限度。过程进行的方向是自由能减小的方向，而自由能变化等于零时，体系就达到了平衡状态。但是，利用热力学只能解决体系反应过程进行的可能性，而不能说明反应过程中体系所经历的途径和以多大速度进行的问题。研究冶金过程反应的机理和速度问题是冶金动力学的主要任务。

冶金过程反应速度不仅与温度、压力、浓度及参加反应物质的性质有关，而且还与反应体系中的传热、传质、流体流动等因素有密切关系。通常把动力学分为微观动力学和宏观动力学。根据参加反应物质的性质，从分子理论出发研究化学反应的机理和速度，称为微观动力学；而宏观动力学则结合流体流动、传热、传质及反应器条件等宏观因素来研究反应的速度和机理。

钢铁冶金反应过程是在高温、有流体流动、传热、传质等复杂状态下进行的多相反应。简单地说，反应过程涉及多相界面上的化学反应、参加反应的各物质的传质等因素。如在钢-渣界面发生的元素氧化反应可以简化为以下几个步骤：（1）反应物向反应界面传质；（2）在反应界面上发生的氧化反应；（3）反应产物离开反应界面的传质过程。反应过程各个步骤的速度各不相同，有快有慢，整个反应的速度取决于这些步骤中速度最慢的那一步，称之为限制性环节。因此研究冶金反应过程在各种条件下反应的组成步骤（或环节），通过合理的模型建立反应速度方程，分析各种因素对反应速度的影响，确定反应过程的限制性环节，以确定加快反应速度的措施。可见冶金动力学的研究，对于阐明反应机理，分析反应过程的影响因素以控制工艺过程，达到强化冶炼具有重要的意义。

2.1 多相化学反应速率

2.1.1 化学反应速率与浓度的关系

2.1.1.1 化学反应速率的表示方法

化学反应速率通常用某一时刻反应物或生成物的浓度与时间的变化率来表示。例如反应

$$aA + bB \longrightarrow dD$$

在 t 时刻反应速率可用下列任一式表示：

$$v = -\frac{dc_A}{dt} \quad 或 \quad v = -\frac{dc_B}{dt} \quad 或 \quad v = \frac{dc_D}{dt} \tag{2-1-1}$$

式中，c_A、c_B、c_D分别为反应物 A、B 和生成物 D 在 t 时刻的浓度；v 为反应速率。浓度的单位通常以 mol/m^3表示，故反应速率的单位为 $mol/(m^3 \cdot s)$。

化学反应方程式中各反应物和生成物的化学计量系数不同时，各物质浓度变化率不相等。因此用不同的物质浓度变化率计算的反应速率值是不相等的。但它们之间存在以下关系：

$$-\frac{1}{a}\cdot\frac{\mathrm{d}C_A}{\mathrm{d}t}=-\frac{1}{b}\cdot\frac{\mathrm{d}C_B}{\mathrm{d}t}=\frac{1}{d}\cdot\frac{\mathrm{d}C_D}{\mathrm{d}t} \tag{2-1-2}$$

根据质量作用定律，在一定温度下反应速率与反应物浓度的若干次方成正比。对于基元反应，反应物浓度的指数就等于反应方程式中各反应物的计量系数。若反应为基元反应，则其反应速率可表示为：

$$v=-\frac{\mathrm{d}c_A}{\mathrm{d}t}=kc_A^a c_B^b \tag{2-1-3}$$

式（2-1-3）中比例系数 k 称为反应的速率常数或比速率。k 的物理意义是当反应物的浓度为 1 时的反应速率。显然，k 越大，则化学反应的速率越大。反之，若 $1/k$ 越大，则化学反应的阻力就越大，故 $1/k$ 具有反应阻力的意义。式（2-1-3）右端反应物浓度的指数之和 $n=a+b$ 称为反应级数。$n=0$、1、2、3 或分数的反应分别称为零级反应、一级反应、二级反应、三级反应或分数级反应。对于非基元反应（或称复杂反应），反应级数 n 不等于反应物的计量系数之和，称为表观反应级数，其值只能通过试验确定。

复杂反应可以看作是由许多基元反应组成的。这些基元反应大体上可以代表该复杂反应所经历的步骤。复杂反应有各种形式，如可逆反应、平行反应、串联反应等。钢铁冶金中用 CO 或 H_2 还原铁矿石的反应，是按 $Fe_2O_3 \rightarrow Fe_3O_4 \rightarrow FeO \rightarrow Fe$ 进行的串联反应（或称为逐级反应）。而钢液中 C、Si、Mn 等元素的氧化反应可以看作是平行反应。

2.1.1.2 反应速率方程

A 一级反应

设一级反应为：

$$A \longrightarrow B + D$$

其速率与反应物浓度的一次方成正比，其速率的微分式为：

$$-\frac{\mathrm{d}c_A}{\mathrm{d}t}=kc_A^1 \tag{2-1-4}$$

积分得一级反应速率积分式：

$$\ln c_A=-kt+I \tag{2-1-5}$$

式中，I 为积分常数。

设 $t=0$ 时，$c_A=c_{A0}$，代入式（2-1-5）中，得 $I=\ln c_{A0}$

$$\ln\frac{c_A}{c_{A0}}=-kt \tag{2-1-6}$$

其中反应速率常数 k 的量纲为 $[s^{-1}]$。由式（2-1-5）和式（2-1-6）看出，一级反应反应物浓度的对数和时间 t 成直线关系。由直线的斜率可以求出反应速率常数。

反应物浓度降低到初始浓度的一半所需要的时间称为反应的半衰期，用 $t_{1/2}$ 表示。此时 $c_A=1/2c_{A0}$，代入式（2-1-6）得

$$t_{1/2}=\frac{\ln 2}{k} \tag{2-1-7}$$

这是一级反应的另一个特征，即其半衰期与反应物浓度无关。该关系可以作为一级反应的判断方法。

B 二级反应

设二级反应为：

$$A + B \longrightarrow D$$

反应速率为

$$-\frac{dc_A}{dt} = kc_A c_B \tag{2-1-8}$$

设当 $t=0$ 时 A 和 B 的浓度分别为 c_{A0} 和 c_{B0}；$t=t$ 时，为 c_A 和 c_B，上式积分得

$$\ln\frac{c_{B0}c_A}{c_{A0}c_B} = kt(c_{A0} - c_{B0}) \tag{2-1-9}$$

故对于二级反应，$\ln\frac{c_{B0}c_A}{c_{A0}c_B}$ 和 t 成线性关系。

若二级反应为

$$2A \longrightarrow B + D$$

则反应速率方程为

$$-\frac{dc_A}{dt} = kC_A^2 \tag{2-1-10}$$

积分得

$$\frac{1}{c_A} = kt + \frac{1}{c_{A0}} \tag{2-1-11}$$

二级反应的速率常数 k 的单位为 $m^3/(mol \cdot s)$。

半衰期

$$t_{1/2} = \frac{1}{kc_{A0}} \tag{2-1-12}$$

C n 级反应

设 n 级反应为

$$nA \longrightarrow B + D$$

反应速率为

$$-\frac{dc_A}{dt} = kC_A^n \tag{2-1-13}$$

式中，n 为不等于 1 的任意常数，积分得

$$\frac{1}{c_A^{n-1}} - \frac{1}{c_{A0}^{n-1}} = (n-1)kt \tag{2-1-14}$$

n 级反应（包括二级、三级、零级、分数级反应）的特征是 $\frac{1}{(n-1)c_A^{n-1}}$ 和时间 t 成直线关系，斜率为 k。

D 可逆反应的速率方程

冶金过程存在许多复杂反应，如逆反应不能忽略的可逆反应，在此以可逆反应为例说

明复杂反应的速率方程的导出。

可逆反应可用以下反应式表示：

$$aA + bB \longrightarrow dD + eE$$

设正、逆反应速率常数分别为 k_+ 和 k_-，反应的平衡常数为 K；

正反应速率为 $v_+ = k_+ c_A^a c_B^b$，逆反应速率为 $v_- = k_- c_D^d C_E^e$；

净反应速率为 $v = v_+ - v_- = k_+ c_A^a c_B^b - k_- c_D^d c_B^e$；

当反应达平衡时，$v = 0$，$v_+ = v_-$。

$$k_+ c_A^a c_B^b = k_- c_D^d c_E^e, \frac{k_+}{k_-} = \frac{c_D^d c_E^e}{c_A^a c_B^b} = K$$

$$v = v_+ - v_- = k_+ c_A^a c_B^b - k_- c_D^d c_E^e = k_+ \left(c_A^a c_B^b - \frac{k_-}{k_+} c_D^d c_D^e\right) = k_+ \left(c_A^a c_B^b - \frac{1}{K} c_D^d c_E^e\right)$$

可逆反应的特征：

$$\frac{k_+}{k_-} = K \tag{2-1-15}$$

$$v = k_+ \left(c_A^a c_B^b - \frac{1}{K} c_D^d c_E^e\right) \tag{2-1-16}$$

【例 2-1】 试推导 FeO 被 CO 还原反应 $FeO(s) + CO = Fe(s) + CO_2$ 速率的微分及积分式。假定气流速度足够快，CO、CO_2 的界面浓度与相内浓度相同。已知此反应为一级可逆反应。

解： $$FeO(s) + CO = Fe(s) + CO_2$$

正反应速率： $$v_+ = k_+ c_{CO}$$

逆反应速率： $$v_- = k_- c_{CO_2}$$

净反应速率： $$v = v_+ - v_- = k_+ c_{CO} - k_- c_{CO_2} = k_+ \left(c_{CO} - \frac{1}{K} c_{CO_2}\right)$$

由于消耗 1 molCO 生成 1 molCO_2，故 $c_{CO} + c_{CO_2} = \text{const} = c$

$$v = -\frac{dc_{CO}}{dt} = k_+ \left(c_{CO} - \frac{c - c_{CO}}{K}\right) = k_+ \left[\left(1 + \frac{1}{K}\right) c_{CO} - \frac{c}{K}\right]$$

反应达到平衡时：$v=0$，故 $\left(1 + \frac{1}{K}\right) c_{CO平} = \frac{c}{K}$，将其代入上式得：

$$v = -\frac{dc_{CO}}{dt} = k_+ \left[\left(1 + \frac{1}{K}\right) c_{CO} - \left(1 + \frac{1}{K}\right) c_{CO平}\right] = K_+ \left(1 + \frac{1}{K}\right)(c_{CO} - c_{CO平})$$

即反应速率的微分式：$v = -\frac{dc_{CO}}{dt} = k_+ \left(1 + \frac{1}{K}\right)(c_{CO} - c_{CO平}) = k(c - c_{平})$

一级可逆反应的速率常数 $$k = k_+ \left(1 + \frac{1}{K}\right)$$

分离变量积分： $$-\frac{dc}{c - c_{平}} = k dt, \ln(c - c_{平}) = -kt + I$$

$t=0$ 时 $c=c_0$，代入上式得 $$\ln(c_0 - c_{平}) = I$$

故： $$\ln(c - c_{平}) = -kt + \ln(c_0 - c_{平})$$

反应速率的积分式：
$$\ln\frac{c-c_{平}}{c_0-c_{平}}=-kt$$

E 连串反应

最简单的连串反应的类型为两个连续的一级反应。设其反应式为：

$$A\xrightarrow{k_1}B\xrightarrow{k_2}C$$

反应开始时，A 的浓度是 a，B 和 C 的浓度是 0。经时间 t 后，A 反应了 x，C 生成了 y，即 A、B 的浓度分别为（$a-x$）、（$x-y$）。因此：

$$-\frac{\mathrm{d}(a-x)}{\mathrm{d}t}=\frac{\mathrm{d}x}{\mathrm{d}t}=k_1(a-x) \tag{2-1-17}$$

解式（2-1-17）得出 A 消耗的速度：

$$x=a-x\mathrm{e}^{-k_1t} \tag{2-1-18}$$

生成 B 的净速度等于其生成速度与消耗速度之差，即：

$$\frac{\mathrm{d}(x-y)}{\mathrm{d}t}=k_1(a-x)-k_2(x-y) \tag{2-1-19}$$

将式（2-1-18）代入式（2-1-19）得：

$$\frac{\mathrm{d}(x-y)}{\mathrm{d}t}=k_1a\mathrm{e}^{-k_1t}-k_2(x-y) \tag{2-1-20}$$

解方程得出 B 的浓度：

$$x-y=\frac{k_1a}{k_2-k_1}(\mathrm{e}^{-k_1t}-\mathrm{e}^{-k_2t}) \tag{2-1-21}$$

C 的浓度为：

$$y=a\left(1-\frac{k_2\mathrm{e}^{-k_1t}}{k_2-k_1}+\frac{k_1\mathrm{e}^{-k_2t}}{k_2-k_1}\right) \tag{2-1-22}$$

将 A、B、C 的浓度与反应时间作图如图 2-1-1。可见，A 和 C 的浓度分别随反应时间单调减小和增大，而 B 的浓度随时间的变化出现极大值，这是连串反应突出的特征。当 B 的浓度出现极大值时：

$$\frac{\mathrm{d}(x-y)}{\mathrm{d}t}=0$$

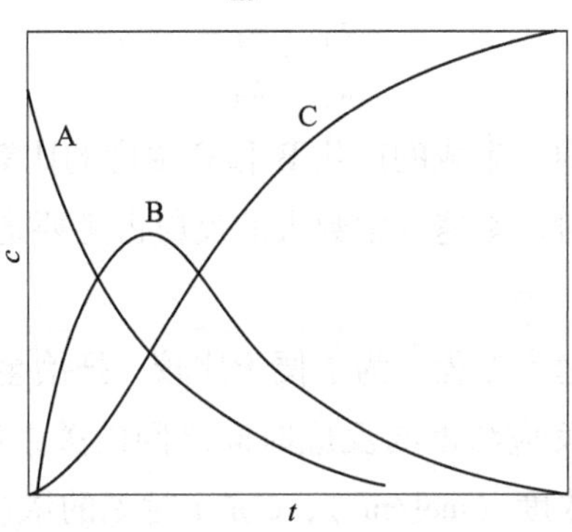

图 2-1-1 $A\xrightarrow{k_1}B\xrightarrow{k_2}C$ 反应中 A、B、C 浓度的变化

相应的反应时间为 t_m，则

$$t_m = \frac{\ln k_2 - \ln k_1}{k_2 - k_1} \tag{2-1-23}$$

代入式（2-1-21）得出 B 的浓度的极大值为：

$$x - y = \frac{k_1 a}{k_2 - k_1} e^{-k_1 t_m} \tag{2-1-24}$$

F 平行反应

当反应物同时进行两个或两个以上反应时，称为平行反应。设有以下平行反应：

$$A \begin{cases} \xrightarrow{k_1} B \\ \xrightarrow{k_2} C \end{cases}$$

反应物 A 的初始浓度为 a，反应进行时间 t 后 A 的浓度为（$a-x$），产生的 B 和 C 的浓度分别为 x_1 和 x_2，则反应的总速度等于两平行反应速度的和：

$$\frac{dx_1}{dt} = k_1(a - x) \tag{2-1-25}$$

$$\frac{dx_2}{dt} = k_2(a - x) \tag{2-1-26}$$

$$-\frac{d(a - x)}{dt} = \frac{dx}{dt} = (k_1 + k_2)(a - x) \tag{2-1-27}$$

积分得：

$$\ln \frac{a}{a - x} = (k_1 + k_2)t \tag{2-1-28}$$

将式（2-1-25）和式（2-1-26）相比，得：

$$\frac{dx_1}{dx_2} = \frac{k_1}{k_2} \tag{2-1-29}$$

积分得：

$$\frac{x_1}{x_2} = \frac{k_1}{k_2} \tag{2-1-30}$$

由此可知，在任何时间内所生成的产物 B 和 C 浓度的比等于其速率常数的比。当两个平行反应速度常数相差很大时，则速度常数大的反应占主要地位，称之为主反应，而其余的反应称为副反应。

以上讨论了各种反应的速率方程，为了便于比较，把冶金中常见的零级反应、一级反应和二级反应的速率方程和反应浓度与反应时间之间的关系特征列于表 2-1-1 中。表中 t 是反应时间（s），c_0 为初始浓度（mol/m^3），c 是 t 时刻的浓度，x 是 t 时间内反应物消耗的浓度。

表 2-1-1　化学反应的反应速率式及其特征

级数	微分式	积分式	半衰期	k 的单位
0	$-\frac{dc}{dt}=k$	$c_0-c=kt \quad k=\frac{x}{t}$	$t_{1/2}=\frac{c_0}{2k}$	$mol/(m^3 \cdot s)$
1	$-\frac{dc}{dt}=kc$	$\ln c=-kt+\ln c_0 \quad k=\frac{1}{t}\ln\frac{c_0}{c_0-x}$	$t_{1/2}=\frac{\ln 2}{k}$	s^{-1}
2	$-\frac{dc}{dt}=-kc^2$	$\frac{1}{c}=kt+\frac{1}{c_0} \quad k=\frac{1}{t}\frac{x}{c_0(c_0-x)}$	$t_{1/2}=\frac{1}{kc_0}$	$m^3/(mol \cdot s)$

G　多相化学反应

多相化学反应发生于相界面上，速率式中包含相界面积 $A(m^2)$。

一级反应速率式：
$$v=-\frac{dC}{dt}=k\frac{A}{V}\Delta c$$

式中　k——界面反应速率常数；

A——相界面面积，m^2；

V——体系的体积，m^3；

Δc——反应物浓度变化，mol/m^3，不可逆反应 $\Delta c=c$，可逆反应 $\Delta c=c-c_{平}$。

2.1.2　化学反应速率和温度的关系

阿累尼乌斯（Arrhenius）从试验中总结得到反应速率常数 k 与温度 T 的关系式如下：

$$k=A\exp\left(-\frac{E}{RT}\right) \tag{2-1-31}$$

式中　k——化学反应速率常数；

A——指前因子或频率因子；

E——化学反应的活化能，J/mol。

反应体系中并不是所有的分子都能够参加化学反应，而是那些具有高于分子平均能量的分子才能参加反应。这些分子称为活化分子，并且认为这些活化分子和一般分子处于平衡。若以 M 表示普通分子，M^* 表示活化分子，则由反应物到产物的过程可表示为

$$M \rightleftharpoons M^* \longrightarrow 产物$$

如图 2-1-2 所示，活化分子具有过剩的能量 E，即活化能，用以克服反应物转变为产物时的能垒。活化能 E 反映了温度对反应速率的影响。对于复杂反应，E 称为表观活化能。

式（2-1-31）取对数得

$$\ln k=-\frac{E}{RT}+\ln A \tag{2-1-32}$$

取两个不同温度 T_1 和 T_2，分别从试验测定速率常数 k_1 和 k_2，由式（2-1-32）可得到下式：

$$\ln\frac{k_1}{k_2}=-\frac{E}{R}\left(\frac{1}{T_1}-\frac{1}{T_2}\right) \tag{2-1-33}$$

由此可以求出反应活化能 E。也可以由试验测定一系列温度下的速率常数 k，利用 $\ln k$

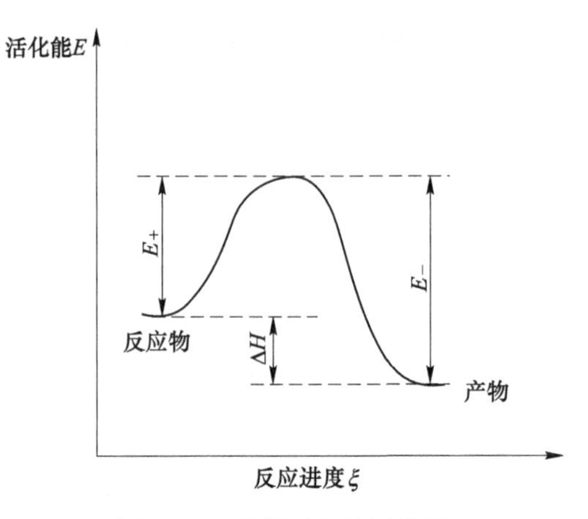

图 2-1-2　化学反应的活化能

对 $1/T$ 作图，根据式（2-1-32），由 $\ln k$-$\dfrac{1}{T}$直线（如图 2-1-3（a））的斜率可以求出活化能 E。有时由试验数据所作图形为两条相交的直线，如图 2-1-3（b）所示，这表明该反应是由两种具有不同活化能的反应构成的复杂反应。在不同的温度范围内各自起着主导作用，成为整个反应的限制性环节。

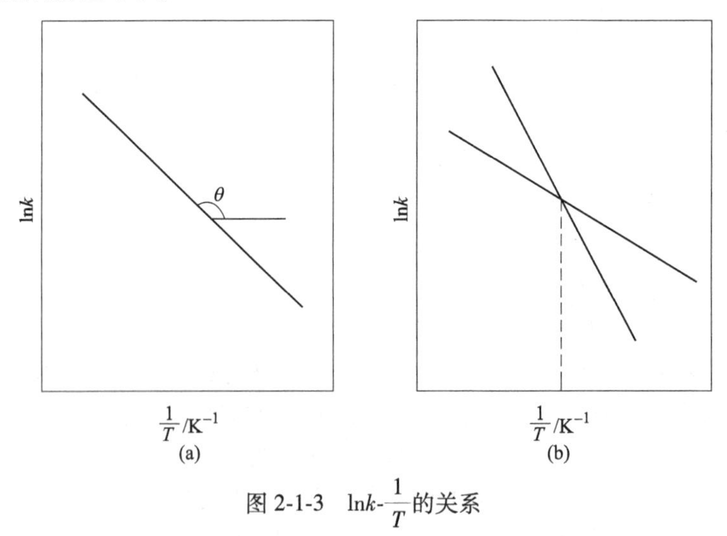

图 2-1-3　$\ln k$-$\dfrac{1}{T}$的关系

2.2　扩散与传质

在多组元的体系中，当其中某组元存在浓度差时，该组元即发生由高浓度区向低浓度区的转移，直至浓度差消失为止。这种物质分子定向迁移的过程称为“物质传递过程”，简称传质。

传质现象从机理上可以分为分子扩散和湍流混合两类。在固体或静止流体中的传质只能以前一种方式进行。对于呈层流状态流动的流体，物质在垂直于流动方向上的迁移，也只能依靠分子扩散。在呈湍流运动的流体中，物质由流体向界面的传递过程，除了分子扩散以外，还可以直接通过流体微团的湍流混合作用，此与湍流中的对流换热过程类似，故又称为对流传质。

2.2.1 扩散基本方程

扩散是物质内部由于热运动而导致的原子或分子的迁移过程。从微观的角度来看，物质内的原子或分子总在其点阵的平衡位置不停地进行热运动，如果由于某种原因，原子或分子的能量升高到足以克服位垒，则它就可迁移到邻近的位置，这种过程就是扩散。从统计的规律看，这种热运动导致扩散组元从浓度大的区域迁移到浓度小的区域的概率比由浓度小的区域迁移到浓度大的区域的概率要大，所以从宏观表象上看，对绝大多数情况，物质中的组元都是由浓度高的一方流向浓度低的一方，所以有这样的说法，扩散就是浓度均匀化的过程，扩散的推动力就是浓度差。但是，从热力学的观点出发，较严格的定义应该是：在体系中由于热运动而导致任何一种物质的原子或分子由化学位高的区域转移到化学位低的区域的运动过程就是扩散。扩散的推动力是化学位差。

2.2.1.1 稳态扩散

1855 年，菲克（A. Fick）由大量的试验结果总结出了扩散定律。

在扩散层内各处物质的浓度不随时间而变化，浓度梯度为常数，没有物质的积累，称为稳态扩散，服从菲克第一定律。

$$J = -D\frac{\mathrm{d}c}{\mathrm{d}x} \tag{2-2-1}$$

式中 J——扩散通量，亦称扩散速度，即单位时间内通过单位截面积的物质的量称为该组元的传质通量，$\mathrm{mol/(m^2 \cdot s)}$；

$\mathrm{d}c/\mathrm{d}x$——浓度梯度，物质在扩散方向上浓度（c）对距离（x）的变化率；

D——扩散系数，是浓度梯度为 1 时的扩散通量，$\mathrm{m^2/s}$。

式（2-2-1）为菲克第一定律，即某组元的扩散物质流与其在扩散介质中的浓度梯度成正比。

菲克定律是一个普遍的表象经验定律，它可用于稳态扩散，亦可用于非稳态扩散。

2.2.1.2 非稳态扩散——菲克第二定律

体系中组元的浓度随时间而变化的扩散过程称为非稳态扩散，如流体中在扩散方向上各处的浓度随时间而改变，即 $\mathrm{d}c/\mathrm{d}t \neq 0$，物质的浓度就会随着扩散距离而改变，即 $\mathrm{d}c/\mathrm{d}x \neq \mathrm{const}$，这是非稳定态下扩散的特点。非稳态扩散过程服从菲克第二定律。

$$\frac{\partial c}{\partial t} = \frac{\partial}{\partial x}\left(D\frac{\partial c}{\partial x}\right) \tag{2-2-2}$$

当 D 为常数时，即不随扩散距离、浓度变化时，则有

$$\frac{\partial c}{\partial t} = D\frac{\partial^2 c}{\partial x^2} \tag{2-2-3}$$

当组元在三维空间都有浓度梯度，组元向三维空间扩散时，则

$$\frac{\partial c}{\partial t} = D\left(\frac{\partial^2 c}{\partial x^2} + \frac{\partial^2 c}{\partial y^2} + \frac{\partial^2 c}{\partial z^2}\right) \tag{2-2-4}$$

当 $dc/dt=0$（扩散达到稳定态）时，$\frac{\partial^2 c}{\partial x^2}=0$，即$\partial c/\partial x$是常数，由式（2-2-3）可知，菲克第一定律仅是其第二定律的特解。

当有化学反应时，则式（2-2-3）变为

$$\frac{\partial c}{\partial t}=D\frac{\partial^2 c}{\partial x^2}+u_i \tag{2-2-5}$$

式中，u_i为单位体积内化学反应速度。

应该指出，扩散系数 D 是由试验概括出的经验公式中的比例系数。实际上 D 值不仅是随扩散方向可能有所不同，并且在给定的方向、扩散系统及外界条件下，D 也不一定是个常数。例如，浓度改变时，扩散粒子与其周围粒子之间交互作用会发生变化，因而 D 值可能不同。在扩散进行时，扩散介质的组织结构可能发生变化（如固体发生相变），因此 D 值也可能变化。再如同质异构的试样，其 D 值也可能不一样。

2.2.1.3 *扩散方程的解*

首先，对分析与解决实际扩散传质问题的途径与过程加以说明，这将有助于对扩散传质问题求解方法的理解与探讨。

在研究任何实际物理现象时，首先要通过观察或试验，初步了解该现象的特性与主要影响因素，然后通过去伪存真，去粗取精，舍末留本，对问题加以简化，概括出合理的物理模型，再将物理模型以数学语言加以归纳与描述，以得到数学模型。对于扩散传质过程，前面所述的各类扩散传质方程就是其数学模型。其中如采用扩散传质微分方程的描述形式，则数学模型应包括：吸收了几何条件、物理条件的扩散传质微分方程，即泛定方程，以及初始条件与边界条件所组成的边值条件，也就是由泛定微分方程与边值条件所组成的扩散传质定解问题。对于数学模型的要求是：其解应是唯一和稳定的，或者换句话说，定解问题应是适定的。如果不满足适定要求，则需对物理模型及数学模型的分析与归纳，重新加以检查和修正。数学模型确定后，则要采取适当的方法去求解，所得结果一般应与物理过程分析结果及试验数据加以比较，以检验其精确程度。这里，还应指出，有些复杂问题虽有物理模型，但无法归纳出数学模型，则只能采用试验或经验方法加以分析与解决；虽然有数学模型，但较复杂，无法以解析法、近似法、数值法求解时，则可利用模拟方法或试验与分析相结合的方法求解。

如果根据求解方法的性质及所得结果区分，则可分为三类：解析解法、数值解法和模拟与试验解法。

（1）解析解法。求解扩散传质方程的解析方法有两种：一种是精确解析解（简称精确解）；另一种是近似解析解。

1）精确解析解法。对于由泛定微分方程与边界条件所组成的定解问题，在一定条件下，有可能用数学解析的方法求其解析解。精确解的特点，不仅在于其物理概念与数学推理比较清晰、严密，而且其解呈现为函数形式。在这一函数表达式中包含了影响浓度场分布的全部因素。必须指出，精确解析法亦有局限性，目前它只适用于形状简单、扩散传质过程规律亦不太复杂的问题，对于某些复杂的实际扩散传质问题，则很难或不可能以精确解析法求解。

2）近似解析解法。主要有两种解法：积分近似方法、变分法及其改进。

（2）数值解法。对于许多形状不规则、变物性和边界条件复杂的物体扩散传质问题，以严格的解析方法求其精确解几乎是不可能的，而由近似解析法求得近似解很困难或达不到应有的精确度。在上述情形下，可采用数值解法。数值解法是基于离散化的概念，以代数方程取代微分方程，以数值计算代替数值推导。其所得到的结果是一系列离散的值，而不以函数公式的形式出现，故又称数值解法为离散化方法。

数值解法的关键环节是：如何离散化并找出描述离散化浓度场的代数方程（又称离散化方程）。前者是关于离散点（又称结点）附近及结点之间的浓度分布的设想，后者则是有关离散方程的推导。由于对结点附近及结点间浓度分布的假设以及离散化方程推导方法的不同，出现了不同的数值解法。对于扩散传质过程，大致有三种数值解法：数值积分法、有限差分法和有限元法。本书主要用有限差分法求解浓度场。

（3）模拟与试验解法。其包括模拟解法、模型或实型试验解法两类。

1）模拟解法是关于两种性质不同的物理过程，通过其数学表达式相同的类似原理，求出其中较易控制的一种物理过程的解，去表述另一种物理过程。

2）模型或实型的试验方法，在研究、解决扩散传质问题中起着必不可少的重要作用。在这里还要指出，在求解某些复杂扩散传质问题时，解析法很可能无济于事，数值法也颇有困难，相对来说，对实际现象的模型或实型进行测试，则是既可靠又简便的方法。况且，试验研究是探索与认识任何新的基本现象的唯一方法，又是确定物质扩散系数等重要物性参数的基本方法。由此可见，即使对于理论性较强、较成熟的热传导学科分支，试验研究也是绝对必要的手段，不可有丝毫的轻视。

在本节中，着重讲述解析法及数值法。

A　解析法

a　D 为常数与浓度 c 无关的非稳态扩散

（1）扩散偶法。两个等截面的棒（或液体）对接，其中一个棒（或液体）中扩散组元 A 的浓度 $c=c_0$，另一个棒（或液体）中 A 的浓度 $c=0$。对于这种情况，根据大量的试验结果可以归纳出两个前提条件：

1）在 $t>0$ 的全部时间内，在 $x=0$ 处的成分始终维持 $c_{x=0}=c_0/2$，这个前提条件要求原子的扩散速度与成分无关，由此 $x<0$ 一侧组元浓度减少的变化曲线与 $x>0$ 一侧组元浓度增加的曲线是对称的。

2）两根棒均足够长，在扩散时间范围内，两端的浓度均保持不变，如图 2-2-1 所示。

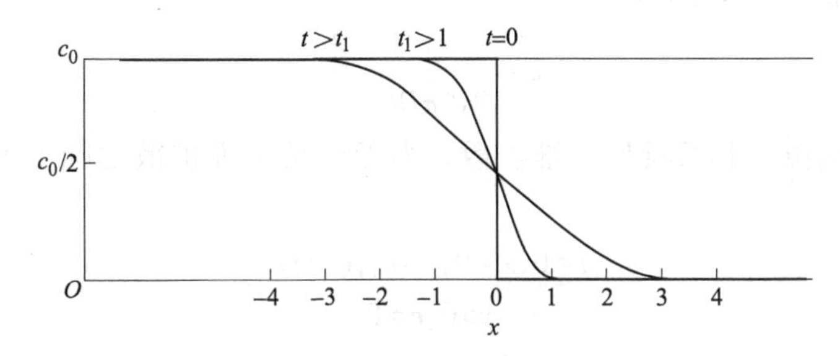

图 2-2-1　经不同扩散时间后在无限空间中扩散组元的浓度分布

由于 $x<0$ 及 $x>0$ 两侧的浓度分布曲线是对称的，如只讨论 $x>0$ 一侧的解，则

初始条件：
$$t=0, x>0, c=0$$

边界条件：

$$t>0, x=0, c=c_0/2$$
$$x=\infty, c=0$$

通过变量代换，并用分离变量法求解微分方程（2-2-3），得解

$$c(x,t)=\frac{c_0}{2}\left(1-\operatorname{erf}\frac{x}{2\sqrt{Dt}}\right) \tag{2-2-6}$$

式中　erf(x)——称为误差函数（其值见误差函数表）

如果右边的一根棒的原始浓度不等于零，而为 c_1，则解为

$$c(x,t)=c_1+\frac{c_0-c_1}{2}\left(1-\operatorname{erf}\frac{x}{2\sqrt{Dt}}\right) \tag{2-2-7}$$

可利用图解法或查误差函数表法求解上面两式。

（2）几何面源，全无限长的一维扩散（图 2-2-2）。

初始条件：

$$t=0, x=0, c=c_0$$
$$x\neq 0, c=0$$
$$Vc_0=Q$$

式中　V——极薄源的体积；

　　Q——$x=0$ 处扩散组元的总量。

边界条件：

$$t>0, x\to\infty, c=0$$
$$x\to-\infty, c=0$$

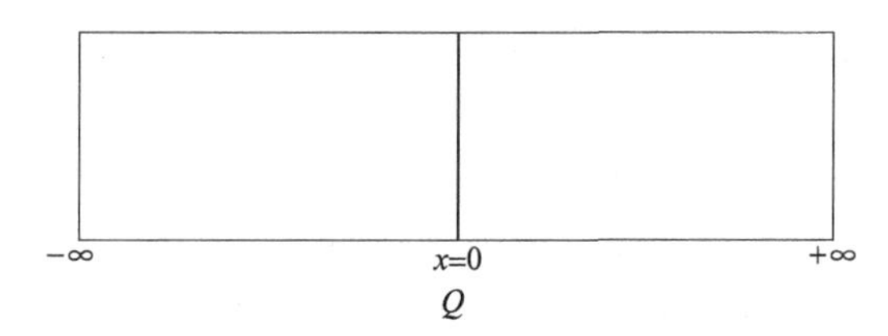

图 2-2-2　几何面源，全无限长一维扩散示意图

扩散开始时，开始组元集中在 $x=0$ 的平面，其总量为 Q。组元同时对称地向 $x\to\infty$ 或 $x\to-\infty$ 两方向扩散。

此时，菲克第二定律的解为

$$c=\frac{Q}{2\sqrt{\pi Dt}}e^{-\frac{x^2}{4Dt}} \tag{2-2-8}$$

（3）瞬时平面源，半无限长一维扩散。半无限长一维扩散实际上就是全无限长的半边。

初始条件：

$$t=0, x=0, c=c_0, Q=Vc$$
$$x>0, c=0$$

边界条件：

$$t>0, x\to\infty, c=0$$

此时，菲克第二定律的解为

$$c=\frac{Q}{\sqrt{\pi Dt}}e^{-\frac{x^2}{4Dt}} \tag{2-2-9}$$

b　D 与浓度 c 有关的非稳态扩散

对于许多实际的扩散情况，由于扩散组元浓度高，扩散系数是随浓度而变化的。对于这种情况，用 Boltzmann-Matano 法求其数学解。然而，求出的解只能在某一浓度范围内用来求 D 值，并不适用于整个浓度范围。即对于变扩散系数问题解析法求解比较困难，传质方程是二阶非线性偏微分方程组，当研究对象是三维空间，物体形状复杂、变物性、非均质或边界条件复杂时，解析方法往往会无能为力。对上述复杂情形适于采用数值解法。

B　数值法

在本书中，主要采用有限差分法来求解浓度场。

a　稳定态扩散传质的差分方程

对二维而言，扩散传质的微分方程为

$$\frac{\partial}{\partial x}\left(D\frac{\partial c}{\partial x}\right)+\frac{\partial}{\partial y}\left(D\frac{\partial c}{\partial y}\right)+S=0 \tag{2-2-10}$$

采用控制容积的微元体平衡法来导出差分格式：

$$\left[\lambda_e\frac{T_E-T_P}{(\delta x)_e}-\lambda_w\frac{T_P-T_W}{(\delta x)_w}\right](\Delta y)_j+\left[\lambda_n\frac{T_N-T_P}{(\delta y)_n}-\lambda_s\frac{T_P-T_S}{(\delta y)_s}\right](\Delta x)_i+$$
$$(S_u+S_PT_P)(\Delta x)_i(\Delta y)_j=0 \tag{2-2-11}$$

式中：
$$\frac{D_e\Delta y}{(\delta x)_e}=a_E \quad \frac{D_w\Delta y}{(\delta x)_w}=a_W \quad \frac{D_n\Delta x}{(\delta y)_n}=a_N \quad \frac{D_s\Delta x}{(\delta y)_s}=a_S$$
$$a_P=a_E+a_W+a_N+a_S=\sum a_{nb}$$
$$b=S\Delta x\Delta y$$

如把源项作线性化处理，即
$$S=S_u+S_Pc$$

则
$$a_P=a_E+a_W+a_N+a_S-S_P\Delta x\Delta y$$
$$b=S_u\Delta x\Delta y$$

同理，对三维的稳态扩散传质方程，有

$$\frac{\partial}{\partial x}\left(D\frac{\partial c}{\partial x}\right)+\frac{\partial}{\partial y}\left(D\frac{\partial c}{\partial y}\right)+\frac{\partial}{\partial z}\left(D\frac{\partial c}{\partial z}\right)+S=0 \tag{2-2-12}$$

差分方程为

$$a_Pc_P=a_Ec_E+a_Wc_W+a_Nc_N+a_Sc_S+a_Tc_T+a_Bc_B+b=\sum a_{nb}c_{nb}+b \tag{2-2-13}$$
$$a_E=\frac{D_e\Delta y\Delta z}{(\delta x)_e} \quad a_W=\frac{D_w\Delta y\Delta z}{(\delta x)_w} \quad a_N=\frac{D_n\Delta x\Delta z}{(\delta y)_n} \quad a_S=\frac{D_s\Delta x\Delta z}{(\delta y)_s}$$
$$a_T=\frac{D_t\Delta x\Delta y}{(\delta z)_t} \quad a_B=\frac{D_b\Delta x\Delta y}{(\delta z)_b}$$
$$a_P=a_E+a_W+a_N+a_S+a_T+a_B-S_P\Delta x\Delta y\Delta z$$
$$b=S_u\Delta x\Delta y\Delta z$$

用迭代法求解上述差分方程，可得到浓度场 $c(x,y)$ 或 $c(x,y,z)$。

b　非稳定态扩散传质的差分方程

二维的非稳定态扩散传质的微分方程

$$\frac{\partial c}{\partial t}-\frac{\partial}{\partial x}\left(D\frac{\partial c}{\partial x}\right)+\frac{\partial}{\partial y}\left(D\frac{\partial c}{\partial y}\right)+S=0 \tag{2-2-14}$$

其控制容积为 $\Delta x\Delta y\times 1$（见图 2-2-3），其隐式差分格式为

$$a_Pc'_P = a_Ec'_E + a_Wc'_W + a_Nc'_N + a_Sc'_S + a_Tc'_T + a_Bc'_B + b \tag{2-2-15}$$

式中 $a_E = \dfrac{D_e\Delta y}{(\delta x)_e}$　$a_W = \dfrac{D_w\Delta y}{(\delta x)_w}$　$a_N = \dfrac{D_n\Delta y}{(\delta x)_n}$　$a_S = \dfrac{D_s\Delta y}{(\delta x)_s}$

$a_T = \dfrac{D_t\Delta y}{(\delta x)_t}$　$a_B = \dfrac{D_b\Delta y}{(\delta x)_b}$　$a_P^0 = \dfrac{\Delta x\Delta y}{\Delta\tau}$

$a_P = a_E + a_W + a_N + a_S + a_P^0 - S_P\Delta x\Delta y$

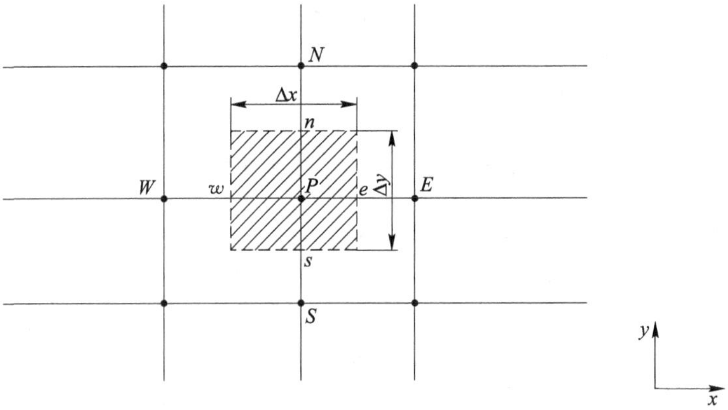

图 2-2-3　二维网格的划分

同样对三维非稳定态扩散传质微分方程

$$\frac{\partial c}{\partial t} - \frac{\partial}{\partial x}\left(D\frac{\partial c}{\partial x}\right) + \frac{\partial}{\partial y}\left(D\frac{\partial c}{\partial y}\right) + \frac{\partial}{\partial z}\left(D\frac{\partial c}{\partial z}\right) + S = 0 \tag{2-2-16}$$

其隐式差分格式可写成（控制容积为 $\Delta x\Delta y\Delta z$）

$$a_Pc_P^1 = a_Ec_E^1 + a_Wc_W^1 + a_Nc_N^1 + a_Sc_S^1 + a_Tc_T^1 + a_Bc_B^1 + b = \sum a_{ab}c_{ab}^1 + b \tag{2-2-17}$$

式中 $a_E = \dfrac{D_e\Delta y\Delta z}{(\delta x)_e}$　$a_W = \dfrac{D_w\Delta y\Delta z}{(\delta x)_w}$　$a_S = \dfrac{D_s\Delta x\Delta z}{(\delta y)_s}$　$a_N = \dfrac{D_n\Delta x\Delta z}{(\delta y)_n}$

$a_T = \dfrac{D_t\Delta x\Delta y}{(\delta z)_t}$　$a_B = \dfrac{D_b\Delta x\Delta y}{(\delta z)_b}$　$a_P^0 = \dfrac{\Delta x\Delta y\Delta z}{\Delta\tau}$

$b = S_u\Delta x\Delta y\Delta z + a_P^0c_P^0$

$a_P = a_E + a_W + a_N + a_S + a_T + a_B + a_P^0 - S_P\Delta x\Delta y\Delta z$

由微分方程变为差分方程后，最终得到多元一次的代数方程组，被积区域划分的节点数越多，代数方程组的元素也越多，要用一定的求解程序来求解。求解代数方程组的方法很多，有迭代法、余数法、矩阵法、TDMA 法等。其中 TDMA 法（亦叫追赶法）解对角正定矩阵特别有效，这也是隐式差分格式所必需的。

2.2.2 扩散系数

从菲克第一定律可导出：

$$D = -J/\frac{\partial C}{\partial x} \tag{2-2-18}$$

即扩散系数就是在单位浓度梯度时的扩散通量，单位通常用 m^2/s。

不同物质扩散过程的机理及影响因素不同，下面分别进行讨论。

2.2.2.1 固体中的扩散

对于固体，由于分子（原子或离子）排列紧密，故质点迁移比较困难，只有在温度较高的条件下，才能观察到较明显的扩散现象。对于金属或非金属晶体，扩散是通过晶体中的“空位”及间隙而实现的。也有人设想是由 3～4 个原子组成一个环圈不断旋转进行扩散。温度对固体中的扩散有重要影响，扩散系数与温度关系能较好地符合阿累尼乌斯公式：

$$D = D_0 e^{-E_D/(RT)} \tag{2-2-19}$$

式中 E_D——扩散活化能；

D_0——频率因子，由试验测定。

固体中的扩散系数一般在 10^{-19}～10^{-11} m^2/s 范围内。

2.2.2.2 液体中的扩散

液体中分子间的相互作用与固体近似，故液体内部的分子扩散（不包括紊流混合）也并不太容易，通常认为是由于液体内存在“空位”或质点间距离存在微小的“起伏”或“张弛”，才使分子扩散得以实现，其扩散系数与温度关系同样可以用式（2-2-19）表示。不论是水溶液还是熔融炉渣的扩散系数都处于同一数量级，即在 10^{-4}～10^{-5} cm^2/s 范围内。

由于冶金反应的熔体温度都只在比熔点稍高的温度范围内，根据对液态金属和熔渣物理性质的研究，特别是近年来用 X 射线衍射方法研究冶金熔体的结构，证明在熔点附近的液态与其固体的结构相近。因此，人们常从固体结构和固体扩散机理去推理液态的扩散机理。液态金属空洞结构理论仍是目前被人们接受的液态结构理论之一。

随着人们对液态金属结构认识的深化以及有关液态金属中扩散试验数据的积累，人们提出了一些描述液态扩散的模型及计算扩散系数的公式，现仅简介某些较为主要的工作。

液体内物质的扩散系数除与温度有关外，还与液体的黏度 η 和扩散质点的半径 r 有关，对于一个比介质粒子尺寸大的，与介质粒子互不吸引的刚性球，其扩散系数用下式表示：

$$D = \frac{kT}{6\pi r\eta} \tag{2-2-20}$$

式中 r——扩散粒子的半径，m；

k——玻耳兹曼常数；

T——绝对温度，K；

η——液体的黏度，Pa · s。

式（2-2-20）常被称为斯托克斯-爱因斯坦（Stokes-Einstein）公式。

萨瑟兰德（Sutherland）根据扩散粒子与扩散介质粒子尺寸之差别情况，对式（2-2-20）进行了修正：

$$D = \frac{kT}{6\pi r\eta}\frac{\beta d + 3\eta}{\beta d + 2\eta} \tag{2-2-21}$$

式中 β——扩散粒子与液体介质之间的滑动摩擦系数；

d——扩散介质粒子直径。

对于不同类型质点的扩散，可用下式表示：

$$D\eta = \text{const} \tag{2-2-22}$$

2.2.2.3 气体中的扩散

气体中的扩散比固体和液体中的扩散都快，这是不难理解的，气体扩散与其他参数的关系，可以利用 Gilliland-Maxwell 半经验公式表示：

$$D_{AB} = \frac{T^{1.75} \times 10^{-7}}{(V_A^{1/3} + V_B^{1/3})^2 \times p} \times \left(\frac{M_A + M_B}{M_A \times M_B}\right)^{1/2} \tag{2-2-23}$$

式中 D_{AB}——气体中的扩散系数，m^2/s；

T——热力学温度，K；

p——气体混合物的总压，$p=p_A+p_B$，Pa；

M_A，M_B——气体 A 和 B 的摩尔质量，kg/mol；

V_A，V_B——气体 A 和 B 的摩尔体积，m^3/mol。

气体中的扩散系数在 $10^{-5} \sim 10^{-3}$ m^2/s 范围内。

从式（2-2-23）可见，气体的扩散系数与热力学温度的 1.75 次方成正比，而与总压成反比，由表 2-2-3 列出的气体在 273 K、100 kPa 下的扩散系数可计算其他温度下的扩散系数。

$$D_T = \left(\frac{T}{T_0}\right)^{1.5 \sim 2} \times D_0 \tag{2-2-24}$$

式中 D_T，D_0——分别为 T 及 273 K 的扩散系数。

另外，该式还表明，不论是组元 A 在组元 B 中扩散，还是组元 B 在组元 A 中扩散，其扩散系数同是由式（2-2-23）确定，即对气体混合物而言：

$$D_{AB} = D_{BA} = D \tag{2-2-25}$$

2.2.2.4 气体在固体孔隙中的扩散

气体在多孔介质（例如烧结矿块、球团矿等）的孔隙中扩散与在通常情况下的扩散不同。这里有两种典型情况：第一，当孔隙很小，气体分子的平均自由程 λ 比孔隙直径大很多时，单个分子直接与孔隙壁碰撞的机会比分子直接相互碰撞的机会多。与真空系统中的分子流动一样，称为克努生（Knudsen）扩散；第二，若孔隙的直径比分子平均自由程大很多时，则属于普通扩散。

克努生扩散系数根据理论推导，可用下式表示：

$$D_k = \frac{2}{3} r \left(\frac{8RT}{\pi M}\right)^{1/2} = 3.068 r \sqrt{\frac{T}{M}} \tag{2-2-26}$$

式中 T——热力学温度，K；

M——扩散气体分子的摩尔质量，kg/mol；

r——孔隙的半径，m。

多孔介质中进行克努生扩散时，由于孔隙分布错综复杂，其有效扩散截面要比整个多孔介质的横截面小很多，而且扩散的路径弯曲拐折，比外观距离更长，所以有效扩散系数 D_e 应表示为：

$$D_e = D\varepsilon\zeta \tag{2-2-27}$$

式中　D——气体在自由空间的扩散系数，m^2/s；

ε——多孔介质的孔隙率，%(m^3/m^3)；

ζ——迷宫系数，它是两点之间的直线距离与曲折距离之比，其值越小，表明孔隙毛细通道曲折程度越大，扩散距离的长度越大，对于未固结散料，ζ=0.5~0.7，对于压实料坯，ζ=0.1~0.2。

在每一具体情况下，若毛细孔 r 与气体分子平均自由程 λ 很接近，或仅稍大于 λ（约一个数量级），那么应该认为克努生扩散起主要作用。

几种物质的扩散系数列于表2-2-1~表2-2-3中。

表 2-2-1　某些固体中的扩散系数

扩散元素	扩散介质	温度/℃	扩散系数 $D/cm^2 \cdot s^{-1}$
Cu(≤35%)	Al	565	2.5×10^{-9}
		450	6×10^{-11}
Zn(20%~25%)	Cu	455	1×10^{-12}
		800	4×10^{-9}
Ni(7.5%~11.8%)	Cu	575	1×10^{-12}
		950	2.5×10^{-10}
Ni	Fe-Ni	1200	3.5×10^{-11}
		1300	1×10^{-9}
Si	Fe-3.5%Si	860	5.5×10^{-9}
		1200	1.5×10^{-8}
Si(≤2.5%)	Al	600	9×10^{-9}
		475	2×10^{-10}

表 2-2-2　25 ℃下常见液体的扩散系数

溶质	溶剂	浓度	$D/cm^2 \cdot s^{-1}$
HCl	水	0.1M	3.05×10^{-5}
H_2	水	稀溶液	5.0×10^{-5}
O_2	水	稀溶液	2.5×10^{-5}
SO_2	水	稀溶液	1.7×10^{-5}

表 2-2-3　气体物质中的扩散系数（总压为1工程大气压）

扩散物质	扩散介质	温度/℃	$D/cm^2 \cdot s^{-1}$	$Sc\left(=\frac{V}{D}\right)$
NH_3	空气	0	0.2170	0.634
CO_2	空气	0	0.1198	1.14
CO_2	空气	44	0.1772	—
O_2	空气	0	0.1533	0.895
H_2O	空气	8	0.2060	0.615
H_2O	空气	92.5	0.3570	—

注：1工程大气压=98066.5 Pa。

2.2.3　对流扩散

在流速较大的体系内，物质的扩散不仅有由浓度梯度引起的分子扩散，还有由流体的对流引起的物质传输。扩散分子的运动和流体的对流运动同时发生，是使物质从一个地区迁移到另一个地区的协同作用，成为对流扩散。对流扩散系数和流体的体积流速有关，它比分子扩散系数要高几个数量级，为 10^{-2} m^2/s。

设在 x 轴方向上出现分子扩散，虽然流体流动的方向和分子扩散的方向不完全一致，但 x 轴方向上有一个能协同分子扩散的速度分量 u_x，则分子扩散和流体流动在此方向上所发生的传质通量为：

$$J = -D \cdot \frac{\partial c}{\partial x} + u_x c \tag{2-2-28}$$

式中　J——传质通量，$mol/(m^2 \cdot s)$；

D——分子扩散系数，m^2/s；

c——扩散组元浓度，mol/m^3；

x——距离，m；

u_x——流体在 x 方向的对流分速度，m/s。

上式中第一项为分子扩散对传质的贡献，第二项是流体流动对传质的贡献。

将式（2-2-28）对 x 求导，可得：

$$\frac{\partial J}{\partial x} = -D \frac{\partial}{\partial x}\left(\frac{\partial c}{\partial x}\right) + \mu_x \frac{\partial c}{\partial x}$$

由于 $-\frac{\partial J}{\partial x} = \frac{\partial c}{\partial t}$，故

$$-\frac{\partial c}{\partial t} = -D \frac{\partial^2 c}{\partial x^2} + \mu_x \frac{\partial c}{\partial x} \tag{2-2-29}$$

对于三维扩散，则有

$$\frac{\partial c}{\partial t} = D\left(\frac{\partial^2 c}{\partial x^2} + \frac{\partial^2 c}{\partial y^2} + \frac{\partial^2 c}{\partial z^2}\right) - \left(\mu_x \frac{\partial c}{\partial x} + \mu_y \frac{\partial c}{\partial y} + \mu_z \frac{\partial c}{\partial z}\right) \tag{2-2-30}$$

这是一个常系数的二阶偏微分方程。它的解，除了要给出初始条件、边界条件外，还要给出流体流动的连续性方程和动量守恒方程联立求解，较 Fick 第二定律更复杂。

但在有对流运动的体系中，当流体在凝聚相表面附近流动时，则在流动边界层内的传质可计算如下：

$$J = \beta(c^* - c) \tag{2-2-31}$$

式中　J——传质通量，$mol/(m^2 \cdot s)$；

β——对流传质系数，与流体流速、黏度、密度、组分扩散系数有关，m/s；

c——流体内部扩散组分的浓度，mol/m^3；

c^*——凝聚相表面扩散组分的浓度，mol/m^3。

对流传质系数可利用传质模型及量纲分析法导出。

2.2.3.1　边界层理论

在湍流流体中，存在速度边界层，即由于湍流脉动的作用，流体内无速度差，但在相

界面附近，出现了层流流动，并且由于摩擦力的存在，相界面上的流体速度接近于零，仅在离相界面一定距离处，流体才和流体内部的速度相等（见图2-2-4）。因此，在相界面附近的流体层内出现了速度差，这一流体层称为流体的速度边界层。用δ_u代表其厚度。

$$\delta_u = 5.2\sqrt{\frac{\nu y}{u}} \tag{2-2-32}$$

式中 ν——流体的运动黏度，m^2/s；

y——距平板前缘的距离（沿流动方向），m；

u——流体内部的流速，m/s。

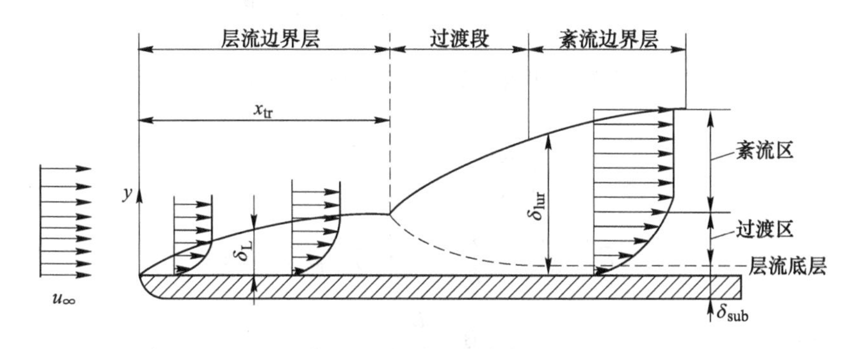

图2-2-4 平板上层流边界层到湍流边界层的过渡

在此流体流动过程中，同时还伴随有传热及传质现象发生。流体内部的温度不同于界面温度，相界面附近的流体层内出现了温度梯度，形成温度边界层，其厚度用δ_T表示。根据传热方程可以求出温度边界层与速度边界层的关系：

$$\delta_T = \delta_u\left(\frac{\nu}{a}\right)^{-1/3} \tag{2-2-33}$$

式中 a——流体的热扩散系数（导温系数），m^2/s。

流体内部的浓度不同于界面浓度，相界面附近的流体层内出现了浓度梯度，即浓度边界层，其厚度用δ_c表示。由传质方程式可以求出浓度边界层厚度δ_c与速度边界层厚度δ_u的关系：

$$\delta_c = \delta_u\left(\frac{D}{\nu}\right)^{1/3} \tag{2-2-34}$$

图2-2-5所示为扩散边界层中浓度的分布。图中c^*为界面浓度，而c为扩散边界层外流体的内部浓度。虽然扩散边界层位于层流范围内，但它的速度梯度发生了急剧变化，致使浓度分布曲线上的转折点无法确定，在数学处理上很不方便。如上所述，在扩散边界层中，同时有分子扩散和紊流传质存在。在数学上可以进行等效处理。但是由图2-2-5可见，在贴近界面处，浓度分布呈直线，因此在$x=0$处作浓度分布曲线的切线，以其与相内浓度（c）线的延长线的交点M到界面的距离作为有效边界层厚度δ_c，并进而求出传质系数β。

由于在$x=0$处，流体流速为“0”，故$u_x c=0$。

$$J = -D\cdot\left(\frac{\partial c}{\partial x}\right)_{x=0} + u_x c = -D\cdot\left(\frac{\partial c}{\partial x}\right)_{x=0}$$

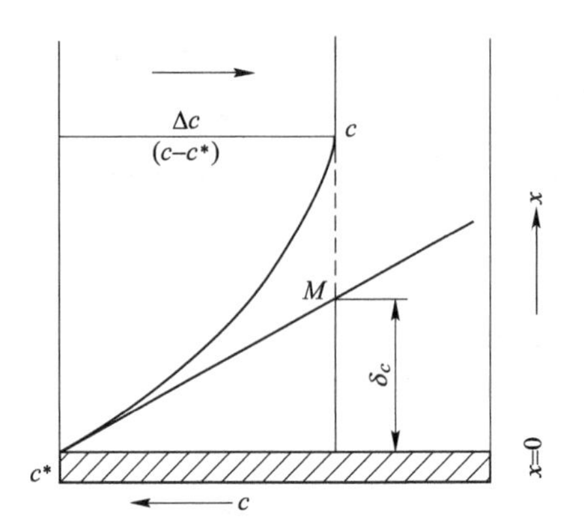

图 2-2-5 平板表面的浓度边界层（$c^*>c$）

又
$$\left(\frac{\partial c}{\partial x}\right)_{x=0}=\frac{c-c^*}{\delta_c}$$

$$J=-D\frac{c-c^*}{\delta_c}=\frac{D}{\delta_c}(c^*-c)=\beta(c^*-c)$$

故传质系数为：
$$\beta=\frac{D}{\delta_c} \tag{2-2-35}$$

在相界面处（$x=0$）处，$\frac{\delta c}{\delta t}=0$，界面浓度不变是稳态扩散。据 Fick 第一定律：

$$J=\frac{1}{A}\frac{\mathrm{d}n}{\mathrm{d}t}=-D\frac{\partial c}{\partial x}$$

即
$$\frac{1}{A}\cdot\frac{\mathrm{d}(Vc)}{\mathrm{d}t}=\beta(c^*-c)$$

又
$$\frac{V}{A}\cdot\frac{\mathrm{d}c}{\mathrm{d}t}=\beta(c^*-c)$$

故
$$\frac{\mathrm{d}c}{\mathrm{d}t}=\beta\cdot\frac{A}{V}(c^*-c)$$

式中 A——相界面面积，m^2；

V——流体的体积，m^3。

在高温下，界面化学反应速度非常快，相界面浓度等于反应平衡浓度，即 $c^*=c_{平}$。

故：
$$\frac{\mathrm{d}c}{\mathrm{d}t}=-\beta\frac{A}{V}(c-c_{平})$$

分离变量积分得：
$$\ln(c-c_{平})=-\beta\frac{A}{V}t+I$$

$t=0$ 时，$c=c_0$，$I=\ln(c_0-c_{平})$

故：
$$\ln\frac{c-c_{平}}{c_0-c_{平}}=-\beta\frac{A}{V}t \tag{2-2-36}$$

或
$$\lg\frac{c-c_{平}}{c_0-c_{平}}=-\frac{\beta}{2.3}\frac{A}{V}t \tag{2-2-37}$$

这便是流体内组元扩散的积分式。

因此，由试验测得浓度 c，以 $\lg \dfrac{c-c_{平}}{c_0-c_{平}}$-$t$ 作图，斜率为$-\dfrac{\beta}{2.3}\times\dfrac{A}{V}$，可求出传质系数 β 及有效边界层厚度 δ_c。

在紊流流体中 δ_c 一般为 $10^{-5}\sim10^{-4}$ m，随着流体搅拌强度的变化，β 为 $10^{-5}\sim10^{-3}$ m/s；对于紊流气体中 β 为 $10^{-1}\sim5\times10^{-1}$ m/s。

【例 2-2】 熔渣与碳饱和的铁水之间的脱硫反应为：

$$[S]+(O^{2-})+[C]=\!=\!=(S^{2-})+CO(g)$$

试验温度为 1873 K，坩埚的转速为 100 r/min，铁水的初始含硫量 $w[S]=0.80\%$。硫在铁水内的扩散系数 $D_s=3.9\times10^{-9}$ m²/s，硫在界面的平衡浓度为 $w[S]_{平}=0.013\%$，铁水深度 $h=0.0234$ m，测得铁水 $w[S]$ 随时间变化如表 2-2-4 所示。计算铁水内的 δ 及 β。

解：利用式（2-2-37），由作图法可计算 β，当浓度采用质量分数时，

$$\lg\frac{w[S]-w[S]_{平}}{w[S]_0-w[S]_{平}}=-\frac{\beta}{2.3}\times\frac{A}{V}\times t$$

以 $\lg\dfrac{w[S]-w[S]_{平}}{w[S]_0-w[S]_{平}}$-$t$ 作图，斜率为-0.033，即

$$-\frac{\beta}{2.3}\times\frac{1}{h}=-\frac{\beta}{2.3}\times\frac{1}{0.0234}=-0.033$$

$$\beta=2.3\times0.0234\times0.033\ \text{m/min}=1.78\times10^{-3}\ \text{m/min}$$

$$\delta=\frac{D}{\beta}=\frac{3.9\times10^{-9}\times60}{1.78\times10^{-3}}\ \text{m}=1.31\times10^{-4}\ \text{m}$$

表 2-2-4 各时间铁水内硫的质量分数

时间/min	0	10	20	30	40	50
$w[S]$/%	0.8	0.263	0.113	0.065	0.044	0.033

2.2.3.2 浸透模型论

这个理论认为紊流体系内，界面上没有静止的边界层，从流体内部移来流体常使用相界面更新。如图 2-2-6 所示，把流体看作由多个扩散组元浓度为 c 的体积元组成，它们在对流作用下从流体内部向着相界面迁移，到达界面时发生组元的扩散。界面上组元的浓度为 c^*，若 $c^*>c$，则组元由界面向体积元内扩散；若 $c^*<c$，则组元由体积元向相界面扩散。传质后该体积元离开界面，另一个体积元到达界面发生组元的扩散，这样通过体积元在界面上的更新，使界面浓度保持不变。设体积元在界面上停留的时间为 t，距离为 l，由于停留时间很短，使体积元内扩散层厚度远小于体积元厚度，扩散相当于一维半无限非稳态扩散过程。

对于一维半无限非稳态扩散，Fick 第二定律的解是：

$$\frac{c-c_0}{c^*-c_0}=1-\text{erf}\left(\frac{x}{2\sqrt{Dt}}\right)$$

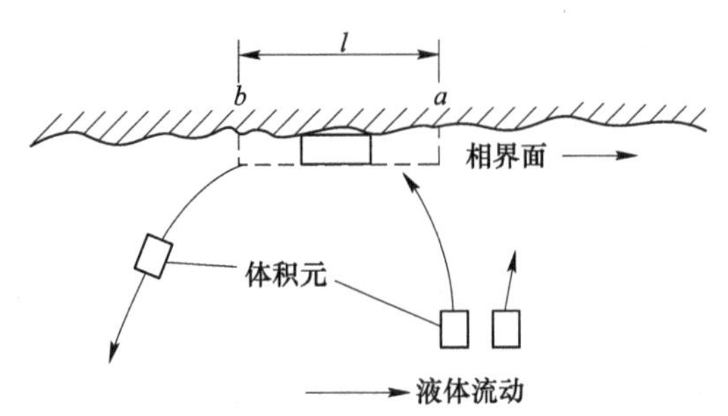

图 2-2-6　表面更新模型示意图

在 $x=0$ 处对 x 微分，得：

$$\left(\frac{\partial c}{\partial x}\right)_{x=0}=-\frac{2(c^{*}-c_0)}{\sqrt{4\pi Dt}}$$

而物质的扩散通量为：

$$J_{x=0}=-D\left(\frac{\partial c}{\partial x}\right)_{x=0}=\frac{2D(c^{*}-c_0)}{\sqrt{4\pi Dt}}=\sqrt{\frac{D}{\pi t}}\cdot(c^{*}-c_0)$$

体积元与相界面接触时间 t_e 内，平均扩散通量为：

$$J_{x=0}=\frac{1}{t_e}\int_0^{t_e}\sqrt{\frac{D}{\pi t_e}}\cdot(c^{*}-c_0)\mathrm{d}t=\frac{2}{\sqrt{\pi}}\sqrt{\frac{D}{t_e}}\cdot(c^{*}-c_0)$$

根据传质系数方程 $J=\beta(c^{*}-c_0)$ 得

传质系数 β 为：

$$\beta=2\left(\frac{D}{\pi t_e}\right)^{\frac{1}{2}}$$

扩散层厚度 δ 为：

$$\delta=\frac{D}{\beta}=\frac{1}{2}(\pi D t_e)^{\frac{1}{2}}$$

因此，传质系数的计算在于确定体积元在相界面上的停留时间 t_e。其可由体积元的流速 u 和体积元在相界面上形成的两驻点间的距离 l 来确定，即：$t_e=l/u$。超过了 t_e，则体积元与流体的接触面积就要更新。

【例 2-3】　试利用浸透模型论导出气体在流体中运动时，气体表面的传质通量公式。

解：气体在流体中运动时，气泡与流体接触时间为 t_e。

$$t_e=\frac{2r}{u}$$

$$\beta=2\left(\frac{D}{\pi t_e}\right)^{\frac{1}{2}}=2\left(\frac{Du}{2\pi r}\right)^{\frac{1}{2}}$$

$$J=\beta A(c^{*}-c)=\beta\times 4\pi r^2\times\Delta c=2\left(\frac{Du}{2\pi r}\right)^{\frac{1}{2}}\times 4\pi r^2\times\Delta c=10(Du)^{0.5}r^{1.5}\Delta c$$

2.2.3.3　量纲分析法

对流传质是一个包含动量、能量、质量传递的复杂现象，影响因素较多，不像扩散那样容易处理，常采用因次分析法。在因次分析法中得到一些无量纲数，与对流传质系数计算有关的如下：

动量分子传递系数：$\nu=\dfrac{\eta}{\rho}$

热量分子传递系数：$a=\dfrac{k_{\mathrm{H}}}{\rho c_p}$（$k_{\mathrm{H}}$导热系数）

质量分子传递系数：D

这三个系数有相同的因次：L^2/t（$\mathrm{m^2/s}$），任两个分子传递系数之比为一个无因次量，称为特征数。

（1）施密特数（Schmidt number）。表示流体物理化学性质的特征：

$$Sc=\frac{\nu}{D}=\frac{\eta}{\rho D}$$

（2）路易斯数（Lewis number）。表示流体的传热特征：

$$Le=\frac{a}{D}=\frac{k_{\mathrm{H}}}{\rho c_p D}$$

（3）雷诺数（Reynolds number）。表示流体流动特征：

$$Re=\frac{uL}{\nu}$$

（4）谢伍德数（Sherword number）。表示流体的传质特征：

$$Sh=\frac{\beta L}{D}$$

因次分析法是一种对试验数据进行处理，获得经验公式或半经验公式的方法，此经验公式中的自变量和因变量均为无因次量。因次分析法建立的基础：假设体系中不同物理量之间的关系可用指数函数的乘积表示。写出函数与自变量的单位，确定指数间的关系。

【例 2-4】　当气体流经特性尺寸为 L 的固体表面时，传质系数为下列参数的函数。

$$\beta=f(u、D、\nu、\rho、L)$$

根据 π 定理，上式可写为（π 为无因次量，是常数）：

$$\pi=\beta^a\cdot u^b\cdot D^c\cdot \nu^d\cdot \rho^e\cdot L^f \tag{1}$$

代入各参数的单位：$\pi=(\mathrm{m\cdot s^{-1}})^a(\mathrm{m\cdot s^{-1}})^b(\mathrm{m^2\cdot s^{-1}})^c(\mathrm{m^2\cdot s^{-1}})^d(\mathrm{kg\cdot m^{-3}})^e(\mathrm{m})^f$

m 的指数为：$a+b+2c+2d-3e+f=0$；s 的指数为：$-a-b-c-d=0$；kg 的指数为：$e=0$。

6 个未知数，3 个方程求解，可用 3 个数表示另 3 个数：$d=-a-b-c$；$e=0$；$f=a+b$ 代入式（1）中：

$\pi=\beta^a\cdot u^b\cdot D^c\cdot \nu^{-a-b-c}\cdot \rho^0\cdot L^{a+b}$ 整理得：$\pi=\left(\dfrac{\beta L}{\nu}\right)^a\left(\dfrac{uL}{\nu}\right)^b\left(\dfrac{D}{\nu}\right)^c$

由于 π 是一个无因次量，故括号内的每一项都是无因次量（特征数）。

$$C_1=\frac{\beta L}{\nu}\qquad C_2=\frac{uL}{\nu}\qquad C_3=\frac{D}{\nu}$$

将 C_1、C_2、C_3组合可得到与 β 有关的特征数。

$$\frac{C_1}{C_3}=\frac{\beta L}{D}=Sh\qquad \frac{1}{C_3}=\frac{\nu}{D}=Sc\qquad C_2=\frac{uL}{\nu}=Re$$

据因次分析法，与传质过程有关的特征数之间的关系，也存在指数函数性质：

$$Sh = f(Re, Sc) \quad Sh = K \cdot Re^a \cdot Sc^b$$

其中 K、a、b 为常数，由模型试验确定。对于环流固体表面的气体：

当 $Sc=1$ 时，由试验得出：

$$Sh = 0.54Re^{\frac{1}{2}}$$

将 $Sh=\frac{\beta L}{D}$、$Re=\frac{uL}{\nu}$代入得：

$$\beta = \frac{D}{L}(0.54Re^{\frac{1}{2}}) = 0.54 \times Du^{\frac{1}{2}}L^{-\frac{1}{2}}\nu^{-\frac{1}{2}}$$

当 $Sc\neq 1$ 时，由试验得出：

$$Sh = 2 + 0.6Re^{\frac{1}{2}}Sc^{\frac{1}{3}}(\text{环流球形物}) \tag{2-2-38}$$

$$Sh = 0.662Re^{\frac{1}{2}}Sc^{\frac{1}{3}}(\text{平板表面流动}) \tag{2-2-39}$$

【例 2-5】 在直径为 7.7×10^{-2} m 的炉管中装有一层直径为 1.27×10^{-2} m 的氧化球团，在 1089 K 及 100 kPa 下，通过流量为 8.9 L/min 的 CO 气体进行还原。假设球团表面气体的成分为 $\varphi(CO)_{\%}=95$，$\varphi(CO_2)_{\%}=5$，CO 和 CO_2 黏度分别为 4.4×10^{-5} Pa · s 及 4.2×10^{-5} Pa · s，CO 的互扩散系数 $D_{CO}=1.44\times10^{-4}$ m^2/s。试求 CO 的传质系数。

解： 这是环流固体表面的气体对流传质，可由 Re、Sc 求出 Sh，然后求出 β。

$$Sh = 2 + 0.6Re^{\frac{1}{2}}Sc^{\frac{1}{3}}$$
$$(Sc\neq 1)$$

$$Sh = \frac{\beta L}{D} \quad Re = \frac{uL}{\nu} \quad Sc = \frac{\nu}{D}$$

(1)
$$\nu = \frac{\eta}{\rho}, \quad \rho = \frac{M}{V}, \quad PV' = nRT, \quad V = \frac{V'}{n} = \frac{RT}{p}$$

$$\rho = \frac{M}{V} = \frac{M}{\frac{RT}{p}} = \frac{Mp}{RT} = M_{CO+CO_2} \times \frac{p}{RT}$$

$$=(0.95 \times 28 + 0.05 \times 44) \times 10^{-3} \times \frac{100 \times 10^3}{8.314 \times 1089}\ \text{kg/m}^3 = 0.32\ \text{kg/m}^3$$

$$\nu = \frac{\eta}{\rho} = \frac{4.21 \times 10^{-5}}{0.32}\ \text{m}^2/\text{s} = 13.16 \times 10^{-5}\ \text{m}^2/\text{s}$$

$$\eta = \eta_{CO} + \eta_{CO_2} = 0.95 \times 4.2 \times 10^{-5} + 0.05 \times 4.4 \times 10^{-5}\ \text{Pa} \cdot \text{s} = 4.21 \times 10^{-5}\ \text{Pa} \cdot \text{s}$$

(2)
$$u = \frac{V_{1089}}{S_{管}} = \frac{V_0 \times \frac{1089}{273}}{\pi r_{管}^2} = \frac{\frac{8.9 \times 10^{-3}}{60} \times \frac{1089}{273}}{3.14 \times \left(\frac{7.7 \times 10^{-2}}{2}\right)^2}\ \text{m/s} = 0.127\ \text{m/s}$$

(3)
$$Re = \frac{uL}{\nu} = \frac{0.127 \times 1.27 \times 10^{-2}}{13.16 \times 10^{-5}} = 12.26$$

(4)
$$Sc = \frac{\nu}{D} = \frac{13.16 \times 10^{-5}}{1.44 \times 10^{-4}} = 0.91(Sc \neq 1)$$

(5) $$Sh = 2 + 0.6Re^{\frac{1}{2}}Sc^{\frac{1}{3}} = 2 + 0.6 \times 12.26^{\frac{1}{2}} \times 0.91^{\frac{1}{3}} = 4.04$$

$$\beta = \frac{Sh \times D}{L} = \frac{4.04 \times 1.44 \times 10^{-4}}{1.27 \times 10^{-2}} \text{ m/s} = 4.58 \times 10^{-2} \text{ m/s}$$

2.2.3.4 旋转圆盘试验测定法

当圆盘物体在流体中高速旋转时，其圆盘表面为反应界面，远处流体垂直流向圆盘表面，附近流体随着圆盘旋转，发生对流传质。由动力学方程得：

$$\delta = 1.61\left(\frac{D}{\nu}\right)^{\frac{1}{3}}\left(\frac{\nu}{\omega}\right)^{\frac{1}{2}} \tag{2-2-40}$$

$$\beta = \frac{D}{\delta} = 0.62 \times D^{\frac{2}{3}}\nu^{-\frac{1}{6}}\omega^{\frac{1}{2}} \tag{2-2-41}$$

式中 ν——流体的运动黏度，m^2/s；

ω——圆盘旋转的角速度（生产中常用圆柱体旋转试样），$\omega = 2n\pi/60$，n 是转速，r/min。

【例 2-6】 在 1663 K，用半径为 0.775×10^{-2} m 的烧结白云石圆柱体在转炉渣中做旋转试验，测定白云石中 MgO 溶解的传质系数。熔渣的黏度 0.1 Pa·s，密度 3115 kg/m^3，MgO 扩散系数 1.0×10^{-9} m^2/s，圆柱体旋转速度 360 r/min，试求 MgO 在熔渣中的传质系数。

解： 由式（2-2-41）

$$\beta = \frac{D}{\delta} = 0.62 \times D^{\frac{2}{3}}\nu^{-\frac{1}{6}}\omega^{\frac{1}{2}}$$

式中

$$\nu = \frac{\eta}{\rho} = \frac{0.1}{3115} = 3.21 \times 10^{-5} \text{ m}^2/\text{s}$$

$$\omega = 2\pi n = 2 \times 3.14 \times \frac{360}{60} = 37.68 \text{ s}^{-1}$$

$$D = 1.0 \times 10^{-9} \text{ m}^2/\text{s}$$

所以

$$\beta = \frac{D}{\delta} = 0.62 \times (1.0 \times 10^{-9})^{\frac{2}{3}} \times (3.21 \times 10^{-5})^{-\frac{1}{6}} \times 37.68^{\frac{1}{2}} = 2.13 \times 10^{-5} \text{ m/s}$$

2.3 冶金反应动力学特征及速率

2.3.1 反应过程动力学方程建立的原则

2.3.1.1 冶金动力学研究的复杂性

冶金中的反应大多是高温多相反应。在高温试验中，试验条件不易控制，试验参数难以测量，副反应常不可避免地发生，因此，试验结果精确度低，重现性差。在推广试验结果时，应特别注意条件的差别，不同试验条件常得出完全不同的结论。

在多相反应进行时，反应物来自不同相，传质过程的阻力往往比均相反应要大得多。如前所述，传质过程的阻力主要集中在相界面处的边界层中，而边界层的厚度又和流体流动的状况密切相关。直至目前，人们对冶金反应器中流体流动状况了解还不深入，对紊流过程还没有完善的数学处理方法，这也给冶金过程动力学研究带来很大困难。

（1）相界面的类型。反应物之间有相界面存在，是多相反应过程的基本特征。按界面类型的不同，可将多相反应过程分为5类：气-固，固-液，固-固，气-液，液-液。在所有这些反应过程中，处于不同相的反应物必须迁移到相界面上来，或通过界面由一相转移到另一相中去，否则多相化学反应就无法进行。因此一个多相反应一定包括两种过程：反应物和产物的传质过程和相界面上或某个相中的化学反应过程。相界面上的化学反应取决于温度和反应剂在相界面上的浓度，而后两者又受到各相中传热和传质过程的影响。

（2）界面面积和界面性质。由化学反应速率和传质速率的定义，可以很容易得出多相化学反应过程表观速率与界面面积成正比的结论。在有固体参加的反应中，细颗粒较粗颗粒物料有较大的反应速率，这是因为前者较后者有较大的总反应界面面积。在气-液和液-液反应中，一般都是两相充分混合并使之形成细小气泡或比表面积较大的细小液滴，因而这两类过程都具有较大的反应速率。

（3）界面几何形状对化学反应速率的影响。在流体与固体反应中，当界面化学反应为控制步骤而气体影响因素保持不变时，过程的表观反应速率与反应界面面积成正比。

由于以上这些因素，和冶金热力学相比，冶金动力学尚处于不成熟的发展阶段。但在冶金生产中，存在着大量的动力学问题，例如炼铁炼钢工艺过程的强化和自动控制，有害气体和夹杂物的去除，成渣速率和炉衬侵蚀等都是冶金生产中迫切需要解决的问题。随着试验技术的改进和计算机的应用，冶金动力学在理论和指导实践方面都将会获得更大的发展。

2.3.1.2 化学反应的推动力和阻力

一个化学反应相当于一个复杂装置中的流体流动，或者相当于一个复杂电路中电荷的运动。反应体系的实际状态和平衡状态的差距会产生化学反应的推动力。它相当于水流动时的水位差，或电路中的电位差。化学反应各步骤的阻力，相当于流动体系中各个闸门和管道的阻力，或者相当于电路中的电阻。

化学反应的推动力即反应体系的实际状态和平衡状态的差距，如浓度差。

化学反应的阻力，对于传质过程，传质系数的倒数（$1/\beta$），就相当于这一步骤的阻力；对于界面化学反应，反应速率常数的倒数，（$1/k$），就相当于化学反应步骤的阻力。总的还原反应是一串联反应，串联反应的总阻力等于各个步骤阻力之和。计算这一过程的总阻力和计算电阻中总阻力十分相似，串联反应相当于电阻串联，平行反应相当于电阻并联。

化学反应速率等于推动力和总阻力之比，这和电流强度等于电动势和总电阻之比是类同的。

上述相类似的比喻，对于我们处理冶金动力学问题会有很多启发。

2.3.1.3 限制性环节和局部平衡

串联电路中，如果某一电阻的数值比其他电阻大得多，那么线路中的电流大小就基本上由这一电阻值决定。同理，在串联反应中，如果某一步骤的阻力比其他步骤的阻力大得多，则化学反应的速率就基本上由这一步骤决定，这一步骤称为反应速率的限制性环节。在平行反应中，如果某一途径的阻力比其他途径小得多，化学反应将优先以这一途径进行。

对于一个复杂的冶金反应，通过分析、计算和试验找出限制性环节，对冶金动力学理论和生产实践都有重要意义。如上所述，限制性环节的阻力近似等于化学反应的总阻力，反应过程推动力和限制性环节阻力之比可近似得出化学反应的速率。

对于串联反应中限制性环节以外的其他反应步骤，由于这些步骤阻力小，在同样推动力下具有较快的反应速率。换句话说，要达到和限制性环节同等的速率，所消耗的推动力要小得多。这些阻力较小的步骤，可以近似达到平衡。相对于真正的热力学平衡这一平衡是局部平衡，随着化学反应的进行，局部平衡要发生移动。作为近似处理，对于达到局部平衡的化学反应步骤，可以用通常的热力学平衡常数计算各物质浓度之间关系。对于传质步骤，达到局部平衡时，边界层和相内具有均匀的浓度。

如何确定反应的限制性环节，是一个非常困难而又十分重要的问题。一般而言，反应级数为一级，活化能和扩散活化能相当，搅拌或提高流速对反应速率有显著影响，大多数情况传质过程是反应的限制性环节，这时称为扩散控制。反之，如果反应级数是二级或二级以上，活化能比较大，搅拌或提高流速无明显影响，多数情况化学反应步骤是限制性环节，这时称为化学反应控制。

2.3.1.4 准稳态处理方法

有许多冶金反应，不存在或者找不出唯一的限制性环节，这时常用准稳态法进行处理。一个串联反应进行了一段时间之后，各个步骤的反应速率经过相互调整，从而达到各个步骤的速率相等。这时反应中间产物的浓度和各点的浓度均相互稳定，这一状态称为稳态。真正的稳态实际上是不存在的，但如果中间产物浓度和各点浓度的变化所消耗的物质的量比发生反应的物质的量小得多，那么各个反应步骤的速率仍近似相等，这样的处理方法又称为准稳态法。

2.3.1.5 多相反应速率方程的导出方法

冶金中的多数反应都是反应物或生成物存在于不同的相内，而化学反应发生在各相的界面上。这样的化学反应称为多相反应，常由以下环节组成：

（1）反应物分别由两相内向相界面扩散；

（2）在相界面上进行化学反应；

（3）生成物离开相界面向两相内扩散。

由这些环节组成的多相反应中，速率最慢的环节控制着整个反应过程的速率，而称为反应过程速率的限制环节。

在研究一个多相反应过程的速率时，首先要确定反应过程的组成环节及其速率式，然后根据准稳态原理导出反应过程的速率方程，并根据外界的条件确定反应过程的限制环节及其速率式，最后提出加快（或减慢）反应过程的措施。

A 速率方程的导出

在多相反应中，如果反应物由相内向相界面供给的速率等于其在相界面上反应时消耗的速率，或等于生成物从此相界面上移去的速率，那么整个过程将处于稳定态。这时总反应过程的速率和各环节的速率相等。利用这个关系，可导出多相反应（过程）的速率方程。

B 反应过程的速率范围

反应过程的总速率取决于各组成环节的速率，那么各环节的传质系数及速率常数或阻力的相对大小，就决定了反应过程的速率特征或速率范围。

（1）当过程的限制环节是界面化学反应时，相界面上组元的浓度与相内浓度相等，称为过程位于动力学范围内。

（2）当过程的限制环节是组元的扩散时，虽然界面化学反应进行得很快，但受组元扩散的限制，所以反应只能集中在一定的相界面上进行，相界面上组元的浓度接近于反应的平衡浓度，称为过程处于扩散范围内。

（3）当界面反应和扩散二者的速率相差不是很大时，反应过程同时受到界面反应和扩散的限制，称为混合限制。

传质系数及扩散系数是受外界条件影响的，因此，过程的限制环节也随外界条件而改变。应该了解各种因素对各环节的影响，进而提出加快限制环节速率的措施。

C 反应速率的影响因素

（1）温度。扩散系数与温度的关系为 $D = D_0\exp\left(-\frac{E_D}{RT}\right)$，而反应速率与温度的关系为 $k = k_0\exp\left(-\frac{E_k}{RT}\right)$，由于 E_D 比 E_k 小，所以温度对 D 的影响远比对 k 的影响小。因此，随着温度的升高，k 的增加比 D 的增加快，如图 2-3-1 所示。

在低温下，$k \ll D$，界面反应是限制环节；随着温度的升高，k 及 D 的差别减小，反应进入过渡范围内；在高温下，$k \gg D$，扩散则成为限制环节。因此，在其他条件相同时，扩散往往是高温反应速率的限制环节。

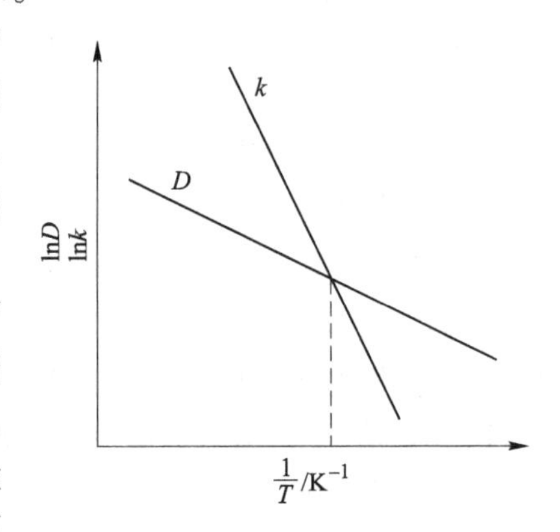

图 2-3-1 温度对 k，D 的影响

（2）流体特性。在对流运动的体系内，扩散环节的传质系数 β 随着流体流速或对流强度的增加而增大（因为边界层的厚度减小了），所以在扩散范围内，它们能使扩散环节的速率提高。但界面反应为限制性环节时，提高流速或增大对流强度对速率影响不显著。

D 速率限制环节的确定

可根据温度对反应速率的影响来预测反应过程的限制环节，因为温度对界面化学反应和扩散两个环节都有不同程度的影响。这可用下式表示：

$$\nu = A\mathrm{e}^{-Q/(RT)}$$

式中 A——与温度无关的常数；

Q——界面反应或扩散环节的活化能。

对于界面化学反应，ν 即是化学反应的速率常数，它是浓度为 1 时化学反应的速率；对于扩散，ν 即是扩散系数 D，它是保持浓度梯度为 1 时的扩散速率。

如以测定的 $\ln\nu$ 对 $1/T$ 作图，直线的斜率为 $-Q/R$。这样求得的活化能就是反应过程限制环节的活化能。如直线的斜率在某温度下发生了改变，说明反应的限制环节通过该温度后有改变。

一般来说，若反应级数是二级，活化能又很大（15~30 kcal/mol）时，则界面化学反应是限制环节。反应级数为一级，活化能又比较小（10~15 kcal/mol）时，则扩散是限制环节。当两者的活化能相近，而反应又是一级时，则扩散是限制环节。此外，反应速率因搅拌而加速时，组元的扩散成为限制环节的可能性很大，但必须注意反应界面面积的变化。

【例 2-7】 对于反应　$A(s) + B(g) \longrightarrow AB(g)$

界面反应速率为：

$$\nu_B = -\frac{1}{A}\frac{dn_B}{dt} = k_+ (c_B^* - c_{AB}^*/K)$$

扩散速率为：

$$J_B = \frac{1}{A}\frac{dn_B}{dt} = \beta_B(c_B - c_B^*)$$

$$J_{AB} = \frac{1}{A}\frac{dn_{AB}}{dt} = \beta_{AB}(c_{AB}^* - c_{AB})$$

达准稳态：

$$\nu_B = J_B = J_{AB} = \nu_\Sigma$$

联立求解：

$$\nu_\Sigma = \frac{c_B - c_{AB}/K}{\dfrac{1}{\beta_B} + \dfrac{1}{K\beta_{AB}} + \dfrac{1}{k_+}}$$

式中　K——化学反应的平衡常数，$K=k_+/k_-$。

2.3.2　液-液相反应的动力学模型——双膜理论

炼钢时，锰、硅、磷、硫的反应主要发生在熔渣和金属液之间，反应过程的组成环节是液相（熔渣和金属液）内反应组元的扩散和界面反应。由于在两液相内均可发生对流运动，所以在两液相的相界面的两侧都出现了表征液相内扩散阻力的边界层，即前述的双膜层。另一方面，熔渣是离子结构的导体，金属是电子的导体，所以此两相间的化学反应是属于电化学性质的。在高温下，特别是在炼钢的高温（1550~1650 ℃）下，其界面电化学反应的速率远大于组元在渣相及金属相内的扩散速率，故扩散往往成为整个过程速率的限制环节。因此，在讨论这些反应过程的动力学时，着重阐述传质对反应速率的影响。

炼钢过程中，金属熔池内的元素与熔渣中的（FeO）反应的过程可用下式及图 2-3-2 表示：

$$[M] + (FeO) \longrightarrow (MO) + Fe(l) \tag{2-3-1}$$

元素［M］的氧化过程可看作金属相中浓度为 $c_{[M]}$ 的［M］首先通过金属层向渣-金界面扩散到相界面上，其浓度降低到 $c_{[M]}^*$，然后与（FeO）反应，生成浓度为 $c_{(MO)}^*$ 的氧化物，此氧化物离开反应界面向渣中扩散时，其浓度下降到 $c_{(MO)}$。可用下列关系表示：

$$[M] \xrightarrow{\beta_1} [M]^* \xrightarrow{k} (MO)^* \xrightarrow{\beta_2} (MO)$$

（扩散）（界面反应）（扩散）

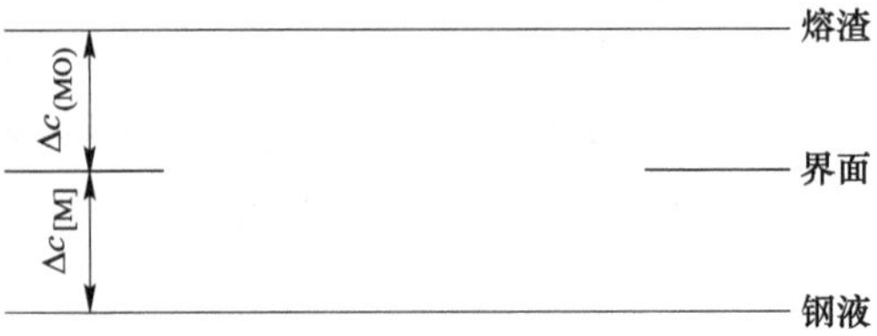

熔渣

界面

钢液

$\Delta c_{(MO)}$ $\Delta c_{[M]}$

图 2-3-2 钢液中元素氧化反应的组成环节

三个过程的速率式如下：

$$v_1 = -\frac{dc_{[M]}}{d\tau} = \beta\frac{A}{V}(c_{[M]} - c_{[M]}^*) = k_1(c_{[M]} - c_{[M]}^*)$$

$$v_2 = -\frac{dc_M^*}{d\tau} = kA(c_{[M]}^* - c_{[M]}^{eq})$$

$$v_3 = -\frac{dc_{(MO)}^*}{d\tau} = \beta_2\frac{A}{V}[c_{(MO)}^* - c_{(MO)}] - k_2[c_{(MO)}^* - c_{(MO)}]$$

式中 A——熔渣-金属液的接触面积，m^2；

V——熔池的体积，m^3；

k_1，k_2——金属相及渣相中的传质系数，m/s。

在炼钢温度下，$k_r \gg \beta$，所以仅考虑由两扩散环节组成的氧化过程的速率式。可根据前述的双膜理论模型（或利用 $v_1 = v_2 = v_3 = v$ 的关系）导出下式

$$v = \frac{c_{[M]} - c_{(MO)}/L}{\dfrac{1}{k_1} + \dfrac{1}{Lk_2}} \tag{2-3-2}$$

式中 $c_{[M]}$，$c_{(MO)}$——[M] 及（MO）的摩尔浓度，mol/m^3；

L——相界面上（MO）*对 [M] 平衡浓度之比，即平衡分配系数。

为应用方便计，将上式组元的摩尔浓度改为质量分数，可代入相应的下列转换关系式：

$$c_{[M]} = \frac{w[M]_{\%}}{100}\frac{\rho_m}{M_M} \qquad c_{(MO)} = \frac{w(MO)_{\%}}{100}\frac{\rho_s}{M_{MO}}$$

式中 ρ_m，ρ_s——金属液和熔渣的密度；

M_M，M_{MO}——M 及 MO 的摩尔质量。

$$V = -\frac{dw[M]_{\%}}{d\tau} = \frac{k_1 L_M}{\dfrac{k_1}{k_2} + L_M}(w[M]_{\%} - w(MO)_{\%}/L_M) \tag{2-3-3}$$

式中：

$$k_1 = \beta_{[M]}\frac{A}{V_M}$$

$$k_2 = \beta_{(MO)} \frac{1}{M_{MO}/M_M} \frac{A}{V} \frac{\rho_s}{\rho_m}$$

$$L_M = L \frac{\rho_m}{\rho_s} \frac{M_{MO}}{M_M}$$

其中 L 为以摩尔浓度表示的分配系数。

在反应过程中，根据 L_M 和 k_1/k_2 的相对大小，可进一步得出适用于不同限制环节的速率式：

（1）当 $L_M > \frac{k_1}{k_2}$ 时，$v = k_1(w[M]_{\%} - w(MO)_{\%}/L_M)$，金属液中元素的扩散是限制环节。当 L_M 很大时，上式还可进一步简化为

$$v = k_1 w[M]_{\%} \quad 或 \quad -\frac{dw[M]_{\%}}{d\tau} = k_1 w[M]_{\%}$$

解此微分方程得

$$\lg \frac{w[M]_{\%}}{w[M]_{\%0}} = \frac{k_1}{2.3}\tau \tag{2-3-4}$$

式中 $w[M]_{\%0}$——金属液中元素的初始含量。

（2）当 $L_M < \frac{k_1}{k_2}$ 时，$\nu = k_2 L_M\ (w[M]_{\%} - w(MO)_{\%}/L_M)$，熔渣中 MO 的扩散是限制环节。

在一般条件下，k_1/k_2 和 L_M 可能是同一数量级，因此反应同时为金属液和熔渣内组元的扩散所限制。在这种情况下，元素氧化的速率由式（2-3-3）所确定。

为应用方便，需求解式（2-3-3）微分方程。这是 τ、$w[M]_{\%}$、$w(MO)_{\%}$ 三变量的函数式，利用元素在氧化过程中的质量平衡方程，可消去一个变量。根据熔渣-金属液内元素质量的平衡关系式，可得

$$w(MO)_{\%} = w(MO)_{\%0} + \frac{(w[M]_{\%0} - w[M]_{\%})(M_{MO}/M_M)}{W_{(s)}/W_{(m)}} \times 100\% \tag{2-3-5}$$

式中 $w[M]_{\%0}$——熔渣内原有的或由造渣料带入的 M 量；

M_{MO}/M_M——元素氧化物的摩尔质量与其元素的摩尔质量之比；

$W_{(s)}/W_{(m)}$——渣质量与金属质量之比。

将式（2-3-5）代入式（2-3-3），分离变量后，在初始条件 $\tau=0$，$w[M]_{\%} = w[M]_{\%0}$ 下积分后，可得下式

$$\lg \frac{w[M]_{\%} - b/a}{w[M]_{\%0} - b/a} = -a\tau \tag{2-3-6}$$

或
$$w[M]_{\%} = (w[M]_{\%0} - b/a)\exp(-a\tau) + b/a$$

式中
$$a = \frac{k_1\left(L\frac{W_{(s)}}{W_{(m)}} + \frac{M_{MO}}{M_M}\right)}{\left(\frac{k_1}{k_2} + L_M\right)\frac{W_{(s)}}{W_{(m)}}} \qquad b = \frac{k_1\left(w(MO)_{\%0}\frac{W_{(s)}}{W_{(m)}} + w[M]_{\%0}\frac{M_{MO}}{M_M}\right)}{\left(\frac{k_1}{k_2} + L_M\right)\frac{W_{(s)}}{W_{(m)}}}$$

假定上式中的 a，b 不随时间而改变，则反应达到平衡时，$\tau \to \infty$，$w[M]_{\%} \to w[M]_{\%eq}$，故 $w[M]_{\%eq} = \frac{b}{a}$，代入式（2-3-4），得

$$\ln \frac{w[\mathrm{M}]_{\%}-w[\mathrm{M}]_{\%\mathrm{eq}}}{w[\mathrm{M}]_{\%0}-w[\mathrm{M}]_{\%\mathrm{eq}}}=-a\tau \tag{2-3-7}$$

令 $\theta=\frac{w[\mathrm{M}]_{\%}-w[\mathrm{M}]_{\%\mathrm{eq}}}{w[\mathrm{M}]_{\%0}-w[\mathrm{M}]_{\%\mathrm{eq}}}$，则 $\ln\theta=-a\tau$

故

$$\tau=-\frac{2.3}{a}\log\theta \tag{2-3-8}$$

这便是元素氧化反应的速率式。

如 $w[\mathrm{M}]_{\%\mathrm{eq}} \ll w[\mathrm{M}]_{\%}$，则有：

$$\ln \frac{w[\mathrm{M}]_{\%}}{w[\mathrm{M}]_{\%0}}=-a\tau \tag{2-3-9}$$

利用上列诸式，可以计算元素氧化到一定浓度时所需时间以及某时间元素的残存量。

应指出，用上列诸式计算时，仅有一级近似值，另外这里把 L_{M}、A/V、$W_{(\mathrm{s})}/W_{(\mathrm{m})}$ 等作为常数来处理，实际上，在冶炼过程中是变化的，这就需要用差分法求解。

双膜传质理论是刘易斯和惠特曼于 1924 年提出的。这个理论是能斯特所提出的固体溶解理论和边界层理论的进一步发展。

双膜传质理论的要点如下：

（1）在两相（气-液、液-液）相界面两侧的每一个相内都有一层边界薄膜（气膜、液膜），这层膜产生了物质从相内到界面的基本传质阻力，存在浓度梯度，见图 2-3-3；

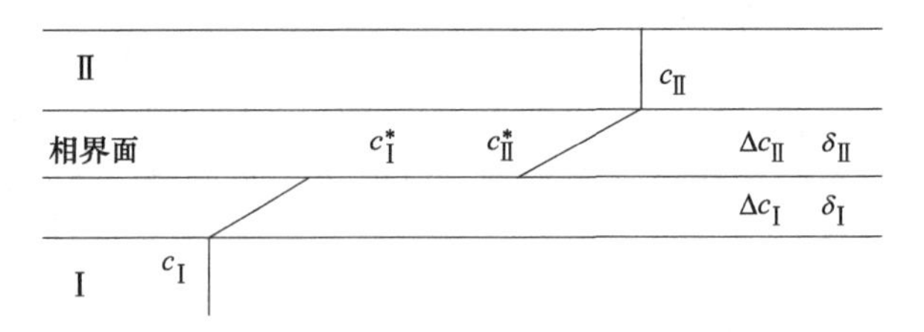

图 2-3-3 液-液相界面两侧的边界层及浓度分布

（2）在两层膜之间的界面上，处于动态平衡状态（准稳定态）；

（3）组元在每相内的传质通量 J 与浓度差或分压差成正比，对于液体来说与该组元在溶液内和界面处的浓度差（$c_{\mathrm{L}}-c_{\mathrm{L}}^*$）成正比，对于气体来说，与该组元在气体界面处及气体内分压差（$p_{\mathrm{g}}-p_{\mathrm{g}}^*$）成正比；

$$J=\beta_{\mathrm{L}}(c_{\mathrm{L}}-c_{\mathrm{L}}^*) \tag{2-3-10}$$

$$J=\beta_{\mathrm{g}}(p_{\mathrm{g}}-p_{\mathrm{g}}^*) \tag{2-3-11}$$

式中 β_{L}，β_{g}——组元在液体及气体中的传质系数：

$$\beta_{\mathrm{L}}=\frac{D_{\mathrm{L}}}{\delta_{\mathrm{L}}} \tag{2-3-12}$$

$$\beta_{\mathrm{g}}=\frac{D_{\mathrm{g}}}{RT\delta_{\mathrm{g}}} \tag{2-3-13}$$

式中 D_{L}，D_{g}——组元在液体及气体中的扩散系数，$\mathrm{m^2/s}$；

δ_{L}，δ_{g}——液相与气相薄膜的厚度，m；

R——气体常数；

T——热力学温度，K。

（4）虽然在液相或气相体内有湍流，但薄膜中的流体是静止不动的，不受流体体内流动状态的影响。在各相中的传质被看作是独立进行的，互不影响。

需要指出，双膜理论认为界面两侧的薄膜是静止不动的观点和认为两相中传质是独立进行的，互不影响的观点是不正确的；认为相间的传质达到稳态这也仅是一种近似的处理方法。但是在两相流体间反应过程有双重传质阻力的概念至今仍有很大的实用价值。

双膜传质理论的机理：

1）反应物 C_{I} 向相界面的传质：$J_{\mathrm{I}} = \dfrac{1}{A} \cdot \dfrac{dn}{dt} = \beta_{\mathrm{I}}(c_{\mathrm{I}} - c_{\mathrm{I}}^*)$

2）界面化学反应：$v_{C_{\mathrm{I}}} = -\dfrac{1}{A}\dfrac{dn}{dt} = k_+(c_{\mathrm{I}}^* - c_{\mathrm{II}}^*/K)$

3）产物 C_{II} 向相内的传质：$J_{\mathrm{II}} = \dfrac{1}{A}\dfrac{dn}{dt} = \beta_{\mathrm{II}}(c_{\mathrm{II}}^* - c_{\mathrm{II}})$

式中 β_{I}，β_{II}——Ⅰ相及Ⅱ相内组分的传质系数；

k_+——正反应速率常数；

K——反应的平衡常数，反应为一级可逆；

A——反应的相界面面积。

当反应过程处于稳定态时，$v_{\Sigma} = J_{\mathrm{I}} = J_{\mathrm{II}} = v_{C_{\mathrm{I}}}$，可由此关系消去不能测定的界面浓度 c_{I}^* 和 c_{II}^*，整理后得出总反应的速率。

$$-\frac{1}{\beta_{\mathrm{I}}} \cdot \frac{1}{A} \cdot \frac{dn}{dt} = c_{\mathrm{I}} - c_{\mathrm{I}}^*$$

$$-\frac{1}{k_+} \cdot \frac{1}{A} \cdot \frac{dn}{dt} = c_{\mathrm{I}}^* - c_{\mathrm{II}}^*/K$$

$$-\frac{1}{K\beta_{\mathrm{II}}} \cdot \frac{1}{A} \cdot \frac{dn}{dt} = \frac{c_{\mathrm{II}}^*}{K} - \frac{c_{\mathrm{II}}}{K}$$

三式相加得：

$$-\frac{1}{A} \cdot \frac{dn}{dt}\left(\frac{1}{\beta_{\mathrm{I}}} + \frac{1}{K\beta_{\mathrm{II}}} + \frac{1}{k_+}\right) = c_{\mathrm{I}} - c_{\mathrm{II}}/K$$

因 $v_{\Sigma} = J_{\mathrm{I}} = J_{\mathrm{II}} = v_{C_{\mathrm{I}}} = -\dfrac{1}{A} \cdot \dfrac{dn}{dt}$，故

$$v_{\Sigma} = \frac{c_{\mathrm{I}} - c_{\mathrm{II}}/K}{\dfrac{1}{\beta_{\mathrm{I}}} + \dfrac{1}{K\beta_{\mathrm{II}}} + \dfrac{1}{k_+}} \tag{2-3-14}$$

式中 v_{Σ}——总反应的速率。

如用物质浓度对 t 的导数来表示总反应速率

$$v_{\Sigma} = -\frac{1}{A} \cdot \frac{dn}{dt} = -\frac{dc_{\mathrm{I}}}{dt} \cdot \frac{V_{\mathrm{I}}}{A}$$

$$-\frac{dc_{\mathrm{I}}}{dt} = \frac{c_{\mathrm{I}} - c_{\mathrm{II}}/K}{\dfrac{1}{\beta_{\mathrm{I}}} \cdot \dfrac{V_{\mathrm{I}}}{A} + \dfrac{1}{K\beta_{\mathrm{II}}} \cdot \dfrac{V_1}{A} + \dfrac{1}{k_+} \cdot \dfrac{V_1}{A}} \tag{2-3-15}$$

$$-\frac{\mathrm{d}c_{\mathrm{I}}}{\mathrm{d}t}=\frac{c_{\mathrm{I}}-c_{\mathrm{II}}/K}{\frac{1}{k_1}+\frac{1}{k_2}+\frac{1}{k_c}}$$

而
$$\frac{1}{k}=\frac{1}{k_1}+\frac{1}{k_2}+\frac{1}{k_c}$$

式中 V_{I}——Ⅰ相的体积，m^3；

k——总反应的速率常数。

故式（2-3-15）又可表示为：$-\frac{\mathrm{d}c_{\mathrm{I}}}{\mathrm{d}t}=k(c_{\mathrm{I}}-c_{\mathrm{II}}/K)$

式中，$k_{\mathrm{I}}=\beta_{\mathrm{I}}\cdot\frac{A}{V_{\mathrm{I}}}$，$k_2=\beta_{\mathrm{II}}K\cdot\frac{A}{V_{\mathrm{I}}}$，$k_c=k_+\cdot\frac{A}{V_{\mathrm{I}}}$，称为容量速率常数。

既然反应过程的总速率取决于各环节的阻力，那么各环节的容量速率常数 k_1、k_2、k_c 阻力的相对大小，就决定了反应过程的速率范围或限制性环节。

1）$\frac{1}{k_c}\gg\frac{1}{k_1}+\frac{1}{k_2}$时，$\frac{1}{k}=\frac{1}{k_c}$，即 $k=k_c$，而总反应速率 $v=k_c(c_{\mathrm{I}}-c_{\mathrm{II}}/K)$，过程的限制环节是界面反应化学反应。这时，界面浓度等于相内浓度，即 $c_{\mathrm{I}}^*=c_{\mathrm{I}}$，这称为化学反应限制或过程位于动力学范围内。

2）$\frac{1}{k_c}\ll\frac{1}{k_1}+\frac{1}{k_2}$时 $\frac{1}{k}=\frac{1}{k_1}+\frac{1}{k_2}$，即 $k=1/(1/k_1+1/k_2)$，而 $v=\frac{c_{\mathrm{I}}-c_{\mathrm{II}}/K}{\frac{1}{k_1}+\frac{1}{k_2}}$，过程的限制环节是扩散（根据 $1/k_1$ 远大于或远小于 $1/k_2$，还可能是由Ⅰ相或Ⅱ相内的传质所限制）。这时，界面浓度等于平衡浓度，$c_{\mathrm{I}}^*=c_{\mathrm{I平}}$，这称为扩散限制环节或过程位于扩散范围内。

3）$\frac{1}{k_c}\approx\frac{1}{k_1}+\frac{1}{k_2}$时，界面反应和扩散环节两者的速率相差不是很大，反应将同时受到各环节的限制，过程速率由式（2-3-15）表示，这称为混合限制或过程位于过渡范围内，总反应速率 $v=\frac{c_{\mathrm{I}}-c_{\mathrm{II}}/K}{\frac{1}{k_1}+\frac{1}{k_2}+\frac{1}{k_c}}$。

2.3.3 气-固相反应的动力学模型——未反应核模型

碳酸盐、硫化物的分解和金属的氧化是属于下列反应类型的气-固相反应：

$$\text{固体(Ⅰ)}\rightleftharpoons\text{固体(Ⅱ)}+\text{气体}$$

氧化物的还原则是属于下列反应类型的气-固相反应：

$$\text{固体(Ⅰ)}+\text{气体(Ⅰ)}\rightleftharpoons\text{固体(Ⅱ)}+\text{气体(Ⅱ)}$$

对于上列反应类型的多相反应，当固相反应物是致密的时，反应从固体反应物外表面开始，随着反应的进行，反应界面将平行于原始固相的表面，逐渐向矿粒中心推移，形成的固相产物则保持在原来矿粒的外层，而矿粒中心是未反应的部分。这称为未反应核模型。这种使反应沿固相内部的界面区域发展的反应又称为区域化学反应（topochemical reaction)。在这种情况下，化学反应发生在内部相界面上，而气体则要通过包围在相界面周边的固相产物层向内或向外扩散，因而反应的速率将随反应向内部的推移而逐渐降低。

区域化学反应的速率随时间的变化具有“S”形曲线的特征。如图 2-3-4（左图）所示，反应经历三个时期。反应开始时由于新相核的生成有困难，故无可察觉的速率，这称为诱导期。这段时间的长短主要与矿粒表面晶格缺陷的多少有关。其次是晶核的继续长大，新、旧两相界面不断向内扩大，这对气体的吸附及新相核的长大有催化作用，因此反应的速率不断增加，并达到最大值，这称为自动催化期或界面扩大期。最后，由各晶核发展出来的反应界面达到最大，并进而开始重迭，使界面缩小，于是速率下降，这称为反应界面缩小期。图 2-3-4（右图）为从矿粒表面各个活性点开始的区域反应。

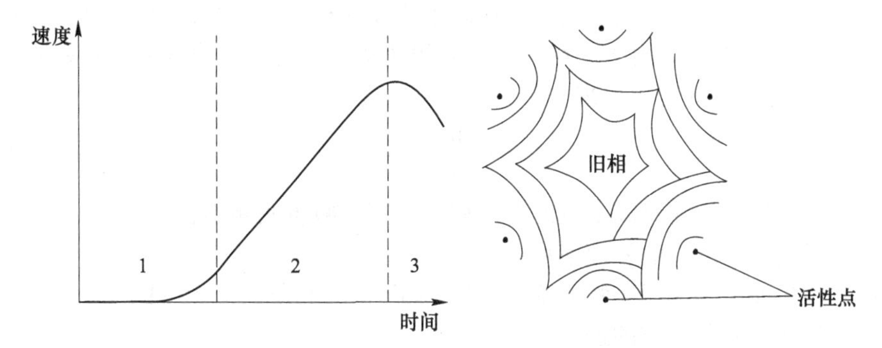

图 2-3-4　区域化学反应速率变化的特征

1—诱导期；2—反应界面形成及扩大期；3—反应界面缩小期

根据上述提出的区域化学反应，核长大的概念及建立的模型，导出了区域化学反应的速率式，其形式为

$$\alpha = 1 - e^{-k\tau^{n}} \tag{2-3-16}$$

式中　α——反应的程度；

k——核的恒定生长速率，m/s；

n——整数。

这是从反应机理来研究区域反应速率的。但是，我们更感兴趣的是着重研究全过程的综合反应速率。在这种情况下，可认为气-固反应过程由下列环节组成：

（1）气体在固相外的扩散；

（2）气体与固相的界面化学反应；

（3）气体通过固相产物层的内扩散。

其中，气体和固体的界面化学反应环节包括气体在相界面上的吸附和脱附，此外还有固相产物的结晶化学变化（化学反应伴随有晶格的重建）。具体来说，未反应核模型的机理如下：

（1）反应物气体穿过气相边界层向多孔产物表面的外扩散；

（2）反应物气体穿过多孔产物层向未反应核界面的内扩散；

（3）反应物气体在未反应核界面的吸附；

（4）界面化学反应；

（5）生成物气体从未反应核界面的脱附；

（6）生成物气体穿过多孔产物层的内扩散；

（7）生成物气体穿过气相边界层的外扩散。

高温下吸附、脱附不是限制性环节，将过程的速率总结为外扩散、内扩散和界面反应速率。

由上述环节组成的串联式的多相反应过程的速率，仍然取决于限制环节的速率。可以根据前述的准稳态原理，导出反应过程的速率式。影响气-固相反应速率的因素，除温度和气体的流速，还有固体物的物理形状、压力等。所以它们的动力学分析是比较复杂的。

2.3.3.1　界面反应成为限制环节的速率式

反应过程的速率为界面反应所限制时，可用界面反应的速率式表示。

假定反应沿着如图 2-3-5 所示的球形矿粒的未反应核模型进行，界面反应是一级反应，并且不考虑逆反应的存在。由于区域化学反应的速率不能用体积浓度的变化率来表示，所以多用固相反应物质量的变化率来表示：

$$v=-\frac{\mathrm{d}w}{\mathrm{d}\tau}=kAc \tag{2-3-17}$$

式中　w——固体反应物在时间 τ 时的含氧质量，可用减重法测出；

A——时间 τ 时反应的界面面积；

c——相界面上气体反应物的浓度，它等于气相组元的体积浓度 c_0，因这时物质的扩散不限制反应的进行。

负号表示在反应的过程中，固相反应物的含氧质量在减小，为了得到正的反应速率，故在式前加一负号。

在时间 τ 时，矿球未反应核的半径为 r，对应的反应界面面积为 $A=4\pi r^2$，而未反应核的含氧质量为

$$w=\frac{4}{3}\pi r^3\rho_0$$

式中　ρ_0——矿球的含氧密度。

将 A 及 w 值代入式（2-3-17）中，得出 $-\frac{\mathrm{d}w}{\mathrm{d}\tau}=-\frac{\mathrm{d}\left(\frac{4}{3}\pi r^3\rho_0\right)}{\mathrm{d}\tau}$

$$-\frac{\mathrm{d}\left(\frac{4}{3}\pi r^3\rho_0\right)}{\mathrm{d}\tau}=4\pi r^2kc_0$$

化简后，得

$$-\mathrm{d}r=\frac{kc_0}{\rho_0}\mathrm{d}\tau$$

在反应之初，即 $\tau=0$ 时，矿球的半径为 r_0，反应时间为 τ 时，其半径为 r，积分上式得：

$$-\int_{r_0}^{r}\mathrm{d}r=\frac{kc_0}{\rho_0}\int_0^{\tau}\mathrm{d}\tau$$

$$r_0-r=\frac{kc_0}{\rho_0}\tau \tag{2-3-18}$$

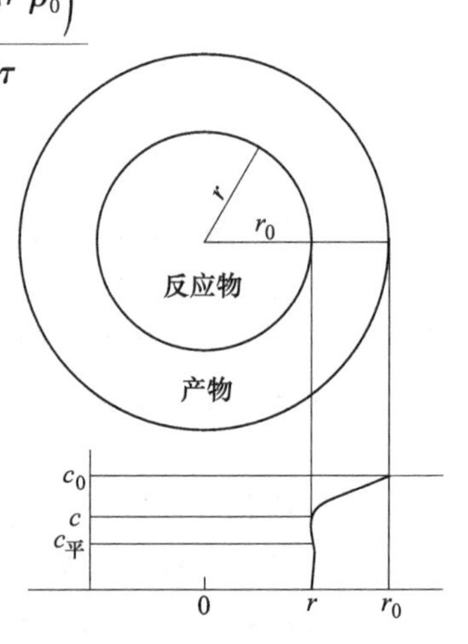

图 2-3-5　气-固未反应核模型示意图

这是在时间为 τ 时形成的产物层的厚度与时间的

关系。

虽然 r 难以直接测定，但可利用减重试验测定的固相反应物质量的变化得出。

如用 m_0 表示 $\tau=0$ 时固相反应物的质量，m 表示在时间为 τ 时固相反应物的质量，m_0-m 则为矿球反应经过时间 τ 减轻的质量，ρ 为矿球密度，则矿球已反应了的分数（或称为矿球反应度）R 为：

$$R=\frac{m_0-m}{m_0}$$

由于
$$w_0=\frac{4}{3}\pi r_0^3\rho,\ w=\frac{4}{3}\pi r^3\rho$$

故
$$R=\frac{\frac{4}{3}\pi r_0^3\rho-\frac{4}{3}\pi r^3\rho}{\frac{4}{3}\pi r_0^3\rho}=1-\left(\frac{r}{r_0}\right)^3$$

即
$$\left(\frac{r}{r_0}\right)^3=1-R$$

$$r=r_0(1-R)^{1/3} \tag{2-3-19}$$

将式（2-3-19）代入式（2-3-18），得

$$r_0-r_0(1-R)^{1/3}=\frac{kc_0}{\rho_0}\tau$$

或

$$1-(1-R)^{1/3}=\frac{kc_0}{r_0\rho_0}\tau \tag{2-3-20}$$

或简写为 R 的函数式

$$F(R)=\frac{kc_0}{r_0\rho_0}\tau \tag{2-3-21}$$

$F(R)$ 与 τ 的关系是直线，斜率为 $k'=\frac{rc_0}{r_0\rho_0}$。因此，利用矿球的物理数据（$r_0$，$\rho_0$）及气体反应物的初始速率，可计算出反应的速率常数 k。

又由式（2-3-20）得：

$$r_0\rho_0[1-(1-R)^{1/3}]=kc_0\tau$$

$$v=\frac{r_0\rho_0[1-(1-R)^{1/3}]}{\tau}=kc_0$$

当未反应核消失时，矿球完全反应时间为 $\tau_{完}$：

$$1-(1-R)^{1/3}=\frac{kc_0}{r_0\rho_0}\tau_{完}$$

$$\tau_{完}=\frac{r_0\rho_0}{kc_0} \tag{2-3-22}$$

即
$$\tau_{完}\propto r_0^1$$

由于$r_0\rho_0[1-(1-R)^{1/3}]=r$，而$\rho_0[1-(1-R)^{1/3}]$量纲为$kg/m^2$，即单位面积已反应了的固相反应物的质量，故速率单位为$kg/(m^2\cdot s)$。因此，k的单位为m/s，这是用固相反应物质量的变化率表示的反应速率常数。

2.3.3.2　扩散成为限制环节的速率方程

反应为扩散环节所限制时，反应过程的速率由外扩散或内扩散的速率方程表示。

对于形成多孔性固相生成物的气-固相反应，反应过程的限制环节是气体通过固相物四周边界层的外扩散。这个环节的速率方程为

$$v=J_{外}=-\frac{D}{\delta}A(c-c_0)=-\frac{D}{\delta}\cdot 4\pi r_0^2(c-c_0)$$

对于矿球，$A=4\pi r_0^2$，在这种情况下，虽然反应界面随着反应向内进行而减小，但气体扩散所通过的有效表面积是常数。

如果固相产物是致密的，那么边界层内的扩散阻力要比固相产物层内的扩散阻力小得多，对比之下，前者可以忽略，而反应过程的速率由内扩散速率方程表示。

反应的速率由气体在固相内的扩散量表示

$$v=J_{内}=-D_eA\frac{dc}{dr}=-4\pi r^2\cdot D_e\cdot\frac{dc}{dr}$$

式中　$J_{内}$——气体反应物在时间τ通过固相产物层的扩散总量；

D_e——固相产物层内的有效扩散系数。

当过程为稳定态时，通过固相产物层的气体的扩散总量是常数。在c和r的相应界限c_0-c和r_0-r内积分上式

$$-\int_{c_0}^{c}dc=\frac{J}{4\pi D_e}\int_{r_0}^{r}\frac{dr}{r^2}$$

当过程达到稳定态时，J为常数，得

$$c_0-c=\frac{J}{4\pi D_e}\cdot\frac{r_0-r}{r_0r}$$

界面反应达平衡态，$c=c_{平}$，$\Delta c=c_0-c=c_0-c_{平}$是常数，于是

$$J=4\pi D_e\left(\frac{r_0r}{r_0-r}\right)\Delta c \tag{2-3-23}$$

虽然r不易测定，J值不能得出，但可通过固相反应物已反应了的分数R来表示。

对于反应

$$nA(g)+mB(s)=\!=\!=产物$$

设气体反应物与固相反应物的反应物质的量之比为$\alpha=n/m$，则

$$J=-\frac{dn_A}{d\tau}=-\alpha\frac{dn_B}{d\tau}$$

又

$$n_B=\frac{\frac{4}{3}\pi r^3\rho}{M}$$

式中　M——固相反应物的摩尔质量，kg/mol；

ρ——固相反应物的密度，kg/m^3。

于是
$$\frac{\mathrm{d}n_B}{\mathrm{d}\tau}=\frac{\mathrm{d}n_B}{\mathrm{d}r}\cdot\frac{\mathrm{d}r}{\mathrm{d}\tau}=\frac{\mathrm{d}\left(\dfrac{\frac{4}{3}\pi r^3\rho}{M}\right)}{\mathrm{d}r}\cdot\frac{\mathrm{d}r}{\mathrm{d}\tau}=\frac{4\pi r^2\rho}{M}\cdot\frac{\mathrm{d}r}{\mathrm{d}\tau}$$

故
$$J=-\alpha\frac{\mathrm{d}n_B}{\mathrm{d}\tau}=-\frac{4\pi\rho\alpha}{M}\cdot r^2\cdot\frac{\mathrm{d}r}{\mathrm{d}\tau} \tag{2-3-24}$$

由于式（2-3-23）和式（2-3-24）左端相等，故得

$$4\pi D_e\left(\frac{r_0 r}{r_0-r}\right)\Delta c=-\frac{4\pi\rho\alpha}{M}r^2\frac{\mathrm{d}r}{\mathrm{d}\tau}$$

化简后，得

$$-\frac{MD_e\Delta c}{\alpha\rho}\mathrm{d}\tau=\left(r-\frac{r^2}{r_0}\right)\mathrm{d}r$$

将上式积分，得

$$-\frac{MD_e\Delta c}{\alpha\rho}\int_0^{\tau}\mathrm{d}\tau=\int_{r_0}^{r}\left(r-\frac{r^2}{r_0}\right)\mathrm{d}r$$

得

$$-\frac{MD_e\Delta c}{\alpha\rho}\tau=\frac{1}{2}r^2-\frac{1}{6}r_0^2-\frac{1}{3r_0}r^3$$

将 $r=r_0(1-R)^{1/3}$ 代入上式，化简得

$$\frac{2MD_e\Delta c}{\alpha\rho r_0^2}\tau=1-\frac{2}{3}R-(1-R)^{2/3} \tag{2-3-25}$$

或表示成 R 的函数式

$$k''\tau=F(R) \tag{2-3-26}$$

$F(R)$ 与 τ 是直线关系，斜率为 $\dfrac{2MD_e\Delta c}{\alpha\rho r_0^2}$。由此可根据球团的物性数据（$M$，$\rho$，$r_0$）及气相组成（$c_0$）求出关系层内组元的有效扩散系数 D_e。

固相物完全反应（$R=1$）的时间为

$$\tau_{完}=\frac{\alpha\rho r_0^2}{6MD_e\Delta c} \tag{2-3-27}$$

$$\tau_{完}\propto r_0^2$$

即球团完全反应的时间与其半径的平方成正比。因此，如由试验测得这种关系时，可认为内扩散是反应过程的限制环节。

2.3.3.3 混合限制的速率式

当固相生成物是致密的，内扩散和界面反应均对整个反应过程起限制作用时，反应的速率可由混合限制的速率方程表示。

由上面的讨论及推导可知：

内扩散速率：
$$J=4\pi D_e\frac{r_0 r}{r_0-r}\Delta c$$

界面化学反应速率： $v = 4\pi r^2 kc$

达稳定态时，两环节的速率相等，因而

$$4\pi D_e \frac{r_0 r}{r_0 - r}\Delta c = 4\pi k r^2 c$$

或

$$c = \frac{r_0 D_e c_0}{k(r_0 r - r^2) + r_0 D_e}$$

式中 c——任一时刻未反应核界面上反应物气体的浓度，它受两个环节所控制，即与 k 和 D_e 有关。

将 c 值代入界面反应的速率式中，可得出总反应的速率方程。

由

$$-\frac{dm}{d\tau} = 4\pi r^2 kc$$

又

$$m = \frac{4}{3}\pi r^3 \rho$$

故

$$-\frac{d}{d\tau}\left(\frac{4}{3}\pi r^3 \rho\right) = 4\pi r^2 \times \frac{k r_0 D_e c_0}{k(r_0 r - r^2) + r_0 D_e}$$

简化为

$$\frac{\rho}{k D_e r_0 c_0}\frac{dr}{d\tau} = \frac{-1}{k(r_0 r - r^2) + r_0 D_e}$$

或

$$\frac{k D_e r_0 c_0}{\rho}d\tau = -[k(r_0 r - r^2) + r_0 D_e]dr$$

将上式在 $0-\tau$ 及 r_0-r 内积分得

$$\frac{k D_e r_0 c_0}{\rho}\tau = \frac{k}{6}(r_0^3 - 2r^3 - 3r_0 r^2) - r_0 r D_e + r_0^2 D_e$$

用 r_0^3 去除上式两边，并将 $\frac{r}{r_0} = (1 - R)^{1/3}$ 代入得

$$\frac{k D_e c_0}{r_0^2 \rho}\tau = \frac{k}{6}[3 - 2R - 3(1 - R)^{2/3}] + \frac{D_e}{r_0}[1 - (1 - R)^{1/3}] \quad (2\text{-}3\text{-}28)$$

或写成简式

$$F(R) = k'''\tau \quad (2\text{-}3\text{-}29)$$

$F(R)$ 对 τ 的关系也是直线，斜率为 $\frac{k D_e c_0}{r_0^2 \rho}$，式中包含两个速率常数：$k$ 和 D_e。

由上式可见，当 $k \ll D_e$ 时，式（2-3-28）变为

$$\frac{k D_e c_0}{r_0^2 \rho}\tau = \frac{D_e}{r_0}[1 - (1 - R)^{1/3}]$$

或

$$\frac{k c_0}{r_0 \rho}\tau = [1 - (1 - R)^{1/3}]$$

此即界面反应为限制环节的动力学方程，与式（2-3-20）相同。

当 $k \gg D_e$ 时，式（2-3-28）变为

$$\frac{k D_e c_0}{r_0^2 \rho}\tau = \frac{k}{6}[3 - 2R - 3(1 - R)^{2/3}]$$

或
$$\frac{2D_e c_0}{r_0^2 \rho}\tau = 1 - \frac{2}{3}R - (1 - R)^{2/3}$$

此即扩散为限制环节的动力学过程，与式（2-3-25）的形式相似，不同点在于推导速率式时对矿球质量采用了不同单位，前者用物质的量，后者用质量。

矿球完全反应时间 $\tau_{完}$：

$$\frac{kD_e c_0}{r_0^2 \rho_0}\tau_{完} = \frac{k}{6} + \frac{D_e}{r_0}$$

$$\tau_{完} = \frac{r_0^2 \rho_0}{6D_e c_0} + \frac{r_0 \rho_0}{kc_0}$$

$$\tau_{完} \propto r_0^n \quad 1 < n < 2$$

2.3.3.4　气-固相反应速率的影响因素

气-固反应的速率与 k、D_e、β 等参数有关，故反应速率的影响因素有温度、压力、气体的运动特性及固相物的物理性状。

A　温度

由于 $D=D_0 e^{-\frac{E_D}{RT}}$，$k=k_0 e^{-\frac{E_k}{RT}}$，且 $E_k>E_D$，温度对 k 的影响大于对 D 的影响，随着温度的升高，k 增加率大于 D。

在低温下，$k \ll D$ 时，界面反应为限制性环节；温度升高，k 与 D 的差别减小，过程处于过渡范围；在高温下，$k \gg D$，扩散为限制性环节。

B　固相物的孔隙度

如果固相反应物的孔隙比较大，孔隙又是开口的，构成了贯穿于固体内部的细微通道网络，那么由于气体能沿着这些通道扩散，除了固体的宏观表面外，还有其微观表面也作为反应的相界面，使反应成体积性的发展，这时总反应的速率比按照未反应核模型进行的要快得多。

固体生成物的孔隙度对反应过程的速率往往有更大的影响。当固相生成物的孔隙比较大时，气体扩散的阻力较小，过程的限制环节可能是界面反应。生成物的孔隙度取决于固相生成物与固相反应物的摩尔体积的差别。当生成物的摩尔体积小于反应物的摩尔体积时，固相生成物具有多孔隙结构，例如钾、钠、钙、镁等金属氧化形成的产物，对气体的内扩散有利。相反，固相生成物具有致密结构，例如铁、铝、铬、镍、铜、锌等氧化形成的氧化物，气体的扩散则是限制环节。

C　固相物的粒度及形状

在一般条件下，固相反应物的粒度越小，比表面积越大，反应速率加快。即反应过程的速率，无论固相物是否致密，都是随着固相反应物粒度的增加而减小的，但对于致密的固相反应物，由于反应仅能在宏观表面上进行，故随着粒度之减小，宏观表面条件增大，使反应过程的速率提高，过程的限制环节是界面反应。如固体反应物是多孔结构，而粒度又比较小时，或在反应的最初阶段，过程的限制环节将是与宏观表面和内部微观表面有关的界面反应。仅当粒度超过其临界值时，才转入扩散限制。

因此，在生产上，应根据矿石的结构性状选择粒度。固相物比较致密时，要选择较小的粒度，以提高反应过程的速率。但过小的粒度也不适宜，因为会影响炉料层的透气性。

此外，固相物质的结构比较致密，而使气体在其内的扩散是克努生扩散机理时，提高气体的压力，可使内扩散加快。如果界面反应是受气体在相界面上的吸附限制时，在一定压力范围内，提高压力，也可使界面反应加快。

矿粒的形状会影响反应物的比表面积，形状越不规则比表面积越大。当界面化学反应为限制性环节时，其速率与形状系数的关系为：

$$1-(1-R)^{\frac{1}{F}}=[k(c_0-c_{平})/(r_0\rho)]\cdot\tau \tag{2-3-30}$$

式中　F——形状系数，$F=\dfrac{rA}{V}$（A 为面积，V 为体积，r 为特性尺寸）。对于球形矿粒，$F=3$；对于圆柱形矿粒，$F=2$；对于平板形矿粒，$F=1$。

D　流体速率

当扩散为过程的限制性环节时，β 对总反应速率的影响较大，$\beta\propto u^n(n>0)$，故流体速率加快，β 增大，传质速率及总反应速率加快，这时边界层厚度 δ 减小；

当界面化学反应为限制性环节时，流速加快对总反应速率无影响。

综上可得出如下结论：当不同的因素发生变化时，将会对界面反应和扩散两环节的速率有不同程度的增大或减弱作用，相应地能使过程的控制环节发生改变。在由试验研究化学反应的机理时，则必须在试验中创造条件，使整个过程位于动力学范围内。

在绝大多数的情况下，界面化学反应的活化能远比扩散的活化能高，因此，在低温下过程受化学反应速率的限制，在高温下则受传质所限制。在动力学范围内进行的多相化学反应过程的特点是：反应速率与固体颗粒及流体速率无关，反应速率随温度的升高增加得较快。在扩散范围内又可分为外扩散及内扩散限制，前者的特点是：扩散的速率主要与流速有关，而与固体的孔隙率及粒度无关；扩散速率与温度的关系比较小，且扩散阻力与时间无关。后者的特点是：扩散速率与固体孔隙率有很大关系，而与流速无关；扩散阻力随时间而增加。

2.3.3.5　速率限制环节的确定

对于多相反应，其限制环节可能是界面化学反应，扩散或混合限制，可根据总反应速率与温度的关系确定。

$$v_{\Sigma}=Ae^{-\frac{Q}{RT}}$$

$$\ln v_{\Sigma}=-\frac{Q}{R}\cdot\frac{1}{T}+A'(A'=\ln A)$$

式中　Q——界面反应或扩散的活化能，即 E_k 或 E_D，J/mol；

A——指数前因子，与温度无关。

以 $\ln v_{\Sigma}$-$\dfrac{1}{T}$作图，斜率$-\dfrac{Q}{R}$，截距 A'，可由斜率求出活化能 Q。

一般来说，若反应为 1 级反应且活化能 Q 较小，则 $Q=E_D$，扩散为限制性环节；若反应为 2 级反应且活化能 Q 较大，则 $Q=E_k$，界面反应为限制性环节。

2.3.4　固体在液相中溶解的动力学

固体料在液相中溶解，例如废钢在铁液中的溶解及石灰块在熔渣中的溶解对于炼钢过程有重要的作用。一般认为固体在液体中溶解由两个环节组成：固体晶格被破坏，转变为固体原子，分散于液相中；溶解的原子紧接于固体物的边界层向液体中扩散。后一环节往往是固体物溶解速率的限制者。

下面分别讨论废钢块和石灰块溶解的动力学。

2.3.4.1 废钢块的溶解

废钢在铁液中的熔化相似于溶解过程。当废钢在空炉内加热时其熔化速率主要取决于供热强度。投入铁液中的废钢则不是熔化过程，而是溶解过程。

这种溶解过程的速率取决于固-液界面的大小，即废钢溶解的速率是与其表面积成正比的：

$$v = kA \tag{2-3-31}$$

式中　k——比例系数，计入了加热强度及搅拌强度的影响。

因为物体的体积与其线性长度的立方成正比，而其表面积则与线性长度的平方成正比，所以废钢的表面积与其质量 m 有下列关系存在：

$$A = \alpha m^{2/3} \tag{2-3-32}$$

式中　α——与废钢块的几何形状及密度有关的系数。

随着废钢块溶入铁液中，其表面积减小，从而溶解速率降低。在每一时刻废钢的溶解速率正比例于废钢块在该时间未溶的表面积。假定废钢块最初的质量为 100，经过时间 t 溶解了质量 x，则残留的废钢量为 $100-x$，于是

$$v = k\alpha(100 - x)^{2/3}$$

利用放射性同位素（如放射性钴）能测量熔炼过程中铁液的增加量，由此可确定上面方程的系数，得出废钢溶解的速率式。

在炼钢中要求废钢在规定时间内溶解完。废钢块溶解的时间由下式确定

$$t = Rv \tag{2-3-33}$$

式中　t——最大废钢块完全溶解的时间，s；

R——废钢块厚度的一半，m；

v——废钢块溶解的平均线速率，m/s。

因此，为了缩短废钢溶解的时间，必须减小废钢的断面积和提高其溶解速率。在转炉内吹炼强度越大，废钢块的尺寸越小及搅拌越强烈，则废钢的溶解速率就越高，而需要的熔化时间就越短。

2.3.4.2 石灰块的溶解

石灰块在熔渣内的溶解要比在铁液中的溶解复杂得多。这种熔点高于溶剂温度的固体的溶解是与石灰和熔渣的化学作用、熔渣沿石灰块内的毛细管渗透作用以及组元的扩散有关的。

当初期渣形成后，它能通过石灰块表面向内部扩散。但渣中 FeO 的扩散比 SiO_2扩散快得多，因而前者能迅速溶解到石灰块内，形成含 FeO 多的铁酸钙，即石灰发生溶解。另一方面，渣中的 SiO_2则能与石灰块外层的 CaO 晶体作用，生成高熔点的正硅酸钙；并且逐渐在石灰块外围形成致密的壳层，阻碍 FeO 向石灰块内扩散，抑制铁酸钙的形成，从而导致石灰的溶解显著下降。因此，在石灰块的溶解过程中应设法阻止硅酸钙（$2CaO \cdot SiO_2$或

$3CaO \cdot SiO_2$）壳层的形成或设法增大它们在渣中的溶解度。渣中FeO的存在，特别是在其含量高时，能破坏硅酸钙的结构，因为 $2CaO \cdot SiO_2$ 能与 $2FeO \cdot SiO_2$ 形成低熔点（1230 ℃）的固溶体，与FeO形成低熔点的共晶体。此外，MnO、CaF_2、MgO（其含量不能太高）等也能促使 $2CaO \cdot SiO_2$ 壳层组织松弛，形成低熔点化合物。在高炉渣内 Al_2O_3 也能渗入石灰块内，促进CaO的溶解。

溶解了的CaO再经过石灰块外边的边界层，向渣中扩散。这个环节的速率可表示为

$$v = -\frac{dW}{dt} \cdot \frac{1}{A} = \frac{D}{\delta}[c(CaO)_s - c(CaO)_0] \tag{2-3-34}$$

式中 $c(CaO)_0$，$c(CaO)_s$——分别为石灰块表面层及渣中CaO的浓度；

A——石灰石与渣相间的接触面积。

熔渣中氧化钙的扩散系数，对于炼铁渣（$w(CaO) = 40\%$、$w(SiO_2) = 40\%$、$w(Al_2O_3) = 20\%$）为 5.5×10^{-6} cm^2/s，对于炼钢渣（$w(FeO) = 20\%$、$w(SiO_2) = 40\%$、$w(CaO) = 40\%$）为 2.7×10^{-5} cm^2/s。

边界层的厚度 δ 可用下式计算：

$$\delta = 4.76L^{1.5}Re^{-0.62}Sc^{-0.3} \tag{2-3-35}$$

式中 L——圆柱状石灰块的直径。

由于固体在搅拌状态的液体内溶解速率的限制环节是扩散，并且其溶解速率与搅拌速率的 N 次方成正比（$N=2/3 \sim 4/5$），所以利用圆柱体石灰块在熔渣中不同转速下测定其直径的减少，可求出石灰块在渣中的溶解速率。搅拌速率与石灰块-熔渣间的相对速率 u 成正比，故溶解速率可用下式求出：

$$v = -\frac{dL}{dt} = A_0 u^c \tag{2-3-36}$$

式中 L——圆柱体石灰块的直径，m；

u——石灰块-熔渣间的相对速率，$u = \pi Ln$，n 为圆柱体石灰块的旋转数（r/min）；

A_0，c——常数，可由试验测定的 v 与 u 的对数值作图求得。

由试验得知，CaO在渣中的溶解速率随搅拌强度及温度的增大而变大，因而可认为石灰的溶解速率是受石灰块-熔渣边界层内CaO的扩散所限制。在这种情况下可用式（2-3-36）计算石灰块的溶解速率。

2.4 吸附反应动力学

2.4.1 吸附现象

当气体（或流体）与固体相接触，有些气体分子将被吸附在固体表面上，这是由于表面原子和固体内部原子一样能够形成同样数目的键，而表面原子在平面以上没有相应的原子能和它形成化学键，所以它就会吸引流体分子来满足自己的键能。吸附有两种类型：物理吸附和化学吸附。

物理吸附，其所吸附的物质，由于范德华力和分散力的作用而被吸引到固体的表面，这些力较之化学键中的力要弱得多，过程中放出的热量也较少，一般只有1～

10 kcal/mol(1 cal=4.1868 J)，近似于蒸汽的冷凝热。与之相反，化学吸附是产生了很强烈的相互作用的结果，其力与形成化学键时的力属于同一数量级，化学吸附热在 10~150 kcal/mol的范围内（也有化学吸附热很小，甚至还存在化学吸附时放热的情况）。因为这些力随距离很快减小，化学吸附只能形成一层吸附层。然而物理吸附由于吸附力所达到的范围较大，所以能吸附许多层。吸附层增多，过程就趋于凝聚，有时会成为毛细管凝聚。化学吸附是形成气固反应和在固体表面上起催化作用的主要原因，而物理吸附在化学反应中一般不起作用，因其相互作用力很弱。但是，物理吸附对于测定多孔固体的物理性质提供很有价值的工具。其中最重要的是固体表面积和孔隙尺寸分布的测定。

物理吸附由于和气体液化及蒸汽冷凝相似，在同样条件下，各种表面上所吸附的程度可能是相同的。然而，化学吸附和化学反应一样，随吸附气体和固体表面的不同而不同。要产生化学吸附，则被吸附的气体（吸附剂）和固体表面（吸附体）的所谓化学力和定向性必须真正满足要求才行。

两种类型吸附的另一个重要区别是吸附过程（吸附和解附）的速率。像冷凝一样，物理吸附不需要或只需要很少的活化能，因此可以设想，吸附过程进行得很快。相反，化学吸附需要很高的活化能，所以一般进行得很慢。然而也发现有的化学吸附只需要很少活化能，而且如果扩散限制了吸附速率，则在多孔固体上的物理吸附也可能进行得很慢。

通常，在不同温度范围内，各种吸附各有其重要性。物理吸附只在吸附剂的沸点时才会明显地表现出来，而在临界温度以上，被吸附的平衡量可以忽略不计。反之，化学吸附一般在高温范围内才显著，虽然在平衡时化学吸附量随温度升高而减少。

2.4.2 吸附基本方程

当气体 A 和固体反应，形成气体 B 时，如果这两种气体都能在固体表面吸附，形成单分子层，则可用下面的吸附反应式表示

$$A + S_a = AS \tag{1}$$

$$B + S_a = BS \tag{2}$$

式中 S_a——固体单位表面积上未被吸附物占据的点；

AS——A 所占据的吸附点；

BS——B 所占据的吸附点。

单位面积上活性点的总数为 S_a+AS+BS，于是单位表面积上 A 所占据的面积分数为

$$\theta_A = \frac{AS}{S_a + AS + BS}$$

单位表面积上 B 所占据的面积分数为

$$\theta_B = \frac{BS}{S_a + AS + BS}$$

单位表面积上未被 A，B 占据的面积分数为

$$1 - \theta_A - \theta_B = \frac{S_a}{S_a + AS + BS}$$

当吸附反应达平衡时，反应（1）和反应（2）的平衡常数为

$$K_A = \frac{\theta_A}{p_A(1 - \theta_A - \theta_B)} \qquad K_B = \frac{\theta_B}{p_B(1 - \theta_A - \theta_B)} \tag{3}$$

式中 p_A，p_B——分别为 A，B 的分压。

联立解式（3），得朗格缪尔（Langmuir）等温式：

$$\theta_A = \frac{K_A p_A}{K_A p_A + K_B p_B} \qquad \theta_B = \frac{K_B p_B}{1 + K_A p_A + K_B p_B} \tag{2-4-1}$$

2.4.3 化学反应为限制性环节的速率式

气-固或气-液相反应包含有气体反应物及气体生成物在反应界面上的吸附和气体生成物的脱附过程。这时化学反应的速率可由朗格缪尔（Langmuir）等温式导出。

吸附反应的速率正比于被吸附的 A 所占有的面积分数 θ_A，因此可表示为

$$v = k_A \theta_A \tag{2-4-2}$$

式中 k_A——吸附反应的速率常数。

于是，吸附反应的速率为

$$v = \frac{k_A K_A p_A}{1 + K_A p_A + K_B p_B} \tag{2-4-3}$$

在反应之初，气体生成物 B 的分压比较小，可以不计；或者在不考虑 B 的吸附时，上式可写为

$$v = \frac{k_A K_A p_A}{1 + K_A p_A} \tag{2-4-4}$$

这就是吸附反应的速率式。反应的级数和 p_A 的大小有关，可以是零级反应（当 $K_A p_A \geqslant 1$ 时）或一级反应（当 $K_A p_A \leqslant 1$ 时）。

由吸附而发生的化学反应往往是由气体分子的吸附，吸附物的界面化学反应以及气体产物的脱附三个环节所组成。由试验证明，吸附和脱附的速率都比较快，易于达到局部平衡，而吸附物的界面化学反应则较慢，是整个化学反应的限制环节。例如，对于 H_2 还原氧化铁，可用下列环节表示

$H_2 + FeO \Longrightarrow FeO \cdot H_2(abs)$ 吸附 （快）

$FeO \cdot H_2(abs) \Longrightarrow FeO \cdot H_2O(abs)$ 化学反应 （慢）

$FeO \cdot H_2O(abs) \Longrightarrow Fe + H_2O$ 脱附 （快）

经试验证实，第二步反应是整个反应的限制环节，其速率正比于被吸附的 H_2，或为 H_2 所占据的活性点，故

$$v = k_{H_2} \theta_{H_2}$$

$$v = \frac{k_{H_2} K_{H_2} p_{H_2}}{1 + K_{H_2} p_{H_2}} \tag{2-4-5}$$

式中 k_{H_2}——界面化学反应的速率常数；

K_{H_2}——界面化学反应的平衡常数。

注意，这里所考虑的 H_2O 的分压远比 H_2 分压小。在测定一定温度下 p_{H_2} 对还原速率的影响（图 2-4-1）时，可利用下述方法得出式（2-4-5）的 k_{H_2} 和 K_{H_2}，即将式（2-4-5）改

写为

$$\frac{v}{p_{H_2}} = k_{H_2}K_{H_2} - K_{H_2}v$$

再利用测定的 v/p_{H_2} 对 v 作图（图 2-4-2），直线的斜率等于 $-K_{H_2}$，截距等于 $k_{H_2}K_{H_2}$。

由式（2-4-5）可知，当 p_{H_2} 很大时，反应为零级，表示极大多数的活性点都被 H_2 所占据；即吸附达到饱和，当 $p_{H_2} \ll 1$ atm 时，反应级数为一级，而式（2-4-5）变为

$$v = k_{H_2}K_{H_2}p_{H_2}$$

在高炉内，$p_{H_2}<1$ atm，可认为用气体还原剂还原氧化铁的反应是一级分压。

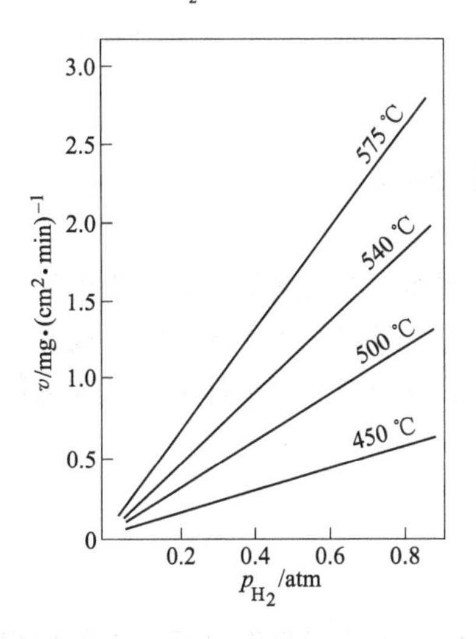

图 2-4-1　p_{H_2} 对还原速率的影响

（1 atm = 101325 Pa）

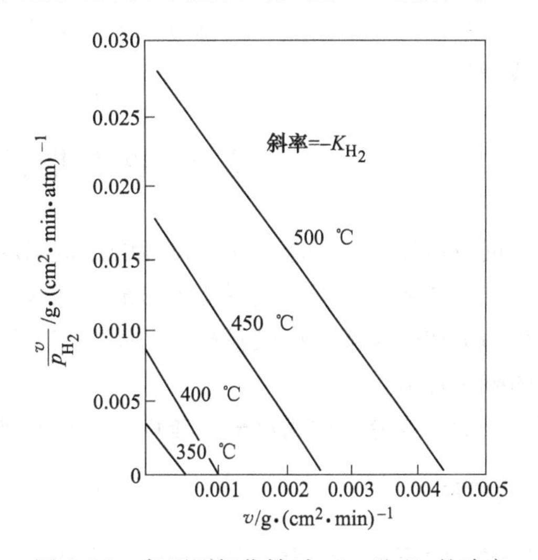

图 2-4-2　氢还原氧化铁时，k_{H_2} 及 K_{H_2} 的确定

2.4.4　吸附为限制性环节的速率式

在吸附化学反应的三个组成环节中，吸附也可成为速率的限制性环节。例如，在炼钢过程中，特别是在电弧炉炼钢中，氮在钢液中的溶解速率和气-液相间氮的吸附有关。一般认为氮在高温下先离解，而后在相界面上吸附：

$$\frac{1}{2}N_2 = N(g) \tag{1}$$

$$N(g) + S_a = NS \tag{2}$$

而且氮的离解要比吸附快。吸附反应的平衡常数为

$$K = \frac{\theta_N}{p_N(1 - \theta_N)}$$

式中　θ_N——被吸附的氮原子所占据的面积分数；

$1-\theta_N$——未被氮原子占据的面积分数。

于是

$$\theta_N = Kp_N(1 - \theta_N)$$

由于反应（1）比反应（2）易达平衡，p_N 和 $p_{N_2}^{1/2}$ 成比例，所以上式又可写成

$$\theta_N = \text{const} \cdot p_{N_2}^{1/2}(1 - \theta_N)$$

式中，const 为常数。

如果 N_2 的离解及吸附的氮原子在钢液中的溶解速率都比较快，则可认为氮在钢液中溶解速率的限制环节是氮原子在钢液面上的吸附。于是氮的溶解速率可表示为

$$v = k\text{const} \cdot p_{N_2}^{1/2}(1 - \theta_N) \tag{2-4-6}$$

式中　k——氮原子在钢液面上的吸附速率常数。

从式（2-4-6）可见，除 p_{N_2} 外，界面上未被占据的活性点（$1-\theta_N$）也能影响钢液中氮的溶解速率。钢液中溶解的氧原子（硫原子）是很强的表面活性元素，能在相界面上与氮原子争夺吸附活性点。因此，当钢液的含氧量较高或在出钢时，钢液表面的氧化作用均能降低钢液吸收氮的速率。

2.5　新相形核动力学

冶金反应过程中常要遇到相变过程的形核问题，例如，在碳酸盐分解过程中氧化物相的形成，氧化物还原过程中金属相的形成，钢液的结晶，钢液中 CO 气泡的形成等。这些相变过程的最初阶段都要形成新相核，而新相核生成的难易在一定条件下也可成为反应过程速度的限制环节。

新相核的生成分为均相形核与非均相形核两种。

2.5.1　均相形核

在恒温、恒压下，仅当体系的自由能下降时，反应过程才能自发进行。如果均相体系内有新相形成，则体系的自由能变化是由于新相析出体积自由能的减小和由于新相界面形成自由能的增加两项组成的。对于一个半径为 r 的球形核，有

$$\Delta G = \frac{4}{3}\pi r^3 \Delta G_V + 4\pi r^2 \sigma \tag{2-5-1}$$

（体积能）　（界面能）

式中　ΔG_V——析出单位体积的新相核的自由能变化，J/m^3；

σ——新旧两相的界面能或界面张力，J/m^2。

如新旧两相中组元的化学位分别为 μ_1 和 μ_2，新相核的摩尔体积为 V，则

$$\Delta G_V = (\mu_2 - \mu_1)/V$$

代入化学位的关系式，得

$$\mu_i = u_i^{\ominus} + RT\ln a$$

则可得

$$\Delta G_V = \frac{RT}{V}\ln\frac{a_1^{eq}}{a_1} = -\frac{RT}{V}\ln\frac{a_1}{a_1^{eq}} = -\frac{RT}{V}\ln\alpha$$

式中　a_1——形成新相核的组元在旧相中的活度；

a_1^{eq}——组元在旧相中的平衡活度；

α——体系的过饱和度。

此处，组元在新相中的活度（a_2）及平衡活度（a_1^{eq}）均为 1，因为新相核是纯相。由热力学知，如果要形成一定体积的核心，必须的条件是 ΔG_V 为负值，即体系自由能必须减少才是自发过程，因而 $\alpha>1$，旧相处于过饱和的状态，但是当新相出现时由于表面积的增加又引起表面自由能 $4\pi r^2\sigma$ 的增加，这两项数值一项为正，并随 r 的增加而变大，一项为负，随 r 的增加而变小，体系总自由能随着 r 的变化而改变，如图 2-5-1 所示。

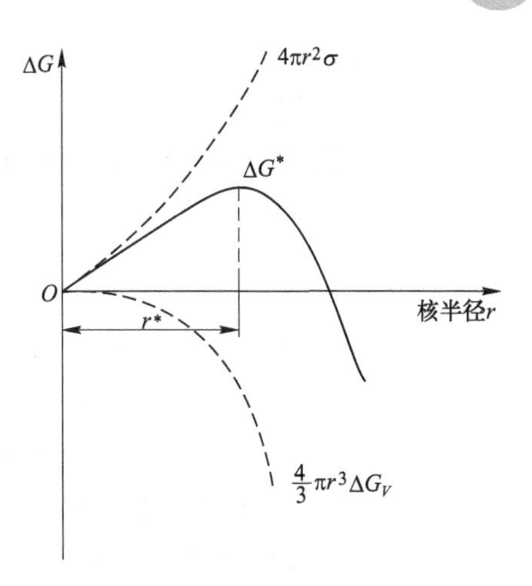

图 2-5-1 均相形核时自由能的变化

自由能达到极大值的相核称为临界核，其半径称为临界半径，用 r^* 表示。从图 2-5-1 可以得到如下结论：

（1）半径 r 大于 r^* 的晶粒能够长大，因为 r 的长大将引起体系自由能的降低，这种晶粒称为晶核；

（2）半径 r 小于 r^* 的晶粒将会重新气化或溶解，因为它们的长大将会引起体系自由能的增加；

（3）半径 r 等于 r^* 的晶粒溶解（或气化）的概率和成长的概率相等，即可能溶解（或气化），也可能长大，这种大小的核称为临界晶核。

将式（2-5-1）对 r 微分，并使之等于零，则可得出临界半径 r^* 和临界核的生成自由能变化

$$\frac{\mathrm{d}\Delta G}{\mathrm{d}r}=4\pi r^2\Delta G_V+8\pi r\sigma=0$$

故
$$r^*=-\frac{2\sigma}{\Delta G_V} \tag{2-5-2}$$

$$\Delta G^*=\frac{16\pi\sigma^3}{3\Delta G_V^2}=-\frac{4}{3}\pi r^2\sigma=\frac{1}{3}(4\pi r^{*2}\sigma)$$

对于气体凝结为液体的过程来说，可由下面考虑算出：

设过饱和蒸汽压力为 p，而在同一温度下蒸汽和液体相平衡的压力为 p_e，当蒸汽从过饱和状态变为与液相平衡的状态，引起自由能的变化即相当于从过饱和蒸汽变化为液相自由能的变化，从热力学可知，在恒温条件下每摩尔自由能变化为

$$\Delta G_1=\int_p^{p_e}V_g\mathrm{d}p=\int_p^{p_e}\frac{RT}{p}\mathrm{d}p=RT\ln\frac{p_e}{p}$$

故以 1 mol 的核的体积 V 除上式，则得到单位体积自由能的变化为

$$\Delta G_V=\frac{\Delta G_1}{V}=\frac{RT}{V}\ln\frac{p_e}{p}=-\frac{RT}{V}\ln\frac{p}{p_e}$$

上面公式中 V_g 为每摩尔气体的体积。将上式代入式（2-5-2），则

$$r^*=\frac{2\sigma}{\frac{RT}{V}\ln\frac{p}{p_e}}=\frac{2\sigma M}{RT\rho\ln\frac{p}{p_e}} \tag{2-5-3}$$

式中 M——摩尔质量；

ρ——核的密度。

对于从过饱和溶液中凝结出固体来说，可得到类似的公式：

$$r^* = \frac{2\sigma M}{RT\rho \ln \dfrac{c}{c_e}}$$

式中，c 和 c_e分别为溶液的过饱和浓度和饱和浓度。

由式（2-5-2）可见，由起伏现象形成的临界半径 r^* 和临界核的 ΔG^* 是与旧相过饱和度（α）有关的，而 ΔG^* 等于临界核表面形成功的 1/3，即临界表面能的 1/3 是由起伏现象供给的。因此，核的形成是和由起伏现象引起的临界核生成的概率（W）有关的。

由于核生成时自由能的增加和其熵的减少是有关的，因而假定体系在平衡态的熵为 S_1，而完成起伏现象，形成临界核的熵为 S_2，

$$S_1 = k\ln W_1$$

$$S_2 = k\ln W_2$$

故

$$\Delta S = S_2 - S_1 = k\ln \frac{W_2}{W_1}$$

在孤立体系内，$\Delta H=0$，从而 $\Delta G=-T\Delta S$，即熵的减少应引起自由能的增加。临界核形成的概率（W）是完成起伏状态的概率与平衡状态的概率之比，即

$$W = \frac{W_2}{W_1} = e^{\Delta S/k} = e^{-\Delta G^*/(kT)}$$

因而新相核生成的速度，即单位时间、单位体积内核形成的概率与此临界核形成的概率（W）成正比，故核生成速度

$$I = Ae^{-\Delta G^*/(kT)} = Ae^{-\frac{4}{3}\frac{\pi r^{*2}\sigma}{kT}} \quad (2\text{-}5\text{-}4)$$

式中 A——指数前系数，由统计热力学导出，$A = \dfrac{nkT}{h}e^{-\Delta G/(kT)}$；

n——单位体积旧相的物质的量；

k——玻耳兹曼常数；

h——普朗克常数；

ΔG——1 mol 物质在相界面上由旧相向新相转移的自由能。

因此，只有生成的核大于临界核时，才能稳定存在，并长大；而临界核越小，则临界 ΔG^* 也越小，新相核在形成中需要克服的能障也就越小，从而核生成的速度就越大，形核的诱导期就越短。

核的进一步长大，与组成核的原子或分子通过相界面向核生成处的扩散速度有关，亦即与扩散的活化能有关，核长大的速度可用下式表示

$$v = Be^{-E_D/(RT)}$$

式中 E_D——扩散活化能；

B——常数。

核的长大比其形成容易，而且速度也较高，不成为这一环节的限制者。

2.5.2 非均相形核

当均相内核的生成有反应器的器壁或异相粒子等第三相参加时，则称为非均相形核或异相形核，图 2-5-2 是在气相（g）内固相物（s）的表面上形成半径为 R 的球冠形的液相核。θ 为核的接触角。核与气相及固相的接触面积分别为 $A_{(gl)}$ 和 $A_{(sl)}$，而 $\sigma_{(gl)}$、$\sigma_{(sl)}$ 和 $\sigma_{(sg)}$ 分别为相界面 $A_{(gl)}$、$A_{(sl)}$、$A_{(sg)}$ 的界面张力。

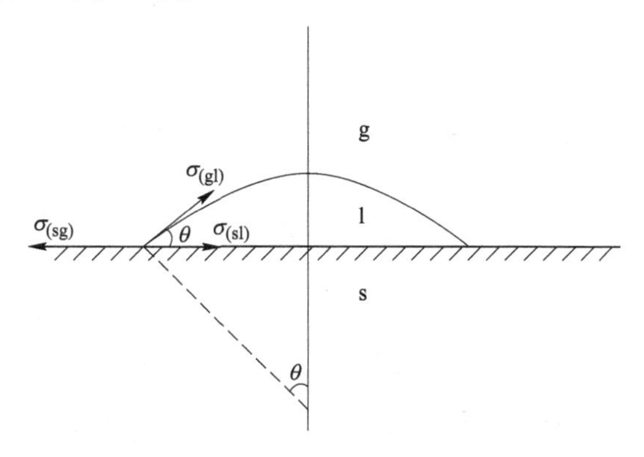

图 2-5-2 非均相核的生成

利用前述的相同原理，可得出非均相核生成的 ΔG

$$\Delta G = V_{(l)}\Delta G_V + \sigma_{(gl)}A_{(gl)} + W_{(sl)}A_{(sl)}$$

式中 $W_{(sl)}$——液相核和固相之间的附着张力。

球冠形面积和体积的计算公式为

$$A_{(gl)} = 2\pi R^2(1 - \cos\theta)$$

$$A_{(sl)} = 2\pi R^2(1 - \cos^2\theta)$$

$$V_{(l)} = \frac{\pi R^3}{3}[(2 + \cos\theta)(1 - \cos\theta)^2]$$

附着张力定义为新相核（液）和固相与均相（气）和固相之间的界面张力之差，亦即：

$$W_{(sl)} = \sigma_{(sl)} - \sigma_{(sg)}$$

利用接触角处三个界面张力在水平方向上的平衡关系式，

$$\sigma_{(sg)} = \sigma_{(sl)} + \sigma_{(gl)}\cos\theta$$

可得

$$W_{(sl)} = -\sigma_{(gl)}\cos\theta$$

将上述诸式代入 ΔG 式中，得

$$\Delta G = \left(\pi R^2\sigma_{(gl)} + \frac{\pi R^3}{3}\Delta G_V\right)(2 - 3\cos\theta + \cos^3\theta)$$

将上式对 R 微分，并使之等于零，可求出临界核的半径 R^* 及其 ΔG^*

$$R^* = -\frac{2\sigma_{(gl)}}{\Delta G_V}$$

$$\Delta G^* = \frac{4\pi\sigma_{(gl)}^3}{3\Delta G_V^2}(2 - 3\cos\theta + \cos^3\theta)$$

与均相形核的比较，可得

$$\frac{\Delta G^*}{\Delta G_H^*}=\frac{2-3\cos\theta+\cos^3\theta}{4}=\beta$$

将上式的关系示于图 2-5-3 中，由图可见：

当 $\theta=0°$时，$\beta=0$；

当 $\theta=90°$时，$\beta=0.5$；

当 $\theta=180°$时，$\beta=1$。

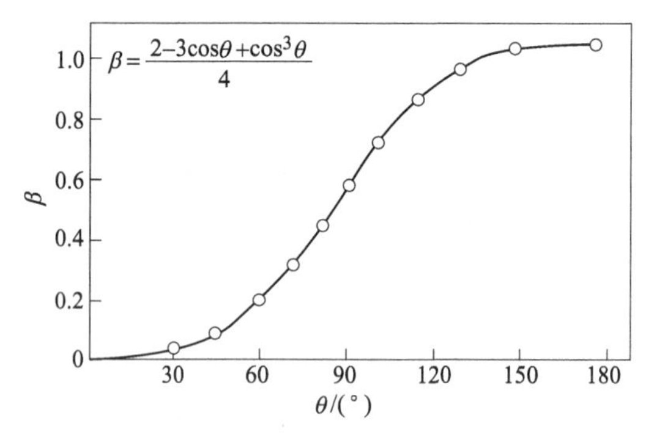

图 2-5-3 θ 对 β 的影响

因此液相核对固相的润湿度 θ 会影响形核的难易，从而非均相形核比均相形核容易，需要的过饱和度较小，而诱导期比较短。

在钢液内，碳氧化形成的 CO 气泡核具有很大的 ΔG^*，所以气泡在钢液内生成的可能很小，实际上多是在炉壁和其他异相物上非均相形核。此外，用硅，锰等脱氧时，由于它们的脱氧常数比较大，不能达到形核频率所要求的过饱和度，所以是异相形核。

下面介绍一个常用的经验公式，单位时间生核速度为

$$I_s=k_n\Delta c_{max}^m$$

式中，k_n和 m 为经验常数；Δc_{max}^m为最大过饱和度，即

$$\Delta c_{max}^m=c_{max}-c_e$$

其中 c_{max}为溶液中最大过饱和浓度；c_e为正常的饱和浓度。

习　　题

2-1 名词解释：基元反应、非基元反应以及半衰期。

2-2 一级反应、二级反应、n 级反应、可逆反应的速率表达式，并分析特征。

2-3 试推导 Arrehenius 公式中活化能 E 和指数前因子 A 的表达式。

2-4 一个 2 级反应的反应产物初始浓度为 0.4×10^3 mol/m^3，此反应在 80 min 内完成了 30%，试求反应的速率常数和反应完成 80%所需的时间。

2-5 在用 CO 还原铁矿石的反应中，1173 K 的 $k_1=2.978\times10^{-2}$ s^{-1}，1273 K 的 $k_2=5.623\times10^{-2}$ s^{-1}。试求：(1) 反应的活化能；(2) 1673 K 的 k 值；(3) 1673 K 时可逆反应的速率常数 $k_+(1+1/K)$。反应：$FeO(s)+CO═══Fe(s)+CO_2$，$\Delta_rG_m^\ominus=-22880+24.26T$ (J/mol)

2-6　球团矿的 $w[S]=0.460\%$，在氧化焙烧过程中，其硫含量的变化如下表所示，试计算脱硫反应（$2FeS+\frac{7}{2}O_2 = Fe_2O_3+2SO_2$）的级数、活化能及反应速率常数的温度式。

球团矿焙烧过程中硫含量的变化 $w[S]$　　(%)

温度/K \ 时间/min	12	20	30	40
1103	0.392	0.370	0.325	0.297
1208	0.325	0.264	0.159	0.119
1283	0.254	0.174	0.130	0.105

2-7　用 H_2 还原钛铁精矿（粒度为 $(19\sim21)\times10^{-3}$ m）时，测得不同温度下不同时间的还原率如下表所示，试求：(1) 还原反应的活化能；(2) 反应速率常数的温度式。还原率是矿石还原过程中失去氧的质量分数，故矿石残存氧量=1-还原率。

矿石还原时还原率的变化　　(%)

温度/K \ 时间/min	10	20	50	70	90
1023	35	64	78	87	90
1123	43	75	78	88	97
1223	55	88	98	99	99

2-8　$w[C]=0.2\%$的 20 钢在 1253 K 下用 $CO+CO_2$ 混合气体进行渗碳，钢件表面碳的平衡浓度 $w[C]=1.0\%$，求渗碳 5 h 后，钢件表面下深度为 0.5×10^{-2} m 层的碳含量。$D_c=2\times10^{-10}\ m^2/s$。

2-9　在电炉炼钢的氧化期内测得各时间锰氧化率如下表所示，试求钢液中锰的传质系数及边界层的厚度。已知电炉容量为 27 t，钢=渣界面面积 $A=15\ m^2$，$D_{Mn}=10^{-7}\ m^2/s$，钢液密度 $\rho=7000\ kg/m^3$。

电炉熔池内各时间锰氧化率

时间/min	0	5	10	15	20	25	30
氧化率/%	0	31.7	53.36	68.14	78.24	85.14	89.85

2-10　写出 Fick 第一定律和 Fick 第二定律。

2-11　写出速度、温度和浓度边界层。

2-12　液-液相反应的动力学模型——双膜理论的要点。

2-13　气-固相反应的动力学模型——未反应核模型的机理。

2-14　名词解释矿球反应度 R，推导 R 与未反应核半径 r 之间的关系。

2-15　分别写出内扩散、界面化学反应为限制性环节以及混合限制时矿球完全反应时间 $\tau_{完}$ 与其半径 r_0 之间的关系。

3 钢铁冶金过程应用案例

3.1 铁的还原

铁是钢铁冶炼过程中的主体元素，铁的性质和行为是钢铁冶金学的主要内容。

地壳中铁的储量比较丰富，按元素计居第四位，但是地壳中的铁不是以纯金属状态存在的，绝大多数是氧化物、硫化物或者硫酸盐等。常用的铁矿石有赤铁矿（Fe_2O_3）、磁铁矿（Fe_3O_4）、褐铁矿（$nFe_2O_3 \cdot mH_2O$）和菱铁矿（$FeCO_3$）。在钢铁冶炼过程中，这些矿物被还原，最后以金属铁的形式存在于钢铁材料中。

3.1.1 CO 和 H_2 还原铁氧化物的热力学

3.1.1.1 铁氧化物的特性

铁氧化物的特性可通过 Fe-O 相图（见图 3-1-1）和表 3-1-1 来了解。从 Fe-O 相图可以看出，铁的氧化物有赤铁矿、磁铁矿和浮氏体三种，其中赤铁矿是组成固定的化合物，磁铁矿在低于 800 ℃时也是组成固定的化合物。当温度高于 800 ℃时，磁铁矿中可溶解氧，而且含氧量的范围随着温度的升高而逐步扩大，另外磁铁矿还会出现 Fe^{2+} 空位的现象。由于在工业生产中，磁铁矿一般在较低温度下被还原的，所以磁铁矿在高温下组成不固定的特性并没有什么实际意义。

表 3-1-1　铁氧化物的特征

物质	赤铁矿	磁铁矿	方铁矿（浮氏体）
英文	Hematite	Magnetite	Wustite
分子式	Fe_zO_g	Fe_zO_A	FeO
理论含铁量/%	69. 94	72. 36	74. 40~76. 84
理论含氧量/%	30. 06	27. 64	23. 16~25. 60
比体积/$cm^3 \cdot g^{-1}$	0. 190（α 型）	0. 193	0. 176
结晶结构	菱形晶系-刚玉型	立方晶系-尖晶石型	立方晶系-氯化钠型

浮氏体不是 Fe 与 O 原子数为 1 ∶ 1 的化合物 FeO，它是立方晶系氯化钠型的 Fe^{2+} 空位晶体，记为 Fe_xO 或者 $Fe_{1-y}O$。在不同温度下 Fe_xO 的含氧范围是不同的，最大的范围是 23. 16%~25. 16%。为了方便起见，通常在研究化学反应时，还是按 FeO 来进行分规论。

3.1.1.2 铁氧化物的逐级还原

铁的氧化和铁氧化物的分解都是逐级进行的，并且在 570 ℃以上和 570 ℃以下有不同的转变步骤：

当温度>570 ℃时　$Fe_2O_3 \rightarrow Fe_3O_4 \rightarrow Fe_xO \rightarrow Fe$

或者　$Fe \rightarrow Fe_xO \rightarrow Fe_3O_4 \rightarrow Fe_2O_3$

当温度<570 ℃时　$Fe_2O_3 \rightarrow Fe_3O_4 \rightarrow Fe$

或者　$Fe \rightarrow Fe_3O_4 \rightarrow Fe_2O_3$

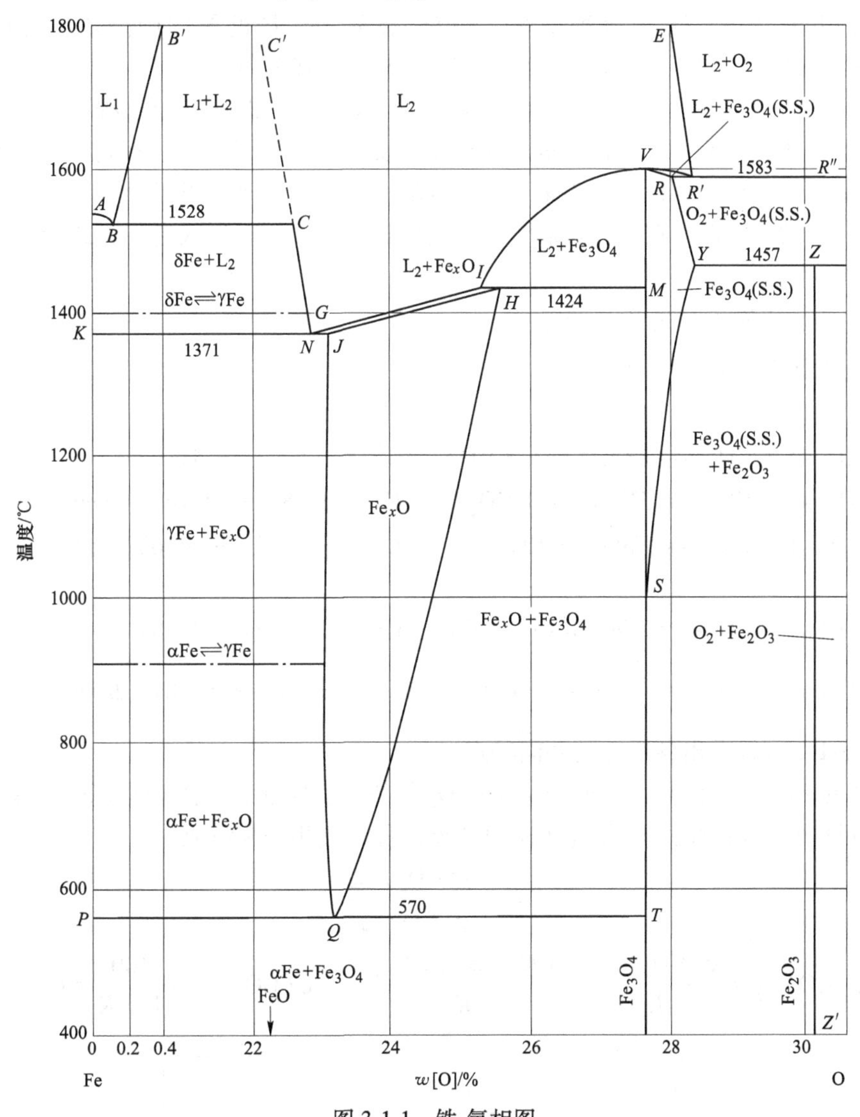

图 3-1-1　铁-氧相图

L_1—溶解氧的铁液；L_2—液态氧化铁；Fe_3O_4(S. S.)—Fe_3O_4 固溶体

同样地，铁氧化物的还原也是逐级进行的，而且不论采用什么样的还原剂，其含氧量都是由高级氧化物的含氧量向低级氧化物的含氧量逐级过渡。例如当采用 CO 为还原剂时，转变步骤为：

>570 ℃

$$3Fe_2O_3 + CO = 2Fe_3O_4 + CO_2 \quad (3\text{-}1\text{-}1)$$

$$Fe_3O_4 + CO = 3FeO + CO_2 \quad (3\text{-}1\text{-}2)$$

$$FeO + CO = Fe + CO_2 \quad (3\text{-}1\text{-}3)$$

<570 ℃

$$3Fe_2O_3 + CO = 2Fe_3O_4 + CO_2 \quad (3\text{-}1\text{-}1)$$

$$Fe_3O_4 + 4CO = 3Fe + 4CO_2 \quad (3\text{-}1\text{-}4)$$

铁氧化物还原的顺序性可以用试验来证实。将正在还原的赤铁矿球解剖，可以发现沿矿球半径方向有 4 层，从中心向外依次为：Fe_2O_3、Fe_3O_4、FeO 和 Fe。随着还原的进行，Fe_2O_3 核心不断减小，Fe 层逐渐增厚，Fe_3O_4 层和 FeO 层的厚度则因还原过程中反应式（3-1-1）、式（3-1-2）、式（3-1-4）速度的变化而时增时减。

铁氧化物的还原是逐级进行的，但是从宏观上测定的矿球在还原过程中含氧量的减少却是连续的，两者并不矛盾。含氧量的连续减少实质上是不同种类、不同含氧量的氧化物的相对数量连续变化的结果，对于某一微小区域，含氧量总是逐级减少。

鉴于还原的顺序性，在研究铁氧化物的还原过程时，可以逐级进行，或者只重点研究最慢的一步。

3.1.1.3 铁氧化物还原热力学

A 用 CO 还原铁氧化物

T>570 ℃：

$$3Fe_2O_3(s) + CO = 2Fe_3O_4(s) + CO_2 \quad \Delta G_1^{\ominus} = -52131 - 41.0T \ (\mathrm{J/mol}) \tag{1}$$

$$Fe_3O_4(s) + CO = 3FeO(s) + CO_2 \quad \Delta G_2^{\ominus} = 35380 - 40.16T \ (\mathrm{J/mol}) \tag{2}$$

$$FeO(s) + CO = Fe(s) + CO_2 \quad \Delta G_3^{\ominus} = -22800 - 24.62T \ (\mathrm{J/mol}) \tag{3}$$

T<570 ℃：

$$3Fe_2O_3(s) + CO = 2Fe_3O_4(s) + CO_2 \quad \Delta G_4^{\ominus} = -52131 - 41.0T \ (\mathrm{J/mol}) \tag{4}$$

$$\frac{1}{4}Fe_3O_4(s) + CO = \frac{3}{4}Fe(s) + CO_2 \quad \Delta G_5^{\ominus} = -9382 + 8.58T \ (\mathrm{J/mol}) \tag{5}$$

由图 3-1-2 可以看出各反应的共同特点：

1 mol 的 CO 参加还原，生成 1 mol 的 CO_2 气体，反应前后气体 CO+CO_2 的总物质的量相等。各反应达平衡时的 CO 含量（体积分数）称为气相平衡组成。

$$K = \frac{\varphi(CO_2)_{\%平}}{\varphi(CO)_{\%平}}$$

$$\varphi(CO)_{\%平} = \frac{\varphi(CO_2)_{\%平}}{K} = \frac{100 - \varphi(CO)_{\%平}}{K} \qquad \varphi(CO)_{\%平} = \frac{100}{1 + K} = f(T)$$

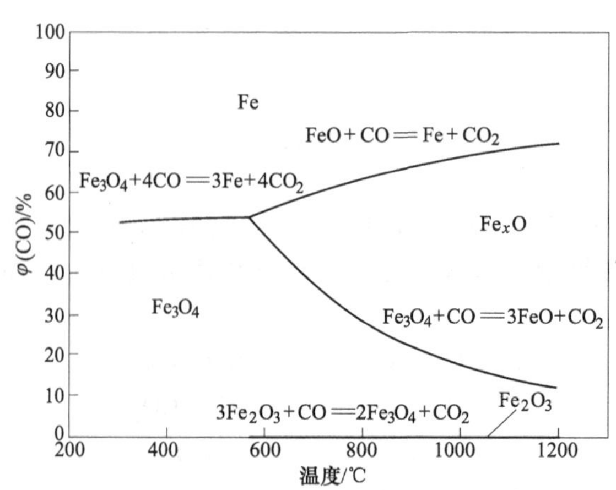

图 3-1-2 CO 还原氧化铁的平衡图

（1）$K \gg 1$，$\varphi(CO)_{平} \approx 0$ 几乎与横轴重合，反应不可逆，Fe_2O_3 很易还原。

（2）反应（2）~反应（4）的平衡线在 570 ℃相交，形成叉形，此点 Fe、Fe_xO、Fe_3O_4 平衡共存。

（3）4 条曲线把图面分成 4 个区，分别是 Fe_2O_3、Fe_3O_4、Fe_xO、Fe 的稳定存在区。

（4）曲线的走向取决于反应的热效应：

放热 $T\uparrow \rightarrow \varphi(CO)_{平}\uparrow$；吸热 $T\uparrow \rightarrow \varphi(CO)_{平}\downarrow$

1 个吸热反应，3 个放热反应，总热效应 $Fe_2O_3 \rightarrow Fe$ 是放热的。

B 用 H_2 还原铁氧化物

$T>570$ ℃：

$$3Fe_2O_3(s) + H_2 = 2Fe_3O_4(s) + H_2O(g) \qquad \Delta G^{\ominus} = -15547 - 74.40T \ (J/mol)$$

$$Fe_3O_4(s) + H_2 = 3FeO(s) + H_2O(g) \qquad \Delta G^{\ominus} = 71940 - 73.62T \ (J/mol)$$

$$FeO(s) + H_2 = Fe(s) + H_2O(g) \qquad \Delta G^{\ominus} = 23430 - 16.16T \ (J/mol)$$

$T<570$ ℃：

$$3Fe_2O_3(s) + H_2 = 2Fe_3O_4(s) + H_2O(g) \qquad \Delta G^{\ominus} = -15547 - 74.40T \ (J/mol)$$

$$\frac{1}{4}Fe_3O_4(s) + H_2 = \frac{3}{4}Fe(s) + H_2O \qquad \Delta G^{\ominus} = 35550 - 30.40T \ (J/mol)$$

对于各反应，1 mol H_2 参加还原生成 1 mol H_2O，可得：

$$K = \frac{\varphi(H_2O)_{\%平}}{\varphi(H_2)_{\%平}} \qquad \varphi(H_2)_{\%平} = \frac{100}{1+K}$$

C CO 与 H_2 还原的比较

（1）CO 还原铁氧化物，3 个放热反应，1 个吸热反应，总热效应为放热。H_2 还原铁氧化物，3 个吸热反应，1 个放热反应，总热效应为吸热。

（2）两组曲线交于 810 ℃。

$$Fe_3O_4(s) + CO = 3FeO(s) + CO_2 \qquad Fe_3O_4(s) + H_2 = 3FeO(s) + H_2O(g)$$

$$FeO(s) + CO = Fe(s) + CO_2 \qquad FeO(s) + H_2 = Fe(s) + H_2O(g)$$

$T>810$ ℃：

$$\varphi(H_2)_{\%平} < \varphi(CO)_{\%平}$$

H_2 的还原能力大于 CO。

$T<810$ ℃：

$$\varphi(H_2)_{\%平} > \varphi(CO)_{\%平}$$

CO 的还原能力大于 H_2。

高温有利于 H_2 的还原，高炉中 35%的 H_2 参加还原，其中 5%左右参加 Fe_3O_4 的还原，95%左右参加 FeO 的还原。

如果其他惰性气体的含量可以忽略不计，或者其他惰性气体的含量在反应过程中始终保持恒定，$\varphi(CO_2)_{\%}+\varphi(CO)_{\%}$ = 常数，平衡常数或平衡状态就可简化为用单一煤气成分来表示，例如用 $\varphi(CO)_{\%}$ 来表示。CO 和 H_2 还原铁氧化物的平衡 $\varphi(CO)_{\%}$ 和 $\varphi(H_2)_{\%}$ 见图 3-1-3。

由于 Fe_2O_3 极易还原，所以不论是用 CO 还是用 H_2 作为还原剂，反应的平衡常数都很

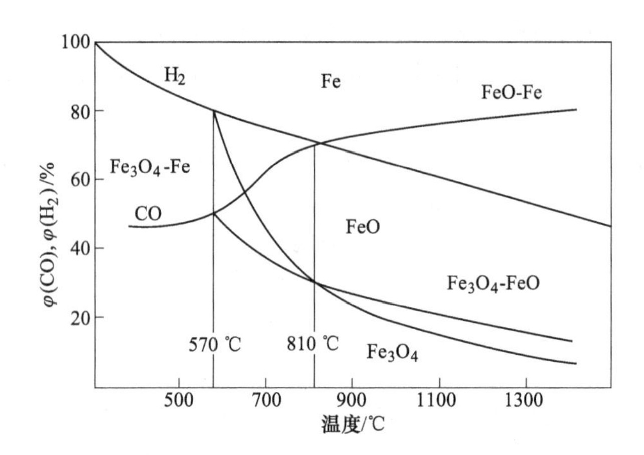

图 3-1-3 H_2 及 CO 还原氧化铁的平衡图

大。如 $T=1000$ K 时，按表 3-1-2 给定的计算式得出的 K_p 值在 $10^3\sim10^4$ 数量级内，即平衡气相成分中几乎为 100%的 CO_2 或 H_2O。所以还原 Fe_2O_3 的平衡气相成分线几乎与横坐标重合，无法显著地表示出来。

表 3-1-2 CO 和 H_2 还原铁氧化物反应的基本热力学数据

序号	反应式	$\Delta H^{\ominus}$/J · mol^{-1}	$\lg K_p$
1	$3Fe_2O_3+CO=2Fe_3O_4+CO_2$	−3842	$2726/T+2.144$
2	$Fe_3O_4+CO=3FeO+CO_2$	1280	$-1373/T-0.341\lg T+0.41-10-3T+2.303$
3	$1/4Fe_3O_4+CO=3/4Fe+CO_2$	−1445	$-2462/T-0.99T$
4	$FeO+CO=Fe+CO_2$	−754	$688/T-0.9$
5	$3Fe_2O_3+H_2=2Fe_3O_4+H_2O$	−1246	$-131/T+4.42$
6	$Fe_3O_4+H_2=3FeO+H_2O$	3634	$-3410/T+3.61$
7	$1/4Fe_3O_4+H_2=\frac{3}{4}FeO+H_2O$	957	$-3110+2.72T$
8	$FeO+H_2=Fe+H_2O$	1600	$-1225/T+0.845$

浮氏体是含氧量不固定的氧化物，CO 和 H_2 还原浮氏体的平衡气相成分不仅是温度的函数，也是浮氏体含氧量的函数，见表 3-1-3。在进行有关浮氏体的热力学计算时，一定要特别注意浮氏体的含氧量。

表 3-1-3 浮氏体相内氧浓度与气相平衡成分的关系

浮氏体的氧/%	800 ℃		1000 ℃		1200 ℃	
	φ(CO)/%	φ(H_2)/%	φ(CO)/%	φ(H_2)/%	φ(CO)/%	φ(H_2)/%
23.0	64.6	65.8	68.4	56.3	72.5	50.3
23.5	54.0	55.2	57.4	42.9	60.5	37.3
24.0	37.4	37.5	38.8	26.2	41.9	21.7
24.5	—	—	22.8	14.2	25.1	11.5
25.0	—	—	—	—	14.1	5.9

图 3-1-3 中，无论是 CO 作还原剂还是 H_2 作还原剂，叉形曲线的 3 条曲线都在 570 ℃ 相交。相交处三固相 Fe_3O_4、FeO 和 Fe 平衡共存，体系变量数为零，具有确定的温度和气相组成。4 条曲线均为两固相平衡共存，体系仅有一个变量，气相组成与温度相关。

4 条曲线把图形分成 4 个区域，分别为 Fe_2O_3、Fe_3O_4、FeO 和 Fe 的稳定区。判断稳定区的方法是：如果 CO 浓度大于某反应的平衡浓度，则该反应向右进行，如果 CO 浓度小于某反应的平衡浓度，则该反应向左进行。

由图 3-1-3 可知，随着还原反应的推进，一级比一级困难，表现为平衡气相成分中 CO 的浓度越来越高，又因 FeO 还原成 Fe 的夺氧量是总夺氧量的 70%，所以这一步是决定高炉生产率和耗碳量的关键，也是理论研究的重点。

图 3-1-3 中曲线的斜率与反应热效应有关，斜率为正是放热反应，斜率为负则是吸热反应。对于 FeO→Fe 的还原反应，采用 CO 为还原剂时反应放热，采用 H_2 则为吸热反应。还原反应的热效应将影响反应器内的温度场，反应器的温度场反过来又会影响还原反应的速度。

3.1.1.4 CO 和 H_2 还原氧化铁的过剩系数

A Fe_3O_4 还原至 Fe 的过剩系数

将 n mol 的 CO 和 $\frac{1}{3}$ mol 的 Fe_3O_4 放入反应器内，在一定温度下，可将 Fe_3O_4 全部还原为 Fe 的 n 的最小值，即为 CO 还原 Fe_3O_4 至 Fe 的过剩系数。

随着还原的进行，CO 的物质的量和 Fe_3O_4 的物质的量逐渐减少，CO_2 的物质的量和 Fe 的物质的量逐渐增加。先考虑第一步反应：

	Fe_3O_4 +	CO ══	3FeO +	CO_2
当 FeO 的物质的量为 0 时	$\frac{1}{3}$	n	0	0
当 FeO 的物质的量为 r 时	$\frac{1-r}{3}$	$\frac{n-r}{3}$	r	$\frac{r}{3}$
当 FeO 的物质的量为 1 时	0	$\frac{n-1}{3}$	1	$\frac{1}{3}$

反应能够向右进行的条件是：

$$\frac{\varphi(CO_2)_{\%}}{\varphi(CO)_{\%}} = \frac{\frac{r}{3}}{n - \frac{r}{3}} \leqslant Kp_2 \quad (0 \leqslant r \leqslant 1)$$

推导上式，可得：

$$n \geqslant \frac{r}{3}\left(1 + \frac{1}{Kp_2}\right) \quad (0 \leqslant r \leqslant 1)$$

显然，r 越大，等式右边越大。当 $r=1$ 时，等式右边为 $\frac{1}{3}\left(1 + \frac{1}{Kp_2}\right)$，由此可得出：

$$n_{\min} \geqslant \frac{1}{3}\left(1 + \frac{1}{Kp_2}\right)$$

再考虑第二步反应：

$$FeO + CO = Fe + CO_2$$

	FeO	CO	Fe	CO_2
当铁的物质的量为 0 时	1	$\frac{n-1}{3}$	0	$\frac{1}{3}$
当铁的物质的量为 r 时	$1-r$	$n-\frac{1}{3}-r$	r	$\frac{1}{3}+r$
当铁的物质的量为 1 时	0	$n-\frac{1}{3}-1$	1	$\frac{1}{3}+r$

反应能够向右进行的条件是：

$$\frac{\varphi(CO_2)_{\%}}{\varphi(CO)_{\%}} = \frac{\frac{1}{3}+r}{n-\frac{1}{3}-r} \leqslant Kp_1 \quad (0 \leqslant r \leqslant 1)$$

推导上式，可得：

$$n_{\min} = \frac{4}{3}\left(1+\frac{1}{Kp_1}\right)$$

合并两式：

$$n_{\min} = \max\left\{\frac{1}{3}\left(1+\frac{1}{Kp_2}\right),\ \frac{4}{3}\left(1+\frac{1}{Kp_1}\right)\right\}$$

B　在逆流运动中 F_3O_4 还原至 Fe 的过剩系数

将 n mol 的 CO 和$\frac{1}{3}$ mol 的 Fe_3O_4 放入逆流反应器内，在一定温度下，可将 F_3O_4 全部还原为 Fe 的 n 的最小值，就是要求解的值。

$$Fe_3O_4 + CO = 3FeO + CO_2$$

	Fe_3O_4	CO	3FeO	CO_2
当 FeO 的物质的量为 0 时	$\frac{1}{3}$	$\frac{n-4}{3}$	0	$\frac{4}{3}$
当 FeO 的物质的量为 r_1 时	$\frac{1-r_1}{3}$	$n-\frac{4}{3}+\frac{r_1}{3}$	r_1	$\frac{4-r_1}{3}$
当 FeO 的物质的量为 1 时	0	$n-1$	1	1

$$Fe_3O_4 + CO = 3FeO + CO_2$$

	Fe_3O_4	CO	3FeO	CO_2
当铁的物质的量为 0 时	1	$n-1$	0	1
当铁的物质的量为 r_2 时	$(1-r_2)$	$n-1+r_2$	r_2	$1-r_2$
当铁的物质的量为 1 时	0	n	1	0

两反应能够向右进行的条件是：

$$\frac{\frac{1-r_1}{3}}{n-\frac{4}{3}+\frac{r_1}{3}} \leqslant Kp_1 \quad (0 \leqslant r_1 \leqslant 1)$$

以及

$$\frac{1 - r_2}{n - 1 + r_2} \leqslant Kp_1 \quad (0 \leqslant r_1 \leqslant 1)$$

推导可得：

$$n \geqslant \frac{4}{3}\left(1 + \frac{1}{Kp_2}\right) - \frac{r_1}{3}\left(1 + \frac{1}{Kp_2}\right) \quad (0 \leqslant r_1 \leqslant 1)$$

及

$$n \geqslant (1 - r_2)\left(1 + \frac{1}{Kp_2}\right) \quad (0 \leqslant r_2 \leqslant 1)$$

综合两式，可得：

$$n_{\min} = \max\left\{\frac{4}{3}\left(1 + \frac{1}{Kp_2}\right),\ \left(1 + \frac{1}{Kp_1}\right)\right\}$$

3.1.2 铁氧化物间接还原的动力学

3.1.2.1 铁氧化物间接还原的环节

铁矿石气体还原模型主要有下列几种：

（1）拟均相模型。拟均相模型假定还原反应在矿石整体内进行，忽略扩散的影响，认为还原速率只与未还原的氧化铁量成正比，还原过程由化学反应动力学控制。该模型适用于粒径小于 50 μm 或空隙率大于 90%以上的矿石，所以主要用于流态化过程。

（2）多孔模型。参照化工中的固相催化模型，认为气体还原剂一边向内扩散，一边进行还原，这样在颗粒内部，气、液相浓度的径向分布都是渐变的。该模型可用于描述孔隙度较大的球团矿还原过程。

（3）未反应核模型。化学反应在反应界面上进行，反应界面随着反应的进行逐步由外向内收缩，在固体的中心有一个未反应的核心，模型由此而得名。

（4）三界面未反应核模型。在还原过程中，可形成多层壳结构，由此 Spitzer 提出了多界面解模型。许多研究表明，单界面未反应核模型是仿真性较好的一个模型，虽然多界面模型在还原机理上作了更为深入和全面的考虑，但因引入了许多很难确定的参数，这些参数很容易导致模型失真。

球形矿石颗粒被 CO 或 H_2 还原时，有下列 5 个环节：

（1）气体还原剂的分子由气相主流（浓度为 c_A^0）穿过气体边界层（可称为外扩散），到达球的外表面，浓度下降为 c_A^S；

（2）气体还原剂分子穿过多孔的还原产物层扩散（可称为内扩散）到达未反应核外表面，即反应界面，浓度进一步下降为 c_A^I；

（3）在界面上发生化学反应；

（4）气体产物分子解吸后，在未反应核表面的浓度为 c_B^I，穿过还原产物层向外扩散（也称内扩散）到达矿球表面时浓度下降为 c_B^S；

（5）气体产物穿过气体边界层扩散到气相主流中，浓度下降为 c_B^0。

各环节如图 3-1-4 所示。

3.1.2.2 未反应核速率模型

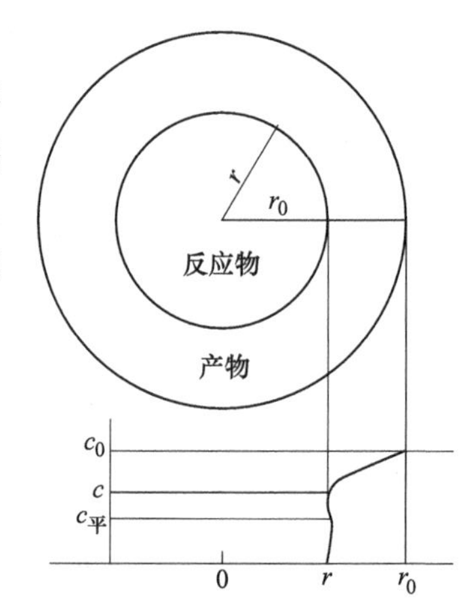

图 3-1-4 球形铁矿石还原未反应核模型

未反应核模型是一种气固相反应的速率模型，其基本思想已在第 2 章中作过介绍。用未反应核模型来分析间接还原反应速率，是人们普遍接受的。根据未反应核模型，结合铁氧化物间接还原反应的具体情况，可导出间接还原反应的速率为：

$$R_A = \frac{c_A^0 - c_A^*}{\dfrac{1}{4\pi r_0^2 \beta} + \dfrac{1}{4\pi \dfrac{r_0 \cdot r}{r_0 - r} D_E} + \dfrac{K}{1+K} \dfrac{1}{4\pi r^2 \cdot k}}$$

式中 R_A——还原速率，mol/s；

c_A^0——气相主流中还原气体的浓度，mol/m³；

c_A^*——平衡状态下还原气体的浓度，mol/m³；

r_0——矿球半径，m；

r——未反应核半径，m；

β——气体边界层传质系数，m/s；

D_E——有效扩散系数，m²/s；

K——平衡常数；

k——化学反应速率常数，m/s。

上式为气固相还原反应的速度式。等式右端分子为还原气体在主流中的浓度与平衡浓度之差，反应的推动力。分母中三项分别代表边界层扩散、穿过产物层扩散及界面反应的阻力。

3.1.2.3 引入还原度

由于未反应核的半径 r 不易测得，所以通常都将 r 变换为还原度 f。设矿石内氧的分布是均匀的，且还原反应只在一个界面上完成，则还原度 f 与未反应核半径 r 的关系为：

$$f = \frac{r_0^3 - r^3}{r_0^3}$$

同时，用还原度随时间变化率表示的还原速率与 R 有下列关系：

$$\frac{\mathrm{d}f}{\mathrm{d}t} = \frac{R_A}{\dfrac{4}{3}\pi r_0^3 \rho_0}$$

转换后的未反应核速度式为：

$$\frac{\mathrm{d}f}{\mathrm{d}t} = \frac{3}{r_0 \rho_0} \frac{c_A^0 - c_A^*}{\dfrac{1}{\beta} + \dfrac{r_0}{D_e}[(1-f)^{-1/3} - 1] + \dfrac{K}{k(1+K)}(1-f)^{-2/3}}$$

式中 ρ_0——矿球内氧的浓度，mol/m³。

引入还原度，不仅替代了不易测定的未反应核半径，同时也使得速度式便于分离变量

进行积分。在界面化学反应控制时，

$$\frac{\mathrm{d}f}{\mathrm{d}t}=\frac{3}{r_0\rho_0}\frac{c_A^0-c_A^*}{\frac{K}{k(1+K)}(1-f)^{-2/3}}$$

分离变量，进行积分：

$$\int\frac{3}{r_0\rho_0}(c_A^0-c_A^*)\mathrm{d}t=\int\frac{K}{k(1+K)}(1-f)^{-2/3}\mathrm{d}f$$

当 $t=0$ 时，$f=0$；$t=t$ 时，$f=f$ 积分可得：

$$\frac{c_A^0-c_A^*}{r_0\cdot\rho_0}t=\frac{K}{k(1+K)}[1-(1-f)^{-2/3}]$$

当使用特定的矿石以及温度和还原剂成分一定时，皆为常数，则上式的意义为：

$$1-(1-f)^{\frac{1}{3}}\propto t$$

或者

$$\frac{r_0-r}{r_0}\propto t$$

也就是说，在界面化学反应控制时，反应界面是沿半径方向匀速向里推进的。

当内扩散是限制环节时，

$$\frac{\mathrm{d}f}{\mathrm{d}t}=\frac{3}{r_0\rho_0}\frac{c_A^0-c_A^*}{\frac{1}{\beta}+\frac{r_0}{D_e}[(1-f)^{-1/3}-1]}$$

分离变量后，积分结果为：

$$\frac{6(c_A^0-c_A^*)D_e}{r_0^2\cdot\rho_0}t=[1-3(1-f)^{2/3}+2(1-f)]$$

同样在特定的条件下，上式的意义为：

$$[1-3(1-f)^{2/3}+2(1-f)]\propto t$$

3.1.2.4 影响还原速率的因素

根据未反应核模型，矿石性能、煤气成分以及还原温度等因素对还原过程的影响可分析如下。

A 矿石的性能

铁矿石的评价主要有三个方面：第一个方面是品位、脉石成分及其分布、有害元素的含量等；第二个方面是粒度组成和常温下的力学性能；第三个方面是冶金性能，包括还原性、软化熔滴性能、还原粉化等。三方面的性能对还原过程都有影响，但还原性的影响最大。

还原性是衡量矿石是否容易被还原的质量指标，还原性指标高表明矿石容易被还原，反之表明矿石不容易被还原。由于实验室很难模拟高炉生产的实际情况，所以还原性仅仅是一个相对数值。铁矿粉造块工艺可以改善铁矿石的还原性，铁矿石的还原性主要与其矿物组成和结构等许多因素有关联。还原度的检测规程见表 3-1-4。

表 3-1-4 铁矿石还原性检测规程

标准		ISO 4695—1984	冶金工业部标准
试样	质量	500 g	500 g
	粒度	10~12.5 mm	10~12.5 mm
还原气体	$\varphi(CO)$	40%±0.5%	30%±1%
	$\varphi(N_2)$	60%±1%	70%±1%
	$\varphi(CO_2)$	<0.2%	<0.5%
	$\varphi(H_2)$	<0.1%	—
	流量（标态）	150 L/min	150 L/min
还原温度		950 ℃	900 ℃
反应管		双层，内径 75 mm	单壁，内径 75 mm
评价标准		还原速率	还原度

由表可见，两种检测规程对还原性的评价方法不同：

（1）用还原度

$$R = \frac{W_0 - W_f}{W_1(0.43w(Fe)_t - 0.112w(FeO))}$$

式中 W_0——还原开始前试样质量，g；

W_f——还原结束时试样质量，g；

W_1——装入还原反应管的试样质量，g；

$w(Fe)_t$——试样全铁质量分数，%；

$w(FeO)$——试样 FeO 质量分数，%。

还原度高，则还原性好，一般要求 $R>80\%$。

（2）用还原度为 40%时的还原速率为

$$\left(\frac{dR}{dt}\right)_{40} = \frac{33.6}{t_{60} - t_{30}} \tag{3-1-5}$$

式中 t_{60}——达到还原度 60%的时间；

t_{30}——达到还原度 30%的时间。

式（3-1-5）是根据还原度的定义推导来的：

设失氧速率式

$$-\frac{dm_O}{dt} = km_O$$

式中 m_O——试样中 t 时刻的含氧量，g。

又
$$\frac{m_O}{m_{Ot}} = 1 - \frac{R}{100}$$

式中 m_{Ot}——试样中的总含氧量，g。

整理得
$$m_O = m_{Ot} - \frac{m_{Ot}}{100}R$$

取微分
$$dm_O = -\frac{m_{Ot}}{100}dR$$

代入失氧速率式，可得：

$$m_{Ot}\frac{dR}{dt} = Km_{Ot}\left(1 - \frac{R}{100}\right)$$

积分，并代入初始条件：$t=0$ 时，$R=0$，可得当 $R=40\%$时，

有
$$\left(\frac{dR}{dt}\right)_{40} = \frac{33.6}{t_{60} - t_{30}}$$

规定还原度为40%时的还原速率作为还原性指数，是因为此时为浮氏体还原阶段。还原度和 $n(O)/n(Fe)$ 的换算关系为：

$$\frac{R}{100} = \frac{1.5 - \frac{n(O)}{n(Fe)}}{1.5}$$

$$\frac{n(O)}{n(Fe)} = 1.5\left(1 - \frac{R}{100}\right)$$

当还原度为40%时，$n(O)/n(Fe)$ 为 $1.5\times(1-0.4)=0.9$（1.5 为 Fe_2O_3 的 O、Fe 物质的量比）。

B 温度的影响

温度升高，化学反应速率增大，扩散系数也增大，因而有利于还原反应的进行。在界面化学反应控制时，根据阿伦尼乌斯（Arrhenius）定律，还原速率随着温度的增加，成比例增加（一般认为频率因子 A 为常数），所以温度对反应速率有显著影响，且反应活化能 E 值越大，温度效应越甚。

在内扩散控制下，扩散系数与温度的 1.75 次方成比例变化。与阿伦尼乌斯关系式对比，相当于 $E=8.4\sim21$ kJ/mol（界面反应的 $E=62.8\sim117.2$ kJ/mol）。

实际的反应过程通常可按复合控制考虑，活化能值 $E=105\sim210$ kJ/mol，活化能的确切数值需由试验来决定。如果还原气体的浓度用体积百分数表示，温度效应按 T^n 的形式来表述的话，复合控制下的 n 值一般在 0.75~3.0 之间。

试验研究表明，用 CO 或 H_2 还原同一矿石，CO 表现的活化能略大于 H_2。但是当使用不同的矿石进行试验时，活化能的数值可能有较大差别，这大概是矿石不同，还原反应的控制环节也不一样的缘故。

C 气体成分的影响

H_2 的扩散速度和反应速度都比较快，所以不论处于什么控制范围，富含 H_2 的煤气其还原速率比 CO 快，当然尽可能减少还原气体中 CO_2 和 H_2O 的含量，可以有效地促进还原反应的进行。

宏观上，气体浓度场随还原过程的进行而变化，其变化规律与还原所采用反应器的形式有关，由于大多数间接还原反应都是在逆流反应器中进行的，所以下面以逆流反应器为例进行讨论。

首先还原气体的平衡成分是随着还原的推进而逐级增大的，这对于反应是不利的。具体如下：

$$C^* = \begin{cases} C^*_{HM} & 0 \leqslant f \leqslant 0.111 \\ C^*_{MW} & 0.111 \leqslant f \leqslant 0.333 \\ C^*_{WF} & 0.333 \leqslant f \leqslant 1.0 \end{cases}$$

式中，下标 H，M，W，F 分别代表赤铁矿、磁铁矿、浮氏体和金属铁，0.111 和 0.333 分别是由赤铁矿还原至磁铁矿和浮氏体时的还原度，3 级反应的平衡浓度见图 3-1-2 和表 3-1-2。

其次在逆流反应器中，还原气体的浓度也是随着还原度的增大而增大的，这对于反应是有利的。还原气体的浓度和还原气体的平衡成分都是与还原度有关的，所以在对还原速率微分式进行分离变量积分时，应将两个浓度与还原度的关系式代入。下面举例说明还原气体成分与还原度关系式的推导过程。

设铁氧化物由上向下运动，还原气体由下向上运动。铁氧化物的初始成分为赤铁矿，最终还原度为 R，还原气体的初始浓度为 $\varphi(CO)_{\%}=100$，$n(CO)/n(Fe)=\mu$。以 1 mol Fe 为计算标准，那么 $n(CO)=\mu$ mol。按上述条件得出表 3-1-5。

表 3-1-5 还原气体成分与还原度关系式的推导过程数据表

界面	还原度	铁氧化物物质的量	$n(CO)$	$n(CO_2)$	$\varphi(CO)_{\%}$
上界面	0	1.5 mol	$\mu-1.5R$	$1.5R$	$100-150\dfrac{R}{\mu}$
其他界面	r	$1.5(1-r)$ mol	$\mu-1.5(R-r)$	$1.5R\sim1.5r$	$100-150\dfrac{R-r}{\mu}$
下界面	R	$1.5(1-R)$ mol	μ	0	100

可见

$$\varphi(CO)_{\%} = 100 - 150\frac{R-r}{\mu}$$

即 $\varphi(CO)_{\%}$随着 r 的增大而增大。当然边界条件不同时，导出的 $\varphi(CO)_{\%}$与还原度的关系式也会不同。另外有一点必须注意，当还原反应速率式采用体积百分数时，要在速率式中增加浓度换算系数。

D 压力的影响

压力通过对还原气体分子浓度的影响起作用。压力增大可提高反应速度，压力对扩散速率的影响不大。在复合控制下，压力与反应速度的关系可表达为：

$$R \propto p^n \quad n = 0.1(\text{一般取 } 0.5)$$

3.1.3 氢气在高炉内反应的热力学

热力学和动力学的研究有助于更好地解释富氢条件下含铁矿物还原过程的矿相演变和形成机理。研究表明，铁矿石还原的过程一般是分级进行的，并且在 843 K 前后的反应温度下的还原状况是不相同的。

当反应温度 $T>843$ K 时，该温度下铁氧化物的还原顺序为 $Fe_2O_3 \rightarrow Fe_3O_4 \rightarrow FeO \rightarrow Fe$；当反应温度 T 约为 843 K 时，铁氧化物的还原顺序则变为 $Fe_2O_3 \rightarrow Fe_3O_4 > Fe$。不同温度下两个顺序的共同点是 Fe_2O_3 都必须先还原成 Fe_3O_4（黑色，有铁磁性）；两个顺序的区别是，由于低于 843 K 时 Fe_2O_3 不及 Fe_3O_4 稳定，所以先生成 Fe_3O_4，再通过 CO，不经过

FeO 阶段直接还原成 Fe。而 $T>843$ K，Fe_3O_4 需先还原成 FeO，再由 FeO 还原成 Fe。由于还原过程是由高价氧化物到低价氧化物甚至单质元素的一个转变过程，因此随着反应进程的推进，越往后期还原反应就会变得越困难。

3.1.3.1 热力学分析

根据还原热力学基本方程式：

$$\Delta G_m = \Delta G_m^\ominus + RT\ln Q \tag{3-1-6}$$

式中 ΔG_m——反应产物与反应物的自由能的差；

$\Delta G_m^\ominus$——反应在标准态时产物与反应物的自由能的差。

反应达平衡时，$\Delta G_m=0$，有：

$$\Delta G_m^\ominus = -RT\ln Q = -RT\ln K \tag{3-1-7}$$

则可以得到：

$$-\frac{\Delta G_m^\ominus}{RT} = \ln\frac{p_{CO_2}}{p_{CO}} \text{或} \ln\frac{p_{H_2O}}{p_{H_2}} \tag{3-1-8}$$

此时

$$\eta = \frac{p_{CO_2}}{p_{CO}+p_{CO_2}} \quad \text{或} \quad \ln\frac{p_{H_2O}}{p_{H_2}+p_{H_2O}} = \frac{K}{1+K} \tag{3-1-9}$$

式中 $\Delta G_m^\ominus$——标准摩尔吉布斯自由能，J/mol；

R——理想气体常数；

T——热力学温度，K；

p——气体分压，Pa；

η——利用率。

3.1.3.2 还原热力学

所谓氢冶金，即在还原冶炼过程中主要用气体氢作还原剂，最终产物是水，实现二氧化碳零排放。可见，实现氢冶金发展方式，是钢铁工业发展低碳经济的最佳选择。此外，该还原反应是分层进行的，从颗粒的外层向内层进行。即过程中外层的还原程度高，每一个被还原出来的新相形成一层，包围着原来的高价氧化物。某时刻，当颗粒外表面已是金属铁时，内部的各层还是各种氧化程度的氧化物，如 FeO、Fe_3O_4，最内层可能还是 Fe_2O_3。由此可知，用细分散的 Fe_2O_3 还原可大幅加速还原过程，这不仅由于颗粒的比表面大，而且还缩短了还原性气体和产物气体的扩散时间。

用 CO 还原比用 H_2 还原难进行，需要的温度比用 HB（加湿鼓风）还原的温度要高。这是由于 H_2 分子可被氧化物表面晶格拉伸、分裂成活性高的 H 原子。而 CO 分子中 C 原子与 O 原子间存在三重键，不可能被金属氧化物表面晶格完全拉开，需要较高温度才能拉长、削弱 CO 的化学键。

A CO 还原热力学

热力学计算主要采用 FactSage 软件进行计算、绘图，并利用 Origin 软件进行曲线的标注和绘制，具体过程如下。

CO 还原过程中主要发生以下几个反应：

$$3Fe_2O_3 + CO = 2Fe_3O_4 + CO_2 \tag{3-1-10}$$

$$\Delta_r G_m^\ominus = -41.00T - 53131，\lg K = 2726/T + 2.144$$

$$Fe_2O_3 + 3CO = 2FeO + 3CO_2 \tag{3-1-11}$$

$$\Delta_r G_m^{\ominus} = -40.16T - 35380,\ \lg K = -1373/T - 0.341\lg T + 0.41 - 10^{-3}T + 2.303$$

$$\frac{1}{4}Fe_3O_4 + CO = \frac{3}{4}Fe + CO_2 \tag{3-1-12}$$

$$\Delta_r G_m^{\ominus} = 8.58T - 9382, \lg K = -2426/T - 0.99T$$

$$FeO + CO = Fe + CO_2 \tag{3-1-13}$$

$$\Delta_r G_m^{\ominus} = 24.60T - 22800,\ \lg K = 688/T - 0.9$$

根据式（3-1-8）与式（3-1-9）以及化学反应方程式（3-1-11）~式（3-1-13），可做出如图3-1-5所示不同温度下CO还原铁氧化物的平衡相图。

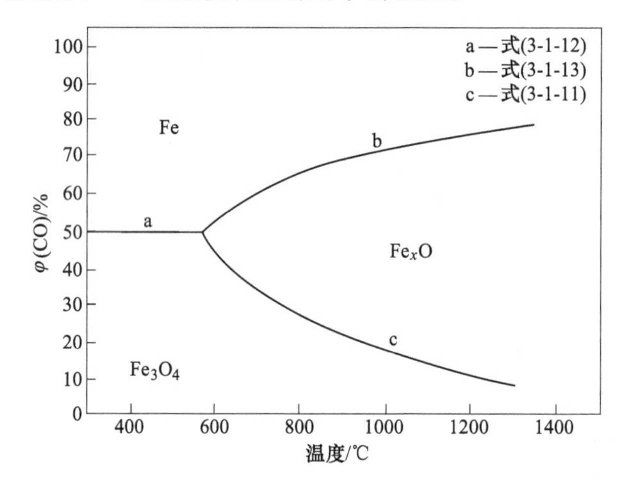

图3-1-5　CO还原铁氧化物的平衡相图

图3-1-6所示为CO还原铁氧化物ΔG时随温度的变化规律，结合图3-1-5和图3-1-6可以看到，化学方程式（3-1-11）~式（3-1-13）的热力学反应温度分别为881 K、1093 K、927 K。随着温度的升高，式（3-1-11）所需的吉布斯自由能降低，式（3-1-12）和式（3-1-13）所需的吉布斯自由能升高。结合CO还原平衡相图可以得出反应式（3-1-11）在881 K后随温度的升高转化率增大，式（3-1-12）与式（3-1-13）在1093 K和927 K之前反应能够正向

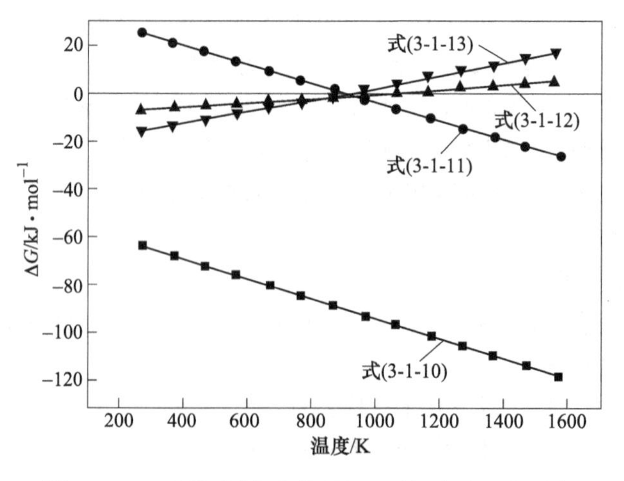

图3-1-6　CO还原铁氧化物时ΔG随温度的变化规律

进行。由 CO 还原铁氧化物平衡相图可以看到，式（3-1-10）大部分反应在初期基本已经完成转换，转换为 Fe_3O_4 的吉布斯自由能远远低于其他反应的吉布斯自由能。

B H_2 还原热力学

$$3Fe_2O_3 + H_2 \xlongequal{\quad} 2Fe_3O_4 + H_2O \tag{3-1-14}$$

$$\Delta_r G_m^{\ominus} = -111.42T - 41425,\ \lg K = -131/T + 4.42$$

$$Fe_3O_4 + H_2 \xlongequal{\quad} 3FeO + H_2O \tag{3-1-15}$$

$$\Delta_r G_m^{\ominus} = -69.16T - 66105,\ \lg K = -3410/T + 3.61$$

$$\frac{1}{4}FeO + H_2 \xlongequal{\quad} \frac{3}{4}Fe + H_2O \tag{3-1-16}$$

$$\Delta_r G_m^{\ominus} = -25.94T - 29700,\ \lg K = -3410/T + 2.72T$$

$$FeO + H_2 \xlongequal{\quad} Fe + H_2O \tag{3-1-17}$$

$$\Delta_r G_m^{\ominus} = -11.6T - 17580,\ \lg K = -1225/T + 0.845$$

图 3-1-7 与图 3-1-8 所示为 H_2 还原铁氧化物的平衡相图和 H_2 还原铁氧化物时 ΔG 随温度的变化规律。同理由图 3-1-7 和图 3-1-8 可以看到，化学方程式（3-1-15）~式（3-1-17）的热力学反应温度分别为 950 K、1145 K 和 1515 K。随着温度的升高，式（3-1-15）~式（3-1-17）所需的吉布斯自由能降低。并且 H_2 的还原情况为，在温度 T>843 K 时铁氧化物的还原顺序依次为 Fe_2O_3→Fe_3O_4→FeO→Fe；在温度 T<843 K 时铁氧化物的还原顺序依次为 Fe_2O_3→Fe_3O_4→Fe。而且在还原过程中，H_2 平衡图在高温时向右下倾斜，说明 H_2 在温度较高时还原性能更强。

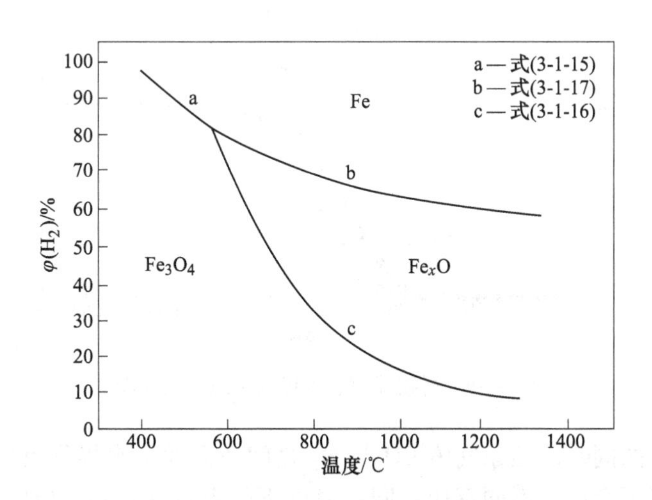

图 3-1-7 H_2 还原铁氧化物的平衡相图

C H_2 和 CO 耦合反应的热力学

还原气体中如果同时存在 CO 和 H_2，在进行还原的同时两种还原气体之间同样也会发生水煤气反应和析碳反应。图 3-1-9 所示为析碳反应和水煤气反应平衡相图。

$$CO_2 + H_2 \xlongequal{\quad} CO + H_2O \tag{3-1-18}$$

$$\Delta_r G_m^{\ominus} = -26.8T - 29490, \lg K = 1951/T - 1.469T$$

$$2CO \xlongequal{} CO_2 + C(s) \tag{3-1-19}$$

$$\Delta_r G_m^\ominus = 174.47T - 166550, \quad \lg K = 8698.5/T + 8.931$$

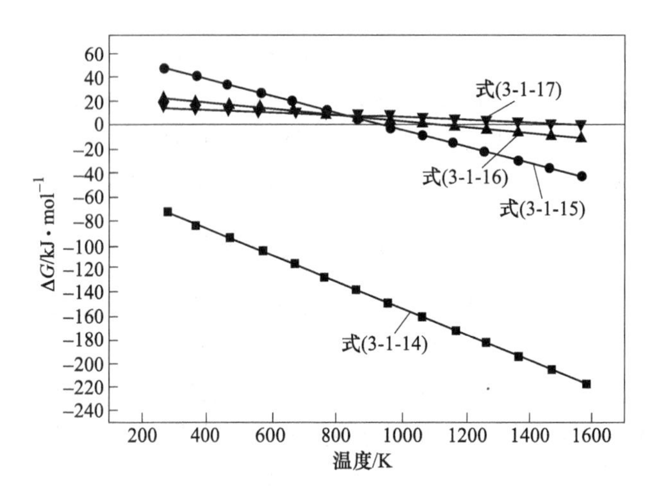

图 3-1-8　H_2 还原铁氧化物时 ΔG 随温度的变化规律

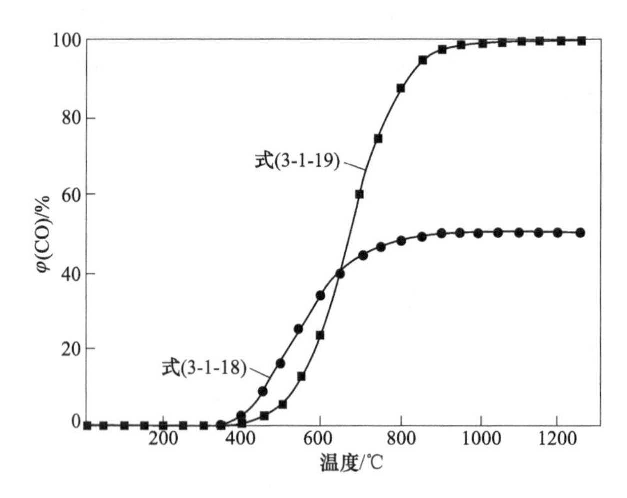

图 3-1-9　析碳反应和水煤气反应平衡相图

还原反应发生的同时，还原气体 CO 与 H_2 之间还会发生水煤气反应，并且在混合还原气占比不同情况下会产生不同反应：同一温度下，当 $\varphi(H_2)<\varphi(CO)$ 时水煤气会同时消耗 H_2 与 CO，并且部分 CO 有可能发生式（3-1-14）的析碳反应，还原反应主要依靠 CO 还原；当 $\varphi(H_2)>\varphi(CO)$ 时，由于 H_2 比 CO_2 稳定，水煤气反应会正向进行，促进 CO 的还原，还原反应受到 CO 和 H_2 同时控制。因此，也会造成几种不同结果：CO 控制还原、H_2 和 CO 混合控制还原以及 H_2 控制还原。

由图 3-1-10 可以看到，在混合还原气情况下反应的平衡相图显示水煤气反应式（3-1-18）和反应式（3-1-11）、式（3-1-16）交于 c 和 d 两点，析碳反应式（3-1-19）和反应式（3-1-11）、式（3-1-13）交于 a 和 b 两点。$T<T_c$ 时，还原反应由 CO 控制；$T_c<T<T_d$ 时，还原反应由

CO 和 H_2 混合控制；$T>T_d$ 时，还原反应由 H_2 控制。$T<T_a$ 时，还原反应为 CO 还原 Fe_2O_3 转化为 Fe_3O_4 的过程；$T_a<T<T_b$ 时，主要为 CO 还原 Fe_2O_3 转化为 Fe_xO 的过程；$T>T_b$ 时，还原反应为 CO 还原 Fe_2O_3 转化为 Fe 的过程。

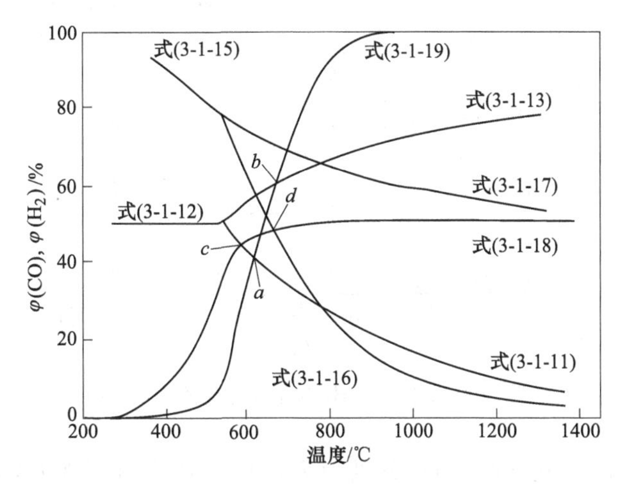

图 3-1-10　CO+H_2 混合还原气氛下的反应平衡相图

D　不同 H_2-CO 配比时还原氧化铁的热力学行为

还原气体和温度的组成决定了在热力学条件下的最大气体利用率。通过热力学计算可获得最大的气体利用率，但是必须依靠足够的动力学条件才能使实际的气体利用率接近该最大值。

a　H_2 的添加量对铁氧化物还原行为的影响

随着 $\varphi(H_2)$ 的增大，球团的质量损失增大，结果如图 3-1-11 所示。在减重的初始阶段质量损失明显，而在减重的后期质量损失缓慢。对 700 ℃不同气氛下球团的相组成进行 XRD 图谱分析，结果如图 3-1-12 所示。在 700 ℃时，金属铁是主要析出相，同时还有 $Fe_{0.9}Si_{0.1}$、$Al_{0.7}Fe_3Si_{0.3}$、$MgFe_2O_4$ 和 $Fe_{2.95}Si_{0.05}O$ 随着 H_2 的增加，还原性球团产物强度峰值增强，但 Fe_3O_4 和 FeO 减小甚至消失，这说明 H_2 的加入促进了球团还原。

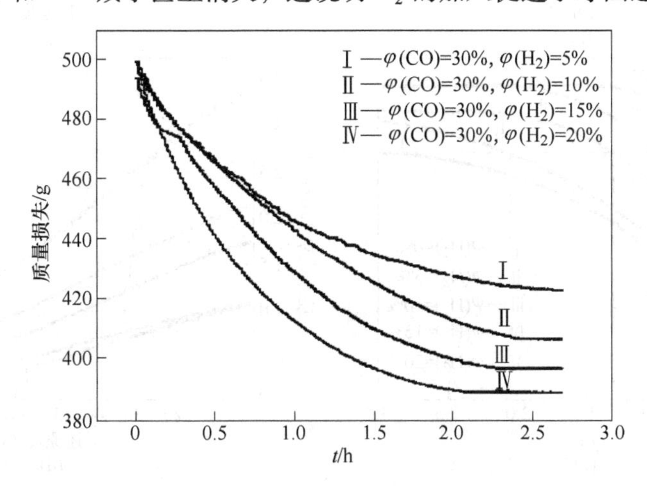

图 3-1-11　添加 H_2 对球团质量损失的影响

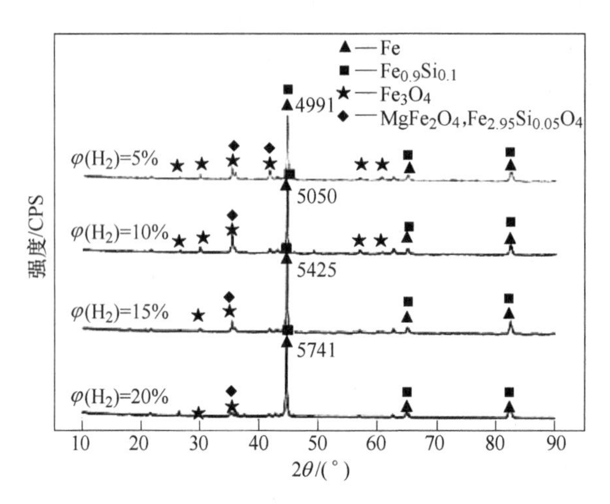

图 3-1-12　700 ℃下不同 H_2 含量还原球团后的 XRD 图谱

图 3-1-13（a）（c）和（e）所示分别为 700 ℃、900 ℃和 1000 ℃时球团还原度和还原时间的关系。采用试错法拟合对数函数，得到了一阶反应来描述还原度与还原时间的关系。通过求解一阶还原度微分方程计算还原率，结果分别如图 3-1-13（b）(d)(f) 所示。

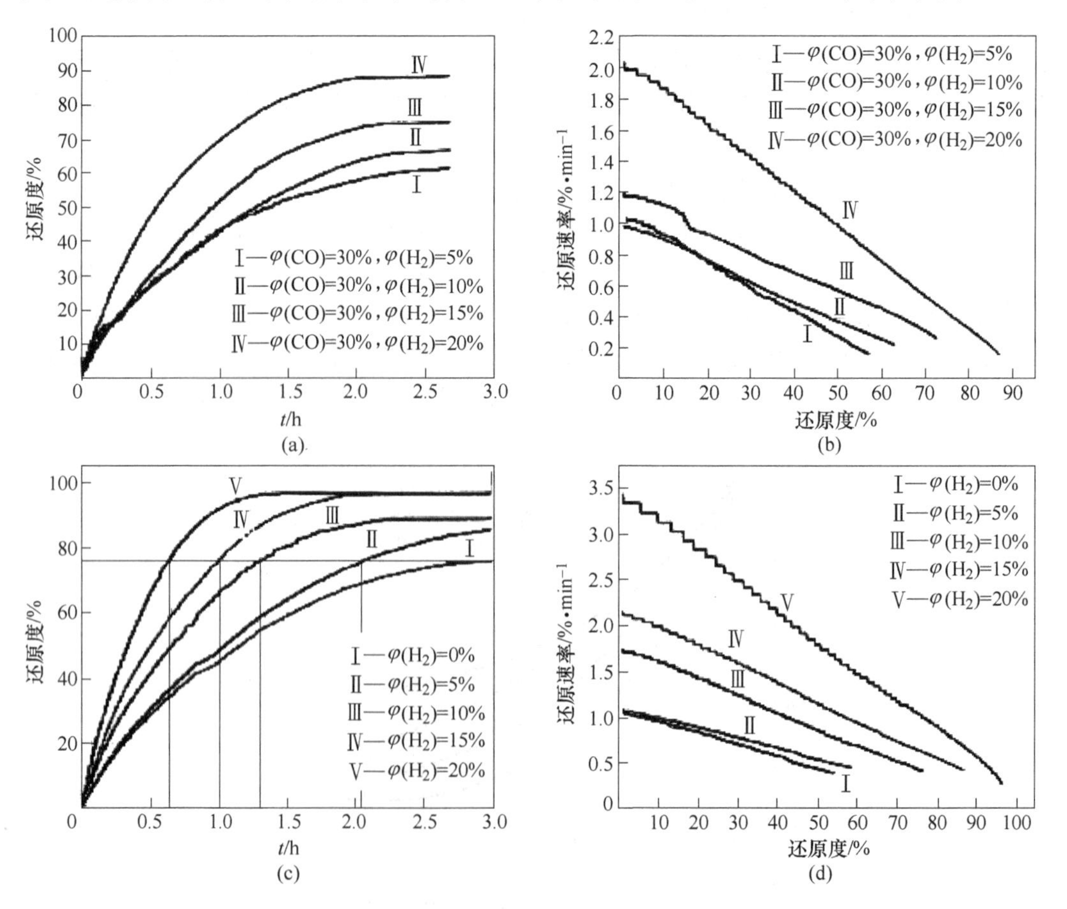

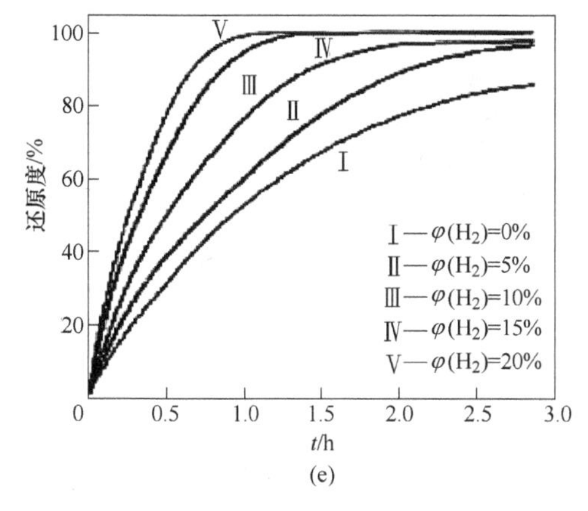

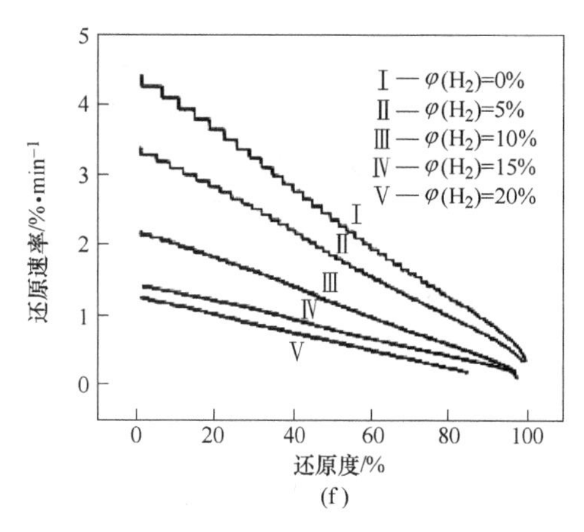

图 3-1-13 不同气氛下的还原度和还原速率

（a）还原度，700 ℃；（b）还原速率，700 ℃；（c）还原度，900 ℃；
（d）还原速率，900 ℃；（e）还原度，1000 ℃；（f）还原速率，1000 ℃

从图 3-1-13 可以看出，在还原的初始阶段，还原速率很快，还原程度迅速增加，后期由于产物层的阻力变厚，还原程度变得不那么明显。H_2 的加入对反应程度有积极的影响。从图 3-1-13（a）和（b）可以看出，30%（体积分数）CO+20%（体积分数）H_2 处理 2.5 h 后，还原度可达 87.32%，而 30%（体积分数）CO+5%（体积分数）H_2 时还原度仅为 60.41%，前者还原速率约为后者的 2 倍。结果证明，即使温度低于 847 ℃，氢气还是比 CO 更为有效的还原气体，这是因为 H_2 的分子大小小于 CO，并且 H_2 在固体中的扩散系数大于 CO 扩散系数的 3 倍。

由图 3-1-13（c）可以看出，还原率在 900 ℃下随着 $\varphi(H_2)$ 的增加而显著增加。即当 $\varphi(H_2)$= 0%、5%、10%、15%和 20%时，达到还原程度的时间为 3 h、2.05 h、1.30 h、0.98 h 和 0.63 h。同时，随着 $\varphi(H_2)$ 的增加，对还原率的影响也有所不同。如图 3-1-13（b）（d）和（f）所示，当 $\varphi(H_2)$ 小于 5%时，H_2 含量对还原率的影响较弱。在 700 ℃和 900 ℃时，$\varphi(H_2)$ 从 15%增至 20%时，还原率的增加最为明显。对于 1000 ℃，随着 $\varphi(H_2)$ 从 10%增加到 15%，对还原率的增加产生的影响要比从 15%增加到 20%的影响更大，这可以说明 $\varphi(H_2)$ 高于 15%时，已不再是决定速率的因素，因此注气高炉中的 $\varphi(H_2)$ 应低于 15%。

b 温度对铁氧化物还原行为的影响

图 3-1-14 所示为不同气氛下的还原度和还原速率。将不同温度下颗粒还原的等温线分组，温度从 700 ℃升高到 1000 ℃，还原速度加快。从图 3-1-14（b）可以看出，当 $\varphi(H_2)$ 为 5%时，温度的升高对还原速率的影响很小，可以推断出当 $\varphi(H_2)$ 低于 5%时温度不是还原反应的限制因素，注气高炉中的 $\varphi(H_2)$ 应大于 5%。当 $\varphi(H_2)$ 为 20%时，在 900~1000 ℃的温度下还原度接近，还原速率缓慢增加，可以推断 $\varphi(H_2)$ 高于 20%时温度不再是还原反应的限制因素，因此，注气高炉中的 $\varphi(H_2)$ 应低于 20%。

在不同温度下，30%（体积分数）CO+10%（体积分数）H_2 还原样品的 XRD 谱图如图 3-1-15 所示。在 700 ℃时，球团主要由含少量 Fe_3O_4、FeO、$FeO_{0.9}Si_{0.1}$、$Al_{0.7}Fe_3Si_{0.3}$、$MgFe_2O_4$ 和 $Fe_{2.95}Si_{0.05}O_4$ 的金属铁组成，而在 900 ℃时，Fe_3O_4 和 FeO 逐渐减弱，甚至消

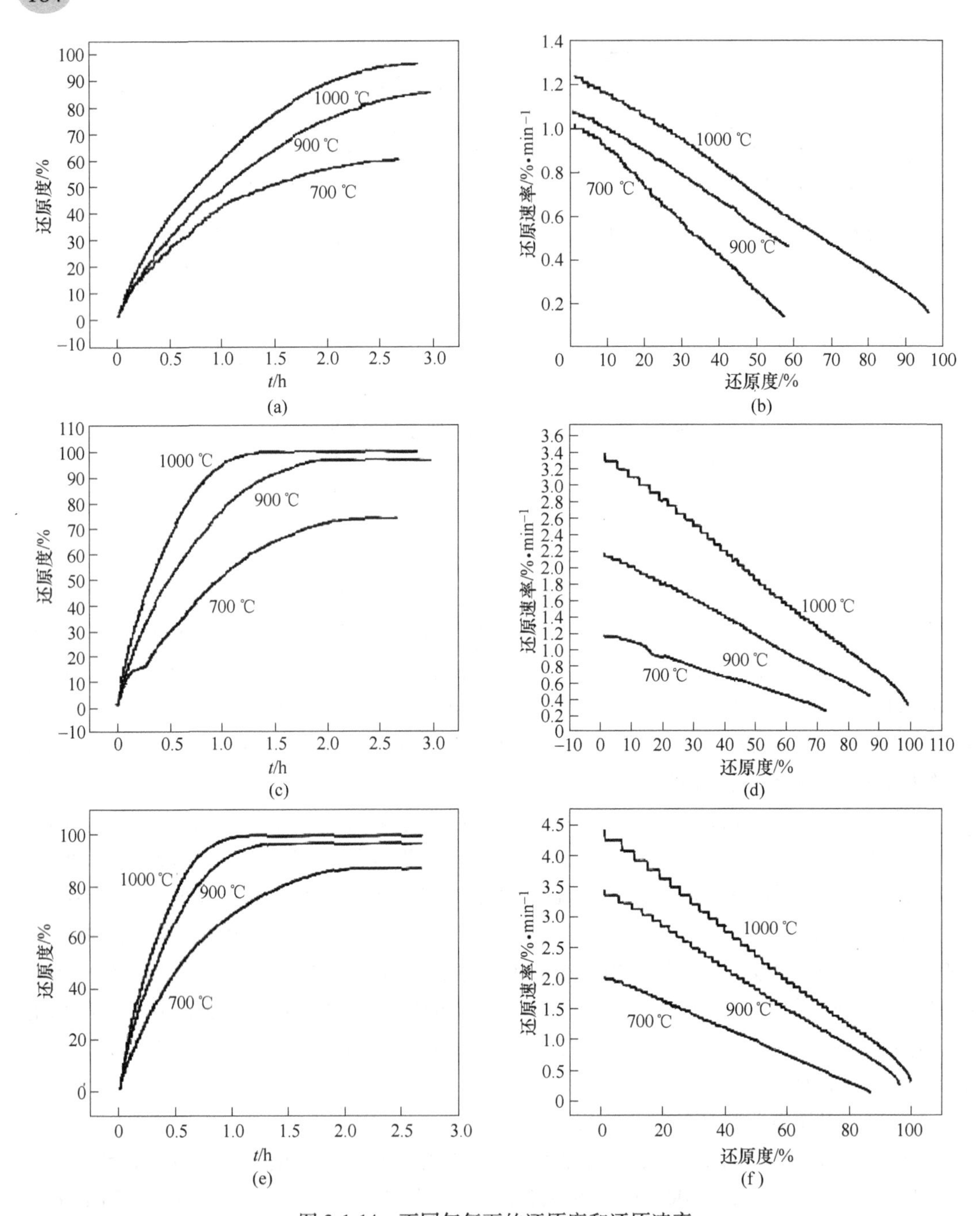

图 3-1-14　不同气氛下的还原度和还原速率

(a) 还原度，30%（体积分数）CO+5%（体积分数）H_2；(b) 还原速率，30%（体积分数）CO+5%（体积分数）H_2；(c) 还原度，30%（体积分数）CO+5%（体积分数）H_2；(d) 还原速率，30%（体积分数）CO+15%（体积分数）H_2；(e) 还原度，30%（体积分数）CO+15%（体积分数）H_2；(f) 还原速率，30%（体积分数）CO+15%（体积分数）H_2

失。当温度升至1000 ℃时，$MgFe_2O_4$ 和 Mg_2SiO_4 的衍射峰明显减弱，这反映了铁氧化物先还原，$MgFe_2O_4$ 和 Mg_2SiO_4 再还原。还原后，在 1000 ℃下铁氧化物几乎被 30%（体积分数）CO+10%（体积分数）H_2 还原。

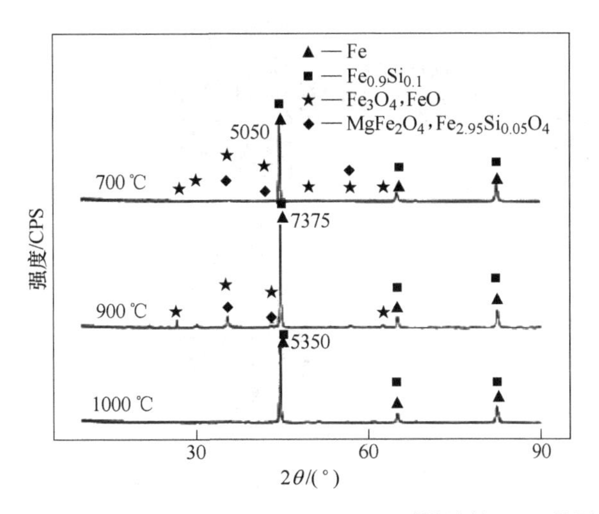

图 3-1-15 不同温度下 $\varphi(H_2)=10\%$还原样品的 XRD 谱图

3.1.4 氢气在高炉内反应的动力学

3.1.4.1 动力学分析

众所周知，H_2 和 CO 还原含铁炉料的反应是标准的气-固反应。而固体氧化物与气体还原剂之间的反应是一个复杂的多相反应，并且不同时期还原产物和过程是不一样的，是由多个反应和过程组成。一般分为以下几个过程进行：

(1) 含铁矿物周围的还原性气体 H_2(CO) 与含铁矿物表面的气相薄膜接触并向含铁矿物内部扩散；

(2) 还原气 H_2(CO) 通过含铁矿物内部还原产物层的气孔或者裂缝进行内扩散，含铁矿物内部的固态离子之间进行扩散；

(3) 在含铁矿物内部反应界面上进行气体的吸附脱附、离子交换以及新相的生成和长大；

(4) 在各个还原产物层中还原气体还原后的产物 H_2O(CO_2) 向含铁矿物表面扩散。

整个含铁矿物的还原过程主要由内扩散、界面反应和外扩散 3 个控制性环节组成。为了研究其还原行为，解释还原过程各相之间的变化过程，需要对还原过程中的动力学进行计算和分析。

3.1.4.2 高炉内氢气还原铁氧化物的机理

当还原剂为 H_2 时，H_2 会在扩散的过程中与铁氧化物表面的活性位发生电离过程，H_2 转变为 H^+和 2e。而此时的 H^+与铁氧化物表面的 O^{2-}互相结合生成 H_2O，游离的电子先后与 Fe^{3+}和 Fe^{2+}结合生成 Fe^{2+}和单质 Fe。其主要过程如图 3-1-16 所示。

从图 3-1-16 可以看出，富氢还原条件下，H_2 最先和铁矿石内部的赤铁矿反应，与赤铁矿（Fe_2O_3）三方晶系六方晶格上的活性位点接触，转变为等轴晶系立方晶格的磁铁矿（Fe_3O_4）和等轴晶系面心立方晶格结构的浮氏体 FeO；并且随着 H_2 含量的增加，铁矿石上反应界面增大，还原反应加剧，磁铁矿（Fe_3O_4）和浮氏体 FeO 相开始转变为 Fe 相，反应过程中产生大量的水蒸气。

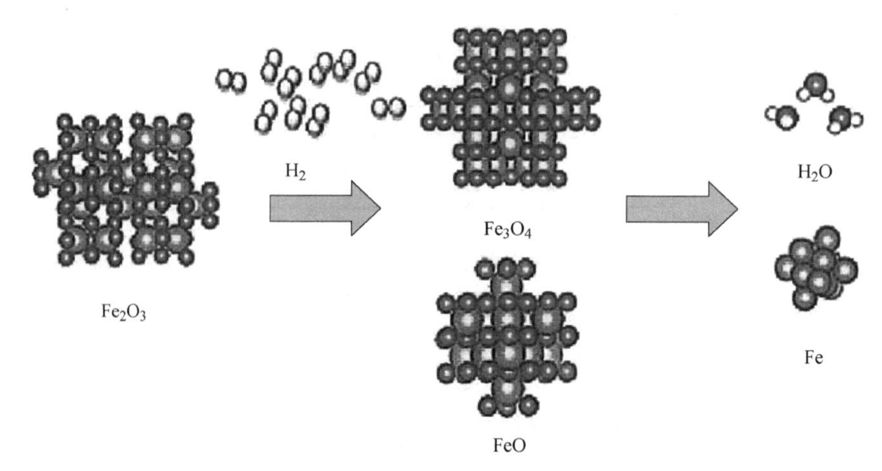

图 3-1-16 氢气还原铁氧化物机理

—Fe；—O；—H

3.1.4.3 氢气还原动力学计算

一般作为气-固反应模型，还原动力学模型是以模型反应速率和 Arhenius 方程为基础进行建立的。即：

$$\frac{\mathrm{d}\alpha}{\mathrm{d}t}=A\exp\left(-\frac{E}{RT}\right)f(\alpha) \tag{3-1-20}$$

式中 A——指前因子，s^{-1}；

E——反应表观活化能，kJ/mol；

R——气体常数，一般为 8.314；

T——反应时的温度，K；

α——还原度，一般 $\alpha=(W_0-W_t)/(W_0-W_f)$，$W_0$、$W_t$、$W_f$ 分别指的是原始、t 时刻以及完全反应后的质量。

对上式进行积分可得：

$$g(\alpha)=A\int_0^t \exp[-E/(RT)]\,\mathrm{d}t \tag{3-1-21}$$

因此，$g(\alpha)$ 和 $f(\alpha)$ 两个动力学参数见表 3-1-6。

表 3-1-6 不同的动力学参数 $g(\alpha)$ 以及对应 $f(\alpha)$

动力学模型	表示符号	不同的 $g(\alpha)$ 函数	不同的 $f(\alpha)$ 函数
幂次定律（n=1，2，3，4）	P_n	—	$n\alpha^{1-1/n}$
N 次方反应（n=1，2，3）	F_n	—	$(1-\alpha)^n$
形核和生长（n=1.5，2，2.5，3，4）	A_n	$[-\ln(1-\alpha)]^{1/n}$	$n(1-\alpha)[-\ln(1-\alpha)]^{1-1/n}$
成核反应	A_1	$-\ln(1-\alpha)$	$1-\alpha$
相界面反应控制	R_n	$1-(1-\alpha)^{1/n}$	$(1-\alpha)^n/(1-n)$
一维扩散	D_1	α^2	$1/2\alpha$
二维扩散	D_2	$\alpha+(1-\alpha)\ln(1-\alpha)$	$-1/\ln(1-\alpha)$
三维扩散（詹德方程）	D_3	$[1-(1-a)^{1/3}]^2$	$1.5[1-(1-\alpha)^{1/3}]^{-1.5}(1-\alpha)^{2/3}$
三维扩散（Ginstling-Brounshteinn）	D_4	$1-2\alpha/3-(1-\alpha)^{2/3}$	$1.5[(1-\alpha)^{1/3}-1]^{-1}$

又对于反应速率常数 k 有：

$$k = A\exp[-E/(RT)] \tag{3-1-22}$$

两边同时取对数，则

$$\ln k = \ln A - \frac{E}{RT} \tag{3-1-23}$$

对于高炉含铁炉料来说，块矿和球团矿结构相对致密，内部结构比较紧凑；烧结矿内部孔隙率高，存在大大小小不同的孔结构；并且这些含铁矿物在还原反应过程中往往是由多个反应过程依次衔接组成，而每个反应过程中的控制反应往往又是一个或者多个反应过程同时进行，因此针对不同的反应作用机理需建立多个反应模型，如未反应核模型、体积反应模型、随机孔隙模型等。由表 3-1-6 不同机理函数对应的气-固相的反应模型如下：

（1）体积反应模型。体积反应模型一般假设还原反应发生在含铁矿物内部，并且整个反应物颗粒大小在反应过程中保持不变，某一位置的反应速率受到该处气固相成分以及温度的限制。其主要的反应方程式如下：

$$\frac{\mathrm{d}\alpha}{\mathrm{d}t} = k_{\mathrm{URCM}}(1 - \alpha) \tag{3-1-24}$$

式中 k_{URCM}——体积速率常数；

α——转换率。

（2）收缩未反应核模型。收缩未反应核模型一般指的是固相反应物结构较为致密，随着反应的进行化学反应过程由固体表面逐渐向核心发展，且反应过程中化学反应速率与气体扩散率互相制约与控制，反应层与产物层分隔明显且存在清楚的分界。该反应是一个反应层和产物层由外向内的收缩和扩张的过程，主要方程式如下：

$$\frac{\mathrm{d}\alpha}{\mathrm{d}t} = k_{\mathrm{VM}}(1 - \alpha)^{2/3} \tag{3-1-25}$$

（3）随机孔隙模型。随机孔隙模型主要认为反应物固体颗粒内部存在有大大小小的并且呈现出规律性分布的孔洞结构。在还原反应过程中含铁矿物随着反应气体的增多出现了孔隙结构的破碎和重建，改变了反应过程中的比表面积，导致反应过程中的反应速率下降和改变。具体方程式如下：

$$\frac{\mathrm{d}\alpha}{\mathrm{d}t} = k_{\mathrm{RPM}}(1 + \alpha)\sqrt{1 - \psi\ln(1 - \alpha)} \tag{3-1-26}$$

式中 k_{RPM}——收缩未反应速率常数；

α——转换率；

ψ——结构参数。

其中

$$\psi = \frac{4\pi L_0(1 - \varepsilon_0)}{S_0^2}$$

式中 S_0——$t=0$ 时颗粒比表面积；

L_0——$t=0$ 时颗粒单位体积长度；

ε_0——$t=0$ 时颗粒孔隙率。

根据式（3-1-24）~式（3-1-26）三种不同的反应动力学模型，并对不同含铁炉料在氢气氛围下反应速率（$\mathrm{d}\alpha/\mathrm{d}t$）与转换率（$\alpha$）的数据进行线性拟合，以探究这两者之间的关系。具体炉料的还原曲线以及拟合数据曲线如图 3-1-17 所示。

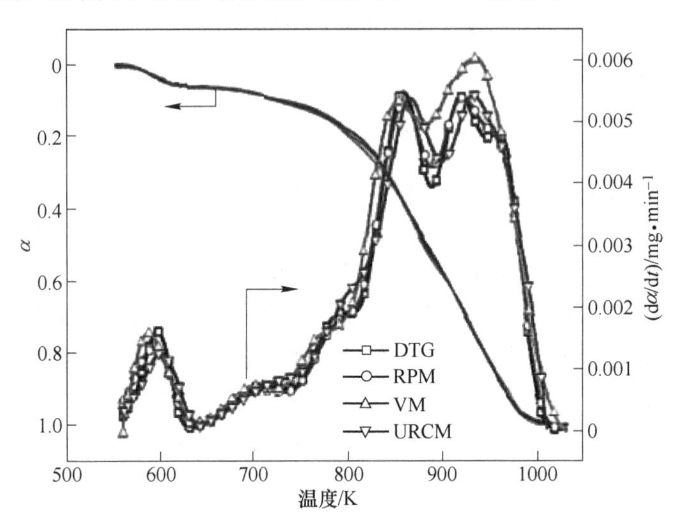

图 3-1-17 块矿 O 反应速率（dα/dt）与转换率（α）的关系

由图 3-1-17 可以看到，富氢条件下等温还原块矿试验过程中，由试验值和计算值 RPM 模型的拟合结果比 VM 和 URCM 模型更贴近试验值及其还原过程，反应过程更符合随机孔 RPM 的反应机理模型，而且可以看到在 550 K 就开始进行反应，620～800 K 经过一个缓慢的爬升期后快速反应，在 800～1000 K 时反应结束。这主要是由于氢气小分子结构的原因。尽管块矿的结构相对球团和烧结矿来说比较致密，但是相比于 CO 而言，氢气更容易扩散到块矿内部从而快速进行反应。反应开始时期，H_2 开始进入还原反应加剧；随着温度的增加，反应外层形成还原金属壳，限制反应的进一步进行；随着温度的进一步增加，H_2 还原达到其热力学反应温度，速率进一步加快，还原效率进行得更加彻底。

图 3-1-18 所示为球团矿 P 反应速率（dα/dt）与转换率（α）的关系图，由图 3-1-18 可以看出，相同反应温度下球团矿 P 富氢还原时，试验值和计算值的转换率随温度变化的关系曲线同样显示出 RPM 模型的拟合结果比 VM 和 URCM 模型更贴近试验值及其还原过程。由于球团矿相比块矿而言为类致密结构，富氢还原更加容易进行，反应过程的限制作用主要为球团品位较高，在富氢强还原气氛下容易形成金属壳导致还原速率减慢。

图 3-1-19 为烧结矿 S 反应速率（dα/dt）与转换率（α）的关系图，结合图 3-1-17～图 3-1-19，将还原过程中的动力学参数以及拟合试验值与模型之间的均方差数值进行计算，得到表 3-1-7 和表 3-1-8。通过对比相同温度下试验值与动力学模型计算得到的活化能等相关参数可以看到，同一温度下，块矿 O 的活化能为 4. 776 kJ/mol；球团矿 P 的活化能为 11. 633 kJ/mol；烧结矿 S 的活化能为 15. 178 kJ/mol。相比而言，块矿 O、球团矿 P 以及烧结矿 S 对应的活化能 E 都是随机孔模型 RPM 中的最低值。同时 RPM 模型拟合计算出的动力学参数显示，拟合过程中得到的动力学参数的相关系数 R^2 最高，其中块矿 O 和球团矿 P 的相关系数高达 0. 999，烧结矿 S 的也达到了 0. 990；并且表 3-1-8 显示的拟合模型的动力学曲线的均方根误差 RMSE 的波动范围也是最小的。这也就意味着含铁炉料富氢还原更符合随机孔反应模型。这也进一步说明了 H_2 还原的小分子优势和强还原的能力，相比 CO

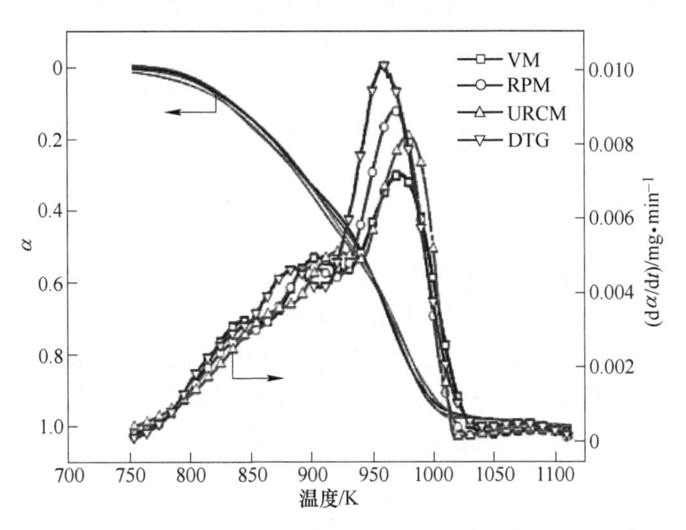

图 3-1-18　球团矿 P 反应速率（dα/dt）与转换率（α）的关系

而言，H_2 在进入铁矿石内部的同时能够快速沿着矿石内部的孔洞和缝隙到达内部，实现多点活性位快速反应。

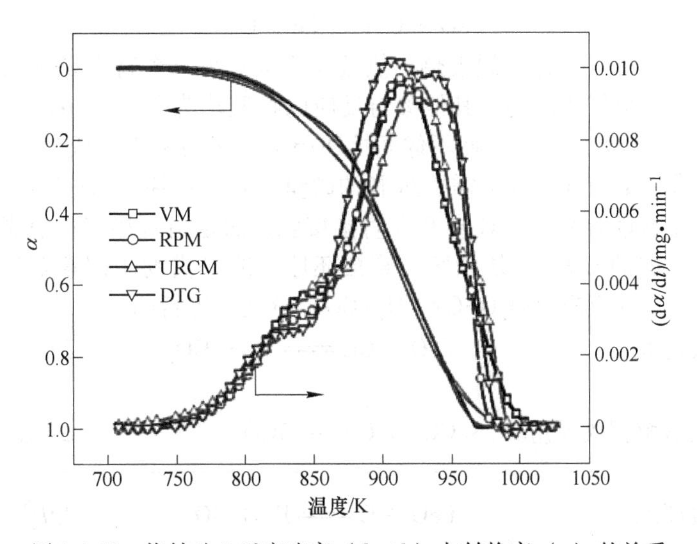

图 3-1-19　烧结矿 S 反应速率（dα/dt）与转换率（α）的关系

表 3-1-7　含铁炉料对应三种模型的反应动力学参数

含铁炉料	β/℃ · min^{-1}	VM			RPM			URCM			
		E /kJ · mol^{-1}	A/min^{-1}	R^2	E /kJ · mol^{-1}	A/min^{-1}	R^2	E /kJ · mol^{-1}	A/min^{-1}	Ψ	R^2
块矿	10	12. 714	3.92×10^7	0. 996	4. 776	19. 286	0. 999	9. 030	2.31×10^4	83. 284	0. 991
球团矿	10	24. 188	6.91×10^9	0. 996	11. 633	−202. 268	0. 999	20. 612	1.69×10^8	74. 672	0. 987
烧结矿	10	24. 287	9.31×10^9	0. 986	15. 178	9.79×10^5	0. 990	20. 413	6.48×10^8	3.18×10^5	0. 977

表 3-1-8 含铁炉料对应三种模型的反应动力学参数均方根误差 (%)

β/℃ · min^{-1}	RMSE（块矿 O）			RMSE（球团矿 P）			RMSE（烧结矿 S）		
	VM	RPM	URCM	VM	RPM	URCM	VM	RPM	URCM
10	0.007	0.005	0.030	0.027	0.010	0.046	0.076	0.049	0.061

3.1.5 碳的还原

矿石在高炉内总的停留时间一般为 5~8 h，其中 1~2 h 完成由高级氧化物转变为浮氏体的气固相还原过程，然后用 1~2 h 将一半或稍多的浮氏体，仍以间接还原方式还原为金属 Fe，最后进入大于 1000 ℃的高温区，以直接还原方式将剩余的浮氏体全部还原为金属 Fe。

CO 和 H_2 为还原剂的还原叫作间接还原，若还原剂为固态的 C，产物为 CO，则称为直接还原。直接还原占的比例用直接还原度 r_d 来表示：

$$r_d = \frac{m_d}{m_t}$$

式中 m_d——直接还原出的铁量；

m_t——还原出的总铁量。

间接还原度 $r_i = 1 - r_d$。

直接还原氧化铁的反应式为：

$$FeO + C = Fe + CO$$

直接还原的一个特点是它强烈吸热，热效应很大；另一个特点是不需要过剩的碳素。直接还原反应只有一个气相产物。其他参与反应的物质均为固态（或液态），所以还原反应的平衡常数用 CO 的分压表示，而不像间接还原那样用两种气体成分的比值来表示。维持间接还原所要求的平衡气相成分需要过剩的碳量，直接还原 1 mol FeO 只需要 1 mol C。所谓直接还原，并不意味着固态 C 与 FeO 直接接触，而是指直接消耗焦炭中的固体碳素，不是消耗由碳素生成的 CO。在块状区，直接还原反应是借助于碳素溶解损失反应（$C + CO_2 = 2CO$）和水煤气反应（$H_2O + C = H_2 + CO$）分两步进行的：

间接还原 $FeO + CO = Fe + CO_2$ $\Delta H^{\ominus}_{298} = -13190$ J/mol

\+

碳素溶解损失反应 $CO_2 + C = 2CO$ $\Delta H^{\ominus}_{298} = 165390$ J/mol

---

= 直接还原 $FeO + C = Fe + CO$ $\Delta H^{\ominus}_{298} = 152200$ J/mol

或者

间接还原 $FeO + H_2 = Fe + H_2O$ $\Delta H^{\ominus}_{298} = 28010$ J/mol

\+

水煤气反应 $H_2O + C = H_2 + CO$ $\Delta H^{\ominus}_{298} = 124190$ J/mol

---

= 直接还原 $FeO + C = Fe + CO$ $\Delta H^{\ominus}_{298} = 152200$ J/mol

由图 3-1-20 可以看出直接还原铁氧化物的特点：

（1）$T > 710$ ℃，碳气化生成的 $\varphi(CO)_{\%}$ 大于各级铁氧化物还原需要的 $\varphi(CO)_{\%}$，可发生各级铁氧化物的直接还原：$Fe_2O_3 \rightarrow Fe_3O_4 \rightarrow Fe_xO \rightarrow Fe$，是 Fe 的稳定存在区。

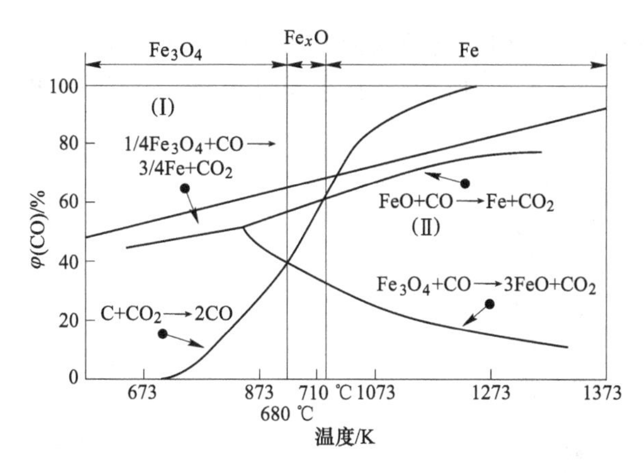

图 3-1-20 氧化铁直接还原平衡图

（2）680 ℃<T<710 ℃，碳气化产生的 $\varphi(CO)_{\%}$ 大于 $Fe_2O_3 \rightarrow Fe_3O_4$、$Fe_3O_4 \rightarrow Fe_xO$ 所需的 $\varphi(CO)_{\%}$，但小于 $Fe_xO \rightarrow Fe$ 所需的 $\varphi(CO)_{\%}$，故可发生 $Fe_2O_3 \rightarrow Fe_3O_4 \rightarrow Fe_xO$ 的还原，是 Fe_xO 的稳定存在区。

（3）T<680 ℃，碳气化生成的 $\varphi(CO)_{\%}$ 只大于 $Fe_2O_3 \rightarrow Fe_3O_4$ 所需的 $\varphi(CO)_{\%}$，是 $Fe_2O_3 \rightarrow Fe_3O_4$ 发生区，是 Fe_3O_4 的稳定存在区。

（4）实际上高炉内 C 的气化反应达不到平衡，只有当 T>1000 ℃时，C 气化才能显著发生，所以约 1000 ℃是直接还原开始温度，只存在 $Fe_xO \rightarrow Fe$ 的直接还原。

实际上，高炉内碳素溶解损失反应达不到平衡，大于 1000 ℃时，才明显加速。直接还原开始的温度，也即直接还原和间接还原的分界温度，取决于焦炭的活化温度，通常认为 1000 ℃左右。由于高炉煤气中 H_2 所占的比例很少，一般仅为 5%左右。故水煤气反应远不如碳素溶解损失反应重要。间接还原反应的速率已在前面讨论过了，碳素溶解损失反应的速率问题将在碳的氧化反应一节中讨论。有了这两个反应的速率，直接还原反应的速率也就解决了。

当炉料升温到软化及熔融温度后成渣时，仍然有相当数量的液态浮氏体要靠 C 来还原。在软融区、滴下区和炉缸区，会发生固-液或液-液直接还原反应，其速度很快，一般无须研究。而在矿石软化之前，达到尽可能高的还原度，可减少矿石中的 FeO，提高软融温度，促进炉内各过程的进行。

3.2 碳的氧化与燃烧

钢和铁都是铁-碳合金，钢铁冶炼工艺是和碳紧密联系在一起的。对于炼铁碳是还原剂和发热剂，对炼钢脱碳反应涉及熔池的各种化学反应。碳可增加钢的强度、硬度、改变钢的组织，影响钢材性能。不论炼钢、炼铁发生的均是碳的氧化反应。

3.2.1 高炉本体及主要构成

密闭的高炉本体（如图 3-2-1 所示）是冶炼生铁的主体设备。它是由耐火材料砌筑成竖式圆筒形，外有钢板炉壳加固密封，内嵌冷却设备保护。

高炉内部工作空间的形状称为高炉内型。高炉内型从下往上分为炉缸、炉腹、炉腰、炉身和炉喉5个部分（如图3-2-2所示），该容积总和为它的有效容积，反映高炉所具备的生产能力。

图3-2-1　高炉主体图

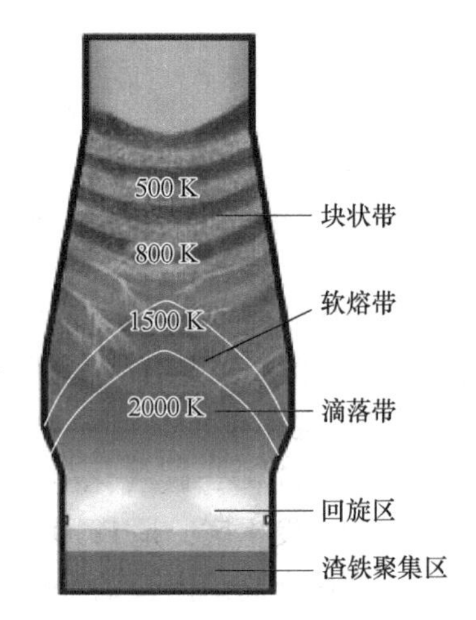

图3-2-2　高炉主要构成图

（1）块状带：炉料中水分蒸发及受热分解，铁矿石还原，炉料与煤气热交换，焦炭与矿石层状交替分布，呈固体状态。

（2）软熔带：炉料在该区域软化，在下部边界开始熔融滴落，主要进行直接还原反应，初渣形成。

（3）滴落带：滴落的液态渣铁与煤气及固体碳之间进行多种复杂的化学反应。

（4）回旋区：喷入的燃料与热风发生燃烧反应，产生高热煤气，是炉内温度最高的区域。

（5）渣铁聚集区：在渣铁层间的交界面及铁滴穿过渣层时发生渣金反应。

3.2.2　碳与气体的氧化反应

高炉风口前发生的主要是煤粉及焦炭的燃烧反应，煤粉的燃烧过程由煤的热分解和碳的氧化两个过程组成，焦炭在炼焦过程中已完成了热分解，只发生碳的氧化一个过程。

风口前焦炭的燃烧分两种状态：

（1）层状燃烧。当风速较小时，焦炭相对静止，类似于炉箅上的燃烧，具有典型的层状燃烧的燃烧带的特点。

（2）回旋燃烧。当风速较大时，鼓风吹动风口前的焦炭，形成一个疏松而近似球形的回旋区，焦炭随鼓风作高速回旋运动。

碳有两种氧化物CO和CO_2，从氧势图（图1-6-2）可以看出，CO_2的稳定性随温度变化不大，CO的稳定性随温度升高而增大，两者在705 ℃有相同的稳定性。温度大于705 ℃，CO比CO_2稳定，温度小于705 ℃时则相反，因此高温下碳氧化的产物主要是CO，低温下

则主要是 CO_2。

除温度外，系统总压对燃烧产物也有影响，燃烧产物分压的降低，能使 CO_2 及 CO 的稳定性增加，其中 CO 稳定性的增加幅度较 CO_2 大。

冶金过程中碳的氧化反应主要有：

（1）不完全燃烧：　$2C+O_2 = 2CO$

（2）完全燃烧：　$C+O_2 = CO_2$

（3）碳的溶解损失反应：$C+CO_2 = 2CO$

（4）碳与水蒸气的反应：$C+H_2O = H_2+CO$

上述这 4 个反应都属于气体（Ⅰ）+固体=气体(Ⅱ) 类型的反应，它们的动力学规律相似，都导致固体碳消失并转变为气态物。固体碳与气体氧化剂的反应可概括为下列三节：

（1）气体反应物和气体产物通过固体碳边界层的扩散。

（2）对于具有大量孔隙的固体碳块（如焦炭），通过边界层的气体反应物从固体碳的表面向孔隙内表面的扩散及气体产物向外的相应扩散。与铁矿石还原时气体在固态产物层内的扩散不同，这种内扩散导致反应分布在整个碳块内，而不是集中在一两个或多个活性点上。

（3）气体反应物在固体碳表面（包括外部宏观的及内部孔隙的表面）吸附或溶解于其内，发生化学反应，形成各种中间状态的所谓表面复合物，然后这些表面复合物以不同的方式断裂，形成吸附于固体碳表面的气体产物，最后经脱附，逸入气相中。

因此整个氧化过程包括扩散、吸附及界面反应，其中后二者是紧密地交织着进行的。在低温下，吸附化学反应的速度比较小，反应处于动力学范围内；但在高温下，由于吸附化学反应加快，表观活化能降低，边界层的扩散往往成为限制环节。

3.2.2.1 固体碳的燃烧反应

碳的完全燃烧和不完全燃烧反应都是放热反应，其热效应的数值与碳的结构有关。各种固体燃料的碳是由石墨晶格构成的细分散状的所谓“无定形”碳组成。它比石墨在燃烧时有较大的热效应（对于中等分散状的无定形碳，要高 3000 cal/mol-C，1 cal=4.1868 J），这是因为细分散状的无定形碳具有较高的表面自由能，在热力学上是不稳定的，能自动再结晶成石墨，并放出热能。焦炭的燃烧热则是介于二者之间的，因为它是由细分散状的及比较粗大的石墨晶体组成的。

A 固体碳燃烧动力学

固体碳的燃烧反应，包括初级反应和次级反应。

a 初级反应

固体碳与氧的化学反应，首先是氧在碳表面发生物理吸附，温度升高后，转入化学吸附，被吸附氧分子的键伸长、断裂，进而与表面碳原子形成表面复合物。不同的温度、压力及固体碳结构，可形成不同形式及不同稳定性的表面复合物；然后由于氧的碰撞或高温作用，表面复合物分解为 CO 和 CO_2。上述这些变化称为燃烧的初级反应或主反应。

试验证实，当温度低于 1300 ℃时，氧不仅吸附于石墨表面，而且溶解于石墨的基平面间，形成 $(4C)\cdot(2O_2)$。而后由于 O_2 的撞击，这些复合物发生分解，反应式如下：

$$4C_{石} + 2O_2 = (4C)\cdot(2O_2)$$

$$(4C)\cdot(2O_2) + O_2 = 2CO + 2CO_2$$

经测定反应级数为一级，可知后一反应，即表面复合物的分解是限制环节，形成的气体产物中 $n(CO)/n(CO_2) = 1$。

当温度高于1600 ℃时，氧通过表面吸附，形成（3C）·（$2O_2$）表面复合物，再经高温分解，转变为CO及CO_2，反应式为：

$$3C_{石} + 2O_2 = (3C) \cdot (2O_2)$$

$$(3C) \cdot (2O_2) = 2CO + CO_2$$

反应的级数，经测定为零级，可知后一反应为限制环节，气相产物中$n(CO)/n(CO_2) = 2$。当温度介于1300 ℃和1600 ℃之间时，反应具有过渡特性，即上列两种分解反应同时进行，气相产物中$n(CO)/n(CO_2)$介于1和2之间。

b 次级反应

由表面复合物生成的CO和CO_2可再与O_2和固体碳作用，出现下列次级反应或副反应：

$$2CO + O_2 = 2CO_2$$

$$C + CO_2 = 2CO$$

这两个反应具有不同的动力学特征，前者为气-气反应，后者为气-固反应。

在低温下，反应受吸附反应的限制，扩散速度较快。扩散进来的氧在接近固体碳表面之前，可以将碳块表面附近、由初级反应生成的CO燃烧成CO_2。因此低温下固体碳周围CO_2浓度很高，CO浓度较低。

随着温度的提高，吸附反应加快，碳块周围会形成内外两个气层，见图3-2-3。在内气层，CO_2与固体碳作用，转变为CO，然后CO向外扩散。当CO扩散至外气层时，又与向内扩散的O_2发生反应生成CO_2，同时放出热量，使外气层成为CO_2富集区和高温区。外气层内富集的一部分CO_2和热量又转向内气层传输，当到达碳块表面时，CO_2在高温下又与碳反应生成CO，形成的CO又向外扩散，如此重复上述过程。鉴于两气层的特点，将邻近碳块的内气层叫作还原区，外气层则叫作氧化区。在还原区，CO_2与碳作用生成CO。在氧化区，CO与O_2作用生成CO_2。

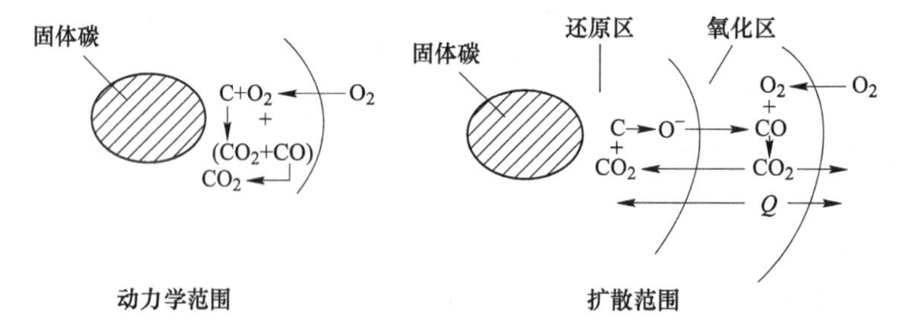

图3-2-3 固体碳燃烧的动力学示意图

总之，低温下扩散速度较快，碳块周围氧气充足，生成的表面复合物（4C）·（$2O_2$）首先与O_2作用而分解，然后又与O_2发生次级反应。在高温下吸附反应较快，生成的表面复合物（3C）·（$2O_2$）首先在高温下分解，然后发生次级反应。CO在次级反应中，充当了O_2的载体，它首先在氧化区被氧化成CO_2，然后CO_2向内扩散，在还原区与碳反应还原为CO，生成的CO又向外扩散，重复上述过程。CO的O_2载体作用弥补了高温下的扩散速度。

B 煤粉的热解

高炉风口前存在焦炭和煤粉的燃烧反应，由于焦炭在高温炼焦过程中已完成了热分解，所以只有碳的氧化一个次过程。煤粉的燃烧过程则由两个次过程组成，即煤的热分解和碳的氧化。

（1）煤粉的特性。高炉喷吹煤粉种类并不固定，尽管我国目前喷吹用煤主要是无烟煤，但在世界范围内，高炉喷吹煤粉包括无烟煤、烟煤、褐煤等许多煤种。喷吹用煤的理化性能有：密度、堆角和比表面积；可磨性和粒度组成；着火点和灰熔点；自燃和爆炸性能；比热容和导热系数；灰分、挥发分、固定碳、水分、H、S、P 含量。

（2）煤粉的热分解。喷入高炉的煤粉颗粒一旦进入直吹管 1000 ℃左右的热风中，快速加热条件下的热解反应和燃烧反应便迅速进行，这与一般条件下煤的燃烧大不相同，另外在高炉直吹管，挥发分的燃烧可能与半焦的燃烧交织在一起。

总之，因煤种的多样性和煤粒结构的复杂性，高炉条件下煤粉燃烧动力学还有待进一步研究。

C 冶金过程中固体碳的燃烧反应

依冶炼强度的高低，风口前焦炭的燃烧有两种状态：

一是类似于炉箅上的燃烧，炭块是相对静止的，这在容积小及冶炼强度低的高炉上可观察到。这种典型的展状燃烧的燃烧带的特点是，沿风口中心线 CO 逐渐减小直到消失，而 CO_2 则随 O_2 减少而增多，达到一个峰值后又下降，直至完全消失。CO 在 O_2 接近消失时出现，在 CO_2 消失处达到最高值，见图 3-2-4。显然焦炭燃烧的过程是，首先焦炭与 O_2 发生反应：$C+O_2 = CO_2$，待 O_2 消失后，焦炭又与第一步生成的 CO_2 发生反应：$C+CO_2 = 2CO$，燃烧的最终产物是 100%的 CO。

另一种是焦炭在剧烈的旋转运动中与氧反应而气化，这在强化冶炼的中小高炉和大高炉上出现。当鼓风动能（单位时间内鼓入某风口的空气所具有的动能）达到一定数值后，鼓风将风口前焦炭推动，形成一个疏松而近似于球形的回旋区域，焦炭块在其中作高速循环运动，速度可达 10 m/s 以上。这种情况下沿风口中心线燃烧带内气相各种成分变化特点是（见图 3-2-5），O_2 下降后，又在炉子中心方向一定距离处出现一个峰值，CO_2 有两个峰值，然后逐渐消失。这是燃烧和高速循环气流叠加的结果。

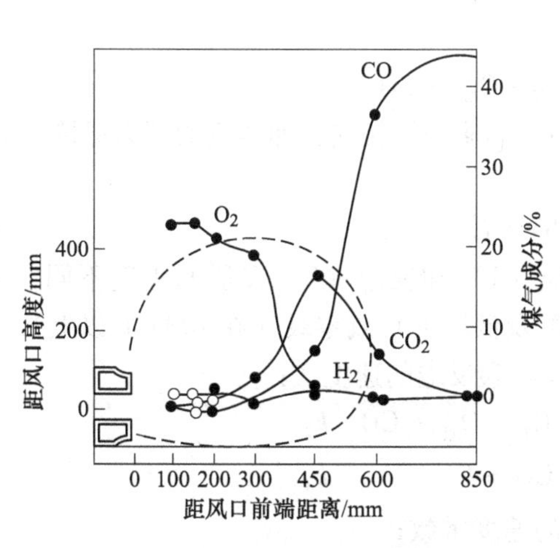

图 3-2-4 沿风口中心线燃烧带内气相成分的变化

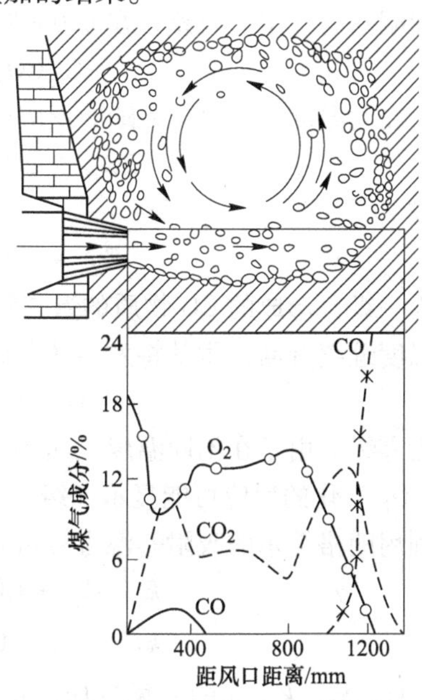

图 3-2-5 沿风口中心线燃烧带内气相成分的变化

烧结过程中碳的燃烧属于料层中燃料颗粒的燃烧，一般烧结配料中碳的质量分数为3%~5%，体积分数约为10%，空气过剩系数一般在1.4~1.5。由于燃烧区域小（1550 mm厚），废气离开燃烧层温度会下降，所以总的来说，烧结废气中以CO_2为主，有少量的CO，还有一些自由氧和氮。

料层中燃料颗粒的燃烧是固体与气体氧化剂反应的一种较为复杂的形式。料层中碳粉的燃烧，一方面由于碳粉分布在其他粉料中，致使空气和碳粉接触比较困难，因而需要较大的空气过剩系数，才能保证燃料的完全燃烧；另一方面，燃烧的温度和产物受其他粉料行为的影响，料层中配碳量高，燃烧温度就高，反之燃烧温度就低。燃烧温度以及其他粉料在碳粉燃烧时发生的物理化学变化，都会影响燃烧的产物。研究证实，烧结过程中燃料燃烧是受扩散控制的，因此燃料的燃烧与燃料颗粒的直径、气流速度以及料层透气性等有关，而其中的燃料颗粒度是决定性因素。在燃料配比一定的条件下，燃料粒度越大，燃烧时间越长，燃烧层越厚，燃烧温度越低，废气中CO_2的体积分数越大。一般认为烧结用燃料粒度1~3 mm为宜。

3.2.2.2　碳与CO_2的反应

固体碳可被CO_2氧化，吸收热能，转变为CO。

$$C + CO_2 = 2CO$$

此反应称为碳素溶解损失反应（也称Boudouard反应）。碳素溶解损失反应，首先是CO_2分子为固体碳表面活性大的碳原子所吸附，随着温度的升高，更多的碳原子与CO_2作用，使CO_2分子拉长，从中分裂出一个氧原子来，形成两种表面复合物：酮基（$C_{石} \cdot O_{吸}$或$=C=C=O$）及稀酮基（$C_{石} \cdot CO_{吸}$或$=C=C=O$），反应式为：

$$2C_{石} + CO_2 = C_{石}O_{吸} + C_{石} \cdot CO_{吸}$$

其中稀酮基的稳定性较差，在600~700 ℃开始分解，920 ℃左右能迅速分解放出CO：

$$C_{石}CO_{吸} = C_{石} + CO$$

因此，在此温度下，CO_2和碳的反应合并为：

$$2C_{石} + CO_2 = C_{石} \cdot O_{吸} + C_{石} + CO$$

或

$$C_{石} + CO_2 = C_{石} \cdot O_{吸} + CO \tag{1}$$

反应为一级，形成的CO物质的量与消失的CO_2物质的量相同，即体系的压力保持不变。

温度继续升高，酮基将发生热分解

$$C_x \cdot O_{吸} = CO + C_{x-1} \tag{2}$$

反应为零级。由于在不同温度及压力下，反应（1）和反应（2）发展的程度不同，所以碳为CO_2气化的反应可能显示一级（在920 ℃及低压下）或零级（在1093 ℃以上）。

利用朗格缪尔的吸附等温方程可导出CO_2与碳反应的速度式：

$$k_1 \quad C_{石} + CO_2 = C_{石} \cdot O_{吸} + CO \quad k_2$$

$$k_3 \quad C_x \cdot O_{吸} = CO + C_{x-1} \quad k_4$$

式中　k_1，k_2，k_3，k_4——两反应的正逆反应的速度常数；

$C_{石}$——固体碳表面能吸附CO_2的活性点；

$C_{石} \cdot O_{吸}$——固体碳表面吸附氧形成的表面复合物。

k_1 和 k_2 具有相同的数量级，但 k_3 远大于 k_4，故 k_4 可忽略。

在高温下，反应（2）是总反应的限制环节，所以固体碳气化的速度可表示为：

$$V_2 = \frac{\mathrm{d}C}{\mathrm{d}t} = k_3 \cdot C_{C_{石} \cdot O_{吸}}$$

式中　$C_{C_{石} \cdot O_{吸}}$——固体碳表面上形成表面复合物的碳活性点数。

当反应趋于稳定状态时，反应（1）的速度：

$$V_1 = k_1 \cdot C_{CO_2} \cdot C_{C_{石}} - k_2 \cdot C_{CO} \cdot C_{C_{石} \cdot O_{吸}}$$

和反应（2）的速度 V_2 相等。又因

$$C_{C_{石}} = C_C - C_{C_{石} \cdot O_{吸}}$$

式中　C_C——固体碳表面碳活性点数；

$C_{C_{石}}$——固体碳表面能进行吸附反应的碳活性点数。

联立解，得出

$$k_1 \cdot C_{CO_2} \cdot C_{C_{石}} - k_2 \cdot C_{C_{石} \cdot O_{吸}} = k_3 \cdot C_{C_{石} \cdot O_{吸}}$$

$$C_{C_{石} \cdot O_{吸}} = \frac{k_1 \cdot C_{CO_2} \cdot C_C}{k_1 \cdot C_{CO_2} + k_2 \cdot C_{CO} + k_3}$$

反应速度，

$$V = \frac{\mathrm{d}C}{\mathrm{d}t}$$

代入具体数值

$$V = \frac{k_3 \cdot k_1 \cdot C_{CO_2} \cdot C_C}{k_1 \cdot C_{CO_2} + k_2 \cdot C_{CO} + k_3}$$

综合试验结果知，$k_1 \cdot C_{CO_2} > k_3$，$k_2 \cdot C_{CO} > k_3$，即反应（2）是限制环节。

故

$$C_{C_{石} \cdot O_{吸}} = \frac{k_1 \cdot C_{CO_2} \cdot C_C}{k_1 \cdot C_{CO_2} + k_2 \cdot C_{CO} + k_3} = \frac{k_3 \dfrac{k_1}{k_2} C_C}{\dfrac{k_1}{k_2} + \dfrac{C_{CO}}{C_{CO_2}}}$$

式中　$\dfrac{k_1}{k_2} = K$——反应（1）的平衡常数，并代入

$$C_{CO} = \frac{p_{CO}}{R \cdot T}$$

$$C_{CO_2} = \frac{p_{CO_2}}{R \cdot T}$$

可得

$$V = \frac{k_3 \cdot K \cdot C_C}{K + \dfrac{p_{CO}}{p_{CO_2}}}$$

这就是固体为 CO_2 气化的速度式。

固体碳包含的矿物质（灰分和特殊加入物）能显著地影响以上反应的速度，这是因为它们能侵入石墨的基平面间，使晶格畸形而减弱碳原子的键能，从而促进表面复合物易于脱附，表现为这一阶段的活化能降低。钠、钾、钙、镁及铁、锰、镍等的氧化物都有这种催化作用，但钾的作用最强，钠次之，铁、钙最差，因为前者的离子半径最大，进入石墨基平面间，晶格发生畸形的程度大。

对于一定的固体燃料来说，碳为 CO_2 气化的反应速度，是受温度和气流速度影响的。在较高温度下，处于扩散范围内，所以应提高气流速度，使反应位于动力学范围内。但是，固体的晶格越不完整，则碳原子越易从晶格上脱离，因此脱附化学反应越易进行。固体碳的孔隙度及块度对反应内扩散有影响。但像焦炭这种孔隙度较大的燃料，当块度适当，扩散是不能成为限制性环节的，特别是在较高的气流速度下，因此，反应主要取决于温度和燃料的反应性。

燃料的反应性是指它和 CO_2 反应的能力，常用来估计固体燃料的物化性质。在一定条件下（例如，温度 950 ℃，块度 0.9~1.9 mm，气流速度 50 mL/min）向固体燃料通入 CO_2，测定生成的 CO，用下式表示燃料的反应性：

$$\frac{\varphi(CO)_{\%}}{\varphi(CO)_{\%}+\varphi(CO_2)_{\%}}$$

固体燃料的反应能力与孔隙度、晶格的完整程度以及杂质等有关。

3.2.3 渗碳和碳的溶解

3.2.3.1 CO 和 CO_2 对海绵铁的渗碳

生铁的渗碳作用开始于固态海绵铁的渗碳，大量发生则是在铁滴落的过程中溶解碳素而形成的。

$$2CO = C_{烟} + CO_2$$

$$\frac{C_{烟} = [C]_{海绵铁}}{2CO = [C] + CO_2} \qquad \Delta G = -166550 + 171T \quad J/mol$$

$$K = \frac{p_{CO_2}}{p_{CO}^2} \times a_{[C]} = \frac{\dfrac{\varphi(CO_2)_{\%}}{100} \times p}{\left(\dfrac{\varphi(CO)_{\%}}{100}\right)^2 \times p^2} \times \gamma_C \times X_{[C]} = \frac{100[100-\varphi(CO)_{\%}]}{\varphi(CO)_{\%}^2 \times p} \times \gamma_C \times X_{[C]}$$

$$X_{[C]} = \frac{\varphi(CO)_{\%}^2 \times p \times K}{100[100-\varphi(CO)_{\%}]} \times \frac{1}{\gamma_C}$$

式中 γ_C——海绵铁中的 C 以纯石墨为标准态的活度系数。

已知

$$f_C = \frac{1}{1-5X_{[C]}} \qquad (3\text{-}2\text{-}1)$$

$$p_C = p_C^* \times \gamma_C \times X_{[C]} = K_H \times f_C \times X_{[C]}$$

$$\gamma_C = \frac{K_H}{p_C^*} \times f_C = \gamma_C^0 \times f_C$$

当海绵铁渗 C 饱和时：

$$\gamma_{C(饱)} = \gamma_C^0 \times f_{C(饱)} \qquad (3\text{-}2\text{-}2)$$

$$a_{C(饱)} = \gamma_{C(饱)} \times X_{[C]饱} = 1$$

$$\gamma_{C(饱)} = \frac{1}{X_{[C]饱}} \tag{3-2-3}$$

$$f_{C(饱)} = \frac{1}{1 - 5X_{[C]饱}} \tag{3-2-4}$$

将式（3-2-3）、式（3-2-4）代入式（3-2-2）中：

$$\gamma_C^0 = \frac{1 - 5X_{[C]饱}}{X_{[C]饱}}$$

$$\gamma_C = \gamma_C^0 \times f_C = \frac{1 - 5X_{[C]饱}}{X_{[C]饱}} \times \frac{1}{1 - 5X_{[C]}} = \frac{1 - 5X_{[C]饱}}{(1 - 5X_{[C]}) \times X_{[C]饱}}$$

因为
$$X_{[C]} = \frac{\varphi(CO)_{\%}^2 \times p \times K}{100[100 - \varphi(CO)_{\%}]} \times \frac{1}{\gamma_C}$$

所以
$$X_{[C]} = \frac{\varphi(CO)_{\%}^2 \times p \times K}{100[100 - \varphi(CO)_{\%}]} \times \frac{(1 - 5X_{(C)}) \times X_{[C]饱}}{1 - 5X_{[C]饱}}$$

当铁液中渗碳量较低（$w[C]_{\%}<1$）时：$X_{[C]} = \frac{55.85}{100 \times 12} \times w[C]_{\%} = 0.0465w[C]_{\%}$。

3.2.3.2 铁液的渗 C

海绵铁渗 C 后熔点不断降低熔化成为铁液，下落过程中会进一步溶解渗 C 使 $w[C]_{\%}$ 升高。

$$3[Fe] + C_{焦} = [Fe_3C]$$

铁中碳的溶解度计算式为：$w[C]_{\%} = 1.34 + 2.54 \times 10^{-3}t$。

铁液中其他元素对碳的溶解度的影响：

$$w[C]_{\%} = 1.34 + 2.54 \times 10^{-3}t + 0.04w[Mn]_{\%} - 0.30w[Si]_{\%} - 0.35w[P]_{\%} - 0.40w[S]_{\%}$$

（1）Nb、V、Cr、Mn 等能形成比 Fe_3C 稳定的碳化物，使 $w[C]_{\%}$ 上升。

（2）Si、P、S 等能形成比 Fe_3C 稳定的含铁化合物，使 $w[C]_{\%}$ 下降。

3.2.3.3 碳的溶解

从铁碳相图知，含碳 4.3%时是共晶生铁，其熔点最低。生铁含碳是饱和的，含碳量一般在 4%左右。饱和含量与生铁成分和生铁温度有关，常用下列两个经验公式：

$$w[C]_{\%} = 4.3 - 0.27w[Si]_{\%} - 0.32w[P]_{\%} + 0.033w[Mn]_{\%} - 0.32w[S]_{\%} \tag{3-2-5}$$

$$w[C]_{\%} = 1.28 + 0.00142T + 0.024w[Mn]_{\%} - 0.304w[Si]_{\%} - 0.31w[P]_{\%} - 0.37w[S]_{\%} \tag{3-2-6}$$

在炼钢温度范围内，碳的饱和溶解度可用下式计算：

$$\begin{aligned} w[C]_{\%} = {} & 1.3 + 0.00257t + 0.17w[Ti]_{\%} + 0.135w[V]_{\%} + 0.12w[Nb]_{\%} + \\ & 0.065w[Cr]_{\%} + 0.027w[Mn]_{\%} + 0.015w[Mo]_{\%} - 0.4w[S]_{\%} - \\ & 0.32w[P]_{\%} - 0.31w[Si]_{\%} - 0.22w[Al]_{\%} - 0.074w[Cu]_{\%} - \\ & 0.053w[Ni]_{\%} \end{aligned}$$

式中 T——金属液的热力学温度，K；

t——生铁温度，℃；

$w[C]_{\%}$——金属液中碳的质量百分数。

固态铁溶解碳的能力很弱，碳主要是由焦炭渗入液态铁的。碳溶解于铁液的反应式为：

$$C_{石墨} == [C]$$

$$\Delta G^{\ominus} = 5400 - 10.1T\ (cal/mol) = 22604 - 42.279T\ (J/mol)$$

碳溶解于铁液是吸热过程，随着温度上升溶解度增加，溶解每克碳吸热 1887 J。

3.2.3.4　氧的溶解

氧气溶解于铁液中的反应式为：

$$1/2O_2 == [O] \qquad \Delta G^{\ominus} = -117200 - 2.89T$$

$$\lg K = \frac{f_O \cdot w[O]_{\%}}{\sqrt{p_{O_2}}} = \frac{6120}{T} + 0.151$$

式中　$w[O]_{\%}$——在 p_{O_2} 压力下，氧在铁液中的溶解度；

f_O——氧的活度系数。

由上式可见，在铁液中溶解 1 mol 氧（16 g）放出 117200 J 的热量（折合每 1 kg 氧放出 7325.5 kJ 热量，每 1 m^3（标态）氧放出 10461 kJ 热量），氧的溶解度随温度的升高而降低。

当［O］浓度较小时，可认为 $f_O=1$，$w[O]_{\%}=K\sqrt{p_{O_2}}$；在氧含量高时，$\lg f_O=-0.2w[O]_{\%}$，见图 3-2-6。在钢铁冶炼过程中，空气中氧分压总是大于铁液的平衡氧分压，所以空气对铁水或者钢水都会产生氧化。

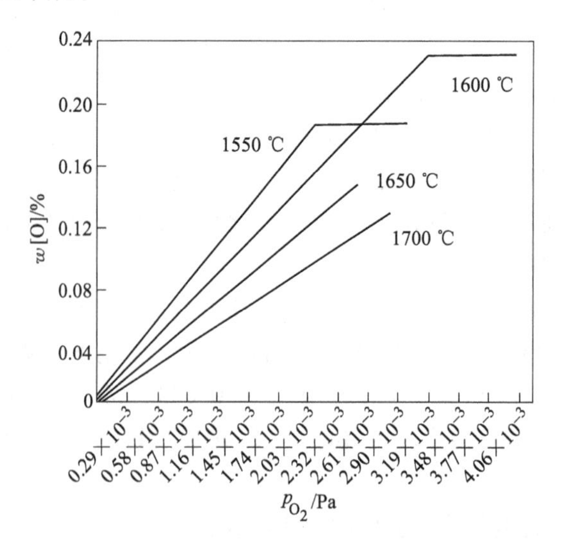

图 3-2-6　氧在铁液中的溶解度和气相中的 $\sqrt{p_{O_2}}$ 的关系

3.2.4　有液相参与的碳的氧化反应

炼钢过程的主要反应是脱 C，需要从铁水中去掉较多的 C 量，冶炼时间与 C 氧化速率有关，由于碳氧化形成了大量的 CO 气泡，促进了熔池内其他化学反应的进行，加强了熔池的传热与传质。

在高炉下部，溶入铁水的碳与渣中的 FeO、SiO_2、MnO、P_2O_5 等均有反应，最后溶入铁水中的碳在炼钢过程中被脱除。

3.2.4.1 碳氧化反应的热力学

A C 氧化反应的类型

（1）气体 O_2 的脱 C：$[C] + \frac{1}{2}O_2 = CO$，$\Delta G^{\ominus} = -136900 - 43.51T$ J/mol

（2）铁液中［O］的脱 C：$[C] + [O] = CO$，$\Delta G^{\ominus} = -22364 - 39.63T$ J/mol

此反应主要发生在铁水与炉底耐火材料的接触面上及铁水中的 CO 气泡表面上。

（3）熔渣中（FeO）的脱 C：$[C] + (FeO) = [Fe] + CO$，$\Delta G^{\ominus} = 98799 - 90.76T$ J/mol

B 碳氧浓度积

钢水中的脱 C：$[C] + [O] = [CO]$，$\Delta G^{\ominus} = -22364 - 39.63T$ J/mol

$$K = \frac{p_{CO}}{a_{[C]}a_{[O]}} = \frac{p_{CO}}{f_C f_O w[C]_{\%} \cdot w[O]_{\%}}$$

由于平衡时，钢液中的 $w[C]_{\%}$、$w[O]_{\%}$ 很低，可以认为 $f_C \cdot f_O = 1$

$$K = \frac{p_{CO}}{w[C]_{\%} \cdot w[O]_{\%}}$$

$$m = \frac{1}{K} = \frac{w[C]_{\%} \cdot w[O]_{\%}}{p_{CO}}$$

$$T = 1873\ \text{K}, m = 0.0025$$

$$w[C]_{\%} \cdot w[O]_{\%} = mp_{CO} = 0.0025p_{CO}$$

当 $p_{CO} = 1$ atm(1 atm = 101325 Pa)，$w[C]_{\%} \cdot w[O]_{\%} = m = 0.0025$（称为碳氧浓度积）

C 钢液不同部位的碳氧浓度积

由于钢液不同部位的 p_{CO} 不同，故有不同的碳氧浓度积。

（1）熔池内部。只有钢水内部 CO 气泡内 p_{CO} 满足下列条件时，气泡才能形成

$$p_{CO} \geqslant p_g + \delta_m \rho_m g + \delta_s \rho_s g + \frac{2\lambda}{r}$$

式中 p_{CO}——气泡内 CO 的压力，Pa；

p_g——炉气压力，Pa；

$\delta_m \rho_m g$——钢液的静压力，Pa，其中 δ_m 为钢液的深度，m，ρ_m 为钢液的密度；

$\delta_s \rho_s g$——炉渣的静压力，Pa；

$\frac{2\lambda}{r}$——气体的附加压力，Pa，其中 λ 为张力，N/m，r 为半径，m。

故 $$w[C]_{\%} \cdot w[O]_{\%} = mp_{CO} = 0.0025\left(p_g + \delta_m \rho_m g + \delta_s \rho_s g + \frac{2\lambda}{r}\right)$$

随着钢液深度的增加，钢液的静压力上升，导致气泡内 CO 的压力增大，钢液中的 C 和 O 含量增加，从而使得平衡状态下钢液中 O 的含量增加。

钢液-熔渣界面：$p_{CO} \approx 1$ atm，$w[C]_{\%} \cdot w[O]_{\%} = m = 0.0025$。

（2）钢液表面。钢液表面形成的 CO 气泡为平展气泡，$r\to\infty$，附加压力$\frac{2\lambda}{r}\to 0$，$\delta_m\to 0$，$\delta_s\rho_s g$ 值较小，故：$p_{CO}\geqslant p_g$。

$$w[C]_{\%}\cdot w[O]_{\%}=mp_{CO}=mp_g=m=0.0025$$

（3）悬浮的金属液滴。当金属液滴进入熔渣或炉气中时，液滴表面的碳氧化形成 CO 气泡。铁滴位于气泡内部，$\frac{2\lambda}{r}<0(r<0)$，$p_{CO}\geqslant p_g-\frac{2\lambda}{r}$。

在铁液内产生 CO 气泡，则：$p_{CO}\geqslant p_g+\frac{2\lambda}{r}$，随着 CO 气泡的长大，当内压大于外压时液滴爆炸，脱碳加速。

铁滴位于气泡内部：$w[C]_{\%}\cdot w[O]_{\%}=mp_{CO}=m\left(p_g-\frac{2\lambda}{r}\right)$；

CO 气泡在铁液内部：$w[C]_{\%}\cdot w[O]_{\%}=mp_{CO}=m\left(p_g+\frac{2\lambda}{r}\right)$；

采用真空操作 p_g 减小，可使 $w[C]_{\%}\cdot w[O]_{\%}$ 下降，加速脱碳。

3.2.4.2　碳氧化反应的动力学

A　过程机理

（1）氧从炉气向熔渣中传递：

氧从炉气向渣中传递（渣气界面）$\frac{1}{2}O_2+2(FeO)=Fe_2O_3$

钢渣界面　　$(Fe_2O_3)+[Fe]=3(FeO)$

（2）氧从炉渣中向钢液中传递：

$$(FeO)=[Fe]+[O]（钢-渣界面）$$

钢-渣界面的［O］向钢水中传递，［O］、［C］向 CO 气泡表面或炉底耐火材料表面传质并吸附后发生脱碳反应。

（3）吸附的［O］、［C］发生界面化学反应：

$$[C]+[O]=CO$$

（4）CO 气泡成核并长大，经钢、渣排入炉气。

过程的限制性环节可能是钢水中［O］、［C］向 CO 气泡表面或炉底耐火材料表面的扩散，也可能是 CO 气泡的形核与长大。由于有非均相形核条件，往往［O］、［C］的扩散成为限制性环节。［O］和［C］传质系数为同一数量级，因而：$w[C]_{\%}<w[C]_{\%临}$。

$w[C]_{\%}>w[C]_{\%临}$，［O］的扩散为限制性环节；$w[C]_{\%}<w[C]_{\%临}$，［C］的扩散为限制性环节。

B　$w[C]_{\%}>w[C]_{\%临}$ 时的脱 C 速率（［O］的扩散为限制性环节）

$$c_{[C]}=\frac{w[C]_{\%}}{100}\times\frac{\rho_m}{12}\ \text{mol/m}^3$$

$$c_{[O]}=\frac{w[O]_{\%}}{100}\times\frac{\rho_m}{16}\ \text{mol/m}^3$$

$$v_{[C]} = -\frac{dn_{[C]}}{d\tau} = -V_m \times \frac{dc_{[C]}}{d\tau} = -V_m \times \frac{d}{d\tau}\left(\frac{w[C]_{\%}}{100} \times \frac{\rho_m}{12}\right)$$

$$v_{[O]} = -\frac{dn_{[O]}}{d\tau} = -V_m \times \frac{dc_{[O]}}{d\tau} = -V_m \times \frac{d}{d\tau}\left(\frac{w[O]_{\%}}{100} \times \frac{\rho_m}{16}\right)$$

因为

$$v_{[C]} = v_{[O]}$$

所以

$$-\frac{d}{d\tau}\left(\frac{w[C]_{\%}}{100} \times \frac{\rho_m}{12}\right) = -\frac{d}{d\tau}\left(\frac{w[O]_{\%}}{100} \times \frac{\rho_m}{16}\right)$$

$$\frac{dw[C]_{\%}}{d\tau} \times \frac{1}{12} = \frac{dw[O]_{\%}}{d\tau} \times \frac{1}{16}$$

$$v_{[C]} = -\frac{dw[C]_{\%}}{d\tau} = -\frac{12}{16} \times \frac{dw[O]_{\%}}{d\tau}$$

[O] 的扩散由以下环节组成：

(1) 渣中 (FeO) 向熔渣-钢水界面的扩散：$(FeO) \longrightarrow (FeO)^*$；

(2) 界面反应：$(FeO)^* \longrightarrow [Fe]^* + [O]^*$；

(3) 渣钢界面的 $[O]^*$ 向钢水中的扩散：$[O]^* \longrightarrow [O]$。

根据双膜理论，高温下界面化学反应速率很快，过程由 (1) 和 (3) 混合限制：

$$v_{[O]} = -\frac{dw[O]_{\%}}{d\tau} = \frac{k_m \cdot L_O \cdot \gamma_{FeO}}{1 + (k_m/k_s) \cdot L_O \cdot \gamma_{FeO}} \times \left(w(FeO)_{\%} - \frac{w[O]_{\%}}{L_O \cdot \gamma_{FeO}}\right)$$

式中 $k_m = \beta_O \times \frac{A}{V_m}$；

$k_s = \beta_{FeO} \times \frac{A}{V_m} \times \frac{\rho_s}{\rho_m} \times \frac{M_O}{M_{FeO}}$；

$L_O = \frac{w[O]_{\%}}{w(FeO)_{\%}} = \frac{c_{[O]}}{c_{(FeO)}} \times \frac{\rho_s}{\rho_m} \times \frac{M_O}{M_{FeO}}$。

根据 $\lg L_O = -\frac{6320}{T} + 0.734$，可求出 L_O；

根据 $v_{[C]} = -\frac{dw[C]_{\%}}{d\tau} = -\frac{12}{16} \times \frac{dw[O]_{\%}}{d\tau}$，可求出 $v_{[C]}$。

C $w[C]_{\%} < w[C]_{\%临}$ 时的脱 C 速率（[C] 的扩散为限制性环节）

钢液中 $w[C]_{\%}$ 的扩散为限制性环节：

$$v_{[C]} = \beta_C \times \frac{A}{V_m} \times \left(w[C]_{\%} - \frac{p_{CO}}{K \cdot w[O]_{\%}}\right)$$

式中 β_C——钢液中的传质系数。

3.2.4.3 脱碳反应式

炼钢熔池中脱碳反应主要是：

$$[C] + [O] = \{CO\} \qquad \Delta G^{\ominus} = -22186 - 38.386T$$

即熔池中碳的氧化产物绝大多数是 CO 而不是 CO_2。碳与溶解的氧生成 CO_2 的反应式为：

$$[C] + 2[O] = \{CO_2\}$$

在氧气炼钢中，一部分碳可在反应区内同气体氧直接接触而受到氧化，反应式为：

$$[C] + 1/2\{O_2\} = \{CO\} \qquad \Delta G^{\ominus} = -139394 - 41.274T$$

表3-2-1是试验结果，由表可见，在炼钢温度下，只有当碳低于0.1%时，气相中的CO_2方能达到1%以上。而且，在含碳相同的情况下气相中的CO_2随着温度升高而降低，在同一温度下随含碳量的增加而降低。总之，炼钢熔池中碳的氧化产物主要是CO。

表3-2-1 在不同温度下与FeO熔体相平衡时气相中CO_2的体积百分数（$p_{(CO+CO_2)}$ = 101325 Pa）

$w[C]_{\%}$	温度/℃				
	1500	1550	1600	1650	1700
0.01	20.1	16.7	13.8	11.5	9.5
0.05	5.6	4.3	3.3	2.7	2.1
0.10	2.8	2.2	1.7	1.3	1.1
0.50	0.44	0.34	0.26	0.21	0.16
1.00	0.16	0.12	0.034	0.07	0.060

3.2.4.4 脱碳反应动力学

A 脱碳反应的环节

熔池中碳和氧的反应至少包括3个环节：

（1）反应物C和O向反应区扩散。

（2）[C] 和 [O] 进行化学反应。

（3）排出反应产物。

在高温下，[C]+[O]={CO} 化学反应非常迅速，通常 [C] 和 [O] 向反应区扩散是整个脱碳反应的控制环节。某些情况下，CO气泡生核困难时，新相生成也可能是控制环节。

B [C] 和 [O] 的扩散

当钢液被熔渣覆盖时，[C] 和 [O] 之间的反应是在钢液内已有气泡的界面上进行的，反应生成的CO分子很快便转入气相。

[C] 和 [O] 是表面活性元素。二者先由钢液向气泡表面扩散，然后吸附在气泡表面进行化学反应，反应进行得很快。

在气泡和钢液的相界面上 [C] 和 [O] 的浓度接近平衡，在远离相界面处的 [C] 和 [O] 的浓度要比气泡表面上的浓度大得多，于是形成一个浓度梯度，使 [C] 和 [O] 不断向反应区扩散。

一般认为，$w[C]$ 高 $w[O]$ 低时，氧的扩散是限制环节；$w[C]$ 低 $w[O]$ 高时，[C] 的扩散是限制环节。在脱碳过程中存在着碳的临界含量。当金属液中实际的碳低于临界含碳量时。脱碳速度 r_C 随 K 降低而显著降低，$r_C = k[C]$，这时 [C] 的扩散速度将决定整个脱碳反应的速度；反之，当金属中 $w[C]_{实}>w[C]_{临}$ 时，$r_C=k[O]\approx kp_{O_2}$，[O] 的扩散速度决定着整个脱碳反应的速度。因此，随着供氧量的增加使 r_C 相应地增加。

C CO 产生的条件

某些情况下，CO 气泡的形成也可能成为限制脱碳反应速度的环节。虽然 CO 在熔池中溶解度很小，但在钢液中没有现成的气液相界面时，产生新的界面需要极大的能量，而且新生成的气泡越小，需要的能量越大。设钢液的表面张力为 1.5 N/m，新产生的 CO 气泡核心半径为 10^{-7} cm，则这个气泡核心所承受的毛细力为 $2\times1500/10^{-7}=29600$ atm。这一巨大压力还未考虑钢液、炉渣和炉气对气泡的压力，所以 CO 气泡实际上不可能在钢液内部生成。只有当钢液中存在气液界面，才能减小生成 CO 气泡的阻力，促进碳氧反应的进行。

氧气转炉炼钢，氧流在反应区和金属液直接接触，并有大量气泡弥散于金属熔池内，所以生成 CO 气泡很顺利，这是转炉脱碳速度大的一个原因。在平炉、电炉和钢液真空处理时，金属被渣层覆盖，最可能生成 CO 气泡的地点是在炉底和炉壁的耐火材料表面上。因为从微观的角度来看，耐火材料表面是粗糙不平的，而且耐火材料与钢液的接触是非润湿性的（润湿角一般在 100°~120°），在粗糙的界面上，总是有不少微小的细缝和细坑，当缝隙很小时，由于表面张力的作用，金属不能入内，即可成为 CO 气泡的形成点。

D 脱碳过程中速度的变化

氧气转炉炼钢时，脱碳速度的变化见图 3-2-7。

由图可见，脱碳过程可分为 3 个阶段：吹炼初期以硅的氧化为主，脱碳速度较小；吹炼中期，脱碳速度几乎为定值；吹炼后期，随金属中含碳量的减少，脱碳速度也降低。整个脱碳过程中的脱碳速度变化曲线为台阶形。

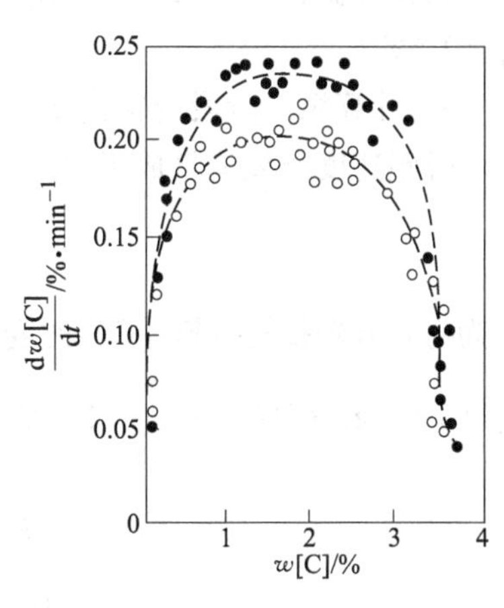

图 3-2-7 氧气顶吹转炉不同供氧强度的脱碳曲线

对各阶段的脱碳速度可以写成下列关系式：

第一阶段：$\dfrac{-dw[C]}{dt}=k_1t$

第二阶段：$\dfrac{-dw[C]}{dt}=k_2F_{O_2}$

第三阶段：$\dfrac{-dw[C]}{dt}=k_3w[C]$

式中 k_1——取决于 $w[Si]$ 及熔池温度等因素的常数；
t——吹炼时间；
k_2——高速脱碳阶段的常数；
F_{O_2}——供氧流量；
k_3——脱碳后期的速度常数。

在炉钢的吹炼初期，整个熔池温度低，硅、锰含量高，硅和锰迅速氧化，尤其是硅的氧化抑制着脱碳反应的进行。硅对脱碳反应的抑制作用，可用硅和碳的氧化还原反应来分析：

$$SiO_2 + 2[C] = 2\{CO\} + [Si] \qquad \Delta G^{\ominus} = 131100 - 73.87T$$

吹炼初期，熔池中 $w[C]\approx 4\%$，$w[Si]=0.6\%$，$t=1250\sim1350$ ℃，设 $p_{CO}=1$ atm，渣碱度为1，$w(FeO)\approx 20\%$，$a_{SiO_2}\approx 0.1$，可求出 $\Delta G^{\ominus}=11900$ J/mol，只有当温度升高到约1480 ℃，反应才能向右进行，脱碳反应才可剧烈进行。

吹炼中期是碳激烈氧化的阶段，脱碳速度受氧的扩散控制，所以供氧强度越大，脱碳速度也越大。

当碳降低到一定程度时，碳的扩散速度减小了，成为反应的控制环节，所以脱碳速度与含碳量成正比。

关于第二阶段向第三阶段过渡时临界含碳量的问题，有多种研究和观点，差别很大。通常实验室得出的临界含碳量为0.1%~0.2%或0.07%~0.1%，在实际生产中，则可为0.1%~0.2%或0.2%~0.3%甚至高达1.0%~1.2%。

E　脱碳过程计算实例

设有100 t氧气转炉，氧流量 $F_{O_2}=12000$ m³/h，用台阶模型估算脱碳反应曲线。

铁水中 $w[C]=4.3\%$，$w[Si]=0.6\%$，$w[Mn]=0.7\%$，装料中废钢比为20%，废钢中C、Si、Mn含量忽略不计，钢水中 $w[Mn]=0.1\%$，Si痕迹。

根据经验选定：第一、二阶段过渡碳含量为 $C_A=3.3\%$；第二、三阶段过渡碳含量为 $C_B=0.6\%$。

a　计算第二阶段脱碳速度

脱碳速度与氧流量成正比，

$$-\frac{dw[C]}{dt} = k_2 F_{O_2}$$

k_2 为每立方米氧气引起［C］的变化量，根据化学当量计算，11.2 m³ 氧气可氧化12 kg碳，则每1 m³ 氧气可氧化 $\frac{12}{11.2}=1.072$ kg碳，如氧气利用率为95%，金属质量为100 t，则

$$k_2 = \frac{0.95\times1.072}{100\times1000}\times100\%$$

代入可得：

$$-\frac{dw[C]}{dt} = 12.22\%/h = 0.2\%/min$$

第二阶段脱碳量 $C_A - C_B = 3.3\% - 0.6\% = 2.7\%$，需要时间 $=\frac{2.7}{12.22}=0.221$ h $=13.2$ min

b　计算第三阶段脱碳速度

第二、第三阶段分界为 $C_B=0.6\%$，即 $w[C]=0.6\%$时，等于第二阶段的脱碳速度：

$$12.22 = k_3\times0.6$$

$$k_3 = 20.4$$

$$-\frac{dw[C]}{dt} = 20.4w[C]_{\%}$$

积分得

$$\ln\frac{w[C]}{C_B} = -20.4t$$

式中 t——从 $w[C]=C_B$ 时开始计时。

c 第一阶段需要的时间

每吨铁水的脱碳量为 (4.3% - 3.3%) × 1000 = 10 kg/t;

每吨铁水的脱锰量为 (0.7% - 0.1%) × 1000 = 6 kg/t;

每吨铁水的脱硅量为 (0.6% - 0%) × 1000 = 6 kg/t;

铁的氧化量按初期渣中 $w(FeO) \approx w(SiO_2)$ 计算，所以铁消耗氧为硅消耗氧量的一半。

每吨铁水中氧化碳消耗氧气=10×11.2/12=9.3 m^3/t;

每吨铁水中氧化锰消耗氧气=6×11.2/55=1.2 m^3/t;

每吨铁水中氧化硅消耗氧气=6×22.4/28=4.8 m^3/t;

每吨铁水中氧化铁消耗氧气=0.5×4.8=2.4 m^3/t;

共消耗 17.7 m^3/t。

仍设氧利用率为 95%，每吨铁水需要氧量为$\frac{17.7}{0.95}=18.6\ m^3$，装入料中 80%为铁水，所以 100 t 金属料在第一阶段需供入氧气 18.6×80=1490 m^3，第一阶段需要的时间为 1490/12000=0.124 h=7.45 min。

d 第一阶段脱碳速度

因脱碳曲线不一定通过原点，所以下式中加上截距 m 一项，则

第一阶段：$-\frac{dw[C]}{dt}=k_1t+m$

按上下限 $t=0$ 时，$w[C]=4.3\%$；$t=0.124$ h，$w[C]=3.3\%$。积分可得：

$$4.3-3.3=0.0077k_1+0.124m$$

第一阶段结束时，$t=0.124$ h，$\frac{dw[C]}{dt}=-12.22\%/h$

代回脱碳速度式 $$\frac{dw[C]}{dt}=12.22=0.124k_1+m$$

联立求解，解出 $k_1=67$，$m=3.9$，所以第一阶段脱碳速度

$$-\frac{dw[C]}{dt}=67t+3.9$$

积分得 $$w[C]_0-w[C]=33.5t^2+3.9t$$

e 全部脱碳曲线

第一阶段 $t\leqslant 7.45$ min，$w[C]_0-w[C]=33.5t^2+3.9t$

第二阶段 $t=7.45\sim 20.65$ min，$\frac{dw[C]}{dt}=-12.22\%/h$

第三阶段 $t\geqslant 20.65$ min，$\ln w[C]/w[C]_B=-20.4t$

图 3-2-8 为按照三式绘制的脱碳曲线。图中还用虚线给出了 $F_{O_2}=16660\ m^3/h$ 时的脱碳曲线，以作比较。

上述例题给出了推算转炉脱碳曲线的一种方法，但应注意，实际的脱碳过程要复杂得多。从例题可以看出，用这种模型推算时，正确选定 C_A、C_B 或者 k_1、k_2、k_3 是必需的，

但这几个参数未必是常数，和吹炼条件如喷枪高度、喷头尺寸、氧量氧压、熔池温度等许多因素有关，在实际应用时正确预测它们很困难。这里仅提供一种分析问题的方法。当应用副枪测定熔池含碳量时，第三阶段脱碳式有可能作为后期脱碳数学模型使用。

3.2.4.5　氧的脱碳效率

当用氧气脱碳时，脱碳效率 η_{O_2} 定义如下式

$$\eta_{O_2} = \frac{\text{碳的氧化量} \times 0.933}{\text{实际的供氧量}} \times 100\%$$

式中　$0.933 = \frac{22.4}{2 \times 12}$ ——氧化单位质量的碳所需氧的体积。

顶吹氧脱碳过程中，不仅脱碳速度在变化，而且由于脱碳反应热力学和动力学条件的改变，在不同的脱碳阶段，η_{O_2} 也发生变化。η_{O_2} 随熔池含碳量高低而变化的情况如图 3-2-9 所示。

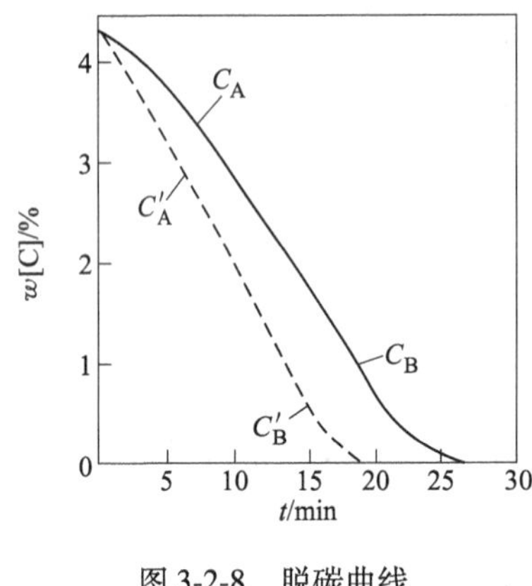

图 3-2-8　脱碳曲线

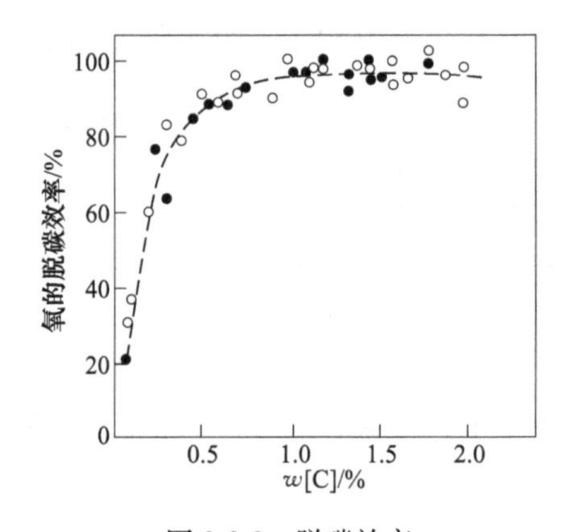

图 3-2-9　脱碳效率

供给熔池的氧除用于和碳化合外，还增加渣中（FeO）和溶解于钢液的［O］。吹炼后期脱碳消耗氧的速度减慢，积累在渣和钢中的氧必然增多。所以氧化单位碳量所需之氧量将随［C］之不同而不同，大致情况如表 3-2-2 所示。

表 3-2-2　氧化单位碳量所需耗氧量

w[C]/%	0.9~1.0	0.3~0.6	0.1~0.25	0.05~0.1	<0.05
单位耗氧量/m^3	0.03~0.06	0.04~0.6	0.05~0.07	~0.50	1.25~1.90

因此，用顶吹氧的方法冶炼超低碳钢（w[C]<0.02%）是很难的，因为后期渣中 w(FeO) 达到 40%~45%，操作不好控制。

3.2.5　生物质半焦/煤粉混合燃烧特性及动力学分析

利用热重分析法研究棕榈壳半焦、煤粉及其混合物在不同条件下的燃烧反应失重过程，对其燃烧特性进行分析，并用相应的燃烧特征参数进行描述。

3.2.5.1　生物质半焦和煤粉燃烧特性

将棕榈壳半焦和煤粉在 20 ℃/min 的升温速率下进行单一物质的燃烧特性分析，图 3-2-10

所示分别为棕榈壳半焦和煤粉的 TG-DTG 曲线。

对比图 3-2-10 可以发现，棕榈壳半焦和煤粉的燃烧过程大致相同，都只有一个主要的燃烧反应阶段，一些关键的燃烧特征参数（如起始燃烧温度 T_i、燃尽温度 T_f、最大燃烧速率（即 DTG）曲线的峰值 R 以及其所对应的峰值温度 T_m）用于比较棕榈壳半焦和煤粉的燃烧特性，结果列于表 3-2-3。

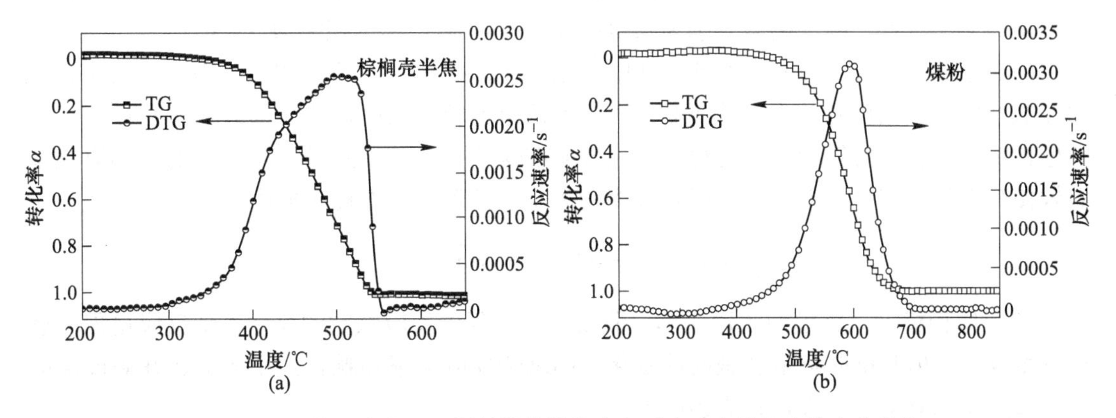

图 3-2-10 棕榈壳半焦和煤粉燃烧转化率和反应速率随温度的变化曲线

表 3-2-3 棕榈壳半焦和煤粉混合燃烧特征参数

棕榈壳半焦配加量/%	T_i/℃	T_{m1}/℃	R_1/s^{-1}	T_{m2}/℃	R_2/s^{-1}	T_f/℃	$R_{0.5}$/s^{-1}
0	501	—	—	599	3.11×10^{-3}	649	2.85×10^{-4}
20	458	—	—	586	2.77×10^{-3}	638	2.94×10^{-4}
40	417	507	1.49×10^{-3}	585	2.18×10^{-3}	632	3.09×10^{-4}
60	402	502	1.85×10^{-3}	566	1.57×10^{-3}	605	3.28×10^{-4}
80	391	501	2.31×10^{-3}	—	—	566	3.41×10^{-4}
100	388	497	2.55×10^{-3}	—	—	534	3.52×10^{-4}

从表中可以看出，棕榈壳半焦的起始燃烧温度为 388 ℃，明显低于煤粉（501 ℃），说明棕榈壳半焦比煤粉更容易着火。棕榈壳半焦和煤粉的燃尽温度分别为 534 ℃和 649 ℃，说明棕榈壳半焦的燃烧过程比煤粉更早结束，主要是因为棕榈壳半焦灰分中碱金属含量较高，在燃烧反应后期起到了催化作用。棕榈壳半焦和煤粉的 DTG 曲线都只有一个明显的失重峰，不同点体现在煤粉 DTG 曲线的失重峰又尖又窄，峰值温度为 599 ℃，而棕榈壳半焦的失重速率峰较宽，位于 490~520 ℃之间。Mundike 等的研究发现 578 ℃制备的含羞草半焦的 DTG 曲线具有相似的现象。煤粉的最大燃烧速率为 $3.11\times10^{-3}s^{-1}$，棕榈壳半焦的最大燃烧速率为 $2.55\times10^{-3}s^{-1}$。

根据图 3-2-10 棕榈壳半焦和煤粉的燃烧 TG-DTG 曲线，为了评价棕榈壳半焦和煤粉的燃烧反应性，本节采用反应性特征参数 $R_{0.5}$ 来表征试验样品的燃烧反应性：

$$R_{0.5} = \frac{0.5}{t_{0.5}}$$

式中 $t_{0.5}$——燃烧反应的转化率达到 0.5 所需要的时间，s。

棕榈壳半焦的反应性特征参数 $R_{0.5}$ 为 $3.52\times10^{-4}\ s^{-1}$，煤粉为 $2.85\times10^{-4}\ s^{-1}$，棕榈壳半焦的反应性特征参数大于煤粉，说明棕榈壳半焦的燃烧反应性优于煤粉。从以上分析可以看出，将棕榈壳半焦与煤粉混合燃烧，可促进煤粉的燃烧，提高混合物的燃烧反应性。

3.2.5.2 生物质半焦/煤粉燃烧动力学分析

本节采用两种比较常用的气-固反应动力学模型来研究棕榈壳半焦、煤粉及其混合物的燃烧动力学过程，两种模型分别为随机孔模型（RPM）和体积模型（VM）。

（1）随机孔模型。随机孔模型由 Bhatia 和 Perlmutter 在 1980 年提出，考虑了反应颗粒的孔隙结构及其在反应过程中的演变，该模型假定颗粒表面存在的大部分孔是孔径不一的圆形柱状孔，颗粒与气相之间的化学反应发生在这些孔表面，并且反应速率的大小取决于有效接触面积的多少，即孔表面层叠程度的大小。其动力学方程式描述如下：

$$\frac{d\alpha}{dt} = k_{RPM}(1-\alpha)\sqrt{1-\psi\ln(1-\alpha)}$$

（2）体积模型。该模型比较简单，假设反应过程中反应颗粒的尺寸不随反应过程的进行发生改变，但是反应物密度是线性变化，即燃烧反应速率和颗粒大小无关，并假设反应为一级反应，其动力学方程式描述如下：

$$\frac{d\alpha}{dt} = k_{VM}(1-\alpha)$$

式中 k_{VM}——体积模型的反应速率常数，s^{-1}；

k_{RPM}——随机孔模型的反应速率常数，s^{-1}；

ψ——反应颗粒的结构尺寸。

ψ 的表达式为

$$\psi = \frac{4\prod L_0(1-\varepsilon_0)}{S_0^2}$$

式中，L_0、S_0、ε_0 分别为 $t=0$ 时单位体积孔长、反应比表面积、颗粒的孔隙率。

3.3 磷的去除

3.3.1 磷在冶金中的行为

磷在地壳中以磷灰石（$Ca_5[F,Cl](PO_4)_3$）、磷铁矿（$Fe(PO_4)\cdot2H_2O$）、磷铝矿（$Al(PO_4)\cdot2H_2O$）、独居石（$CePO_4$）等磷酸盐的形态存在，约占地壳总质量的 0.12%。炼铁生产中，矿石及熔剂内都不可避免地要将一定数量的磷酸盐带进高炉，在高炉生产条件下，磷酸盐中的磷几乎全部被还原进入金属。即磷酸盐（$Ca_3(PO_4)_2$）与碳混合，在有二氧化硅存在的情况下，发生置换反应，使磷的还原变得更加容易。具体反应如下：

$$2Ca_3(PO_4)_2 + 3SiO_2 = 3Ca_2SiO_4 + 2P_2O_5$$

$$2P_2O_5 + 10C(s) = 4P + 10CO(g)$$

$$2Ca_3(PO_4)_2 + 3SiO_2 + 10C(s) = 3Ca_2SiO_4 + 4P + 10CO(g)$$

还原出来的磷被铁吸收，进入铁水中。因此炼铁时控制生铁含磷量的唯一办法就是控制原料中磷的含量。一般情况下，磷在钢铁产品中是有害杂质，需在炼钢时设法将其尽可能多地去除掉。只有在个别场合，磷才被作为合金元素，在钢和铸铁中要求有一定的含量。磷溶解于熔铁中时放出大量的热，这说明磷原子与铁原子之间有较强的作用力。在1800 K 和w[P]<1.7%时，熔铁中磷的活度如图3-3-1所示。其对亨利定律有一定的正偏离，而对拉乌尔定律有较大的负偏离。

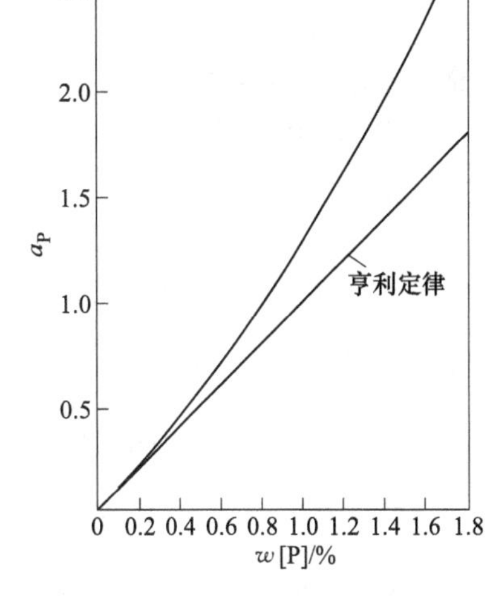

图3-3-1 在1800 K时熔铁中磷的活度

磷在固体铁中形成置换固溶体。磷在纯γ铁中的最大溶解度约为0.5%，纯α铁的最大溶解度约为2.8%。铁中碳含量增加，并不会使磷的溶解度降低。它也没有形成碳化物的倾向。在液体铁中，有很多证据表明磷很可能以 Fe_2P 的分子集团形式存在。

磷存在于液体铁中，能改善其流动性。与C、Mn等元素相同，是促进晶粒长大的元素。磷溶于α铁中不大于0.20%时，是非常有效的硬化剂，有显著的硬化效应。其强化作用仅次于碳，使屈服强度（σ_s）与屈强比（σ_s/σ_b）都显著提高，但使钢的塑性和韧性变差。钢中含磷过高时，由于磷原子富集在铁素体晶界形成固溶强化而易使钢产生“冷脆”现象，即从室温降至0 ℃以下温度时，易产生脆裂，冲击韧性大幅下降。不锈钢中磷含量过高，将影响抗应力腐蚀性能。如奥氏体不锈钢最容易产生应力腐蚀裂纹，钢中磷含量对这种缺陷十分敏感，为彻底消除这种缺陷，其磷含量要求小于0.005%。由于磷对钢的性能有诸多不利的影响，故需对它在钢中的含量作必要的限制。一般普通钢中要求w[P]≤0.045%，优质钢中要求w[P]<0.03%，高级优质钢中要求w[P]<0.025%，低P钢中要求：w[P]=0.008%~0.015%。

另外磷对钢性能的影响也有它有利的一面，除能使钢的强度、硬度增加之外，最突出的是它能显著地改善普通钢的抗腐蚀性能，并能改善钢的加工切削性能。如生产低合金钢、低碳钢时，w[P]≈0.1%就可改善易切削钢的强度、耐蚀性和可加工性。磷与铜、钛、稀土等配合使用时对改善钢的抗腐蚀性能效果更好。稀土的加入抑制了磷使钢低温韧性降低的有害作用，同时稀土也有增加钢抗腐蚀性能的作用。即使是磷所造成的脆性也是可以利用的，如炮弹钢中，适当提高w[P]，增加钢的脆性，从而使爆炸时碎片增多，杀伤力更大。

铸铁中含有P，可降低其液相线温度，改善其铸造性能。在灰口铸铁中，w[P]=0.9%，可改善铸铁的抗拉强度和高温抗拉强度。

3.3.2 磷氧化去除的条件

3.3.2.1 磷的氧化反应

钢水中的P与C也存在选择氧化的问题，低温下P先氧化，形成$3FeO \cdot P_2O_5$。如平炉熔化期P可氧化80%~90%；但在碱性底吹转炉中，由于大量C的氧化，使熔池中w(FeO)很低，石灰难熔，只有C大量氧化后，渣中w(FeO)上升，使得渣中w(CaO)

上升，此时 P 开始大量氧化；在氧气顶吹转炉中，由于渣中 $w(FeO)$ 一直较高，石灰熔化快，C、P 一起氧化。

金属中溶解的磷的氧化反应如下：

（1）与气相中的氧作用

$$\frac{4}{5}[P] + O_2(g) = \frac{2}{5}(P_2O_5) \qquad \Delta G^{\ominus} = -618836 + 175.0T\ (J/mol) \tag{3-3-1}$$

（2）与溶解在金属中的氧作用

$$\frac{4}{5}[P] + 2[O] = \frac{2}{5}(P_2O_5) \qquad \Delta G^{\ominus} = -384953 + 170.24T\ (J/mol) \tag{3-3-2}$$

（3）与炉渣氧化铁中的氧作用

$$\frac{4}{5}[P] + 2[FeO] = \frac{2}{5}(P_2O_5) + 2[Fe](l) \qquad \Delta G^{\ominus} = -384953 + 170.24T\ (J/mol) \tag{3-3-3}$$

3.3.2.2　氧化物与 Fe-P-O 系的平衡及热力学

A　CaO

在石灰的脱磷反应中，磷的最终氧化生成物历来认为有 $3CaO \cdot P_2O_5$ 和 $4CaO \cdot P_2O_5$ 两种。由图 3-3-2 可知，在 $CaO-P_2O_5$ 相图上靠近 CaO 侧，生成了 $3CaO \cdot P_2O_5$ 和 $4CaO \cdot P_2O_5$ 两种化合物。前者在 2083 K 同分熔化，后者在 1983 K 异分熔化。$3CaO \cdot P_2O_5$ 在高温下比 $4CaO \cdot P_2O_5$ 稳定，故认为在碱性炼钢渣中似乎应是 $3CaO \cdot P_2O_5$。但在一些用 CaO 坩埚做熔铁脱磷反应平衡试验时，分析脱磷反应产物却是 $4CaO \cdot P_2O_5$。目前对脱磷反应物可以写作 $3CaO \cdot P_2O_5$ 或 $4CaO \cdot P_2O_5$。

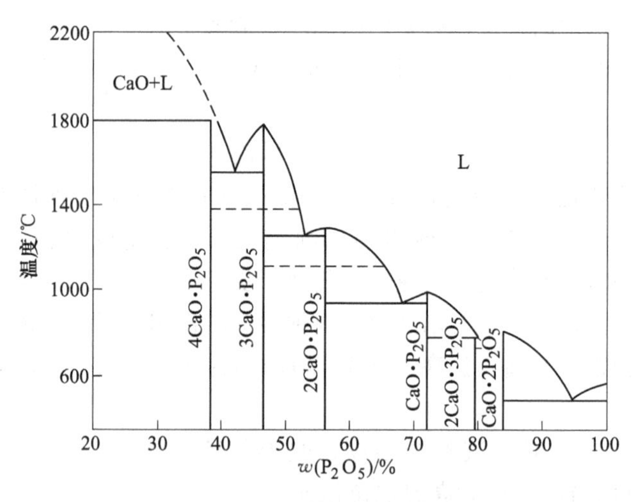

图 3-3-2　$CaO-P_2O_5$ 相图

因此碱性炼钢操作中的氧化脱磷反应式可写为：

$$2[P] + 5[O] + 4(CaO) = (4CaO \cdot P_2O_5) \qquad \Delta G^{\ominus} = -338600 + 142.05T\ (J/mol) \tag{3-3-4}$$

$$\lg K = \frac{17684}{T} - 7.42 \qquad \lg K_{1873} = 2.02 \tag{3-3-5}$$

$$2[P] + 5[O] + 3(CaO) = (3CaO \cdot P_2O_5) \quad \Delta G^{\ominus} = -343000 + 143.35T \text{ (J/mol)} \tag{3-3-6}$$

$$\lg K = \frac{17914}{T} - 7.49 \qquad \lg K_{1873} = 2.07 \tag{3-3-7}$$

在 1600 ℃下，由式（3-3-5）和式（3-3-7）可以看出，$\lg K_{1873}$分别为 2.02 和 2.07，说明 CaO 的脱磷反应中不管其生成物是 $3CaO \cdot P_2O_5$，还是 $4CaO \cdot P_2O_5$，其平衡常数值基本一致，亦即生成 $3CaO \cdot P_2O_5$ 同 $4CaO \cdot P_2O_5$ 的稳定性近似相等。

B　MgO

关于 MgO 在复杂碱性渣中对脱磷平衡的贡献，从热力学角度来说，MgO 的脱磷作用同 CaO 相比可以忽略。但 MgO 作为碱性氧化物，也有一定的脱磷作用。对这两种简单体系脱磷平衡的比较如下：

$$3(MgO) + 2[P] + 5[O] = (3MgO \cdot P_2O_5) \quad \Delta G^{\ominus} = -284600 + 142.45T \text{ (J/mol)} \tag{3-3-8}$$

$$\lg K_{Mg} = \frac{14864}{T} - 7.44 \tag{3-3-9}$$

在 1873 K 时，$\lg K_{Mg} = 0.50$，与反应式（3-3-6）（$\lg K_{Ca} = 2.07$）比较，说明 MgO 的脱磷能力低于 CaO。对于用纯的 CaO 与 MgO 脱磷，其平衡常数式可写为：

$$\lg K_{Mg} = \lg \frac{1}{w[P]^2_{\%Mg} \cdot w[O]^5_{\%}}; \quad \lg K_{Ca} = \lg \frac{1}{w[P]^2_{\%Ca} \cdot w[O]^5_{\%}}$$

在相同的氧势下，则得

$$\lg K_{Mg} - \lg K_{Ca} = 2\lg \frac{w[P]_{\%Ca}}{w[P]_{\%Mg}} = -\frac{3050}{T} + 0.05$$

在炼钢温度（$T = 1873$ K）下，则得

$$\lg \frac{w[P]_{\%Ca}}{w[P]_{\%Mg}} = -0.79, \quad 故 \frac{w[P]_{\%Ca}}{w[P]_{\%Mg}} = 0.162$$

即，在炼钢温度下，液体铁同 $Ca_3P_2O_8$-CaO 系平衡的磷含量比同 $Mg_3P_2O_8$-MgO 系平衡的磷含量低。以上仅从热力学角度来分析问题，而从动力学角度考虑时，适当提高渣中 MgO 含量促进化渣，有利于碱性炼钢炉渣的脱磷反应。

C　Na_2O

由碱金属氧化物 Na_2O 与 K_2O 形成磷酸盐时的生成热与生成自由能一般要比由碱金属氧化物 CaO 与 MgO 形成相应化合物时的生成热和生成自由能有更大的负值。如：

$$3CaO \cdot P_2O_5 + 3Na_2O = 3Na_2O \cdot P_2O_5 + 3CaO \quad \Delta H^{\ominus} = -366.8 \text{ kJ} \tag{3-3-10}$$

由此推断，当炉渣碱度保持一定，渣中加入 Na_2O 代替 CaO 时，渣中 P_2O_5 的活度会降得更低。图 3-3-3 是 Na_2O-P_2O_5 二元相图，在此二元体中形成 3 种稳定化合物：$3Na_2O \cdot P_2O_5$(α、β)，$2Na_2O \cdot P_2O_5$ 和 $Na_2O \cdot P_2O_5$。一般假定苏打渣中的脱磷产物为 $3Na_2O \cdot P_2O_5$，它要比 $3CaO \cdot P_2O_5$ 更为稳定，如在 1400 ℃下，由 P_4O_{10}蒸气生成 $3CaO \cdot P_2O_5$ 的 $G = -551.76$ kJ，而生成 $3Na_2O \cdot P_2O_5$ 时的 $G = -957.22$ kJ。Na_2O-P_2O_5-FeO 三元系炉渣同

$CaO-P_2O_5-FeO$ 三元系炉渣一样也有分层现象。将 Na_2O 加入分层的 $CaO-P_2O_5-FeO$ 熔体，会发生式（3-3-10）的置换反应，而磷酸盐中的钙不能置换钠。

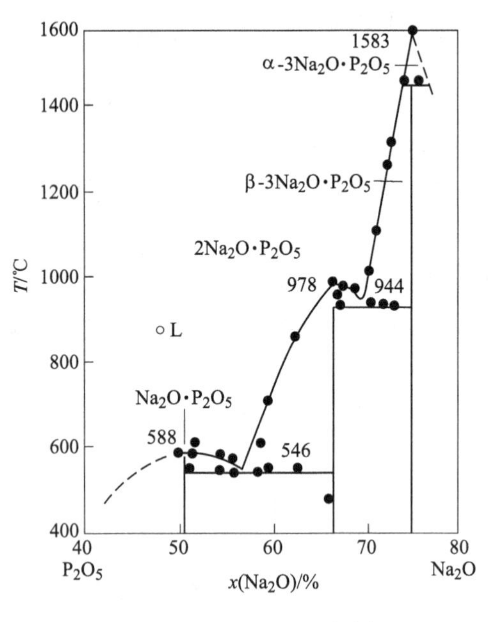

图 3-3-3 $Na_2O-P_2O_5$ 相图

另外，石灰渣中 $w(CaO)>30\%\sim32\%$ 才可能脱磷。而 $w(SiO)=60\%$、$w(FeO)=10\%$、$w(Na_2O)=7\%$（其余成分为 CaO、MgO 和 Al_2O_3）的苏打渣则可以脱磷。据马多克斯和特克道根的研究，当 $w(SiO)\leqslant25\%$ 时，可脱磷 90%；$w(SiO)$ 为 30%~40% 时，可脱磷 50%~80%；$w(SiO)$ 为 50%~60%时，还可能脱磷 15%~40%。这同普通石灰质炉渣脱磷不同，一般在石灰质炉渣脱磷时可加入 Na_2O 代替 CaO。

Na_2O 与钢液中［P］反应的热力学数据如下：

$$3Na_2O(l) + 2[P] + 5[O] = 3Na_2O \cdot P_2O_5 \qquad \Delta G^{\ominus} = -1976554.8 + 675.03T(J/mol) \tag{3-3-11}$$

$$\lg K = \frac{103357}{T} - 35.30 \tag{3-3-12}$$

在 1600 ℃，$\lg K_{1873}=19.88$，比式（3-3-5）和式（3-3-7）反应的平衡常数值都要大。

D　SrO 和 BaO

从各种磷酸盐的生成热数据（见表 3-3-1）来看，$Sr_3P_2O_8$ 与 $Ba_3P_2O_8$ 应比 $Ca_3P_2O_8$ 更为稳定。

从离子理论的角度来看，如表 3-3-1 所示，Mg^{2+}、Ca^{2+}、Sr^{2+}、Ba^{2+} 的半径依次增大，和离子熔体中 O^{2-} 的结合力依次减弱，而同 PO 结合力则依次增强。由以上分析可以肯定 SrO 与 BaO 应比 CaO 有更大的脱磷能力。这已为试验所证实，在炉渣中加入 BaO，使脱磷平衡常数增大，如图 3-3-4 所示。与 CaO 相比，BaO 使渣中 P_2O_5 的活度降得更低，但 BaO 比较贵，不如 CaO 易得，限制了其在炼钢生产中的广泛应用。

表 3-3-1 各种金属离子的半径及其磷酸盐的生成热

离子	Fe^{2+}	Mn^{2+}	Mg^{2+}	Ca^{2+}	Sr^{2+}	Ba^{2+}	Na^{+}
离子半径/nm	0.076	0.080	0.065	0.099	0.113	0.135	—
相应磷酸盐的生成热/kJ	317.68~459.8	365.75	480.7	677.16	827.64	973.94	1086.8

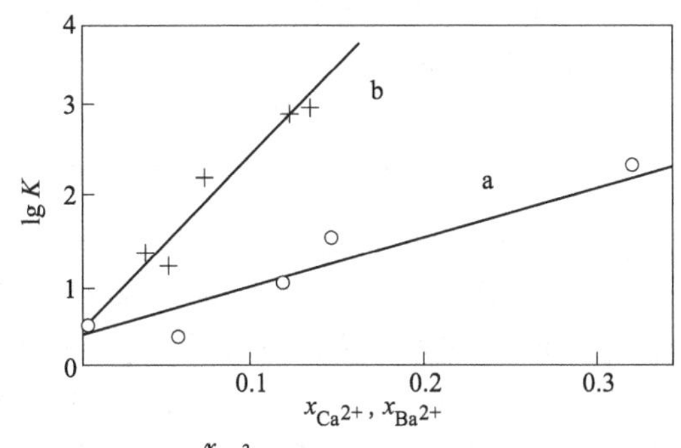

图 3-3-4 脱磷平衡常数 $K = \dfrac{x_{PO_4^{3-}}}{w[P]_{\%} x_{Fe^{2+}}^{2.5} x_{O^{2-}}^{4}}$ 同渣中 Ca^{2+}分数（a）、Ba^{2+}分数（b）的关系

+—$3BaO \cdot P_2O_5$；○—$3CaO \cdot P_2O_5$

3.3.2.3 氧化脱磷反应的平衡研究

为深入分析脱磷反应的热力学条件并定量掌握它，对脱磷反应平衡进行了许多试验研究。脱磷平衡的研究除脱磷反应本身的标准自由能变化之外，还涉及两个方面：一方面是金属中磷的热力学活度及金属中其他组分对它的影响；另一方面是脱磷产物在炉渣中的热力学活度及渣中其他组分对它的影响。对 $2[P] + 5[O] + 4(CaO) = (4CaO \cdot P_2O_5)$ 脱磷反应式，其平衡常数如下：

$$K_P = \frac{a_{Ca_4P_2O_9}}{a_P^2 \cdot a_{FeO}^5 \cdot a_{CaO}^4} = \frac{w(Ca_4P_2O_9)_{\%} \cdot \gamma_{Ca_4P_2O_9}}{w[P]_{\%}^2 f_P^2 w(FeO)_{\%}^5 \gamma_{FeO}^5 w(CaO)_{\%}^4 \gamma_{CaO}^4} \tag{3-3-13}$$

可见，平衡常数中含有 4 种活度系数，在平衡试验时容易受金属和熔渣成分的影响，而且活度标准状态的选择也有困难。因此多在简化渣系下进行脱磷平衡的试验测定。以下是不同研究者对脱磷平衡常数的一些研究结果。

A 温克勒-启普曼（T. B. Winkler-J. Chipmon）经验式

温克勒-启普曼用碱性氧化渣与 30 kg 熔铁之间做脱磷平衡研究。考虑了 CaO、MgO、SiO_2、FeO、Fe_2O_3、P_2O_5、MnO、Al_2O_3 及 CaF_2 九个主要成分，并认为 MgO、MnO 的作用同 CaO 一样，呈自由态或与 SiO、Fe_2O_3、P_2O_5、Al_2O_3 结合为复杂分子。

$$K_P = \frac{x_{4CaO \cdot P_2O_5}}{w[P]_{\%}^2 \cdot w[O]_{\%}^5 \cdot x_{CaO'}^4}$$

式中 $x_{CaO'}$——自由 CaO 的摩尔分数，在计算时曾假定有双分子存在。

$$\lg K_P = \frac{71667}{T} - 28.73$$

用炉渣分析数据计算的 FeO 代替 K_P 式中的 $w[O]_{\%}$，应用更为方便。

$$\lg K'_P = \lg \frac{x_{4CaO\cdot P_2O_5}}{w[P]^2_{\%} \cdot w[O]^5_{\%} \cdot x^4_{CaO'}} = \frac{40667}{T} - 15.06$$

温克勒-启普曼的经验式迄今仍被广泛引用，但他们认为碱性炉渣中 MgO、MnO 的作用同 CaO 一样，这一观点看来是不对的。

B　巴拉耶瓦（K. Balajiva）经验式

巴拉耶瓦等采用较为满意的取样技术，用小型试验电弧炉研究了 600 g 铁和 250 g 渣之间的脱磷平衡。考虑磷的氧化反应式为：

$$2[P] + 5(FeO) = (P_2O_5) + 5[Fe]$$

用 $w(FeO)_{\%}$ 和 $\sum w(FeO)_{\%}$ 表示的脱磷平衡常数分别为 K_1 和 K_2：

$$K_1 = \frac{w(P_2O_5)_{\%}}{w[P]^2_{\%} \cdot w(FeO)^5_{\%}};\ K_2 = \frac{w(P_2O_5)_{\%}}{w[P]^2_{\%} \cdot (\sum w(FeO)_{\%})^5}$$

然后用试验结果考查渣中 CaO 对脱磷平衡常数 K_1 和 K_2 的影响：

1550 ℃ 时，$\lg K_1 = 11.80\lg w(CaO)_{\%} - 21.13$；$\lg K_2 = 10.78\sum \lg w(CaO)_{\%} - 20.08$

1585 ℃ 时，$\lg K_1 = 11.80\lg w(CaO)_{\%} - 21.51$；$\lg K_2 = 10.78\lg \sum w(CaO)_{\%} - 20.41$

1635 ℃ 时，$\lg K_1 = 11.80\lg w(CaO)_{\%} - 21.92$；$\lg K_2 = 10.78\lg \sum w(CaO)_{\%} - 20.83$

温克勒-启普曼和巴拉耶瓦等这两批几乎是同时完成的碱性炼钢渣脱磷平衡研究，具有开创性的价值。此后发表的许多经验式尽管应用了炉渣的离子理论，所用的原始数据多取自这两项工作。

C　希利（G. W. Healy）关于磷分配的新观点

希利重新审查了过去脱磷平衡试验的结果，应用熔渣离子模型分析了活度标准态的选择问题，综合各种方法和概念的合理部分，按照他自己的思路提出了一个炉渣全分析估算磷分配的方程式。为了便于应用，又将离子浓度换算为质量百分数，被认为是这一领域最新的一项成果，现已被广泛引用。

当 $w(CaO)>30\%$时，

$$\lg \frac{w(P)_{\%}}{w[P]_{\%}} = \frac{22350}{T} - 24 + 7\lg w(CaO)_{\%} + 2.5\lg \sum w(Fe)_{\%}$$

当 $w(CaO)<30\%$时，

$$\lg \frac{w(P)_{\%}}{w[P]_{\%}} = \frac{22350}{T} - 16 + 0.08\lg w(CaO)_{\%} + 2.5\lg \sum w(Fe)_{\%}$$

利用上式可较好地估算磷在液态铁和含有正常数量的 MgO、MnO 和 Al_2O_3 的 CaO-FeO-SiO_2 系复杂熔渣之间的平衡分配。

D　特克道根（E. T. Turkdogan）的经验处理

特克道根和皮尔逊认为，在得到以上经验式时，无论是由炉渣的分析成分计算反应物浓度（自由石灰、氧化铁等）还是按离子理论计算离子浓度，都对液体炉渣的结构作了许多假定，而这些假定在他们看来是有很大的主观任意性。故他们建议在估算对脱磷平衡的影响时，最好不对炉渣的结构作任何假定，而只需考虑一个以最简单的方式可能发生的反应，然后用试验数据来确定炉渣成分的变化对反应物和反应产物活度的影响。

他们考虑脱磷反应最简单的形式为：

$$2[P]+5[O] = P_2O_5(l) \qquad \Delta G^{\ominus}=-703703+558.66T(\text{J/mol}) \qquad (3\text{-}3\text{-}14)$$

$$\lg K=\frac{36800}{T}-29.2$$

其中：
$$K_P=\frac{\gamma_{P_2O_5}}{w[P]^2_{\%}}\cdot\frac{x_{(P_2O_5)}}{w[O]^5_{\%}} \qquad (3\text{-}3\text{-}15)$$

用 K'_P表示 $x_{(P_2O_5)}/(w[P]^2_{\%}\cdot w[O]^5_{\%})$，并对两边取对数，则

$$\lg\gamma_{P_2O_5}=-\lg K'_P+\lg K_P$$

对多元系熔渣，应用弗路德离子模型，$\lg K'=x_i\lg K_i$。x_i 为熔渣某组元的摩尔分数，K_i 为渣中某一氧化物生成磷酸盐反应的平衡常数。由各氧化物生成磷酸盐的标准自由能可得出：

$$\sum x_i\lg K_i=22x_{CaO}+15x_{MgO}+13x_{NiO}+13x_{MnO}+12x_{FeO}-2x_{SiO_2}$$

于是，可将 $\lg K'_P$改写为$\sum A_iN_i$ 的形式，因此

$$\lg\gamma_{P_2O_5}=-\sum A_iN_i+\lg K_P \qquad (3\text{-}3\text{-}16)$$

特克道根根据碱性平炉渣的一些工厂试验及实验室数据计算 $\gamma_{P_2O_5}$，将 $\lg\gamma_{P_2O_5}$与$\sum A_iN_i$ 作图如图 3-3-5 所示。由图 3-3-5，将式（3-3-16）修正为：

$$\lg\gamma_{P_2O_5}=-1.12\sum A_iN_i-\frac{42000}{T}+23.58 \qquad (3\text{-}3\text{-}17)$$

此式可用来计算碱性氧化渣的 P_2O_5 活度。

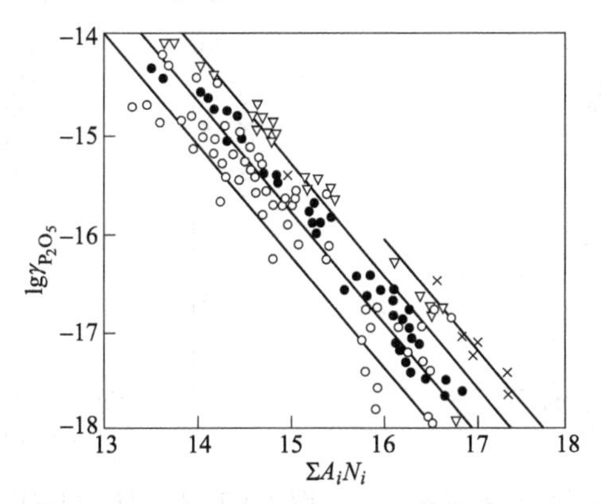

图 3-3-5 炉渣组成和温度对 P_2O_5 活度系数的影响

○—(1823±10) K；●—(1858±10) K；▽—(1873±10) K；×—(1908±10) K

3.3.2.4 氧化磷的热力学条件

为了分析方便，以分配比 $L_P=\dfrac{w(P_2O_5)_{\%}}{w[P]^2_{\%}}$ 表示炉渣的脱磷能力，由石灰脱磷反应 $2[P]+5[O]+4(CaO)=4CaO\cdot P_2O_5$ 的平衡常数式可得出：

$$L_P=\frac{w(P_2O_5)_{\%}}{w[P]^2_{\%}}=K_P w(FeO)^5_{\%}w(CaO)^4_{\%}f_P^2\,\frac{\gamma^5_{FeO}\cdot\gamma^4_{CaO}}{\gamma_{Ca_4P_2O_9}} \qquad (3\text{-}3\text{-}18)$$

可见，要提高炉渣的脱磷能力必须增大 K_P、$w(FeO)_{\%}$、$w(CaO)_{\%}$、f_P 和降低 $\gamma_{P_2O_5}$。因此，影响这些因素的有关工艺参数就是脱磷反应实际的热力学条件。

（1）温度的影响。由上面平衡常数的温度式可知，脱磷是强放热反应，降低反应温度将使 K_P 增大，故较低的熔池温度有利于脱磷。

（2）炉渣成分的影响。为了从金属中脱磷并把脱磷产物存留在炉渣中，由前述必须降低炉渣中 P_2O_5 的活度，故需通过加入石灰造碱性渣来实现，因此增加渣中 CaO 的活度，即提高炉渣碱度可以提高磷的分配比，使 $w(P_2O_5)_{\%}$ 提高或使金属中 $w[P]_{\%}$ 降低，如图 3-3-6 所示。但碱度太高将使炉渣变黏而不利于脱磷。

由图 3-3-7 可看到在一定的碱度下，所期望的脱磷程度只能在一定的炉渣含氧量下才能达到，即需要提高炉渣中 $w(FeO)$。$w(FeO)$ 越高，金属的脱磷条件越好。但 $w(FeO)$ 对脱磷反应的影响较为复杂，如图 3-3-7 所示，在一定条件下，在一定限度内增加 $w(FeO)$ 将使 L_P 增大；当 $w(FeO)$ 很低时，$L_P \to 0$，即渣中 $w(FeO)=0$ 时，不能使金属脱磷。这是因为（FeO）不仅是金属中磷的氧化剂，而且（FeO）能直接同 P_2O_5 结合成化合物 $3FeO \cdot P_2O_5$，反应如下：

$$3FeO + P_2O_5 = 3FeO \cdot P_2O_5$$

但因它在高温下不稳定，所以仅靠 $3FeO \cdot P_2O_5$ 起不到良好的脱磷效果。只在温度偏低时，才有部分脱磷作用。

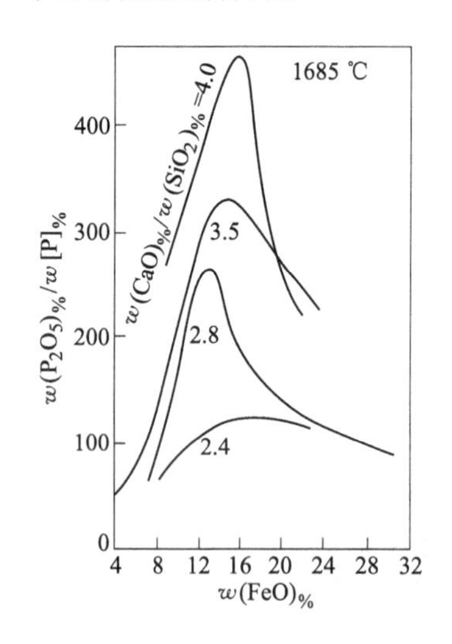

图 3-3-6　$w(FeO)$ 对磷分配比的影响

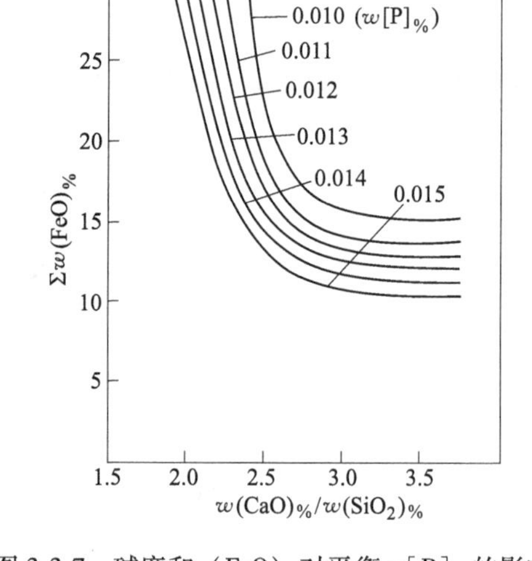

图 3-3-7　碱度和（FeO）对平衡 $w[P]_{\%}$ 的影响

另外，（FeO）有促进石灰熔化的作用，但若 $w(FeO)_{\%}$ 过高时，将稀释（CaO）的脱磷作用。因此 $w(FeO)_{\%}$ 与炉渣碱度对脱磷的综合影响是：碱度在 2.5 以下，增加碱度对脱磷有利；碱度在 2.5~4.0 之间，增加（FeO）对脱磷有利。但过高的 $w(FeO)$ 反而会使脱磷能力下降。

（3）金属成分的影响。金属中存在的杂质元素将对 f_P 起一定影响，金属中增加 C、O、N、Si 和 S，可使 f_P 增加；增加 Cr，可使 f_P 减小；Mn 和 Ni 对 f_P 的影响不大。此外，其更重要的作用是它们结合氧的能力和氧化产物。如金属中 Si 过高，就会影响炉渣碱度而不利于脱磷；Mn 过高，则（MnO）有利化渣而促进脱磷。但易氧化杂质（如 Si、Mn、C）含量高，将降低氧的活度而不利脱磷。

（4）渣量的影响。在金属和炉渣成分一定时（L_P 一定），增加渣量可以降低 $w[P]_{\%}$，增大渣量意味着稀释（P_2O_5）的浓度，从而使 $Ca_4P_2O_8$（或 $Ca_4P_2O_9$）也相应减少，所以多次扒渣操作对脱磷有利。

对 100 kg 金属料做磷的平衡计算，可以得到磷的数量平衡关系式如下：

$$100\sum W_{P料} = (W_{金} + 0.437L_P W_{渣})w[P]_{\%}$$

故金属中磷的平衡余量：
$$w[P]_{\%} = \frac{100\sum W_{P料}}{W_{金} + 0.437L_P W_{渣}}$$

式中　$\sum W_{P料}$——100 kg 炉料带入的磷量；

$W_{金}$，$W_{渣}$——金属量和渣量，kg；

0.437——P_2O_5 换算成 P 的系数，$\frac{2\times31}{142}=0.437$；

$L_P=\frac{w(P_2O_5)_{\%}}{w[P]_{\%}}$——磷在渣和金属间的分配比。

由上式可知，为使 $w[P]_{\%}$降低，当 L_P 一定时，主要取决于 $W_{P料}$和 $W_{渣}$，即原料中磷要少，渣量要适当增大。

综上所述，为使氧化脱磷反应进行完全，必要的热力学条件如下：

（1）形成高氧化铁活度的氧化性渣；

（2）CaO 活度高，碱度高（3~4）的炉渣；

（3）较低的熔池温度（特别是中碳或高碳金属）；

（4）渣量大，有利于脱磷。

【例 3-1】　已知原始金属料中 $w[P]_{料}=0.06\%$，金属脱 Si 量 $\Delta w[Si]=0.3\%$，渣中分析测得的 $w(SiO_2)=15\%$，$w(CaO)=40\%$，$w(Fe)=20\%$，$T=1873$ K。求：渣量是多少？加入石灰（石灰中含 SiO_2）量多少？$w(FeO)$ 和碱度是多少？当冶炼达平衡时，最终金属熔池中的 $w[P]$ 是多少？

解：　渣量：$W_{渣}=\frac{2.14\Delta w[Si]_{\%}}{0.15}=\frac{2.14\times0.3}{0.15}=4.28$ kg

碱度：$R=\frac{w(CaO)}{w(SiO_2)}=\frac{40\%}{15\%}=2.667$

加入石灰量：$W_{石}=\frac{4.28\times0.4}{0.97}=1.765$ kg

其中 CaO 质量 $W_{CaO}=4.28\times0.4=1.712$ kg

$$W_{SiO_2}=4.28\times0.15=0.642 \text{ kg}$$

那么 FeO、MnO、MgO 等其他氧化物的质量：$W_{其他}=4.28-1.712-0.642=1.926$ kg

$$\text{FeO 的质量：}W_{FeO}=\frac{4.28\times20\times0.72}{56}=1.1 \text{ kg}$$

$$w(FeO)=\frac{1.1}{4.28}\times100\%=25.7\%$$

根据希利提出的脱磷分配式

$$\lg\frac{w(P)}{w[P]}=\frac{22350}{T}-24+7\lg w(CaO)_{\%}+2.5\lg w(Fe)_{\%}$$

$$L_P = \frac{w(P)}{w[P]} = \exp\left(\frac{22350}{1873} - 24 + 7\lg 40 + 2.5\lg 20\right)$$
$$= \exp 2.3997 = 251$$

以 100 kg 金属料计算，最终磷含量为

$$w[P] = \frac{100 \times \sum W_{P料}}{100 + 251 \times 4.28} = \frac{100 \times 0.06}{100 + 1074.28} = 0.005\%$$

即最终钢液中的 $w[P] = 0.005\%$。

3.3.3 氧化脱磷反应机理及动力学

3.3.3.1 氧化脱磷的反应机理

从实际生产过程来看，在炉渣与金属两相之间容易达到磷的平衡分配。当温度及熔渣组成稍有变化，容易引起“回磷”，说明脱磷反应易于达到平衡。因此，反应很可能主要不是在金属熔池内部而是在金属与炉渣的界面上进行。一般认为在液体铁中磷是表面活性物质，磷在金属液中可大幅降低金属液同炉渣相的界面张力，而且在界面上，磷较易富集，而氧是典型的表面活性物质，易在表面富集，这就促进了 O^{2-} 同磷原子的逐步结合，最后形成 PO_4^{3-} 复合阴离子。产生的 PO_4^{3-} 可直接转入渣中，而无需生成新相的步骤。故脱磷反应进行得很快。

荒谷和三本曾用 CaO 坩埚研究过用固体石灰对铁液进行脱磷的反应速率。考虑到气相-铁液-固体石灰三相间的脱磷反应，可分为以下几个步骤：

（1）由气相向铁液供氧：$O_2 \rightarrow FeO \rightarrow [O]$；

（2）铁液中的磷和氧向反应界面（坩埚壁）移动；

（3）在铁液-坩埚界面上发生化学反应：$[P] + [O] \rightarrow (PO_4^{3-})$；

（4）坩埚（CaO 相）中生成物的转移。

由试验结果可知，脱磷反应的特征为：

（1）随脱磷的进行金属中氧浓度随时间变化的曲线出现极大值和极小值；

（2）磷含量变化曲线的整体呈一个缓慢的“S”形，其中间一段的斜率与气相氧位有关；

（3）磷的原始浓度对脱磷速度无影响。

根据以上事实，认为随着反应的进行反应机理也是变化的，如图 3-3-8 所示，可分为 3 个阶段来讨论：

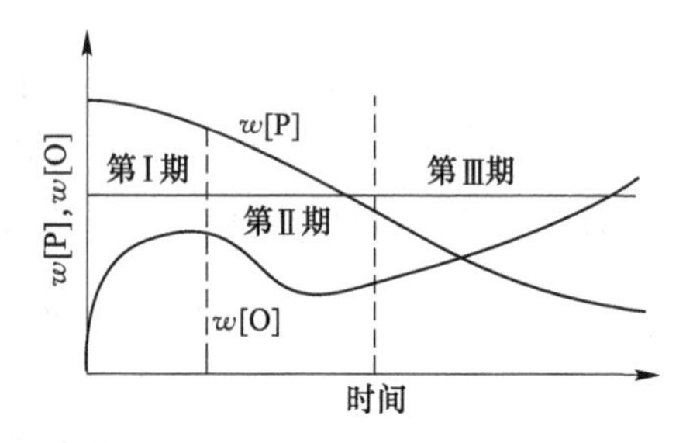

图 3-3-8 脱磷反应机理的变化曲线

第Ⅰ期为反应初期，$w[O]$ 超出同磷平衡的 $w[O]_r$ 而增至极大值，脱磷反应速度与原始磷浓度无关。这时由气相向铁液供氧和液体铁中磷和氧的传质都不是限制性环节；反应开始后，固体石灰中生成物与反应物的传质也不是限制性环节。故可认为这期间化学反应是限制性环节。

第Ⅱ期为反应中期，$w[O]$ 由极大值降至同 $w[P]$ 相平衡的值。这时气相向铁液供氧为限制性环节，如图 3-3-9 所示，气相氧势越高，铁液中的氧浓度增加越快。

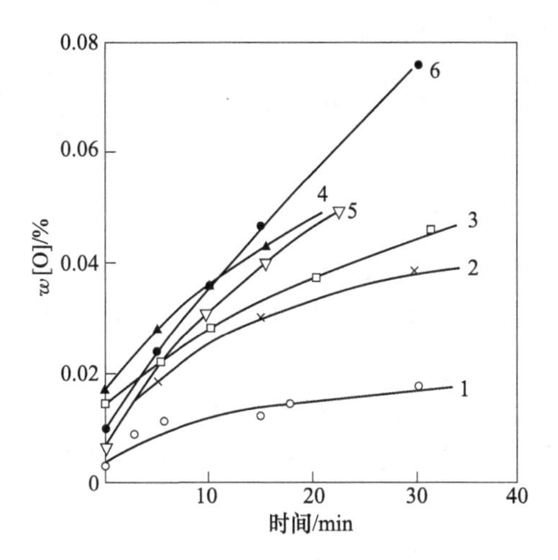

图 3-3-9 1873 K 时气相中不同氧位时铁液中氧含量的变化

1—p_{H_2O}/p_{H_2} = 0.097；2—0.195；3—0.245；4—0.304；5—0.380；6—0.447

第Ⅲ期为反应末期，$w[O]$ 由极小值慢慢增高并超过与 $w[P]$ 相平衡的值，反应的其他阻力超过供氧阻力。这时可能固体石灰中的传质是限制性环节。

3.3.3.2 氧化脱磷反应的动力学

如前所述，脱磷反应是很快的，这已为试验和生产所验证。如转炉炼钢的中后期脱磷就已达平衡，同时从熔渣向金属的传氧也很迅速。据川合和森克等的研究，测得磷在 $CaO-SiO_2-FeO$ 系炉渣中和金属中的传质系数分别为 $k_s = (0.47 \sim 4.3) \times 10^{-3}$ cm/s 和 $k_m = (3.3 \sim 10.9) \times 10^{-3}$ cm/s。前者比后者约少半个数量级。据此可认为磷在炉渣中的传质为脱磷反应的控制环节。而 $CaO-SiO_2-FeO-P_2O_5$ 系炉渣向金属的回磷，则是磷在金属边界层内的传质为控制环节。如认为脱磷过程是由两个边界层混合控制，这时可应用渣钢反应的双膜理论分析脱磷反应的动力学。即

$$-\frac{dw[P]_{\%}}{dt} = \frac{A}{W_m} \cdot \frac{L_P w[P]_{\%} - w(P)_{\%}}{(1/\rho_s) \cdot k_s + (L_P/\rho_m) \cdot k_m} \tag{3-3-19}$$

式中，k_m 和 k_s 分别是金属和渣中的传质系数。可见脱磷反应的推动力是 $L_P w[P]_{\%} - w(P)_{\%}$，阻力是 $(1/\rho_s) \cdot k_s + (L_P/\rho_m) \cdot k_m$，分配比 L_P 对脱磷速率也有影响。由于 $w[P]_{\%}$、$w(P)_{\%}$、L_P 和渣量随吹炼进程不断变化，使得随吹炼进程计算脱磷速率和 $w[P]_{\%}$ 的积分复杂化，但若粗略确定脱磷速率，式（3-3-19）是完全适用的。

式（3-3-19）除用于计算脱磷速率外，还可用于确定钢液脱磷过程的限制环节。如若 L_P 很小，则传质阻力集中于渣相，这时属于炉渣碱度低、黏度大、高 $w[P]_{\%}$ 的情况，于是

$$-\frac{dw[P]_{\%}}{dt} = \frac{A}{W_m} \cdot \rho_s \cdot k_s \{L_P w[P]_{\%} - w[P]_{\%}\} \tag{3-3-20}$$

式（3-3-20）说明，在过程为渣中 $w(P)_{\%}$ 扩散限制的情况下，脱磷速率也与 $w[P]_{\%}$ 有关。因为金属中磷的质量分数决定着渣钢界面处炉渣表面上 $w(P)_{\%}$，故磷的氧化速度同时与 $w[P]_{\%}$ 和 $w(P)_{\%}$ 扩散有关。

若 L_P 很大，渣层的传质阻力可忽略，则

$$-\frac{\mathrm{d}w[\mathrm{P}]_{\%}}{\mathrm{d}t}=\frac{A}{W_m}\cdot\rho_m\cdot k_m\left\{w[\mathrm{P}]_{\%}-\frac{w(\mathrm{P})_{\%}}{L_P}\right\} \tag{3-3-21}$$

$$-\frac{\mathrm{d}w[\mathrm{P}]_{\%}}{\mathrm{d}t}\approx\frac{A}{W_m}\cdot\rho_m\cdot k_m\cdot w[\mathrm{P}]_{\%} \tag{3-3-22}$$

这种情况下，属于脱磷的初期阶段，过程为金属中磷的扩散限制。应当指出，这种判断仅仅在一定条件下才是正确的。高 L_P、低 $w[\mathrm{P}]$（0.1%）和低 $w(\mathrm{P})$，亦即远离平衡的渣钢系统。

在炼钢生产中，影响脱磷速率的因素很多，也可用统计的方法进行分析。如氧气顶吹转炉炼钢初期，因炉渣碱度升高快，$\sum w(\mathrm{FeO})$ 高，所以脱磷比较迅速。此时脱磷速率可表示为

$$-\frac{\mathrm{d}w[\mathrm{P}]_{\%}}{\mathrm{d}t}=k_P\cdot w[\mathrm{P}]_{\%} \tag{3-3-23}$$

以 $t=0\sim t$，$w[\mathrm{P}]_{\%}=w[\mathrm{P}]_{\%0}\sim w[\mathrm{P}]_{\%1}$ 为上下限积分，得

$$w[\mathrm{P}]_{\%1}=w[\mathrm{P}]_{\%0}\mathrm{e}_P^{-k}t \tag{3-3-24}$$

式中，t 为硅氧化时间，$w[\mathrm{P}]_{\%0}$ 为铁水含磷量，$w[\mathrm{P}]_{\%1}$ 为硅氧化完时的含磷量，k_P 为脱磷速率常数。在 100 kg 转炉上试验得到影响 k_P 的回归方程如下

$$k_P=-0.00025T+0.0020\sum w(\mathrm{Fe})+0.0016w(\mathrm{CaO'})+$$
$$0.16r_C 0.18H-\frac{1}{4}Q_{O_2}+0.028G+X \tag{3-3-25}$$

式中 T——反应后金属液的温度（1578~1907 K）；

$\sum w(\mathrm{Fe})$——渣中含铁量（13%~38%）；

$w(\mathrm{CaO'})$——渣中自由氧化钙的质量分数（$w(\mathrm{CaO'})=w(\mathrm{CaO})-1.87w(\mathrm{SiO_2})-1.58w(\mathrm{P_2O_5})$）；

r_C——反应期间的脱碳速度（0.05%~0.54%/min）；

Q_{O_2}——供氧强度（6~8 $\mathrm{m^3/(min\cdot t)}$(标态)）；

G——搅拌用侧吹氧气量（0~6 $\mathrm{m^3/(min\cdot t)}$(标态)）；

H——顶吹喷枪位置（69~157 mm）；

X——常数，未包括在式中的其他影响因素。

综上所述，强化脱磷的措施应是：迅速造成有利于脱磷的熔渣，增大 L_P，适当增大 $\sum w(\mathrm{Fe})$ 和 $w(\mathrm{CaO'})$；保持熔渣处于流动状态，增大熔渣的 k_s 及渣钢界面积 F，炉渣适当泡沫化；加强对熔池的搅拌，如保持合适的枪位，增加底吹或侧吹气体进行搅拌等。

3.3.3.3 喷吹石灰粉脱磷的热力学和动力学分析

脱磷反应是较弱的化学反应，因此温度对反应的敏感性较大。喷粉工艺过程是吸热的，从脱磷反应的热力学和动力学来看都是有利的。

在石灰粉的界面处，脱磷反应式为：

$$2[\mathrm{P}]+5[\mathrm{O}]+4(\mathrm{CaO})=\!=\!=(4\mathrm{CaO}\cdot\mathrm{P_2O_5})\qquad \Delta G^{\ominus}=-1449051+608.34T \tag{3-3-26}$$

由于在石灰粉粒和钢液界面处的 $a_{CaO}=1$，在 1823 K 时，脱 P 反应的自由能变化如下式

$$\Delta G = \Delta G^{\ominus} + 19.15T\lg \frac{a_{4CaO\cdot P_2O_5}}{a_P^2 \cdot a_O^5}$$

$$= -340043 - 34910\lg \frac{a_{4CaO\cdot P_2O_5}}{a_P^2 \cdot a_O^5}$$

从上式可以看出，喷入的粉粒不含磷酸盐，所以粉粒界面处的 $4CaO \cdot P_2O_5$ 的起始状为零，钢液中［P］、［O］在粉剂表面上处于过饱和状态，所以 ΔG 的负值很大，这比钢渣界面脱 P 反应自由能的负值大得多，很容易进行脱 P 反应。

喷入熔池的石灰粉在钢水中悬浮的时间里，会发生磷从金属液相中向石灰粉-钢水界面层扩散，并逐渐向石灰质点内部扩散。扩散或迁移过程由如下 3 个环节组成：

（1）磷从钢液中向石灰粉的界面扩散；

（2）在石灰粉与钢液界面上进行异相化学反应；

（3）反应产物以离子、原子或分子的形式向质点容积中扩散。

在炼钢熔池中的固体或液滴中的扩散很慢，而在运动着的钢水中的扩散和高温下的化学反应则远比固体中的扩散快，也比对流非常弱的液滴中的扩散快得多。故可认为，任何物质在临近固体质点（或液滴）的液相边界层中和液相容积中的浓度相同，而在固体质点（或液滴）表面层中的浓度与液相边界层中的浓度处于热力学平衡状态：

$$c_{表} = c_{液} L \tag{3-3-27}$$

式中，$c_{表}$ 为物质在固体质点（或液滴）表面层中的浓度；$c_{液}$ 为物质在液体溶液中的浓度；L 为物质在液体溶液与固体质点（或液滴）中的平衡分配系数。

完成固体石灰质点（或液滴）中的扩散过程所需的时间显著大于固体质点（或液滴）在金属中停留的总时间（流股的穿透和上浮时间），如完成半径为 0.05 mm 的球形固体石灰质点中的扩散过程约需 100 s（$D=10^{-7}$ cm^2/s），而该石灰质点在钢液中停留的实际时间可能不超过 2 s，因为即使石灰质点在金属中经过多次旋转，也会迅速被金属流和气泡携入炉渣。

扩散过程在液滴中比在固体质点中完成迅速（两者尺寸相同），这是因为物质在液体质点中的扩散系数比在固体质点中大 1~2 个数量级。因此，若希望吹入的石灰粉能迅速熔化，使在其中的扩散过程加速，就应使用不纯的石灰粉、易熔的合成材料或混合剂，使其在金属中上浮的时间内生成液体渣相。

粉剂在钢液中的停留时间决定其脱 P 效果，时间的长短取决于粉剂的大小和比重差，小于 1 mm 直径粉剂的上浮速度可用斯托克斯公式计算，大于 1 mm 直径的可用下式计算：

$$\gamma = \sqrt{\frac{8}{3}(\rho_{金} - \rho_{粉}) \cdot g \frac{\eta_{金}}{r_{粉}}} \tag{3-3-28}$$

式中 $\rho_{金}$，$\rho_{粉}$，$\eta_{金}$——钢液和粉剂的密度以及钢液的黏度；

g——重力加速度；

$r_{粉}$——粉粒的半径。

喷入钢液中的粉粒在和钢液接触时，加热到其熔化温度所需时间很短，粉粒熔化时熔化速度（以单位时间熔化的半径长度表示）可表示为：

$$v_x = \frac{dx}{dt} = \frac{a(t_{金} - t_{粉})}{[q + (t_{金} - t_{粉}) \cdot \overline{C_{金}}]\rho} \tag{3-3-29}$$

式中 $t_{金}$，$t_{粉}$——金属和粉粒的熔点，℃；

a——加热功率，W/m^2；

q——粉粒的熔化潜热，J/kg；

$\overline{C}_{金}$——金属的比热容，J/(kg · K)。

实践证明，熔化需要的时间很短，选择过小的粉粒是没有必要的。

喷吹石灰粉的脱磷速度可用下式表示：

$$-\frac{dw[P]_{\%}}{dt}=0.01\frac{dm_{粉}}{d\tau}\cdot(1-\bar{\theta})\cdot\{w[P]_{\%}L_P-w(P)_{\%0}\}\times\frac{62}{142} \tag{3-3-30}$$

式中 $\frac{dm_{粉}}{d\tau}$——吹入熔池中石灰粉的种源量；

$\bar{\theta}=\frac{c_{表}-\overline{c_{\tau}}}{c_{表}-c_0}$——石灰粉在金属中逗留时间内粉粒中扩散过程的未完成度；

$c_{表}$——磷在石灰粉质点表面层中的浓度；

$\overline{c_{\tau}}$——喷粉过程开始时刻，石灰粉质点容积中磷的平均浓度；

c_0——石灰粉质点中磷的初始浓度；

$w[P]_{\%}L_P$，$w(P)_{\%0}$——过程开始时，在石灰粉质点表面层中和在其容积中的磷的质量百分数。

方程表明，在任何值的情况下，喷吹石灰粉从金属中脱磷的速度与喷吹石灰粉的强度 $dm_{粉}/dt$ 和石灰粉质点表面上与容积中磷的浓度差成正比。由此可见，即使在金属中磷的扩散不限制整个过程，脱磷速度也应随金属中磷的质量分数减小而减慢。这是由于液体金属中的扩散和石灰粉质点表面上的化学反应相比，石灰粉质点中的扩散是最慢的环节。石灰粉质点表面层中的质量分数与金属中磷的质量分数成正比。

3.3.3.4 金属的炉外脱磷

由前面氧化脱磷反应的动力学分析可知，钢渣充分乳化，增大金属和渣的接触面积，可使磷的扩散过程显著加速。采用渣洗的方法是能够实现钢水的炉外脱磷。

钢水的炉外脱磷所用的合成混合物中最主要的成分是矿石（$FeO_3\cdot FeO$）与石灰（CaO 或苏打灰）。有时为了保证在低温下反应进行得快，需要流动性好的炉渣及各相间有足够大的接触面，则还需加入萤石（CaF_2）以降低熔渣的熔点。如冶炼中碳轨钢，将精炼后的钢水倒入成分为 $w(CaO)=45\%\sim48\%$、$w(SiO_2)=5\%\sim7\%$、$w(FeO+Fe_2O_3)=23\%\sim25\%$、$w(MnO)=9\%\sim12\%$、$w(MgO)=3\%\sim6\%$ 及 $w(Al_2O_3)=8\%\sim10\%$ 的液体合成渣中，这样可使钢水脱磷 70%。钢中磷的质量分数达到 0.035%以下。

新日铁八幡厂的稻富等用 60 t 的规模进行钢水的炉外脱磷试验，以探讨各种因素对钢水炉外脱磷的影响。由转炉冶炼的 60 t 钢水倒入已加入辅助材料 600 kg 的钢水包中。出钢时间 2 ~ 6 min，钢水温降约 35 ℃，辅助材料配比成分为：$w(CaO)=45\%\sim70\%$；$w(Fe_2O_3)=14\%\sim20\%$；$w(CaF_2)=8\%\sim16\%$；$w(SiO_2+MgO+Al_2O_3)<25\%$。

试验结果可归纳为如下的解析式：

$$\lg\frac{w[P]_{\%前}}{w[P]_{\%后}}=Kt \tag{3-3-31}$$

式中，$w[P]_{\%前}$和$w[P]_{\%后}$分别为出钢前后钢中的磷含量；t为出钢时间，min；K为比例系数，此处称表观脱磷常数。当渣料组成为$w(CaO) \approx 50\%$、$w(SiO_2 + MgO + Al_2O_3) = 15\% \sim 20\%$时，$K$值最大，如图3-3-10所示。

由图3-3-11可见，即使钢水中$w[P]$已达到0.010%~0.020%，也可通过炉外脱磷实现30%~40%的脱磷效果。由此可认为，由于出钢流在钢水包中对钢液的搅拌作用很大，将易于渣化的材料加入钢包中，适当选择料的配比和加入方式，即可用少量的材料，在低磷范围内仍可继续进行脱磷。

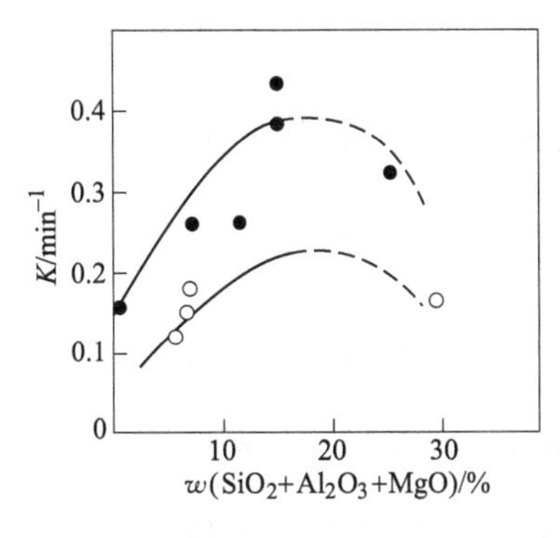

图3-3-10 炉渣成分对K的影响

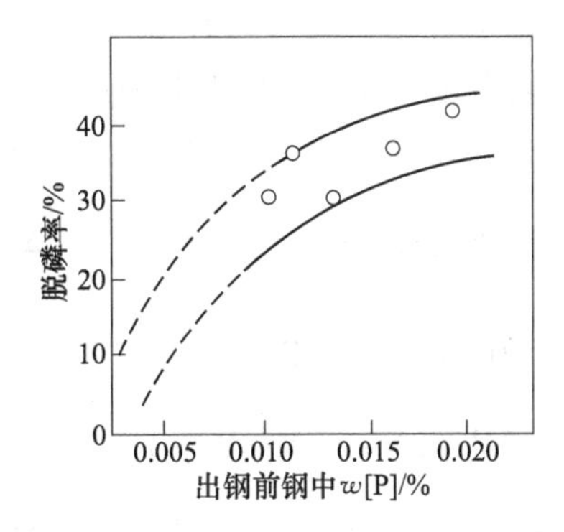

图3-3-11 脱磷率与出钢前钢中磷含量的关系

3.3.4 还原脱磷的条件

为了使含有大量比磷更易氧化的合金元素（Al、Si、Mn、Cr等）的金属脱磷，氧化脱磷法会变得非常困难，从热力学角度来看，这是由于在一定的氧势下，Al、Si、Mn、Cr等优先氧化而使磷得到保护。从20世纪70年代开始，逐渐发展起来一种全新的脱磷方法——还原脱磷法。该法是指在惰性气氛或还原气氛中进行的脱磷处理，金属中的磷被还原为负三价，以磷化物的形态析出进入炉渣或气化排出。当体系中氧势低于某一值后，在还原条件下，向金属中加入碱土金属或合金时，其脱磷反应为

$$3[Me] + 2[P] = (Me_3P_2)$$

式中，Me为碱金属脱磷剂，常用的碱金属为Ca、Mg和Ba及其合金等，其脱磷产物如Ca_3P_2、Mg_3P_2、Ba_3P_2、Na_3P_2、AlP等。比较成熟的脱磷方法有：在高温下Ca与CaF_2完全混熔且在惰性气氛中与金属液接触进行脱磷的MSR(Metal Bearing Solution Refinning)法，用CaC_2、CaF_2系脱磷剂进行还原脱磷的CAR(Calcium Carbide Refinning)法等。但MSR和CAR法都使用大量的CaF_2为熔剂，对耐火材料有严重的侵蚀作用。

3.3.4.1 还原脱磷法的热力学基础

磷在元素周期表中属于第五族主族元素，磷原子的最外层电子轨道上有5个价电子，它们可以完全失去使磷呈正五价；也可吸收3个电子而使磷呈负三价，氧化脱磷法使金属中的磷变为各种磷酸盐而固定在炉渣中，属于第一种情况，即磷在炉渣中以正五价形态存在。还原脱磷法使金属中的磷变为各种磷化物转入炉渣或气化去除，属于第二种情况，即磷在炉渣或气相中以负三价形态存在。

在炉渣或气相中生成哪一种脱磷产物以及脱磷反应按哪一种形式进行，取决于体系的氧势，如图 3-3-12 所示。

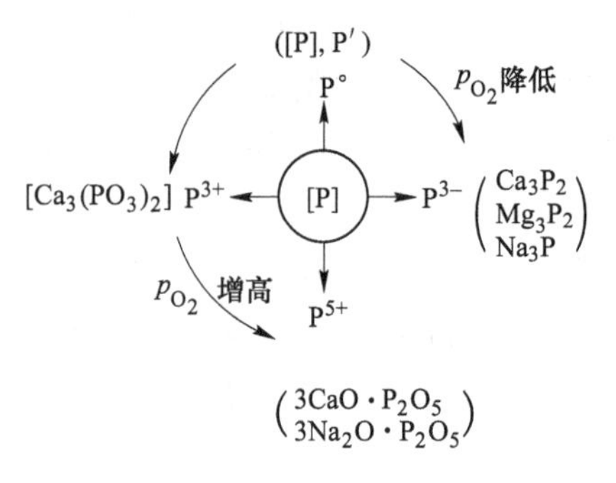

图 3-3-12　脱磷原理

因为缺乏有关磷化物全面的热力学资料，很难准确地计算磷化物的生成条件并描述它们在冶炼过程中的行为。某些元素同磷化学亲和力的大小可近似地用其相应磷化物的生成热来衡量，列于表 3-3-2 中。可以看出，磷同碱土金属生成的磷化物要比 Fe_3P、Fe_2P 稳定得多，而且也轻得多。

常见金属磷化物的生成自由能为：

$$P_2(g) + 3Ca(s) = Ca_3P_2(s) \qquad \Delta G^{\ominus} = -596904 + 94.1T \ (J/mol)$$

$$\frac{1}{2}P_2(g) + 3Fe(s) = Fe_3P(s) \qquad \Delta G^{\ominus} = -211508 + 47.2T \ (J/mol)$$

$$\frac{1}{2}P_2(g) + 2Fe(s) = Fe_2P(s) \qquad \Delta G^{\ominus} = -208582 + 47.2T \ (J/mol)$$

$$P_2(g) + 3Mg(s) = Mg_3P_2(s) \qquad \Delta G^{\ominus} = -630344 + 94.1T \ (J/mol)$$

$$\frac{1}{2}P_2(g) + 3Ni(s) = Ni_3P(s) \qquad \Delta G^{\ominus} = -266684 + 47.2T \ (J/mol)$$

$$\frac{1}{2}P_2(g) + Si(s) = SiP(s) \qquad \Delta G^{\ominus} = -116622 + 47.2T \ (J/mol)$$

$$P_2(l) + 3Ca(l) = Ca_3P_2(l) \qquad \Delta G^{\ominus} = -541080 + 65.5T \ (J/mol)$$

表 3-3-2　各种磷化物的性质

磷化物	Ca_3P_2	Mg_3P_2	Ba_2P_2	AlP	Fe_3P	Fe_2P	Mn_3P	Na_3P
$-\Delta H^{\ominus}_{298}$/kJ · mol^{-1}	505.78	464.0	493.24	164.3	163.86	160.1	130.0	133.76
密度/g · cm^{-3}	2.51	2.06	3.18	2.42	6.80	—	6.77	1.74
熔点/K	1593	—	3353	—	1493	1643	1600	—

在碱土金属中，价格较低、来源较充足的是钙。钙同氧、磷、硫、氮和碳都能反应，且都有较大的亲和力。由此产生了一种用钙及钙合金精炼金属的方法——“钙冶金”。这是一种在强还原条件下精炼金属的方法，因为若体系氧势较高时，钙就会大量氧化，失去对其他杂质元素的精炼能力。结合钙在铁液中的溶解自由能数据，钙脱磷反应的标准自由能为

$$Ca(l) + \frac{2}{3}[P] = \frac{1}{3}(Ca_3P_2) \qquad \Delta G^{\ominus} = -99148 + 34.96T \ (J/mol) \qquad (3\text{-}3\text{-}32)$$

用氧化脱磷生成磷酸钙的标准自由能变化，可以比较氧化脱磷和还原脱磷的热力学条件，并确定它们之间的氧势界限。

$$Ca(l) + \frac{2}{3}[P] + \frac{3}{4}O_2 = \frac{1}{3}(3CaO \cdot P_2O_3) \qquad \Delta G^{\ominus} = -1307960 + 299.4T \ (J/mol) \qquad (3\text{-}3\text{-}33)$$

由图 3-3-13，在接近标准态时，氧化脱磷的推动力比还原脱磷的推动力要大得多，1800 K 时，显然将按式（3-3-33）发生氧化脱磷。但根据化学反应的等温式，当体系氧势降低远离标准态（$p_{O_2}=1$ atm）时，则式（3-3-33）反应的 ΔG 线的斜率将增大。设 1800 K 时体系氧势降到临界值，使还原脱磷反过来优于氧化脱磷的进行，则式（3-3-32）反应的 G 线斜率的增量为：

$$K = -\frac{9}{8}R\ln p_{O_2} \tag{3-3-34}$$

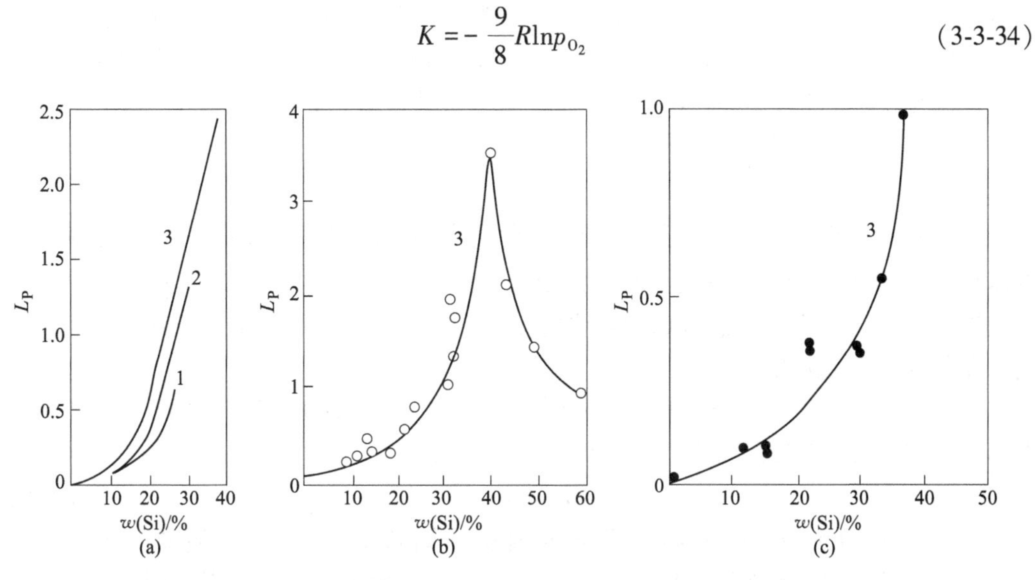

图 3-3-13 硅质铁合金脱磷时 P 分配比同合金中硅含量和处理温度的关系

（a）Fe-Si-C；（b）Fe-Cr-Si-C；（c）Fe-Mn-Si-C

1—1873 K；2—1923 K；3—2023 K

而 K 值应满足下列代数方程

$$-1143857 + (251.9 + K) \times 1800 = -98986 + 34.9 \times 1800$$

解之得 $K=363.41$，代入式（3-3-34）得 $p_{O_2}=10^{-16.89}$大气压，即用钙还原脱磷要在体系氧势极低的条件下才能进行。

在铁合金冶炼中，还原脱磷反应有可能按以下方式进行

$$3(CaO) + 2[P] + 3C = (Ca_3P_2) + 3CO$$

$$6(CaO) + 2[P] + \frac{3}{2}Si = (Ca_3P_2) + \frac{3}{2}(2CaO \cdot SiO_2)$$

这里是以 CaO 为 Ca 源，依靠体系中大量存在的固体 C 和 Si 创造强的还原条件。

对有些合金还可以加铝脱磷，其脱磷产物 AlP 可以气化排出。

3.3.4.2 常用的还原脱磷方法

A 碱性还原脱磷法

这种还原条件下的脱磷法，要求炉渣中不含氧化铁，而含有大量碱性物质。另外由于磷的分配比远不如石灰渣和苏打渣的氧化脱磷法那样高，故需用很大的渣量进行处理。一般工业上可利用冶炼铁合金的废渣对合金进行液体倒包渣洗的办法，这样比较经济实用。

还原条件下用碱性渣对硅质铁合金脱磷的反应式为：

$$2[Me''P] + 3(Me'O) + 3C \longrightarrow (Me'_3P_2) + 2[Me''] + 3CO$$

$$2[Me''P] + 6(Me'O) + 3/2[Si] \longrightarrow (Me'_3P_2) + 2[Me''] + 3/2(2Me'O \cdot SiO_2)$$

式中 Me′——碱土金属元素，如 Mg、Ca、Ba 等；

Me″——过渡族金属元素，如 Cr、Mn、Fe、Ni 等。

据研究，合金中硅含量越高，炉渣碱度越高，脱磷效果越好。图 3-3-13 为用碱性渣在 Fe-Si-C、Fe-Cr-Si-C 和 Fe-Mn-Si-C 合金进行脱磷的试验中，磷分配比同合金中硅含量的关系。可见，合金中硅含量越高以及处理温度越高，磷的分配比越大。此外，Si-Cr、Si-Mn 合金中磷的分配比要大一些。L_P 在 $w(Si)=40\%$时达最大值，由图 3-3-13（b）可见，合金中硅含量继续增加时，L_P 下降。

B CAR 法

CAR 法，即 CaC_2-CaF_2 系还原脱磷法。此法中的 CaC_2 加入钢液后，碳不饱和的金属熔体与 CaC_2 接触时会发生下列 CaC_2 的分解反应，$CaC_2 = (Ca) + 2[C]$，产生游离 Ca。通常认为，CaC_2 分解产生的金属 Ca 溶于炉渣，进行脱磷、脱硫、脱氧等反应。脱磷反应及其标准自由能的变化为

$$3CaC_2 + 2[P] \longrightarrow (Ca_3P_2) + 6[C] \qquad \Delta G^{\ominus} = -79500 - 12T\ (J/mol) \qquad (3\text{-}3\text{-}35)$$

选择 a_{CaC_2}和 $a_{Ca_3P_2}=1$ 为标准态，可导出如下关系式：

$$a_P = K \cdot a_C^3 \qquad (3\text{-}3\text{-}36)$$

式中，a_P 和 a_C 分别为脱磷反应达到平衡时钢液中磷和碳的活度；K 是脱磷常数。

CAR 法的脱磷效率在很大程度上取决于 CaC_2 的分解速率，而后者又同钢中碳含量有很大关系。钢中碳含量增加会阻碍 CaC_2 的分解，从而影响脱磷效率。图 3-3-14 为钢中碳活度对脱磷率的影响。可见存在一个临界碳活度 a_C^*，若 $a_C<a_C^*$，则将析出 CaC_2 而使脱磷率下降。为确保脱磷率 $n_P>60\%$，须 $a_C>a_C^*$，结合 Fe-C-Cr 状态图，可得到铬钢用钙还原脱磷最合适的成分，如图 3-3-15 所示的斜线区域。在此范围内钢水熔点既低又不发生 CaC_2 的沉淀，可确保有高的脱磷率，这个范围是 $w(C)=1.5\%\sim4\%$，$w(Cr)=10\%\sim60\%$，

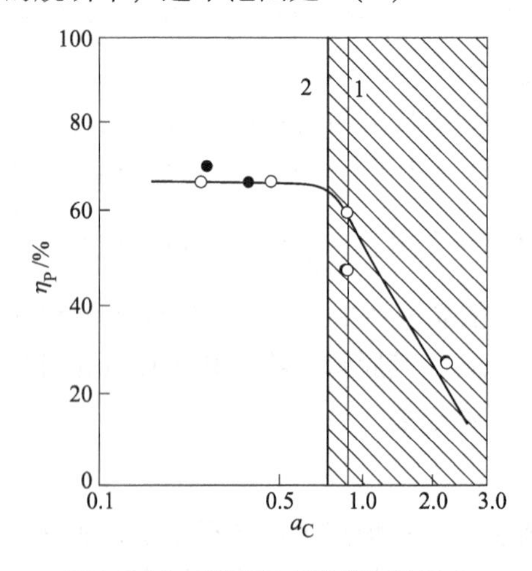

图 3-3-14 碳活度对脱磷率的影响

1—1753 K 时 $a_C^*=0.92$；2—1693 K 时 $a_C^*=0.79$；阴影部分为析出 CaC_2 的区域；

●—1693 K；○—1753 K

熔点在1670 K以下。当碳含量高于图中 a_C^* 线时，将析出 CaC_2 沉淀而影响 Ca 的利用率。

但此法由于 CaC_2 的分解而使金属增碳，故其适用于中碳高铬合金。

C　MSR 法

MSR 法是指在高温下 Ca 与 CaF_2 完全混熔在惰性或还原气氛中与金属液接触，可以发生下列还原脱磷反应，$2[P]+3(Ca)=(Ca_3P_2)$ 而脱除金属中磷的方法。

德光直数等在电渣炉内研究用 Ca-CaF_2 对 45 钢、18-8 不锈钢和 $w(Cr)=25\%$的铬铁合金的脱磷。指出对含 Cr 合金，渣钢间 P 的分配比同 Ca-CaF_2 溶液中 Ca 的质量分数有很强的依存关系，根据各种试验数据可以得出如下经验关系式：

$$L_P=\frac{w(P)}{w[P]}=(1.2\sim4)w(Ca)_{\%}$$

在熔融的 CaO-CaF_2 和 18Cr-8Ni-Fe 熔体之间磷的分配比与 $w(Ca)_{\%}$的关系如图 3-3-16 所示。此图纵轴表示磷的分配比，它的定义是熔融的 CaO-CaF_2 渣中 P 的质量分数与钢液中 P 的质量分数之比。分配比主要取决于金属 Ca 的质量分数，甚至 Ca 含量的微小变化都将明显改变 CaO-CaF_2 熔渣的脱磷能力。

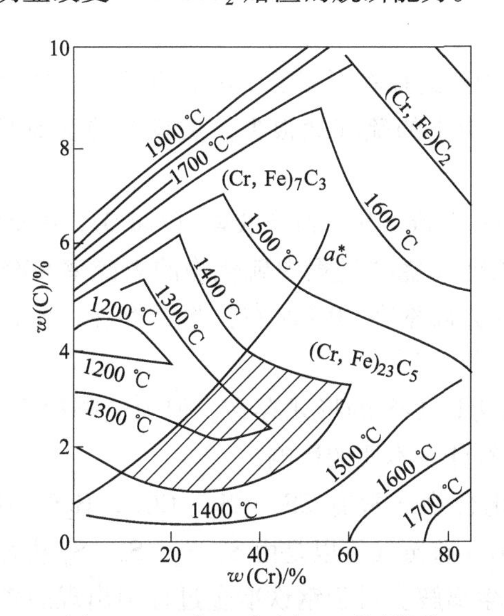

图 3-3-15　高 Cr 钢用 Ca 还原脱磷最合适的成分范围

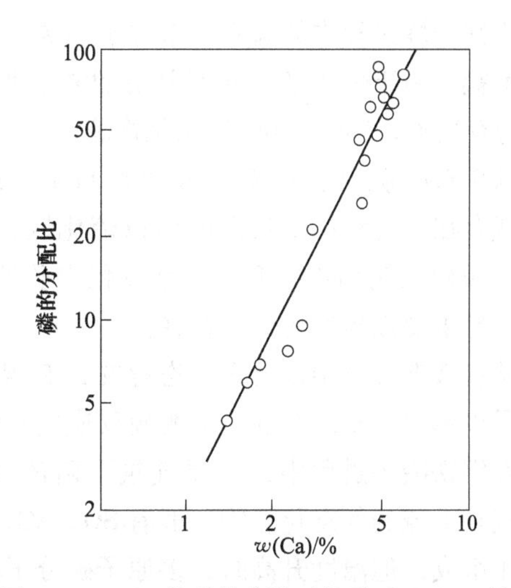

图 3-3-16　Ca 的质量分数对熔融 CaO-CaF_2 渣和钢液间 P 分配比的影响

综上所述，采用还原脱磷法时，体系必须保持较低的氧势，否则使所用的碱土金属元素或其合金消耗量增大，甚至发生回磷。

3.4 硫的脱除

3.4.1 硫的危害与存在形态

3.4.1.1 硫的危害

一般来说，硫对铸铁和钢都是有害元素。铸造生铁中含有过量的硫会增加铁水黏度，降低铸件强度。钢中含硫超过规定限量，会使钢在热加工时开裂，产生所谓的热裂。1600 ℃时硫在铁液中能无限地溶解，但随着温度的降低，大部分硫分布在晶界上。Fe+FeS 共晶的熔化温度只有 988 ℃，因此在热加工时，由于 Fe+FeS 共晶处于熔融状态，会导致钢材开裂。另外，如果钢液中含氧量也比较高，则会形成 Fe+FeS+FeO 共晶，其熔点仅 940 ℃，危害更大。

硫能提高钢材的切削加工性，这是硫有益的一面。

含硫量是衡量金属液质量的一项重要指标。国家标准规定，炼钢生铁特类 $w[S] \leqslant 0.02\%$，一类 $w[S]=0.02\% \sim 0.03\%$，二类 $w[S]=0.03\% \sim 0.05\%$，三类 $w[S]=0.05\% \sim 0.07\%$，$w[S]$ 超过 0.07%即为不合格生铁。

对钢水含硫量的要求因钢种不同而不同，部颁标准规定普通钢 $w[S] \leqslant 0.050\%$，优质钢 $w[S]=0.030\% \sim 0.040\%$，高级优质钢 $w[S] \leqslant 0.020\%$。目前工业生产中，钢中 $w[S]$ 大多在 0.001%~0.050%，炼钢过程一般是有脱硫任务的。

3.4.1.2 硫的各种化合物

硫是活泼的非金属元素，其化合物很多，这里只着重介绍钢铁冶炼过程中出现的一些硫的化合物。

钢铁冶炼过程中的硫主要来源于焦炭，焦炭中硫的存在形式有 3 种，有机硫、硫化物和硫酸盐。由于炼焦的气氛是还原性的，所以焦炭中的硫酸盐很少，焦炭中的硫 60%~80%为有机硫，15%~40%为硫化物硫。

铁矿石中硫以硫化铁（黄铁矿 FeS_2，磁黄铁矿 $Fe_{1+x}S$）和硫酸盐（$CaSO_4$，$BaSO_4$）的形式存在。烧结矿中残余的硫以硫化铁和硫化钙（烧结过程中硫化物的去硫率 90%以上）以及硫酸钙和硫酸钡（烧结过程中硫酸盐的去硫率在 70%左右）形式存在；而在球团矿中硫主要以硫酸钙形式存在。

硫在液态纯铁中以元素状态存在，有观点认为以 FeS 的形式存在。但无论哪种观点，它都是以单原子状态存在，对脱硫反应的写法没有什么本质的影响。

在钢铁冶炼过程中，还原气氛下硫的气态化合物通常有 CS，CS_2，COS，H_2S，HS；氧化气氛下硫的气态化合物一般有 SO，SO_2，SO_3；硫蒸气可以是由 S，S_2，S_6，S_8 状态的硫分子组成，但温度升高时，多原子硫分子将发生离解。对于钢铁冶金过程中出现的硫蒸气，一般可以认为完全由 S_2 分子组成。

钢铁冶炼过程中硫的各种反应可根据硫势图来分析（见图 3-4-1）。由图可看出：

（1）除 CS_2 外，所有硫化物的硫势都随温度升高而增大，即硫化物的稳定性随温度升高而减小。

（2）SO_2 和 SO_3 在 800 ℃具有相同的稳定性，高于此温度 SO_2 稳定，低于此温度 SO_3 稳定。

（3）H_2S 比 COS 稳定，但二者稳定性均不及 SO_2 和 SO_3。

（4）几种固态硫化物稳定性由小到大顺序为：FeS_2，FeS，MnS，MgS，CaS。

（5）硫化物不像氧化物那样容易被碳或氢气所还原，另外大多数金属氧化物的氧势比其硫化物的硫势要低得多，所以硫化物易与氧反应，见图 3-4-2。

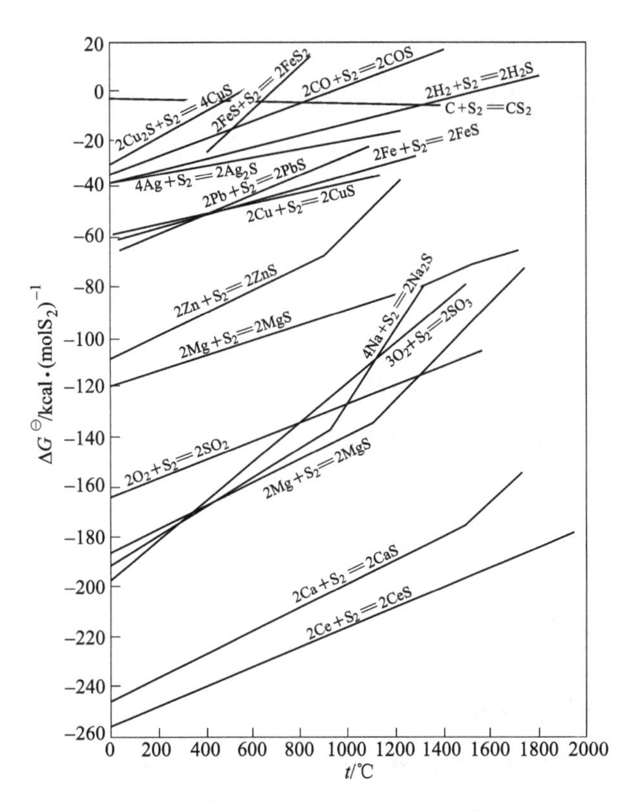

图 3-4-1 硫化物的 ΔG 与温度的关系

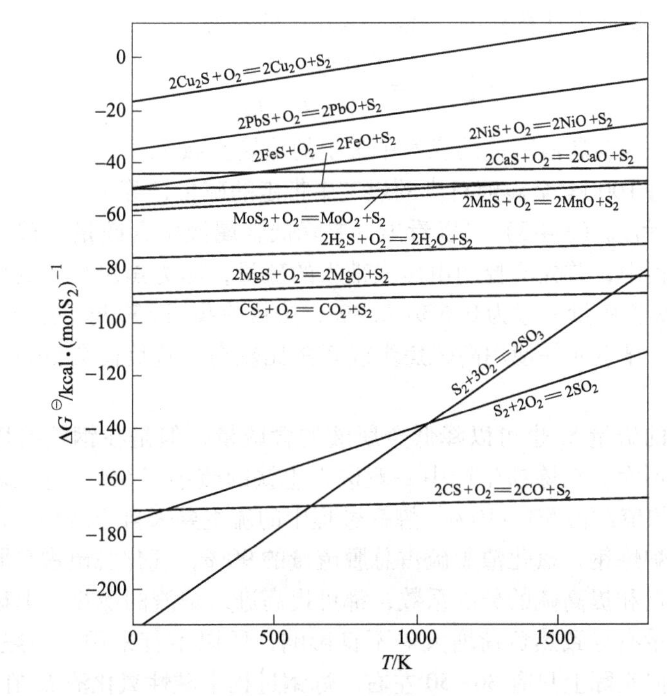

图 3-4-2 硫化物氧化的 $\Delta G^{\ominus}$ 与温度的关系

（1 kcal = 4186.8 J）

3.4.1.3　硫的质量平衡

在炼铁、炉外处理和炼钢3个过程中，硫的收支平衡都可用下式来表示：

$$\sum W_S = W_s \frac{w(S)_{\%}}{100} + W_m \frac{w[S]_{\%}}{100} + V_g \cdot \rho_S \tag{3-4-1}$$

式中　$\sum W_S$——原燃料中带入的总硫量，kg；

W_s——渣量，kg；

W_m——金属液量，kg；

V_g——煤气量，m^3；

$w[S]_{\%}$，$w(S)_{\%}$——金属液、炉渣中硫的质量百分数；

ρ_S——煤气中硫的质量浓度，kg/m^3。

定义：

$\frac{1000 \cdot \sum W_S}{W_m} = S_d$，称为硫负荷，kg/t；

$\frac{W_s}{W_m} = U$，称为渣铁比，t/t；

$\frac{w(S)_{\%}}{w[S]_{\%}} = L_S$，称为硫的分配系数。

则，若以100 kg金属液为计算标准。式（3-4-1）可变为：

$$w[S]_{\%} = \frac{0.1(S_d - S'_g)}{1 + U \cdot L_S} \tag{3-4-2}$$

若以1000 kg金属液为计算标准，式（3-4-1）可变为：

$$w[S]_{\%} = \frac{0.1S_d - 0.1S_g}{1 + U \cdot L_S} \tag{3-4-3}$$

式中　S_g——每吨金属液对应的煤气中带走的硫量，kg/t；

S'_g——每100 kg金属液对应的煤气中带走的硫量，等于0.1。

由式（3-4-2）和式（3-4-3）可以看出，要降低金属液中含硫量，首先应控制硫负荷S_d。例如在炼铁过程中，首先应控制由焦炭带入的硫量，因为焦炭带入的硫占炼铁硫负荷的70%~80%。焦炭含硫量一般为0.6%~0.8%，按目前我国550 kg的焦比平均水平计算，硫负荷约为5 kg/t。显然如果使用高硫焦炭或者焦比较高，硫负荷会更高一些，脱硫任务也会大一些。

增加煤气带走的硫量S_g也可以降低金属液的含硫量，但是在钢铁冶炼过程中煤气带走的硫量一般比例不大。在炼铁生产中一般进入生铁的硫小于5%，进入炉渣约占80%~85%，随煤气逸出的硫约占5%~10%。炼钢过程中的硫主要来自金属料，也是以炉渣脱硫为主。例如氧气转炉炼钢，氧化渣脱硫占总脱硫量的90%，气化脱硫占总脱硫量的10%。

另外，增加渣量和提高硫的分配系数，都可提高进入炉渣的硫量，但以提高分配系数为好。因为增加渣量有导致热负荷增大等不良影响，所以不宜采用。一般高炉L_S的理论值为100或更高，但实际上只有30~50左右。炼钢过程中碱性氧化渣L_S在4~10，酸性渣约为0.5~1.5，因此在钢铁冶炼过程中，高炉脱硫是很有利的，应尽可能生产低硫铁，以降低成本，生产更多优质钢。

3.4.2 炉渣脱硫

3.4.2.1 硫的分配系数

炼铁过程中脱硫的分子反应式为：

$$[FeS] + (CaO) = [FeO] + (CaS)$$

炉渣脱硫的离子反应式都可写为：

$$[S] + (O^{2-}) = (S^{2-}) + [O]$$

上述反应的平衡常数可用下式表示：

$$K_S = \frac{\gamma_{S^{2-}} \cdot w(S)_\% \cdot a_O}{f_S \cdot w[S]_\% \cdot a_{O^{2-}}}$$

注意式中的 K_S 包含了浓度换算系数。由上式可导出硫的分配系数式：

$$L_S = \frac{w(S)_\%}{w[S]_\%} K_S \cdot \frac{f_S \cdot a_{O^{2-}}}{\gamma_{S^{2-}} \cdot a_O}$$

根据上式，L_S 的影响因素可分析如下：

（1）温度。由于脱硫热效应不大，所以温度对 K_S 的影响不大。但温度升高，炉渣黏度降低，扩散系数和反应速度常数都增大，脱硫动力学条件改善，分配系数增大。

（2）金属液中硫的活度系数 f_S。f_S 升高，有利于提高 L_S。f_S 可查表或图求得，

$$\lg f_S = \lg f_S^S + \lg f_S^C + \lg f_S^{Si} + \lg f_S^P + \lg f_S^{Mn}$$
$$= e_S^S \cdot w[S]_\% + e_S^C \cdot w[C]_\% + e_S^{Si} \cdot w[Si]_\% + e_S^P \cdot w[P]_\% + e_S^{Mn} \cdot w[Mn]_\%$$

（3）炉渣碱度的影响。炉渣碱度升高，$a_{O^{2-}}$ 升高，$L_{S平}$ 增加。另外，碱度提高，$\gamma_{S^{2-}}$ 降低也有利于 $L_{S平}$ 增加。

（4）渣中 FeO 的影响。渣 FeO 增加，一方面 $a_{O^{2-}}$ 增大了，但另一方面，也使 a_O 增加。FeO 对 L_S 的影响是两方面的综合结果，如图 3-4-3 所示。

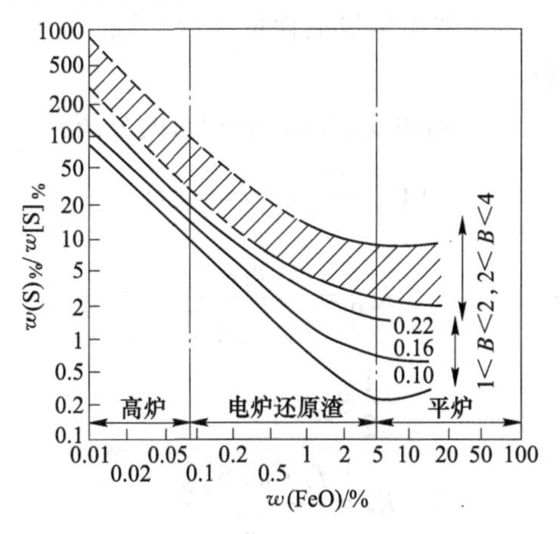

图 3-4-3 渣中氧化铁、剩余碱对硫分配系数的影响

（图中数字 0.22，0.16，0.10 表示剩余碱（E. B）

E. B $= n_{MgO} + n_{CaO} + n_{MnO} + 2n_{SiO_2} - 4n_{P_2O_5} - n_{Fe_2O_3} - n_{Al_2O_3}$，$n$ 表示渣中氧化物的物质的量，

酸性氧化物前的系数表示 1 mol 酸性氧化物形成复杂化合物时消耗的碱性氧化物的物质的量）

（5）金属液含氧量。金属液中的含氧量降低，有利于 L_S 的提高。当金属液含有较多易于氧化的碳、硅和锰等元素时，这些元素将与金属液中的氧反应，促进脱硫反应。有碳参与时反应式为：

$$C + [S] + (O^{2-}) \longrightarrow (S^{2-}) + CO$$

有硅参与时

$$\frac{1}{2}Si + [S] + CaO \longrightarrow CaS + \frac{1}{2}SiO_2$$

3.4.2.2 硫容量（Sulphide capacity，C_S）

硫容量标志着炉渣容纳硫的能力，硫容量可按下式来计算：

$$C_S = w(S)_{\%} \cdot \sqrt{\frac{p_{O_2}}{p_{S_2}}} = K_S \cdot \frac{a_{O^{2-}}}{\gamma_{S^{2-}}}$$

请注意式中的平衡常数 K 包括了硫的摩尔分数与质量分数换算系数。通常采用硫容量和碱度的经验公式：

$$\lg C_S = -5.57 + 1.39R$$

式中

$$R = \frac{x_{CaO} + \frac{1}{2}x_{MgO}}{x_{SiO_2} + \frac{1}{3}x_{Al_2O_3}}$$

根据经验公式求出 C_S 后，如果再能获得硫和氧的蒸气压，即可得到 $w(S)_{\%}$，见下面例题。

【例 3-2】 试估计碳饱和的铁液（$w[Mn]=1\%$，$w[Si]=1\%$）与组成为 $w(SiO_2)=37.5\%$，$w(Al_2O_3)=10\%$，$w(CaO)=42.5\%$ 及 $w(MgO)=10\%$ 的高炉渣在 1527 ℃及 $p_{CO}=1$ atm 平衡时，生铁的含硫量。假定矿石含有 $w(Fe)=60\%$，$w(SiO_2)=6\%$，焦炭含有 $w(SiO_2)=5\%$ 和 $w(S)=1\%$，每吨铁焦炭消耗量为 650 kg。

解：计算可分 3 步进行：

（1）计算硫的分配比。按下列两反应求解氧和硫的分压：

$$[C] + \frac{1}{2}O_2 \longrightarrow CO$$

$$K_{CO} = \frac{p_{CO}}{a_C \cdot \sqrt{p_{O_2}}}$$

$$\frac{1}{2}S_2 \longrightarrow [S]$$

$$K_S = \frac{f_S \cdot w[S]_{\%}}{\sqrt{p_{S_2}}}$$

由 K_{CO} 和 K_S 的计算式导出硫和氧的压力后，代入硫容量式：

$$\frac{w(S)_{\%}}{w[S]_{\%}} = f_S \cdot C_S \cdot \frac{K_{CO}}{K_S}$$

显然，只要求出 C_S、K_{CO}、K_S 和 f_S，即可得到分配比。

1）计算 C_S。C_S 按经验式 $\lg C_S=-5.57+1.39R$ 计算，经验式中 R 按下式计算：

$$R=\frac{x_{CaO}+\frac{1}{2}x_{MgO}}{x_{SiO_2}+\frac{1}{3}x_{Al_2O_3}}$$

根据熔渣组成，100 g 渣内的摩尔分数为 $x_{CaO}=0.437$，$x_{MgO}=-0.144$，$x_{SiO_2}=0.360$，$x_{Al_2O_3}=0.06$，可得 $R=1.33$。

$$\lg C_S=-557+1.39\times1.33=-3.72$$

$$C_S=1.91\times10^{-4}$$

2）计算 K_{CO}和 K_S。碳以纯石墨为标准态时，

$$\lg K_{CO}=\frac{5849}{T}+4.59$$

代入 $T=1800$ K，得：
$$K_{CO}=6.91\times10^{7}$$

$$\lg K_S=\frac{6890}{T}-1.15$$

硫以1%（质量分数）溶液为标准态时

代入 $T=1800$ K，得：
$$K_S=4.7\times10^{2}$$

3）计算f_S。f_S 根据生铁的组成进行计算，锰及硅的质量分数题中已给出，碳的饱和浓度可由下式求得：

$$\begin{aligned}w[C]_{饱}&=1.30+2.57\times10^{-3}t+0.04w[Mn]_{\%}-0.30w[Si]_{\%}\\&=1.30+2.57\times10^{-3}\times1527+0.04\times1-0.30\times1\\&=4.96\%\end{aligned}$$

于是 $\lg f_S=e_S^S\cdot w[S]_{\%}+e_S^C\cdot w[C]_{\%}+e_S^{Si}\cdot w[Si]_{\%}+e_S^P w[P]_{\%}+e_S^{Mn}\cdot w[Mn]_{\%}$

上式中的 $w[S]_{\%}$为未知数，但由于 $e_S^S=-0.028$，而 $w[S]_{\%}<0.1$，所以将第一项忽略，误差也不大。

$$\lg f_S=0.065\times1+0.112\times4.96-0.026\times1=0.595$$

$$f_S=3.94$$

因为碳质量分数高达4.96%，采用相互作用系数 $e_S^C=0.112$，有较大误差。为此，$\lg f_S^C$的值最好由图直接读取，根据 $w[C]=4.96\%$查图得 $\lg f_S^C=0.72$，所以

$$\lg f_S=0.065\times1+0.72-0.026\times1=0.759$$

$$f_S=5.74$$

利用上面数值，得出

$$\frac{w(S)_{\%}}{w[S]_{\%}}=\frac{5.74\times1.91\times10^{-4}\times6.91\times10^{7}}{4.7\times10^{2}}=161.2$$

（2）熔渣的硫质量分数。生产 1 t 生铁（$w(Fe)=93\%$）需要矿石（$w(Fe)=60\%$）$0.93\times1000/0.6=1550$ kg，渣量可根据二氧化硅的物质平衡计算：

渣中二氧化硅量=进入炉内的二氧化硅量-还原失去的二氧化硅量

$$0.06 \times 1550 + 0.05 \times 650 - 0.01 \times 1000 \times \frac{60}{28} = 93 + 32.5 - 1.4 = 104\ \text{kg}$$

$$W_s = \frac{104}{0.375} = 277\ \text{kg}$$

式中 W_s——炉渣质量。

设生铁的含硫量为 x kg，焦炭带入硫质量为 650×0.01=6.5 kg，则进入渣内的硫质量为（6.5−x）kg，$w(\text{S})_{\%}=((6.5-x)/277)\times100$。

（3）生铁中硫质量分数。

$$w[\text{S}]_{\%} = \frac{x}{1000} \times 100 = 0.1x$$

$$\frac{w(\text{S})_{\%}}{w[\text{S}]_{\%}} = \frac{(6.5 - x) \times 100/277}{0.1x} = 161.2$$

可解出 $x=0.142$。

$$w[\text{S}] = \frac{0.142}{1000} \times 100\% = 0.0142\%$$

3.4.2.3 耦合反应（coupled reactions）

通常都是将各元素分开来讨论，实质上它们是相互作用的。耦合反应就是各元素反应的综合反应，实际上只有它才符合渣铁间反应的状况。

例如在高炉炉缸，滴落过程中吸收了［Si］、［S］等元素的液态铁滴在穿过炉缸中积存的渣层时，在数以秒计的短暂时间内完成液态渣铁成分的最后调整，此过程是渣铁间的氧化还原反应，涉及的元素主要有 Si、Mn、S 及少量的 Fe。

在该反应中，铁中的［S］以极强的趋势转入炉渣，与此同时，如果渣中（FeO）、（MnO）含量及铁中［Si］含量较高，则将发生（FeO）还原为 Fe，（MnO）还原为 Mn 以及［Si］氧化为（SiO_2）的伴随反应。如渣中 w(FeO)、w(MnO) 及铁中 w[Si] 均较低而 w[Mn] 较高，则将发生［Mn］氧化为（MnO）的伴随反应，如此等等。

这些相互伴生的反应，可以复合为若干复杂的反应，反应式分别为：

$$(\text{CaO}) + \frac{1}{2}[\text{Si}] + [\text{S}] = (\text{CaS}) + \frac{1}{2}(\text{SiO}_2) \tag{3-4-4}$$

$$(\text{CaO}) + [\text{Mn}] + [\text{S}] = (\text{CaS}) + (\text{MnO}) \tag{3-4-5}$$

$$(\text{MnO}) + \frac{1}{2}[\text{Si}] = [\text{Mn}] + \frac{1}{2}(\text{SiO}_2) \tag{3-4-6}$$

$$(\text{FeO}) + \frac{1}{2}[\text{Si}] = [\text{Fe}] + \frac{1}{2}(\text{SiO}_2) \tag{3-4-7}$$

这些反应的共同特点是，由某个渣中的离子（正或负）得到或失去电子成为铁液中不带电的中性原子与另一个铁液中原子失去或得到电子而成为渣中离子的氧化还原反应耦合而成，统称为“耦合反应”。

A 耦合反应的理论基础

发生这类反应的根本原因在于金属液是由原子构成的，炉渣则是由不同电性的离子构成的，但炉渣中正负电荷总数相等，所以炉渣呈电中性。显然渣铁之间的质量交换必然涉及电子的传递，本质上是电化学反应。

当任何固态元素与其离子溶液接触时，在二者之间存在一个电化学平衡关系。例如，易离解为离子的活泼金属其反应为

$$K = K^+ + e^-$$

$$Ca = Ca^{2+} + 2e^-$$

其离解的程度，或元素与其离子间的平衡关系以电极电位代表。金属离解为带正电的离子，同时释放出电子，但电子遗留在固态的金属（称为电极）上。形成如图3-4-4所示的电场，当金属电极与离子溶液间的电极电位达到一定值时，形成平衡状态。活泼的易离解的金属原子释放的电子较多，离子浓度也较大，会形成较高的“负电极电位”，此值是由金属原子的本性决定的。

以1000 ℃下金属Na与其在氯化物中的Na^+所形成的平衡电极电位为标准，即令$E_{Na}=0$，不同金属相对的电极电位数值如表3-4-1所示。

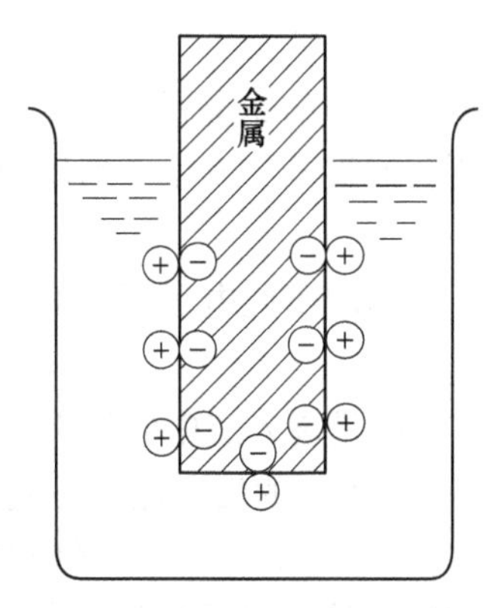

图3-4-4 金属与其离子间的电平衡

表3-4-1 不同金属与其离子间的电极电位（*E*）值 （V）

金属	K/K^+	Li/Li^+	Ca/Ca^{2+}	Na/Na^+	Mg/Mg^{2+}	Fe/Fe^{2+}
E	-0.136	-0.313	-0.189	0	0.773	1.969

非金属离子则相反，强非金属原子易从溶液中取得电子而形成负离子，如：

$$F + e^- = F^-$$

$$S + 2e^- = S^{2-}$$

$$O + 2e^- = O^{2-}$$

同理，形成负离子的浓度也受平衡的电极电位的制约，但为正值。以水溶液中氢电极为标准$E_H=0$，某些非金属的电极电位为：

	H/H^+	S/S^{2-}	F/F^-
E/V	0	0.508	0.287

离子溶液的电极电位是随温度变化的，前面所述不同元素的电极电位值只是给出了相对强弱的概念。

根据多方面的数据可推知，铁中各种元素的浓度与其离子在渣中浓度之比（分配比，与各元素固有的电极电位值有关）按由小到大的顺序排列可得出：$\frac{[Ca]}{(Ca^{2+})} < \frac{[Mg]}{(Mg^{2+})} < \frac{[Al]}{(Al^{3+})} < C < \frac{[Ti]}{(Ti^{4+})} < \frac{[Si]}{(Si^{4+})} < \frac{[V]}{(V^{5+})} < \frac{[Mn]}{(Mn^{2+})} < \frac{[P]}{(P^{5+})} < \frac{[Fe]}{(Fe^{2+})}$。

排列在C之前的三元素的负电极电位很高，表现为其在铁渣间的分配比值很小，几乎趋近于零。或按更通俗的说法是，在高炉中很难被C还原成原子状态。

Ti、Si、V属于同一级别，其分配比约在10^{-3}~1范围内，即一少部分可以被C还原；Mn的分配比比这3个元素高些，可达10左右。最后P、Fe属于同一范畴，分配比高达

200 以上。

上述顺序可解释，为什么当渣中 $w(FeO)$、$w(MnO)$ 较高，在渣与铁液接触时会发生还原反应，生成［Fe］和［Mn］，与此同时为了保持炉渣总体上的电中性，铁中［Si］沿相反方向氧化为渣中的（Si^{4+}），从而贡献出所还原的自由电子，构成了式（3-4-6）及式（3-4-7）类型的耦合反应。

B 耦合脱硫反应

硫是较强的非金属元素，铁中［S］一旦遇到呈离子状态的炉渣只要其原有 S 浓度不高，则会捕捉电子发生下列反应而转入渣中。

$$[S] + 2e = S^{2-}$$

一般情况下此电子可由 C 生成 CO 时提供，因高炉中 C 总是过剩的。即

$$C + O^{2-} = CO + 2e$$

C 可以是浸入渣中的焦炭或饱和铁中的［C］，而渣中 O^{2-} 浓度很大。故常规的炉渣除去铁液中［S］的反应经常写成：

$$(CaO) + C + [S] = (CaS) + CO \tag{3-4-8}$$

上式实质上是由以下两个电化学反应组成，即

$$(Ca^{2+}) + [S] + 2e = (CaS) \tag{3-4-9}$$

$$C + O^{2-} = CO + 2e \tag{3-4-10}$$

就可以提供自由电子这一功能的意义上说，C 与金属元素的作用相当。上述反应（3-4-10）称为基本反应。

反应（3-4-10）是高炉中过剩的 C 与渣中浓度极大的 O 之间的反应，但液态渣中生成新相 CO 气泡比较困难。首先渣中的 O 离子要扩散到与 C 接触的界面上，然后在界面上某些活化中心发生反应并形成 CO 的核心，气泡逐渐长大。直到足够克服外界压力时才能穿过渣层而逸出。这一系列的反应环节中，新相 CO 核心的生成最为困难，反应界面活化中心的 p_{CO} 值要远远超过热力学计算的 p_{CO} 平衡值，才可使反应持续进行。

但铁中［S］夺取自由电子成渣中 S 的趋势异常强烈，在形成 CO 的反应受阻，不能提供足够的自由电子的条件下，就强迫可能发生的其他电化学反应提供所需的电子。强金属元素解离为熔盐中的正离子（表现为铁中元素的氧化）即为这类反应。这就是构成了：

$$(CaO) + \frac{1}{2}[Si] + [S] = (CaS) + \frac{1}{2}(SiO_2) \tag{3-4-11}$$

$$(CaO) + [Mn] + [S] = (CaS) + (MnO) \tag{3-4-12}$$

C 耦合反应的平衡常数

统观各耦合反应，其平衡常数皆为简单的氧化及简单的还原反应平衡常数的组合。以 Si-Mn 间的耦合反应为例：

$$2(MnO) + [Si] = 2[Mn] + (SiO_2) \tag{3-4-13}$$

反应的平衡常数 $K_{Mn\text{-}Si}$ 为

$$K_{Mn\text{-}Si} = \frac{a_{(SiO_2)}}{w[Si]_{\%} \cdot \gamma_{Si}} \cdot \left(\frac{w[Mn]_{\%} \cdot \gamma'_{Mn}}{a_{(MnO)}}\right)^2 = \frac{K_{Mn}^2}{K_{Si}}$$

式中 K_{Mn}——(MnO) 被还原为［Mn］反应的平衡常数；

K_{Si}——(SiO_2) 被还原为 [Si] 反应的平衡常数。

试验研究及生产实践都证明，当系统中有多种元素存在时，其间的相互反应首先满足耦合反应平衡常数的要求，而远离简单反应的平衡常数。如上述反应式，$w[Si]/w(SiO_2)$ 和 $w[Mn]/w(MnO)$ 两个分配比的值均低于简单的氧化还原反应按热力学数据计算的平衡值，但这二者组合成的耦合反应的平衡常数却与理论值接近。

式（3-4-14）代表 Si-S 之间的耦合反应，即

$$(CaO) + \frac{1}{2}[Si] + [S] = (CaS) + \frac{1}{2}(SiO_2) \tag{3-4-14}$$

反应的平衡常数

$$K_{Si\text{-}S} = \frac{K_S}{K_{Si}} \tag{3-4-15}$$

已知
$$\lg K_{Si} = -\frac{30935}{T} + 20.455$$

又
$$\lg K_S = -\frac{6010}{T} + 5.935$$

在 [C] 饱和的铁液中可取 $\gamma'_{Si}=15$，$\gamma'_S=7$。而 $g_{(CaO)}$ 与 $g'_{(CaS)}$ 是炉渣成分的函数，将二者与炉渣碱度 $w(CaO)/(w(SiO_2)+w(Al_2O_3))$ 的关系式代入，可得：

$$\lg \frac{w(S)_\%}{w[S]_\%} \cdot \sqrt{\frac{w(SiO_2)_\%}{w[Si]_\%}} = \frac{9080}{T} - 5.832 + \lg w(CaO)_\% + 1.396B$$

式（3-4-16）代表 Mn-S 之间的耦合反应，即

$$(CaO) + [Mn] + [S] = (CaS) + (MnO) \tag{3-4-16}$$

反应的平衡常数也可按上面的方法求得：

$$K_{Mn\text{-}S} = \frac{K_S}{K_{Mn}} \tag{3-4-17}$$

已知
$$\lg K_{Mn} = -\frac{15090}{T} + 10.970$$

又
$$\lg K_S = -\frac{6010}{T} + 5.935$$

取 $\gamma'_{Mn}=8$，式（3-4-17）可变化为：

$$\lg \frac{w(S)_\%}{w[S]_\%} \cdot \frac{w(MnO)_\%}{w[Mn]_\%} = \frac{9080}{T} - 5.832 + \lg w(CaO)_\%$$

上面得到的两个平衡常数式可用于渣铁间硫分配比的计算。

3.4.2.4 炉渣脱硫动力学

炉渣和金属液的密度差异很大，两者不能互溶，脱硫反应是两相反应，只能在炉渣和金属液的界面上进行。扩散过程是整体反应过程中必须考虑的重要环节。脱硫反应可设想由以下环节组成：

（1）硫在金属液中向渣金界面扩散；

（2）界面上发生化学反应；

（3）生成的硫化物由界面向渣中扩散。

可导出速率方程为：

$$\frac{dS}{dt}=\frac{A}{M}\cdot\frac{w[S]-\dfrac{w(S)}{L_S^0}}{\left(\dfrac{1}{K_s}+\dfrac{1}{K_m}\right)\cdot\dfrac{1}{L_S^0}}$$

式中 $w[S]$——S在金属液中的质量分数；

$w(S)$——S在渣中的质量分数；

A——金属液和炉渣的接触面积；

M——金属液质量；

L_S^0——平衡状态下硫在渣金间的分配系数；

K_s——硫在渣中的传质系数；

K_m——硫在金属液中的传质系数。

由于很多因素难以确定，所以上式还不能用于定量计算，但依此式可对影响脱硫过程的分析如下：

（1）加大金属液和炉渣的接触面积A。当金属液滴穿过渣层时，A值最大，是炉渣脱硫反应的主要时机。炉外脱硫就是通过搅拌，增加金属液和炉渣的接触界面，从而提高脱硫效果的。

（2）加大L_S^0，属于热力学范畴。

（3）增大硫在金属液和渣中的传质系数K_m和K_s。有试验数据表明，渣中的传质系数比金属液中的传质系数小约两个数量级，所以重点应设法改善渣中的扩散过程。

3.4.3 气化脱硫

气化脱硫就是硫以气态形式逸出而脱除。在逸出的过程中由脱硫反应生成的硫蒸气和S的气态化合物被凝聚相吸收会显著影响气化脱硫的效果。

3.4.3.1 氧化性气氛下的硫的气化

烧结过程、球团过程、高炉风口带和炼钢过程都是氧化性气氛。氧化气氛下硫的稳定气态化合物为SO_2和SO_3。

在烧结过程预热层中废气氧的质量分数为8%~10%，燃烧层碳素周围的氧含量比预热层低一些。在烧结过程中，硫是被氧化成SO_2而排除的，反应式为：

$$4FeS_2+11O_2 = 2Fe_2O_3+8SO_2$$

$$4FeS+7O_2 = 2Fe_2O_3+4SO_2$$

如果温度大于650 ℃，则FeS_2的分解与分解生成的FeS和S的氧化反应同时进行。焙烧球团矿时，气相中氧含量大于烧结过程，气氛氧化性较烧结过程强，所以利于生成硫的气态氧化物。在焙烧非熔剂性球团时，其中的硫化物氧化成SO_2，可去除95%以上。

在炼钢过程中，有一部分硫被气化而脱除。金属中溶解的硫用［S］表示，硫在气相中主要是SO_2，可能的脱硫反应有：

$$[S]+2[O] = SO_2 \qquad \Delta G^{\ominus}=1660+13.09T \tag{3-4-18}$$

$$[S]+O_2 = SO_2 \qquad \Delta G^{\ominus}=-54340+11.71T \tag{3-4-19}$$

反应（3-4-18）在炼钢温度下 $\Delta G^{\ominus}>0$，说明在标准状态下钢中的氧不可能把硫氧化成 SO_2。相反，炉气中的 O_2 可能溶解于钢中而增硫。反应（3-4-19）在 1400 ℃，$\Delta G^{\ominus}=-34750$，是负值。但当金属中含有较多的 C 和 Si，反应式（3-4-19）也不能进行。

例如在吹炼初期，取 $t=1400$ ℃，$w[C]=3\%$，$w[S]=0.07\%$，$f_S=2.8$，$p_{O_2}=1$，$p_{CO}=1$，反应（3-4-19）的 ΔG 为：

$$\Delta G=\Delta G^{\ominus}+RT\ln J_p=-34750+6740(\lg p_{SO_2}-\lg 0.196)=-29980+6740\lg p_{SO_2}$$

反应 $2[C]+O_2 = 2CO$ 的 ΔG 为：

$$\Delta G=\Delta G^{\ominus}+RT\ln\frac{p_{CO_2}}{p_{O_2}\cdot a_{[C]}^2}=-100504+6740(-2\lg 3)=-106935$$

在［C］存在时，p_{SO_2}取值是多少，［S］才能被氧化，可由两反应的 ΔG 相等求出。

$$-29980+6740\lg p_{SO_2}=-106935$$

$$\lg p_{SO_2}=-11.4176$$

$$p_{SO_2}=3.82\times10^{-12}$$

也就是说，当金属含碳较多时，［S］氧化生成 SO_2 的可能性不大，所以最大可能是［S］进入炉渣后再气化脱除。

在熔渣成分一定的条件下，改变同渣接触的气相中的 p_{O_2}，进行含硫的气相和渣之间的平衡试验，所得结果如图 3-4-5 所示。由图可看出，硫在气相与渣之间的分配比随气相的氧势而变化，在 $p_{O_2}\approx10^{-4}$ atm 时有最小值。在拐点的左侧，随着气相氧势的增高，渣中硫量是降低的；在拐点的右侧，随着气相氧势的增高，渣中硫量又再升高。

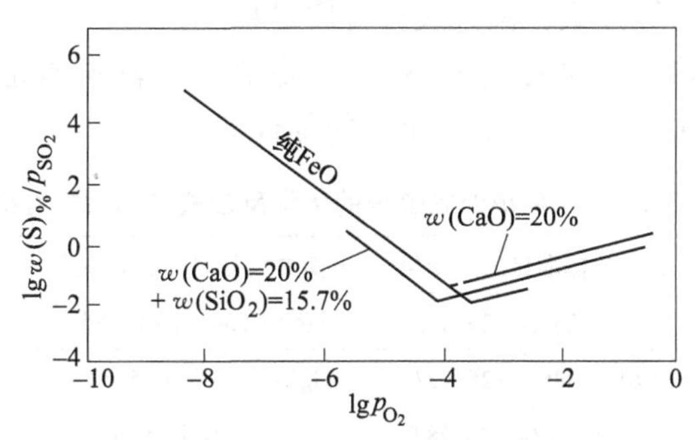

图 3-4-5 含硫气相和熔渣的平衡

含硫和氧的气相同各种氧化物的熔体接触时，气相和熔体之间可能发生两个反应：

当 $p_{O_2}<10^{-5}\sim10^{-6}$ atm 时，渣中（S）随 p_{O_2}增加而减少，因为

$$(S^{2-})+\frac{3}{2}O_2 = (O^{2-})+SO_2 \tag{3-4-20}$$

当 $p_{O_2}>10^{-3}\sim10^{-4}$ atm 时，渣中（S）随 p_{O_2}增加而增加，因为

$$(SO_4^{2-}) = \frac{1}{2}O_2+(O^{2-})+SO_2 \tag{3-4-21}$$

渣中存在硫酸盐的事实，在冷凝的平炉渣、电炉渣和转炉渣中均多次被证实。在高温下（SO_4^{2-}）并不稳定，容易分解成 SO_2 和 O_2，只有在和 CaO 共同存在时才比较难以分解。因此，当流动的氧化性气流作用于熔渣时，（SO_4^{2-}）很可能是中间生成物，反应（3-4-21）

是熔渣气化脱硫的基本反应。

应该看到，在炼钢过程中，首先是硫自金属液进入熔渣，然后才由熔渣气化脱硫，所以炉渣脱硫反应是脱硫的基础。

3.4.3.2　还原气氛下硫的气化

高炉过程中，焦炭中的硫在到达风口前减少了20%~50%，剩余部分在风口前燃烧生成SO_2后立即被还原成硫蒸气（SiS，COS，H_2S等）。

由资料可知H_2S比COS稳定，但温度降低时二者趋于接近，因此如果煤气中含CO较多（如高炉），CO有脱硫能力；如果煤气中H_2含量较多（如大多数非高炉炼铁法），H_2具有脱硫能力。

3.4.4　炉外脱硫

铁水炉外脱硫是指铁水进入炼钢炉前，在炉外进行脱硫处理的一种预处理工艺，以降低生铁的含硫量，提高钢的质量，改善钢铁厂的综合技术经济指标。铁水的炉外脱硫，早期仅作为处理高硫铁水的一种手段。近年来，一方面对钢的含硫量的要求日趋严格，另一方面又要求适当放宽高炉生产的铁水含硫量，以提高高炉产量，降低焦比，从而降低钢铁综合成本，因此炉外脱硫工艺得到迅速发展。常用的脱硫剂有石灰、电石、纯碱、镁粉等。

炼钢过程中有利于脱硫的因素是温度高、碱度高，炼铁过程中有利于脱硫的因素是铁水中含有较多的［C］、［Si］、［Mn］等元素。铁水兑入炼钢炉之前的铁水预脱硫则可以采用气体喷射、机械搅拌等方式，极大改善传质过程。

几种炉外脱硫剂的热力学数据见表3-4-2，脱硫能力较强的是Na_2O、CaC_2、MgO和CaO。较常采用的是CaO、CaC_2及CaF_2组成的复合剂。

表3-4-2　几种炉外脱硫剂的化学反应式和热力学数据

反应式	反应的标准自由能变化	平衡常数与温度的关系式	1300 ℃	1500 ℃
$CaO+[S]+C═CaS+CO$	$\Delta G^{\ominus}=25320-26.33T$	$\lg K=-5540/T+5.755$	172	425
$MgO+[S]+C═MgS+CO$	$\Delta G^{\ominus}=44630-25.72T$	$\lg K=-9760/T+5.62$	0.262	1.31
$Na_2O+[S]+C═Na_2S+CO$	$\Delta G^{\ominus}=-2000-26.28T$	$\lg K=440/T+5.74$	1.01×10^6	0.94×10^6
$CaC_2+[S]═CaS+2C$	$\Delta G^{\ominus}=-86900+28.72T$	$\lg K=19000/T-6.28$	6.35×10^5	2.75×10^4
$Mg+[S]═MgS$	$\Delta G^{\ominus}=104100+44.07T$	$\lg K=22750/T-9.63$	6.6×10^4	1.6×10^3
$[Mn]+[S]═MnS$	$\Delta G^{\ominus}=38760+14.16T$	$\lg K=8470/T-3.095$	195	48.1

3-1　写出直接还原反应、间接还原反应、巴甫洛夫直接还原度的概念。

3-2　解释CO还原铁氧化物的平衡气相组成图中每个区域、每条线、每个点代表的意义。

3-3　解释固体C还原铁氧化物平衡气相组成图中每个区域、每条线代表的意义。

3-4　分析CO和H_2还原铁氧化物的热力学特点并进行比较。

3-5　推导碳氧浓度积。

3-6　说明铁液中碳氧化反应的过程机理。

3-7　溶解于钢液中的［Cr］的选择性氧化反应为：$2[Cr]+3CO=(Cr_2O_3)+3[C]$。试求钢液成分为 $w[Cr]=18\%$、$w[Ni]=9\%$、$w[C]=1\%$ 及 $p'_{CO}=100$ kPa 时，［Cr］和［C］氧化的转化温度。

3-8　在电弧炉内，用不锈钢返回料吹氧冶炼不锈钢时，熔池的 $w[Ni]=9\%$。如吹氧终点碳规定为 $w(C)=0.03\%$，而铬保持在 $w(Cr)=10\%$，试问：（1）吹炼应达到多高的温度？（2）采用 $\varphi(O_2)/\varphi(Ar)=1/25$ 的 O_2+Ar 混合气体进行吹炼时，吹炼温度可降低多少？

3-9　用不锈钢返回料吹氧熔炼不锈钢时，采用氧压为 10^4 Pa 的真空度，钢液成分为 $w[Cr]=10\%$ 及 $w[Ni]=9\%$，试求吹炼温度为 1973 K 的 $w[C]$。

3-10　含钒生铁的成分为 $w[C]=4.0\%$、$w[V]=0.4\%$、$w[Si]=0.25\%$、$w[P]=0.03\%$、$w[S]=0.08\%$，利用雾化提钒处理提取钒渣及半钢，试求“去钒保碳”的温度条件。钒渣的 $\gamma_{V_2O_3}=10^{-7}$，$x(V_2O_3)=0.112$。

3-11　解释硫负荷与硫容量的概念。

3-12　写出熔渣-金属液间的氧化脱磷反应离子式，应用热力学原理分析有利于熔渣脱磷的热力学条件。

3-13　从热力学角度分析炼钢过程中改善氧化脱磷的条件。

3-14　说明炼钢过程中磷氧化脱除的机理并分析加速脱磷的措施。

3-15　写出脱硫的反应式（分子、离子）。

3-16　试对脱硫反应进行热力学分析。

3-17　说明脱硫过程机理。

4 有色冶金过程应用案例

有色金属包括除 Fe、Mn、Cr 以外的近 70 种金属元素，分为重金属（Cu、Pb 等）、轻金属（Mg、Al 等）、稀有金属（La、Ce 等）、贵金属（Au、Ag 等），与黑色金属相对应。从冶炼方法来说，分为火法冶金、湿法冶金和电冶金。火法冶金是指在高温下矿石经熔炼与精炼反应及熔化作业，使其中的金属和杂质分开，获得较纯金属的过程，如硫化矿的造锍熔炼、硫化矿的焙烧、氧化物和硫化物的火法氧化、粗金属的火法精炼；湿法冶金是在常温或低于 100 ℃下，用溶剂处理矿石或精矿，使所要提取的金属溶解于溶液中，而其他杂质不溶解，然后再从溶液中将金属提取和分离出来的过程，该方法包括浸出、分离、富集和提取等工序，如铀矿的酸浸出、拜耳法生产氧化铝；电冶金是利用电能提取和精炼金属的方法。按电能形式可分为两类，其一电热冶金，利用电能转变成热能，在高温下提炼金属，本质上与火法冶金相同，如电炉炼钢，其二电化学冶金，用电化学反应使金属从含金属的盐类的水溶液或熔体中析出，前者称为溶液电解，如铜的电解精炼，可归入湿法冶金，后者称为熔盐电解，如电解铝，可列入火法冶金。

有色冶金过程的任务，在于研究和确定各种有色冶金过程所遵循的具有普遍意义的内在规律，从而为发展新工艺和改造老工艺以及为有预见性地控制现有生产提供理论依据。

有色冶金过程，基本上可归结为回答三个问题。

第一，过程的进行在原则上是否可能，属于冶金热力学范畴，采用吉布斯自由能变化 ΔG 来判断。利用等温方程：

$$\Delta G = \Delta G^{\ominus} + RT\ln J$$

当 $\Delta G>0$，反应不能发生；当 $\Delta G<0$，反应可以发生；当 $\Delta G=0$，反应达平衡。

若反应过程处于热力学标准态，气相分压为 1 atm(1 atm = 101325 Pa)，凝聚相的活度为 1，则上式中 $J=1$，故 $\Delta G=\Delta G^{\ominus}$，即在标准态下，可以用 $\Delta G^{\ominus}$ 的正负来判断反应的可行性。

若反应过程处于热力学非标准态，则上式中 $J\neq 1$，判断反应能否发生，就需要根据已知条件，将气相分压和凝聚相活度代入等温方程中，依据计算得到的 ΔG 正负来判断反应的可行性。

第二，过程何时停止进行或达到平衡，属于冶金热力学范畴，计算反应的平衡常数 K，依据 K 的大小来分析反应进行的程度。

对于反应：

$$a\mathrm{A} + b\mathrm{B} = c\mathrm{C} + d\mathrm{D}$$

$$K = \frac{a_{\mathrm{C}}^{c} \cdot a_{\mathrm{D}}^{d}}{a_{\mathrm{A}}^{a} \cdot a_{\mathrm{B}}^{b}}$$

$$\Delta G = \Delta G^{\ominus} + RT\ln J$$

当反应达平衡时，$\Delta G=0$，则此时 $K=J$

$$\Delta G^{\ominus} + RT\ln K = 0$$

而 $$\Delta G^{\ominus} = A + BT$$

故 $$-RT\ln K = A + BT$$

从而计算得到 K，来判断反应进行的程度。

第三，过程以什么速度进行，属于冶金动力学范畴。解决这个问题有两种方法。

（1）研究和确定已知级数（如一级、二级或分数级等）的各种反应的速度方程，从而据此对一定的转变程度，计算过程持续的时间。如未反应核模型，可得到反应物半径随反应时间变化的关系曲线，$1-(1-r)^{\frac{1}{3}}=K\tau$。

（2）揭示过程的机理，确定决定总速度的最缓慢的反应阶段，并在对机理有具体概念的基础上推导速度方程。

显然，第二种方法难度较大，然而它可以深入揭示所发生转变的实质，从而有可能对控制各具体过程提出更为合理的途径。

4.1 硫化矿的火法冶金

大多数有色金属矿物都是以硫化物形态存在于自然界中。例如铜、铅、锌、镍、钴、汞、钼等金属多为硫化物。此外稀散金属如锗、铟、镓、铊等常与铅锌硫化物共生，铂族金属又常与镍钴共生。因此一般的硫化矿都是多金属复合矿，具有综合利用的价值。

硫化矿的处理较氧化矿复杂，如氧化矿可通过还原或者金属间的置换反应得到金属，而硫化矿的处理多了一个过程，一般进行焙烧。主要原因是硫化物不能直接用碳把金属还原出来。硫化矿的焙烧分为氧化焙烧和硫酸化焙烧，通过焙烧，将硫化物转化为氧化物或者硫酸盐，再进一步从氧化物或者硫酸盐中提取金属。焙烧过程是高温化学转型过程。

（1）硫化精矿的特点有：细度细，0.1 mm 以下；表面活性大；S 的质量分数在 15%~30%之间。

（2）硫化矿处理需要考虑的问题为：硫的发热量大，提高硫的回收率，减少环境污染。

（3）硫化矿处理的主要反应类型如下：

1）硫化物氧化焙烧，使 MeS 转变为 MeO。反应为：

$$2MeS + 3O_2 = 2MeO + 2SO_2$$

2）硫化物直接被氧化生成金属。这类金属对硫和氧的亲和力都比较小，即其硫化物容易离解，而硫又容易被氧所氧化，同时金属被还原，如辰砂。反应为：

$$MeS + O_2 = Me + SO_2$$

3）锍的吹炼反应：$MeS + Me'O = MeO + Me'S$。

锍的吹炼：第一周期，吹炼除铁。

$$Cu_2O + FeS = Cu_2S + FeO$$

实际上在有 FeS 存在时，Cu_2S 就不会被氧化，原因：Fe 对氧的亲和力大于 Cu 对氧的亲和力（或者 S 对 Cu 的亲和力大），因此可以使 FeS 全部转化为 FeO，FeO 与 SiO_2 选渣而除去，从而剩余 Cu_2S。

4）锍的吹炼反应：$MeS + 2MeO = 3Me + SO_2$。

锍的吹炼：第二周期，Cu_2S 吹炼为粗铜。

$$Cu_2S + 2Cu_2O \longrightarrow 6Cu + SO_2$$

当 FeS 几乎全部被氧化完后，Cu_2S 会被氧化为 Cu_2O，从而与 Cu_2S 发生反应生成 Cu，发生交换反应，使金属被还原。

5）硫化反应：MeS + Me′ ═ Me′S + Me。

①金属的硫化精炼，如铅的加硫除铜精炼。

$$PbS + 2[Cu] \longrightarrow Cu_2S + [Pb]$$

②硫化矿的置换（硫化精炼），如 Sb_2S_3 或 PbS 与铁的反应。

6）硫酸化焙烧的基本反应：$MeS + 2O_2 = MeSO_4$。

4.1.1 硫化物焙烧过程热力学及动力学

4.1.1.1 硫化物焙烧过程热力学

A 硫化物的热离解

金属氧化物的离解-生成反应的热力学规律适合于金属硫化物的离解-生成反应。

在高温火法冶金中，高价硫化物在中性气氛中发生离解反应，实际参加反应的是低价硫化物。

$$2MeS \longrightarrow Me_2S + \frac{1}{2}S_2$$

如 Fe、Cu、Ni、As、Sb 硫化物在中性气氛中离解为低价硫化物。

离解出的硫是气态，有 S_8、S_6、S_2 和 S，在高温火法冶金中，在温度为 1000~1500 K 时，硫以双原子 S_2 存在。

B 氧位和硫位

在冶金过程中，常用氧位和硫位作为评价金属氧化物和硫化物稳定性大小的标志，现从化学位的概念出发，对氧位和硫位加以讨论。

二价金属和氧气的反应通式如下：

$$2Me + O_2 \longrightarrow 2MeO$$

（1）当体系达平衡时，体系气相中氧组分的化学位 $\mu_{O_2(g)}$：

$$\mu_{O_2(g)} = \mu^{\ominus}_{O_2(g)} + RT\ln p_{O_2}/p^{\ominus}$$

式中 $\mu_{O_2(g)}$——混合气体中平衡氧分压为 p_{O_2} 时的化学位；

$\mu^{\ominus}_{O_2(g)}$——混合气体中 $p_{O_2} = 1\times10^5$ Pa 时的化学位；

p_{O_2}——平衡氧分压。

（2）凝聚相中氧组分的化学位，当体系达平衡时，各相中氧组分化学位相等。即平衡时，体系凝聚相中氧的化学位可用气相中氧的分压表示：

$$\mu_{O_2(g)} = \mu_{O_2(s,l)} = \mu^{\ominus}_{O_2(g)} + RT\ln p_{O_2}/p^{\ominus}$$

上式移项，得：

$$\mu_{O_2(g)} - \mu^{\ominus}_{O_2(g)} = RT\ln p_{O_2}/p^{\ominus}$$

式中，左侧的 $\mu_{O_2(g)} - \mu^{\ominus}_{O_2(g)}$ 之差值，称为氧位，它所表示的意义就是实际体系中氧的化学位与标准状态氧的化学位之差。从而得到：

$$\pi_O = RT\ln p_{O_2}/p^{\ominus}$$

对于二价金属和氧气反应生成金属氧化物的标准生成吉布斯自由能 $\Delta G^{\ominus}_{生}$ 和其分解反应的 $\Delta G^{\ominus}_{分}$ 存在互为相反数的关系，即 $\Delta G^{\ominus}_{生} = -\Delta G^{\ominus}_{分}$。

而：
$$\Delta G_{生} = \Delta G^{\ominus}_{生} + RT\ln\frac{1}{p_{O_2}/p^{\ominus}}$$

在标准状态下：
$$\Delta G^{\ominus}_{生} = RT\ln p_{O_2}/p^{\ominus}$$

所以：
$$\pi_O = RT\ln p_{O_2}/p^{\ominus} = \Delta G^{\ominus}_{生} = -\Delta G^{\ominus}_{分}$$

同理，对于二价金属和硫反应的通式：

$$2Me + S_2 \xlongequal{\quad} 2MeS$$

$$\pi_S = RT\ln p_{S_2}/p^{\ominus} = \Delta G^{\ominus}_{生} = -\Delta G^{\ominus}_{分}$$

硫位 π_S（氧位 π_O）越高，$\Delta G^{\ominus}_{生}$ 越正，MeS(MeO) 越不稳定（易离解，不易生成），$\Delta G^{\ominus}_{分}$ 越负，离解反应越容易进行。硫位 π_S（氧位 π_O）越低，MeS(MeO) 越稳定，$\Delta G^{\ominus}_{分}$ 越正，离解反应越不容易进行。

C 金属硫化物的离解-生成反应

a 离解-生成反应的热力学

二价金属硫化物的离解-生成反应可以用以下通式表示：

$$2MeS \rightleftharpoons 2Me + S_2$$

硫化物的离解压是指在一定温度下，硫化物离解-生成反应达平衡时，S_2 的平衡分压 p_{S_2}，称为硫化物的离解压。

对于离解反应，此过程为吸热反应，Me 和 MeS 各为独立的凝聚相时，则离解压 p_{S_2} 与反应的平衡常数 K 及吉布斯自由能 $\Delta G^{\ominus}_{分}$ 的关系式为：

$$K = p_{S_2}/p^{\ominus}$$

$$\Delta G^{\ominus}_{分} = RT\ln K = -RT\ln p_{S_2}/p^{\ominus} = -\pi_S$$

升高温度，平衡常数 K 增大，离解压 p_{S_2} 增大，硫位增大，吉布斯自由能 $\Delta G^{\ominus}_{分}$ 减小，MeS 更易分解，稳定性降低。p_{S_2} 随温度升高而增大，p_{S_2} 越大，硫位越大，硫化物 MeS 越不稳定。

对于生成反应，此过程为放热反应，Me 和 MeS 各为独立的凝聚相时，则离解压 p_{S_2} 与反应的平衡常数 K' 及吉布斯自由能 $\Delta G^{\ominus}_{生}$ 的关系式为：

$$K' = \frac{1}{p_{S_2}/p^{\ominus}}$$

$$\Delta G^{\ominus}_{生} = RT\ln K' = RT\ln p_{S_2}/p^{\ominus} = \pi_S$$

升高温度，平衡常数 K' 降低，离解压 p_{S_2} 增大，硫位增大，吉布斯自由能 $\Delta G^{\ominus}_{生}$ 增大，不利于 MeS 的生成，即 MeS 越不稳定。

综上所述，对于硫化物离解-生成反应，升高温度，离解压 p_{S_2} 增大，硫位增大，硫化物的稳定性下降。但对于离解反应的吉布斯自由能 $\Delta G^{\ominus}_{分}$、生成反应的吉布斯自由能 $\Delta G^{\ominus}_{生}$ 及反应的平衡常数 K、K' 随温度的变化并不一致。

b 离解压求解

（1）在高温下，高价硫化物分解为低价硫化物离解压较大，容易直接测量。

（2）在高温下，低价硫化物离解压一般都小，难以直接测定，常用定组分气流法测定和计算。采用 H_2-H_2S 混合气体流过 MeS，当反应达平衡时，根据测定的 H_2S、S_2、H_2 的平衡分压可求出相应的平衡常数，进而求出低价硫化物的离解压。

气体间平衡反应如下：

$$2H_2S \xlongequal{} 2H_2 + S_2 \qquad ① \qquad K_1$$

$$Me + H_2S \xlongequal{} MeS + H_2 \qquad ② \qquad K_2$$

由反应①-2×反应②可得：

$$2MeS \xlongequal{} 2Me + S_2 \qquad ③ \qquad K_3$$

$$\Delta G_3^{\ominus} = \Delta G_1^{\ominus} - 2\Delta G_2^{\ominus}$$

$$-RT\ln K_3 = -RT\ln K_1 + 2RT\ln K_2$$

$$K_3 = \frac{K_1}{K_2^2} = p_{S_2}/p^{\ominus}$$

K_1、K_2 可由 $\Delta G^{\ominus}$-T 及 $\Delta G^{\ominus} = -RT\ln K$ 关系求出。

在 $\Delta G^{\ominus}$-T 图中，直线位置越低，p_{S_2} 越小，$\Delta G^{\ominus}_{生}$ 越小，硫位越低，越稳定。各种金属硫化物在不同温度下的离解压 p_{S_2} 和吉布斯自由能 $\Delta G^{\ominus}$-T 的关系如图 4-1-1 和图 4-1-2 所示。

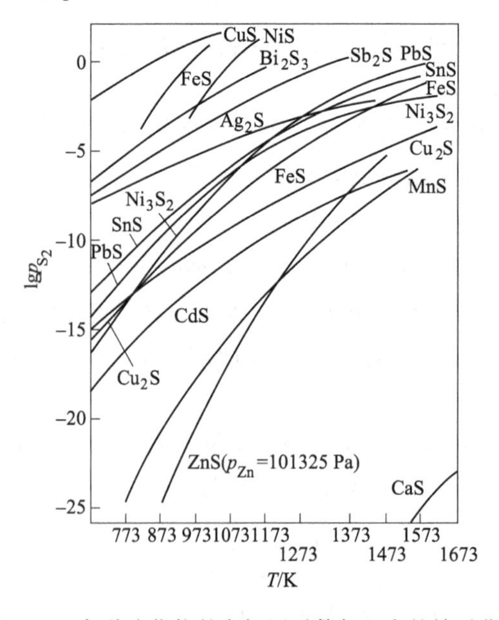

图 4-1-1 各种硫化物的离解压对数与温度的关系曲线

D 硫化物氧化焙烧过程热力学

硫化物的焙烧，实质上就是硫化物的氧化过程。所用的氧化剂是空气或富氧空气，主要焙烧产物是固相 MeO 或 $MeSO_4$，气相 SO_2、SO_3、O_2，分为氧化焙烧和硫酸化焙烧两种，都是气相与固相的反应过程。氧化焙烧就是使精矿中的硫全部脱除，变为氧化物的过程。

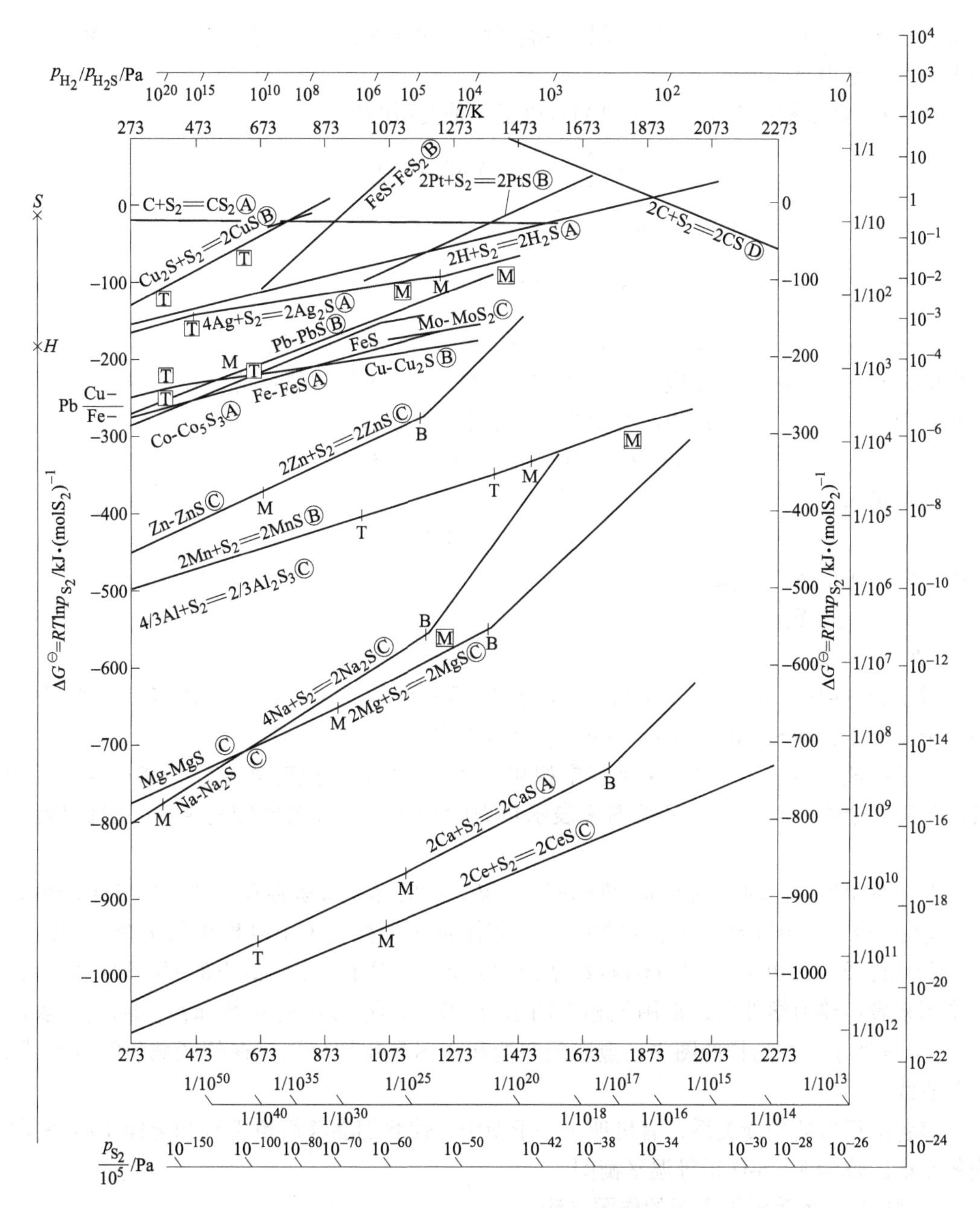

图 4-1-2 各种硫化物的 $\Delta G^{\ominus}$-T 关系图

准确度符号：Ⓐ±4 kJ；Ⓑ±12 kJ；Ⓒ±42 kJ；Ⓓ>42 kJ

相态变化符号：相变点 T；熔点 M；沸点 B

（图中不加方框的为元素，加方框的为氧化物）

如硫化锌的焙烧，使 ZnS 全部转变为 ZnO；硫酸化焙烧就是使精矿中的硫转变为溶于水或稀硫酸溶液的硫酸盐，如采用湿法冶金提取铜时，为了使 CuS 转变为易溶的 $CuSO_4$，则进行硫酸化焙烧。

焙烧过程气相的组成尤为重要，在精确确定用于进行氧化焙烧或硫酸化焙烧的生产操作条件之前，必须知道在一定的金属-硫-氧系统中的气固相平衡条件，因此研究 Me-S-O 系的平衡关系是很有必要的。

在 Me-S-O 多相体系中，最重要的有以下 3 种类型的反应：

$$MeS + \frac{3}{2}O_2 = MeO + SO_2 \qquad (1)$$

$$2MeO + 2SO_2 + O_2 = 2MeSO_4 \qquad (2)$$

$$SO_2 + \frac{1}{2}O_2 = SO_3 \qquad (3)$$

对所有 MeS 而言，在实际的焙烧温度（773~1273 K）下，反应（1）是不可逆的，并且反应时放出大量的热。反应（2）和反应（3）是可逆的放热反应，在低温下有利于反应向右进行。此外，还有铁酸盐型化合物的生成。

$$MeO + Fe_2O_3 = MeO \cdot Fe_2O_3 \qquad (4)$$

根据相律：

$$f = m - \Phi + 2 \qquad (4\text{-}1\text{-}1)$$

式中 f——自由度（变量）；

m——元素数；

Φ——相数。

对于 Me-S-O 三元系中，$m=3$，$f=m-\Phi+2=3-\Phi+2=5-\Phi$，体系中最多有 5 个相平衡即 4 个凝聚相：MeS、Me、MeO、$MeSO_4$，1 个气相 SO_2、SO_3、O_2。

如果在该体系中，至少有 1 个凝聚相和 1 个气相平衡，此时 $\Phi=2$，$f=5-2=3$，说明可以采用 2 个组分和温度的三维图来表示热力学性质，三维图比较复杂，一般保持温度不变。

若体系温度一定时，则 $f=m-\Phi+2-1=4-\Phi$，此时体系最多存在 4 相，即 3 个凝聚相，1 个气相，$\Phi=4$，则 $f=0$，即特定的一点；若体系至少存在 1 个凝聚相和 1 个气相，$\Phi=2$，则 $f=2$，即 $2\leqslant\Phi\leqslant4$，则 $0\leqslant f\leqslant2$，f 最大为 2，故对于一个恒温下的 Me-S-O 系，可用二维图来表示热力学性质，常用气相中两组分 SO_2 和 O_2 分压的对数 $\lg p_{SO_2}$-$\lg p_{O_2}$ 来表示，如图 4-1-3 所示。在这样的图中，金属硫酸盐和金属氧化物分别存在的区域间的分界线是一条直线。

将各级反应的平衡关系，有机地统一于图中，使我们能够简单直观和全面了解各类反应的平衡图称为 Me-S-O 系等温平衡图。

a　Me-S-O 系等温平衡图的作图方法

（1）确定体系可能发生的各类有效反应并列出反应的平衡方程式；

（2）由方程 $\Delta G^{\ominus}=A+BT$ 算出作图所用的热力学数据 $\Delta G^{\ominus}$，进而根据 $\Delta G^{\ominus}=-RT\ln K$ 计算得到一定温度下的平衡常数 K；

（3）根据平衡常数 K 的表达式，求出各个反应在一定温度下的 $\lg p_{O_2}$、$\lg p_{S_2}$、$\lg p_{SO_2}$、$\lg p_{SO_3}$之间的关系式，即直线方程；

（4）把各个反应计算得到的直线方程表示在以 $\lg p_{SO_2}$为纵坐标和 $\lg p_{O_2}$为横坐标的图上，便得到如图 4-1-3 所示的 Me-S-O 系等温平衡图。

Me-S-O 系中可能存在的反应及平衡关系式如表 4-1-1 所示。

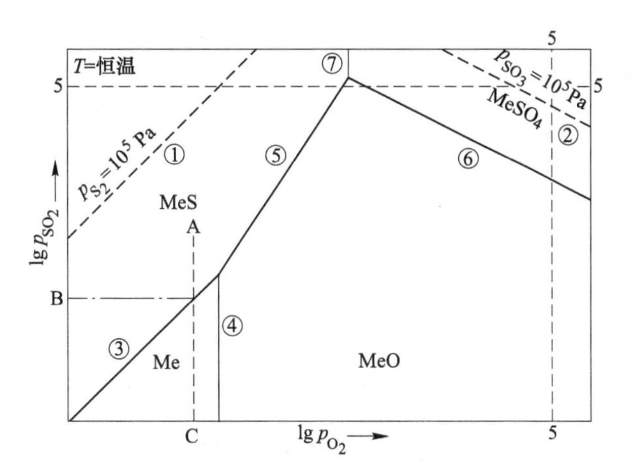

图 4-1-3 Me-S-O 系等温平衡图

表 4-1-1 Me-S-O 系中反应方程式及平衡关系式

编号	反应方程式	平衡关系式（线性方程）	直线斜率
①	$S_2 + 2O_2 \xlongequal{} 2SO_2$	$\lg p_{SO_2} = \lg p_{O_2} + \frac{1}{2}\lg K_1 + \frac{1}{2}\lg p_{S_2} - \frac{1}{2}\lg p^{\ominus}$	1
②	$2SO_2 + O_2 \xlongequal{} 2SO_3$	$\lg p_{SO_2} = -\frac{1}{2}\lg p_{O_2} - \frac{1}{2}\lg K_2 + \lg p_{SO_3} + \frac{1}{2}\lg p^{\ominus}$	$-\frac{1}{2}$
③	$Me + SO_2 \xlongequal{} MeS + O_2$	$\lg p_{SO_2} = \lg p_{O_2} - \lg K_3$	1
④	$2Me + O_2 \xlongequal{} 2MeO$	$\lg p_{O_2} = -\lg K_4 + \lg p^{\ominus}$	
⑤	$2MeS + 3O_2 \xlongequal{} 2MeO + 2SO_2$	$\lg p_{SO_2} = \frac{3}{2}\lg p_{O_2} + \frac{1}{2}\lg K_5 + \lg p^{\ominus}$	$\frac{3}{2}$
⑥	$2MeO + 2SO_2 + O_2 \xlongequal{} 2MeSO_4$	$\lg p_{SO_2} = -\frac{1}{2}\lg p_{O_2} - \frac{1}{2}\lg K_6 + \lg p^{\ominus}$	$-\frac{1}{2}$
⑦	$MeS + 2O_2 \xlongequal{} MeSO_4$	$\lg p_{O_2} = -\frac{1}{2}\lg K_7 + \lg p^{\ominus}$	

b 平衡关系式（线性方程）的求解方法

Me-S-O 系中一般存在的反应有 7 个，其反应方程式如表 4-1-1 所示，各反应中，在线性方程求解时，凝固相活度均为 1，反应①、②中 p_{S_2}、p_{SO_3} 均为 1×10^5 Pa，直线斜率根据相应反应的化学计量（系数）关系确定，并存在以下关系。

$$斜率 = \frac{O_2\ 系数(计量数)}{SO_2\ 系数(计量数)}$$

O_2 和 SO_2 同侧斜率为负，异侧斜率为正。

以反应②为例来说明线性方程的求解方法：

反应②：

$$2SO_2 + O_2 \longrightarrow 2SO_3$$

反应的平衡常数 K_2：

$$K_2 = \frac{(p_{SO_3}/p^\ominus)^2}{(p_{SO_2}/p^\ominus)^2 \cdot (p_{O_2}/p^\ominus)} = \frac{p_{SO_3}^2 \cdot p^\ominus}{p_{SO_2}^2 \cdot p_{O_2}}$$

当反应达平衡时：

$$\Delta G^\ominus = RT\ln K_2 = -RT\ln\frac{p_{SO_3}^2 \cdot p^\ominus}{p_{SO_2}^2 \cdot p_{O_2}}$$

所以：

$$\lg K_2 = 2\lg p_{SO_3} + \lg p^\ominus - 2\lg p_{SO_2} - \lg p_{O_2}$$

$$\lg p_{SO_2} = -\frac{1}{2}\lg p_{O_2} - \frac{1}{2}\lg K_2 + \lg p_{SO_3} + \frac{1}{2}\lg p^\ominus$$

【例 4-1】 求反应$\frac{3}{2}O_2+Cu_2O+2SO_2 = 2CuSO_4$ 在 1000 K 时的标准吉布斯自由能变化 $\Delta G^\ominus_{1000}$以及 $\lg K$ 值（K 为反应平衡常数），推导 $\lg p_{O_2}$-$\lg p_{SO_2}$的关系式。

已知：$\frac{7}{2}O_2 + S_2 + Cu_2O \longrightarrow 2CuSO_4$　　$\Delta G^\ominus = -1361892 + 16.40T\lg T + 616.4T$　J/mol

$S_2 + 2O_2 \longrightarrow 2SO_2$　　$\Delta G^\ominus = -724836 + 144.8T$　J/mol

解：(1) $\frac{7}{2}O_2 + S_2 + Cu_2O \longrightarrow 2CuSO_4$　　$\Delta G^\ominus = -1361892 + 16.40T\lg T + 616.4T$　J/mol

(2)　$S_2 + 2O_2 \longrightarrow 2SO_2$　　$\Delta G^\ominus = -724836 + 144.8T$　J/mol

(1)-(2)：

$$\frac{3}{2}O_2 + Cu_2O + 2SO_2 \longrightarrow 2CuSO_4 \quad \Delta G^\ominus = -637056 + 471.6T + 16.40T\lg T$$

$$\Delta G^\ominus_{1000} = -637056 + 471.6 \times 1000 + 16.40 \times 1000 \times \lg 1000 = -116256 \quad J/mol$$

而　　$\Delta G^\ominus = -RT\ln K$

$$\lg K = \frac{-\Delta G^\ominus}{2.303RT} = \frac{116256}{2.303 \times 8.314 \times 1000} = 6.07$$

$$\lg K = \lg\frac{1}{(p_{O_2}/p^\ominus)^{3/2} \cdot (p_{SO_2}/p^\ominus)^2}$$

$$\lg K = -\frac{3}{2}\lg p_{O_2} - 2\lg p_{SO_2} + \frac{7}{2}\lg p^\ominus$$

$$\lg p_{O_2} = 7.62 - \frac{4}{3}\lg p_{SO_2}$$

c　Me-S-O 系等温平衡图特点

垂直于 $\lg p_{O_2}$轴的直线：即只随 $\lg p_{O_2}$变化而与 $\lg p_{SO_2}$无关。如反应④和⑦。

斜直线：即与 $\lg p_{O_2}$和 $\lg p_{SO_2}$的变化都有关系。

反应①和②在恒温下，K_1 和 K_2 均为定值，$\lg p_{SO_2}$-$\lg p_{O_2}$的关系曲线与 p_{S_2}和 p_{SO_3}有关，当 $p_{S_2}(p_{SO_3}) > 1 \times 10^5$ Pa 时，直线的截距增大，直线向上移动；反之，向下移动，而各反

应的直线斜率是固定的，只与 O_2 和 SO_2 的系数有关。对于反应②而言，增大 p_{SO_3} 使直线向上移动，使 $MeSO_4$ 的稳定区扩大。

d Me-S-O 等温平衡图作用

（1）指定条件下可以判断热力学稳定相。直线为二凝聚相平衡线，$f=1(f=m-\Phi+2-1=4-\Phi$，即 2 个凝聚相，1 个气相存在，$\Phi=3)$，p_{O_2} 固定，则另一个是 p_{SO_2} 固定；在直线之间（面）是一个凝聚相稳定存在区，$f=2(f=4-\Phi$，即 1 个凝聚相，1 个气相，$\Phi=2)$；三线交点，$f=0$，是 3 个凝聚相稳定存在区（$f=\Phi-4$，即 3 个凝聚相，1 个气相，$\Phi=4$）。

判断各区域稳定相存在的方法，如图 4-1-3 所示，在一定温度下，对于反应③ $Me+SO_2 = MeS+O_2$ 来说，当反应达平衡时，$\lg p_{O_2}=C$，$\lg p_{SO_2}=B$，此时，MeS 和 Me 平衡共存，若增大 p_{SO_2}，使 $\lg p_{SO_2}$ 值由 B 增大到 A，由方程式③可知，③反应向右移动，则直线上方（A）区域为 MeS 稳定存在区，直线下方区域为 Me 稳定存在区。

（2）说明焙烧过程中物质转化的热力学途径。图 4-1-4 所示为 Cu-S-O 系等温平衡图，由图 4-1-4 可知，采用空气进行焙烧时，在 $p_{SO_2}=10^4 \sim 2\times10^4$ Pa 时，焙烧顺序为：

$Cu_2S \rightarrow Cu \rightarrow Cu_2O \rightarrow CuO \rightarrow CuO\cdot CuSO_4 \rightarrow CuSO_4$，而 Cu_2S 不能直接氧化为 CuO。

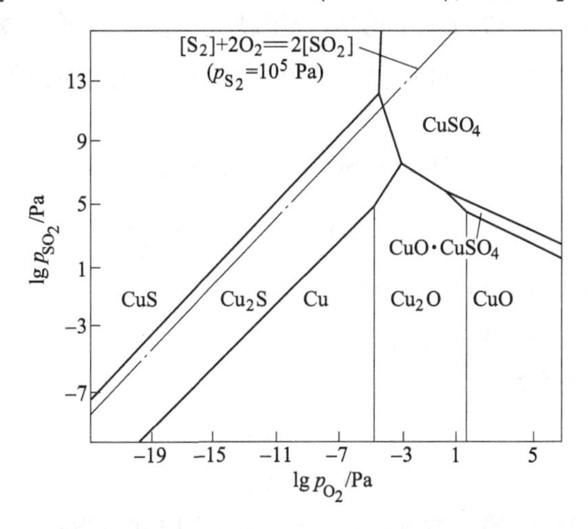

图 4-1-4 为 Cu-S-O 系等温平衡图

（3）可以得到新工艺的概念。在图 4-1-4 中，在 $p_{SO_2}=10^4$ Pa 下，在高压设备中 Cu_2S 直接硫化得到 $CuSO_4$ 是可能的，而准确控制硫位和氧化，在一次焙烧中直接得到金属 Cu 也是可能的。

e Me-S-O 系非等温平衡图

Me-S-O 系等温平衡图不能反映温度的变化对焙烧过程的影响，而温度往往又是决定性因素，为了说明温度的影响，就必须作出各温度下的平衡图，这样应用起来很不方便。

现行焙烧及熔炼过程中，SO_2 或 SO_3 分压变化不大，因此可以固定 p_{SO_2}，作 Me-S-O 系的 $\lg p_{O_2}$-$\frac{1}{T}$ 或 $\lg p_{SO_3}$-$\frac{1}{T}$ 图，即 Me-S-O 系非等温平衡图，如图 4-1-5 所示。由图 4-1-5 可知，降低温度，金属硫酸盐稳定存在区域扩大，即有利于 $MeSO_4$ 生成。

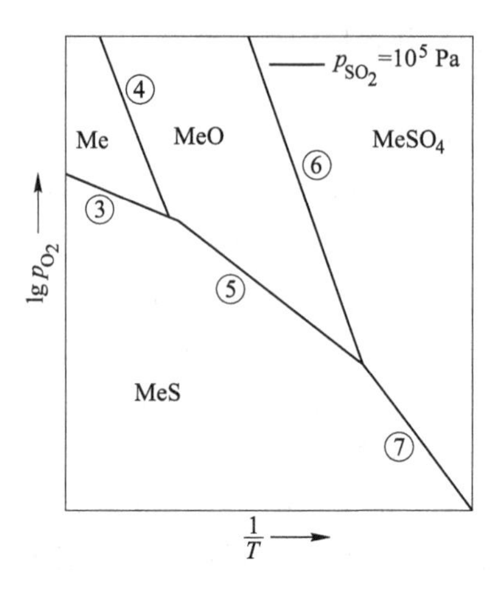

图 4-1-5 Me-S-O 系非等温平衡图

E 硫化物硫酸化焙烧过程热力学

由图 4-1-3 和图 4-1-5 可知，p_{SO_3} 的实际分压越大、温度越低，越有利于金属硫酸盐生成，即越有利于 $MeSO_4$ 稳定存在区域扩大。其生成-离解反应的条件，取决于体系中如下反应：

$$MeO + SO_3 \xlongequal{} MeSO_4 \tag{5}$$

$$SO_3 \xlongequal{} SO_2 + \frac{1}{2}O_2 \tag{6}$$

判断 $MeSO_4$ 是否稳定存在的方法如下：

首先，计算 $MeSO_4$ 的离解压 p'_{SO_3}：

反应式（5）的平衡常数：

$$K' = \frac{a_{MeSO_4}}{a_{MeO} \cdot p'_{SO_3}/p^{\ominus}}$$

MeO 和 $MeSO_4$ 都是纯物质，故 $a_{MeSO_4} = a_{MeO} = 1$，由此可得：

$$p'_{SO_3} = \frac{p^{\ominus}}{K'}$$

从而可见，各种 $MeSO_4$ 的离解压 p'_{SO_3} 是温度的函数，温度一定，离解压即为定值。

其次，计算反应式（6）的平衡分压 p_{SO_3}（视为炉气的实际分压 $p_{SO_3(炉气)}$）。

对于反应式（6）：

$$\Delta G^{\ominus} = 94556 - 89.3T \quad \text{J/mol}$$

$$K = \frac{p_{SO_2}/p^{\ominus} \cdot (p_{O_2}/p^{\ominus})^{1/2}}{p_{SO_3}/p^{\ominus}} = \frac{p_{SO_2} \cdot p_{O_2}^{1/2}}{p_{SO_3} \cdot p^{\ominus 1/2}} = p_{SO_3(炉气)}$$

$$p_{SO_3} = \frac{p_{SO_2} \cdot p_{O_2}^{1/2}}{K \cdot p^{\ominus 1/2}} = p_{SO_3(炉气)}$$

再次，比较 p'_{SO_3} 和 $p_{SO_3(炉气)}$：

若 $p_{SO_3(炉气)} \geqslant p'_{SO_3}$，则生成 $MeSO_4$，$MeSO_4$ 能稳定存在；反之则不稳定，$MeSO_4$ 离解。

使 $MeSO_4$ 能稳定存在，即使 $p_{SO_3(炉气)} \geqslant p'_{SO_3}$ 的热力学途径：

（1）温度不变，$MeSO_4$ 的离解压 p'_{SO_3} 不变，增大炉气中 SO_3 的实际分压，即 $p_{SO_3(炉气)}$ 增大；

（2）炉气中 SO_3 的实际分压 $p_{SO_3(炉气)}$ 不变，降低温度，降低 $MeSO_4$ 离解压 p'_{SO_3}；

（3）增大炉气中 SO_3 的实际分压 $p_{SO_3(炉气)}$、降低 $MeSO_4$ 离解压 p'_{SO_3}。

所以，低温、增大炉气中 $p_{SO_3(炉气)}$，有利于 $MeSO_4$ 稳定存在。

【例 4-2】 拟定于 1100 K 进行焙烧作业，炉气中 $\varphi(SO_2) = 12\%$ 和 $\varphi(O_2) = 4\%$ 总压为 10^5 Pa 的条件下，判断硫酸铅是否为稳定相。

解：（1）计算硫酸铅的离解压 p'_{SO_3}

$$2PbSO_4 = PbO \cdot PbSO_4 + SO_3$$

$$\Delta G^{\ominus}_{1100} = 96658 \text{ J}$$

$$K' = \frac{p'_{SO_3}}{p^{\ominus}}$$

$$p'_{SO_3} = K' \cdot p^{\ominus}$$

$$\lg p'_{SO_3} = \lg K' + \lg p^{\ominus} = \frac{\Delta G^{\ominus}}{-2.303RT} + \lg p^{\ominus} = \frac{96658}{-2.303 \times 8.314 \times 1100} + \lg 10^5 = 0.41$$

$$p'_{SO_3} = 2.57 \text{ Pa}$$

（2）计算炉气中 SO_3 的实际分压 $p_{SO_3(炉气)}$：

$$SO_3 = SO_2 + \frac{1}{2}O_2$$

$$\Delta G^{\ominus} = 94556 - 89.3T \quad \text{J/mol}$$

$$p_{SO_3} = \frac{p_{SO_2} \cdot p_{O_2}^{1/2}}{K \cdot p^{\ominus 1/2}} = p_{SO_3(炉气)}$$

$$\lg K = \frac{\Delta G^{\ominus}_{1100}}{-2.303RT} = \frac{94558 - 89.37 \times 1100}{-8.314 \times 2.303 \times 1100} = 0.18$$

$$K = 1.51$$

$$p_{SO_3} = p_{SO_3(炉气)} = \frac{p_{SO_2} \cdot p_{O_2}^{1/2}}{K \cdot p^{\ominus 1/2}} = \frac{\left(\frac{\varphi(SO_2)_{\%}}{100} \cdot p\right) \cdot \left(\frac{\varphi(O_2)_{\%}}{100} \cdot p\right)^{1/2}}{K \cdot p^{\ominus 1/2}}$$

$$p_{SO_3(炉气)} = \frac{\left(\frac{12}{100} \times 10^5\right) \times \left(\frac{4}{100} \times 10^5\right)^{1/2}}{1.51 \times (10^5)^{1/2}} = \frac{0.12 \times 0.2 \times 10^5}{1.51} = \frac{2400}{1.51} = 1589 \text{ Pa}$$

（3）比较 $p_{SO_3(炉气)}$ 和 p'_{SO_3}：

因为 $p_{SO_3(炉气)} > p'_{SO_3}$，因此 $PbSO_4$ 为热力学稳定相。

F 焙烧过程中的气相组成

a S-O 系

硫化物焙烧时，在气相的化学组分中，至少有 5 种气体存在，即 S_2、O_2、SO、SO_2、

SO_3。而所作的 $\lg p_{SO_2}$-$\lg p_{O_2}$ 图，都是以体系中各种化学反应达到平衡时的热力学计算为基础绘制而成的，它表示在一定的温度下，金属及其化合物在 S-O 系气氛下稳定存在的热力学条件。因此为了确定热力学条件下的最终产物，必须考虑这 5 种气体组分在给定条件下的平衡关系。

在 S-O 系中，有以下的生成反应：

$$S_2 + O_2 \longrightarrow 2SO$$

$$S_2 + 3O_2 \longrightarrow 2SO_3$$

$$S_2 + 2O_2 \longrightarrow 2SO_2$$

该体系的独立组分数是 2，焙烧平衡气相可选用上述 5 个组分中的任意 2 个来表示，一般选用 SO_2 和 SO_3 为独立组分。

S-O 系中各组分的稳定性关系可由吉布斯自由能图来判断，如图 4-1-6 所示。

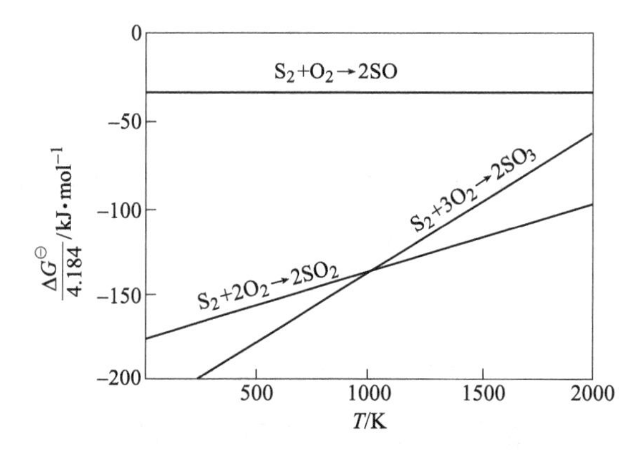

图 4-1-6　S-O 系吉布斯自由能图

从图 4-1-6 可知，SO 是较不稳定的次要成分，在一般的焙烧条件下，可以不考虑。生成 SO_2 和 SO_3 的两个反应式所表示的两条直线相交的交点温度为 1070 K，这表明低于交点温度，SO_3 比 SO_2 更稳定，高于交点温度，则 SO_2 比 SO_3 更稳定。

b　焙烧过程炉气平衡成分计算

对焙烧反应平衡条件的讨论，可确定出在一定的温度及一定的气相组成下，获得一定的焙烧产物。现以 Cu-Ni 硫化精矿的硫酸化焙烧为例说明焙烧过程炉气平衡成分的计算方法。

【例 4-3】 已知 Cu-Ni 硫化精矿的成分组成，如表 4-1-2 所示，若焙烧采用的空气量为 m(mol)，空气中 $\varphi(O_2) = 20.7\%$，焙烧后凝聚相为 $CuSO_4$、$NiSO_4$、Fe_2SO_4，气相组成为 SO_2、SO_3、N_2、O_2 和 H_2O，计算平衡时，气相 $n(SO_2)$、$n(SO_3)$、$n(O_2)$、n_T 含量。

表 4-1-2　Cu-Ni 硫化精矿成分表

元素	Cu	Ni	Fe	S	H_2O
质量分数/%	10	5	35	35	15
物质的量/mol	1.57	0.85	6.27	10.92	8.33

解：以 1 kg 硫化精矿量进行计算

（1）反应前后物料中 S、O 的平衡：

S 的平衡：

$$10.92 = n(SO_2) + n(SO_3) + 1.57 + 0.85 \tag{4-1-2}$$

O 的平衡（H_2O 不参与反应）：

$$2 \times 0.207m = 2n(SO_2) + 3n(SO_3) + 2n(O_2) + 4 \times 1.57 + 4 \times 0.85 + 1.5 \times 6.27 \tag{4-1-3}$$

（2）在 1 atm 下进行焙烧，反应 $SO_2 + \frac{1}{2}O_2 = SO_3$ 的平衡常数为：

$$K = \frac{p_{SO_3}/p^{\ominus}}{p_{SO_2}/p^{\ominus} \cdot (p_{O_2}/p^{\ominus})^{1/2}} = \frac{n(SO_3)/n_T}{n(SO_2)/n_T \cdot (n(O_2)/n_T)^{1/2}}$$

$$K = \frac{n(SO_3) \cdot n_T^{1/2}}{n(SO_2) \cdot n(O_2)^{1/2}} \tag{4-1-4}$$

（3）气体产物总摩尔数 n_T 为：

$$n_T = n(SO_2) + n(SO_3) + n(O_2) + 0.793m + 8.33\ \text{mol} \tag{4-1-5}$$

联解方程式（4-1-2）~式（4-1-5），在给定空气量 m 和温度的条件下，即可计算得到 $n(SO_2)$、$n(SO_3)$、$n(O_2)$ 和 n_T 的数值。

根据计算结果，便可分别作出改变空气物质的量的焙烧气体平衡组成图及温度变化时对焙烧平衡气体影响的关系图。从而为寻找最佳工艺条件的范围和获得满意焙烧产物的可能性提供了数据，但要实现这种可能性，还必须研究过程的动力学。

4.1.1.2 硫化物焙烧过程动力学

硫化物的氧化焙烧或硫酸化焙烧，不但存在着气-固、固-固、液-固等多相化学反应，而且还包括吸附、解吸、扩散以及晶核产生、新相成长等化学结晶转变及接触催化等现象，因而整个过程很复杂。

影响焙烧反应的速度因素很多，对单一硫化物而言，其控制环节在不同条件下和在过程的不同阶段是各不相同的，而对于不同的硫化物在相同条件下的控制环节也是大不一样的，有的是受化学动力学控制，有的由扩散控制，有时，在过程的某些阶段，气体的传输情况将决定反应过程的速度。因此，对硫化物焙烧过程的科学分析，目前大都是用模拟系统的测定参数来阐明，并确定反应机理，但其结果只能适用于所研究的体系，不一定适用于其他体系。

目前对硫化物焙烧动力学的研究，还处在大量积累试验资料的阶段，并未形成完善的理论。因此下面着重从传统化学动力学（宏观动力学）的概念出发，对硫化物焙烧反应体系的总速率进行讨论。

A 硫化物的氧化焙烧动力学

硫化物的氧化是固相与气相界面上进行的多相反应，并且是分阶段进行的，氧化过程有 3 个阶段，包括：g-s 相反应阶段、s-s 相反应阶段、一次硫酸盐 $MeSO_4$ 分解反应阶段。其反应机理如下：

（1）气相中氧分子的外扩散，氧分子通过硫化物颗粒气膜层的扩散。

（2）氧分子在硫化物颗粒表面的吸附。被吸附的氧分子首先分裂成活泼的氧原子后与硫化物发生反应。反应最初产物可以认为是某种表面化合物或中间化合物。

（3）硫原子和氧原子在反应区范围内发生化学反应。

（4）反应的气体产物 SO_2 从固体表面上解吸并转入到孔隙体内的气体之中，发生逆向的扩散；同时，气相中的氧分子经由氧化产物覆盖层的宏观孔隙扩散到 MeO 和 MeS 界面，并继续沿孔隙向原始硫化物内部渗透，再按上述机理（1）重复进行。

a g-s 相反应阶段

$$MeS + O_2 \longrightarrow MeS \cdot O_{2\text{吸附}}$$

$$MeS \cdot O_{2\text{吸附}} \longrightarrow MeS \cdot (O \cdot O)_{\text{吸附}} \longrightarrow MeSO_2 \text{ 或 } MeO \cdot SO$$

$$MeSO_2 + O_2 \longrightarrow MeSO_2 \cdot O_{2\text{吸附}} \longrightarrow MeSO_4\text{（一次硫酸盐）}$$

b s-s 相反应阶段

随着反应的进行，经过氧分子的扩散和吸附、氧键的断裂、硫酸盐晶核的产生以及新相在硫化物颗粒表面的形成等步骤，焙烧过程不再发生 g-s 相反应，而是发生 s-s 相反应，反应方程如下：

$$MeS + 3MeSO_4 = 4MeO + 4SO_2$$

c 一次硫酸盐 $MeSO_4$ 分解反应阶段

一次硫酸盐在高温下也可以直接分解：

$$MeSO_4 = MeO + SO_3$$

随着 $MeSO_4$ 的消失和 MeO 的生成，氧化反应继续由 O_2 穿过固体产物表面膜与 MeS 发生反应，继而又一个新的循环。

以上这些过程还包括其他反应（副反应）：

（1）反应过程产生的 SO_2 逆向扩散离开反应物料进入气相，在较高的温度和 O_2 浓度下，按如下反应生成 SO_3：

$$SO_2 + \frac{1}{2}O_2 = SO_3$$

SO_3 的生成只有在 673~773 K 时，而且在催化剂（例如金属氧化物）存在的条件下，才能获得足够的速度。

（2）生成的 SO_3 在逸出过程中与外层的 MeO 发生反应，生成二次硫酸盐，反应如下：

$$MeO + SO_3 = MeSO_4$$

对于氧化焙烧而言，不希望生成二次硫酸盐，因为氧化生成的 MeO 又转变成为 $MeSO_4$，同时妨碍了 $MeSO_4$ 与 MeS 之间的复分解反应。一般通过提高温度，增大空气过剩系数和其他强化过程使二次硫酸盐分解。

B 硫化物的硫酸化焙烧动力学

硫化物的硫酸化焙烧机理与氧化焙烧不大相同，除了氧压外，SO_2 分压也起着重要的作用，对反应所需的空气量要求适当控制。

如对含有钴、镍、铜的黄铁矿精矿的沸肽焙烧，准确控制炉料温度和炉气成分，可使其中硫化铁转变为不溶性氧化物，而使 Co、Ni、Cu 等有价金属硫化物转化为水溶性或酸溶性的硫酸盐，从而达到有效分离提取的目的。

对于复合硫化物的氧化（或硫酸化）焙烧动力学还没有定量的表达式，一般定性地认为在 873~1278 K 温度区间，其硫酸化速率是反应物在扩散层的扩散系数和化学位梯度的函数；升高温度，扩散系数增大，而化学位梯度下降；降低温度则相反，因而在 878~1273 K 温度区间的某一区域有一个最大的反应过程的总速率。

如 CoO 的硫酸化反应，在 973 K 以下和 1073 K 以上时，反应速度均服从抛物线规律。反应过程是由 Co^{2+} 和 O^{2-} 通过硫酸盐层向外扩散而进行的。这种硫酸盐层在温度低于 973 K 时凝聚起来，在中温区域（973~1123 K）时达到极限厚度便发生破裂，而后在 1123 K 以上时又再次凝聚起来。因而温度低时扩散速度低，硫酸盐层化学势梯度大，而高温则相反。在中温区，即高速反应的区域中，反应速度呈直线规律。此时生成的硫酸盐层是破裂的。在较高或较低温度区域中，反应速度规律呈抛物线型，此时硫酸盐层则是光滑致密，且不破裂。

而对于含 Co、Cu 的黄铁矿精矿的硫酸化焙烧，即使在低温下也不生成致密整块的硫酸盐膜，而是夹杂有紧密邻接的铁的化合物（Fe_2O_3），这种铁的化合物是 SO_3 生成的良好催化剂。催化过程包括如下 4 个串联步骤：

Fe_2O_3 的还原　　$12Fe_2O_3 + 4SO_2 \longrightarrow 8Fe_3O_4 \cdot 4SO_3$

中间化合物生成　　$8Fe_3O_4 \cdot 4SO_3 \longrightarrow 7Fe_3O_4 + Fe_3(SO_4)_4$

中间化合物分解　　$Fe_3(SO_4)_4 \longrightarrow Fe_3O_4 + 4SO_3$

Fe_3O_4 的氧化　　$8Fe_3O_4 + 2O_2 \longrightarrow 12Fe_2O_3$

上述 4 个串联步骤中以 Fe_3O_4 的氧化速率最慢，因而它是整个反应的限速环节。添加少量的碱金属硫酸盐能使铁的氧化物的氧化速率提高几十倍，从而加速了 SO_2 氧化成 SO_3 的速率。

添加催化剂可提高硫酸化率。如 Co、Ni 黄铁矿的硫酸化焙烧，在炉料中加入少量（5%）硫酸钠，可明显地提高有价金属 Ni、Co 的酸化率。

硫化镍的硫酸化包括如下两个反应阶段：

$$2NiS + 3O_2 \longrightarrow 2NiO + 2SO_2$$

$$NiO + SO_2 + \frac{1}{2}O_2 \longrightarrow (NiO \cdot SO_3) \longrightarrow NiSO_4$$

实践证明，如果不添加碱金属硫酸盐，上述反应生成的 NiO 仅有 20%~30%能够转变为 $NiSO_4$。其原因是，NiO 表层上产生的 $NiSO_4$ 形成一种致密膜，阻碍了 SO_2 和 O_2 的渗透。当加入 Na_2SO_4 时，则由于 Na_2SO_4 的烧结作用使其收缩破裂，结果使 NiO 表层上的 $NiSO_4$ 遭到破坏，为 NiO 能继续地与 SO_2 和 O_2 相接触创造了条件，从而达到更完全的硫酸化，提高酸化率的目的。

C　硫化物的着火温度

着火温度就是这样一种温度，高于此温度时，将使焙烧过程发生突然变化，过程突然由动力学区转变到扩散区。每种硫化物都有自己的着火温度。试验证明，每种硫化物的着火温度都并非一定值，而是与硫化物颗粒大小有关。如表4-1-3所示。

表 4-1-3 某些硫化物的着火温度与其颗粒大小的关系

MeS	着火温度/K		
	0.1 mm	0.1~0.2 mm	>0.2 mm
Sb_2S_3	563	—	613
FeS_2	598	678	745
HgS	611	—	693
Fe_nS_{n+1}	703	798	863
Cu_2S	703	—	952
PbS	827	—	1120
ZnS	920	—	1083

综上可知，硫化物的氧化过程是很复杂的多相反应，其进行的速度与许多因素有关，其中对过程有决定性影响的因素是：

（1）温度；

（2）在硫化物颗粒外表面形成的固体反应物膜层的厚度及致密程度；

（3）物料的物理化学性质，如颗粒的粒度、孔隙度等；

（4）气流中 O_2、SO_2、SO_3 的浓度等。

4.1.2 硫化矿的氧化富集造锍过程

硫化铜一般都是含硫化铜和硫化铁的矿物，如 $CuFeS_2$（黄铜矿），精矿低到含铜只有10%左右，而铁含量高达30%，如果一次熔炼就把金属铜提取出来，必然会产生大量含铜高的炉渣，造成Cu损失，因此工业实践中首先经过氧化富集造锍，使铜与一部分铁及其他脉石分离，再从锍中吹炼得到粗Cu。

4.1.2.1 锍的概念及造锍的原理、目的

（1）锍的概念：MeS的共熔体在工业上称为冰铜（锍）。

冰铜：主体 Cu_2S，余为FeS及其他MeS；

铅冰铜：主体PbS，余为 Cu_2S、FeS及其他MeS；

镍冰铜（冰镍）：$Ni_3S_2 \cdot FeS$；

钴冰铜：$CoS \cdot FeS$。

（2）氧化富集造锍的原理、目的：MeS能与FeS形成低熔点的共晶体，在液态时，能完全互溶并能溶解一部分MeO；MeS和含 SiO_2 的炉渣不相互溶且比重有差异，MeS的比重大于含 SiO_2 炉渣的比重。因此，熔体和渣能很好地分离，从而提高主体金属的含量，使主体金属以锍的形式被有效地富集。

4.1.2.2 金属硫化物氧化的吉布斯自由能图

金属硫化物的氧化反应：

$$2MeS + O_2 \xlongequal{} 2MeO + S_2 \tag{7}$$

可由以下两个反应叠加而成，即反应（8）和反应（9）：

$$2Me + O_2 \xlongequal{} 2MeO \tag{8}$$

$$2Me + S_2 \xlongequal{} 2MeS \tag{9}$$

反应（7）的 $\Delta G^\ominus$可表示为：

$$\Delta G^\ominus = \Delta H^\ominus - T\Delta S^\ominus = A + BT$$

多数情况下，此反应的 $\Delta S^\ominus$很少，因此 $\Delta G^\ominus$-T 图中直线几乎水平线，只有 Cu、Pb、Ni 例外，随温度升高，$\Delta G^\ominus$变大，其稳定性下降。某些硫化物氧化的吉布斯自由能变化如图 4-1-7 所示。

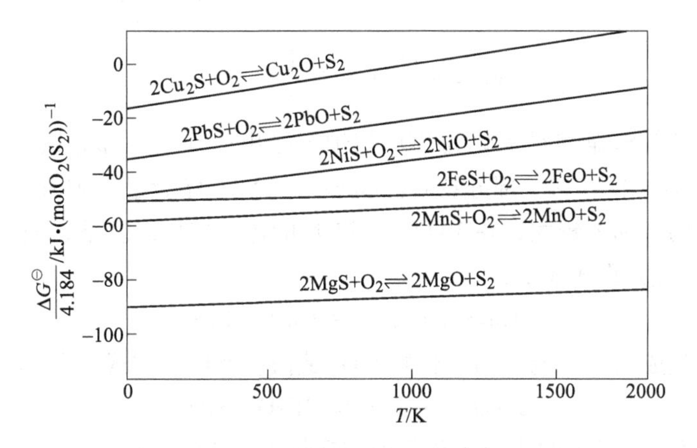

图 4-1-7　某些硫化物氧化的吉布斯自由能变化

由图 4-1-7 可以预见，温度越高，Cu_2O 稳定性越差，相比较，FeO 越稳定，更易实现 Cu_2S 和 FeS 的选择性氧化，即温度越高，越有利于 FeS 优先 Cu_2S 氧化。

由于 FeS 氧化的 $\Delta G^\ominus$ 比 Cu_2S 的 $\Delta G^\ominus$ 更负。铁对氧的亲和力大于铜对氧的亲和力，FeS 被优先 Cu_2S 氧化。选择性氧化反应如下：

$$2Cu_2S(l) + O_2 \xlongequal{} 2Cu_2O(l) + S_2 \qquad \Delta G_1^\ominus \tag{10}$$

$$2FeS(l) + O_2 \xlongequal{} 2FeO(l) + S_2 \qquad \Delta G_2^\ominus \tag{11}$$

（反应（11）-反应（10））/2，可得：

$$FeS(l) + Cu_2O(l) \xlongequal{} Cu_2S(l) + FeO(l) \tag{12}$$

反应（12）：　$\Delta G^\ominus = (\Delta G_2^\ominus - \Delta G_1^\ominus)/2$

由于 $\Delta G_2^\ominus < \Delta G_1^\ominus$，$\Delta G^\ominus = (\Delta G_2^\ominus - \Delta G_1^\ominus)/2 < 0$，此反应可发生。

对于反应（12），反应的 $\Delta G^\ominus = -146440 + 12.9T$，其平衡常数为：

$$\lg K = \frac{\Delta G^\ominus}{-2.303RT}$$

当 $T = 1473$ K 时，$K = 10^{4.2}$。

反应的平衡常数很大，选择性氧化反应进行得很彻底，FeS 优先被氧化为 FeO，而

Cu_2S不被氧化，进入冰铜，这不仅是造锍熔炼过程中部分铁造渣脱除的理论基础，也是铜锍吹炼第一周期除铁的理论基础。

4.1.2.3 造锍熔炼过程

造锍熔炼过程就是几种金属硫化物之间的互熔过程。包含以下几个过程：

（1）高价硫化物在熔化之前离解为低价硫化物，例如黄铜矿、斑铜矿、黄铁矿的离解反应如下：

黄铜矿： $$4CuFeS_2 \xrightarrow{823\ K} 2Cu_2S + 4FeS + S_2$$

斑铜矿： $$2Cu_3FeS_3 \xrightarrow{1073\ K} 3Cu_2S + 2FeS + \frac{1}{2}S_2$$

黄铁矿： $$FeS_2 \xrightarrow{953\ K} FeS + \frac{1}{2}S_2$$

离解生成的气态S_2遇氧被氧化为SO_2随炉气排出；其中一部分铁以FeS的形式与生成的Cu_2S结合进入冰铜，另一部分被氧化成FeO与SiO_2结合进入炉渣。

（2）铜对硫的亲和力较大，在1473~1573 K的造锍熔炼温度下，呈稳定态的Cu_2S与FeS合成冰铜。反应方程式如下：

$$Cu_2S + FeS = Cu_2S \cdot FeS$$

（3）被氧化生成的FeO与脉石氧化物SiO_2造渣。反应方程式如下：

$$2FeO + SiO_2 = 2FeO \cdot SiO_2$$

利用造锍熔炼，可使原料中呈硫化物形态和任何氧化物形态的铜，几乎完全以稳定的Cu_2S形态富集在冰铜中，而部分铁的硫化物优先氧化为FeO与脉石SiO_2造渣，锍的密度比炉渣大，且互不相溶，从而达到与之有效的分离。故进行熔炼造锍（如$CuFeS_2$），只要氧化气氛得当，保证足够的FeS，就可以使铜完全以Cu_2S的形态进入冰铜。

镍和钴的硫化物和氧化物也具有上述类似的反应，因此，通过造锍熔炼过程便可使欲提取的铜、镍、钴等金属成为锍这个中间产物。

4.1.2.4 冰铜的主要性质

（1）熔点：冰铜的熔点与成分有关，为900~1050 ℃，Fe_3O_4和ZnS在冰铜中使其熔点升高，PbS会使熔点降低。

（2）密度：冰铜的密度为5.55~4.6 g/cm^3，因Cu_2S密度为5.55 g/cm^3，FeS密度为4.6 g/cm^3，冰铜的密度随其品位的增大而增大。

（3）导电性：冰铜具有很大的导电性。熔融的金属硫化物的电导率如表4-1-4所示，对熔融FeS来说，其电导率达1400 S/cm以上，接近于金属的电导率，熔融硫化物（FeS、PbS和Ag_2S）的电导率随温度的增高略有减小，这类硫化物具有金属导体的性质。熔融硫化物（Cu_2S、Sb_2S_3）的电导率随温度的增加而略有增大，这类硫化物具有半导体性质。当FeS加入到Cu_2S熔体中时，其电导率便均匀地减小。在铜精矿的电炉熔炼中，插入熔融炉渣的电极上有一部分电流就是靠其下的液态冰铜传导的，这对保持熔池底部温度起着重要的作用。

表 4-1-4 不同温度下熔融金属硫化物的电导率 κ (S/cm)

FeS		PbS		Ag_2S		Cu_2S		Sb_2S_3	
T/K	κ	T/K	κ	T/K	κ	T/K	κ	T/K	κ
1466	1489	1387	108.4	1173	126.0	1373	39.3	823	0.17
1468	1486	1408	104.0	1198	123.0	1412	50.0	861	0.27
1473	1482	1428	101.0	1223	120.0	1432	56.4	888	0.35
1478	1478	1438	99.7	1248	117.9	1455	63.3	937	0.52
1483	1474	1448	98.8	1273	114.4	1473	69.7	984	0.63
1488	1470	1458	97.0	1298	112.0	1505	81.6	1032	0.93
1493	1466	1468	95.4	1323	109.8	1523	91.1	1076	1.19

（4）黏度：冰铜的黏度较小，约为 0.01 Pa·s。

（5）冰铜遇水易爆炸：液态冰铜遇水或在潮湿环境下易爆炸，也可称冰铜放炮。主要原因在于以下反应：

$$Cu_2S + 2H_2O \longrightarrow 2Cu + 2H_2 + SO_2$$

$$FeS + H_2O \longrightarrow FeO + H_2S$$

$$3FeS + 4H_2O \longrightarrow Fe_3O_4 + 3H_2S + H_2$$

反应生成的 H_2S 和 H_2 有氧存在时发生反应，产生大量的热，从而引起爆炸。

4.1.2.5 锍内组分的活度

对于锍内组分之间的耦合反应：

$$Cu_2O(l) + FeS(l) \longrightarrow FeO(l) + Cu_2S(l)$$

反应的平衡常数：

$$K = \frac{a_{(Cu_2S)} \cdot a_{(FeO)}}{a_{(Cu_2O)} \cdot a_{(FeS)}}$$

T 为 1357 ℃(1660 K) 时，可计算得到反应的平衡常数 $K=4\times10^3$，在中等品位冰铜中，反应平衡时，$a_{(Cu_2S)}$ 和 $a_{(FeS)}$ 数值大致相等，即 $a_{(Cu_2S)} / a_{(FeS)} = 1$，$a_{(FeO)}$ 经测定约为 0.3~0.9，故 $a_{(Cu_2O)}$ 大致为 10^{-4}，熔炼体系中 Cu_2O 的活度为纯液态 Cu_2O 的万分之一，将促使反应向右进行到底。

4.1.2.6 锍的吹炼过程

硫化精矿经造锍熔炼后使有价金属以锍的形式得到了有效的富集，无论是铜锍、镍锍或铜镍锍都含有 FeS，为了除铁均需在熔融的锍中加入氧化剂，使其中的硫化亚铁发生氧化，在此阶段中要加入石英（SiO_2）使 FeO 与 SiO_2 造渣，即第一周期吹炼除铁，从而使铜锍由 $Cu_2S \cdot FeS$ 富集为 Cu_2S、镍锍由 $Ni_3S_2 \cdot FeS$ 富集为镍高锍 Ni_3S_2、铜镍锍由 $Cu_2S \cdot Ni_3S_2 \cdot FeS$ 富集为铜镍高锍 $Cu_2S \cdot Ni_3S_2$，随后进行第二周期的吹炼，即将 Cu_2S、镍高锍 Ni_3S_2、铜镍高锍 $Cu_2S \cdot Ni_3S_2$ 吹炼为粗铜、粗镍、粗镍铜合金。以下将对铜锍和镍锍吹炼过程的理论及工艺进行讲述。

A 铜锍吹炼

a 吹炼工艺

原料：冰铜，主体 Cu_2S，其余 FeS；

吹炼设备：普通转炉；

吹炼方式：对熔融状态的锍吹入空气，使其中的硫化物氧化；

吹炼温度：1473~1573 K。

b 铜锍吹炼热力学分析

铜锍的主要成分为 Cu_2S，其余的为 FeS，它们与吹入的氧（空气中的氧）作用首先发生如下反应：

$$\frac{2}{3}Cu_2S(l) + O_2 = \frac{2}{3}Cu_2O(l) + \frac{2}{3}SO_2(g)$$

$$\Delta G^{\ominus} = -256898 + 81.77T$$

$$\frac{2}{3}FeS(l) + O_2 = \frac{2}{3}FeO(l) + \frac{2}{3}SO_2(g)$$

$$\Delta G^{\ominus} = -303340 + 52.68T$$

由标准吉布斯自由能变化 $\Delta G^{\ominus}$-T 可以判断，上述两个反应硫化物发生氧化的顺序为：FeS→Cu_2S，FeS 和 Cu_2S 会发生选择性的氧化，也就是说，铜锍中的 FeS 优先氧化生成 FeO，生成的 FeO 与加入转炉的 SiO_2 造渣，生成 FeO · SiO_2 炉渣而除去。造渣反应如下：

$$2FeO(l) + SiO_2(l) = 2FeO \cdot SiO_2(l)$$

FeS 氧化时，Cu_2S 不可能绝对不氧化，也有小部分被氧化 Cu_2O，但 Fe 对 O 的亲和力大于 Cu 对 O 的亲和力，即 FeO 比 Cu_2O 更稳定，故可发生以下反应：

$$Cu_2O(l) + FeS(l) = FeO(l) + Cu_2S(l)$$

$$\Delta G^{\ominus} = -69664 - 42.76T$$

即生成的 Cu_2O 又被 FeS 置换成 Cu_2S，因此只有当 FeS 几乎全部被氧化后，Cu_2S 才会被氧化成为 Cu_2O，随后生成的 Cu_2O 与 Cu_2S 作用生成 Cu，反应方程如下：

$$2Cu_2O(l) + CuS(l) = 5Cu(l) + SO_2(g)$$

$$\Delta G^{\ominus} = 35982 - 58.87T$$

这就是理论上分为二周期的原因，即第一周期吹炼除铁，第二周期 Cu_2S 吹炼为粗铜。

c 杂质锌和铅的去除

铜锍中的杂质锌和铅，它们是以硫化物形态存在。当吹炼时，温度高于 1179 K 时，ZnS 按以下反应生成气态锌挥发去除。

$$2ZnO(l) + ZnS(l) = 3Zn(g) + SO_2 \tag{13}$$

反应（13）的平衡常数：

$$\lg K = \lg \frac{p_{Zn}^3 \cdot p_{SO_2}}{p^{\ominus 4}} = 4.184 \times \left(\frac{-231010}{19.15T} + 4 \times 1.75\lg T + 12.9\right)$$

$$(令\ a_{(ZnS)} = a_{(ZnO)} = 1)$$

按上式可得到不同温度下的平衡常数，计算结果列于表 4-1-5。

表 4-1-5 反应（13）在不同温度下的平衡常数及平衡压力

T/K	$\lg \dfrac{p_{Zn}^3 \cdot p_{SO_2}}{p^{\ominus 4}}$	平衡常数 K
1100	-11.8	1.58×10^{-12}
1200	-7.6	2.51×10^{-8}
1400	-1.2	6.31×10^{-2}
1600	3.7	5.01×10^{4}

由计算可知，SO_2 平衡压力随温度的升高增加得很快，当温度约为 1453 K 时，$\lg \dfrac{p_{Zn}^3 \cdot p_{SO_2}}{p^{\ominus 4}}=0$，此时平衡压力已等于 10^5 Pa，故在吹炼过程中，温度高于 1453 K 时，生成的气态锌又进一步被氧化，以 ZnO 形态随炉气逸出。

铜锍中的杂质铅则按以下反应进行：

$$2PbO + PbS \longequal 3Pb + SO_2$$

当温度在 1123 K，$p_{SO_2}=10^5$ Pa 时，吹炼形成的 PbO 为挥发物质，能随炉气逸出，且 PbO 易与 SiO_2 造渣，故冰铜吹炼时铅可被除去。

d 吹炼时熔池的情况

Cu_2S 与 Cu 液的相互溶解度很少，熔池分为上下两层，上层是含少量 Cu 的 Cu_2S 层，下层为含少量 Cu_2S 的 Cu 层，与空气接触的是 Cu_2S 液相层，吹炼容易。在吹炼过程中，尽管熔池中金属 Cu 不断增加，Cu_2S 量不断减少，但是氧气接触的是一个含硫不变的 Cu_2S 液相，只有在全部 Cu_2S 氧化完了之后，才有少量 Cu_2O 生成而溶解于金属 Cu 中。

B 镍锍吹炼

对于镍锍的吹炼，和铜锍吹炼原理基本相同，但若按铜锍吹炼工艺条件进行，即吹炼温度为 1473~1573 K，吹炼设备为普通转炉，吹炼方式为对熔融状态的锍吹入空气，只能得到除去铁的镍高锍或铜镍高锍，而得不到金属镍。其原因和解决措施如下所述：

（1）对于镍锍吹炼，Ni_3S_2 氧化反应为：

$$\frac{2}{7}Ni_3S_2(l) + O_2 \longequal \frac{6}{7}NiO(s) + \frac{4}{7}SO_2(g)$$

此反应为气-固-液相反应，而铜锍吹炼，Cu_2S 氧化反应为：

$$\frac{2}{3}Cu_2S(l) + O_2 \longequal \frac{2}{3}Cu_2O(l) + \frac{2}{3}SO_2(g)$$

此反应为气-液相反应，故前者反应较后者更难进行。

（2）对于镍锍吹炼，吹炼为粗金属镍的反应为：

$$2NiO(s) + \frac{1}{2}Ni_3S_2(l) \longequal \frac{7}{2}Ni(l) + SO_2(g)$$

此反应，当 $\Delta G^{\ominus}=0$ 时，温度为 1764 K，即 $T>1764$ K，此反应才可发生，较铜锍吹炼温度更高。

针对以上两点，镍锍吹炼采用氧气顶吹，开吹温度 1673 K，随反应的进行，将温度提到 1973~2073 K。

（3）吹炼时熔池情况，镍锍吹炼过程，熔池中 Ni_3S_2 与 Ni 是完全互溶的，随 Ni 的增多，Ni 被氧化为难溶于 Ni 中的固态 NiO，会阻碍反应。

针对上述原因，镍锍吹炼采用回转式转炉，炉子沿纵轴回转，使烧池充分搅拌，使固态的 NiO 和液相中的 Ni_3S_2 充分接触促使反应生成金属 Ni。

a 镍锍吹炼工艺

原料：主体 Ni_3S_2，其余 FeS；

吹炼设备：回转式转炉；

吹炼方式：氧气顶吹；

吹炼温度：开吹温度 1673 K，随 S 含量降低，温度提高到 1973~2073 K。

b 镍锍吹炼热力学分析

第一周期：吹炼除铁。FeS 和 Ni_3S_2 的选择性氧化，由标准吉布斯自由能变化 $\Delta G^{\ominus}$-T 可知，FeO 的稳定性大于 NiO 的稳定性。故发生以下反应：

$$\frac{2}{3}FeS(l) + O_2 = \frac{2}{3}FeO(l) + \frac{2}{3}SO_2(g)$$

$$2FeS(l) + 2NiO(s) = 2FeO(l) + \frac{2}{3}Ni_3S_2(l) + \frac{1}{3}S_2(g)$$

生成 FeO 和加入回转式转炉的 SiO_2 造渣，造渣反应如下：

$$2FeO(l) + SiO_2(l) = 2FeO \cdot SiO_2(l)$$

由上述反应可知，只要有 FeS 存在，Ni_3S_2 就不会被氧化为 NiO，故首先氧化除铁，只有当 FeS 几乎全部被氧化后，Ni_3S_2 才会被氧化为 NiO，生成的 NiO 和 Ni_3S_2 反应生成金属 Ni，即进行第二周期，吹炼为粗镍，反应方程如下：

$$\frac{2}{7}Ni_3S_2(l) + O_2 = \frac{6}{7}NiO(s) + \frac{4}{7}SO_2(g)$$

$$\frac{1}{2}Ni_3S_2(l) + 2NiO(s) = \frac{7}{2}Ni(l) + SO_2(g)$$

综上所述，镍锍吹炼较铜锍难，镍锍吹炼反应为气-固-液相反应，且温度也较高，故吹炼采用氧气顶吹，开吹温度为 1673 K，随着反应的进行，温度升高到 1973~2073 K。

c 吹炼时熔池的情况

吹炼时，Ni_3S_2 和 Ni 完全互溶为一液相，随着 Ni 的增加，硫浓度的下降，与氧气接触的不仅是 Ni_3S_2，还有浓度不断增加的 Ni，Ni 会被氧化为难溶于 Ni 中的 NiO 固相，若在不转动的转炉中吹炼，会使吹炼难以进行。镍锍吹炼采用回转式转炉，这种炉子呈圆筒形，绕竖轴不断回转。

无论是铜锍吹炼或是镍锍吹炼都不可能生成金属铁，即反应：

$$FeS(l) + 2FeO(l) = 3Fe(l) + SO_2(g)$$

$$\Delta G^{\ominus} = 258864 - 69.33T$$

在吹炼铜锍或镍锍的温度范围内反应不可能向右进行，所以铁被氧化成 FeO 后与 SiO_2 形成液态 $FeO \cdot SiO_2$ 渣，与此同时还将发生反应：

$$6FeO + O_2 = 2Fe_3O_4$$

此反应的 $\Delta G^{\ominus}_{1573} = -226$ kJ 反应向右进行，将生成难熔的 Fe_3O_4，给操作带来困难，所

以必须使熔体中生成的FeO迅速造渣，以使熔体中或渣相中的FeO活度保持较低，抑制上述反应反生。为使FeO在渣中的活度保持较低，除了加入过量的SiO_2外，操作过程还需及时排渣。

4.2 氧化物和硫化物的火法氯化

金属氯化物与其相应的其他化合物比较，大都具有低熔点、高挥发性和易溶于水的特征，因此将矿石中的金属氧化物转变为氯化物，可利用上述性质将金属氯化物与一些其他化合物和脉石分离。丰富而低成本的氯气或氯化物的提供，以及防腐技术的发展，为氯化冶金提供了保障。

所谓的氯化冶金就是将矿石（或冶金半成品）与氯化剂混合，在一定条件下发生化学反应，使金属变为氯化物，再进一步将金属从氯化物中提取出来的方法。常用的气体氯化剂有Cl_2和HCl，固体氯化剂有$CaCl_2$和NaCl。

氯化冶金主要包括3个过程，即氯化过程、氯化物的分离过程和从氯化物中提取金属的过程。氯化过程一般是采用氯化剂将金属（Me）或化合物（MeO、MeS）转变为金属氯化物；氯化物的分离过程主要是依据氯化条件和氯化产物而确定，如采用高温氯化过程，产物蒸气压大，则使氯化产物转变为气相而收集，如果是低温或中温氯化，氯化产物蒸气压小，可利用氯化物易溶于水的特性，将氯化产物转入水溶液或酸溶液，进行湿法提取或分离；从氯化物中提取金属的过程可采用电解精炼或金属热还原法进行。

氯化过程的方法可分成下列几类：

（1）氯化焙烧。氯化菱镁矿（$MgCO_3$）制取无水$MgCl_2$，然后用熔盐电解法提取金属镁；金红石（TiO_2）氯化焙烧（加C氯化）制取$TiCl_4$，然后经精炼提纯，用镁或钠热还原得到金属钛。

（2）离析法。难选氧化铜矿石的离析反应，原矿中配加煤和石盐，在比较弱的还原性气氛中700~800 ℃加热，使铜氯化和还原析出铜，离析出来的铜吸附在碳粒表面，浮选得到金属铜，即离析-浮选法。

（3）粗金属熔体氯化精炼。铅中的锌和铝中的钠和钙，由于氯气和锌、钠、钙的亲和力大于铅和铜，故可将氯气通入熔融粗金属中去除。

（4）氯化浸出。在水溶液介质中进行的氯化过程，亦即湿法氯化，包括盐酸浸出和氯盐浸出。

4.2.1 氯化反应的热力学

4.2.1.1 金属与氯的反应

氯的化学活泼性很强，在一般冶金温度下，所有金属都可以和Cl_2发生反应，即所有金属氯化物（$MeCl_2$）的$\Delta G^\ominus<0$。

金属和氯反应的标准生成吉布斯自由能变化与温度的关系曲线（$\Delta G^\ominus$-T）（如图4-2-1所示）与金属氯化物类似。为了便于分析，均将其转化成与1 mol Cl_2反应的标准生成吉布斯自由能变化。

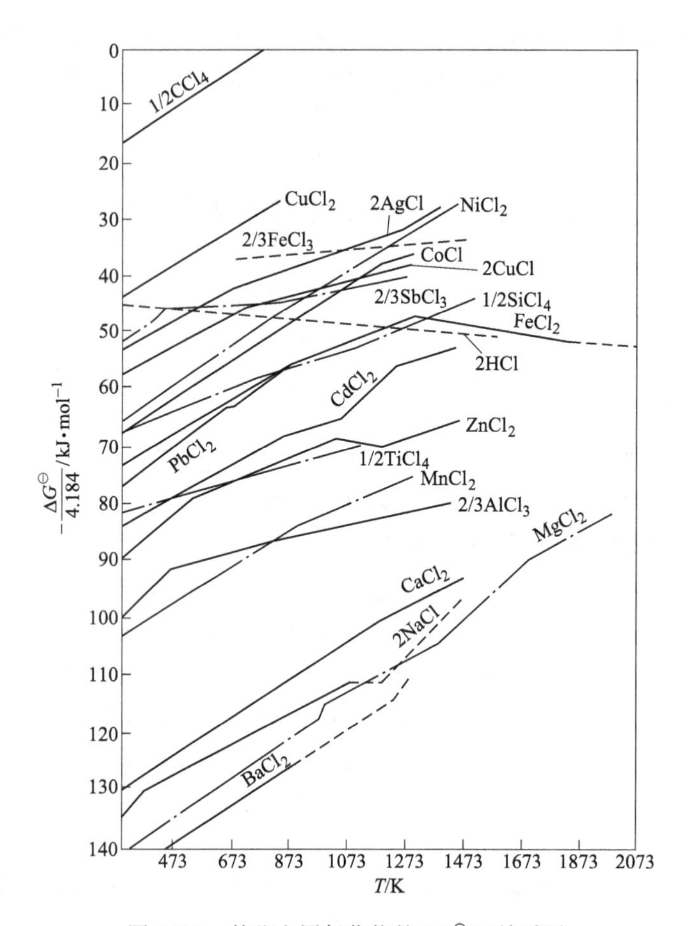

图 4-2-1 某些金属氯化物的 $\Delta G^{\ominus}$-T 关系图

由标准生成吉布斯自由能变化与温度的关系曲线，即 $\Delta G^{\ominus}$-T，可得到以下几点结论：

（1）曲线位置的高低表示氯化物的稳定性，也表示金属与 Cl_2 的亲和力，越在图下面的金属氯化物，其 $\Delta G^{\ominus}$越小、越稳定，金属与 Cl_2 的亲和力越大。

例如：在标准状态，1000 K 时，判断 $MnCl_2$、$FeCl_2$、$CoCl_2$ 的稳定性。

已知：$Mn(s) + Cl_2 \xlongequal{} MnCl_2(l)$　　$\Delta G_1^{\ominus} = -440500 + 86.9T$ J/mol

$Fe(s) + Cl_2 \xlongequal{} FeCl_2(l)$　　$\Delta G_2^{\ominus} = -286495 + 63.68T$ J/mol

$Co(s) + Cl_2 \xlongequal{} CoCl_2(s)$　　$\Delta G_3^{\ominus} = -307100 + 129.70T$ J/mol

判断上述氯化物的稳定性，可由等温方程 $\Delta G = \Delta G^{\ominus} + RT\ln J$ 来判断反应的方向性，反应向右移动，则生成氯化物，且 ΔG 越小越有利于生成氯化物，即氯化物越稳定。

由于反应在标准状态下进行，故 $J=1$，则 $\Delta G = \Delta G^{\ominus}$。

计算 1000 K 的各反应的标准吉布斯自由能，经计算可得：

$$\Delta G_1^{\ominus} = -353600 \text{ J/mol},\ \Delta G_2^{\ominus} = -22275 \text{ J/mol},\ \Delta G_3^{\ominus} = -177400 \text{ J/mol}$$

因为 $\Delta G_1^{\ominus} < \Delta G_2^{\ominus} < \Delta G_3^{\ominus}$，故稳定性（亲和力）递增的顺序为 $CoCl_2$、$FeCl_2$、$MnCl_2$。

由图 4-2-1 可以看出，Mn 和 Cl_2 反应生成 $MnCl_2$ 的曲线位置在最下面，生成 $CoCl_2$ 的曲线在最上面，而生成 $FeCl_2$ 的曲线处于中间位置。

（2）曲线位置在下面的金属可以将曲线位置在上面的金属氯化物中的金属置换出来。

例如：工业中生产钛的方法。在 1273 K 下，用 Mg 可以把 $TiCl_4$ 中的 Ti 置换出来。热力学分析如下：

$$Mg + Cl_2 = MgCl_2 \qquad \Delta G_1^{\ominus} \tag{1}$$

$$\frac{1}{2}Ti + Cl_2 = \frac{1}{2}TiCl_4 \qquad \Delta G_2^{\ominus} \tag{2}$$

反应（1）-反应(2)：

$$Mg + \frac{1}{2}TiCl_4 = MgCl_2 + \frac{1}{2}Ti \qquad \Delta G_3^{\ominus} \tag{3}$$

$$\Delta G_3^{\ominus} = \Delta G_1^{\ominus} - \Delta G_2^{\ominus}$$

由图 4-2-1 可以看出，生成 $MgCl_2$ 的曲线在生成 $TiCl_4$ 的曲线下方，所以：

$$\Delta G_1^{\ominus} < \Delta G_2^{\ominus}$$

因此反应（3）的 $\Delta G_3^{\ominus}<0$，反应（3）向右进行。故可以用曲线位置在下面的金属 Mg 将曲线位置在上面的 $TiCl_4$ 中的金属 Ti 置换出来。

（3）$\Delta G^{\ominus}$与 T 的关系问题。如果直线的斜率为正值，则随着温度的升高，氯化物生成反应的吉布斯自由能增大，稳定性降低，如 $CuCl_2$、$NiCl_2$、$ZnCl_2$ 等，温度越高，稳定性越差；反之，如果直线的斜率为负值，温度越高，氯化物生成反应的吉布斯自由能越小，越稳定，如 HCl。

（4）两线相交问题。由图 4-2-1 可知，$AlCl_3$ 的生成曲线和 $MnCl_2$ 的生成曲线两线相交，在交点温度以下，$MnCl_2$ 的生成曲线在 $AlCl_3$ 的生成曲线之下，故 $MnCl_2$ 的稳定性大于 $AlCl_3$ 的稳定性，可以用金属 Mn 将 $AlCl_3$ 中的金属 Al 置换出来；在交点温度以上，$AlCl_3$ 的生成曲线在 $MnCl_2$ 的生成曲线之下，故 $AlCl_3$ 的稳定性大于 $MnCl_2$ 的稳定性，可以用金属 Al 将 $MnCl_2$ 中的金属 Mn 置换出来。热力学分析如下：

$$\frac{2}{3}Al + Cl_2 = \frac{2}{3}AlCl_3 \qquad \Delta G_4^{\ominus} \tag{4}$$

$$Mn + Cl_2 = MnCl_2 \qquad \Delta G_5^{\ominus} \tag{5}$$

反应（4）-反应（5）：

$$\frac{2}{3}Al + MnCl_2 = \frac{2}{3}AlCl_3 + Mn \qquad \Delta G_6^{\ominus} \tag{6}$$

$$\Delta G_6^{\ominus} = \Delta G_4^{\ominus} - \Delta G_5^{\ominus}$$

当温度低于交点温度时，$\Delta G_4^{\ominus} > \Delta G_5^{\ominus}$，故 $\Delta G_6^{\ominus} > 0$，反应（6）逆向进行，即金属 Mn 可以将 $AlCl_3$ 中的金属 Al 置换出来，$MnCl_2$ 的稳定性大于 $AlCl_3$ 的稳定性。

当温度高于交点温度时，$\Delta G_4^{\ominus} < \Delta G_5^{\ominus}$，故 $\Delta G_6^{\ominus} < 0$，反应（6）正向进行，即金属 Al 可以将 $MnCl_2$ 中的金属 Mn 置换出来，$AlCl_3$ 的稳定性大于 $MnCl_2$ 的稳定性。

【例 4-4】 利用金属氯化物 $\Delta G^{\ominus}$-T 关系图（见图 4-2-1），写出 $CuCl_2$、$NiCl_2$、$CoCl_2$、$ZnCl_2$、$MnCl_2$ 在 1273 K 时稳定性顺序，讨论 C 和 H_2 分别作还原剂还原氯化物制取金属的可能性。

解：在氯化物 $\Delta G^{\ominus}$-T 关系图（见图 4-2-1）中，曲线位置靠下的氯化物比曲线位置靠上的氯化物稳定，在 1273 K 时，稳定性递增的顺序为 $CuCl_2$、$NiCl_2$、$CoCl_2$、$ZnCl_2$、$MnCl_2$。

由图 4-2-1 可知，CCl_4 的生成曲线在图的最上面，说明它的稳定性差，碳不能还原 $CuCl_2$、$NiCl_2$、$CoCl_2$、$ZnCl_2$、$MnCl_2$；HCl 生成曲线在中部，且直线斜率为负，它比某些金属氯化物稳定，H_2 可以还原 HCl 生成曲线以上的各种金属氯化物，不能还原 HCl 生成曲线以下的各种金属氯化物。如在 1273 K 时，可以用 H_2 还原 $CuCl_2$、$NiCl_2$、$CoCl_2$，而不能还原 $ZnCl_2$、$MnCl_2$。另外，如果金属氯化物生成曲线的斜率为正，只要温度足够高，H_2 均可以还原这些金属氯化物，因为 HCl 生成曲线斜率为负，随着温度的升高，两线一定会相交，只要温度大于交点温度，便可实现还原。H_2 还原金属氯化物的情况类似于 C 还原金属氧化物的情况。

4.2.1.2 金属氧化物与氯气的反应

金属氧化物与氯气的反应通式如下：

$$MeO + Cl_2 \longlongequal MeCl_2 + \frac{1}{2}O_2 \qquad \Delta G^{\ominus} \tag{7}$$

此反应可由以下两个反应组合而成，即反应（8）-反应（9）：

$$Me + Cl_2 \longlongequal MeCl_2 \qquad \Delta G^{\ominus}_{MeCl_2} \tag{8}$$

$$Me + \frac{1}{2}O_2 \longlongequal MeO \qquad \Delta G^{\ominus}_{MeO} \tag{9}$$

在标准状态下，反应（7）能否发生可通过计算 $\Delta G^{\ominus}$ 的大小来说明：

$$\Delta G^{\ominus} = \Delta G^{\ominus}_{MeCl_2} - \Delta G^{\ominus}_{MeO}$$

当金属和 Cl_2 的亲和力大于金属和氧的亲和力，或金属氯化物的稳定性大于金属氧化物的稳定性时，则 $\Delta G^{\ominus}_{MeCl_2} < \Delta G^{\ominus}_{MeO}$，此时：

$$\Delta G^{\ominus} < 0$$

反应（7）即可发生，金属氧化物可以被氯气氯化。

Si、Al、Ti、Mg 等元素虽然与氯亲和力很强，但它们与氧亲和力更强，如在 1073 K 时，它们的 $\Delta G^{\ominus}_{MeCl_2}$ 为 $-209200 \sim -460240$ J/mol。而 $\Delta G^{\ominus}_{MeO}$ 则是一个更大的负值，为 $-669440 \sim -1004160$ J/mol，$\Delta G^{\ominus}_{MeCl_2} - \Delta G^{\ominus}_{MeO}$ 后的 $\Delta G^{\ominus}$ 仍为一正值，因此 SiO_2、Al_2O_3、TiO_2、MgO 在标准状态下不能被氯气所氯化。

金属氧化物和 Cl_2 反应的 $\Delta G^{\ominus}$-T 曲线如图 4-2-2 和图 4-2-3 所示。

图 4-2-1 显示，金属与氯气的反应，在标准状态下，几乎绝大部分 $\Delta G^{\ominus}<0$，但金属氧化物与氯气的反应，由图 4-2-2 和图 4-2-3 可知，有不少的 $\Delta G^{\ominus}$ 是大于 0 的或者在 0 点附近，如 TiO_2、FeO 等；随温度的升高，曲线的斜率有的为正值，即向上倾斜，如 Na_2O，有的为负值，即向下倾斜，如 H_2O，有的斜率发生了改变，如 CuO，PbO，ZnO，斜率的改变是因为发生相变，反应物发生相变，斜率变大，生成物相变，斜率变小。

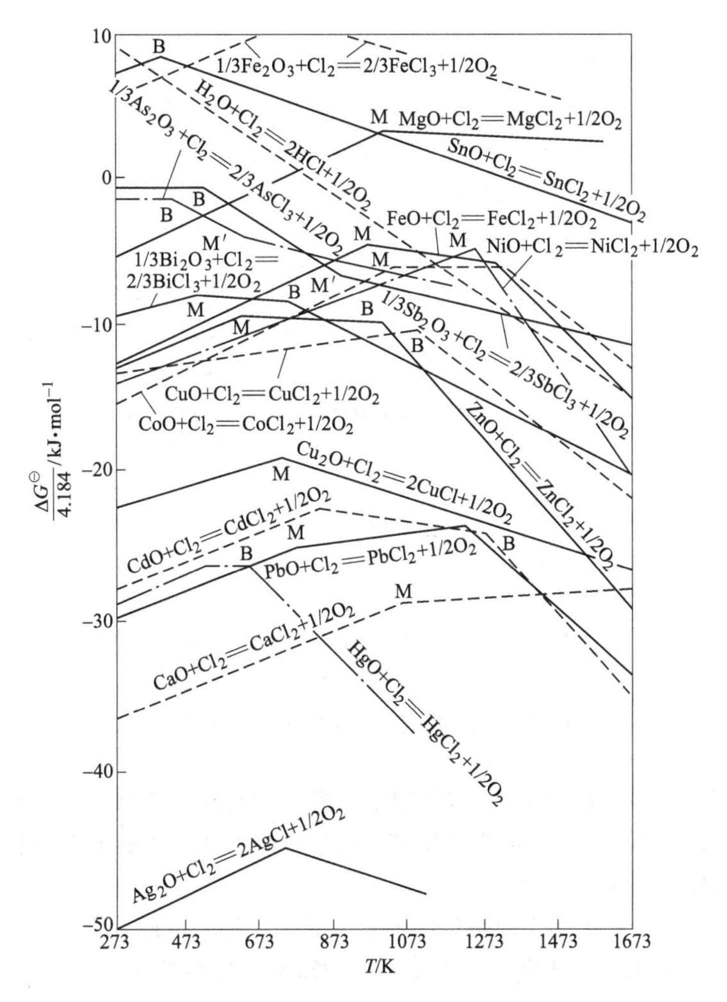

图 4-2-2 某些氧化物氯化反应的 $\Delta G^{\ominus}$-T 关系图（一）
M—氯化物熔点；B—氯化物沸点；M′—氧化物熔点

由图 4-2-2 和图 4-2-3 也可以看出：在标准状态下，SiO_2、TiO_2、Al_2O_3、Fe_2O_3、MgO 不能被 Cl_2 所氯化；而 PbO、CuO、CdO、NiO、ZnO、CaO、BiO 能被 Cl_2 所氯化。

4.2.1.3 金属氧化物的加碳氯化反应

某些金属氧化物氯化反应的热力学数据表明，下列反应的平衡常数常小于 1 或者最多接近于 1：

$$MeO + Cl_2 \longequal MeCl_2 + \frac{1}{2}O_2$$

反应的平衡常数 K 为：

$$K = \frac{a_{MeCl_2} \cdot (p_{O_2}/p^{\ominus})^{\frac{1}{2}}}{a_{MeO} \cdot (p_{Cl_2}/p^{\ominus})}$$

如金红石 TiO_2，由图 4-2-3 的 $\Delta G^{\ominus}$-T 曲线图可知，在 $T=1273$ K 时，TiO_2 和 Cl_2 反应的 $\Delta G^{\ominus}>0$，在标态下不能反应，反应的平衡常数 K 小于 1。

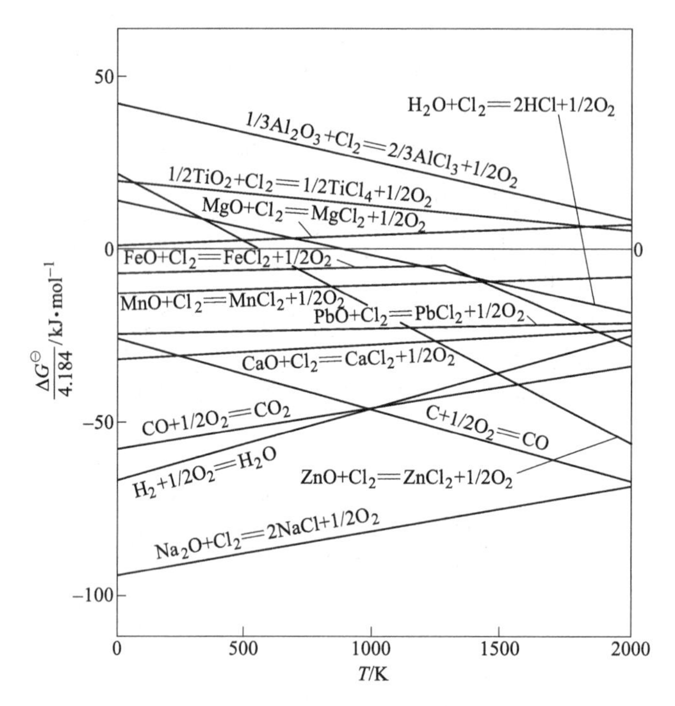

图 4-2-3　某些氧化物氯化反应的 $\Delta G^{\ominus}$-T 关系图（二）

如果直接使用 Cl_2 氯化，则 Cl_2 的利用率很低。但有还原剂碳（C）存在时，由于 C 能降低氧的分压，而不与 Cl_2 发生明显反应，此时 Cl_2 的利用率能显著地提高，且能使本来不能进行的氯化反应变为可行。

有碳存在时，进行氯化反应的氧化物将发生反应（7）、反应（10）及反应（11）：

$$C + O_2 = CO_2 \qquad \Delta G_{10}^{\ominus} = -395300 - 0.54T\ \text{J/mol} \tag{10}$$

$$C + \frac{1}{2}O_2 = CO \qquad \Delta G_{11}^{\ominus} = -111718 - 87.66T\ \text{J/mol} \tag{11}$$

由反应（7）×2+反应（10）可得：

$$2MeO + C + 2Cl_2 = 2MeCl_2 + 2CO_2 \tag{12}$$

$$\Delta G_{12}^{\ominus} = 2\Delta G^{\ominus} + \Delta G_{10}^{\ominus}$$

由反应（7）+反应（11）可得：

$$MeO + C + Cl_2 = MeCl_2 + CO \tag{13}$$

$$\Delta G_{13}^{\ominus} = \Delta G^{\ominus} + \Delta G_{11}^{\ominus}$$

上述的反应表明，金属氧化物的加碳氯化反应之所以更容易进行，其本质是改变了反应的吉布斯自由能变化，对于反应（12）而言，$\Delta G_{12}^{\ominus} = 2\Delta G^{\ominus} + \Delta G_{10}^{\ominus}$，而 $\Delta G_{10}^{\ominus}$ 是一个很大的负值，且随温度越高这个负值越大，故相当于使反应（12）的吉布斯自由能变化向负方向移动了一个很大的值，从而改变了 $\Delta G_{12}^{\ominus}$ 的大小，当 $\Delta G_{12}^{\ominus}$ 小于 0 时反应便可发生，且 $\Delta G_{12}^{\ominus}$ 越小反应越容易。反应（13）和反应（12）具有相同的原理，且高温下，当温度高于 983 K 时，反应（11）改变吉布斯自由能变化的效果大于反应（10）。

当 $T<900$ K 时，反应主要以（12）进行；当 $T>1000$ K 时，反应主要以（13）进行。

【例 4-5】 金红石（TiO_2）用氯气进行氯化的反应为：

$$TiO_2 + 2Cl_2 = TiCl_4(g) + O_2 \qquad \Delta G^{\ominus} = 161084 - 56.48T \text{ J/mol}$$

试问：773 K 时，在气相中含 Cl_2 分压为 506.6 Pa，含 O_2 分压为 101325 Pa 的条件下，金红石能否被氯化？

解：由等温方程可得：

$$\Delta G = \Delta G^{\ominus} + RT\ln\frac{\frac{p_{O_2}}{p^{\ominus}}\cdot\frac{p_{TiCl_4}}{p^{\ominus}}}{\left(\frac{p_{Cl_2}}{p^{\ominus}}\right)^2}$$

当反应达到平衡，$\Delta G=0$，故

$$\Delta G^{\ominus} + RT\ln\frac{\frac{p_{O_2}}{p^{\ominus}}\cdot\frac{p_{TiCl_4}}{p^{\ominus}}}{\left(\frac{p_{Cl_2}}{p^{\ominus}}\right)^2} = 0$$

代入已知数据可得：

$$161084 - 56.48\times773 + 2.303\times8.314\lg\frac{p_{TiCl_4}\times101325}{506.6^2} = 0$$

$$\lg p_{TiCl_4} = -7.525$$

$$p_{TiCl_4} = 2.98\times10^{-8}\ \text{Pa}$$

上述的计算说明，体系中有微量的 $TiCl_4$ 产生反应便达到平衡，故实际上金红石不能被 Cl_2 氯化。

【例 4-6】 金红石（TiO_2）用氯气加碳进行氯化反应的方程式如下：

$$TiO_2 + 2Cl_2 + C(s) = TiCl_4(g) + CO_2$$

试问：773 K 时，在气相中含 Cl_2 分压为 506.6 Pa，含 CO_2 分压为 101325 Pa 的条件下，金红石能否被氯化？

已知：$TiO_2 + 2Cl_2 = TiCl_4(g) + O_2 \qquad \Delta G_1^{\ominus} = 161084 - 56.48T \text{ J/mol}$

$C(s) + O_2 = CO_2 \qquad \Delta G_2^{\ominus} = -395300 - 0.54T \text{ J/mol}$

解：将已知条件的两式相加，可得：

$$TiO_2 + 2Cl_2 + C(s) = TiCl_4(g) + CO_2$$

此反应的 $\Delta G^{\ominus}$：

$$\Delta G^{\ominus} = \Delta G_1^{\ominus} + \Delta G_2^{\ominus} = -234216 - 57.02T \text{ J/mol}$$

由等温方程可得：

$$\Delta G = \Delta G^{\ominus} + RT\ln\frac{\frac{p_{CO_2}}{p^{\ominus}}\cdot\frac{p_{TiCl_4}}{p^{\ominus}}}{\left(\frac{p_{Cl_2}}{p^{\ominus}}\right)^2} = \Delta G^{\ominus} + RT\ln\frac{p_{CO_2}\cdot p_{TiCl_4}}{p_{Cl_2}^2}$$

当反应达到平衡，$\Delta G=0$，代入已知数据可得：

$$-234216 - 57.02 \times 773 + 2.303 \times 8.314\lg \frac{p_{TiCl_4} \times 101325}{506.6^2} = 0$$

$$\lg p_{TiCl_4} = 19.2$$

$$p_{TiCl_4} = 1.63 \times 10^{19}\ \mathrm{Pa}$$

上述的计算说明，体系中有微量的 $TiCl_4$ 压力就能使金红石完全被氯化。

4.2.1.4 金属硫化物与氯的反应

金属与硫的亲和力相对较弱，因而金属硫化物在中性或还原性气氛中与氯反应生成金属氯化物，某些金属硫化物氯化反应的 $\Delta G^\ominus$-T 的关系如图 4-2-4 所示。

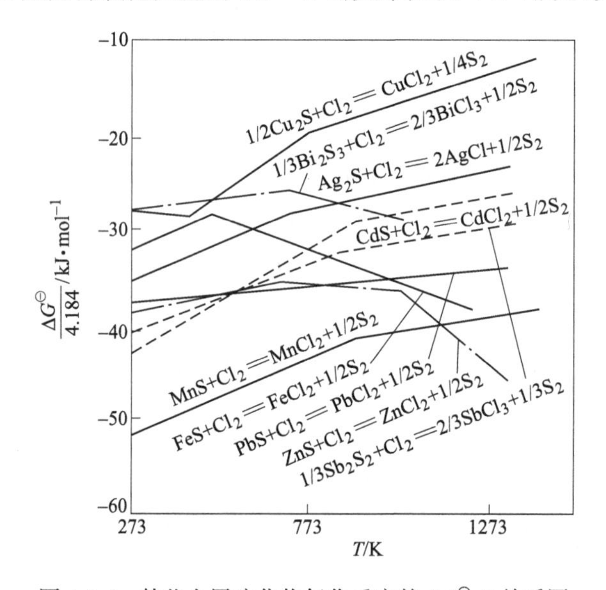

图 4-2-4 某些金属硫化物氯化反应的 $\Delta G^\ominus$-T 关系图

金属硫化物与氯反应的通式为：

$$MeS + Cl_2 = MeCl_2 + \frac{1}{2}S_2 \tag{14}$$

此反应可由反应（8）和反应（15）两个反应组合而成，即反应（8）-反应（15）。

$$Me + \frac{1}{2}S_2 = MeS \qquad \Delta G^\ominus_{MeS} \tag{15}$$

在标准状态下，反应（14）能否发生可通过计算 $\Delta G^\ominus$ 的大小来说明：

$$\Delta G^\ominus = \Delta G^\ominus_{MeCl_2} - \Delta G^\ominus_{MeS}$$

当金属氯化物的稳定性大于金属硫化物的稳定性时，则 $\Delta G^\ominus_{MeCl_2} < \Delta G^\ominus_{MeS}$，此时 $\Delta G^\ominus < 0$，反应向右进行。

金属硫化物的氯化反应具有以下特点：

（1）由图 4-2-4 可知，许多金属硫化物一般都能被氯气直接氯化；

（2）比较图 4-2-2（金属氧化物与氯反应）和图 4-2-4（金属硫化物与氯反应）可以发现，对于同一种金属来说，在相同条件下硫化物通常比氧化物容易氯化，因为金属与硫的亲和力往往小于与氧的亲和力；

（3）由反应（14）可知，硫化物与氯反应产物为金属氯化物和元素硫，生成元素硫可和氯气反应生成硫的氯化物，但在一般的焙烧温度下不稳定，均会分解为元素硫，硫以元素硫回收。因此，硫化矿的氯化焙烧，可得到纯度高而易于储存的硫和不挥发的有价金属氯化物，通过湿法冶金加以分离。

4.2.1.5　金属氧化物与氯化氢的反应

金属氧化物与氯化氢反应的通式为：

$$MeO + 2HCl \xlongequal{} MeCl_2 + H_2O \tag{16}$$

标准吉布斯自由能变化：

$$\Delta G^{\ominus} = (\Delta G^{\ominus}_{MeCl_2} + \Delta G^{\ominus}_{H_2O}) - (\Delta G^{\ominus}_{MeO} + 2\Delta G^{\ominus}_{HCl})$$

此反应也可由以下两个反应组合而成，即反应（17）-反应（18）：

$$MeO + Cl_2 \xlongequal{} MeCl_2 + \frac{1}{2}O_2 \qquad \Delta G^{\ominus}_{17} \tag{17}$$

$$H_2O + Cl_2 \xlongequal{} 2HCl + \frac{1}{2}O_2 \qquad \Delta G^{\ominus}_{18} \tag{18}$$

标准吉布斯自由能变化也可表示为：

$$\Delta G^{\ominus} = \Delta G^{\ominus}_{17} - \Delta G^{\ominus}_{18}$$

各种金属氧化物与氯气反应的 $\Delta G^{\ominus}$-T 关系如图 4-2-2 和图 4-2-3 所示。由图可以看出，凡是在 H_2O 与氯气反应曲线以下的各类金属氧化物，均可以被 HCl 所氯化，因为金属氧化物与氯气反应的标准吉布斯自由能变化小于 H_2O 与氯气反应的标准吉布斯自由能变化，即 $\Delta G^{\ominus}_{17} < \Delta G^{\ominus}_{18}$，故反应（16）的 $\Delta G^{\ominus} < 0$，反应向右进行。

图 4-2-2 和图 4-2-3 显示，反应 $H_2O + Cl_2 = 2HCl + \frac{1}{2}O_2$ 的 $\Delta G^{\ominus}$-T 曲线随温度升高由左至右向下倾斜，说明随着温度的升高，此反应的标准吉布斯自由能变得更负，HCl 的稳定性更强，这就预示着在用 HCl 作氯化剂时随着温度的升高，其氯化能力下降。

Cu_2O、PbO、Ag_2O、CdO、CoO、NiO、ZnO 等与氯气反应的曲线在 H_2O 与氯气反应的曲线下方，故在标准状态下，它们能被 HCl 氯化；SiO_2、TiO_2、Al_2O_3、Fe_2O_3 等与氯气反应的曲线在 H_2O 与氯气反应的曲线上方，故在标准状态下，它们不能被 HCl 氯化。

MgO 与氯气反应的 $\Delta G^{\ominus}$-T 曲线与 H_2O 和 Cl_2 反应的 $\Delta G^{\ominus}$-T 线在 773 K 时相交，工业上用 HCl 氯化氧化镁生产 $MgCl_2$ 时，要防止 773 K 以上 $MgCl_2$ 发生水解反应，其原因如下：

$$MgO + Cl_2 \xlongequal{} MgCl_2 + \frac{1}{2}O_2 \qquad \Delta G^{\ominus}_{19} \tag{19}$$

反应（19）-反应（18）可得：

$$MgO + 2HCl \xlongequal{} MgCl_2 + H_2O \qquad \Delta G^{\ominus}_{20} \tag{20}$$

$$\Delta G^{\ominus}_{20} = \Delta G^{\ominus}_{19} - \Delta G^{\ominus}_{18}$$

当 T<773 K 时，由于 $\Delta G^{\ominus}_{19} < \Delta G^{\ominus}_{18}$，$\Delta G^{\ominus}_{20} < 0$，故反应（20）向右进行，MgO 能被 HCl 氯化。

当 T >773 K 时，由于 $\Delta G^{\ominus}_{19} > \Delta G^{\ominus}_{18}$，$\Delta G^{\ominus}_{20} > 0$，故反应（20）向左进行，MgO 不能被 HCl 氯化，发生其逆反应，$MgCl_2$ 的水解反应。

在氯化焙烧时，为避免水解，需要控制气相中有足够高的 $n(HCl)/n(H_2O)$ 值。如

$SnCl_2$，当 $\frac{n(HCl)}{n(HCl+H_2O)}$ 在20%左右，能防止 $SnCl_2$ 水解。为此应尽可能使焙烧物料干燥，使用含氢量低的燃料以减少气相中的水分含量，也可提高HCl浓度，但氯化剂的消耗量将增多。

4.2.1.6　金属氧化物与固体氯化剂的反应

在生产实践中，经常采用的固体氯化剂有 $CaCl_2$ 和NaCl。如 $CaCl_2$ 常是化工原料的副产品，并且无毒、腐蚀性小、易于操作，得到了广泛的应用。

A　$CaCl_2$ 作氯化剂

用氯化钙作氯化剂，其与氧化物反应的通式为：

$$MeO + CaCl_2 = MeCl_2 + CaO \qquad \Delta G_{21}^{\ominus} \tag{21}$$

标准吉布斯自由能变化：

$$\Delta G_{21}^{\ominus} = (\Delta G_{MeCl_2}^{\ominus} + \Delta G_{CaO}^{\ominus}) - (\Delta G_{MeO}^{\ominus} + \Delta G_{CaCl_2}^{\ominus})$$

反应（21）也可以由反应（17）-反应（22）得到。

$$CaO + Cl_2 = CaCl_2 + \frac{1}{2}O_2 \qquad \Delta G_{22}^{\ominus} \tag{22}$$

$$\Delta G_{21}^{\ominus} = \Delta G_{17}^{\ominus} - \Delta G_{22}^{\ominus}$$

反应（21）能够发生的条件为，金属氧化物与氯气反应的标准吉布斯自由能变化小于CaO与氯气反应的标准吉布斯自由能变化，即 $\Delta G_{17}^{\ominus} < \Delta G_{22}^{\ominus}$。对于金属氧化物被 $CaCl_2$ 氯化的反应可利用图4-2-2和图4-2-3的 $\Delta G^{\ominus}$-T 关系图来分析说明。

由图4-2-2和图4-2-3可知，在CaO氯化线以下的金属氧化物，其氯化物的稳定性大于 $CaCl_2$，即 $\Delta G_{17}^{\ominus} < \Delta G_{22}^{\ominus}$，故在标准状态下，CaO氯化线以下的金属氧化物可以被 $CaCl_2$ 氯化，如 Ag_2O。而在CaO氯化线以上的金属氧化物在标准状态下不能被 $CaCl_2$ 氯化，如 Cu_2O。

在非标准状态下，在CaO氯化线以上，但离CaO氯化线不远的各种金属氧化物可以被 $CaCl_2$ 氯化，如 Cu_2O、PbO、CdO、ZnO；而离CaO氯化线以上很远的 Fe_2O_3 不能被 $CaCl_2$ 氯化。

例如，在1273 K的条件下，工业上用 $CaCl_2$ 作为氯化剂可以将黄铁矿烧渣中的 Cu_2O 氯化，其热力学原理如下：

$$Cu_2O(s) + Cl_2 = Cu_2Cl_2(g) + \frac{1}{2}O_2 \qquad \Delta G_{23}^{\ominus} = \Delta G_{1273}^{\ominus} = -96232\ J/mol \tag{23}$$

$$CaO(s) + Cl_2 = CaCl_2(s) + \frac{1}{2}O_2 \qquad \Delta G_{24}^{\ominus} = \Delta G_{1273}^{\ominus} = -117125\ J/mol \tag{24}$$

反应（23）-反应（24）可得：

$$Cu_2O(s) + CaCl_2(s) = Cu_2Cl_2(g) + CaO(s) \tag{25}$$

在标准状态下，反应（25）的标准吉布斯自由能变化为：

$$\Delta G^{\ominus} = \Delta G_{23}^{\ominus} - \Delta G_{24}^{\ominus} = -96232 - (-117125) = 20920\ J/mol$$

故在标准状态下，Cu_2O 不能被 $CaCl_2$ 氯化。

在非标准状态下，反应（25）的吉布斯自由能变化可由等温方程得到：

$$\Delta G = (\Delta G_{23}^{\ominus} + RT\ln J_{23}) - (\Delta G_{24}^{\ominus} + RT\ln J_{24})$$

$$\Delta G = \left[\Delta G_{23}^{\ominus} + RT\ln\frac{(p_{Cu_2Cl_2}/p^{\ominus})\cdot(p_{O_2}/p^{\ominus})^{\frac{1}{2}}}{p_{Cl_2}/p^{\ominus}}\right] - \left[\Delta G_{24}^{\ominus} + RT\ln\frac{(p_{O_2}/p^{\ominus})^{\frac{1}{2}}}{p_{Cl_2}/p^{\ominus}}\right]$$

$$\Delta G = (\Delta G_{23}^{\ominus} - \Delta G_{24}^{\ominus}) + RT\ln(p_{Cu_2Cl_2}/p^{\ominus})$$

黄铁矿烧渣氯化焙烧时，焙烧炉流动的气流中还有大量的其他气体（如 N_2、O_2 等），Cu_2Cl_2 在焙烧炉气流中占约 1%，气相总压力为 1×10^5 Pa，则 Cu_2Cl_2 气体的分压为 10^3 Pa，即 $p_{Cu_2Cl_2}=10^3$ Pa，代入上式，可得：

$$\Delta G = 20920 + 2.303\times8.314\times1273\times\lg\frac{10^3}{10^5} = -27829 \text{ J/mol}$$

ΔG 为负值，表明在这种条件下 Cu_2O 可以被 $CaCl_2$ 氯化。

再例如，距 CaO 氯化线以上很远的 Fe_2O_3 在同样的条件下，发生反应（24）及反应（26）：

$$\frac{1}{3}Fe_2O_3(s) + Cl_2 = \frac{2}{3}FeCl_3(g) + \frac{1}{2}O_2 \qquad \Delta G_{1273}^{\ominus} = 29288 \text{ J/mol} \qquad (26)$$

反应（26）-反应（24）可得：

$$\frac{1}{3}Fe_2O_3(s) + CaCl_2(s) = \frac{2}{3}FeCl_3(g) + CaO(s) \qquad \Delta G_{1273}^{\ominus} = 146440 \text{ J/mol} \qquad (27)$$

故在 1273 K，在标准状态下，Fe_2O_3 不能被 $CaCl_2$ 氯化。

在非标准状态下：

$$\Delta G = \Delta G_{25}^{\ominus} + RT\ln(p_{FeCl_3}/p^{\ominus})^{\frac{2}{3}}$$

$$\Delta G = 146440 + \frac{2}{3}\times8.314\times2.303\times1273\times\lg\frac{10^3}{10^5} = 113930 \text{ J/mol}$$

ΔG 为正值，表明在这种条件下 Fe_2O_3 不能被 $CaCl_2$ 氯化。

B NaCl 作氯化剂

NaCl 是比较稳定的化合物，在氯气流中加热到 1273 K 仍十分稳定，不发生离解，即固体 NaCl 受热不能离解析出氯参与氯化反应。此外，在干燥的空气或氧气流中，在 1273 K 下加热 2 h，NaCl 分解量很少，仅约为 1%。这表明反应（28）很难向生成氯的方向进行。

$$2NaCl(s) + \frac{1}{2}O_2 = Na_2O(s) + Cl_2 \qquad (28)$$

$$\Delta G_{26}^{\ominus} = 399405 + 24.85T - 28.41T\lg T \text{ J/mol}$$

因此，NaCl 在标准状态下以及在有氧存在时是不可能将一般有色金属氧化物氯化的。但实际生产上却常用 NaCl 作为氯化剂，这是因为在烧渣或矿石中存在有其他物质，如黄铁矿烧渣中一般常含有少量硫化物，该硫化物在焙烧时生成 SO_2 或 SO_3，在此影响下 NaCl 可以分解生成氯，以氯化铜、铅、锌等金属的氧化物或硫化物。这样就可以改变反应的 ΔG 值，使本来不能进行的反应转变为在 SO_2 或 SO_3 等参与下可以进行的反应。

在氯化焙烧的气氛中，一般存在氧、水蒸气以及物料中的硫。在焙烧过程中生成的 SO_2 或 SO_3 与 NaCl 发生副反应，生成 Cl_2 及 HCl 的副产物，从而使 MeO 被氯化。其主要反应有反应（28）及反应（29）：

$$Na_2O(s) + SO_3 = Na_2SO_4(s) \qquad (29)$$

$$\Delta G_{27}^{\ominus} = -575216 + 350.45T - 62.34T\lg T \text{ J/mol}$$

反应（28）+反应（29）可得：

$$2NaCl(s) + \frac{1}{2}O_2 + SO_3 = Na_2SO_4(s) + Cl_2 \qquad (30)$$

$$\Delta G_{28}^{\ominus} = -175811 + 375.30T - 90.75T\lg T \text{ J/mol}$$

$$SO_2 + \frac{1}{2}O_2 = SO_3 \qquad (31)$$

$$\Delta G_{29}^{\ominus} = -94558 + 89.37T \text{ J/mol}$$

反应（30）+反应（31）可得：

$$2NaCl(s) + O_2 + SO_2 = Na_2SO_4(s) + Cl_2 \qquad (32)$$

$$\Delta G_{30}^{\ominus} = -270369 + 464.67T - 90.75T\lg T$$

有水存在时：

$$H_2O + Cl_2 = 2HCl + \frac{1}{2}O_2 \qquad (33)$$

反应（33）在低温下逆向进行；873 K 以上，或有硫酸盐作催化剂时 673 K 以上便向生成 HCl 的方向进行。

在标准状态下，当 T=873 K 时，反应（26）的 $\Delta G_{28}^{\ominus}$ = 348156 J/mol，故反应（28）不能向右进行。而反应（30）的 $\Delta G_{28}^{\ominus}$ = －81175 J/mol，反应（32）的 $\Delta G_{30}^{\ominus}$ = －97713 J/mol，故反应（30）和反应（32）均可向右进行。可见，NaCl 的氯化作用主要是通过 SO_2 或 SO_3 的促进作用，改变反应的 ΔG 值，使其分解放出氯气而实现的。放出的氯气可进一步和水反应生成 HCl，生成的 HCl 可作为氯化剂进行氯化反应。

当采用 $CaCl_2$ 作氯化剂时，若气相中有 SO_2 或 SO_3 存在，那么 SO_2 或 SO_3 会将生成的 CaO 转变为更为稳定的 $CaSO_4$，使氯化反应更容易进行。例如 Cu_2O，反应方程如下：

$$CaCl_2 + Cu_2O = Cu_2Cl_2 + CaO$$

$$CaO + SO_3 = CaSO_4$$

$$CaO + SO_2 + \frac{1}{2}O_2 = CaSO_4$$

$$CaCl_2 + Cu_2O + SO_3 = Cu_2Cl_2 + CaSO_4$$

$$CaCl_2 + Cu_2O + SO_2 + \frac{1}{2}O_2 = Cu_2Cl_2 + CaSO_4$$

同理，当烧渣或矿石中有 SiO_2 存在时，可加强 $CaCl_2$ 和 NaCl 的氯化作用，因为 SiO_2 能与 CaO 和 Na_2O 结合生成相应的更为稳定的硅酸盐。

综上所述可知，在氧化气氛条件下进行的氯化焙烧过程中，NaCl 的分解主要是氧化分解，但必须借助于其他组分的帮助，否则分解很难进行。在中温氯化焙烧时，促使 NaCl 分解的最有效组分是炉气中的 SO_2。因而对于以 NaCl 作为氯化剂的中温氯化焙烧工艺，要求焙烧的原料必须含有足够量的硫。在高温条件下进行的氯化焙烧过程中，NaCl 可借助于 SiO_2、Al_2O_3 等脉石组分来促进它的分解而无需加入硫。

基于反应（31）的存在，NaCl 分解出的氯气可以进一步和水蒸气反应生成 HCl，若氯化过程是在中性或还原气氛中进行时，NaCl 的分解主要是靠氯气的高温水解反应而实现。当然，高温水解反应的进行仍然需要其他组分（如 SiO_2）的促进。

4.2.2　氯化反应的动力学

当用氯气或氯化氢作为氯化剂来氯化金属氧化物或硫化物时，氯化反应在气-固相之间进行，反应为多相反应，有关多相反应动力学的一般规律，对于氯化反应也完全适用。

气-固相之间的多相反应 $MeO(s) + Cl_2(g) = MeCl_2(s) + O_2(g)$ 一般由下列 5 个步骤组成：

（1）气相反应物向固相反应物表面扩散；

（2）气相反应物在固相表面被吸附；

（3）气相反应物与固相反应物发生反应；

（4）气相产物在固相表面的解吸；

（5）气相产物经扩散离开固相表面。

整个反应速度由 5 个步骤中反应速度最慢的一步来决定。

当温度较低时，化学反应速度决定了多相反应的速度，这时称反应处于"动力学区"；当温度升高时，扩散速度决定了多相反应的速度，这时称反应处于"扩散区"。若反应处于"动力学区"，则可以用提高温度，增加固相反应物的细度等方法来提高反应速度；如反应处于"扩散区"，则除了用提高温度的方法提高扩散速度外，还可以用加大气流速度等方法来提高扩散速度。

温度对氯化反应速度的影响可由下式来描述：

$$\lg V = 4.184\left(\frac{W}{2.303RT} + B\right) \tag{4-2-1}$$

式中　V——单位时间金属被氯化的百分比，%；

　　W——活化能，J；

　　B——常数。

当用氯气连续通过 CuO、NiO 和 Co_3O_4 的试样时，氯气流速为 6 L/h，连续通过 1 h，在不同温度下，考查氧化物的氯化情况，试验结果如表 4-2-1 所示。

表 4-2-1　温度对 CuO、NiO 和 Co_3O_4 氯化速度的影响

温度/K	1 h 内氯化的金属占原始样金属含量（质量分数）/%		
	CuO	NiO	Co_3O_4
573	26.92	2.30	—
673	73.00	8.25	—
773	92.25	36.80	2.70
873	97.00	74.82	45.50
973	100.00	82.50	69.50

由表 4-2-1 可以看出，氧化铜很容易氯化，在 573 K 的温度下有 26.92%的铜在 1 h 内能转变为氯化物，而在 873 K 时氧化铜几乎完全被氯化。NiO 的氯化速度比 CuO 慢，而

Co_3O_4 的氯化速度更慢。

将表 4-2-1 中的试验数据利用式（4-2-1），以 lg V 为纵坐标，$\frac{1}{T}\times 10^3$ 为横坐标作图，其结果见图 4-2-5。

由图 4-2-5 可以看出，CuO、NiO 和 Co_3O_4 的氯化速度与温度的关系曲线均是一条折线。每一条线都有一个拐点，a、a_1、a_2 段相当于氯化过程处于“动力学区”，此时温度较低，即多相反应总速度由氯化反应速度所决定；而 b、b_1、b_2 线段相当于氯化过程处于“扩散区”，此时温度较高，即多相反应总速度由扩散过程的速度来决定。各区域的活化能可由相应线段的斜率求出，如表 4-2-2 所示。

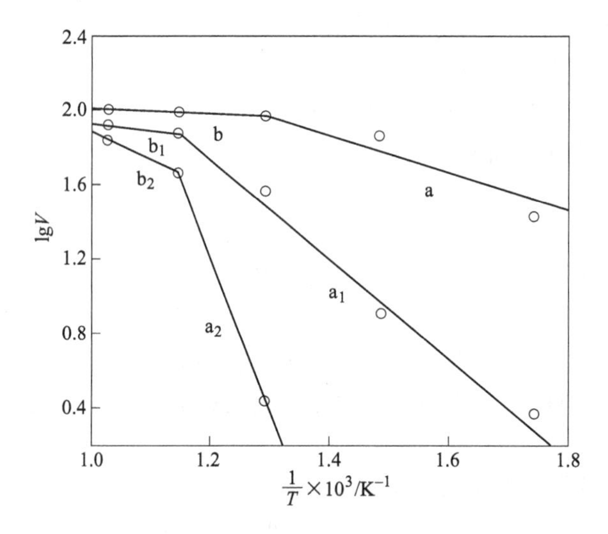

图 4-2-5 氯化反应速度和温度的关系图

表 4-2-2 CuO、NiO 和 Co_3O_4 氯化反应的活化能

氯化的物质	活化能/J·mol^{-1}	
	动力学区	扩散区
CuO	3096	2385
NiO	48534	10209
Co_3O_4	174473	21757

从表 4-2-2 数据同样可以看出，CuO 氯化速度很快，NiO 次之，Co_3O_4 最慢，因为 CuO 所需的活化能最小，NiO 次之，Co_3O_4 最大。另外可以看出，反应过程处于动力学区需要的活化能大于反应过程处于扩散区所需的活化能。

4.3 粗金属的火法精炼

由矿石经熔炼制取的金属通常含有杂质，这样的金属称为粗金属，如粗铜含有各种杂质和金银等贵金属，其总含量可达 0.5%~2%（质量分数）；鼓风炉还原熔炼所得的粗铅含有 1%~4%（质量分数）的杂质和金银等贵金属。当杂质超过允许含量时，金属的耐蚀性、机械性以及导电性等就会降低，为了满足上述性能的要求，通常需要用一种或几种方法处理粗金属，以便得到尽可能纯的金属。此外，有些精炼是为了提取金属中的其他有价元素。

粗金属火法精炼的主要目的包括以下 3 个方面：

（1）主要为了将杂质含量降低到规定限度以下，尽可能获得纯金属。

（2）有时是为了得到某种杂质含量在允许范围内的产品，如炼钢，特别是合金钢的生产，其目的除了脱去有害杂质以外，还要使钢液中留有各种规定量的合金元素，以便得到具有一定性能的钢材。

（3）有时是为了回收利用某些粗金属中的其他有价元素，如粗铅和粗铜回收金、银及其他贵金属。

粗金属的火法精炼按精炼产物可以分为 3 类：

（1）金属-渣系：如氧化精炼、硫化精炼、萃取精炼，具体例子有铜和铅的氧化精炼法使杂质进入渣相与主体金属分离。

（2）金属-金属系：如熔析精炼和区域（带熔）精炼。

（3）金属气体系：如蒸馏精炼。

粗金属的火法精炼也可以按过程物化性质进行分类：

（1）化学法：基于杂质与主金属化学性质的不同，加入某种试剂（氧化剂、硫化剂或附加物等）使其与杂质作用形成难溶于主体金属的化合物析出或造渣，之后与主体金属实现分离。如氧化精炼、硫化精炼和萃取精炼。

（2）物理法：基于两相平衡时杂质和主金属在两相（液-固或气-固）间的不等量分配而实现的。如熔析精炼、区域（带熔）精炼、蒸馏精炼法，其中熔析精炼和区域（带熔）精炼是产生固-液两相；而蒸馏精炼法是产生气-液两相。

需要指出的是，为了得到纯度较高的产品，同一精炼过程往往需要重复进行多次，或者需要几种精炼方法配合使用。如粗铅除铜过程就包括熔析精炼和硫化精炼两种方法。

粗金属的火法精炼通常包含两个步骤：

（1）使均匀的熔融粗金属产生多相体系，如金属-渣系、金属-金属系、金属-气体系。

（2）分离上述产生的各两相体系。

4.3.1 熔析精炼和区域（带熔）精炼

4.3.1.1 熔析精炼

熔析精炼是指熔体在熔融状态或其缓慢冷却过程中，使液相之间或液相与固相之间分离的工艺过程。在冷却金属合金时，除了共晶组成以外，都会产生熔析现象，这种现象对于铸造业来说十分有害，因为熔析现象破坏了合金铸件各部分组成的均匀性，因而就造成了各部分性质的不均一性。但熔析现象却被广泛应用于有色粗金属精炼中，如粗铅熔析除银、粗锌熔析除铁和铅、粗锡熔析除铁等。熔析精炼法具有设备简单、精炼效率高等优点。

熔析精炼的基本原理是基于熔体在熔融状态或其缓慢冷却过程中，杂质在液相和固相间的不等量分配而实现的，其过程服从生成简单二元共晶的相变规律。纯金属在结晶温度下仅发生相态变化，而相数和相的化学组成不变，是均匀的二元液态金属熔体，在相变温度下转变为两个平衡共存的相。由于杂质在固相和液相中的溶解度不同，故产生成分的偏析，杂质在液相或固相中的某一相中得到了富集，而另外一相中杂质的含量就会降低，分离这两相，杂质含量低的一相即为精炼得到的金属，杂质含量降低的程度为共晶点相组成。

熔析精炼过程是由两个步骤组成：

第一步，使在均匀的合金中产生多相体系，如液体+液体、液体+固体。产生多相体系可以用加热或缓冷等方法；

第二步，是由第一步产生的两相按比重不同而分层。如果分层为二液相则分别放出：如果分层为固相和液相，则利用漏勺、捞渣器等两相分离，或者使液相沿着炉底斜坡排至炉外，固体则仍留于炉底上，从而使二相分离。

根据操作方式不同，熔析精炼可分两种方法。

A 结晶

将粗金属缓缓冷却到一定温度（一般是稍高于共晶温度），熔体中某成分由于溶解度减小，而成固体析出，其余熔体仍保持在液体状态，借此以分离金属及其所含杂质。也有这种情况，在冷却粗金属熔体时，并不出现固体，而是出现另一独立的液相，它与原来的熔体分层，粗锌分离铅即是如此。

图 4-3-1 所示，A（纯金属）和 B（杂质）形成简单的二元共晶体系，设有一熔融粗金属 P，其组成为 $b\%$的 B 和（$1-b\%$）的 A，质量为 $m(\mathrm{g})$，在温度 t 时，熔体为一均一稳定的液相 L，自由度为$f=2$，熔体的状态由温度和组成决定；当温度下降至 t_1 时，交于液相线 C 点，此时开始析出杂质 B，组成为固相 B 和液相 L，自由度$f=1$，温度和组成有一个变量确定，体系的状态便确定；随温度下降到 t_1 时，固相杂质 B 不断析出，熔体中的 B 不断减少，A 含量相对增加，液相组成随液相线变化，在 C_1 点时，固相和液相的含量由杠杆定律确定。如下式所示：

$$\frac{m_l}{m_s}=\frac{x_1}{x_2} \tag{4-3-1}$$

式中 m_l——液相质量，g；

m_s——固相质量，g。

$$m_l + m_s = m \tag{4-3-2}$$

联立式（4-3-1）和式（4-3-2）即可计算得到液相的质量 m_l和固相的质量 m_s，固相是由纯 B 组成，而液相的组成则由液相线含量确定。由图 4-3-1 可以看出，液相 m_l中含有 $b_1\%$的 B 和（$1-b_1\%$）的 A，由此可见液相中杂质含量由 $b\%$降低到 $b_1\%$。

当随温度下降到共晶温度 t_3 时，熔体中 A 也达到饱和，此时 A 和 B 同时析出，液相组成为 C_2，体系有三相共存，自由度为$f=0$，这时液相温度和组成都保持不变，t_3 为结晶终了温度。当温度低于 t_3 时，液相完全凝固，体系中只有固相 A 和 B 共存，自由度为$f=1$。

由上述分析可知，将粗金属 P 冷却到共晶温度 t_3 时，液相为共晶部分，而杂质 B 则留在固相内，分离固相，则液相中粗金属杂质 B 的含量由 $b\%$降到 $a\%$。共晶点 C_2 为液相中杂质 B 的最低含量，即熔体中的杂质 B 最大限度地可由 $b\%$降低到 $a\%$。

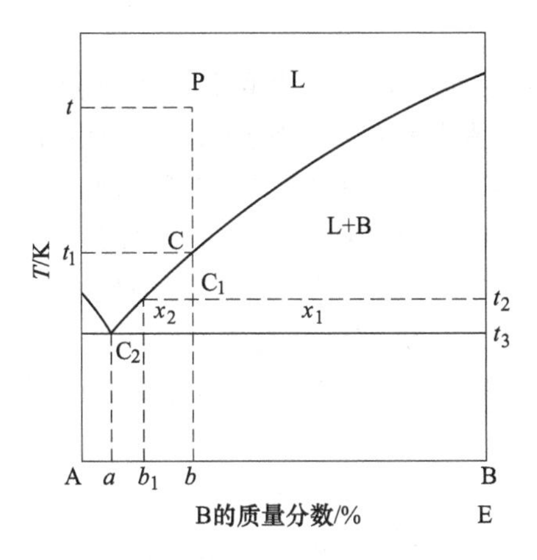

图 4-3-1 简单二元共晶体系

B 熔化

将粗金属缓慢加热到一定温度（一般是稍高于共晶温度），其中一部分熔化成液体，而另一部分仍为固体，借此将金属与其杂质分离。

以上两种方法都是在不恒温的情况下进行的。

图 4-3-2 为 Cu-Pb 二元系的平衡状态图，以此图来说明粗铅熔析除铜的基本原理。

将过热的粗铅液缓慢冷却，并将温度保持在稍高于共晶温度（326 ℃）点以上，如 330~350 ℃。此时，液相中的杂质铜以固相析出，由于密度不同，固体铜以渣的形式浮于铅熔体表面，将固体铜撇去，便得到杂质含量较低的铅液。粗铅熔析除铜的理论极限是 Pb-Cu 共晶组成，即 $w[Cu]=0.06\%$。如通过共存元素（As、Sb）的作用，实际脱铜极限可降至 $w[Cu]=0.02\%\sim0.03\%$。

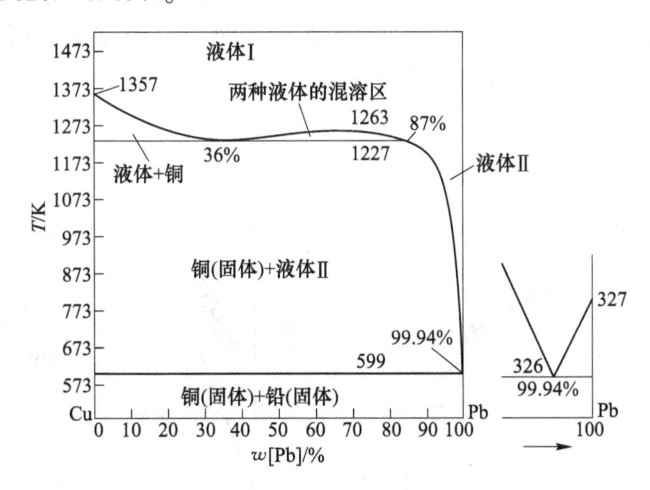

图 4-3-2 Cu-Pb 二元系的平衡状态图

4.3.1.2 区域（带熔）精炼

区域（带熔）精炼基本原理与熔析精炼一致，也是基于杂质在液相和固相间的不等量分配而实现的，也是在不恒温的情况下进行的，其过程服从生成连续固溶体的二元系相变规律。

其方法要点可由图 4-3-3 说明：通过一个可移动的加热器（感应加热线圈），沿金属棒轴向方向移动，于是在金属棒中就有一个长约 2.5~3.0 cm 的相当窄的熔化区形成。当熔化区沿着金属棒长度以每小时若干厘米的速度缓慢移动时，挨着的部分就熔化，同时杂质在熔化区（或再凝固区）富集，而基本金属则在再凝固区（或熔化区）中变得更纯。如果使这个过程重复若干次，就可以达到使金属高度纯化的目的。把杂质含量多的金属棒末端（锭尾或锭头）切除，剩下的大部分金属锭就是含杂质极微的高纯金属产品。例如，在锗和硅的区域精炼中，使过程重复 5 次即可使杂质降低到 10^{-9}（质量分数）的水平。

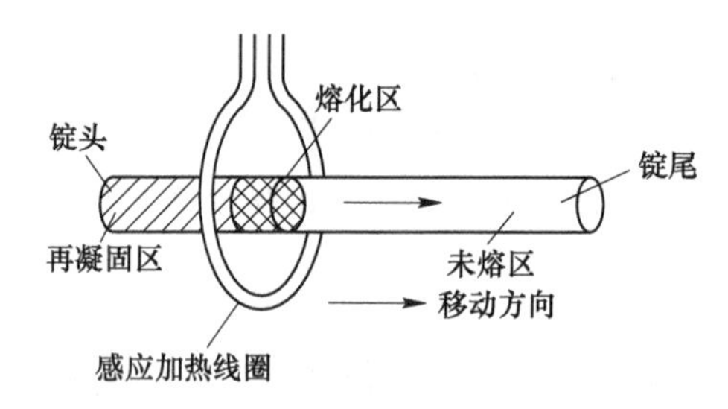

图 4-3-3　区域精炼示意图（加热线圈由左向右移动）

下面以生成连续固溶体的二元系相图来说明，如图 4-3-4 所示，是主金属-杂质金属二元系相图的一部分。在图 4-3-4（a）中，原始熔体 P 中含杂质为 $a\%$，与 P 熔体处于平衡状态的固溶体成分为 $b\%$，平衡时固相中的杂质含量（$b\%$）比原始熔体 P 中杂质含量（$a\%$）少得多。由此可见，杂质在熔化区（液相）中富集，而主金属则在再凝固区（固相）变得更纯，杂质富集在锭尾（右侧）。而图 4-3-4（b）中，与 P 熔体处于平衡状态的液相体成分为 $b\%$，平衡时液相中的杂质含量（$b\%$）比原始熔体 P 中杂质含量（$a\%$）少得多。由此可见，杂质在再凝固区（固相）中富集，而主金属则在熔化区（液相）变得更纯，杂质富集在锭头（左侧）。

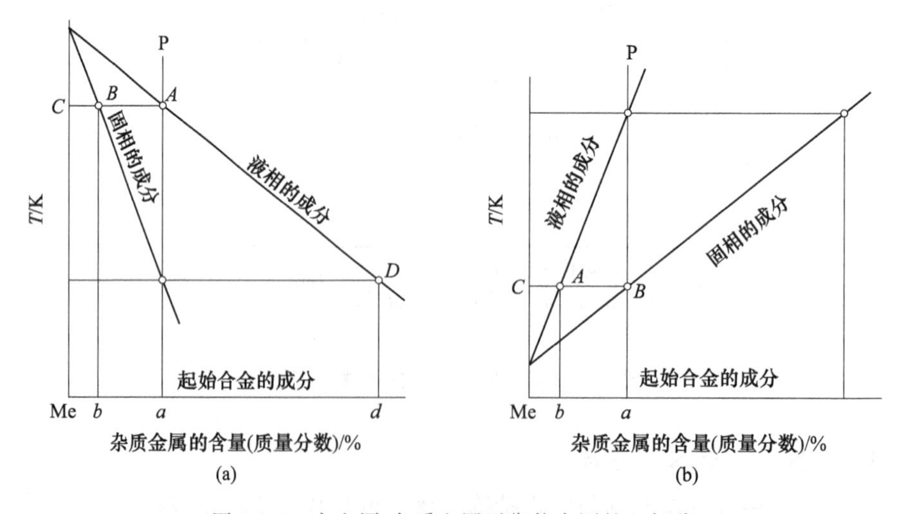

图 4-3-4　主金属-杂质金属平衡状态图的一部分

区域精炼除杂的效果取决于溶解度差别，用平衡分配系数 K_0 来衡量的。K_0 是指在固-液相平衡体系中，杂质在固相中的浓度 c_s 与杂质在液相中的浓度 c_l 之比，即：

$$K_0 = \frac{c_s}{c_l} \tag{4-3-3}$$

对于图 4-3-4（a）中的二元系而言，$c_s < c_l$，$K_0 = \frac{c_s}{c_l} = \frac{c_B}{c_A} < 1$，杂质富集在锭尾。

对于图 4-3-4（b）中的二元系而言，$c_s > c_l$，$K_0 = \frac{c_s}{c_l} = \frac{c_B}{c_A} > 1$，杂质富集在锭头。

平衡分配系数 K_0偏离 1 的程度越大，表示杂质在固相和液相中的溶解度差别越大，二元系相图中固相线和液相线夹角越大，精炼效果越好。即当 $K_0>1$ 时，K_0 越大，精炼效果越好；当 $K_0<1$ 时，K_0 越小，精炼效果越好。二元系相图中固相线和液相线越靠近，则 K_0 越接近 1，此时区域精炼就不能进行。

重复次数越多，熔体 P 中杂质越少。随精炼重复的次数增多，熔体 P 的成分点逐渐向左移动，由图 4-3-4 可发现，随成分点的左移，K_0 值向 1 靠近，即重复次数越多，精炼效果越差。

在实际的凝固过程中，液相不可能如图 4-3-4 所示那样有足够时间与整个固相达到完全平衡。因此，实际的分配系数与平衡的分配系数有偏差，这个实际的分配系数称为有效分配系数，以 K 表示。在 $K<1$ 的情况下，熔化区通过锭条一次后，杂质沿锭条长度方向的分布如图 4-3-5 所示，并可用以下方程表述：

$$\frac{c_s}{c_0} = 1 - (1 - K)e^{-\frac{Kx}{L}} \tag{4-3-4}$$

式中 x——从开始端到熔区边端的距离；
c_0——杂质的初始浓度；
L——固定的熔区长度；
c_s——析出固相中杂质的浓度。

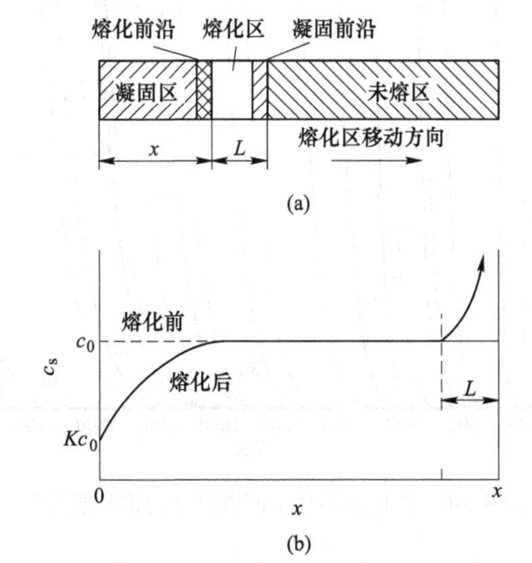

图 4-3-5 区域精炼提纯示意图和杂质沿锭条轴向分布曲线
（a）区域精炼提纯示意图；（b）杂质沿锭条轴向分布曲线

由式（4-3-4）可知，熔区长度 L 增大，析出固相中杂质的浓度 c_s 降低，精炼效果提高，但熔区长度过长，精炼所能达到的最终纯度降低，故一般区域熔炼时，前几次提纯往往控制熔区较长，后几次则用短熔区。此外，熔区移动速度降低，有利于液相中杂质的扩散，有利于提纯，但速度过低，生产能力降低。杂质传质速度提高，在一定程度上可提高提纯效果。如采用感应加热时，熔区内熔体由于电磁作用，加快了传质过程，相应地提纯效果较一般电阻加热时好。

4.3.2 蒸馏精炼

蒸馏精炼的原理是基于物质的饱和蒸气压的不同，而实现其相互分离的。低沸点金属可借助蒸馏和接着冷凝成纯金属的方法与更高沸点的金属分离而达到精炼的目的。

对于相变反应：

$$Me(l) \longrightarrow Me(g)$$

若在温度 T 时，反应达到平衡，此时，气相中金属 Me 所具有的蒸气压，称为该金属在温度 T 下的饱和蒸气压，简称蒸气压。饱和蒸气压是温度的函数。

饱和蒸气压和温度的关系如下：

$$\lg p = A \times 10^{3} \cdot T^{-1} + B\lg T + C \times 10^{-3} \cdot T + D \tag{4-3-5}$$

式中 p——饱和蒸气压，kPa；

T——温度，K；

A，B，C，D——常数，可由梁英教主编的《无机物热力学数据手册》得到。

通过查阅《无机物热力学数据手册》，可得到不同金属在不同温度下的常数 A，B，C，D 数值，代入式（4-3-5），便可得到相应金属在不同温度下的饱和蒸气压，如图 4-3-6 所示。

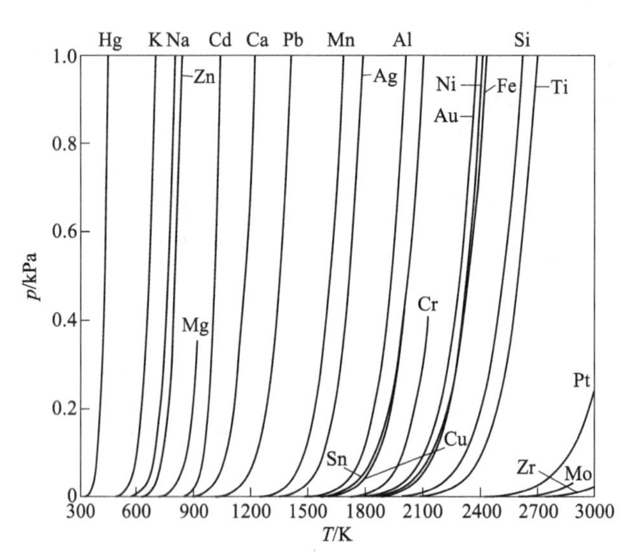

图 4-3-6 各种金属在不同温度下的饱和蒸气压

由图 4-3-6 可知，在同一温度下不同金属的蒸气压相差很大。其中蒸气压最大，沸点最低，最容易蒸发的金属是 Hg，而蒸气压最小，沸点最高，最难蒸发的金属是 Zr。

利用金属蒸气压大小的不同，即挥发能力的差异，可以进行各种金属的蒸馏过程。当金属中杂质蒸气压远大于主体金属蒸气压时，可以进行把杂质蒸发出去的蒸馏精炼，例如粗铅除锌；如果主体金属的蒸气压远大于杂质金属蒸气压时，则可以进行把主体金属蒸发出去的蒸馏精炼，例如氧化锌的还原蒸馏。

在粗金属的蒸馏精炼中，当实际可行的温度低于 1000 ℃时，由于金属的沸点较低，其蒸馏过程可以在大气压下进行，称为常压蒸馏精炼。例如，氧化锌的还原蒸馏；粗锌的蒸馏精炼等。对于沸点较高的金属，需要在真空条件下进行蒸馏精炼，这种在远低于大气压下进行的蒸馏精炼过程称为真空蒸馏精炼。

采用真空蒸馏扩大了可用这种方法精炼金属的范围，因为在真空条件下，金属的沸点较常压下会大幅度地降低，使常压下沸点较高的金属在真空条件下也可以进行蒸馏精炼。表 4-3-1 列出了各种金属在常压下的熔点和沸点以及在体系压力为 100 Pa 时的沸点。由表 4-3-1 可以看出，对于金属 Hg、Cd、Na、Zn 可以采用常压蒸馏，而金属 Mg、Ca、Pb 则需要采用真空蒸馏。

表 4-3-1 各种金属的熔点和沸点

金属	体系压力为 10^5 Pa		体系压力为 100 Pa
	熔点/℃	沸点/℃	沸点/℃
Hg	-39	357	121
Cd	321	767	384
Na	98	892	429
Zn	429	906	477
Mg	650	1105	608
Ca	850	1487	803
Pb	327	1525	953
Mn	1244	2095	1269
Al	660	2500	1263
Ag	961	2212	1334
Cu	1083	2570	1603
Cr	1850	2620	1694
Ni	1453	2910	1780
Au	1063	2970	1840
Fe	1539	3070	1760
Mo	2600	4800	3060

常压蒸馏精炼以含有铅、镉等杂质的粗锌蒸馏过程为例来说明，其基本原理是基于锌、镉和铅的沸点不同。锌的沸点为 1179 K，镉的为 1040 K，而铅则为 1798 K，将粗锌加热到 1000 ℃，则锌和镉便发生沸腾呈蒸气状态逸出，而铅及其他沸点较高的杂质（如铁、铜等）差不多完全呈液态存在。在 1273 K 下，铅的蒸气压为 183.73 Pa，而铁、铜的蒸气压更小，分别为 6.55×10^{-5} Pa、6.17×10^{-3} Pa，因此，铅的挥发量很小，而铁和铜几乎不挥发。

蒸馏出来的锌、镉蒸气，经冷凝后，便成为锌镉合金，通常含有5%（摩尔分数）的镉，为了使锌和镉分离，还需进行分馏。

锌和镉的分馏原理，可以用图4-3-7的Zn-Cd二元系的沸点-组成图来说明。由图4-3-7可以看出，把含$x[Zn]=95\%$、$x[Cd]=5\%$的合金熔化加热，当温度达到1163 K的a点时便开始沸腾，与液相平衡的气相成分为b（$x[Cd]=10\%$），因为Cd在气相中的含量比在液相中的含量要多，所以在蒸发了一些溶液之后，剩下的溶液中含Zn更高，含Cd更少。因此，使溶液再在较高温度下蒸发，最后剩下的溶液几乎只有Zn，从而得到纯度很高的精炼锌。

如果将挥发出的成分为b的蒸气冷却到1143 K，则得到$x[Cd]=10\%$的凝聚液a′和$x[Cd]=30\%$的蒸气b′。当蒸气b′冷却到1103 K时，又得到$x[Cd]=25\%$的凝聚液a″和$x[Cd]=60\%$的蒸气b″。这样连续下去，最后挥发出的蒸气将是纯组元Cd。

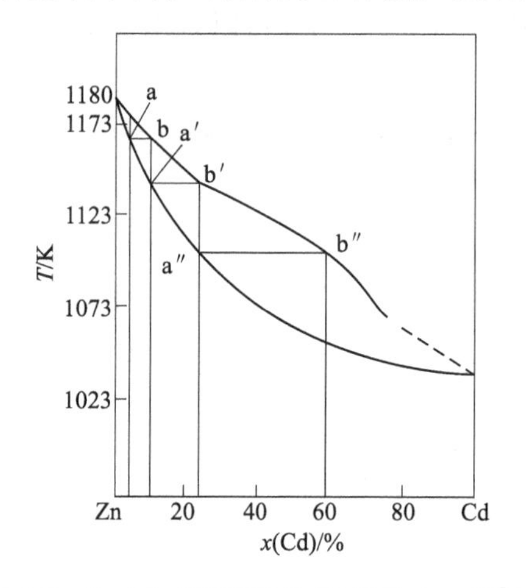

图4-3-7 Zn-Cd二元系沸点-组成图（$p=10^5$ Pa）

真空蒸馏精炼以$x[Zn]=1\%$的Pb-Zn体系蒸馏除锌过程为例来说明。表4-3-2列出了Pb-Zn体系蒸馏时，气相中锌和铅的蒸气压及二者的分离系数。所谓分离系数是指在蒸馏温度下，杂质在气相中的蒸气压与主体金属的蒸气压之比。由表4-3-2可见，蒸馏温度越低，Pb与Zn的分离系数越大，即温度越低，获得的铅及冷凝锌的纯度越高，铅的挥发损失越小。

表4-3-2 $x[Zn]=1\%$的Pb-Zn熔体中Zn和Pb的蒸气压及二者的分离系数

温度/℃	蒸气压/Pa		分离系数
	Zn	Pb	
500	70.53	0.00464	15200
600	298.64	0.10626	2810
700	779.93	1.30656	597

另外，真空下金属熔体的蒸发过程，都是在熔体表面上进行。这是因为金属熔体的密度大、导热性好，所以新相气泡很难在熔体内部生成。由于没有一般沸腾时气泡上升过程中产生的翻腾及气泡在表面破裂时产生的飞溅现象，因此减少了飞溅物对蒸气的污染，从

而使冷凝产物更纯净。由于真空蒸馏过程局限于金属熔体的表面层，因此为了提高蒸馏效果，要求熔体有一个大而洁净的蒸发表面。

4.3.3　萃取精炼

萃取精炼是指在熔融的粗金属中加入附加物，此附加物与粗金属内杂质生成不溶解于熔体的化合物而析出，此方法在恒温下进行。例如粗铅加锌除银，粗铅加钙除铋等。

现以铅水加锌除银的帕克斯法来说明，锌与银具有很大的化学亲和力，极易生成稳定的锌银化合物，其密度比铅小，熔点高，且不溶于被锌饱和的铅液中，在约 773 K 时向粗铅中加入足够量的锌（约为粗铅质量的 2%），搅拌铅水并使其稍许冷却，生成的锌银化合物便以固体锌银壳的形态浮于铅水表面，最后将固体壳层从铅水中分离出来，就可以达到粗铅除银的目的。现举例说明过程所涉及到的热力学问题。

【例 4-7】　一无锌粗铅水，每吨含 7.775 kg 银，在 773 K 时加 Zn 除 Ag。设其反应产物是纯 Ag_2Zn_3，试求除去 98%银时，每吨粗铅所需添加的锌量？

已知：$(\gamma^0_{Zn})_{Pb} = 11$，$(\gamma^0_{Ag})_{Pb} = 2.3$

$$2Ag(l) + 3Zn(l) = Ag_2Zn_3 \qquad \Delta G^{\ominus}_{773} = -127612\ J/mol$$

解： 以 1 t 粗铅为单位进行计算。

Zn 的用量由两部分组成：其一是与被脱除的 Ag 反应需要的锌量；其二是 Pb 液中与残留 Ag 平衡需要的 Zn 量。

（1）计算脱除 98%的 Ag 反应消耗的 Zn 量。

利用质量守恒定律：

$$\begin{array}{ccc} 2Ag(l) & + \quad 3Zn(l) & = Ag_2Zn_3 \\ 2\times 107.9 & 3\times 65.4 & \\ 7.775\times 0.98\ kg & X\ kg & \end{array}$$

需要的锌量 X：

$$X = 7.775 \times 0.98 \times 3 \times 65.4/(2 \times 107.9) = 6.927\ kg$$

（2）计算 Pb 液中残余的 Ag，反应平衡需要的 Zn 量，即残留的 2%的 Ag 与 Zn 平衡需要的 Zn 量。求反应平衡常数。

$$\lg K = \frac{\Delta G^{\ominus}}{-2.303RT} = \frac{-127612}{-2.303 \times 8.314 \times 773} = 8.62$$

$$K = 4.17 \times 10^8$$

$$K = \frac{a_{Ag_2Zn_3}}{a^2_{Ag} \cdot a^3_{Zn}} = \frac{a_{Ag_2Zn_3}}{[(\gamma^0_{Ag})_{Pb} \cdot x_{Ag}]^2 \cdot [(\gamma^0_{Zn})_{Pb} \cdot x_{Zn}]^3}$$

取反应产物 $a_{Ag_2Zn_3} = 1$，则：

$$[(\gamma^0_{Ag})_{Pb} \cdot x_{Ag}]^2 \cdot [(\gamma^0_{Zn})_{Pb} \cdot x_{Zn}]^3 = 2.4 \times 10^{-9}$$

将 Ag 的质量分数转变为摩尔分数：

Ag 初始量为：

$$\frac{7.775 \times 10^3}{107.9} = 72\ mol$$

Ag 残留量为：　$(1-0.98)\times 72 = 1.44\ mol$

Pb 初始量为:

$$\frac{(1000-7.775)\times 10^3}{207.2}=4.789\times 10^3\ \mathrm{mol}$$

残留 Ag 的摩尔分数为:

$$x_{Ag}=\frac{1.44}{4.789\times 10^3}=3\times 10^{-4}$$

与残留的 2%的 Ag 平衡需要 Zn 的摩尔分数为:

$$x_{Zn}=\sqrt[3]{\frac{2.4\times 10^{-9}}{[(\gamma_{Ag}^0)_{Pb}\cdot x_{Ag}]^2\cdot[(\gamma_{Zn}^0)_{Pb}]^3}}=\sqrt[3]{\frac{2.4\times 10^{-9}}{(3\times 10^{-4}\times 2.3)^2\times 11^3}}=0.0156$$

转换为 Zn 质量: $0.0156\times 4.789\times 10^3\times 65.4\times 10^{-3}=4.886$ kg

除去 98%银每吨粗铅所需添加的锌量: 6.927+4.886=11.81 kg

实践中, 由于反应达不到平衡以及银锌化合物活度由于渣壳中铅的存在而小于 1, 因此实际的锌需要量大于 11.81 kg, 一般添加锌量约为 18 kg。

4.3.4 氧化精炼和硫化精炼

4.3.4.1　氧化精炼

氧化精炼是利用空气中的氧通入被精炼的粗金属熔体中, 使其中所含的杂质被氧化除去。该法的基本原理是基于金属对氧亲和力的大小不同, 使杂质优先被氧化而生成不溶于主体金属的氧化物, 或以渣的形式聚集于熔体表面, 或以气态的形式 (如杂质 S、C) 逸出。

当空气鼓入熔池中形成气泡时, 在气泡与熔体接触的界面处发生如下反应:

$$2[\mathrm{Me}]+\mathrm{O_2}=\!=\!=2[\mathrm{MeO}] \tag{1}$$

$$2[\mathrm{Me'}]+\mathrm{O_2}=\!=\!=2[\mathrm{Me'O}] \tag{2}$$

主体金属为 Me, 杂质金属为 Me′, 由于杂质 Me′浓度小, 直接与 O_2 接触机会少, 故杂质金属 Me′按式 (2) 的直接氧化反应可以忽略。因此, 当金属熔体与空气中的氧接触时, 熔融的主体金属便首先按反应式 (1) 被氧化成 MeO, 随即溶解于 [Me] 中, 并被气泡搅动向熔体中扩散, 使其他杂质元素 Me′氧化, 实质上起到了传递氧的作用, 故粗金属中杂质金属 Me′的氧化主要以间接氧化为主, 其基本反应如下所示:

$$[\mathrm{MeO}]+[\mathrm{Me'}]=\!=\!=(\mathrm{Me'O})+[\mathrm{Me}] \tag{3}$$

杂质金属 Me′的氧化去除过程, 采用的物理化学参数不同, 分析计算方法不同。

A　利用氧化物离解压概念及溶解度

由于氧化精炼过程, 主体金属 Me 实际上起传递氧的作用, 故反应 (3) 可以写成如下形式:

$$2[\mathrm{Me}+\mathrm{Me'}]+\mathrm{O_2}=\!=\!=2(\mathrm{Me'O})+2[\mathrm{Me}] \tag{4}$$

简写为:

$$2[\mathrm{Me'}]+\mathrm{O_2}=\!=\!=2(\mathrm{Me'O}) \tag{5}$$

当 $a_{\mathrm{Me'O}}=1$ 时, 反应 (5) 的平衡常数可表示为:

$$K=\frac{1}{x[\mathrm{Me'}]^2\cdot p_{\mathrm{O_2(Me'O)}}/p^{\ominus}} \tag{4-3-6}$$

同温度下［Me′］为饱和溶液时：

$$K = \frac{1}{x[\mathrm{Me}']^2_{饱和} \cdot p_{\mathrm{O_2(Me'O)}饱和}/p^{\ominus}} \tag{4-3-7}$$

在给定温度下，式（4-3-6）和式（4-3-7）相等，故：

$$\frac{1}{x[\mathrm{Me}']^2 \cdot p_{\mathrm{O_2(Me'O)}}} = \frac{1}{x[\mathrm{Me}']^2_{饱和} \cdot p_{\mathrm{O_2(Me'O)}饱和}} \tag{4-3-8}$$

当反应达平衡时，氧在（Me′O）的分压和氧在（MeO）中分压相等，即：$p_{\mathrm{O_2(Me'O)}} = p_{\mathrm{O_2(MeO)}}$。由于精炼过程，氧气过量，熔体中金属主要以 Me 为主，故熔融金属 Me 在氧化阶段始终为（Me′O）所饱和，所以，$p_{\mathrm{O_2(MeO)}} = p_{\mathrm{O_2(MeO)}饱和}$。因此：

$$p_{\mathrm{O_2(Me'O)}} = p_{\mathrm{O_2(MeO)}饱和} \tag{4-3-9}$$

将式（4-3-9）代入式（4-3-8）可得：

$$\frac{1}{x[\mathrm{Me}']^2 \cdot p_{\mathrm{O_2(MeO)}饱和}} = \frac{1}{x[\mathrm{Me}']^2_{饱和} \cdot p_{\mathrm{O_2(Me'O)}饱和}}$$

$$x[\mathrm{Me}'] = x[\mathrm{Me}']_{饱和}\sqrt{\frac{p_{\mathrm{O_2(Me'O)}饱和}}{p_{\mathrm{O_2(MeO)}饱和}}} \tag{4-3-10}$$

式中 $x[\mathrm{Me}']$——氧化精炼后残留被精炼的金属中杂质的摩尔分数；

$x[\mathrm{Me}']_{饱和}$——杂质金属在［Me］和［Me′］组成的熔体中饱和溶解度；

$p_{\mathrm{O_2(Me'O)}饱和}$——Me′O 的离解压；

$p_{\mathrm{O_2(MeO)}饱和}$——MeO 的离解压。

【例 4-8】 在 1473 K 时进行粗铜氧化精炼除铁，铁的溶解度为 5%，试求氧化精炼平衡时，粗铜中杂质铁的质量分数？假设熔体中只有铜和铁。

已知：$2\mathrm{Fe} + \mathrm{O_2} = 2\mathrm{FeO}$　　$\lg K = \frac{-28410}{T} + 7.54$

$4\mathrm{Cu} + \mathrm{O_2} = 2\mathrm{Cu_2O}$　　$\lg K = \frac{-20420}{T} + 14.904 - 1.712\lg T$

解： 由于铁对氧的亲和力大于铜对氧的亲和力，氧化精炼时向熔体粗铜中鼓入空气，基于铜的数量与杂质数量相比，铜占绝大多数，故铜先氧化成 $\mathrm{Cu_2O}$，溶解在熔体中的 $\mathrm{Cu_2O}$ 和铁按下列反应进行：

$$[\mathrm{Cu_2O}] + [\mathrm{Fe}] = 2[\mathrm{Cu}] + (\mathrm{FeO})$$

上述反应可简写为：

$$2[\mathrm{Fe}] + \mathrm{O_2} = 2(\mathrm{FeO})$$

平衡时粗铜中杂质铁的质量分数可由式（4-3-10）得到：

$$x[\mathrm{Fe}] = x[\mathrm{Fe}]_{饱和}\sqrt{\frac{p_{\mathrm{O_2(FeO)}饱和}}{p_{\mathrm{O_2(Cu_2O)}饱和}}}$$

将铁的溶解度由质量分数转变为摩尔分数：

$$x[\mathrm{Fe}]_{饱和} = \frac{n_{\mathrm{Fe}饱和}}{n_{\mathrm{Fe}饱和} + n_{\mathrm{Cu}饱和}} = \frac{\frac{m_{\mathrm{Fe}饱和}}{56}}{\frac{m_{\mathrm{Fe}饱和}}{56} + \frac{m_{\mathrm{Cu}饱和}}{64}}$$

$$x[\mathrm{Fe}]_{饱和} = \frac{\frac{5}{56}}{\frac{5}{56}+\frac{95}{64}} = 0.057$$

氧化亚铁的离解压为：

$$\lg K = \lg(p_{O_2(FeO)饱和}/p^{\ominus}) = \frac{-28410}{1473} + 7.54 = -11.75$$

$$p_{O_2(FeO)饱和} = 1.78 \times 10^{-7}\ \mathrm{Pa}$$

氧化亚铜的离解压为：

$$\lg K = \lg(p_{O_2(Cu_2O)饱和}/p^{\ominus}) = \frac{-20420}{1473} + 14.904 - 1.712\lg 1473 = -4.38$$

$$p_{O_2(Cu_2O)饱和} = 4.17\ \mathrm{Pa}$$

代入数据可得：

$$x[\mathrm{Fe}] = 0.057 \times \sqrt{\frac{1.78 \times 10^{-7}}{4.17}} = 1.178 \times 10^{-5}$$

再将 1.178×10^{-5}转变为质量分数：

设 x 为 100 g 铜液所溶解 Fe 的质量（g），则：

$$\frac{\frac{x}{56}}{\frac{x}{56}+\frac{100-x}{64}} = 1.178 \times 10^{-5}$$

$$x = 0.00103\%$$

粗铜氧化精炼除铁时，可将铁降低到十万分之一左右。

B 利用反应平衡常数及活度概念

氧化精炼除去金属杂质的过程也可按如下反应进行：

$$\mathrm{MeO} + \mathrm{Me'} \xlongequal{} \mathrm{Me} + \mathrm{Me'O} \tag{6}$$

上述反应的平衡常数 K 为：

$$K = \frac{a_{Me} \cdot a_{Me'O}}{a_{MeO} \cdot a_{Me'}} \tag{4-3-11}$$

对于反应（6），可认为 $a_{Me} = 1$， Me 在氧化阶段始终为氧所饱和，故 $a_{MeO} = 1$， 此时式（4-3-11）可简化为：

$$K = \frac{a_{Me'O}}{a_{Me'}} = \frac{\gamma_{Me'O} \cdot x_{Me'O}}{\gamma_{Me'} \cdot x_{Me'}}$$

$$x_{Me'} = \frac{\gamma_{Me'O} \cdot x_{Me'O}}{\gamma_{Me'} \cdot K} \tag{4-3-12}$$

由式（4-3-12）可知，为得到良好的精炼效果，希望有小的 $\gamma_{Me'O}$ 和 $x_{Me'O}$ 值以及大的 $\gamma_{Me'}$ 与 K，炉渣的形成及其及时放出，可使值 $x_{Me'O}$ 降低。

【例 4-9】 采用小反射炉，在 800 K 时向液态铅中鼓入压缩空气以氧化含锡的粗铅，假设反应产物是纯固态 PbO 和纯固态 SnO_2，试求粗铅氧化除锡所能达到的锡的最低含量是多少？

已知：

$$Sn(l) + O_2 \xlongequal{} SnO_2(s) \qquad \Delta G^{\ominus}_{800} = -583877\ J/mol$$

$$2Pb(l) + O_2 \xlongequal{} 2PbO(s) \qquad \Delta G^{\ominus}_{800} = -439320\ J/mol$$

$$\gamma^0_{Sn} = 2.3$$

解：粗铅氧化除锡的反应方程式为：

$$Sn(l) + 2PbO(s) \xlongequal{} SnO_2(s) + 2Pb(l)$$

$$\Delta G^{\ominus} = -144557\ J/mol$$

反应的平衡常数为：

$$K = \frac{a^2_{Pb} \cdot a_{SnO_2}}{a_{Sn} \cdot a^2_{PbO}}$$

$$\lg K = \frac{-\Delta G^{\ominus}}{2.303RT} = \frac{-(-144557)}{2.203 \times 8.314 \times 800} = 9.4372$$

$$K = 2.74 \times 10^9$$

$$K = \frac{a^2_{Pb} \cdot a_{SnO_2}}{a_{Sn} \cdot a^2_{PbO}} = 2.74 \times 10^9$$

杂质在金属熔体中的浓度很小，因此可将粗铅熔体看作纯铅，所以 $a_{Pb}=1$，假定各氧化物是以纯固态存在而且活度为1。

$$K = 2.74 \times 10^9 = \frac{1}{\gamma^0_{Sn} \cdot x_{Sn}}$$

$$x_{Sn} = \frac{1}{\gamma^0_{Sn} \times 2.74 \times 10^9} = \frac{1}{2.3 \times 2.74 \times 10^9} = 1.59 \times 10^{-10}$$

故粗铅氧化除锡所能达到的锡的最低摩尔分数为 1.59×10^{-10}。

4.3.4.2 硫化精炼

硫化精炼是将硫或硫的化合物加入被精炼的粗金属熔体中，使其中杂质被硫化去除。该方法的基本原理是基于金属对硫亲和力的大小不同，使杂质优先被硫化而生成不溶于主体金属的硫化物浮于熔池表面而被去除。如粗铅加硫除铜，粗锡、粗锑加硫铜和铁。

熔融粗金属加硫后，首先形成金属硫化物 MeS，其反应为：

$$Me + S \xlongequal{} MeS$$

此金属硫化物再与溶解于金属中的杂质 Me′进行反应，如下式所示：

$$MeS + Me' \xlongequal{} Me'S + Me \tag{7}$$

在标准状态下，反应（7）的方向性取决于此反应的 $\Delta G^{\ominus}$，而 $\Delta G^{\ominus}$ 又取决于 MeS 与 Me′S 的标准生成吉布斯自由能，也可通过比较硫化物离解压的大小进行判断，即：

$$\Delta G^{\ominus} = \Delta G^{\ominus}_{Me'S} - \Delta G^{\ominus}_{MeS} = \frac{1}{2}RT\ln(p_{S_2(Me'S)}/p^{\ominus}) - \frac{1}{2}RT\ln(p_{S_2(MeS)}/p^{\ominus})$$

当 $p_{S_2(Me'S)} < p_{S_2(MeS)}$ 时，$\Delta G^{\ominus}<0$，反应（7）向右进行，也就是说，在给定温度下，当杂质金属硫化物的离解压小于主体金属硫化物的离解压时，硫化精炼才可以进行，杂质金属才能被硫化。如果形成的杂质硫化物在熔体中的溶解度很小，而且密度小于主体金属，那么便浮到熔体表面而被除去。

当 Me、MeS 两个凝聚相彼此互不溶解，也不与其他物质形成熔体而成独立相存在时，硫化物离解压仅是温度的函数。如果物质间形成溶液，则硫化物的离解压是温度与熔体硫化物浓度的函数。

溶于金属熔体内的硫化物按下式离解：

$$2[MeS] = 2[Me] + S_2 \tag{8}$$

$$K = \frac{x[Me]^2 \cdot p_{S_2}/p^{\ominus}}{x[MeS]^2} \tag{4-3-13}$$

式（4-3-13）中，p_{S_2} 表示熔体中 MeS 的离解压，可通过熔体中硫化物的还原反应及 H_2S 的合成反应求得：

$$[MeS] + H_2 = [Me] + H_2S \tag{9}$$

$$K_1 = \frac{x[Me] \cdot p_{H_2S}/p^{\ominus}}{x[MeS] \cdot p_{H_2}/p^{\ominus}} \tag{4-3-14}$$

$$2H_2 + S_2 = 2H_2S \tag{10}$$

$$K_2 = \frac{(p_{H_2S}/p^{\ominus})^2}{(p_{H_2}/p^{\ominus})^2 \cdot p_{S_2}/p^{\ominus}} \tag{4-3-15}$$

反应（9）×2−反应（10）可得反应（8），则：

$$K = \frac{x[Me]^2 \cdot p_{S_2}/p^{\ominus}}{x[MeS]^2} = \frac{K_1^2}{K_2} \tag{4-3-16}$$

$$\lg K = 2\lg K_1 - \lg K_2$$

在一定温度下，K_2 可由下式计算得到：

$$\lg K_2 = \frac{9539}{T} - 5.21$$

对于 K_1，可认为 Me 为纯金属，故 $x[Me]=1$，通过试验可测得熔体中 $x[MeS]$ 及 H_2S 和 H_2 的分压，代入下式即可计算得到：

$$\lg K_1 = \lg \frac{x[Me] \cdot p_{H_2S}}{x[MeS] \cdot p_{H_2}}$$

将上述计算得到的 K_1 和 K_2 以及［MeS］的数值代入式（4-3-16）便可以求得熔体中 MeS 的离解压 p_{S_2}。

4.4 湿法冶金浸出、净化和沉积

湿法冶金是利用某种溶剂，借助化学反应（氧化、还原、水解及络合等反应），对原料中的金属进行提取和分离的冶金过程。湿法冶金在有色金属冶炼过程中得到了广泛的应用，如锌、铀、钼以及许多稀有元素的提取以及氧化铝的生产都用到湿法冶金。目前世界上全部的氧化铝、氧化铀、约 74%的锌、近 12%的铜都是用湿法生产的。

湿法冶金包括：浸出、净化和沉积 3 个主要过程。

（1）浸出：用溶剂使有价值成分转入溶液；

（2）净化：去除浸出液中有害杂质，制备符合从其中提取有价成分要求的溶液；

（3）沉积：从净化液中使有价成分呈纯态析出。

对于湿法冶金，冶金热力学原理仍具有适用性，但由于冶金过程在水溶液中进行，热力学参数区别于火法冶金过程，采用 ε-pH 图来分析热力学规律。水溶液中物质的稳定性取决于水溶液的 pH 值、电位、温度、压强以及反应物质的浓度等，而这些条件又集中体现于反应的吉布斯自由能变化，因此，从本质上来说反应的吉布斯自由能变化依然是决定水溶液中物质稳定性的因素，依然是热力学分析的基本手段。

4.4.1 湿法冶金反应热力学基础

4.4.1.1 湿法冶金热力学分析方法

本章前三节讨论了火法冶金中热力学规律的分析方法，反应的可行性采用等温方程：

$$\Delta G = \Delta G^{\ominus} + RT\ln J$$

当 $\Delta G>0$，反应不能发生；当 $\Delta G<0$，反应可以发生；当 $\Delta G=0$，反应达平衡。

在火法冶金中，反应的方向性与温度关系很大，甚至是决定因素，因此使用 ΔG-T 图来反映 ΔG 的变化情况。而湿法冶金在水溶液中进行，温度一般不高（低于 100 ℃），物质的稳定性最终取决于反应的吉布斯自由能变化，因此判断反应的可能性本质上也是 ΔG，但由于温度不高，温度相对 pH 值来说，pH 值影响更大，一般是固定温度 25 ℃不变，将 ΔG 转变为 ε，采用 ε-pH 图来表示其热力学规律。下面讨论如何将反应的 ΔG 转变为 ε，即热力学分析方法由 ΔG-T 图转变为 ε-pH 图。

在水溶液中的反应有两种类型：

第一类：有电子得失的氧化-还原反应，如：

$$Zn + 2H^+ \xlongequal{} Zn^{2+} + H_2 \tag{1}$$

第二类：没有电子得失的水解-中和反应，如：

$$MeCO_3 + H_2SO_4 \xlongequal{} MeSO_4 + H_2O + CO_2$$

对于上述两类反应能否进行的可行性均可以采用等温方程来判断，如在标准状态下，反应（1）的 $\Delta G^{\ominus}=\Delta G^{\ominus}_{H_2}+\Delta G^{\ominus}_{Zn^{2+}}-(2\Delta G^{\ominus}_{H^+}+\Delta G^{\ominus}_{Zn})$，通过热力学数据手册查询相关数据，代入上式即可得到 $\Delta G^{\ominus}$ 的数值，判断反应能否进行；在非标准状态下，根据已知条件，代入等温方程，同样可得到 ΔG，进而能得到 $\Delta G^{\ominus}$-T 或 ΔG-T 关系图，以此来分析热力学规律，但上述关系图中并没有反映出溶液中 H^+，即 pH 值对反应过程的影响，为此在水溶液中的反应需要引入 pH 值，用 ε-pH 图来分析热力学规律。

对于第一类有电子得失的氧化-还原反应，其本质是原电池反应原理，即由两个半电池反应组成，分别为正极反应和负极反应，具体反应过程如下：

正极反应是得电子过程，是氧化剂被还原的过程，发生的是还原反应。

负极反应是失电子过程，是还原剂被氧化的过程，发生的是氧化反应。反应原理如图 4-4-1 所示。

依据图 4-4-1 可将氧化-还原反应，即原电池反应分为两个半电池反应。

正极反应： $2H^+ + 2e \xlongequal{} H_2 \quad \Delta G_1 \quad \varepsilon_+ = \varepsilon_{H^+/H_2}$ （2）

负极反应： $Zn^{2+} + 2e \xlongequal{} Zn \quad \Delta G_2 \quad \varepsilon_- = \varepsilon_{Zn^{2+}/Zn}$ （3）

反应（2）-反应（3）可得到总电池反应（1）。反应（1）的 $\Delta G = \Delta G_1 - \Delta G_2$，当 $\Delta G_1 <$

$$\underset{\text{还原剂}}{\underline{Zn}} + \underset{\text{氧化剂}}{\underline{2H^+}} = \underset{\text{氧化产物}}{\underline{Zn^{2+}}} + \underset{\text{还原产物}}{\underline{H_2}}$$

氧化剂的氧化性(H^+) > 氧化产物的氧化性(Zn^{2+})

还原剂的还原性(Zn) > 还原产物的还原性(H_2)

图 4-4-1 氧化-还原反应原理图

ΔG_2 时，$\Delta G < 0$ 反应即可发生。另外反应（1）发生的条件也可以用 $\Delta\varepsilon$ 来表征，当 $\Delta\varepsilon > 0$ 时，反应即可发生，而 $\Delta\varepsilon = \varepsilon_+ - \varepsilon_-$，即正极电极电位 ε_+ >负极电极电位 ε_- 时，反应即可进行。这是因为电极电位和吉布斯自由能变化之间存在以下关系：

$$\Delta G^\ominus = -ZF\varepsilon^\ominus$$

式中 F——法拉第常数，J/(V · mol)；

Z——反应得失的电子数；

$\varepsilon^\ominus$——标准电极电位。

将上述关系代入等温方程，可得：

$$-ZF\varepsilon = -ZF\varepsilon^\ominus + RT\ln J$$

$$\varepsilon = \varepsilon^\ominus - \frac{RT}{ZF}\ln J \tag{4-4-1}$$

式（4-4-1）即为能斯特方程，它是判断水溶液中氧化-还原反应能够发生的热力学依据。

对于标准状态下的氧化-还原反应，$J=1$，故只需比较两半电池反应的标准电极电位 $\varepsilon^\ominus$，只要正极反应的标准电极电位 $\varepsilon_+^\ominus$ 高于负极反应的标准电极电位 $\varepsilon_-^\ominus$，则总电池反应的电位差 $\Delta\varepsilon$ 便大于零，反应即可发生。对于非标准状态下的氧化-还原反应，$J\neq1$，进行热力学分析时，需要将正极反应和负极反应的已知数据分别代入对应的能斯特方程中，进而得到总电池反应的能斯特方程，计算其电位差 $\Delta\varepsilon$，根据 $\Delta\varepsilon$ 的正负判断反应的可行性，$\Delta\varepsilon>0$ 反应可以发生，$\Delta\varepsilon<0$ 反应不能发生，$\Delta\varepsilon=0$ 反应达平衡。下面分别讨论两个半电池反应。

正极反应，反应（2）：$\varepsilon_+ = \varepsilon_{H^+/H_2} = \varepsilon_{H^+/H_2}^\ominus - \dfrac{RT}{2F}\ln\dfrac{p_{H_2}/p^\ominus}{a_{H^+}^2}$

负极反应，反应（3）：$\varepsilon_- = \varepsilon_{Zn^{2+}/Zn} = \varepsilon_{Zn^{2+}/Zn}^\ominus - \dfrac{RT}{2F}\ln\dfrac{a_{Zn}}{a_{Zn^{2+}}}$

总电池反应，反应（1）：$\Delta\varepsilon = \varepsilon_+ - \varepsilon_- = \varepsilon_{H^+/H_2} - \varepsilon_{Zn^{2+}/Zn}$

$$\Delta\varepsilon = (\varepsilon_{H^+/H_2}^\ominus - \varepsilon_{Zn^{2+}/Zn}^\ominus) - \frac{RT}{2F}\ln\frac{p_{H_2}/p^\ominus \cdot a_{Zn^{2+}}}{a_{Zn} \cdot a_{H^+}^2} \tag{4-4-2}$$

式（4-4-2）中，以纯物质为标准态，则 $a_{Zn}=1$，氢和锌的标准电极电位可通过热力学数据手册得到，而 $pH=-\lg a_{H^+}$，在已知 p_{H_2} 和 $a_{Zn^{2+}}$ 条件下，便可得到 $\Delta\varepsilon$-pH 的关系，由此可知，湿法冶金和火法冶金在热力学分析时本质是一样的，湿法冶金中，一般是给定温度（25 ℃）不变时，考察 pH 与 ε 的关系，而火法冶金中，是给定各组元活度或气体的

分压来考察温度 T 与 ΔG 的关系。以上即为湿法冶金热力学分析的基本方法，即如何得到 $\Delta\varepsilon$-pH 关系。

4.4.1.2 水的热力学稳定区

湿法冶金过程是在酸、碱或盐的水溶液中，有时甚至就在水中完成的，水溶液中存在 H^+，OH^- 以及水分子，它们有可能被还原或被氧化，析出气态 H_2 或 O_2。

若有气态 H_2 析出，则是 H^+ 作为氧化剂，被还原剂还原，也即溶液中只要有还原性比 H_2 的还原性强的还原剂存在时，便可使 H^+ 析出 H_2，因为还原剂的还原性大于还原产物的还原性。若有气态 O_2 析出，则是 OH^- 作为还原剂，被氧化剂氧化，也即溶液中只要有氧化性比 O_2 的氧化性还强的氧化剂存在时，便可使 OH^- 析出 O_2，因为氧化剂的氧化性大于氧化产物的氧化性。

A 水的热力学稳定区域图的绘制

（1）氢电极电位的计算。如果在给定条件下，溶液中有电极电位比氢电极电位更负电性的还原剂存在时，那么 H^+ 或水会被还原为 H_2。

此过程为半电池的正极反应，电极反应如下：

$$2H^+ + 2e = H_2$$

由能斯特方程可得：

$$\varepsilon_{H^+/H_2} = \varepsilon^{\ominus}_{H^+/H_2} - \frac{RT}{ZF}\ln\frac{p_{H_2}/p^{\ominus}}{a^2_{H^+}}$$

规定任何温度下，$\varepsilon^{\ominus}_{H^+/H_2} = 0$ V。上述反应中，$Z=2$，而 $pH = -\lg a_{H^+}$，在温度为 298 K 时，代入能斯特方程可得：

$$\varepsilon_{H^+/H_2} = -0.0591pH - 0.0295\lg\frac{p_{H_2}}{p^{\ominus}} \tag{4-4-3}$$

（2）氧电极电位的计算。如果在给定条件下，溶液中有电极电位比氧电极电位更正电性的氧化剂存在时，那么 OH^- 或水会被氧化为 O_2。

此过程为半电池的负极反应，电极反应如下：

$$O_2 + 4H^+ + 4e = 2H_2O$$

由能斯特方程可得：

$$\varepsilon_{O_2/H_2O} = \varepsilon^{\ominus}_{O_2/H_2O} - \frac{RT}{ZF}\ln\frac{1}{(p_{O_2}/p^{\ominus})\cdot a^4_{H^+}}$$

上述反应中，$Z=4$，在温度为 298 K 时，$\varepsilon^{\ominus}_{O_2/H_2O} = 1.229$ V，代入能斯特方程可得：

$$\varepsilon_{O_2/H_2O} = 1.229 - 0.0591pH + 0.0148\lg\frac{p_{O_2}}{p^{\ominus}} \tag{4-4-4}$$

在温度为 298 K，$p_{H_2}=p_{O_2}=10^5$ Pa 时，将氢电极电位、氧电极电位的 ε 和 pH 关系作图便可得到水的热力学稳定区域图，如图 4-4-2 所示。

B 水的热力学稳定区域图的分析

水的热力学稳定区域图 4-4-2 中，氧电极电位线（1 线）和氢电极电位线（2 线）将 ε-pH 图划分为Ⅰ，Ⅱ，Ⅲ个区域。由图 4-4-2 可知，氧电极电位线（1 线）和氢电极电位线（2线）的斜率相等，均为-0.0591，两线平行；当pH=0时，表示的是标准状态下的情况，即截距表示的是标准电极电位，如2线的截距为零，表示氢的标准电极电位$\varepsilon^{\ominus}_{H^+/H_2}$为零，1线的截距为1.229，表示氧的标准电极电位$\varepsilon^{\ominus}_{O_2/H_2O}$为1.229 V。通过对图4-4-2的分析，可得出以下结论：

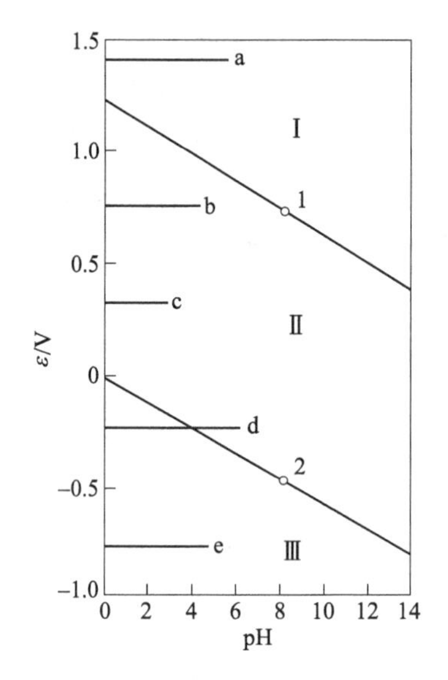

图4-4-2　水的热力学稳定区域图

1—p_{O_2}为10^5Pa时氧电极电位随pH的变化；2—p_{H_2}为10^5Pa时氢电极电位随pH的变化；

a—Au^{3+}/Au；b—Fe^{3+}/Fe^{2+}；c—Cu^{2+}/Cu；d—Ni^{2+}/Ni；e—Zn^{2+}/Zn

（1）凡位于区域Ⅰ中其电极电位高于氧的电极电位的氧化剂（如Au^{3+}），都会使水或OH^-被氧化而析出氧气。

图4-4-2中线a所示的Au^{3+}/Au电极与水的反应如下所述。

正极为氧化剂Au^{3+}，得电子，被还原的反应，半电池反应为：

$$4Au^{3+} + 12e = 4Au$$

$$\varepsilon_+ = \varepsilon_{Au^{3+}/Au} = \varepsilon^{\ominus}_{Au^{3+}/Au} - \frac{RT}{ZF}\ln\frac{1}{a^3_{Au^{3+}}}$$

负极为还原剂H_2O，失电子，被氧化的反应，半电池反应为：

$$3O_2 + 12H^+ + 12e = 6H_2O$$

$$\varepsilon_- = \varepsilon_{O_2/H_2O} = \varepsilon^{\ominus}_{O_2/H_2O} - \frac{RT}{ZF}\ln\frac{1}{a^{12}_{H^+}\cdot p_{O_2}}$$

正极反应减去负极反应即为电池反应：

$$4Au^{3+} + 6H_2O = 4Au + 3O_2 + 12H^+$$

$$\Delta\varepsilon = \varepsilon_+ - \varepsilon_- = \varepsilon_{Au^{3+}/Au} - \varepsilon_{O_2/H_2O}$$

随着反应的进行，$a_{Au^{3+}}$减小，正极电位$\varepsilon_{Au^{3+}/Au}$降低；a_{H^+}增大，pH升高，负极电位ε_{O_2/H_2O}升高，当$\varepsilon_{Au^{3+}/Au}=\varepsilon_{O_2/H_2O}$时，即$\Delta\varepsilon=0$，反应达平衡。

（2）凡位于区域Ⅲ中其电极电位低于氢的电极电位的还原剂（如Zn），在酸性溶液中

都会使 H^+被还原而析出氢气。

图 4-4-2 中线 e 所示的 Zn^{2+}/Zn 电极与水的反应。

由于 $\varepsilon_{Zn^{2+}/Zn}<\varepsilon_{H^+/H_2}$，故发生反应：$Zn + 2H^+ = Zn^{2+} + H_2$

电池反应的电位差：$\Delta\varepsilon=\varepsilon_{H^+/H_2}-\varepsilon_{Zn^{2+}/Zn}$

随着反应的进行，a_{H^+}减小，pH 增大，ε_{H^+/H_2}降低；$a_{Zn^{2+}}$增大，$\varepsilon_{Zn^{2+}/Zn}$增大，当 $\varepsilon_{H^+/H_2}=\varepsilon_{Zn^{2+}/Zn}$时，即 $\Delta\varepsilon=0$，反应达平衡。

（3）线 1 和线 2 围成的区域，即Ⅱ区域就是水的热力学稳定区，电位在Ⅱ区域内的一些体系，它们与水的离子或水分子不作用，是稳定的，但如果在压力下使用气态氢或气态氧饱和这些体系，这些体系又是不稳定的。如位于Ⅱ区域内的 b(Fe^{3+}/Fe^{2+}) 或 c(Cu^{2+}/Cu) 可与水或其离子平衡共存，但如果体系有饱和的气态氧或饱和的气态氢存在时，又是不稳定的。

对于 b(Fe^{3+}/Fe^{2+}) 而言，如体系中有饱和的气态氧存在时，在标准状态下，由于 $\varepsilon^{\ominus}_{O_2/H_2O}>\varepsilon^{\ominus}_{Fe^{3+}/Fe^{2+}}$，即氧气的氧化性大于 Fe^{2+}的氧化性，故在酸性条件下，氧气可以作为氧化剂氧化 Fe^{2+}，相对应的 Fe^{2+}为还原剂，其电极反应和原电池反应如下：

正极反应：$O_2 + 4H^+ + 4e = 2H_2O$

负极反应：$Fe^{3+} + e = Fe^{2+}$

原电池反应：$4H^+ + O_2 + 4Fe^{2+} = 4Fe^{3+} + 2H_2O$

对于 b(Fe^{3+}/Fe^{2+}) 而言，如体系中有饱和的气态氢存在时，在标准状态下，由于 $\varepsilon^{\ominus}_{Fe^{3+}/Fe^{2+}}>\varepsilon^{\ominus}_{H^+/H_2}$，即氢气的还原性大于 Fe^{2+}的还原性，故氢气可以作为还原剂还原 Fe^{3+}，相对应的 Fe^{3+}为氧化剂，其电极反应和原电池反应如下：

正极反应：$Fe^{3+} + e = Fe^{2+}$

负极反应：$2H^+ + 2e = H_2$

原电池反应：$2Fe^{3+} + H_2 = 2Fe^{2+} + 2H^+$

上述的分析可知，电极电位对 b(Fe^{3+}/Fe^{2+}) 既可以作为正极也可以作为负极，当作为正极时，是 Fe^{3+}作氧化剂，发生的还原反应；而作为负极时，是 Fe^{2+}作为还原剂，发生的是氧化反应。对于溶液中的氧化还原反应能否发生的判断依据就是，首先需要有两种不同种类的电子电位对并且存在电位差，其次就是电位高的电极电位对中有氧化剂存在，电位低的电极电位对中有还原剂存在，那么即可发生以电位高的为正极，以电位低的为负极的氧化还原反应。如位于Ⅱ区域内的 b(Fe^{3+}/Fe^{2+}) 能与水或其离子平衡共存，其原因在于缺少相对应的氧化剂或还原剂，若 Fe^{3+}/Fe^{2+}作为负极，Fe^{2+}作还原剂，则需要溶液中的气态氧作氧化剂，若 Fe^{3+}/Fe^{2+}作为正极，Fe^{3+}作氧化剂，则需要溶液中的气态氢作还原剂，而水的热力学稳定区针对的是水的离子或分子，不存在气态氧或气态氢，故 Fe^{3+}/Fe^{2+}能与水或其离子平衡共存。

水溶液中氧化还原反应的本质就是不同种类的电极电位对存在电位差，电位差值越大，越容易发生，在氧化剂和还原剂都存在的情况下，在标准状态下，均可以按标准电极电位的大小顺序进行反应，电极电位高的氧化剂均可氧化电极电位低的还原剂，且电位差值越大，反应越容易，同样存在类似于火法冶金中的选择性氧化反应，如溶液中同时存在 Fe^{3+}、Cu 和 Zn，那么 Fe^{3+}可优先氧化 Zn，因为 $\varepsilon^{\ominus}_{Fe^{3+}/Fe^{2+}}>\varepsilon^{\ominus}_{Cu^{2+}/Cu}>\varepsilon^{\ominus}_{Zn^{2+}/Zn}$，$\varepsilon^{\ominus}_{Fe^{3+}/Fe^{2+}}-\varepsilon^{\ominus}_{Zn^{2+}/Zn}>$

$\varepsilon^{\ominus}_{Fe^{3+}/Fe^{2+}}-\varepsilon^{\ominus}_{Cu^{2+}/Cu}$，即 Fe^{3+}氧化 Zn 的电极电位差大于氧化 Cu 的电极电位差。

（4）电极电位处在如图 4-4-2 中线 d 所示位置的 Ni^{2+}-Ni 体系及其他类似的体系，其特点是此类体系可以与水的离子或水分子处于平衡，也可以使水分解而析出氢气，取决于溶液的酸度。当溶液的 pH 值低于线 2 与线 d 交点时，将使水分解而析出氢气，高于线 2 与线 d 交点时则与水的离子或水分子处于平衡。

4.4.1.3 ε-pH 图的绘制方法与分析

A ε-pH 图的概念

ε-pH 图是在给定的温度和组分活度（常简化为浓度）或气体逸度（常简化为气相分压）下，表示反应过程电位与 pH 的关系图。它可以指明反应自发进行的条件，指出物质在水溶液中稳定存在的区域和范围，为湿法冶金浸出、净化、电解等过程提供热力学依据。

ε-pH 图取电极电位为纵坐标，是因为电极电位可以作为水溶液中氧化-还原反应趋势的量度。还因 $\Delta G^{\ominus}=-ZF\varepsilon^{\ominus}$，其中 Z 是反应的电子得失数，F 是法拉第常数，故电极电位 $\varepsilon^{\ominus}$相当于 $\Delta G^{\ominus}$-T 图中的 $\Delta G^{\ominus}$。

ε-pH 图取 pH 为横坐标，是因为水溶液中进行的反应大多与水的电离有关，即与氢离子浓度有关。许多化合物在水溶液中的稳定性随 pH 值变化而不同。

B ε-pH 图的绘制

根据化学平衡原理，绘制金属-H_2O 系和金属化合物-H_2O 系 ε-pH 图，一般来说包括以下几个步骤：

（1）确定体系中可能发生的各类反应及其中每个反应的平衡方程式；

（2）利用参与反应的各组分热力学数据计算 $\Delta G^{\ominus}$，从而求出反应平衡常数 K 或标准电位 $\varepsilon^{\ominus}$，或者由热力学数据手册直接查得反应的标准电位 $\varepsilon^{\ominus}$；

（3）由上述数据导出体系中各个反应的电极电位 ε 以及 pH 值的计算式；

（4）根据 ε 和 pH 值的计算式，在指定离子活度或气相分压的条件下算出各个反应在一定温度下的 ε 值和 pH 值；

（5）把各个反应的计算结果表示在以 ε(V) 为纵坐标和以 pH 值为横坐标的图上，便得到所研究的体系在给定条件下的 ε-pH 图。

C Cu-H_2O 系的 ε-pH 图

现以 Cu-H_2O 系的 ε-pH 图为例说明在 298 K 下，ε-pH 图的绘制方法。

（1）确定体系中可能发生的反应，得到反应平衡常数 K 或标准电位 $\varepsilon^{\ominus}$，进而得到电极电位 ε 以及 pH 值的计算式。该体系可能发生的反应有 5 个（见表 4-4-2），可以分为以下三类反应。

第一类反应，没有电子得失的中和-水解反应。

如反应④：

$$Cu^{2+}+H_2O = CuO+2H^+$$

反应达平衡时，由等温方程可得：$\Delta G^{\ominus}=-RT\ln K$

平衡常数 K：

$$K = \frac{a_{CuO} \cdot a_{H^+}^2}{a_{Cu^{2+}} \cdot a_{H_2O}}$$

故：

$$\Delta G^{\ominus} = -RT\ln K = -RT\ln\frac{a_{CuO} \cdot a_{H^+}^2}{a_{Cu^{2+}} \cdot a_{H_2O}}$$

$$\lg K = \frac{-\Delta G^{\ominus}}{2.303 \times 8.314 \times 298} = \lg\frac{a_{H^+}^2}{a_{Cu^{2+}}}$$

$$\lg K = 2\lg a_{H^+} - \lg a_{Cu^{2+}} = -2pH - \lg a_{Cu^{2+}}$$

$$pH = -\frac{1}{2}\lg K - \frac{1}{2}\lg a_{Cu^{2+}} = \frac{\Delta G^{\ominus}}{2 \times 2.303 \times 8.314 \times 298} - \frac{1}{2}\lg a_{Cu^{2+}}$$

反应的 $\Delta G^{\ominus}$ 可由表 4-4-1 的热力学数据计算得到。计算如下所示：

$$\Delta G^{\ominus} = (\Delta_f G_{CuO}^{\ominus} + 2\Delta_f G_{H^+}^{\ominus}) - (\Delta_f G_{Cu^{2+}}^{\ominus} + \Delta_f G_{H_2O}^{\ominus})$$

$$\Delta G^{\ominus} = (-127.19 - 2 \times 0) - [64.98 + (-237.19)] = 45.02\ \text{kJ/mol} = 45020\ \text{J/mol}$$

所以：

$$pH = 3.95 - 0.5\lg a_{Cu^{2+}}$$

表 4-4-1 Cu-H_2O 系中反应各组分在 298 K 下 $\Delta_f G_m^{\ominus}$ (kJ/mol)

组分	H^+(aq)	H_2O(l)	H_2(g)	O_2(g)	Cu(s)	Cu^{2+}(aq)	CuO(s)	Cu_2O(s)	e(电子)
$\Delta_f G_m^{\ominus}$	0	-237.19	0	0	0	64.98	-127.19	-146.36	0

第二类反应，有电子得失的氧化-还原反应，电子和 H^+ 都参加反应，如反应②、③、⑤。

反应②： $Cu_2O + 2H^+ + 2e = 2Cu + H_2O$

反应③： $2Cu^{2+} + H_2O + 2e = Cu_2O + 2H^+$

反应⑤： $2CuO + 2H^+ + 2e = Cu_2O + H_2O$

现以反应⑤为例说明电极电位 ε 与 pH 关系式的算法。

利用能斯特方程求解：

$$\varepsilon = \varepsilon^{\ominus} - \frac{RT}{ZF}\ln J$$

而 $\Delta G^{\ominus} = -RT\ln K$，而且 $\Delta G^{\ominus} = -Z\varepsilon^{\ominus}F$，其中 $Z=2$，则：

$$\varepsilon^{\ominus} = -\frac{\Delta G^{\ominus}}{ZF}$$

$$\varepsilon = \frac{\Delta G^{\ominus}}{-ZF} - \frac{RT}{ZF}\ln\frac{a_{Cu_2O} \cdot a_{H_2O}}{a_{CuO}^2 \cdot a_{H^+}^2}$$

$$= \frac{\Delta G^{\ominus}}{-ZF} - \frac{RT \times 2 \times 2.303}{ZF}pH$$

反应的 $\Delta G^{\ominus}$ 可由表 4-4-1 的热力学数据计算得到。计算如下所示：

$$\Delta G^{\ominus} = (\Delta G_{Cu_2O}^{\ominus} + \Delta G_{H_2O}^{\ominus}) - (2\Delta G_{CuO}^{\ominus} + 2\Delta G_{H^+}^{\ominus})$$

$$= (-146.36 - 237.19) - (127.19 \times 2 + 2 \times 0)$$

$$=-129.18\ \mathrm{kJ/mol}=-129170\ \mathrm{J/mol}$$

所以：

$$\varepsilon=\frac{-129170}{-2\times96500}-\frac{8.314\times298\times2\times2.303}{2\times96500}\mathrm{pH}$$

$$\varepsilon=0.67-0.0591\mathrm{pH}$$

同理可得反应②、③的 ε 与 pH 关系式，如下所示：

反应②：$\varepsilon=0.471-0.0591\mathrm{pH}$

反应③：$\varepsilon=0.203+0.0591\mathrm{pH}+0.0591\lg a_{Cu^{2+}}$

第三类反应，有电子得失的氧化-还原反应，只有电子参加反应而 H^+ 不参加反应。

如反应①：

$$Cu^{2+}+2e=\!=\!=Cu$$

由能斯特方程：$\varepsilon=\varepsilon^{\ominus}-\frac{RT}{ZF}\ln J$，及 $\varepsilon^{\ominus}=-\frac{\Delta G^{\ominus}}{ZF}$，其中 $Z=2$，可得：

$$\varepsilon=\frac{\Delta G^{\ominus}}{-ZF}-\frac{RT}{ZF}\ln\frac{1}{a_{Cu^{2+}}}$$

反应的 $\Delta G^{\ominus}$ 可由表 4-4-1 的热力学数据计算得到。计算如下所示：

$$\Delta G^{\ominus}=\Delta G^{\ominus}_{Cu}-\Delta G^{\ominus}_{Cu^{2+}}$$

$$=0-64.98=-64.98\ \mathrm{kJ/mol}=-64980\ \mathrm{J/mol}$$

所以：

$$\varepsilon=\frac{-64980}{-2\times96500}-\frac{8.314\times298\times2.303}{2\times96500}\lg\frac{1}{a_{Cu^{2+}}}$$

$$\varepsilon=0.337+0.0295\lg a_{Cu^{2+}}$$

上述①~⑤反应的 ε-pH 关系式如表 4-4-2 所示。

表 4-4-2 Cu-H_2O 系中的反应以及各反应在 298 K 下的 ε 和 pH 的计算式

	反应式	ε 和 pH 的计算式
①	$Cu^{2+}+2e=\!=\!=Cu$	$\varepsilon=0.337+0.0295\lg a_{Cu^{2+}}$
②	$Cu_2O+2H^++2e=\!=\!=2Cu+H_2O$	$\varepsilon=0.471-0.0591\ \mathrm{pH}$
③	$2Cu^{2+}+H_2O+2e=\!=\!=Cu_2O+2H^+$	$\varepsilon=0.203+0.0591\ \mathrm{pH}+0.0591\lg a_{Cu^{2+}}$
④	$Cu^{2+}+H_2O=\!=\!=CuO+2H^+$	$\mathrm{pH}=3.95-0.5\lg a_{Cu^{2+}}$
⑤	$2CuO+2H^++2e=\!=\!=Cu_2O+H_2O$	$\varepsilon=0.67-0.0591\ \mathrm{pH}$
O	$O_2+4H^++4e=\!=\!=2H_2O$	$\varepsilon_{O_2/H_2O}=1.229-0.0591\ \mathrm{pH}+0.0148\lg p_{O_2}-0.0148\lg p^{\ominus}$
O′	$2H^++2e=\!=\!=H_2$	$\varepsilon_{H^+/H_2}=-0.0591\ \mathrm{pH}-0.0295\lg p_{H_2}+0.0295\lg p^{\ominus}$

（2）将表 4-4-2 中各反应的 ε 和 pH 的计算式表示在以 ε(V) 为纵坐标和以 pH 值为横坐标的图上，便得到 Cu-H_2O 系的 ε-pH 图，如图 4-4-3 所示。作图时取 $p_{H_2}=p_{O_2}=10^5$ Pa，$a_{Cu^{2+}}=1$。

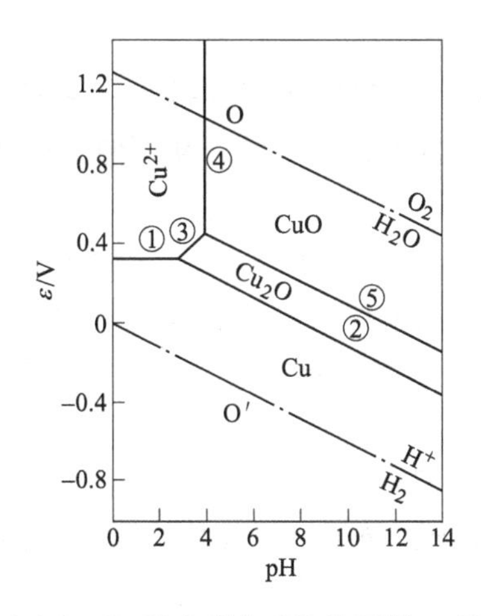

图 4-4-3 Cu-H_2O 系在 298 K 下的 ε-pH 图

由图 4-4-3 可知，图中有 3 种类型的直线，其一为垂直于横坐标的直线，表示的反应为没有电子得失的中和水解反应；其二为平行于横坐标的直线，表示的反应为有电子得失的氧化-还原反应，且只有电子参加而 H^+不参加反应；其三为斜直线，表示的反应为有电子得失的氧化-还原反应，且电子和 H^+都参加反应。各线围成的区域即为该区域内注明的物质在热力学上稳定存在的区域。线 OO′之间的面积相当于前面讨论过的水的热力学稳定区。

由图 4-4-3 中 Cu-H_2O 系的 ε-pH 图，可得出以下几点与湿法冶金有关的结论：

（1）铜电极电位线在 OO′线之间，在无氧化剂（如 O_2）或还原剂（如 H_2）存在时，铜处在热力学稳定区内，在任何 pH 值水溶液中都是稳定的，即既不能用碱（OH^-）也不能用酸（H^+）使铜转入溶液。

（2）在有氧化剂，如 O_2 存在时，由于铜电极电位线位于氧电极电位线 O 线之下，故铜在任何 pH 值范围内都不稳定，从热力学上讲，Cu 在整个 pH 值范围内均可被氧化，在不同的 pH 值范围下可得到不同的氧化产物，分析如下：

正极是 O_2 作氧化剂被还原为 OH^-的反应，电极反应就是线 O 的反应。

负极是呈还原态的铜被氧化的反应：

1）当 pH<2.27 时，金属铜被氧化为 Cu^{2+}，负极反应为反应①，电池反应如下：

$$2Cu + O_2 + 4H^+ = 2Cu^{2+} + 2H_2O$$

2）当 2.27<pH<14 时，金属铜被氧化为 Cu_2O，负极反应为反应②，电池反应如下：

$$4Cu + O_2 = 2Cu_2O$$

3）当 2.27<pH<3.95 时，Cu_2O 可进一步被氧气氧化为 Cu^{2+}，负极反应为反应③，电池反应如下：

$$2Cu_2O + O_2 + 8H^+ = 4Cu^{2+} + 4H_2O$$

4）当 3.95<pH<14 时，Cu_2O 也可进一步被氧气氧化为 CuO，负极反应为反应⑤，电池反应如下：

$$2Cu_2O + O_2 = 4CuO$$

由此可见，要使铜呈稳定的 Cu^{2+}离子形态进入溶液，必须要在有氧存在的条件下尽可能地使浸出溶液保持较小的 pH 值。

当 Cu^{2+} 的活度增大时，即 $a_{Cu^{2+}}$ 增大，由表 4-4-2 中 ε 和 pH 的计算式可以判断，①线向上平移，③线向左上角平移，④线向左平移，从而使 Cu^{2+} 的稳定存在区缩小，即铜转入溶液难度增大。

（3）在有还原剂，如 H_2 存在时，呈任何氧化态的铜（如 Cu^{2+}、CuO、Cu_2O）都可以被 H_2 还原为金属 Cu，因为氢电极电位线 O′在铜所有氧化态电极电位线下面。如 Cu^{2+} 可用加压氢还原，使 Cu^{2+} 还原为 Cu，H_2 则被氧化为 H^+，正极反应为反应①，负极反应为反应 O′，电池反应如下：

$$Cu^{2+} + H_2 \xlongequal{} Cu + 2H^+$$

（4）赤铜矿（Cu_2O）的浸出，必须有氧或其他氧化剂存在且溶液保持较小的 pH 值，由③线可知，pH 值范围为 2.27～3.95。黑铜矿（CuO）的浸出，不需要氧化剂，只要保持 pH 在④线（pH=3.95）左右或更小就可使 CuO 以 Cu^{2+} 离子形态进入溶液。

（5）氧气或氢气的压力增大，线 O 或线 O′分别上移或下移，从而导致氧电极与铜电极或铜电极与氢电极的电位差增大，从而使氧化或还原趋势增大。

4.4.2 浸出过程

4.4.2.1 概述

浸出的实质是利用适当的溶剂使矿石、精矿和半产品中一种或几种有价成分优先溶出，使之与脉石分离。

矿石和精矿通常都是复杂的多元或多相系，有价值的矿物多半是 MeS、MeO、$Me(OH)_2$、$MeCO_3$ 等化合物，有时以金属存在。

浸出过程一般在浸出槽或密闭的压煮器中进行，前者常压浸出，后者加压浸出，在两种情况下，除了常压下的渗透浸出以外，矿浆通常都要进行搅拌，有时原料先焙烧，使有价成分转化为可溶性化合物，如硫酸化焙烧。

工业上作为溶剂的有：水、酸（一般为盐酸或硫酸）、氨溶液和碱溶液、盐溶液（如贵金属浸出时所用的氰化钠和氰化钾溶液）。

4.4.2.2 浸出反应的分类

在工业上常把浸出过程分为常压浸出和加压浸出两大类，其中又包括水浸出、酸性浸出、碱性浸出和盐溶液浸出，并在加压条件下还有，有无气相参与反应之分。从冶金原理的观点看，将浸出按其主要反应（即有价成分转入溶液的溶解反应）的特点进行分类，可将溶解反应分为 3 类，即简单的溶解反应、溶质价不发生变化的化学溶解反应和溶质价发生变化的氧化-还原溶解反应。

A 简单的溶解反应

金属在固相中呈可溶于水的化合物时，浸出过程主要发生有价成分从固相转入溶液的简单溶液，如下式所示：

$$MeSO_4 + aq \longrightarrow MeSO_4(aq)$$

$$MeCl + aq \longrightarrow MeCl(aq)$$

重金属的化合物经硫酸化焙烧或氯化焙烧后的水浸出，是这类反应的典型例子。

B 溶质价不发生变化的化学溶解反应

这类反应的特点是有水、有气体或有沉淀生成，分为以下 3 种情况。

（1）金属氧化物与酸作用生成盐和水，反应通式如下：

$$MeO + H_2SO_4 = MeSO_4 + H_2O$$

硫化锌精矿氧化焙烧后的酸性浸出，可作为这类反应的实例。

（2）某些难溶于水的化合物（如 MeS、$MeCO_3$ 等）与酸作用，化合物的阴离子按下式转为气相：

$$MeS + H_2SO_4 = MeSO_4 + H_2S$$

$$MeCO_3 + H_2SO_4 = MeSO_4 + CO_2 + H_2O$$

（3）难溶于水的有价金属 Me 的化合物与第二种金属 Me′的可溶性盐发生复分解反应，形成第二种金属的更难溶性盐和第一种金属的可溶性盐，反应通式如下：

$$MeS(s) + Me'SO_4 = MeSO_4 + Me'S(s)$$

如硫化镍在硫酸铜水溶液中的溶解反应。

$$NiS(s) + CuSO_4 = CuS(s) + NiSO_4$$

再如白钨矿用苏打水溶液进行的加压浸出。

$$CaWO_4(s) + NaCO_3 = CaCO_3(s) + NaWO_4$$

C 溶质价发生变化的氧化-还原溶解反应

（1）金属的氧化，靠酸中氢离子而发生：

$$Me + H_2SO_4 = MeSO_4 + H_2$$

在 ε_{H^+/H_2} 电极电位线以下的金属，以 H^+ 作氧化剂，均可按上式放出氢气。所有负电性的金属（活泼金属）都满足上述条件，均可溶于酸。

（2）金属的氧化，靠空气中的氧而发生：

$$Me + H_2SO_4 + 1/2O_2 = MeSO_4 + H_2O$$

在 ε_{O_2/H_2O} 电极电位线以下，ε_{H^+/H_2} 电极电位线以上的所有正电性金属，以 O_2 作氧化剂，均可按上式反应。

（3）金属的氧化靠加入溶液的氧化剂而发生：

$$Me + Fe_2(SO_4)_3 = MeSO_4 + 2FeSO_4$$

例如铜的湿法冶金，Fe^{3+} 氧化 Cu。

（4）与阴离子氧化有关的氧化-还原溶解反应。如硫化矿加压氧浸出时，硫离子被氧气氧化为硫元素，其反应如下：

$$MeS + H_2SO_4 + 1/2O_2 = MeSO_4 + H_2O + S$$

（5）基于金属还原的溶解反应。含有高价金属的难溶化合物，可以在金属还原成更低价时转变为可溶性化合物。例如，氧化铜用亚铁盐浸出的反应：

$$3CuO + 2FeCl_2 + 3H_2O = CuCl_2 + 2CuCl + 2Fe(OH)_3$$

（6）有络合物形成的氧化-还原溶解反应。如金的氰化钠溶液浸出，其反应为：

$$2Au + 4NaCN + H_2O + 1/2O_2 = 2NaAu(CN)_2 + 2NaOH$$

4.4.2.3 浸出过程热力学分析

在湿法冶金中，一般用 ε-pH 图来说明体系的热力学规律，以下以铀矿的酸浸出、硫化矿的酸浸出过程来说明热力学分析方法。

A 铀矿的酸浸出

自然界中的铀矿，通常是含铀为0.1%左右（质量分数）的低品位矿石，选矿效果很差，故直接采用湿法冶金方法进行处理。所用的浸出方法有两种，分别为酸浸出和碳酸盐浸出，以酸浸出为主，在这里，只讨论铀矿的酸浸出过程。

根据酸浸出条件的不同，可将铀矿石分为两类：第一类铀矿是次生矿 UO_3 和 U_3O_8；第二类铀矿的主要成分则是原生矿 UO_2。U-H_2O 系在 298 K 下的 ε-pH 图，作图时各离子活度均取 10^{-2}，如图 4-4-4 所示。

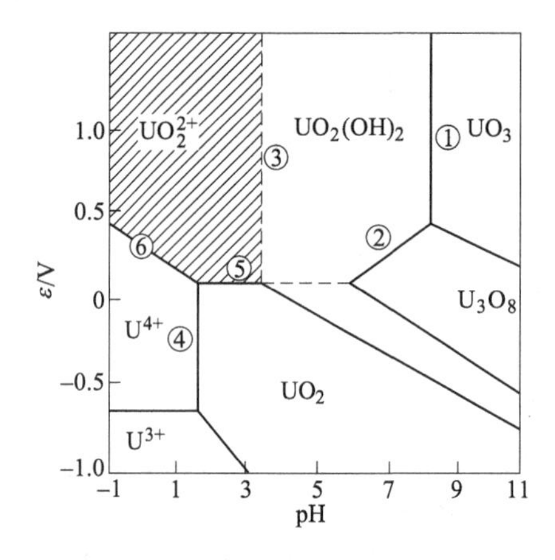

图 4-4-4 U-H_2O 系在 298 K 下的 ε-pH 图

a 第一类矿石中 UO_3 和 U_3O_8 的浸出

（1）UO_3 的溶解。溶解反应如下式所示。

$$UO_3 + 2H^+ = UO_2^{2+} + H_2O$$

$$pH = 7.4 - 0.5\lg a_{UO_2^{2+}} \quad ①$$

此反应是溶质价不发生变化的化学溶解反应，无电子得失。反应达平衡时：

$$\Delta G^{\ominus} = -RT\ln\frac{a_{UO_2^{2+}}}{a_{H^+}^2}$$

查热力学数据手册，即可计算得到反应的 $\Delta G^{\ominus}$，进而可求得 pH 与离子活度的关系表达式，如式①所示。

浸出液中铀的质量浓度通常为 1 g/L，所以 UO_2^{2+}（双氧铀离子）取浓度为 10^{-2} mol/L（相当于含铀 2.38 g/L），并认为此时活度系数为 1，即 $a_{UO_2^{2+}}=10^{-2}$。当 $a_{UO_2^{2+}}=10^{-2}$时，代入①式，可得 pH=8.4。

（2）U_3O_8 的溶解。此溶解过程溶质价发生了变化，U 化合价由 U_3O_8 中的$+\frac{16}{3}$价升高到 UO_2^{2+} 中的+6 价，是 U_3O_8 作为还原剂被氧化的过程，$\varepsilon_{UO_2^{2+}/U_3O_8}$作为负极。其反应方程如下：

$$3UO_2^{2+} + 2H_2O + 2e = U_3O_8 + 4H^+$$

$$\varepsilon = -0.40 + 0.1182\ pH - 0.08865 \lg a_{UO_2^{2+}}$$ ②

由图4-4-4中的②线可知，由 U_3O_8 转变为 UO_2^{2+} 必须有氧化剂存在时才能发生，当 $a_{UO_2^{2+}} = 10^{-2}$时，氧化剂电位必须满足以下条件，反应才可以进行。

氧化剂电位 $> -0.40 + 0.1182\ pH + (-2) \times 0.08865 = -0.577 + 0.1182\ pH$

由图4-4-4中的①和②线可以看出，UO_3 和 U_3O_8 溶解的pH值相当高。

在上述pH值范围内，实际产生的是 $UO_2(OH)_2$ 沉淀，因为 UO_2^{2+} 不稳定，按下列反应发生水解：

$$UO_2^{2+} + 2H_2O = UO_2(OH)_2 + 2H^+$$

$$pH = 2.5 - 0.5 \lg a_{UO_2^{2+}}$$ ③

在298 K，$a_{UO_2^{2+}} = 10^{-2}$下，只有当浸出液 $pH<3.5$ 时，$UO_2(OH)_2$ 沉淀才能消失。即使矿石中 UO_3 和 U_3O_8 呈双氧铀离子进入浓度为 10^{-2} mol/L 的溶液，在298 K下就必须使溶剂的pH维持在3.5以下。

b　第二类矿石中 UO_2 的浸出

在自然界中，含 UO_2 为主的第二类铀矿是主要的含铀资源，由图4-4-4可对其浸出过程的热力学进行分析。

（1）UO_2 溶解为 U^{4+}：

$$UO_2 + 4H^+ = U^{4+} + 2H_2O$$

$$pH = 0.95 - 0.25 \lg a_{U^{4+}}$$ ④

此反应为溶质价不发生变化的化学溶解反应，在 $a_{U^{4+}} = 10^{-2}$时，pH = 1.45，即只有当溶剂的pH小于1.45时，此反应才可发生。事实上，UO_2 是难溶氧化物，要求pH值很低，不用相当浓的酸是不能按④溶解成 U^{4+}而进入溶液的。

（2）UO_2 溶解为 UO_2^{2+}。此过程U失去电子化合价升高，是 UO_2 作还原剂被氧化的过程，$\varepsilon_{UO_2^{2+}/UO_2}$作为负极，溶液中必须有氧化剂存在才能发生，而含氧化剂的电极作为正极。负极反应如下所示：

$$UO_2^{2+} + 2e = UO_2$$

$$\varepsilon = 0.220 + 0.0295 \lg a_{UO_2^{2+}}$$ ⑤

从图4-4-4可以看出，反应⑤在pH低于3.5的 UO_2^{2+} 稳定区域中进行，从冶金热力学角度来看，正极所需满足的条件为，凡在⑤线以上的物质均可作 UO_2 的氧化剂（如 Fe^{3+}、MnO_2、O_2 和 $NaClO_3$），但考虑各方面（速度、价格、腐蚀性、引入杂质）的因素，有效的氧化剂 Fe^{3+}，因为 Fe^{3+}有催化作用。各种氧化剂对 UO_2 的氧化作用表示在图4-4-5中，图中有关的反应③、④、⑤和⑥是提取图4-4-4中的线绘出的。

正极反应为 Fe^{3+}作氧化剂 UO_2 被还原的过程，$\varepsilon_{Fe^{3+}/Fe^{2+}}$作为正极，反应如下：

$$Fe^{3+} + e = Fe^{2+}$$ Ⓐ

$$\varepsilon = 0.771 + 0.0591 \lg \frac{a_{Fe^{3+}}}{a_{Fe^{2+}}}$$

在 $Fe^{3+}/Fe^{2+} = 1$ 时的位置，以线Ⓐ表示在图4-4-5中。

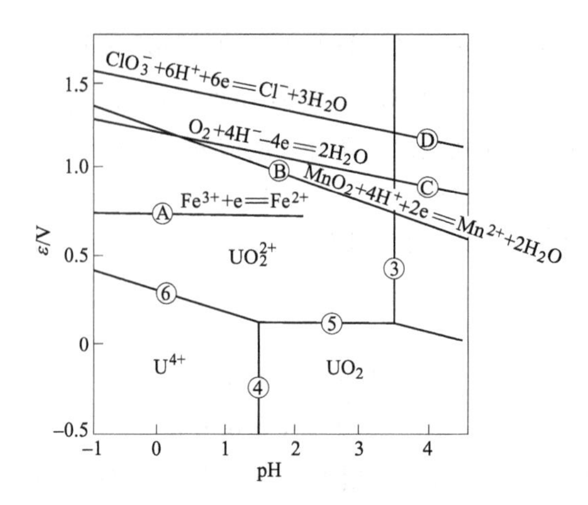

图 4-4-5 铀矿浸出的 U-H_2O 系的部分 ε-pH 图

Fe^{3+}对 UO_2 氧化的总电池反应是由反应Ⓐ减去反应⑤而得到的，反应方程式如下：

$$2Fe^{3+} + UO_2 = UO_2^{2+} + 2Fe^{2+}$$

反应过程的电位差为：

$$\Delta\varepsilon = \varepsilon_+ - \varepsilon_- = \varepsilon_{Fe^{3+}/Fe^{2+}} - \varepsilon_{UO_2^{2+}/UO_2}$$

此反应的具体反应过程是，随着反应的进行，$a_{Fe^{3+}}$降低，$a_{Fe^{2+}}$升高，$\varepsilon_{Fe^{3+}/Fe^{2+}}$降低，而 $a_{UO_2^{2+}}$升高，$\varepsilon_{UO_2^{2+}/UO_2}$升高，最终 $\varepsilon_{Fe^{3+}/Fe^{2+}} = \varepsilon_{UO_2^{2+}/UO_2}$，反应达平衡。平衡常数的表达式如下所示：

$$K = \frac{a_{Fe^{2+}}^2 \cdot a_{UO_2^{2+}}}{a_{Fe^{3+}}^2}$$

反应达平衡：$\Delta\varepsilon = 0$

$$\Delta\varepsilon = \varepsilon_+ - \varepsilon_- = \varepsilon_{Fe^{3+}/Fe^{2+}} - \varepsilon_{UO_2^{2+}/UO_2} = 0$$

即：

$$0.771 + 0.0591\lg\frac{a_{Fe^{3+}}}{a_{Fe^{2+}}} - (0.220 + 0.0295\lg a_{UO_2^{2+}}) = 0$$

$$0.551 - 0.0295\lg\frac{a_{Fe^{2+}}^2 \cdot a_{UO_2^{2+}}}{a_{Fe^{3+}}^2} = 0$$

所以：

$$\lg\frac{a_{Fe^{2+}}^2 \cdot a_{UO_2^{2+}}}{a_{Fe^{3+}}^2} = \frac{0.551}{0.0295} = 18.65$$

由平衡常数表达式可知：

$$\lg K = \lg\frac{a_{Fe^{2+}}^2 \cdot a_{UO_2^{2+}}}{a_{Fe^{3+}}^2} = 18.65$$

所以：

$$K = 4.79 \times 10^{18}$$

计算结果表明：Fe^{3+}对 UO_2 的氧化反应进行得很完全，反应推动力为 $\Delta\varepsilon$，即Ⓐ和

⑤线之间的距离，这个电位差大约在 0.35 V 以上可发生。

铁的存在，多数情况下是由于矿石本身含有 Fe_2O_3 而在矿石磨碎、浸出过程中一起进入溶液的。在浸出液中，通常含有 0.5~2 g/L Fe，如果铁的含量小于此数，则要另外加入。为了使 UO_2 的氧化有效地进行，必须保持溶液中的 Fe 呈三价，即需要将 Fe^{2+} 氧化为 Fe^{3+}，实践中，所用的氧化剂为 MnO_2。此时正极反应为：

$$MnO_2 + 4H^+ + 2e = Mn^{2+} + 2H_2O$$

$$\varepsilon = 1.23 - 0.1182pH - 0.0295\lg a_{Mn^{2+}} \qquad Ⓑ$$

负极反应为：

$$Fe^{3+} + e = Fe^{2+}$$

总电池反应为：

$$2Fe^{2+} + MnO_2 + 4H^+ = 2Fe^{3+} + Mn^{2+} + 2H_2O$$

在图 4-4-5 中，线Ⓑ表示 $a_{Mn^{2+}}=1$ 时的位置，从图 4-4-5 所示线Ⓑ和Ⓐ的关系可以看出，MnO_2 氧化 Fe^{2+} 为 Fe^{3+} 的反应是有效的。

此外，可以采用的氧化剂还有空气和 $NaClO_3$，正极反应如以下各式：

$$O_2 + 4H^+ + 4e = 2H_2O$$

$$\varepsilon = 1.229 - 0.0591pH + 0.0148\lg p_{O_2} - 0.0148\lg p^{\ominus} \qquad Ⓒ$$

其中，$p_{O_2}=21278.25$ Pa。

$$ClO_3^- + 6H^+ + 6e = Cl^- + 3H_2O$$

$$\varepsilon = 1.51 - 0.0591pH + 0.00985\lg \frac{a_{ClO_3^-}}{a_{Cl^-}} \qquad Ⓓ$$

实际上，在酸性溶液中以常压空气氧化 Fe^{2+} 是缓慢的。如果溶液中没有铁离子，仅用 MnO_2 或 $NaClO_3$，不能有效地使 UO_2 氧化。Fe^{3+}/Fe^{2+} 对 UO_2 的氧化起着催化剂的作用。

MnO_2 的添加情况可以通过测定溶液的氧化-还原电位来控制。根据反应速度的理论，Fe^{3+} 与 Fe^{2+} 在等浓度的情况下反应进行得较快，在实际溶液中，Fe^{3+} 和 Fe^{2+} 的等浓度电位值是 0.65~0.68 V，所以当溶液的电位在 0.65~0.68 V 时就添加 MnO_2。

（3）U^{4+} 氧化为 UO_2^{2+} 的反应。在铀矿的硫酸浸出过程中，溶液的 pH 实际上控制在 1~2 之间。因此，U^{4+} 被 Fe^{3+} 氧化为 UO_2^{2+} 的反应是可能发生的。

正极反应为 Fe^{3+} 作氧化剂被还原为 Fe^{2+}，如线Ⓐ所示，$\varepsilon_{Fe^{3+}/Fe^{2+}}$ 作正极，电极反应式如下：

$$Fe^{3+} + e = Fe^{2+}$$

负极反应为 U^{4+} 作还原剂被氧化为 UO_2^{2+}，如线⑥所示（线⑥所在的平衡位置 $a_{UO_2^{2+}}/a_{U^{4+}}=1$），$\varepsilon_{UO_2^{2+}/U^{4+}}$ 作负极，电极反应式如下：

$$UO_2^{2+} + 4H^+ + 2e = U^{4+} + 2H_2O \qquad ⑥$$

$$\varepsilon = 0.33 - 0.1182pH + 0.0295\lg \frac{a_{UO_2^{2+}}}{a_{U^{4+}}}$$

式Ⓐ-式⑥，可得总电池反应：

$$2Fe^{3+} + U^{4+} + 2H_2O = 2Fe^{2+} + UO_2^{2+} + 4H^+$$

B 硫化矿的酸浸出

用硫酸浸出硫化矿的反应可用下列通式表示：

$$MeS(s) + 2H^+ \longequal Me^{2+} + H_2S(aq)$$

在溶液中，溶解了的 H_2S 可按下列反应式发生离解：

$$H_2S \longequal HS^- + H^+$$

$$HS^- \longequal S^{2-} + H^+$$

生成的这些含硫离子及 H_2S 本身能够被各种氧化剂氧化，并在溶液不同的 pH 值下氧化生成不同价态的产物。

所有这些变化以及与之有关的其他各种变化发生的条件和规律性，可以通过 MeS-H_2O 系在 298 K 下的 ε-pH 图加以说明。现以 ZnS-H_2O 系在 298 K 下的 ε-pH 图为例进行分析讨论。

ZnS-H_2O 系中各有关反应组分在 298 K 下的 $\Delta_f G_m^{\ominus}$ 数据如表 4-4-3 所示，H^+、$H_2(g)$、$O_2(g)$、$H_2O(l)$ 以及 e 的相应数据可从表 4-4-1 中得到。

表 4-4-3 ZnS-H_2O 系中各有关反应组分的 $\Delta_f G_m^{\ominus}$ 数据

反应组分	$\Delta_f G_{298}^{\ominus}$/kJ · mol^{-1}
S(s)	0
$H_2S(aq)$	-27.36
$S^{2-}(aq)$	83.68
$HS^-(aq)$	12.59
$HSO_4^-(aq)$	-752.87
$SO_4^{2-}(aq)$	-741.99
ZnS(s)	-198.32
$Zn^{2-}(aq)$	-147.19
$Zn(OH)_2(s)$	-551.66
$ZnSO_4 \cdot Zn(OH)_2(s)$	-1470.22
$ZnO_2^{2-}(aq)$	-389.28
Zn(s)	0

ZnS-H_2O 系 ε-pH 图的绘制，按照前面已讨论过的原理和方法，导出体系各有关反应在 298 K 下的 ε 和 pH 值的计算式，如表 4-4-4 所示。

根据表 4-4-4 中各反应 ε 和 pH 值的计算式，在假设 298 K 时锌离子和各种含硫离子的活度均为 0.1，p_{O_2} 和 p_{H_2} 均为 10^5 Pa 的条件下，作出 ZnS-H_2O 系的 ε-pH 图，如图 4-4-6 所示。

表 4-4-4 ZnS-H_2O 系中的反应及其在 298 K 下的 ε 和 pH 值的计算式

	反应式	ε 和 pH 的计算式
①	$Zn^{2+} + S + 2e \longequal ZnS$	$\varepsilon = 0.265 + 0.0295\lg a_{Zn^{2+}}$
②	$ZnS + 2H^+ \longequal Zn^{2+} + H_2S$	$pH = -2.084 - 0.5\lg a_{Zn^{2+}} - 0.5\lg a_{H_2S}$
③	$S + 2H^+ + 2e \longequal H_2S$	$\varepsilon = 0.142 - 0.0591pH - 0.0295\lg a_{H_2S}$
④	$HSO_4^- + 7H^+ + 6e \longequal 4H_2O + S$	$\varepsilon = 0.338 - 0.0689pH + 0.00985\lg a_{HSO_4^-}$

续表 4-4-4

	反应式	ε 和 pH 的计算式
⑤	$SO_4^{2-} + H^+ = HSO_4^-$	$pH = 1.91 - \lg a_{HSO_4^-} + \lg a_{SO_4^{2-}}$
⑥	$Zn^{2+} + HSO_4^- + 7H^+ + 8e = 4H_2O + ZnS$	$\varepsilon = 0.320 - 0.0517pH + 0.0074\lg(a_{Zn^{2+}} \cdot a_{HSO_4^-})$
⑦	$Zn^{2+} + SO_4^{2-} + 8H^+ + 8e = 4H_2O + ZnS$	$\varepsilon = 0.334 - 0.0591pH + 0.0074\lg(a_{Zn^{2+}} \cdot a_{SO_4^{2-}})$
⑧	$2Zn^{2+} + SO_4^{2-} + 2H_2O = ZnSO_4 \cdot Zn(OH)_2 + 2H^+$	$pH = 3.77 - 0.5\lg a_{SO_4^{2-}} - \lg a_{Zn^{2+}}$
⑨	$ZnSO_4 \cdot Zn(OH)_2 + SO_4^{2-} + 18H^+ + 16e = 2ZnS + 10H_2O$	$\varepsilon = 0.364 - 0.0665pH + 0.0037\lg a_{SO_4^{2-}}$
⑩	$ZnSO_4 \cdot Zn(OH)_2 + 2H_2O = 2Zn(OH)_2 + 2H^+ + SO_4^{2-}$	$pH = 8.44 + 0.5\lg a_{SO_4^{2-}}$
⑪	$Zn(OH)_2 + 10H^+ + SO_4^{2-} + 8e = ZnS + 6H_2O$	$\varepsilon = 0.425 - 0.0739pH + 0.0074\lg a_{SO_4^{2-}}$
⑫	$ZnO_2^{2-} + 2H^+ = Zn(OH)_2$	$pH = 14.25 + 0.5\lg a_{ZnO_2^{2-}}$
⑬	$ZnO_2^{2-} + 12H^+ + SO_4^{2-} + 8e = ZnS + 6H_2O$	$\varepsilon = 0.635 - 0.0887pH + 0.0074\lg(a_{ZnO_2^{2-}} \cdot a_{SO_4^{2-}})$
⑭	$ZnS + 2e = Zn + S^{2-}$	$\varepsilon = -1.461 - 0.0295\lg a_{S^{2-}}$
⑮	$S^{2-} + H^+ = HS^-$	$pH = 12.43 + \lg a_{S^{2-}} - \lg a_{HS^-}$
⑯	$ZnS + H^+ + 2e = Zn + HS^-$	$\varepsilon = -1.093 - 0.0295pH - 0.0295\lg a_{HS^-}$
⑰	$HS^- + H^+ = H_2S$	$pH = 7.0 + \lg a_{HS^-} - \lg a_{H_2S}$
⑱	$ZnS + 2H^+ + 2e = Zn + H_2S$	$\varepsilon = -0.886 - 0.0591pH - 0.0295\lg a_{H_2S}$
⑲	$Zn^{2+} + 2e = Zn$	$\varepsilon = -0.763 + 0.0295\lg a_{Zn^{2+}}$
Ⓐ	$O_2 + 4H^+ + 4e = 2H_2O$	$\varepsilon = 1.229 - 0.0591pH + 0.0148\lg p_{O_2} - 0.0148\lg p^{\ominus}$
Ⓑ	$2H^+ + 2e = H_2$	$\varepsilon = -0.0591pH - 0.0295\lg p_{H_2} + 0.0295\lg p^{\ominus}$

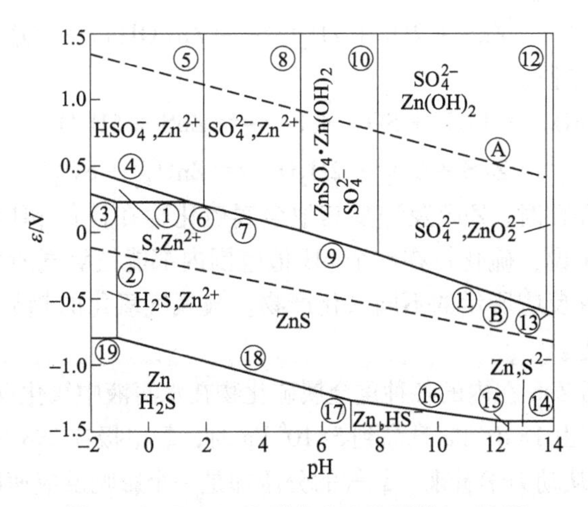

图 4-4-6 $ZnS-H_2O$ 系在 298 K 下的 ε-pH 图

由图 4-4-6 可以得到硫化锌矿酸浸出过程的一些热力学规律：

（1）溶液中的 H_2S，在有氧化剂存在的情况下，可按下列次序进行氧化：$H_2S \rightarrow S \rightarrow S_2O_3^{2-} \rightarrow SO_3^{2-} \rightarrow HSO_4^-$ 或 SO_4^{2-}。由于 $S_2O_3^{2-}$ 和 SO_3^{2-} 都是不稳定的离子，故在图 4-4-6 中未加考虑。

（2）ZnS 在没有氧化剂的情况下浸出，即按反应②进行，要求溶剂的酸度很高，pH<1.084，故实际上它是在加压有氧和高温的条件下用硫酸浸出的。

（3）在有氧化剂氧气存在的情况下，在整个 pH 值（1.084~14）范围内，ZnS 均可以被氧气所氧化，pH 值不同产物不同。其基本原理为氧化-还原反应，即原电池反应原理。

正极反应均为氧化剂氧气被还原为 H_2O 的过程，反应方程为：

$$O_2 + 4H^+ + 4e = 2H_2O \quad \text{Ⓐ}$$

在不同的 pH 值范围内，负极反应不同，分析如下。

1）1.084<pH<1.3447 时：

$$Zn^{2+} + S + 2e = ZnS \quad ①$$

总电池反应为：$2ZnS + O_2 + 4H^+ = 2H_2O + 2Zn^{2+} + 2S$

2）1.3447<pH<1.91 时：

$$Zn^{2+} + HSO_4^- + 7H^+ + 8e = 4H_2O + ZnS \quad ⑥$$

总电池反应为：$ZnS + 2O_2 + H^+ = Zn^{2+} + HSO_4^-$

3）1.91<pH<5.27 时：

$$Zn^{2+} + SO_4^{2-} + 8H^+ + 8e = 4H_2O + ZnS \quad ⑦$$

总电池反应为：$ZnS + 2O_2 = Zn^{2+} + SO_4^{2-}$

4）5.27<pH<7.94 时：

$$ZnSO_4 \cdot Zn(OH)_2 + SO_4^{2-} + 18H^+ + 16e = 2ZnS + 10H_2O \quad ⑨$$

总电池反应为：$2ZnS + 4O_2 + 2H_2O = ZnSO_4 \cdot Zn(OH)_2 + SO_4^{2-} + 2H^+$

5）7.94<pH<13.75 时：

$$Zn(OH)_2 + 10H^+ + SO_4^{2-} + 8e = ZnS + 6H_2O \quad ⑪$$

总电池反应为：$ZnS + 2O_2 + 2H_2O = Zn(OH)_2 + SO_4^{2-} + 2H^+$

6）13.75<pH<14 时：

$$ZnO_2^{2-} + 12H^+ + SO_4^{2-} + 8e = ZnS + 6H_2O \quad ⑬$$

总电池反应为：$ZnS + 2O_2 + 2H_2O = ZnO_2^{2-} + SO_4^{2-} + 4H^+$

总之，当有氧气存在时，ZnS 及许多其他金属硫化物在任何 pH 值的水溶液中都是不稳定的，即从热力学来说，硫化锌在整个 pH 值范围内都能被氧气所氧化，并在不同的 pH 值下分别得到如上 6 种反应所示的不同氧化产物。被氧气氧化的趋势，取决于氧电极与硫化物电极之间的电位差。

氧气的分压对包括 ZnS 在内的各种重金属硫化物在水溶液中氧化反应的热力学影响不明显。例如，氧气的分压由 1×10^5 Pa 升高到 5×10^6 Pa 时，氧电极在 298 K 下的电位升高的数值仅为 0.025 V。但是，从动力学看来，氧气的分压却是一个影响反应速度的重要因素。

（4）从热力学上讲，ZnS 在任何 pH 值的水溶液中都不能被氢气还原成金属锌，因为氢的电极电位在硫化锌电极电位之上。若溶液中存在电极电位比硫化锌电极电位还要低的还原剂时，也就是说只要还原剂的电极电位线低于反应⑱、反应⑯、反应⑭所对应的电极电位时，ZnS 就可以被还原剂还原为金属锌。

4.4.2.4 浸出过程动力学分析

浸出反应属于溶液与固体物质之间的多相反应体系，反应在相界面上发生，总的反应过程还包括溶剂向相界面迁移以及反应产物由相界面排开等阶段，即扩散阶段。下面按前面关于浸出反应分类进行动力学过程讨论。

A 简单溶解反应的动力学方程

设一固体化合物，用其粉末压制成球团，使球团悬吊，置于水中旋转，并在一定时间间隔内分析溶液，可发现溶质浓度增大的速度遵循下列方程，如式（4-4-5）。如水溶性的金属硫酸盐在水中的溶解即为该过程。简单溶解机理如图 4-4-7 所示。由此图可见，在简单溶解过程中，有一饱和层迅速在紧靠相界面处形成，速度简单地说就是溶剂化了的分子由饱和层扩散到溶液本体中的速度。显然，溶解速度与温度和搅拌速度都有关系。

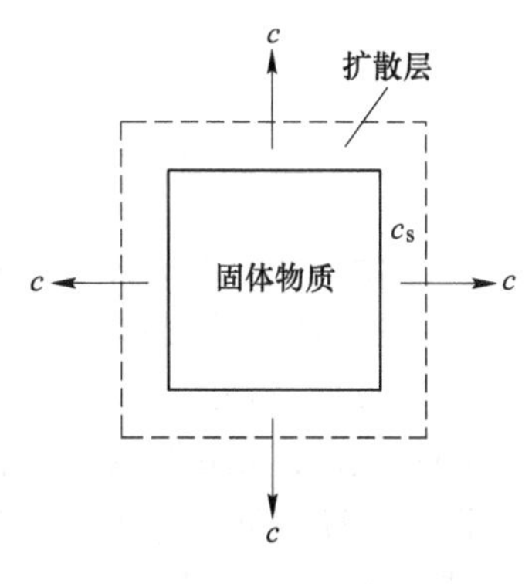

图 4-4-7 简单溶解机理示意图

$$\frac{dc}{d\tau}=k(c_s-c) \tag{4-4-5}$$

式中 c——溶质在 τ 时刻的浓度；

c_s——化合物在试验温度下在水中的溶解度；

k——速度常数。

在 $c=0$、$\tau=0$ 的起始条件下，由式（4-4-5）积分可得式（4-4-6），如下所示：

$$2.303\lg\frac{c_s}{c_s-c}=k\tau \tag{4-4-6}$$

式（4-4-6）即为简单溶解反应的动力学方程，将 $\lg\frac{c_s}{c_s-c}$ 对 τ 作图，便可得一条直线，求其斜率就能得到速度常数 k。

B 化学溶解反应的动力学方程

固态氧化锌在硫酸溶液中的浸出，可作为这类反应的一个典型实例，反应方程式为（1），溶解过程机理示意图，如图 4-4-8 所示。

$$ZnO + H_2SO_4 = ZnSO_4 + H_2O \tag{1}$$

反应（1）在固体 ZnO 的表面上进行，溶剂 H_2SO_4 也主要在表面上消耗。因此，紧靠表面的硫酸浓度 ξ 比其在溶液本体的浓度要小，溶液中溶剂的浓度随着远离反应区逐渐增大。在液流中心，溶剂硫酸浓度 c 最大，相反地，反应产物（$ZnSO_4$）的浓度在紧靠表面处最大，而在液流中心最小。由于液流中心和相界面之间的这种浓度差，故发生溶剂质点向相界面迁移，而反应产物的质点则由相界面向中心迁移。

一般来说，浸出过程由以下 6 个步骤组成：

（1）溶剂质点由液体中心向固体表面的外扩散；

（2）溶剂借所谓内扩散沿着矿物的孔隙和裂缝向体内的深入渗透；

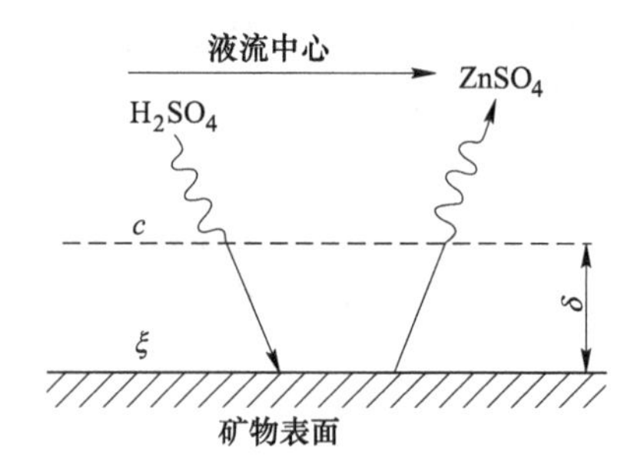

图 4-4-8 固态 ZnO 在 H_2SO_4 溶液中溶解示意图

c—溶剂在液流中心的浓度；ξ—溶剂在矿物表面的浓度；δ—扩散层厚度

（3）溶剂质点在固体表面吸附（表面包括矿物的外表面以及孔隙和裂纹的内表面）；

（4）被吸附的溶剂与矿物之间的化学反应；

（5）反应产物的解吸；

（6）反应产物由反应区表面向液流中心的扩散。

以上各环节可分为两类，其一为吸附-化学反应环节，如（3）、（4）、（5）；其二为扩散环节，如（1）、（2）、（6）。

为了便于动力学分析，对以上反应机理进行简化，设浸出过程只取决于两个阶段，即溶剂向反应区的迁移和相界面的化学相互作用。

由菲克定律，溶剂由溶液本体向矿物单位表面扩散的速度可表示为：

$$V_D = -\frac{dc}{d\tau} = D\frac{c-\xi}{\delta} = k_D(c-\xi) \tag{4-4-7}$$

式中 V_D——单位时间内由于溶剂向矿物迁移而引起的浓度降低，即扩散速度；

$\frac{c-\xi}{\delta}$——浓度梯度；

δ——边界层厚度；

D——分子扩散系数；

k_D——扩散或传质系数，$k_D = D/\delta$。

在矿物表面上，发生浸出过程的化学反应，其速度根据质量作用定律可表示为：

$$V_R = \frac{dc}{d\tau} = k_R \cdot \xi^n \tag{4-4-8}$$

式中 V_R——单位时间内由于溶质在矿物表面上发生化学反应而引起的浓度降低，即化学反应速率；

k_R——吸附-化学变化的动力学阶段的速度常数；

n——反应级数。

由准稳态原理可知，溶剂质点向矿物单位表面供给的速度 V_D 等于溶剂在单位表面上因化学反应而消耗的速度 V_R，并可用过程的宏观速度 V 表示。

此原理的正确性可由以下分析说明，设 $V_D > V_R$，也就是说溶剂的供应比其消耗于反应更快，这将导致溶剂在相界面积累，引起 ξ 增大，浓度降（$c-\xi$）减少，结果 V_D 降低，而反应速度 V_R 却在这时增大，因此速度的不等性减少，并最终成立 $V_D = V_R$ 的关系；相反，

$V_D<V_R$，也就是说溶剂向表面的供应比其消耗更慢，那么溶剂在靠近表面的浓度开始降低，$(c-\xi)$ 增大，结果 V_D增大而 V_R降低，最终 $V_D=V_R$。

根据等式 $V_D=V_R$，可求出 ξ。由式（4-4-7）和式（4-4-8）可得：

$$k_D(c-\xi)=k_R\cdot\xi^n$$

对于氧化锌的酸浸出及其许多相类似的化学溶解，属于一级反应，$n=1$，代入上式，可得：

$$\xi=\frac{k_D}{k_D+k_R}c \tag{4-4-9}$$

由于：$V=V_D=V_R$，而 $V_R=k_R\cdot\xi$，故可得：

$$V=\frac{dc}{d\tau}=\frac{k_D\cdot k_R}{k_D+k_R}c \tag{4-4-10}$$

上述的推导结果表明，把不能直接测出的紧靠表面的溶剂浓度 ξ 可从方程式中消去，使过程的宏观速度用可测的溶液本体浓度中溶剂的浓度来表示。

如果 $k_R\ll k_D$，即扩散速度很大，化学反应速度很小，整个过程受化学反应速度控制；相反，如果 $k_R\gg k_D$，即扩散速度很小，而化学反应速度很大，整个过程受扩散速度控制。

一般，令宏观速度常数 $K=\frac{k_D\cdot k_R}{k_D+k_R}$，则式（4-4-10）可表示为：

$$-\frac{dc}{d\tau}=Kc \tag{4-4-11}$$

在 $c=0$、$\tau=0$ 的起始条件下，对式（4-4-11）积分可得：

$$\ln\frac{c_0}{c}=K\tau \tag{4-4-12}$$

式中 c_0——溶液的起始浓度。

式（4-4-12）即为化学溶解一级反应的动力学方程。作 $\ln\frac{c_0}{c}$-τ 图，可得一条直线，直线斜率即为 K。

4.4.2.5 影响浸出速度的因素

影响浸出速度的因素主要有：矿石的大小、温度、矿浆搅拌速度、溶剂浓度等。

（1）矿石的大小。浸出是溶液和固体之间的多相反应过程，在其他条件相同的情况下，浸出速度与固相和液相的接触表面积成正比，因此，浸出速度随矿石的减小而增大。但是，矿石也不宜过细，否则将会使矿浆的黏度增大，从而降低浸出速度。最适宜的矿块大小，需由试验确定。

（2）温度。温度对浸出过程的影响取决于过程的控速环节。

1）化学反应控制。若反应在动力学区，化学反应速度常数 K 可由阿伦尼乌斯方程确定：

$$K=Ae^{-\frac{W_R}{RT}}$$

式中 A——指前因子，相当于活化能等于零时的反应速度常数；

W_R——反应活化能，kJ/mol。

对大多数反应来说，W_R 在 29.29～83.68 kJ/mol 范围内，温度对反应速度影响很大，温度每升高 10 ℃，反应速度增大 2～4 倍，也就是说，反应速度的温度系数等于 2～4。

浸出过程在动力学区，加速反应的有效措施为提高温度、增大溶剂浓度、降低矿石粒度、提高固体孔隙率、使用催化剂等。

2）扩散控制。若反应在扩散区，即受物质迁移（扩散）控制，则浸出速度和温度的关系可用下式表示：

$$K = A'e^{-\frac{W_D}{RT}}$$

式中　A'——指前因子；

W_D——扩散活化能，kJ/mol。

一般来说，W_D 数值较小，在 8.37～29.29 kJ/mol 范围内，此数值可作为判断过程处于扩散控制的标志。扩散速度的温度系数一般在 1.5 以下，受温度影响较小。

活化能 W 的求解方法为：用试验方法确定若干温度下的 K 值，以 $\lg K$ 为纵坐标，$1/T$ 为横坐标进行线性拟合（作图），得到的直线就表示速度随温度的变化，通过直线的斜率即可计算得到活化能 W。根据 W 的大小，判断限制性环节，也就是判断反应过程受化学反应控制还是扩散控制。

浸出过程受外扩散控制，即液相中的扩散，则通过提高液流的速度和增大紊流程度（用加强搅拌的方法）来提高反应速度。

浸出过程受内扩散控制，即固体中的扩散，那么强化过程的方法是使矿石变细，或增大孔隙率。

在常压浸出过程中，温度可能升高的限度受到溶液沸腾温度的限制。但是，如果浸出在加压下进行，则过程的温度可以按照溶液上面的蒸气压相应地增大，而使浸出过程加速进行。

（3）矿浆搅拌速度。搅拌的目的在于使扩散层厚度 δ 减小，扩散层厚度与搅拌速度成反比，可近似地用下式表示：

$$\delta = \frac{K}{v^n}$$

式中　K——常数；

v——搅拌速度；

n——指数，一般约为 0.6。

由式（4-4-7）可知，扩散层厚度 δ 越小，扩散或传质系数 K_D 越大，因为 $K_D = D/\delta$，K_D 越大，则浸出过程速度越大。

当搅拌时，会产生具有高速的涡流，这种涡流能带走大部分的扩散层，迅速地将扩散层减小至一定的限度。当搅拌速度达到一定值时，进一步提高搅拌速度并不能加速离子或分子的扩散速度，在此情况下，反应的进行已不受扩散条件的限制，而是受动力学因素所限制。最好的搅拌速度须由试验确定。

（4）溶剂浓度。溶剂浓度增大，溶解速度和溶解程度均随之增大。但溶剂浓度过高，不仅增加成本，而且会使杂质进入溶液的数量增多。最适当的溶剂浓度应该是这样，即在此浓度的条件下，被提取的有价成分能迅速溶解而杂质进入溶液的数量又最少。最适宜的溶剂浓度须由试验预先确定。

4.4.3 离子沉淀

4.4.3.1 概述

湿法冶金的第二个和第三个主要工序是净化和沉积，它们在某些情况下具有共同的理论基础，如，用 Zn 粉从含 Cu、Cd 的 $ZnSO_4$ 溶液中置换 Cu、Cd，从工序上讲是个净化过程，而用 Fe 粉从含 Cu 溶液中置换 Cu，从工序上讲又是个沉积过程。但是，两者的理论基础完全相同。因此，从冶金原理的观点看来，不按工序而按共性讨论问题是恰当的。这些问题主要包括离子沉淀和金属从溶液中的沉积（置换沉积）。本节讨论关于离子沉淀的问题。

所谓离子沉淀，就是溶液中某种离子在沉淀剂的作用下呈难溶化合物形态沉淀的过程。一般有两种不同的做法：其一是使杂质呈难溶化合物形态沉淀而有价金属留在溶液中，这就是所谓的溶液净化沉淀法；其二是使有价金属呈难溶化合物形态沉淀而杂质留在溶液中，这个过程称为制备纯化合物的沉淀法。

湿法冶金中经常遇到的难溶化合物有：氢氧化物、硫化物、碳酸盐、黄酸盐、草酸盐以及诸如 AgCl、$CaWO_4$ 等其他难溶化合物。具有普遍意义的是形成难溶氢氧化物和硫化物沉淀，故下面只讨论这两种方法的基本原理和应用问题。

4.4.3.2 氢氧化物的沉淀

除少数的碱金属氢氧化物以外，大多数的金属氢氧化物都属于难溶化合物。在生产实践中，使溶液中的金属离子呈氢氧化物形态沉淀，包含两个不同方面的目的：一是使主要金属从溶液中呈氢氧化物沉淀，如在生产氧化铝时使铝酸钠溶液中的铝呈 $Al(OH)_3$ 沉淀，在稀有金属冶金中使稀土元素呈氢氧化物形态沉淀等；一是使杂质从酸性浸出液中呈氢氧化物形态沉淀，如从锌焙砂酸性浸出液中水解-中和沉淀除去铁、锰、砷、锑、铝等杂质的净化过程。

从冶金原理角度来看，上述两种生成难溶氢氧化物的反应都属于水解-中和反应过程，下面将从冶金热力学角度分析生成难溶氢氧化物沉淀需要满足的热力学条件。

A 沉淀过程热力学分析

一般来说，难溶化合物的金属氢氧化物的生成反应通式如下：

$$Me^{Z+} + ZOH^- = Me(OH)_Z(s)$$

生成反应的标准吉布斯自由能变化可按下式求得：

$$\Delta G^{\ominus} = \Delta G^{\ominus}_{Me(OH)_Z} - \Delta G^{\ominus}_{Me^{Z+}} - Z\Delta G^{\ominus}_{(H^+)}$$

在 298 K 下，反应各组分的 $\Delta G^{\ominus}$ 可由热力学数据手册得到。

反应的平衡常数为：

$$K = \frac{1}{a_{Me^{Z+}} \cdot a_{OH^-}^{Z}}$$

纯固相活度 $a_{Me(OH)_Z} = 1$。

当沉淀物与溶液平衡时：

$$\Delta G^{\ominus} = -TR\ln K = -RT\ln\frac{1}{a_{Me^{Z+}} \cdot a_{OH^-}^Z} \tag{4-4-13}$$

由于 $a_{H^+} \cdot a_{OH^-} = K_W$，故 $a_{H^+} = \frac{K_W}{a_{OH^-}}$，而 $pH = -\lg a_{H^+}$，将上述关系代入式（4-4-13）中，经整理后可得：

$$pH = \frac{\Delta G^{\ominus}}{2.303ZRT} - \lg K_W - \frac{1}{Z}\ln a_{Me^{Z+}} \tag{4-4-14}$$

由于 $Me(OH)_Z$的活度积常数 $K_{SP} = a_{OH^-}^Z \cdot a_{Me^{Z+}}$，所以：

$$\lg K_{SP} = \frac{\Delta G^{\ominus}}{2.303RT} \tag{4-4-15}$$

这样式（4-4-14）可写成以下形式：

$$pH = \frac{1}{Z}\lg K_{SP} - \lg K_W - \frac{1}{Z}\lg a_{Me^{Z+}} \tag{4-4-16}$$

由此可见，各种金属形成氢氧化物时的pH值与该金属的热力学性质 $\Delta G^{\ominus}$、K_{SP}及其在溶液中的离子活度有关。根据式（4-4-15）和式（4-4-16）列出某些金属的各种有关数据如表4-4-5所示。

表4-4-5　某些金属在298 K及 $a_{Me^{Z+}}=1$ 时形成氢氧化物的pH值以及有关数据

氢氧化物的形成反应	$\Delta G^{\ominus}$ /kJ·mol⁻¹	K_{SP}	溶解度/mol·L⁻¹		形成 $Me(OH)_Z$ 的 pH	
			$Z=3$	$Z=2$	$Z=3$	$Z=2$
$Tl^{3+} + 3OH^- = Tl(OH)_3$	-250.16	1.44×10^{-44}	4.81×10^{-12}	—	-0.61	—
$Co^{3+} + 3OH^- = Co(OH)_3$	-245.68	8.76×10^{-44}	7.62×10^{-12}	—	-0.35	—
$Sb^{3+} + 3OH^- = Sb(OH)_3$	-219.62	3.23×10^{-39}	1.05×10^{-10}	—	1.17	—
$Fe^{3+} + 3OH^- = Fe(OH)_3$	-212.09	6.75×10^{-38}	2.25×10^{-10}	—	1.61	—
$Al^{3+} + 3OH^- = Al(OH)_3$	-186.86	1.78×10^{-33}	2.82×10^{-9}	—	3.08	—
$Bi^{3+} + 3OH^- = Bi(OH)_3$	-173.43	4.03×10^{-31}	1.11×10^{-8}	—	3.87	—
$Lu^{3+} + 3OH^- = Lu(OH)_3$	-135.35	1.90×10^{-24}	5.15×10^{-7}	—	6.09	—
$Yb^{3+} + 3OH^- = Yb(OH)_3$	-134.68	2.48×10^{-24}	5.51×10^{-7}	—	6.13	—
$Er^{3+} + 3OH^- = Er(OH)_3$	-133.51	3.99×10^{-24}	6.24×10^{-7}	—	6.20	—
$Eu^{3+} + 3OH^- = Eu(OH)_3$	-131.55	8.80×10^{-24}	7.60×10^{-7}	—	6.31	—
$Gd^{3+} + 3OH^- = Gd(OH)_3$	-130.21	1.51×10^{-23}	8.48×10^{-7}	—	6.39	—
$Y^{3+} + 3OH^- = Y(OH)_3$	-129.87	1.73×10^{-23}	8.87×10^{-7}	—	6.41	—
$Sm^{3+} + 3OH^- = Sm(OH)_3$	-125.98	8.33×10^{-23}	1.33×10^{-7}	—	6.64	—
$Ce^{3+} + 3OH^- = Ce(OH)_3$	-125.52	1.00×10^{-22}	1.39×10^{-6}	—	6.67	—
$Nd^{3+} + 3OH^- = Nd(OH)_3$	-122.67	3.17×10^{-22}	1.86×10^{-6}	—	6.83	—
$Pr^{+} + 3OH^- = Pr(OH)_3$	-120.79	6.77×10^{-22}	2.23×10^{-6}	—	6.94	—
$La^{3+} + 3OH^- = La(OH)_3$	-107.11	1.69×10^{-19}	8.91×10^{-6}	—	7.74	—
$Sn^{2+} + 2OH^- = Sn(OH)_2$	-144.43	4.86×10^{-26}	—	2.31×10^{-9}	—	1.34
$Cu^{2+} + 2OH^- = Cu(OH)_2$	-108.28	1.05×10^{-19}	—	2.99×10^{-7}	—	4.51

续表 4-4-5

氢氧化物的形成反应	$\Delta G^{\ominus}$ /kJ·mol^{-1}	K_{SP}	溶解度/mol·L^{-1}		形成 $Me(OH)_Z$ 的 pH	
			$Z=3$	$Z=2$	$Z=3$	$Z=2$
$Ni^{2+}+2OH^-$ ══ $Ni(OH)_2$	-90.29	1.50×10^{-16}	—	3.36×10^{-6}	—	6.09
$Zn^{2+}+2OH^-$ ══ $Zn(OH)_2$	-90.08	1.63×10^{-16}	—	3.46×10^{-6}	—	6.11
$Co^{2+}+2OH^-$ ══ $Co(OH)_2$	-87.95	3.85×10^{-16}	—	4.63×10^{-6}	—	6.29
$Fe^{2+}+2OH^-$ ══ $Fe(OH)_2$	-84.01	1.89×10^{-15}	—	7.93×10^{-6}	—	6.64
$Cd^{2+}+2OH^-$ ══ $Cd(OH)_2$	-77.70	2.41×10^{-14}	—	1.82×10^{-5}	—	7.19
$Mn^{2+}+2OH^-$ ══ $Mn(OH)_2$	-76.48	3.95×10^{-14}	—	2.15×10^{-5}	—	7.30
$Mg^{2+}+2OH^-$ ══ $Mg(OH)_2$	-63.14	8.59×10^{-12}	—	1.30×10^{-4}	—	8.47

由式（4-4-16），并结合表4-4-5可得到氢氧化物的沉淀规律，如下所述：

（1）氢氧化物从含有几种阳离子价相同的多元盐溶液中沉淀时，首先析出是其形成pH最小，其浓度积最小，从而其溶解度最小的氢氧化物。

如一多元盐溶液中含 Fe^{3+}、Al^{3+} 和 Nd^{3+}，溶液的初始 pH=1，该溶液在加碱中和过程中，Fe^{3+}、Al^{3+} 和 Nd^{3+} 形成氢氧化物沉淀时，溶解度由小到大的顺序为 $Fe(OH)_3$、$Al(OH)_3$ 和 $Nd(OH)_3$，浓度积由小到大的顺序也为 $Fe(OH)_3$、$Al(OH)_3$ 和 $Nd(OH)_3$，所需的 pH 分别为 1.61、3.08 和 6.83，可见加碱中和过程中，随着溶液的 pH 增大，溶解度最小的 $Fe(OH)_3$ 最先沉淀，依次是 $Al(OH)_3$ 和 $Nd(OH)_3$。

（2）在金属相同但离子价不同的多元盐溶液体系中，高价阳离子总是在比低价阳离子在 pH 更小的溶液中形成氢氧化物，也就是说高价阳离子形成氢氧化物所需的 pH 比低价阳离子更小，浓度积更小，从而其溶解度更小，故高价阳离子优先形成氢氧化物而析出。

如多元盐溶液中的 Fe^{3+} 和 Fe^{2+}、Co^{3+} 和 Co^{2+} 形成对应的氢氧化物沉淀时，高价阳离子 Fe^{3+} 的氢氧化物、Co^{3+} 的氢氧化物所需的 pH 比低价阳离子 Fe^{2+} 的氢氧化物、Co^{2+} 的氢氧化物所需的 pH 更小，故 $Fe(OH)_3$ 优先 $Fe(OH)_2$ 形成氢氧化物而析出，$Co(OH)_3$ 优先 $Co(OH)_2$ 形成氢氧化物而析出。

在应用上述沉淀规律时，必须明确氢氧化物形成的 pH 与被沉淀金属的离子活度有关，如式（4-4-16）所示，随着 $a_{Me^{Z+}}$ 的减小而增大的。

【例 4-10】 一多元盐溶液中含 Fe^{3+}、Al^{3+} 和 Nd^{3+}，溶液的初始 pH=1，溶液中各离子的活度均为 1（$a_{Me^{3+}}=1$），该溶液在加碱中和过程中，离子开始沉淀，当离子活度为 10^{-5} 时（$a_{Me^{3+}}=10^{-5}$），认为该离子沉淀完全，试求各离子开始沉淀和完全沉淀的 pH 分别为多少？

解： 溶液中离子沉淀所需的 pH 可由以下关系得到：

$$pH = \frac{1}{Z}\lg K_{SP} - \lg K_W - \frac{1}{Z}\lg a_{Me^{3+}}$$

上式中：$Z=3$，$K_W=1\times10^{-14}$，代入可得：

$$pH = \frac{1}{3}\lg K_{SP} + 14 - \frac{1}{3}\lg a_{Me^{3+}}$$

离子开始沉淀时，$a_{Me^{3+}}=1$，故开始沉淀的 pH 为：

$$pH = \frac{1}{3}\lg K_{SP} + 14$$

当 $a_{Me^{3+}} = 10^{-5}$时，沉淀完全，完全沉淀的 pH 为：

$$pH = \frac{1}{3}\lg K_{SP} + 14 - \frac{1}{3}\lg 10^{-5} = \frac{1}{3}\lg K_{SP} + 14 + 1.67$$

各离子开始沉淀的 pH 为：

Fe^{3+}: $pH = \frac{1}{3}\lg(6.75 \times 10^{-38}) + 14 = 1.61$

Al^{3+}: $pH = \frac{1}{3}\lg(1.78 \times 10^{-33}) + 14 = 3.08$

Nd^{3+}: $pH = \frac{1}{3}\lg(3.17 \times 10^{-22}) + 14 = 6.83$

各离子沉淀完全的 pH 为：

Fe^{3+}: $pH = 1.61 + 1.67 = 3.28$

Al^{3+}: $pH = 3.08 + 1.67 = 4.75$

Nd^{3+}: $pH = 6.83 + 1.67 = 8.50$

上述的计算表明：Fe^{3+} 沉淀完全所需的 pH 为 3.29，而此时 Nd^{3+} 还没有开始沉淀（Nd^{3+}开始沉淀的 pH=6.84），故利用此性质可以除去稀土浸出液中的杂质 Fe^{3+}（采用湿法冶金，盐酸优溶或全溶法回收钕铁硼废料中的稀土，浸出液中的主要杂质为 Fe^{3+}），而不会使稀土 Nd^{3+}因沉淀而造成损失。

B 沉淀规律的应用

下面以铁的氧化沉淀为例来说明这一规律的应用。

对于 Me^{3+}/Me^{2+}体系的氧化-还原反应及电位如下表示：

$$Me^{3+} + e = Me^{2+} \qquad \varepsilon = \varepsilon^{\ominus}_{Me^{3+}/Me^{2+}} + 0.0591\lg\frac{a_{Me^{3+}}}{a_{Me^{2+}}} \tag{4-4-17}$$

氧电极和氢电极反应及电位如下：

$$O_2 + 4H^+ + 4e = 2H_2O \qquad \varepsilon_{O_2/H_2O} = 1.229 - 0.0591\,pH + 0.0148\lg\frac{p_{O_2}}{p^{\ominus}} \tag{B}$$

$$2H^+ + 2e = H_2 \qquad \varepsilon_{H^+/H_2} = -0.0591\,pH - 0.0295\lg\frac{p_{H_2}}{p^{\ominus}} \tag{A}$$

由式（4-4-17）可知，Me^{3+}/Me^{2+}体系的电位值大小与 $a_{Me^{3+}}/a_{Me^{2+}}$的比值有关，ε 可以变为很大或很小。如果 $a_{Me^{3+}}/a_{Me^{2+}}$很大，使式（4-4-17）中的 ε 大于氧电极电位，则三价离子 Me^{3+}便开始还原，使氧从水中析出。如，氧化还原体系 Co^{3+}/Co^{2+}的电位，通常在氧电极电位线之上。这就导致呈简单离子形态的 Co^{3+}离子不能在水溶液中稳定存在。因此，要以空气中的氧使镍盐溶液中的 Co^{2+}氧化成 Co^{3+}而后呈 $Co(OH)_3$ 形态沉淀是不可能的。在此情况下，要使钴呈 $Co(OH)_3$ 形态沉淀而与镍分离，就必须使用某种强烈的氧化剂（如 NaOCl）。

对于 Fe^{3+}/Fe^{2+}体系，在标准状态下，298 K 时，如$\frac{a_{Fe^{3+}}}{a_{Fe^{2+}}}$大于 5.6×10^{7}时，则 $\varepsilon_{Fe^{3+}/Fe^{2+}}$大

于 1.229 V，大于氧电极电位，则 Fe^{3+}可作氧化剂，氧化 OH^-使 H_2O 放出氧气；同理，若 $\frac{a_{Fe^{3+}}}{a_{Fe^{2+}}}$小于 9.0×10^{-14}时，$\varepsilon_{Fe^{3+}/Fe^{2+}}$小于 0 V，小于氢电极电位，则 Fe^{2+}可作还原剂还原 H^+使 H_2O 放出氢气。对各种实际浓度来说，$\varepsilon_{Fe^{3+}/Fe^{2+}}$处于 H_2O 的热力学稳定区，$a_{Fe^{3+}}$和 $a_{Fe^{2+}}$接近，即$\frac{a_{Fe^{3+}}}{a_{Fe^{2+}}}$接近于 1，$Fe^{3+}$和 Fe^{2+}的最终浓度可以同时在水溶液中存在，并且可以用空气中的氧使二价铁离子氧化。

图 4-4-9 所示为 298 K 时，水溶液中 Fe^{3+}/Fe^{2+}体系的氧化-还原电位 ε 和 pH 关系图，图中 $a_{Fe^{3+}}=a_{Fe^{2+}}=1$，$p_{O_2}=p_{H_2}=1\times10^5$ Pa，Ⓐ和Ⓑ分别为氢电极电位线和氧电极电位线。图中有关反应及其 ε 和 pH 的计算式如下所示：

$$Fe^{3+}+e = Fe^{2+} \quad \varepsilon=0.771+0.059\lg\frac{a_{Fe^{3+}}}{a_{Fe^{2+}}} \tag{①}$$

$$Fe^{3+}+3H_2O = Fe(OH)_3+3H^+ \quad pH=1.6-\frac{1}{3}\lg a_{Fe^{3+}} \tag{②}$$

$$Fe(OH)_3+3H^++e = Fe^{2+}+3H_2O \quad \varepsilon=1.054-0.1773pH-0.0591\lg a_{Fe^{2+}} \tag{③}$$

$$Fe^{2+}+2H_2O = Fe(OH)_2+2H^+ \quad pH=6.7-\frac{1}{2}\lg a_{Fe^{2+}} \tag{④}$$

$$Fe(OH)_3+H^++e = Fe(OH)_2+H_2O \quad \varepsilon=0.262-0.0591\,pH \tag{⑤}$$

$$Fe^{2+}+2e = Fe \quad \varepsilon=-0.44+0.0295\lg a_{Fe^{2+}} \tag{⑥}$$

$$Fe(OH)_2+2H^++2e = Fe+2H_2O \quad \varepsilon=-0.047-0.0591\,pH \tag{⑦}$$

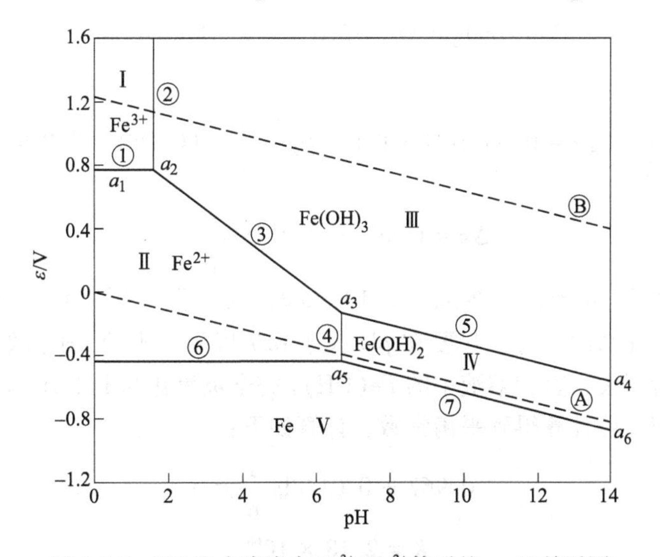

图 4-4-9　298 K 水溶液中 Fe^{3+}/Fe^{2+}体系的 ε-pH 关系图

设有 pH=0.5 的酸性溶液，其中含有活度都等于 1 的 Fe^{3+}和 Fe^{2+}两种离子。这个体系的氧化-还原电位，如反应①所示，在图 4-4-9 中以 a_1（ε=0.771 V，pH=0.5），现向该溶液中加入碱中和。由 a_1 到 a_2 过程中，若没有氧化剂和还原剂存在，则只有酸被中和，而电位不发生变化。当 pH 达到开始形成 $Fe(OH)_3$ 的数值时，即 a_2 点，其值可由反应②算出为 1.6，如继续加入碱，便会导致三价铁的沉淀。三价铁浓度的减小，导致电位发生变化，由 a_2 到 a_3 过程中，Fe^{2+} 被氧化为 $Fe(OH)_3$，可用空气中的氧气作为氧化剂，$Fe(OH)_3$ 沉淀的电位与 pH 的关系可由反应③计算得到，当 pH 和 ε 变化到 a_3(ε=-0.134 V，pH=6.7）点时，Fe^{2+}便开始形成 $Fe(OH)_2$，其反应如④。应当指出，在此过程中，即 pH 由 0.5 增大到 6.7，如果有还原性比 Fe^{2+}还原性还要强的还原剂存在时，如 Zn，也就是说电极电位低于 $\varepsilon^{\ominus}_{Fe^{3+}/Fe^{2+}}$，便可以沉积得到金属 Fe，就是Ⅴ区，Fe 的沉淀区，其还原反应及 ε 和 pH 关系如⑥所示，在 a_5 点时，$\varepsilon=-0.44$ V，pH=6.7。由 a_3 到 a_4 段是$Fe(OH)_3$ 和 $Fe(OH)_2$ 的共沉淀区，$Fe(OH)_2$ 可被空气中的氧气氧化为 $Fe(OH)_3$，其电位与 pH 的关系可由反应⑤计算得到。a_5 到 a_6 段，$Fe(OH)_2$ 被还原剂还原为 Fe，其还原反应及 ε 和 pH 关系如⑦所示。

对湿法冶金过程而言，Ⅰ区、Ⅱ区是 Fe 的浸出区，即 Fe 以 Fe^{2+}或 Fe^{3+}稳定于溶液中。Ⅲ区、Ⅳ区是 Fe 分别呈 $Fe(OH)_3$ 和 $Fe(OH)_2$ 沉淀析出区，而与稳定于溶液中的其他金属分离，所以一般又将Ⅲ区、Ⅳ区称为净化区（除铁）。Ⅴ区是 Fe 的沉积区。

上述的分析表明：Fe^{3+}沉淀为 $Fe(OH)_3$ 在 pH≥1.6 开始，而 Fe^{2+}沉淀为 $Fe(OH)_2$ 在 pH≥6.7 才开始。所以可以控制 pH 在 1.6≤pH≤6.7 这个范围内，使 Fe^{3+}沉淀而 Fe^{2+}不沉淀。但当 pH 大于 6.7，虽然 Fe^{2+} 沉淀为 $Fe(OH)_2$ 但很快会被空气中的氧气氧化为 $Fe(OH)_3$，实际上在 pH 大于 1.6 以后，沉淀产物全为 $Fe(OH)_3$。

现分析 $Fe(OH)_2$ 被氧化为 $Fe(OH)_3$ 的热力学规律。

$Fe(OH)_2$ 转变为 $Fe(OH)_3$ 的氧化-还原反应，可由Ⓑ和⑤两个半电池反应组成，即Ⓑ-⑤，总电池反应如下：

$$4Fe(OH)_2 + O_2 + 2H_2O = 4Fe(OH)_3$$

电位差 $\Delta\varepsilon$：

$$\Delta\varepsilon = \left(1.229 - 0.0591\text{pH} + 0.0148\lg\frac{p_{O_2}}{p^{\ominus}}\right) - (0.262 - 0.0591\text{pH})$$

$$\Delta\varepsilon = 0.967 + 0.0148\lg\frac{p_{O_2}}{p^{\ominus}} \tag{4-4-18}$$

由式（4-4-18）可以看出，在 $p_{O_2}=1\times10^5$ Pa 时，$\Delta\varepsilon$ 是一个恒值，与 pH 无关，因为Ⓑ和⑤的斜率相同，即两线平行。只要在 pH 大于 6.7 以后，不管 pH 值如何变化，此反应都会无限制地进行下去，直到溶液中的 $Fe(OH)_2$ 完全被氧化为 $Fe(OH)_3$ 为止。

若反应达平衡，可计算得到平衡常数，计算如下：

$$0.967 + 0.0148\lg\frac{1}{K} = 0$$

$$K = 2.18 \times 10^{65}$$

此反应的平衡常数很大，反应进行得彻底。

4.4.3.3 硫化物的沉淀

在工业中，以气态 H_2S 作为沉淀剂使水溶液中的金属离子呈硫化物形态沉淀是一个既经济而效率又很高的方法。这个方法用于两种目的不同的场合：一种是使有价金属从稀溶液中沉淀，得到品位很高的硫化物富集产品，以备进一步回收处理；另一种则是进行金属的选择性分离和净化，在主要金属仍然保留在溶液中的同时使伴同金属呈硫化物形态沉淀。

下面以两价金属为例对这个过程进行热力学分析。

金属离子在水溶液中以气态 H_2S 沉淀的过程可表示如下：

$$H_2S(g) = H_2S(aq) \quad ⑧$$

$$K_1 = \frac{a_{H_2S}}{f_{H_2S}}\varphi(T)$$

式中 K_1——平衡常数；

a_{H_2S}——溶解的 H_2S 的活度；

f_{H_2S}——气态 H_2S 的逸度。

$$Me^{2+} + H_2S(aq) = MeS + 2H^+ \quad ⑨$$

$$K_2 = \frac{a_{H^+}^2}{a_{Me^{2+}} \cdot a_{H_2S}} = \omega(T)$$

反应⑨由以下两个反应综合成，即⑪−⑩：

$$MeS(s) = Me^{2+} + S^{2-} \quad ⑩$$

$$K_{SP} = a_{Me^{2+}} \cdot a_{S^{2-}}$$

$$H_2S(aq) = 2H^+ + S^{2-} \quad ⑪$$

$$K_i = \frac{a_{H^+}^2 \cdot a_{S^{2-}}}{a_{H_2S}}$$

K_{SP}为 MeS 的溶度积常数，是温度的函数，某些二价金属硫化物在 298 K 下的 K_{SP}值见表 4-4-6，它们随温度的关系表示在图 4-4-10 中。

表 4-4-6 某些二价金属硫化物在 298 K 下的溶度积常数

金属硫化物	$\lg K_{SP}$	K_{SP}
FeS	−16.88	1.32×10^{-17}
NiS	−19.55	2.82×10^{-20}
CoS	−21.64	1.80×10^{-22}
ZnS	−23.63	2.34×10^{-24}
CdS	−25.67	2.14×10^{-26}
PdS	−26.64	2.29×10^{-27}
CuS	−34.62	2.40×10^{-35}

由图 4-4-10 和图 4-4-11 可以看出，K_{SP}和 K_i均随温度的升高而增大。反应⑨的平衡常数取决于反应⑪和反应⑩的同时平衡，即 $K_2 = K_i/K_{SP}$。

K_i 为硫化氢的电离常数，也是温度的函数，随温度变化的关系如图 4-4-11 所示。

硫化物沉淀的影响因素主要有以下几点：

（1）温度。FeS、NiS、CoS 沉淀反应均为吸热反应，故温度升高，反应右移，有利于沉淀反应的进行；而 CuS 的沉淀反应为放热反应，升高温度，反应左移，不利于沉淀反应的进行。

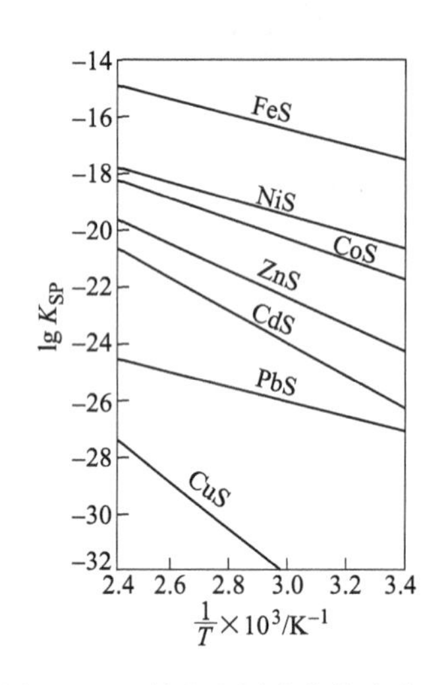

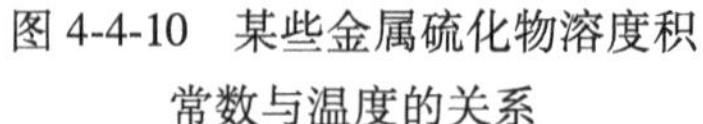
图 4-4-10 某些金属硫化物溶度积常数与温度的关系

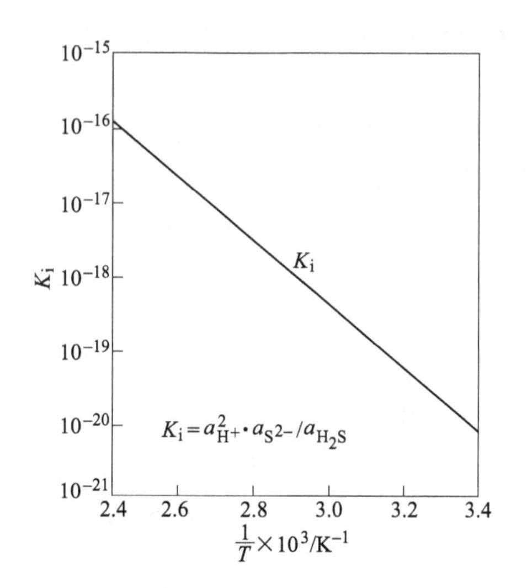

图 4-4-11 硫化氢的电离常数与温度的关系

对⑧来说，温度升高不利于硫化氢在水溶液中的溶解，因为这是一个放热过程。如在 298 K 时，$\Delta H^{\ominus} = \Delta H^{\ominus}_{H_2S(aq)} - \Delta H^{\ominus}_{H_2S(g)} = -39.12\ kJ + 20.17\ kJ = 18.95\ kJ$。

（2）H_2S 压力。从⑧来看，H_2S 溶解度增大，反应右移，因此为了保证 H_2S 有足够多的溶解度，必须增加 H_2S 压力，这是增大溶液内 H_2S 浓度的重要途径。

（3）pH 值。pH 与其他因素的关系，可通过 K_{SP} 和 K_i 推导出来，即：

$$K_2 = \frac{K_i}{K_{SP}} = \frac{a^2_{H^+}}{a_{Me^{2+}} \cdot a_{H_2S}}$$

可得：

$$pH = \frac{1}{2}\lg K_{SP} - \frac{1}{2}\lg K_i - \frac{1}{2}a_{H_2S} - \frac{1}{2}\lg a_{Me^{2+}}$$

该式即为 H_2S 沉淀二价金属硫化物的热力学公式，从热力学上预示给定条件下 H_2S 沉淀二价金属硫化物的效果。已知 pH 和 a_{H_2S}，就可计算得到平衡溶液中的 Me^{2+} 的活度。

4.4.4 金属从水溶液中的沉积

4.4.4.1 金属从水溶液中沉积的方法

从溶液中沉积金属的主要方法有：

（1）置换沉积法。在有色和稀有金属冶金中，置换沉积法可用于提取金属，也可用于溶液的净化。

1）提取金属。用锌自氰化物溶液中沉积 Ag 和 Au；用铁自铜盐溶液中沉积 Cu；用锌或铝从硫酸盐溶液中沉积 In 和 Tl。

2）净化溶液。用锌从含铜和镉的硫酸锌溶液中置换 Cu 和 Cd。

（2）加压氢还原法。加压氢还原法主要用于从溶液中提取 Cu、Ni、Co 等金属。

（3）电解沉积法。电解沉积法可用在 Cu、Zn、Cd、Ga、Re 等金属的湿法冶金中。

（4）可溶性阳极的电解法。可溶性阳极的电解法可用在合金的电解以及用在 Cu、Ni、Co、Pb、Bi、In 等许多金属的电解精炼中。

4.4.4.2 金属从水溶液中的置换沉积

A 置换沉积过程的热力学

用较负电性的金属从水溶液中取代较正电性的金属的反应过程，称为置换沉积。如将锌置于硫酸铜溶液中，便有铜析出和有锌进入溶液，反应方程如下所示：

$$Zn + CuSO_4 = ZnSO_4 + Cu$$

或者：

$$Cu^{2+} + Zn = Zn^{2+} + Cu$$

反应过程即为较负电性的金属 Zn 自溶液中取代出较正电性的金属 Cu，而本身（Zn）则进入溶液。

从热力学来说，任何金属均可按其在电位序（表 4-4-7）中的位置被更负电性的金属从溶液置换出来。

表 4-4-7 某些电极的标准电位（电位序）

电极	反应	$\varepsilon^{\ominus}/V$
Li^+，Li	$Li^+ + e = Li$	−3.045
Cs^+，Cs	$Cs^+ + e = Cs$	−2.923
Rb^+，Rb	$Rb^+ + e = Rb$	−2.98
K^+，K	$K^+ + e = K$	−2.924
Ca^{2+}，Ca	$Ca^{2+} + 2e = Ca$	−2.76
Na^+，Na	$Na^+ + e = Na$	−2.713
Mg^+，Mg	$Mg^{2+} + 2e = Mg$	−2.375
Al^{3+}，Al	$Al^{3+} + 3e = Al$	−1.66
Zn^{2+}，Zn	$Zn^{2+} + 2e = Zn$	−0.763
Fe^{2+}，Fe	$Fe^{2+} + 2e = Fe$	−0.44
Cd^{2+}，Cd	$Cd^{2+} + 2e = Cd$	−0.402
Tl^+，Tl	$Tl^+ + e = Tl$	−0.335
Co^{2+}，Co	$Co^{2+} + 2e = Co$	−0.267
Ni^{2+}，Ni	$Ni^{2+} + 2e = Ni$	−0.241
Sn^{2+}，Sn	$Sn^{2+} + 2e = Sn$	−0.14
Pb^{2+}，Pb	$Pb^{2+} + 2e = Pb$	−0.126
H^+，H_2	$2H^+ + 2e = H_2$	0.00
Cu^{2+}，Cu	$Cu^{2+} + 2e = Cu$	+0.337
Cu^+，Cu	$Cu^+ + e = Cu$	+0.52
$I_2(s)$，I^-	$I_2(s) + 2e = 2I^-$	+0.536
Hg_2^{2+}，Hg	$Hg_2^{2+} + 2e = 2Hg$	+0.798
Ag^+，Ag	$Ag^+ + e = Ag$	+0.799

续表 4-4-7

电极	反应	$\varepsilon^{\ominus}$ /V
Hg^{2+}, Hg	$Hg^{2+} + 2e \rightleftharpoons Hg$	+ 0.854
$Br_2(l)$, Br^-	$Br_2(l) + 2e \rightleftharpoons 2Br^-$	+ 1.066
$Cl_2(g)$, Cl^-	$Cl_2(g) + 2e \rightleftharpoons 2Cl^-$	+ 1.358
Au^+, Au	$Au^+ + e \rightleftharpoons Au$	+ 1.68
$F_2(g)$, F^-	$F_2(g) + 2e \rightleftharpoons 2F^-$	+ 2.85
O_2, OH^-	$2H_2O + O_2 + 4e \rightleftharpoons 4OH^-$	+ 0.401
O_2, H_2O	$4H^+ + O_2 + 4e \rightleftharpoons 2H_2O$	+ 1.229

以下进行置换沉积过程的热力学分析。

水溶液中的置换沉淀过程，其本质是氧化-还原反应，故可以按原电池反应的基本原理进行热力学分析。置换沉淀的通式如下：

$$Z_2Me_1^{Z_1^+} + Z_1Me_2 = Z_2Me_1 + Z_1Me_2^{Z_2^+} \quad ①$$

反应①中，Me_2 为置换金属，Me_1 为被置换金属。此式可由两个半电池反应组成，如下所述：

$$Me_1^{Z_1^+} + Z_1e = Me_1 \quad ②$$

$$\varepsilon_1 = \varepsilon_1^{\ominus} + \frac{RT}{Z_1F}\ln a_{Me_1^{Z_1^+}} \quad (4\text{-}4\text{-}19)$$

$$Me_2^{Z_2^+} + Z_2e = Me_2 \quad ③$$

$$\varepsilon_2 = \varepsilon_2^{\ominus} + \frac{RT}{Z_2F}\ln a_{Me_2^{Z_2^+}} \quad (4\text{-}4\text{-}20)$$

反应①是由反应②减去反应③组合而成，反应过程的电位差 $\Delta\varepsilon$ 可表示为：

$$\Delta\varepsilon = \varepsilon_1 - \varepsilon_2$$

反应发生的条件为 $\Delta\varepsilon>0$，即 $\varepsilon_1>\varepsilon_2$，被置换金属的电极电位大于置换金属的电极电位时，便可发生置换反应，也就是说在标准状态下，可以用较负电性的金属置换较正电性的金属。

在有过量的置换金属存在的情况下，反应①将一直进行到平衡为止，也就是将一直进行到两种金属的电极电位相等时为止。因此，反应的平衡条件可表示如下：

$$\Delta\varepsilon = \varepsilon_1 - \varepsilon_2 = 0$$

即：

$$\varepsilon_1^{\ominus} + \frac{RT}{Z_1F}\ln a_{Me_1^{Z_1^+}} = \varepsilon_2^{\ominus} + \frac{RT}{Z_2F}\ln a_{Me_2^{Z_2^+}} \quad (4\text{-}4\text{-}21)$$

如果两金属价态相同，则 $Z_1=Z_2=Z$，并令 $a_{Me_1^{Z_1^+}}=a_1$，$a_{Me_2^{Z_2^+}}=a_2$，那么式（4-4-21）可表示为：

$$\varepsilon_2^{\ominus} - \varepsilon_1^{\ominus} = \frac{RT}{ZF}\ln\frac{a_1}{a_2} \quad (4\text{-}4\text{-}22)$$

从式（4-4-22）可见，在平衡状态，溶液中两种金属离子活度之比可用下式表示：

$$\frac{a_1}{a_2}=10^{\frac{(\varepsilon_2^{\ominus}-\varepsilon_1^{\ominus})ZF}{2.303RT}} \tag{4-4-23}$$

由式（4-4-23）可知，$\varepsilon_2^{\ominus}-\varepsilon_1^{\ominus}$ 越小，也就是说在电位序（表4-4-7）中，被置换金属和置换金属的标准电极电位所处的位置差距越大，则$\frac{a_1}{a_2}$越小，平衡时溶液中被置换金属的离子活度 a_1 越小，置换效果越好。

表4-4-8是对某些二价金属置换沉积效果的计算结果，由表4-4-8可以看出，用置换沉积的方法可使溶液中一些被置换金属几乎完全去除。

表 4-4-8 在平衡状态下被置换金属和置换金属离子活度的比值

置换金属	被置换金属	金属的标准电位/V		a_1/a_2
		置换金属	被置换金属	
Zn	Cu	−0.763	0.337	1.0×10^{-38}
Fe	Cu	−0.440	0.337	1.3×10^{-27}
Ni	Cu	−0.241	0.337	2.0×10^{-20}
Zn	Ni	−0.763	−0.241	5.0×10^{-19}
Cu	Hg	0.337	0.798	1.6×10^{-16}
Zn	Cd	−0.763	−0.401	3.2×10^{-13}
Zn	Fe	−0.763	−0.440	8.0×10^{-12}
Co	Ni	−0.267	−0.241	4.0×10^{-2}

【例 4-11】 在连续置换的锥形置换槽中，用铁屑置换硫酸铜溶液中的铜（铁过剩），在298 K时，置换槽出口溶液中含Fe^{2+}为0.6 g/L，试计算出口溶液中Cu^{2+}和Fe^{3+}的理论含量（设活度系数为1），计算结果说明什么？

已知：$Cu^{2+}+2e = Cu$　　$\varepsilon^{\ominus}_{Cu^{2+}/Cu}=0.337\ V$

$Fe^{3+}+3e = Fe$　　$\varepsilon^{\ominus}_{Fe^{3+}/Fe}=-0.036\ V$

$Fe^{2+}+2e = Fe$　　$\varepsilon^{\ominus}_{Fe^{2+}/Fe}=-0.440\ V$

解：铁屑置换硫酸铜溶液中的铜，反应方程如下：

$$Fe+Cu^{2+} = Fe^{2+}+Cu$$

两个半电池反应分别为：

$$Cu^{2+}+2e = Cu$$

$$\varepsilon_{Cu^{2+}/Cu}=\varepsilon^{\ominus}_{Cu^{2+}/Cu}+\frac{RT}{2F}\ln c[Cu^{2+}]$$

$$Fe^{2+}+2e = Fe$$

$$\varepsilon_{Fe^{2+}/Fe}=\varepsilon^{\ominus}_{Fe^{2+}/Fe}+\frac{RT}{2F}\ln c[Fe^{2+}]$$

反应过程的电位差 $\Delta\varepsilon$：

$$\Delta\varepsilon=\varepsilon_{Cu^{2+}/Cu}-\varepsilon_{Fe^{2+}/Fe}$$

反应达平衡时，$\Delta\varepsilon=0$：

$$0.337 + 0.0295\lg c[\mathrm{Cu}^{2+}] = -0.440 + 0.0295\lg c[\mathrm{Fe}^{2+}]$$

$$\lg c[\mathrm{Cu}^{2+}] = \frac{-0.440 - 0.337 + \lg\dfrac{0.6}{55.85}}{0.0295}$$

$$\lg c[\mathrm{Cu}^{2+}] = -28.30$$

$$c[\mathrm{Cu}^{2+}] = 4.92 \times 10^{-29}\ \mathrm{mol/L}$$

反应过程 Fe 过剩，故 Fe^{2+}和 Fe^{3+}存在反应，方程如下：

$$2\mathrm{Fe}^{3+} + \mathrm{Fe} \xlongequal{} 3\mathrm{Fe}^{2+}$$

两个半电池反应分别为：

$$\mathrm{Fe}^{3+} + 3\mathrm{e} \xlongequal{} \mathrm{Fe}$$

$$\varepsilon_{\mathrm{Fe}^{3+}/\mathrm{Fe}} = \varepsilon^{\ominus}_{\mathrm{Fe}^{3+}/\mathrm{Fe}} + \frac{RT}{3F}\ln c[\mathrm{Fe}^{3+}]$$

$$\mathrm{Fe}^{2+} + 2\mathrm{e} \xlongequal{} \mathrm{Fe}$$

$$\varepsilon_{\mathrm{Fe}^{2+}/\mathrm{Fe}} = \varepsilon^{\ominus}_{\mathrm{Fe}^{2+}/\mathrm{Fe}} + \frac{RT}{2F}\ln c[\mathrm{Fe}^{2+}]$$

反应过程的电位差 $\Delta\varepsilon$：

$$\Delta\varepsilon = \varepsilon_{\mathrm{Fe}^{3+}/\mathrm{Fe}} - \varepsilon_{\mathrm{Fe}^{2+}/\mathrm{Fe}}$$

反应达平衡时，$\Delta\varepsilon=0$：

$$-0.336 + 0.0199\lg c[\mathrm{Fe}^{3+}] = -0.440 + 0.0295\lg c[\mathrm{Fe}^{2+}]$$

$$c[\mathrm{Fe}^{2+}] = 6.02 \times 10^{-24}\ \mathrm{mol/L}$$

由计算可知，从热力学角度讲，Fe 置换 Cu^{2+}反应很彻底，铁几乎均以 Fe^{2+}的形态进入溶液。

B 置换沉积过程的动力学

置换沉积也称内电解，其机理是沿着原电池理论的发展建立起来的。根据原电池的概念，可视置换金属的溶解即离子化为负极过程，而被置换金属的沉积为正极过程。也就是说，在与电解质液相接触的金属表面上，进行着共轭的氧化-还原电化学反应。当较负电性的金属放入含较正电性金属离子的溶液中时，在金属与溶液之间开始离子交换，并在金属表面上形成了被置换金属覆盖的表面区。随着反应的进行，电子将由置换金属的负极区流向被置换金属的正极区，在正极区内是被置换金属的得电子过程，而在负极区内则是置换金属的离子化过程，失电子数量与被置换金属得电子的数量相当，如图 4-4-12 所示。

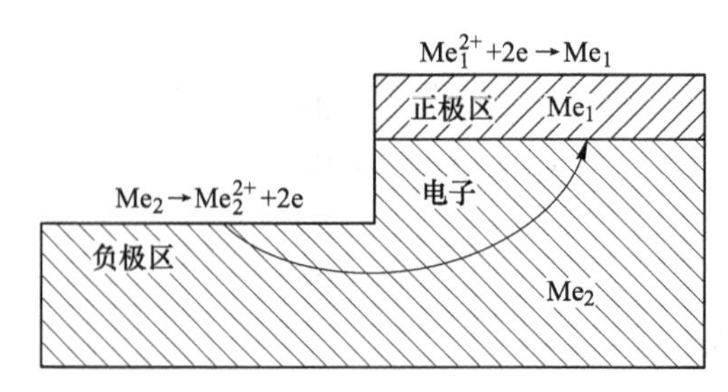

图 4-4-12 置换沉积过程的示意图

从反应机理上说，置换过程的速度可能受电化学反应步骤控制，即受负极或正极反应速度控制，也可能受扩散传质步骤控制。用电化学的研究方法进行测定所得结果表明：若过程受负极反应速度控制，被置换金属表面上测得的电位是向更正的方向移动，并趋近于该原电池反应中正电性金属的电位。如镍粉置换铜时，铜的电位向更正的方向移动，说明置换过程受负极反应即镍的离子化控制；相反，若过程受正极反应速度控制，则被置换金属的电位向更负的方向移动，并趋近于该原电池反应中负电性金属的电位。如在锌粉置换铜时，铜的电位向负值方向移动，说明置换过程取决于正极反应，即铜的沉积反应速度。

研究结果表明，若置换沉积过程受动力学控制，那么在大多数情况下，置换速度服从下列一级反应的速度方程：

$$-\frac{\mathrm{d}c_{\mathrm{Me}_1}}{\mathrm{d}\tau}=kc_{\mathrm{Me}_1}$$

在某些情况下，例如在有锌盐和镉盐存在时用锌置换铁，置换速度遵循二级反应速度方程：

$$-\frac{\mathrm{d}c_{\mathrm{Me}_1}}{\mathrm{d}\tau}=kc_{\mathrm{Me}_1}^2$$

研究表明，置换沉积过程的速度大多受扩散控制。

影响传质速度的因素都会影响整个置换过程的速度，主要包括以下几个因素：

（1）搅拌速度。置换过程属于多相反应过程，加快搅拌，则溶液和固相表面（包括还原剂与置换产物的表面）接触相对增加，有利于加大扩散速度常数；

（2）置换金属的粒度。粒度细则比表面积增加，有利于加快置换速度。

（3）置换沉积物的形貌。由于置换过程主要在已沉积的金属表面进行，其形状愈复杂、表面愈粗糙，则置换过程的速度愈快。

（4）溶液中其他离子的影响。溶液中某些其他离子的存在将对置换过程产生有利或不利的影响。如锌置换非配合的 Ag^+时，溶液中的 Na^+、K^+、Li^+能使析出的银表面粗糙，相应地使置换过程速度加快；而氧的存在能生成氧化物膜，使表面致密，相应地降低置换速度。用锌从氨溶液中置换铜、镉、钴时，Cu^{2+}的存在，可使 Ni、Co 被置换速度加快。

（5）温度。适当地提高温度，一般有利于加快置换的速度。

另外，还必须提到的是置换过程中可能在正极区上发生的两个副反应：氧的还原以及氢气的析出。

（1）氧的还原。在置换沉积体系中，经常有一定数量的被溶解的氧存在。由于氧具有很高的正电位，故在正极上按下列反应被还原：

$$O_2+4H^++4e\longrightarrow 2H_2O$$

上述反应的速度取决于氧在置换沉积体系中的溶解度，溶解度越大，反应速度越大。

氧的还原就有可能造成置换金属的氧化溶解，从而使置换金属损耗（没有相当数量的被置换金属析出），甚至使被置换沉积出来的金属返溶，对置换过程是不利的。因此，尽可能避免溶液与空气接触，或采取措施脱除溶液中被溶解的氧。例如，用锌粉从氰化物溶液中置换沉积金，在置换沉积之前，将含金氰化物溶液进行真空脱气，这已成为金冶炼工艺流程中一个十分重要的工序。

（2）氢气的析出。如果置换金属的电位处于氢电极在给定条件下的电位之下时，那么金属便不能与溶液中 H^+处于平衡，并将进行金属的自溶解过程而析出氢气，在正极区上出现下列过程：

$$2H^+ + 2e \longrightarrow H_2$$

此反应同样对置换过程是不利的，会使置换金属无益地溶解，并可能在置换后期引起被置换金属的逆溶解。此速度取决于两个因素，溶液的 pH 以及氢在被置换和置换金属上析出的超电位。溶液酸性愈强以及氢的析出超电位愈低，此反应速度愈大。

可通过以下措施防止氢的析出：一是尽可能提高溶液的 pH 值以降低氢的电位；二是加入添加剂，使之与被置换的金属形成合金以提高这些金属的电位。如用锌粉置换沉积钴时，添加 As_2O_3，使 Co 生成砷钴合金以提高钴的电位；三是提高氢在被置换和置换金属上析出的超电位。如被置换和置换金属是高超电位金属时，可降低氢析出的可能性。

4.4.4.3 加压氢还原

用 H_2 使金属从水溶液中析出的反应可表示如下：

$$Me^{Z+} + \frac{1}{2}ZH_2 \xlongequal{\quad} Me + ZH^+ \qquad ④$$

反应④由两个半电池反应组合而成，半电池反应如下：

$$Me^{Z+} + Ze \xlongequal{\quad} Me \qquad ⑤$$

$$\varepsilon_{Me} = \varepsilon_{Me}^{\ominus} + \frac{2.303RT}{ZF}\lg a_{Me^{Z+}} \qquad (4\text{-}4\text{-}24)$$

$$H^+ + e \xlongequal{\quad} \frac{1}{2}H_2 \qquad ⑥$$

$$\varepsilon_H = \varepsilon_H^{\ominus} - \frac{RT}{F}\ln\frac{(p_{H_2}/p^{\ominus})^{\frac{1}{2}}}{a_{H^+}} = -\frac{2.303RT}{F}pH - \frac{2.303RT}{2F}\lg\frac{p_{H_2}}{p^{\ominus}} \qquad (4\text{-}4\text{-}25)$$

反应④是由反应⑤减去反应⑥组合而成，反应过程的电位差 $\Delta\varepsilon$ 可表示为：

$$\Delta\varepsilon = \varepsilon_{Me} - \varepsilon_H$$

当 $\varepsilon_{Me}>\varepsilon_H$，$\Delta\varepsilon>0$，反应④便可向右进行，直到 $\varepsilon_{Me}=\varepsilon_H$时建立平衡为止。

式（4-4-24）表示的金属电极电位与其离子浓度的关系如图 4-4-13 所示，温度为 298 K。

式（4-4-25）表示在一定的 H_2 压力下，298 K 时，氢电极电位与溶液的 pH 关系，见图 4-4-13，图中表示了 H_2 压力分别为 1 atm、100 atm 和 1000 atm（1 atm = 101325 Pa）时，氢电极电位随 pH 的变化曲线。

由图 4-4-13 可以分析得到氢还原过程所需的热力学条件，首先只有当金属的电极电位线高于氢的电极电位线时，还原过程在热力学上才是可能的，因为只有当 $\varepsilon_{Me}>\varepsilon_H$，$\Delta\varepsilon$ 才能大于 0，反应④才有可能发生。其次可以通过两个途径来促进氢还原过程，即促进反应④向右进行。这两个途径分别为：其一是靠增加溶液中金属离子浓度来提高金属的电极电位，即 $c_{Me^{2+}}$增大，则 ε_{Me}增大；其二是靠增大氢的压力和提高溶液的 pH 值来降低氢电极电位，即 p_{H_2}增大，pH 升高，ε_H减小，而且后者比前者更为有效，因为增大氢压力 100 倍对电位移动的效果只抵得 pH 增加一个单位的效果。

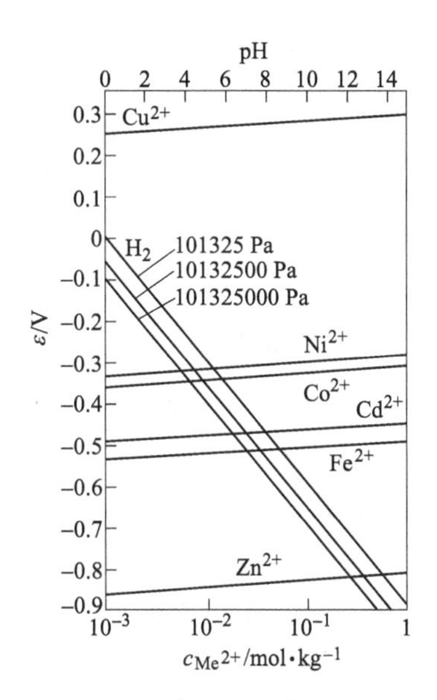

图 4-4-13　298 K 下 ε_{Me} 与 Me^{2+} 离子浓度以及 ε_H 与溶液 pH 的关系

由图 4-4-13 还可以看出，在还原过程中，随着金属离子浓度的减小，ε_{Me} 向更负值的方向移动，因此，为了还原过程的进行，除了在溶液中保留一定的金属离子最终浓度以外，还必须在溶液中造成相应的氢电位，也就是必须在溶液中保持相应的 pH 值，这个条件对标准电位比氢标准电位更低的金属的还原来说具有特别重要的意义。如金属 Ni，其标准电极电位为−0. 241 V，小于氢的标准电极电位，在标准状态下，氢气不能还原 Ni^{2+}，即反应④不能向右进行，因为反应的 $\Delta\varepsilon$ 小于 0，但是在适当的 pH 条件下，如 pH = 8，由图 4-4-13 可知，反应④便可以发生。

当反应④达到平衡时，即 $\varepsilon_{Me}=\varepsilon_H$，由式（4-4-24）和式（4-4-25）可以导出金属析出的完全程度与溶液最后的 pH 之间的关系，具体分析如下：

$$\varepsilon_{Me}^{\ominus}+\frac{2.303RT}{ZF}\lg a_{Me^{Z+}}=-\frac{2.303RT}{F}\text{pH}-\frac{2.303RT}{2F}\lg\frac{p_{H_2}}{p^{\ominus}}$$

$$\lg a_{Me^{Z+}}=-\frac{Z}{2}\lg\frac{p_{H_2}}{p^{\ominus}}-Z\text{pH}-\frac{\varepsilon_{Me}^{\ominus}ZF}{2.303RT} \tag{4-4-26}$$

图 4-4-14 为式（4-4-26）的图解。从图中可以看出，正电性金属的还原，无论溶液的酸度如何，实际上都可能进行。对负电性金属（Ni、Co、Pb、Cd）的还原来说，则必须使溶液的 pH 值维持在一定的范围内，反应④生成的酸需要中和，可用的方法之一是使还原反应在氨溶液中进行，反应如下所示：

$$MeSO_4+H_2+2NH_4OH \xlongequal{} Me+(NH_4)_2SO_4+2H_2O \tag{⑦}$$

由图 4-4-14 可知，负电性金属（Ni、Co、Pb）在氨溶液中的析出是可能的，即反应⑦可能发生。锌的还原则必须采用强碱溶液，而且还未必可能实现。在所有的情况下，提高氢的压力都会使氢的电位向负值增大，从而使还原过程更容易进行。

综合以上分析，可得出有关加压氢还原过程的理论性结论如下：

（1）用 H_2 从水溶液中还原金属的可能性可根据标准电极电位的比较来确定；

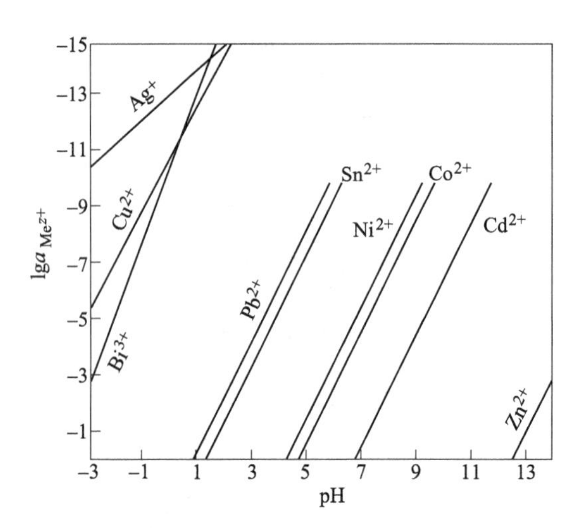

图 4-4-14 在 298 K 及 $p_{H_2}=1\times10^5$ Pa 条件下用氢还原金属的完全程度

（2）正电性金属实际上在可以任何酸度下用 H_2 还原，电极电位为负值的金属则需要保持高的 pH 值，利用氨溶液可满足要求。

【例 4-12】 在 298 K，自 pH=5.5、压力为 1×10^5 Pa 的 H_2 接触含 Ni^{2+} 的溶液中沉积 Ni，试计算，平衡时溶液中 Ni^{2+} 的活度是多少？若维持压力不变，将 pH 升高至 pH=6.5，平衡时溶液中 Ni^{2+} 的活度是多少？若维持 pH 不变（pH=5.5）而使 H_2 压力升至 1×10^7 Pa，平衡时溶液中 Ni^{2+} 的活度是多少？计算结果说明什么问题。

已知：$\varepsilon^{\ominus}_{H^+/H_2}=0$ V，$\varepsilon^{\ominus}_{Ni^{2+}/Ni}=-0.246$ V

解：H_2 从含 Ni^{2+} 的溶液中沉积 Ni 的反应为：

$$Ni^{2+}+H_2 = Ni+2H^+$$

半电池反应为：

$$Ni^{2+}+2e = Ni \qquad \varepsilon_{Ni^{2+}/Ni}=\varepsilon^{\ominus}_{Ni^{2+}/Ni}+\frac{RT}{2F}\ln a_{Ni^{2+}}$$

$$2H^+ +2e = H_2 \qquad \varepsilon_{H^+/H_2}=\varepsilon^{\ominus}_{H^+/H_2}+\frac{RT}{2F}\ln\frac{a^2_{H^+}}{p_{H_2}/p^{\ominus}}$$

反应在 298 K 达平衡时，$\varepsilon_{Ni^{2+}/Ni}=\varepsilon_{H^+/H_2}$，故：

$$\varepsilon^{\ominus}_{Ni^{2+}/Ni}+\frac{RT}{2F}\ln a_{Ni^{2+}}=\varepsilon^{\ominus}_{H^+/H_2}+\frac{RT}{2F}\ln\frac{a^2_{H^+}}{p_{H_2}/p^{\ominus}}$$

代入已知数据可得：

$$-0.246+0.0296\lg a_{Ni^{2+}}=-0.0592\text{pH}-0.0296\lg\frac{p_{H_2}}{p^{\ominus}}$$

①当 pH=5.5，$p_{H_2}=1\times10^5$ Pa 时：

$$a_{Ni^{2+}}=2.05\times10^{-3}$$

②当 pH=6.5，$p_{H_2}=1\times10^5$ Pa 时：

$$-0.246+0.0296\lg a_{Ni^{2+}}=-0.0592\times6.5$$

$$a_{Ni^{2+}} = 2.05 \times 10^{-5}$$

③当 pH=5.5，$p_{H_2}=1\times10^7$ Pa 时：

$$-0.246 + 0.0296\lg a_{Ni^{2+}} = -0.0592 \times 5.5 - 0.0296\lg \frac{1 \times 10^7}{1 \times 10^5}$$

$$a_{Ni^{2+}} = 2.05 \times 10^{-5}$$

计算结果说明：

（1）①和②比较，压力不变，pH 变 1 个单位，由 pH=5.5 增大到 pH=6.5，平衡时 $a_{Ni^{2+}}$减少到原来的 1/100；①和③比较，pH 不变，p_{H_2}增大 100 倍，由 $p_{H_2}=1\times10^5$ Pa 增大到 $p_{H_2}=1\times10^7$ Pa，平衡时 $a_{Ni^{2+}}$减少到原来的 1/100，也就是说 H_2 压力增大 100 倍对 Ni 的沉积效果只抵得 pH 增加一个单位对 Ni 的沉积效果。实际中增压困难，改变 pH 容易，所以改变 pH 更有效。

（2）pH 增大，p_{H_2}升高，都有利于 Ni 的沉积。

4.5 湿法冶金电解过程

4.5.1 电极过程的动力学

在湿法冶金的电解过程中，主要反应是在电极上发生的，电极过程是电解中的重要研究内容。电极过程的速度，可利用固相与液相界面上发生的多相化学反应的普遍规律来研究。所谓电极过程，是指在与平衡电位不同的电位下，在电极表面上随着时间而发生的各种变化的综合。很明显，电极过程是很复杂的过程，可以分成几个阶段进行。例如，有离子参与而在电极上导致新物质生成的过程，可分成下列 3 个阶段：

（1）离子由溶液本体向双电层外界移动并继续经双电层分散部分向电极表面靠近。在这里，离子已经是包括在与电极表面相距 δ 的双电层密集部分之中，也就是说，离子在这里可以发生电化学氧化或还原反应。

这个阶段，在很大程度上靠扩散来实现，扩散则是由于溶质在溶液本体和双电层外界的浓度差而发生的。在双电层外界，物质的浓度由于物质参与反应被消耗而比其在溶液本体的浓度更小。

反应离子移向电极表面，应该被认为是过程的阶段之一，因为没有离子向电极表面供应，电极过程就不可能进行。

（2）有双电层密集部分的离子参与的电化学反应本身，是过程的另一阶段。电化学反应可归结于离子失去溶剂化外壳以及改变其电荷。在阴极上，电极向离子给出电子而使其还原；在阳极上，离子给出电子而发生氧化。

（3）最后是与电极过程最终产物的形成有关的阶段。如果产物是气体（例如氢），那么最后阶段包括由原子生成分子，而后成为气泡及其由电极表面排出。如果过程的产物是固体（例如还原出来的金属），则应考虑其晶格的形成。最后，如果过程的产物是留在溶液中的离子（例如 Fe^{3+} 还原为 Fe^{2+}），那么最终阶段应包括这个产物由其生成的地方（电极表面）向溶液本体的排开。

根据对化学动力学的研究，得知，最慢阶段的速度对整个过程的速度起着决定性的影响。因此，如果电化学反应的速度与扩散速度相比很小的话，那么电极过程的总速度主要取决于反应速度。相反地，在扩散缓慢的情况下，电极过程的速度将取决于扩散速度。

根据哪种阶段是缓慢的阶段而确定其动力学，电极过程动力学可以相应地分为电化学动力学和扩散动力学。

4.5.1.1 双电层的结构

电化学步骤——反应粒子得到或失去电子的步骤——是直接在“电极/溶液”界面上实现的。换言之，这一界面是实现界面反应的“客观环境”。它的基本性质对界面的反应动力学性质有很大的影响。研究“电极/溶液”界面性质，主要目的就是弄清界面性质对界面反应速率的影响。此外，研究“电极/溶液”的界面性质本身也具有基础意义。

为了了解“电极/溶液”界面具有什么样的结构，研究人员曾提出过各种界面模型，此处主要介绍双电层模型。

在讨论界面模型以前，有必要先根据一般知识分析“电极/溶液”界面的基本图像。在电极/溶液界面存在着两种相之间相互作用：一种是“电极/溶液”两相中的剩余电荷所引起的静电作用；另一种是电极与溶液中各种粒子（离子、溶质分子和溶剂分子等）之间的短程作用，如特性吸附、偶极子定向排列等，它只在零点几纳米的距离内发生。这些相互作用决定着界面结构和性质。

两相中的剩余电荷在界面区中的分布可以具有不同的分散性。如果电极系由电子导电性良好的材料构成（如金属、PbO_2 等），则由于自由电子浓度大，少量剩余电荷的局部集中并不显著影响自由电子的最或然分布，故可以认为，电极中的全部剩余电荷都是紧密地分布在界面上，而电极内部各点的电势均相等。

基于同一原因，如果电解质溶液的总浓度很大（每升几摩尔以上），同时电极表面电荷密度也较大，则溶液相中的剩余电荷（离子）也倾向于紧密地分布在界面的分散层的最内侧。表面层中离子与电极表面之间的距离约等于或略大于溶剂化离子的半径。如果离子与电极表面之间存在更深刻的相互作用（所谓“特性相互作用”），则离子与电极表面之间的距离可以更小。这样形成的“紧密双电层”（见图 4-5-1）与一个带电的平板电容器相似。

然而，如果溶剂中离子浓度不够大，或电极表面电荷密度比较小，则由于热运动的干扰致使溶液中的剩余电荷不可能全部集中排列在分散层的最内侧。在这样的情况下，溶液中剩余电荷的分布就具有一定的“分散性”（见图 4-5-2），而双电层包括“紧密层”和“分散层”两部分。

因此，如果电极由半导体材料所构成，则由于半导体中载流子的浓度不大，故电极表面层中剩余电荷的分布也会具有一定分散性。如果这类电极材料与稀电解溶液接触，则“电极/溶液”界面两侧的双电层都是分散的（见图 4-5-3）。

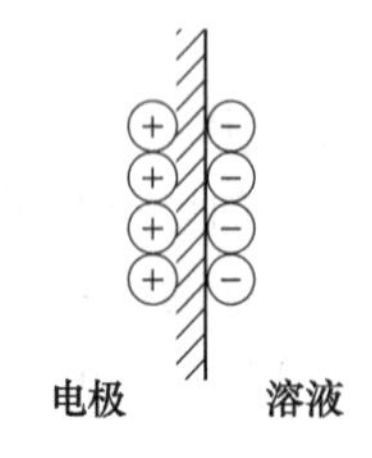

图 4-5-1 当金属与浓溶液相接触时的双电层结构

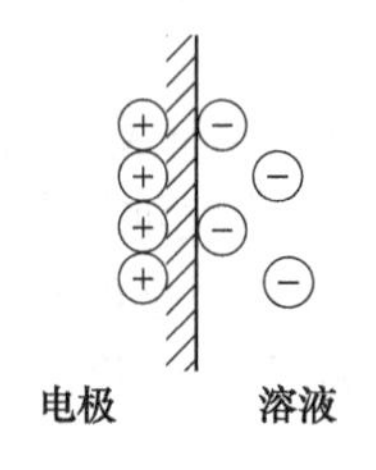

图 4-5-2 当金属与稀溶液相接触时的双电层结构

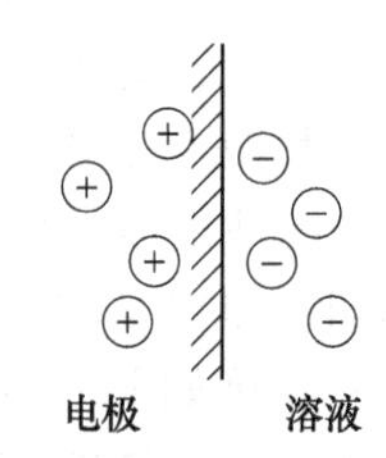

图 4-5-3 当半导体材料与稀溶液相接触时的双电层结构

应该指出，以上所导出的各种电化学反应动力学方程，是把双电层看作是平板电容器结构而言的（见图 4-5-1），这种推测在浓溶液中完全得到证实，但是在稀溶液中以及在有表面活性物质存在的情况下，双电层的结构变得更为复杂（见图 4-5-2 和图 4-5-3），在某些情况下，电位将由金属表面与紧靠金属的第一离子层中心之间的电位降 ε_1^* 以及第一离子层中心与溶液本体之间的电位降 ε^* 组成，但双电层的结构对平衡电位不会发生影响。

4.5.1.2 电化学动力学

在这里，首先假定扩散比电极反应速度快得多，讨论电化学动力学。

现在来讨论浸入在盐溶液中的金属电极上发生的电化学反应速度。为了介绍电化学动力学的一般原理，研究这类电化学反应是恰当的。根据现代的观点，当将一金属浸在含有该金属离子的溶液中时，在溶液与金属之间便开始有离子交换，金属进入溶液称为离子化，离子由溶液转变为金属称为离子中和。在浸入的最初时刻，金属离子化及离子中和的速度一般都彼此不相等。如果说在最初时候金属离子化的速度大于离子中和的速度，那么金属的表面便带有负电并立即开始吸引符号相反的离子。因此，在电极附近相对溶液本体就有某些过剩的阳离子，以抵消电极表面的过剩电荷。

由于表面负电荷增多，金属离子化过程的速度将减慢，相反，该金属阳离子中和的速度将增大，直到这两种速度相等为止。在此情况下，金属表面原子与溶液中离子之间建立起动平衡，并在金属表面与溶液之间存在着电位差，这种电位差就是可逆（平衡）电极电位。

在可逆平衡电位下，以电流密度（A/cm^2）表示的中和离子反应的速度叫作平衡交换电流密度，简称交换电流。某些电极在室温下的交换电流值如表 4-5-1 所示。

表 4-5-1 某些电极在室温下的交换电流

电极	溶液成分	交换电流 $/A\cdot cm^{-2}$
镍	1 mol/L $NiCl_2$ + 2% H_3BO_3	10^{-8} ~ 10^{-9}
纯铁(在真空中重熔化)	1.25 mol/L $FeSO_4$	10^{-8}
铜	1 mol/L $CuSO_4$ + 0.05 mol/L H_2SO_4	10^{-5}
纯锌(单晶)	0.25 mol/L $ZnSO_4$，用 H_2SO_4 酸化	10^{-5}
汞齐中的锌[0.983%(原子)]	1.0 mol/L $ZnSO_4$	8×10^{-2}
汞齐中的锌[0.983%(原子)]	0.33 mol/L $ZnSO_4$	5×10^{-2}
汞齐中的铅[0.587%(原子)]	0.2 mol/L $Pb(NO_3)_2$	4×10^{-2}
汞齐中的铋[0.7%(原子)]	0.23 mol/L $BiCl_3$ + 1 mol/L HCl	10^{-1}
汞齐中的铋[0.7%(原子)]	0.023 mol/L $BiCl_3$ + 1 mol/L HCl	1.42×10^{-2}
汞齐中的铋[0.7%(原子)]	0.0023 mol/L $BiCl_3$ + 1 mol/L HCl	1.4×10^{-3}
H_2(在锌上)	1.0 mol/L H_2SO_4	10^{-11}
H_2(在镍上)	0.5 mol/L H_2SO_4 + 1 mol/L $NiSO_4$	10^{-7}
H_2(在钯上)	0.1 mol/L H_2SO_4	2×10^{-5}
H_2(在汞上)	1.0 mol/L H_2SO_4	6×10^{-12}
Fe^{3+}/Fe^{2+}(在铂上)	各离子的活度均等于1	5×10^{-1}
Eu^{3+}/Eu^{2+}(在汞上)	各离子的活度均等于1	2×10^{-2}

如果在最初时刻，原子离子化的速度小于离子中和速度，那么也同理。与上述不同在于，在第一种情况下金属表面相对于溶液荷负电，而在第二种情况下荷正电。

假使将相对溶液带正电的金属表面进行阴极极化，那么其正电荷便开始减少。在对该溶液和金属为特征的某种极化值下，表面电荷将变得等于零。在这些条件下，将没有离子电位跳跃。并且金属电位将取决于金属中的电子电位跳跃以及整个在溶液中的溶液分子的定向电位跳跃。在延续极化的情况下，将发生金属表面的过电荷并且金属荷有负电。如果将荷负电的金属进行阳极极化，也可以发生同样的情况。金属在无离子双电层存在时的电位，叫作金属的表面零电荷电位。零电荷电位仅仅表示电极表面剩余电荷为零时的电极电位，而不表示电极/溶液相间电位或绝对电极电位的零点。它是金属非常重要的电化学特性参数，某些电极的表面零电荷电位如表 4-5-2 所示。

表 4-5-2　某些电极在室温下的表面零电荷电位（相对于标准氢电极）　（V）

电极	$\varepsilon(0)$	溶液成分	测量方法
镉 Cd	−0.9	5×10^{-3}mol/L KCl	电容法
铊 Tl	−0.8	10^{-3}mol/L KCl	电容法
铅 Pb	−0.67	0.5×10^{-3} mol/L H_2SO_4	电容法
锌 Zn	−0.63	0.5 mol/L Na_2SO_4	硬度法
铁 Fe	−0.37	0.5×10^{-3} mol/L H_2SO_4	电容法
汞 Hg	−0.19	稀溶液	电毛细法等
石墨 C	−0.07	0.05 mol/L NaCl	硬度法
银 Ag	0.05	0.1 mol/L KNO_3	吸附法
活性炭 C	0~0.2	0.5 mol/L Na_2SO_4+0.5 mol/L H_2SO_4	吸附法
铂在氢气气氛中 Pt(H_2)	0.11~0.27	0.5 mol/L Na_2SO_4+0.5×10^{-2} mol/L H_2SO_4	吸附法、接触角法
铂在氧气气氛中 Pt(O_2)	0.4~1.0	0.5 mol/L Na_2SO_4+0.5×10^{-2} mol/L H_2SO_4	吸附法
碲 Te	0.61	0.5 mol/L Na_2SO_4	硬度法
二氧化铅 PbO_2	1.8	0.5×10^{-2} mol/L H_2SO_4	电容法

设离子中和时的阴极反应的活化能以 W_K 表示，而在表面零电荷电位下的活化能以 W_K^0 表示；金属原子离子化的阳极反应的活化能以 W_A 表示，而在表面零电荷电位下的活化能以 W_A^0 表示。离子双电层以及与表面零电荷电位相距一个 ε'值的电极电位，可使电极反应一个反应加速，使另一个反应减缓，这相当于设想离子双电层的能量 $zF\varepsilon'$会使电极反应的活化能降低或者是使之增大。然而，电极反应的活化能变化，在双电层的影响下，是等于双电层总能量的某种分数。因此，活化能在从零电荷电位算起的电位 ε'下，可用下列各方程表示：

$$W_K = W_K^0 + \alpha zF\varepsilon' \tag{4-5-1}$$

$$W_A = W_A^0 - \beta zF\varepsilon' \tag{4-5-2}$$

式中，α 和 β 为电极反应传递系数，其意义为改变电极电势时对还原反应和氧化反应的活化能的影响程度，是活化能垒对称性的度量，其值在 0 与 1 之间，并且 $\alpha+\beta=1$。

式（4-5-1）和式（4-5-2）右边的符号是这样选择的，当电位由零电荷电位向负的（阴极的）方向移动时，$\varepsilon'<0$ 以及阴极反应的活化能将降低，而阳极反应的活化能增高。如果电位向正的（阳极的）方向移动，则 $\varepsilon'>0$ 以及阳极反应的活化能将降低，而阴极反应的活化能增高。

在阳极反应属于阴离子氧化类型的情况下，式（4-5-2）具有以下形式：

$$W_A = W_A^0 - \beta z_A F\varepsilon' \tag{4-5-3}$$

如果以化学动力学方程 $V = ka_1a_2\cdots e^{-\frac{W}{RT}}$ 应用于电化学反应，并将式（4-5-1）~式(4-5-3)中的活化能代入和以电流密度 d 表示电化学电极反应的速度，便可得到电极反应速度的各种基本方程式。

对阴极反应 $Me^{Z_K^+} + z_K e = Me$ 来说，得到：

$$d_K = K_1' a_A e^{-\frac{W_K^0 + \alpha z_K F\varepsilon'}{RT}} \tag{4-5-4}$$

而对 $Me \to Me^{z_K^+} + z_K e$ 型的阳极反应来说，因为金属表面原子的活度为定值，故得到：

$$d_A = K_2' e^{-\frac{W_A^0 - \beta z_A F\varepsilon'}{RT}} \tag{4-5-5}$$

在阳极反应属于 $A^{z_A^-} - z_A e = A$ 型的情况下，设 a_A、z_A 分别为阴离子的活度和价态，则得到：

$$d_K = K_3' a_A e^{-\frac{W_A^0 - \beta z_A F\varepsilon'}{RT}} \tag{4-5-6}$$

因为 W_K^0 和 W_A^0 皆为定值，故式（4-5-4）和式（4-5-5）可分别改写为：

$$d_K = k_1 a_K e^{-\frac{\alpha z_K F\varepsilon'}{RT}} \tag{4-5-7}$$

$$d_A = k_2 e^{\frac{\beta z_A F\varepsilon'}{RT}} \tag{4-5-8}$$

式（4-5-7）和式（4-5-8）不方便用来比较几种电极反应的速度，因为式中的电极电位包括了由零电荷电位算起的电极电位，而不是以标准氢电极电位表示的电极电位。

将由零电荷电位算起的电极电位表示成以标准氢电极电位表示的电极电位 ε 和表面零电荷电位 $\varepsilon(0)$ 的代数差：

$$\varepsilon' = \varepsilon - \varepsilon(0) \tag{4-5-9}$$

把 ε'值代入式（4-5-7）和式（4-5-8）中，便得到：

$$d_K = k_1 a_K e^{-\frac{\alpha z_K F\varepsilon}{RT}} e^{\frac{\alpha z_K F\varepsilon(0)}{RT}} \tag{4-5-10}$$

$$d_A = k_2 e^{\frac{\beta z_A F\varepsilon}{RT}} e^{-\frac{\beta z_A F\varepsilon(0)}{RT}} \tag{4-5-11}$$

因为零电荷电位是个定值，所以各方程式中右边第二个指数可与常数项合并。由此，得到：

$$d_K = K_1 a_K e^{-\frac{\alpha z_K F\varepsilon}{RT}} \tag{4-5-12}$$

$$d_A = K_2 e^{\frac{\beta z_A F\varepsilon}{RT}} \tag{4-5-13}$$

在上式中，电位 ε 是由通用的共同的电位标度零（标准氢电极电位）算起的。

式（4-5-12）和式（4-5-13）的图解表示在图 4-5-4 中。如果把不同的电位值代入上述各指数方程中，便可得到关于指数曲线形状的概念。当 $\varepsilon=-\infty$ 时，$d_K=+\infty$，而 $d_A=0$；当

$\varepsilon=0$ 时，$d_K=K_1a_K$，而 $d_A=K_2$。从这里可以再一次看出，系数 K_1 和 K_2 的数值与计算电位所选择的零有关。当 $\varepsilon=+\infty$ 时，$d_K=0$，而 $d_A=+\infty$。

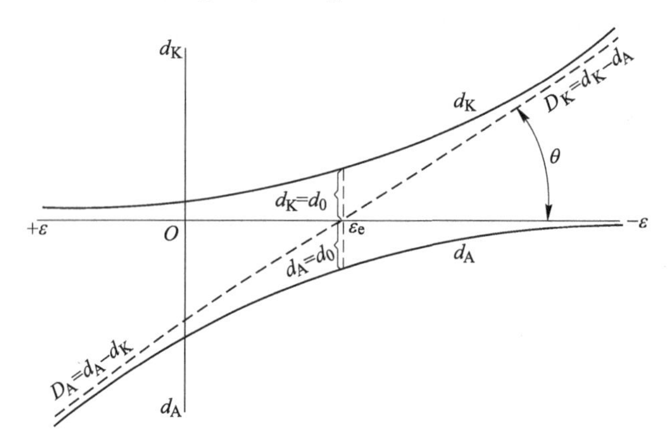

图 4-5-4　电化学反应的极化曲线
（实线表示分极化曲线；虚线表示总极化曲线）

图 4-5-4 中的实线，表示电流密度 d_A 和 d_K 随 ε 变化的关系，并可称为分极化曲线。从图中可以看出，在平衡电位 ε_e 时，$d_A=d_K=d_0$，其中 d_0 是交换电流。平衡电位点把图分为两半。在平衡电位点 ε_e 的右边，$d_K>d_A$，并且总的还原速度 $D_K=d_K-d_A$；在平衡电位点 ε_e 的左边，$d_A>d_K$，并且总的还原速度 $D_A=d_A-d_K$，在阴极和阳极极化时，D_K 和 D_A 也称为阴极和阳极外电流密度。

电流 i_K 和 i_A 不能用试验方法直接测定出。接在电极电路中的电流计，在 ε_e 及 $i_K=i_A=i_0$ 时，指出无电流存在，而在其他电位值的情况下，则将测定出 I_K 或是 I_A，知道电极的表面大小以后，即可算出阴阳极电流密度 D_K 或 D_A。

如果将分极化曲线纵坐标的代数和求出，便可绘出表示 D_K 和 D_A 与 ε 关系的总极化曲线，如图 4-5-4 中虚线所示。总极化曲线表明，电化学过程只有在电位由平衡值作适当位移的情况下才可能以一定的速度进行。也就是说，在电极电位未达到给定条件下的平衡电位值以前，阴极上或阳极上不可能开始有物质析出或溶解（列布拉定律）。

这个以 $\varepsilon-\varepsilon_e=\Delta\varepsilon$ 表示的电位位移（对平衡电位的偏移），称之为电极反应的超电位。根据图 4-5-4 可以推出，$\Delta\varepsilon$ 对阳极过程来说是正值，而对阴极来说是负值。因此，在文献中常常把 $-\Delta\varepsilon=\eta_{阴}$ 当作是阴极还原反应的超电位（极化值），这在以后讨论阳离子在阴极上还原时应用起来较为方便。

对给定的电极反应来说，超电位不是一个定值，而是与电极的电流密度有关。因此，两个电极反应的超电位只有在同一个电流密度下才可能进行比较。

总极化曲线可以根据试验数据绘出。为此，必须找出 D_K 或 D_A 和 ε 或 ε_e 之间的关系。绘制极化曲线是研究电极过程动力学的最重要的方法之一。

电极反应的速度与超电位之间的关系可由式（4-5-12）和式（4-5-13）导出。如果在式（4-5-12）中除以或乘以 $e^{\frac{\alpha z_K F\varepsilon_e}{RT}}$，而在式（4-5-13）中除以或乘以 $e^{\frac{\beta z_K F\varepsilon_e}{RT}}$，便得到：

$$d_K=K_1e^{-\frac{\alpha z_K F\varepsilon}{RT}}a_Ke^{-\frac{\alpha z_K F(\varepsilon-\varepsilon_e)}{RT}} \tag{4-5-14}$$

$$d_A = K_2 e^{\frac{\beta z_K F \varepsilon_e}{RT}} e^{\frac{\beta z_K F(\varepsilon - \varepsilon_e)}{RT}} \tag{4-5-15}$$

如果考虑到 $\varepsilon - \varepsilon_e = \Delta\varepsilon$，则得到：

$$d_K = K_1 e^{-\frac{\alpha z_K F \varepsilon_e}{RT}} a_K e^{-\frac{\alpha z_K F \Delta\varepsilon}{RT}} = K_1^0 a_K e^{-\frac{\alpha z_K F \Delta\varepsilon}{RT}} \tag{4-5-16}$$

$$d_A = K_2 e^{\frac{\beta z_K F \varepsilon_e}{RT}} e^{\frac{\beta z_K F(\varepsilon - \varepsilon_e)}{RT}} = K_2^0 e^{\frac{\beta z_K F \Delta\varepsilon}{RT}} \tag{4-5-17}$$

式中

$$K_1^0 = K_1 e^{-\frac{\alpha z_K F \varepsilon_e}{RT}} \quad 和 \quad K_2^0 = K_2 e^{\frac{\beta z_K F \varepsilon_e}{RT}} \tag{4-5-18}$$

如果将平衡电位 $\varepsilon_e = \varepsilon_e^{\ominus} + \frac{RT}{zF}\ln a_K$ 的值代入式（4-5-16）和式（4-5-17）右边的第一个指数中，便可导出另一种形式的电化学反应动力学方程：

$$d_K = K_1 e^{-\frac{\alpha z_K F \varepsilon_e^{\ominus}}{RT}} a_K^{1-\alpha} e^{-\frac{\alpha z_K F \Delta\varepsilon}{RT}} \tag{4-5-19}$$

$$d_A = K_2 e^{\frac{\beta z_K F \varepsilon_e^{\ominus}}{RT}} a_K^{\beta} e^{\frac{\beta z_K F \Delta\varepsilon}{RT}} \tag{4-5-20}$$

但是

$$K_1 e^{-\frac{\alpha z_K F \varepsilon_e^{\ominus}}{RT}} = K_2 e^{\frac{\beta z_K F \varepsilon_e^{\ominus}}{RT}} = d_0 \tag{4-5-21}$$

也就是说，d_0 等于离子活度为 1 时的交换电流（又称标准交换电流）。因此：

$$d_K = d_0 a_K^{1-\alpha} e^{-\frac{\alpha z_K F \Delta\varepsilon}{RT}} \tag{4-5-22}$$

$$d_A = d_0 a_K^{\beta} e^{\frac{\beta z_K F \Delta\varepsilon}{RT}} \tag{4-5-23}$$

因为 $\alpha + \beta = 1$，

$$d_0 a_K^{1-\alpha} = d_0 a_K^{\beta} = D_0 \tag{4-5-24}$$

这里的 D_0 为离子活度等于 a_K 时的交换电流。

因此

$$d_K = D_0 e^{-\frac{\alpha z_K F \Delta\varepsilon}{RT}} \tag{4-5-25}$$

$$d_A = D_0 e^{\frac{\beta z_K F \Delta\varepsilon}{RT}} \tag{4-5-26}$$

根据以上所述，可以得到下列关系式：

$$-\Delta\varepsilon_K = \frac{RT}{\alpha zF}\ln\frac{d_K}{D_0} \tag{4-5-27}$$

$$\Delta\varepsilon_A = \frac{RT}{\beta zF}\ln\frac{d_A}{D_0} \tag{4-5-28}$$

从式（4-5-27）和式（4-5-28）可以看出，为了达到一定的电流密度（速度），交换电流密度越大，所需的电位位移（极化值）就越小。

4.5.1.3 扩散动力学

在上面，我们对电极过程进行的讨论，指该电极过程只受电化学反应本身的速度限制的情况，而不考虑扩散等其他方面。既然这个过程是化学反应，所以我们用已知的化学动力学方程作为基础对超电位与电流密度之间的定量关系进行了理论推导。在此情况下，反应速度（电流密度）通过反应离子的活度、活化能和温度等来表示。

前面已指出，活化能随着电极电位平衡值变化而变化，也就是说，活化能是 $\Delta\varepsilon$ 的函数。显然，电极过程的这种研究方法，只能用在扩散作用保持不变以及扩散速度相当大的场合，在这种情况下，电化学反应速度将决定整个电极过程的速度。

很明显，这种速度关系只有在电流密度比较小的时候才可能存在。在此情况下，电极上被氧化或被还原的离子消耗不大，而且扩散能保证向表面供应反应物质以及使反应产物排开。

但是，在电流密度大的情况下，反应速度快很多，以致扩散已经不能保证向电极供应足够的所需离子。结果，传质的困难限制着反应进行的速度。扩散成了比电化学反应慢得多，并且电极过程的速度取决于扩散的速度。当电化学反应转入扩散区时，继续移动电位已不能增大电极速度。极化曲线在相当小的电流密度下遵循已知的指数定律（式（4-5-12）和式（4-5-13））。

图 4-5-5 表示了描述阳离子还原速度与电位关系的典型阴极极化曲线。电化学动力学区大致以图中 aa' 线为界，其中 D_K 与 $-\Delta\varepsilon_K$ 之间主要存在着指数关系。纯扩散动力学区则以 bb' 线为界。在 aa' 线与 bb' 线之间存在着混合动力学区域，其中电化学反应速度和扩散速度具有可相比拟的数值。纯电化学动力学区和纯扩散动力学区只有在这两个过程的速度相差很大的极限情况下才会出现。

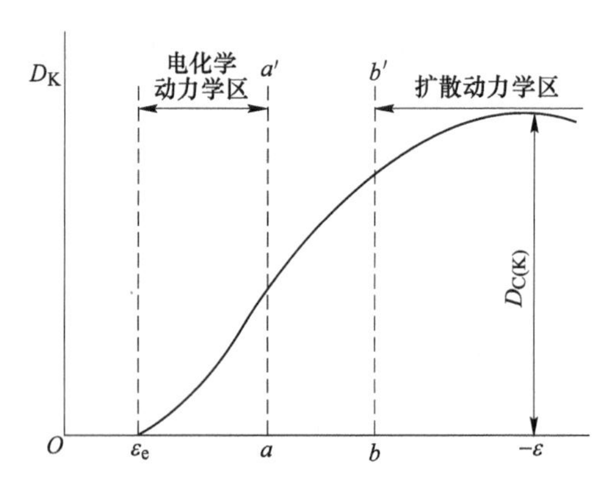

图 4-5-5　电化学动力学区和扩散动力学区的阴极极化曲线

从图 4-5-5 可以看出，在电位偏离平衡电位很小的情况下，电极过程服从电化学动力学定律。随着阴极极化的增大，反应的速度也增大，并且扩散由于不能在单位时间内向电极表面供应足够数量的离子而开始使反应速度变慢。这种阻碍作用随着阴极极化的增大而愈强烈，电极反应速度也越来越受扩散的限制。最后，达到极限电流密度的条件，即扩散速度已达到最大可能的数值。在这里，极化曲线与横轴平行，表明用增大极化的办法已不可能使反应速度改变。在这些条件下，$\dfrac{dD_K}{d\varepsilon}=0$。

如果在溶液中只有一种能在阴极上还原的阳离子，那么进一步极化不会引起任何电化学过程，导致电压增大至某个更大的数值，便可能开始发生水分子分解而析出氢的作用。

假如溶液中有两种+2 价金属离子盐，它们的阳离子都可能在阴极上还原，那么极化曲线将具有如图 4-5-6 所示的形状。按照金属 $Me_{Ⅰ}$ 和 $Me_{Ⅱ}$ 的本性以及它们的离子在溶液中的活度，它们具有不同的平衡电位。可以看出，$Me_{Ⅰ}$的平衡电位比$Me_{Ⅱ}$的更正些（负值更小些或代数值更大些）。

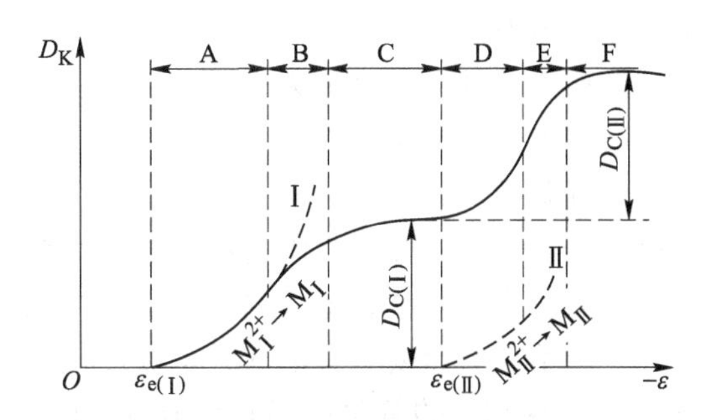

图 4-5-6 两种阳离子还原的极化曲线

A—阳离子 $Me_Ⅰ^{2+}$还原电化学动力学区；B—阳离子 $Me_Ⅰ^{2+}$还原混合动力学区；
C—阳离子 $Me_Ⅰ^{2+}$还原扩散动力学区；D—阳离子 $Me_Ⅱ^{2+}$还原电化学动力学区；
E—阳离子 $Me_Ⅱ^{2+}$还原混合动力学区；F—阳离子 $Me_Ⅱ^{2+}$还原扩散动力学区

当逐渐增大电极的阴极极化时，首先是达到平衡电位$\varepsilon_{e(Ⅰ)}$。而当电极电位逐步移向负的一方并变得比$Me_{Ⅰ}$的平衡电位更负时，阳离子$Me_Ⅰ^{2+}$便开始还原，并有衡量还原速度大小的电流密度D_K通过。在极化很小的情况下，过程将遵循电化学动力学方程，但当其增大时，从某个电位开始，过程的速度开始受扩散限制。表示电化学动力学定律的曲线（虚线Ⅰ）和测出的极化曲线（实线表示）分道而行。最后，在对阳离子$Me_Ⅱ^{2+}$而言的某个极化值下出现极限电流密度$D_{C(Ⅰ)}$的条件。所有这些都是在比$\varepsilon_{e(Ⅰ)}$更负而比$\varepsilon_{e(Ⅱ)}$更正的电位下发生的。因此阳离子$M_Ⅱ^{2+}$不参与反应。

当电极电位变得比阳离子$Me_Ⅱ^{2+}$的平衡电位更负时，这些离子便开始还原。比$\varepsilon_{e(Ⅱ)}$更负的电位下，离子$Me_Ⅱ^{2+}$还原的速度服从电化学动力学方程。紧靠电极的溶液层中含$Me_Ⅰ^{2+}$离子极少而含$Me_Ⅱ^{2+}$离子还很多，从而反应$Me_Ⅱ^{2+}\to Me_{Ⅱ}$自由地发展。在这个电位下，电极上有两种离子还原：$Me_Ⅰ^{2+}$离子以极限速度（以$D_{C(Ⅰ)}$值衡量）还原；$Me_Ⅱ^{2+}$离子以遵循电化学动力学定律的速度还原。这个规律在图 4-5-6 上虚线Ⅱ表示，所观测到的电流密度乃是虚线Ⅱ的纵坐标和$D_{C(Ⅰ)}$之和。因此，当电位变得比$\varepsilon_{e(Ⅱ)}$更负时，可观察到电流密度增大。如果电位继续向负的一方增大，将会导致像上面对$Me_Ⅱ^{2+}$所述那样的$Me_Ⅰ^{2+}$还原速度的变化。最终将出现对$Me_Ⅱ^{2+}$离子而言的极限电密度$D_{C(Ⅱ)}$的条件。在此情况下阴极极限电流密度是第一种阳离子的极限电流密度和第二种阳离子极限电流密度之和，即：$D_{C(K)}=D_{C(Ⅰ)}+D_{C(Ⅱ)}$。

在图 4-5-6 上部已分别标出电化学动力学区、混合动力学区和扩散动力学区。因此，对两种能还原的阳离子来说，在极化曲线上有两个波出现，每个波分别通过相当于这些离子各自的极限电流的水平线段。如果溶液中有更多种的离子，则在极化曲线上将会出现更多的波。

原则上类似的情况也会在惰性电极（例如铀电极）阳极极化下出现，如果溶液中有多种能氧化的阴离子存在的话。在这里，也可以出现在阳极极化增大时转入扩散动力学以及有关极限电流的情况。

下面进行有关扩散动力学问题的数学分析和推导。

在扩散区域中，电流密度取决于单位时间内到达单位电极表面上的离子摩尔数。离子到达电极表面是由于两种原因而引起：（1）由于电极表面附近浓度变化而发生的扩散作用；（2）离子在电场影响下的迁移作用。

扩散速度可以通过由扩散所决定的电流密度来表示。

离子在电场影响下的迁移速度，视其淌度而定。由该种离子（阳离子或阴离子）迁移所决定的电流分数，就是离子迁移数。

在初步近似计算中可以认为：由于电极表面附近和溶液本体浓度差而引起的扩散以及离子的电迁移是两种独立的现象。也就是说，电极的电流密度可以认为是由扩散电流密度和迁移电流密度组成。这样，对冶金有重要意义的3种电极过程类型，即：（1）阳离子在阴极的还原；（2）阴离子在不溶性阳极的氧化；（3）金属的阳极氧化，分别对应得到：

$$D_K = D_d + D_m = D_d + D_K t_K \quad 或 \quad D_K(1 - t_K) = D_d \tag{4-5-29}$$

$$D_A = D_d + D_m = D_d + D_A t_A \quad 或 \quad D_A(1 - t_A) = D_d \tag{4-5-30}$$

$$D_A = D_d + D_m = D_d + D_A t_K \quad 或 \quad D_A(1 - t_K) = D_d \tag{4-5-31}$$

式中　D_K，D_A——阴极和阳极的总电流密度；

D_d——由阳离子或者阴离子进到阴极或阳极所决定的扩散电流密度；

D_m——由离子电迁移所决定的迁移电流密度；

t_K，t_A——阳离子和阴离子的迁移数。

从电化学知道，式（4-5-29）和式（4-5-30）也可用下式表示：

$$D_d = k_D zF(a - a_s) \tag{4-5-32}$$

对式（4-5-31）来说，则得到：

$$D_d = k_D zF(a_s - a) \tag{4-5-33}$$

式中　k_D——在一定的对流和搅拌条件下的扩散速度常数；

a——溶液本体中扩散离子的活度；

a_s——电极表面处扩散离子的活度；

z——反应离子的价态。

根据式（4-5-29）和式（4-5-32），得到：

$$a_{s(K)} = a_K - \frac{D_K(1 - t_K)}{k_D z_K F} \tag{4-5-34}$$

$$D_K = \frac{k_D z_K F}{1 - t_K}(a_K - a_{s(K)}) \tag{4-5-35}$$

从式（4-5-35）可以看出：由于阴极附近的浓度变化，通过电极的电流密度不可能是无穷大。当 $a_{s(K)}$ 等于零时，电流密度（阴极过程的速度）将受扩散速度的限制。因此，电流密度不能提高到超过相当于 $a_{s(K)} = 0$ 时的极限值：

$$D_{C(K)} = \frac{k_D z_K F}{1 - t_K} a_K \tag{4-5-36}$$

将式（4-5-36）中的 $D_{C(K)}$ 代入式（4-5-35），得到：

$$a_{s(K)} = a_K\left(1 - \frac{D_K}{D_{C(K)}}\right) \tag{4-5-37}$$

同样地，根据式（4-5-30）和式（4-5-32），对阴离子在阳极的氧化来说，可得到：

$$D_{C(A)} = \frac{k_D z_K F}{1 - t_K} a_A \tag{4-5-38}$$

$$a_{s(A)} = a_A \left(1 - \frac{D_A}{D_{C(A)}} \right) \tag{4-5-39}$$

应该指出：如果溶液中有两种或几种盐，并且其中一种盐的离子参与电极反应，而其余盐的离子只参与电荷的迁移，那么由参与反应的离子所迁移的电流就较小，在此情况下，上述各式中的 t 都需要用 γt 代替，其中 γ 为有离子参与电极反应的那种盐的比电导与溶液中存在的所有物质的比电导总和之比，亦即 $\gamma = k_i / \sum k_i$。

根据式（4-5-31）和式（4-5-33），对金属的阳极溶解过程来说，得到：

$$D_A = \frac{k_D z_K F}{1 - t_K} (a_{s(K)} - a_K) \tag{4-5-40}$$

式（4-5-40）和式（4-5-35）相似，但有另外的物理意义。式（4-5-35）表明：阳离子视其扩散速度而在稳定状态下，在阴极上的还原可按何种速度实现。换句话说，这个方程表示电极反应速度与扩散速度之间的关系。但是，在金属阳极溶解的情况下，转入溶液中的阳离子的扩散速度不可能限制电极反应的速度。从而，改变极化值，可以改变速度 D_A，而不必考虑（在一定的范围）电极附近溶液中的情况。因此，式（4-5-34）不是表示反应速度与扩散速度的关系，而是用来求在稳定状态下阳极附近溶液层中阳离子的活度 $a_{s(K)}$ 与过程速度 D_A 以及决定扩散速度的因素（k_D、a_K）之间的关系。这种关系是：

$$a_{s(K)} = a_K + \frac{D_A(1 - t_K)}{k_D z_K F} \tag{4-5-41}$$

此外，在某些场合下，在电极上发生反应的离子不是在电流影响下朝向电极，而是离开电极迁移的离子。例如，阴离子可以在阴极上还原，如反应 $CuCl_2 + 2e \rightarrow Cu + 2Cl^-$ 就是例子之一；阳离子也在阳极发生氧化，例如反应 $Fe^{2+} \rightarrow Fe^{3+} + e$。在这些场合下，离子的电迁移不仅不能有助于反应物质趋向电极，而是相反地阻止其进入。如此，对阴离子在阴极上的还原来说，有以下关系：

$$D_K = D_d - D_m = D_d - D_K t_A \tag{4-5-42}$$

从而

$$D_d = D_K(1 + t_A) \tag{4-5-43}$$

$$D_{C(K)} = \frac{k_D z F}{1 + t_A} a_A \tag{4-5-44}$$

同理，在阳离子阳极氧化的情况下，得到：

$$D_A = D_d - D_m = D_d - D_A t_K \tag{4-5-45}$$

从而

$$D_d = D_A(1 + t_K) \tag{4-5-46}$$

$$D_{C(A)} = \frac{k_D z F}{1 + t_K} a_K \tag{4-5-47}$$

4.5.1.4 各类电极过程的全极化曲线方程

对类型（1）的阳离子阴极还原过程来说，在比较小的阴极极化下，过程遵循电化学动力学方程。如果极化值很大，那么扩散动力学便占优势。在一定的条件下，可以实现由一个类型的动力学过渡到另一个类型的动力学（混合动力学）。这一点已在前面用图 4-5-5 表述过。下面推导能描述由电化学动力学转到扩散动力学的整个极化过程的方程式。

在任何极化条件下，实际的扩散速度等于实际的电极反应速度。因此，靠扩散在双电层外界建立起来的浓度同时也决定电极反应的速度。所以，在电化学动力学方程和扩散动力学方程中应该代入给定极化下的相同的浓度（活度）值，这个活度就是能被扩散所保持以及决定反应速度的活度。在过程稳定进行的情况下，这个活度应该是定值。

对类型（1）的阳离子阴极还原过程来说，电极过程的速度可写成下列一般形式：

$$D_K = d_K - d_A \tag{4-5-48}$$

阴极发生电化学过程是阳离子在电极表面发生放电反应，在放电过程中只有紧靠金属表面的离子参与，而只有第一离子层中的那部分离子才发生作用，那么式（4-5-16）中的 a_K 就需要用紧靠金属表面的第一离子层中的那部分离子活度 $a_{s(K)}$，为了简化推导，假设双电层为平板电容器结构，而 d_K 和 d_A 分别用式（4-5-16）和式（4-5-17）来表示，那么对上述情况可得到：

$$D_K = K_1^0 a_{s(K)} e^{-\frac{\alpha z_K F \Delta\varepsilon}{RT}} - K_2^0 e^{\frac{\beta z_K F \Delta\varepsilon}{RT}} \tag{4-5-49}$$

与此同时，D_K 也可以用扩散动力学方程式（4-5-35）来表示，从而求得：

$$a_{s(K)} = \frac{\frac{k_D z_K F}{1 - t_K} a_K + K_2^0 e^{\frac{\beta z_K F \Delta\varepsilon}{RT}}}{K_1^0 e^{-\frac{\alpha z_K F \Delta\varepsilon}{RT}} + \frac{k_D z_K F}{1 - t_K}} \tag{4-5-50}$$

式（4-5-50）中的 $a_{s(K)}$ 可以代入电化学动力学方程式（4-5-49）或是代入扩散动力学方程式（4-5-39），在两种情况下其结果相同。较方便的办法是将 $a_{s(K)}$ 代入式（4-5-49）。因此可得到：

$$D_K = \frac{\frac{k_D z_K F}{1 - t_K}\left(K_1^0 a_K e^{-\frac{\alpha z_K F \Delta\varepsilon}{RT}} - K_2^0 e^{\frac{\beta z_K F \Delta\varepsilon}{RT}}\right)}{K_1^0 e^{-\frac{\alpha z_K F \Delta\varepsilon}{RT}} + \frac{k_D z_K F}{1 - t_K}} \tag{4-5-51}$$

式（4-5-51）表示 $\frac{k_D z_K F}{1 - t_K}$ 值的给定扩散条件下，D_K 和 $\Delta\varepsilon$ 之间的关系方程式。

根据式（4-5-51）可以导出，在电极反应速度和扩散速度相差很大的情况下，式（4-5-51）或将变为式（4-5-49）或将变为式（4-5-35）。

事实上，如果扩散速度比电反应速度大得多，那么 k_D 就是个很大的数值，同时，电极反应速度很小，也就是 $K_1^0 e^{-\frac{\alpha z_K F \Delta\varepsilon}{RT}}$ 的值很小。在此情况下，$\frac{k_D z_K F}{1 - t_K} \gg K_1^0 e^{-\frac{\alpha z_K F \Delta\varepsilon}{RT}}$，并且式（4-5-51）右边分母中的第一项可以略去不计。由此，得到：

$$D_K = K_1^0 a_K e^{-\frac{\alpha z_K F \Delta\varepsilon}{RT}} - K_2^0 e^{\frac{\beta z_K F \Delta\varepsilon}{RT}} \tag{4-5-52}$$

可以看出，式（4-5-52）与式（4-5-49）相符合。不同点仅在于：其中所包括的活度是阳离子在溶液本体中的活度 a_K 而不是 $a_{s(K)}$。但是，很明显，在扩散速度很大而反应速度很小的情况下，a_K 应等于 $a_{s(K)}$。

相反，如果 $\frac{k_D z_K F}{1-t_K} \ll K_1^0 e^{-\frac{\alpha z_K F \Delta\varepsilon}{RT}}$，则式（4-5-51）右边分母中的第二项可以略去不计，并可导出：

$$D_K = \frac{k_D z_K F}{1-t_K}\left(a_K - a_{s(K)} e^{\frac{z_K F \Delta\varepsilon}{RT}}\right) \tag{4-5-53}$$

应该知道，超电位 $\Delta\varepsilon$ 愈大，电极上进行的电化学反应也就愈慢。反之，亦然。在导出式（4-5-53）时，假设了扩散速度比还原反应速度要小得多。但是，在电极反应速度很大的情况下，超电位应该是很小的，并且在极限时等于零。这意味着：反应在偏离平衡电位很小的情况下，能十分迅速地进行。因此，在式（4-5-53）中可设 $\Delta\varepsilon=0$。由此，得到与纯扩散动力学式（4-5-35）完全相符合的结果。

然而，如果借助于很强烈的阴极极化迫使电位由平衡值发生很大的位移，那么在极限情况下 $\Delta\varepsilon=-\infty$，从式（4-5-53）可得到与式（4-5-36）相同的结果：

$$D_{C(K)} = \frac{k_D z_K F}{1-t_K} a_K \tag{4-5-54}$$

在这里，阴极电流密度达到了最大的可能值。很明显，极限电流密度与溶质在溶液本体内的活度 a_K 以及与影响 k_D 值的搅拌速度有关。

对阴离子在不溶性阳极上氧化的过程来说，用类似的方法可以导出阴离子阳极氧化过程的速度与电位位移 $\Delta\varepsilon$、阴离子在溶液本体中的活度 a_K 以及与阴离子的扩散速度常数 k_D 之间的关系如下：

$$D_A = \frac{\frac{k_D z_A F}{1-t_A} K_2^0 e^{\frac{\beta z_K F \Delta\varepsilon}{RT}}}{K_2^0 e^{\frac{\beta z_K F \Delta\varepsilon}{RT}} + \frac{k_D z_A F}{1-t_A}} \tag{4-5-55}$$

如果扩散速度很大而电化学反应速度相当小，那么 $k_D \gg K_2^0$。并且式（4-5-55）右边分母中的第一项可以略去不计。由此得到：

$$D_A = K_2^0 a_A e^{\frac{\beta z_A F \Delta\varepsilon}{RT}} \tag{4-5-56}$$

相反，如果电化学反应速度很大，而扩散速度很小，那么式（4-5-55）右边分母中的第二项可以略去不计。如此，得到与式（4-5-38）相同的结果：

$$D_A = \frac{k_D z_A F}{1-t_A} a_A = D_{C(A)} \tag{4-5-57}$$

即表明，电流密度等于极限电流密度。

对类型（3）的金属阳极氧化（溶解）过程，如果考虑到 $D_K=d_A-d_K$，并运用上述表示 d_A 和 d_K 的电化学反应动力学方程与以式（4-5-40）表示的扩散动力学方程类似方法即可求解。

4.5.2 阴极过程和阳极过程

4.5.2.1 阴极过程

在湿法电化学冶金中，阴极过程的主要反应是金属离子的中和反应，除了主要过程，还可能发生氢的析出、氧的离子化而形成氢氧化物、杂质离子的放电以及高价离子还原为低价离子等过程，如以下各反应式所示：

$$Me^{z+} + ze \longrightarrow Me \tag{4-5-58}$$

$$H_3O^+ + e \longrightarrow \frac{1}{2}H_2 + H_2O(\text{酸性介质中}) \tag{4-5-59}$$

$$H_2O + e \longrightarrow \frac{1}{2}H_2 + OH^-(\text{碱性介质中}) \tag{4-5-60}$$

$$O_2 + 2H_2O + 4e \longrightarrow 4OH^- \tag{4-5-61}$$

$$Me_i^{z_i+} + z_i e \longrightarrow Me \tag{4-5-62}$$

$$Me_i^{z_h+} + (z_h - z_l)e \longrightarrow Me_i^{z_l+} \tag{4-5-63}$$

上述电化学过程可以分为3个类型：(1) 在阴极析出的产物，呈气泡形态从电极表面移去，并在电解液中呈气体分子形态溶解，或中性分子转变为离子状态；(2) 在阴极上析出形成晶体结构物质；(3) 在阴极上不析出物质而只是离子价降低的过程。

下面分别着重讨论关于氢和金属在阴极上析出的基本原理及其有关应用问题。

A 氢在阴极上的析出

按照现代的观点，作为物理质点存在水溶液中的氢离子，是由与水分子化学结合着的阳离子组合而成：

$$H \longrightarrow H^+ + e \tag{4-5-64}$$

$$H^+ + H_2O \longrightarrow H_3O^+ \tag{4-5-65}$$

这种荷正电的质点 H_3O^+ 称为洊离子，并由于静电作用而吸引几个水分子。因此，在水及溶液中存在着水化洊离子，这种离子也可把它简称为氢离子。

氢在阴极上的析出分为下列4个过程：

(1) 洊离子的去水化，可以设想，在阴极的电场中，洊离子从其水化分子中游离出来：

$$[H_3O \cdot xH_2O] \longrightarrow H_3O^+ + xH_2O \tag{4-5-66}$$

(2) 去水化后的洊离子的放电，也就是质子与水分子之间的化合终止，以及阴极表面的电子与其相结合，结果便有被金属（电极）所吸附的氢原子生成：

$$H_3O^+ \longrightarrow H_2O + H^+ \tag{4-5-67}$$

$$H^+ + e \longrightarrow H \tag{4-5-68}$$

(3) 吸附在阴极表面上的氢原子相互结合为分子：

$$H + H \longrightarrow H_2(M) \tag{4-5-69}$$

(4) 氢分子的解吸及其进入溶液，由于溶液过饱和的结果，以致引起在阴极表面上生成氢气泡而析出：

$$xH_2(M) \longrightarrow M + xH_2(\text{溶解}) \tag{4-5-70}$$

$$xH_2(\text{溶解}) \longrightarrow xH_2(\text{气体}) \tag{4-5-71}$$

如果上述过程之一的速度受到限制，那么便会发生氢在阴极上析出时的超电位现象。氢的超电位是指氢离子在某种金属上析出的电位与标准电极电位之差，也就是使氢在某种金属上析出所必需的附加电压。加速氢离子析出这个过程需要消耗附加的能量（活化能），同时因为活化能在上述情况下等于电量（广度因素）和电位（强度因素）的乘积，故可用下列方程表示：

$$W_{活化} = -2F\Delta\varepsilon_H \tag{4-5-72}$$

式中　$\Delta\varepsilon_H$——氢离子的还原超电位，V；

$2F$——对生成 1 mol 氢分子而言的常数，$F=96500$ C（库仑）。

为了使阴极上只析出金属而不析出氧，就必须要求氢的电位在电解的条件下比金属的电位更负。如果电流密度不超过一定的限度，那么正电性金属（如铜）的析出没有任何困难，但负电性金属（如锌和镉）的沉积则只有当电解中氢离子浓度很小，或者氢离子的还原超电位很大时才可能顺利地进行。

氢的超电位与许多因素有关，其中主要是阴极材料、电流密度、电解液温度、溶液的成分等。

如上所述，氢在金属上阴极析出时产生超电位的原因，在于氢离子放电阶段缓慢，并且这一点对大多数金属来说已经得到实证。因此，式（4-5-16）可应用于氢的析出过程。根据式（4-5-16），可以得到下列塔费尔方程：

$$-\Delta\varepsilon_H = a + b\ln D_K \tag{4-5-73}$$

式中　D_K——阴极电流密度，A/m^2；

$$a = -\frac{RT}{\alpha F}\ln K_1^0 - \frac{RT}{\alpha F}\ln a_{H^+};$$

$$b = \frac{RT}{\alpha F}。$$

从式（4-5-73）可以看出：在$-\Delta\varepsilon_H$-$\ln D_K$ 坐标系中，超电位与电流密度应成直线关系。对大多数金属电极来说，在电流密度不很小的情况下，这种关系已经试验证实。表 4-5-3 所列为方程式（4-5-73）中对各种阴极而言的常数 a 和 b 是在 25 ℃下的试验数据。由表 4-5-3 可以看出 a 值与金属的本性有很大的关系，而系数 b 的值几乎保持不变。此外，还可以看出：氢离子在通常电流密度下，在锌、镉等比氢更负电性的金属上还原的超电位都相当大。

表 4-5-3　对氢离子在各种金属阴板上还原反应而言的塔费尔方程中常数 a 和 b 的值

电极	溶液的成分	常数		电极	溶液的成分	常数	
		a	b			a	b
Pb	1.0×0.5 mol H_2SO_4	1.56	0.110	Fe	1.0 mol HCl	0.70	0.125
Hg	1.0×0.5 mol H_2SO_4	1.415	0.113	Fe	2.0 mol NaOH	0.76	0.112
Cd	1.3×0.5 mol H_2SO_4	1.40	0.120	Ni	0.11 mol NaOH	0.64	0.100
Zn	1.0×0.5 mol H_2SO_4	1.24	0.118	Co	1.0 mol HCl	0.62	0.140
Sn	1.0 mol H_2SO_4	1.24	0.116	Pd	1.1 mol KOH	0.53	0.130
Cu	1.0×0.5 mol H_2SO_4	0.80	0.115	Pt	1.0 mol HCl	0.10	0.130
Ag	1.0 mol HCl	0.95	0.116	Pt	1.0 mol NaOH	0.31	0.097

在电沉积锌时，所采用的铝阴极板很快地被一薄层锌所覆盖，实际上已变为锌阴极，

保证了相当大的氢离子还原超电位。

按照 a 值的大小，可将常用的电极材料大致分成3类：

（1）高超电位金属（$a=1.0\sim1.5$ V），主要有Pb、Cd、Hg、Tl、Zn、Ga、Bi、Sn等；

（2）中超电位金属（$a=0.5\sim0.7$ V），其中最主要的是Fe、Co、Ni、Cu、W、Au等；

（3）低超电位金属（$a=0.1\sim0.3$ V），其中最主要的是Pt和Pd等铂族元素。

阴极表面的结构也对氢的超电位发生间接的影响，阴极表面愈粗糙，其真实表面愈大。这就意味着真实电流密度愈小，从而氢的超电位愈小；反之，超电位就愈大。

随着电解温度的升高，氧的析出电位经常降低，也就是氢离子放电更容易。这是由于可逆电位会向正的方向移动以及超电位降低的缘故。超电位的温度系数，随着电流密度的增大而减小，对实际上通常采用的电流密度来说等于：

$$\frac{-\mathrm{d}(-\Delta\varepsilon)}{\mathrm{d}T}=0.002\sim0.003\ \mathrm{V/K}$$

表面活性物质的加入，考虑到 $z_{H^+}=1$ 以及 $\varepsilon_e^{\ominus}(H^+/H_2)=0$，氢还原超电位所起影响可用方程表示如下：

$$-\Delta\varepsilon_H=-\frac{RT}{\alpha F}\ln K_1-\frac{(1-\alpha)RT}{\alpha F}\ln a_{H^+}+\frac{1-\alpha}{\alpha}\varepsilon^*+\frac{RT}{\alpha F}\ln D_K \qquad (4\text{-}5\text{-}74)$$

从式（4-5-74）可以看出：由于表面活性物质（被吸附在电极上）的加入而引起的 ε^* 电位的变化，使氢的还原超电位发生变化。根据被电极吸附的离子电荷符号而定，双电层分散部分的电位值可以向正的或负的方向变化。因此，氧的还原超电位可以由于吸附作用而增大或者减小。

溶液的pH值对氢离子还原超电位的影响，可用下列各关系来说明。

对酸性溶液来说，在 $\alpha=\frac{1}{2}$ 和 $T=298$ K时，根据式（4-5-74）可导出

$$-\Delta\varepsilon_H=\mathrm{const}+0.0591\mathrm{pH}+\varepsilon^*+0.1182\lg D_K \qquad (4\text{-}5\text{-}75)$$

也就是说，在其他条件相同的情况下，酸性溶液中氢的超电位随着pH值增大而增大。在碱性溶液中，决定氢的析出动力学的不是反应式（4-5-59）而是式（4-5-60）。很明显，在此情况下，不是氢离子在阴极上放电而是水分子还原，这里反应物在电极附近的活度与 ε^* 无关。双电层分散部分的电位跳跃 ε^*，只对决定过程速度（活化能）的双电层密集部分的电位跳跃大小发生影响。因此，对碱性溶液来说，符合式（4-5-76）。

$$D_K=K_1a_{H_2O}\mathrm{e}^{-\frac{\alpha F(\varepsilon-\varepsilon^*)}{RT}} \qquad (4\text{-}5\text{-}76)$$

式中，a_{H_2O} 为与 ε^* 无关的水的活度。

考虑到 $\varepsilon=\varepsilon_e+\Delta\varepsilon$ 以及 $\varepsilon_e=\frac{RT}{F}\ln a_{H^+}$ 的关系，并把它们代入式（4-5-76）便可导出：

$$-\Delta\varepsilon_H=-\frac{RT}{\alpha F}\ln K_1-\frac{RT}{\alpha F}\ln a_{H_2O}+\frac{RT}{F}\ln a_{H^+}-\varepsilon^*+\frac{RT}{\alpha F}\ln D_K \qquad (4\text{-}5\text{-}77)$$

如果仍然设 $\alpha=\frac{1}{2}$ 和 $T=298$ K，并考虑到 a_{H_2O} 实际上为定值，则最后得到：

$$-\Delta\varepsilon_H=\eta_H=\mathrm{const}-0.0591\mathrm{pH}-\varepsilon^*+0.1182\lg D_K \qquad (4\text{-}5\text{-}78)$$

由此可见，在碱性溶液中，超电位随着 pH 值增大而减小。这些规律性（见图 4-5-7）已经试验证实。从而，在其他条件相同的情况下，可得出以下结论：

（1）在酸性电解液中，为了减小氢的析出，也就是为了提高电流效率，应尽可能使 pH 保持更高的数值；

（2）对碱性电解液来说，为了减少氢的析出，必须使 pH 值尽可能地低。

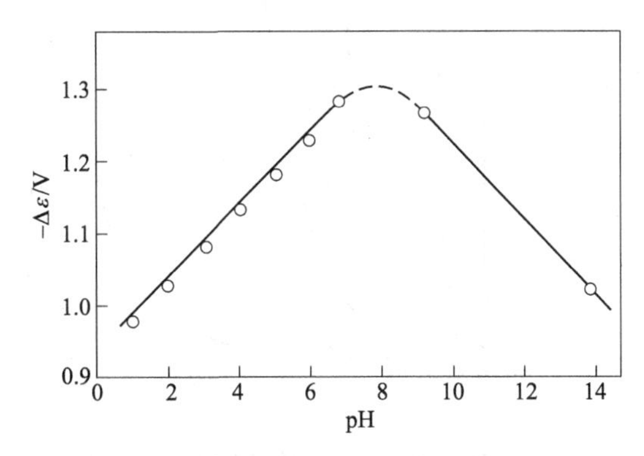

图 4-5-7　pH 值对氢析出超电位的影响

B　金属在阴极上的析出

在湿法电化学冶金中，阴极过程主要是把欲提取的金属从含其离子的溶液中析出的过程。金属从溶液析出的过程大致由以下 3 个阶段组成：

（1）阳离子由溶液本体迁移到双电层中；

（2）放电过程，在双电层密集部分发生阴离子的脱水，并吸附在电极表面以及与电子结合而转变为原子；

（3）金属中性原子进入金属晶格中或者是生成新的晶核。

不同金属在阴极上析出的极化值，与其一系列的性质（交换电流的大小、零电荷电位的位置、表面状况等）有关，也受电解条件（电解液的成分和温度等）的影响。

从图 4-5-8 和图 4-5-9 可以看出：诸如 Hg、Cu、Pb、Zn 等交换电流较大的一类金属的阳离子放电速度甚至在极化值很小的情况下都急剧增大，而为了提高交换电流小的铁族金

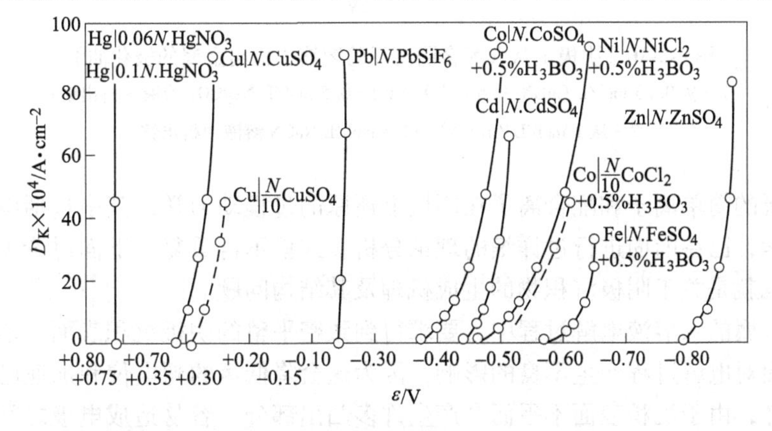

图 4-5-8　汞、铜、铅、锌、镉、钴、镍、铁等的阳离子在室温下放电的极化曲线

属（Fe、Co、Ni）的阳离子放电速度，则要求更大的极化值。某些金属在电极上的交换值已在表 4-5-1 中列出。

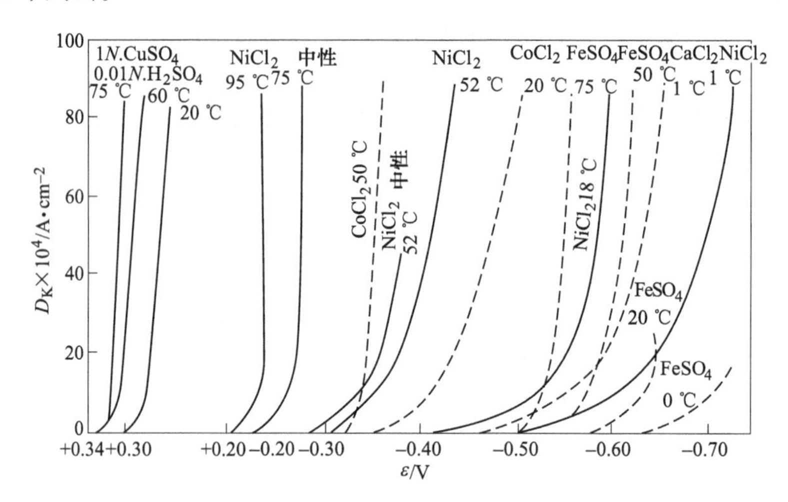

图 4-5-9 铜、镍、钴、铁等阳离子在不同温度下放电的极化曲线

如果金属在溶液中呈诸如 $Cu(CN)_3^{2-}$、$Ag(CN)_2^-$、$Zn(CN)_4^{2-}$ 等配合离子形态存在，为了提高电流密度，也为了提高阴离子在阴极上还原的速度，甚至要求特别大的极化，如图 4-5-10 所示。

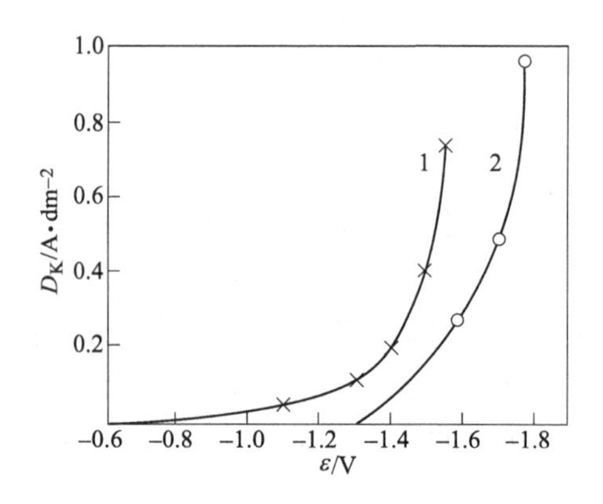

图 4-5-10 阴极上从含配合阴离子的溶液中析出金属的极化曲线

1—从 0.25 mol/L CuCN+0.6 mol/L NaCl +0.5 mol/L Na_2CO_3 溶液中析出铜；

2—从 1 mol/L $Zn(CN)_2$+4.3 mol/L NaCN 溶液中析出锌

关于金属的简单离子和配合离子在阴极上还原的过程动力学，其中包括电化学动力学和扩散动力学，已在前面进行过详细的理论分析，这里不再重复。下面讨论关于金属电结晶的问题，也就是关于阴极沉积物的生成机理及其结构问题。

在有色金属的水溶液电解过程中，要求得到致密平整的阴极沉积表面。前已述及，粗糙的阴极表面对电解过程产生不良的影响，因为这会降低氢的超电位和加速已沉积金属的逆溶解。此外，由于沉积表面不平而会产生许多凸出部分，容易造成电极之间的短路。所有这些影响的结果，都会引起电流效率降低。

如果电解条件不适当，便会产出一种海绵状的疏松沉积物。海绵状沉积物的生成是不希望的，因为这种沉积物重熔时容易氧化而增大金属的损失。此外，在生成海绵状沉积物的情况下，电流效率会降低、电能消耗增大以及容易造成短路。因此，了解阴极沉积物形成的条件以及各种影响因素，对于研究采取措施以保证产出合乎质量要求的产物来说具有重要的意义。

在阴极沉积物形成的过程中，有两个平行进行的过程：（1）晶核的形成；（2）晶体的成长。在结晶开始时，金属并不在阴极整个表面上沉积，而只是在对阳离子放电需要最小活化能的个别点上沉积。被沉积金属的晶体，首先在阴极主体金属晶体的棱角上生成。电流只通过这些点传送，这些点上的实际电流密度比整个表面的平均电流密度要大得多。在靠近已生成晶体的阴极部分的电解液中，被沉积金属的离子浓度贫化，于是在阴极主体金属晶体的边缘上产生新晶核。分散的晶核数量逐步增加，直到阴极的整个表面为沉积物所覆盖时为止。

实际上在电解过程中，有一部分原子在进行晶核形成，而另一部分在进行晶体成长。因此，如果 96500 C 的电量在阴极上还原 N 个阳离子（N 等于阿伏加德罗常数除以化合价），那么设形成晶核的一部分为 N_n，而参与晶体成长的另一部分为 N_g，则得到：

$$N = N_n + N_g \tag{4-5-79}$$

如果 $N_s>N_g$，那么在阴极上将产出细结晶沉积物；如果 $N_n \ll N_g$，则得到粗结晶沉积物。

在金属从简单盐溶液中电结晶的情况下，如果是交换电流大的金属，则照例产出粗结晶沉积物。属于这一类的金属有：Ag、Pb、Cd、Zn、Sn、TI 等。表 4-5-4 列出了银从硝酸溶液中电结晶的试验数据。

表 4-5-4　银从硝酸银溶液中电结晶的数据

D_K/A·cm^{-2}	c_{AgNO_3}/mol·L^{-1}	D_K/c_{AgNO_3} 比值	晶核数
5×10^{-6}	0.001	500×10^{-6}	270
17×10^{-6}	0.01	170×10^{-6}	250
65×10^{-6}	0.1	65×10^{-6}	170
80×10^{-6}	1.0	8×10^{-6}	25

根据表 4-5-4 的数据，可查明电流强度和 $AgNO_3$ 浓度对形成的晶核数所起的影响，如图 4-5-11 所示。

基于实验数据，可导出晶核生成与电流密度和放电阳离子浓度之间的关系式如下：

$$N_n = K\frac{D_K}{c_{Me}} \tag{4-5-80}$$

式中　K——与每种金属特性有关的常数。

因此，交换电流大的简单金属离子从盐溶液中析出时，随着电流密度的增大和阳离子浓度的降低，会产出结晶更细的沉积物。离子交换电流小以及极化值相当大的金属，照例是形成细结晶沉积物。这一类金属有 Fe、Ni、Co，有些金属如 Ag、Cu、Zn，如果它们在溶液中呈配合离子形态存在，则由于还原超电位相当大，故也可呈极细结晶沉积物形态析出。对这类情况来说，晶核数与极化值的关系似乎更具有特征：极化值愈大，沉积物析出

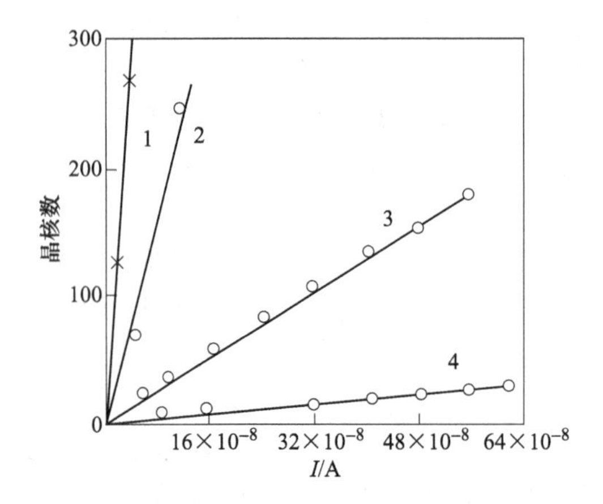

图 4-5-11 电流强度和 $AgNO_3$ 浓度对在 0.528 mm^2 阴极面积上形成的晶核数所起的影响

1—0.001 mol/L $AgNO_3$ 溶液；2—0.01 mol/L $AgNO_3$ 溶液；3—0.1 mol/L $AgNO_3$ 溶液；4—1 mol/L $AgNO_3$ 溶液

的结晶颗粒便愈细。

总的来说，已生成的晶体的成长和沉积物的结构与许多因素有关，其中对电解过程有影响的主要因素是：电流密度，电解液的温度，溶液的搅拌，氢离子的浓度，添加剂的作用等。

（1）电流密度的影响。在电流密度小的情况下，靠近已生成晶体的地方，由于扩散作用能及时补充由放电引起的离子减少，溶液中阳离子贫化不显著，因此已生成的晶体能无限制地继续成长，结果得到由分散的粗粒结晶所组成的沉积物。

当电流密度高的时候，在晶体生成以后不久，靠近晶体部分的电解液就会发生局部贫化，晶体的生长暂时受抑制而产生新的晶核，此时得到细结晶的沉积物。

然而，当电流密度很高时，阴极附近的电解液发生急剧的贫化现象，从而可能引起其他阳离子特别是引起氢离子开始强烈地放电，这时所得沉积物为松软和海绵状的物质，含有多量的氢气。极限电流密度是允许获得合乎要求的沉积物时的电流密度，温度愈高，放电阳离子的起始浓度愈高以及搅拌愈强烈时，也就是这些能导致靠近阴极的溶液尝试恢复的因素显得愈强烈时，则允许的极限电流浓度也可以愈高。但是，应考虑到，这种从获得致密沉积物的观点来看，所允许的更高的电流密度，可能造成其他缺点。因此，最适宜的电流密度应考虑到过程的所有其他条件来综合优化选定。

（2）温度的影响。温度的提高会引起溶液的许多性质改变：比电导升高、溶液中离子活度改变（通常为减小）、所有存在的离子的放电电位改变、金属析出和氢气放出的超电位都降低。在一些情况下，提高温度会导致溶液中胶状组织（如镍的氢氧化物等）的生成或消失。因为其中每一改变，同样地会影响阴极沉积物的特性，故温度的影响极为复杂，在不同情况下表现亦不相同。

应当注意到，作为一般规律的最重要的情况，即扩散随温度的提高而加速，这使得阴极附近溶液不易产生贫化层。此外，金属的超电位也降低。这两种情况都导致极化曲线有更陡峭上升的趋势，这能促使获得粗结晶和沉积物。因此，当温度提高时，必须采用提高了的电流密度，降低温度的影响，以获得细结晶的沉积物。

氢的超电位随温度升高而降低，致使氢的析出变得容易（可是，对于需要高的超电位才析出的镍来说，超电位随温度升高而降低的程度比氢的超电位强烈得多，在此情况下氢的析出甚至会减弱）。氢在金属中的溶解度随温度升高而降低。因此，在高温度下，可能得到含氢低的沉积物。

同样可作为一般规律指出的是，当温度升高时所得沉积物较为松软。

（3）搅拌的影响。搅拌溶液能使阴极附近的浓度均衡。因而使极化降低，极化曲线有更陡峭的趋势，所有这些情况都导致形成颗粒较粗的沉积物。在另一方面，搅拌电解液可以消除浓度的局部不均衡、局部过热等现象，可以提高电流密度而不会发生沉积物成块和不整齐的危险。电流密度的提高，也就可以消除由搅拌引起的粗晶性。

采用高的电流密度在工业上是有利的，因为这样可以加速过程的进行和减缩设备的容量。在此情况下，就必须加强电解液的循环。

（4）氢离子浓度的影响。氢离子的浓度或溶液的 pH 值是影响电结晶进行的极其重要因素。pH 值首先决定了在阴极过程中氢渗入晶体的分数。当然，这个分数是按照 pH 值的减小而增加的。根据 pH 值的大小，析出的氢原子在或大或小的程度上渗入到晶体中。例如，会在成长着的晶体组成中形成氢化物。这种情形也强烈地影响到整个电结晶过程和超电位上。此外，在通常有空气存在的电解过程中，或者由于水的氧化作用的结果，也可得到金属氢氧化物，这种氢氧化合物在某一 pH 值时变为不溶物，或者是呈胶体分散的形态或是呈悬浮的形态存在，具有被吸附在沉积晶体上的能力，沉积晶体的个别区域便可能直接被氧化。不管怎样的氧化物落到晶体的表面上，都强烈地影响到整个结晶过程的进行。例如，当氢离子活度足够大和当覆盖层发生的可能性小时，便可得到有光泽的、均匀的沉积物；当氢离子浓度降低（pH 值增大）时，则形成海绵状沉积物，不能很好地粘附到阴极上，有时甚至从阴极上掉下来。因此，调整 pH 值（缓冲作用），对于控制电结晶过程具有极其重要的意义。

（5）添加剂的影响。为了获得致密而平整的阴极沉积物，常常在电解液中加入少量作为添加剂的物质，如树胶、动物胶和硅酸胶以及 α-萘酚、苯磺酸、胺盐等表面活性物质。

在电解过程中，许多胶体添加剂可以看作是两性电解质。在 pH 值低的介质中，它们离解为阳离子［胶质根］$^+$与阴离子 OH^-或 Cl^-等，荷正电的胶质根向阴极转移，并在阴极上放电，对电解过程发生强烈的影响，在 pH 值高的介质中，则形成阴离子［胶质根］$^-$与阳离子 H^+、Na^+等，荷负电的胶质根便移向阳极，其影响甚小。

胶质微粒也可能使金属阳离子溶剂化，与它们一起向阴极转移，在阳离子放电后，便游离出来而被吸附在阴极上。

各种添加剂对于阴极沉积物质量的有利影响，在于胶质主要是被吸附在阴极表面的凸出部分，形成导电不良的保护膜，使这些凹入部分与阳极凸出部分之间的电阻增大。结果，使阴极表面上各点的电流分布均匀，所产出的阴极沉积物也就较为致密而平整。

C 阳离子在阴极上的共同放电

金属的还原常常由于有其他金属（杂质）或氢伴随还原而变得复杂化。金属的电解精炼（除去杂质）问题、电解沉积问题以及其他许多问题（如电镀）都与几种不同的阳离子同时还原的问题有关系。可以将锌盐水溶液的电解作为例子，在此情况下就必须考虑锌离子与氢离子在阴极上共同放电的问题。

在几种离子共同放电的情况下，每种离子的还原速度相当于一定的电流密度 D_i。总的

电流密度 D_K（即测出的电流强度除以阴极面积得到的商）等于所有在阴极上进行还原反应的电流密度之和，亦即

$$D_K = \sum D_i \tag{4-5-81}$$

首先讨论有关阴极电流效率的基础理论问题。如果以 η_{Me} 表示金属的阴极电流效率（以分数表示），显然可得到：

$$\eta_{Me} = \frac{D_{Me}}{D_K} \tag{4-5-82}$$

同理，氢的电流效率以下式表示：

$$\eta_H = \frac{D_H}{D_K} \tag{4-5-83}$$

如果只讨论主要金属与氢的离子共同放电的问题，则

$$\eta_{Me} + \eta_H = 1 \tag{4-5-84}$$

以式（4-5-83）除式（4-5-82）并将式（4-5-84）中的 η_H代入，则得到：

$$\frac{\eta_{Me}}{1-\eta_{Me}} = \frac{D_{Me}}{D_H} \tag{4-5-85}$$

利用式（4-5-85）可将金属和氢的离子在阴极上放电的速度与金属的电流效率联系起来。为了便于说明问题，设锌或其他负电性金属与氢在一定条件下的极化曲线表示在图 4-5-12 中。

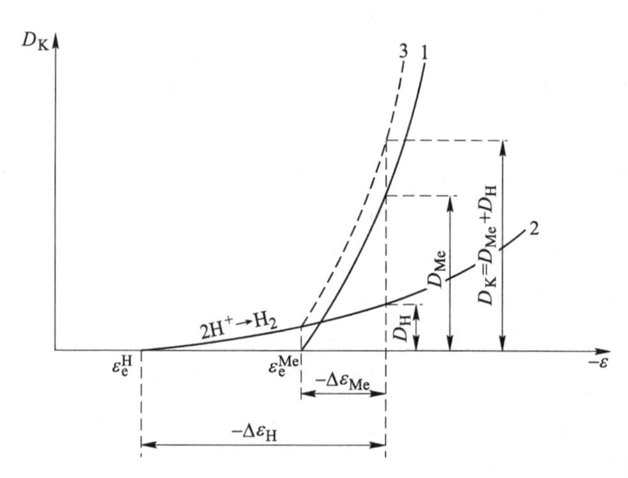

图 4-5-12　金属和氢离子共同还原的极化曲线

1—氢的极化曲线；2—金属的极化曲线；3—总的极化曲线

从图 4-5-12 可以看出：在所讨论的场合下，金属的平衡电位比氢的平衡电位更负。氢离子还原的超电位很大（曲线 2 的斜率大），这种情况在锌从水溶液还原的场合常见。

当电极电位比 ε_e^H 更正的时候，既没有氢也没有锌可能析出；如果电位取 ε_e^H 与 ε_e^{Me} 之间的值，应只有氢析出，而金属仍不可能还原；在电位比 ε_e^{Me} 更负的情况下，则金属和氢两者都可以析出。在这些条件下，$D_K = D_{Me} + D_H$ 表示总电流密度的极化曲线，可由加和曲线 1 和 2 的纵坐标绘出（图中标出的虚线 3）。在工作阴极电位 ε 的条件下，金属和氢将分别以电流密度 D_{Me}和 D_H 实测的速度进行还原。这样一来，式（4-5-85）的关系也可根据

图解法求得。

从图4-5-12可以看出：因为曲线1向上的走向比曲线2更陡，所以增大极化（电位ε向右移动）使析出金属的电流效率提高。如果通过试验，将对给定成分的溶液而言的极化曲线测出，则类似于图4-5-12上所示的图形，可用于定量地确定D_{Me}和D_H之间的关系如何随电位ε的改变而改变。从图还可以看出：电流效率应与溶液成分——Me^{2+}和H^+的浓度（活度）有关，改变$a_{Me^{2+}}$和a_{H^+}可改变各自的平衡电位，从而改变各自极化曲线的位置。a_{H^+}减小，亦即pH值增大，将使ε_e^H向更负的一方移动（在图上向右位移）；而增大$a_{Me^{2+}}$则使ε_e^{Me}向更正的一方移动（在图上向左移动）。

为了查明电流效率与各种电解参数（电位、温度、电解液成分等）的关系，必须知道这些因素是如何对金属和氢离子放电速度发生影响的。有充分依据可证明：氢在大多数金属上析出时的极化基本上是由于离子放电阶段缓慢所致。金属析出时的极化也取决于离子的缓慢放电。因此，缓慢放电理论的基本方程对反应速度（电流密度）是正确的。为了简化，设$\varepsilon^*=0$以及$a_{Me^{2+}}$和a_{H^+}一般情况下不相等，而且电位ε在两个速度方程中是一样的，因为这个电位是两个还原过程同时在其上进行的阴极电位。从而，可导出金属的阴极电流效率η_{Me}与阴极电位、溶液中的离子活度、温度以及动力学系数α的关系式如下：

$$\frac{\eta_{Me}^*}{1-\eta_{Me}^*}=\frac{K_{Me}a_{M^{z+}}}{K_H a_{H^+}}e^{-\frac{z_{Me}\alpha_{Me}-a_H}{RT}} \tag{4-5-86}$$

上式已在许多场合下得到定量的证实。该式表明：在其他条件相等的情况下，氢离子在酸性溶液中的活度增大会使金属的电流效率降低。

如果阴极上占优势的电位是取决于金属离子的放电过程，而金属和氢的离子活度系数变化不大并可认为是常数，那么式（4-5-86）中唯一的变量是酸的浓度。这样，式（4-5-86）可改写为以下的形式：

$$\eta_{Me}=\frac{B}{B'+c_{H^+}} \tag{4-5-87}$$

式中，B和B'皆为常数，这个简化方程在许多场合下得出与试验数据相符合的令人满意的结果。

在生产实践中，经常是希望在电流效率接近于1的条件下进行电解过程。但是，要达到这个目的常常困难，因为要靠降低酸度来提高电流效率受到一系列因素的限制。例如，在锌电解的情况下，降低槽中的酸度会伴随着溶液比电导的降低，从而由电流效率提高节约的电能最终为用于克服电解液电阻升高而额外消耗的电能所抵消。此外，在用不溶性阳极进行锌电沉积的条件下，只有依靠提高电解液的流速或者降低装槽量才有可能降低酸度，这也是生产中所不希望的。在镍电解的情况下，特别是在未加入缓冲剂时，要使酸度降低到低于一定的值，这将导致在阴极处形成胶体颗粒，而使沉积物夹杂着氢氧化物。

提高电解液中金属离子的活度，如式（4-5-86）所示，将会使金属的电流效率提高。从定性上讲，这个原理在生产实践中是大家所熟知的，而在定量上却尚未得到验证。

然而，为了提高主要金属离子的活度而提高它在电解液中的浓度，也受到一些限制：第一，电解液泄漏而造成的不可回收的损失增大；第二，未完成生产（电解液中）的金属量增大。从经济的观点看来，残留在电解液中的金属愈少愈好。但是这个趋势受到电流效率的降低以及阴极沉积物质量变化的制约。因此，在实践中，通常要根据试验来确定主要金属在电解液中最佳的浓度，其中包括对每个具体情况综合地考虑到上述各种因素。

关于电极电位（电流密度）对金属电流效率所起影响的问题是比较复杂的。随着电流在阴极上的提高，阴极电位总是向更负的一方移动；相反，电流密度的降低会使电位向正的一方位移。因此，要一方面讨论电极电位对电流效率的影响，另一方面也同时涉及电流密度对电流效率的影响。

对式（4-5-86）的分析表明：电位向负的一方移动可导致阴极电流效率提高或降低或者也对电流效率不起影响。实际上，如果 $\alpha_{Me^{z+}}z_{Me^{z+}}>\alpha_H$，亦即如果金属的极化曲线向上升起比氢的极化曲线更陡（见图 4-5-12），则 $\alpha_{Me^{z+}}z_{Me^{z+}}-\alpha_H>0$，并由于阴极电位为负（$\varepsilon<0$），故式（4-5-86）的指数为正。因此，随着阴极电位（电流密度）升高，金属的电流效率将增大，这一点已在镍和锌等金属的电解过程得到证实。相反，如果 $\alpha_{Me^{z+}}z_{Me^{z+}}<\alpha_H$（金属的极化曲线比氢的极化曲线更倾斜）（见图 4-5-13），则 $\alpha_{Me^{z+}}z_{Me^{z+}}-\alpha_H<0$，而指数为负。因此，电流密度的升高将导致金属的电流效率降低。这种情况对金属的还原来说是非常不利的。最后，如果 $\alpha_{Me^{z+}}z_{Me^{z+}}=\alpha_H$，则指数变为零，而整个指数项变为 1，在这种特殊情况下，金属的电流效率变得与阴极电流密度和电位无关。

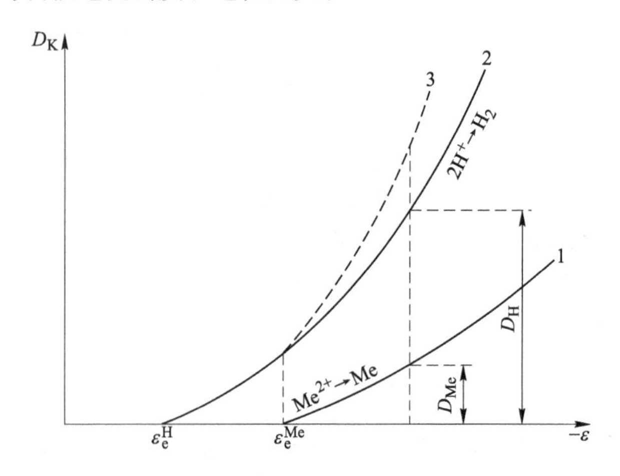

图 4-5-13　在 $\alpha_{Me^{z+}}z_{Me^{z+}}<\alpha_H$ 的条件下对金属和氢的共同还原而言的极化曲线

为了分析温度的影响，必须将式（4-5-85）改写为以下形式：

$$\frac{\eta_{Me}^*}{1-\eta_{Me}^*}=\frac{K_{Me}a_{M^{z+}}}{K_H a_{H^+}}e^{-\frac{(W_{Me}^0+\alpha_{Me}z_{Me}F\varepsilon)-(W_{Me}^0+\alpha_H F\varepsilon)}{RT}} \tag{4-5-88}$$

从上式可以看出：温度的影响也可能是多种多样的，不仅与金属和氢离子放电过程活化能有关，也与这些过程在表面零电荷电位下的活化能有关。

如果（$W_{Me}^0+\alpha_{Me}z_{Me}F\varepsilon$）>（$W_{Me}^0+\alpha_H F\varepsilon$），则式（4-5-88）中的指数为负值，电流效率随着温度升高而增大，这种情况可在铁族金属电解时常见；相反的，如果（$W_{Me}^0+\alpha_{Me}z_{Me}F\varepsilon$）<（$W_{Me}^0+\alpha_H F\varepsilon$），则指数为正值，从而电流效率随着温度升高而降低，例如在锌的电沉积过程中就是这样；最后，如果指数的分子等于零，则在这种特殊情况下电流效率将与温度无关。

以上所列举的各种简化关系式，在氢和金属的离子放电速度仅取决于放电阶段缓慢的情况下是正确的。不过，在这一类极化上也往往会重叠发生浓差极化。

浓差极化在工业电解析出金属的过程中，由于金属盐的浓度为 1~2 mol/L，而电流密度约为每平方米几百安培，通常是不大的，也可略去不计。但是，浓差极化在接近中性的溶液中析出氢的情况下则可能相当大。

如果单位时间内由电流迁移的氢离子或氢氧化物的数量小于在阴极上析出的氢原子的数量，那么紧靠阴极的电解液层便不可避免地会开始碱化；相反，如果氢离子的供应速度大于放电速度，则阴极层中的电解液会酸化。阴极层中 pH 值的变化，必然会影响溶液本体和阴极层中离子活度均衡化的扩散过程。如果扩散速度不能使溶液本体和阴极层中的浓度均衡，则在以恒定电流密度进行长期电解时，要建立起氢在阴极上析出速度等于氢离子向阴极输送速度相适应的稳定状态，既要计算电迁移又要计算对流扩散。随着电流密度升高，阴极层和溶液本体 pH 值之差应该增大，这个与溶液成分有关的差值，或者可能达到一定的极限，或者是继续增大。在纯酸性溶液中，碱化显然不可能达到大于 7 的 pH 值。在不形成难溶氢氧化物或碱式盐的碱和金属盐溶液中，碱化原则上是以碱使溶液饱和。在这里，限制因素实际上可能是电解液在阴极上析出的氢，而发生剧烈搅动的作用。

但是，如果溶液中存在的金属离子形成难溶的氢氧化物或盐，则碱化受到一定限度的限制，这个限度等于在阴极层中金属离子给定溶液浓度下形成难溶盐的 pH 值。

电解过程发生的阴极层酸化作用，氢离子供应速度一直增大，直到等于其放电速度。电解液阴极层中酸度的变化，会在氢离子放电速度上反映出来，因为在式（4-5-16）中有氢离子的活度一项。

前面已提到，双电层的结构，或者更准确地说，双电层紧密部分与吸附和扩散电位降之间的电位降分布，对取决于离子缓慢放电的电极反应速度有很大的影响。在实际采用浓溶液进行电解的场合下，扩散电位降影响很小。但是，由于表面活性离子或分子所引起的吸附电压降，却可能对金属和氢在阴极上析出速度的相互关系起着很大的影响。

如果考虑到吸附电位（即在距阴极表面的一个离子半径处的电位），那么氢和金属的离子共同放电的方程不用式（4-5-86），而改用下式表示：

$$\frac{\eta_{Me}^*}{1-\eta_{Me}^*}=\frac{K_{Me}a_{Me^{z+}}}{K_H a_{H^+}}e^{-\frac{(\alpha_{Me}Z_{Me}-\alpha_H)F\varepsilon}{RT}}e^{-\frac{(\beta_{Me}Z_{Me}-\beta_H)F\varepsilon}{RT}} \tag{4-5-89}$$

对讨论在恒定的其他各条件下的过程来说，式（4-5-89）可以写为以下的对数式：

$$\ln\frac{\eta_{Me}}{1-\eta_{Me}}=\text{const}-\varepsilon^*\left[\frac{F}{RT}(\beta_{Me}z_{Me}-\beta_H)\right] \tag{4-5-90}$$

从式（4-5-90）可以看出：吸附电位 ε^* 的形成可以对电流的分布发生强烈的影响。视 ε^* 的符号及（$\beta_{Me}z_{Me}-\beta_H$）的差值而定，在添加表面活性物质时的电流效率或增大、或减小或保持不变。这个效应，譬如说可在镍电解中添加表面活性氯离子时清楚地表现出来，如图 4-5-14 所示。阴离子的特殊吸附作用，导致二价金属的电流效率提高，因为（$\beta_{Me}z_{Me}-\beta_H$）> 0，而 ε^* 在阴离子吸附时带负号。添加表面活性阳离子，则由于 ε^* 为正，故使二价金属的电流效率降低。这一点也可从式（4-5-90）看出。

如果知道了交换电流密度（D_0）的值，则可利用式（4-5-27）通过以下推导求出电流效率。根据式（4-5-27）得到：

$$\Delta\varepsilon_{Me}=-\frac{RT}{\alpha_{Me}z_{Me}F}\ln\frac{D_{Me}}{D_0^{Me}} \tag{4-5-91}$$

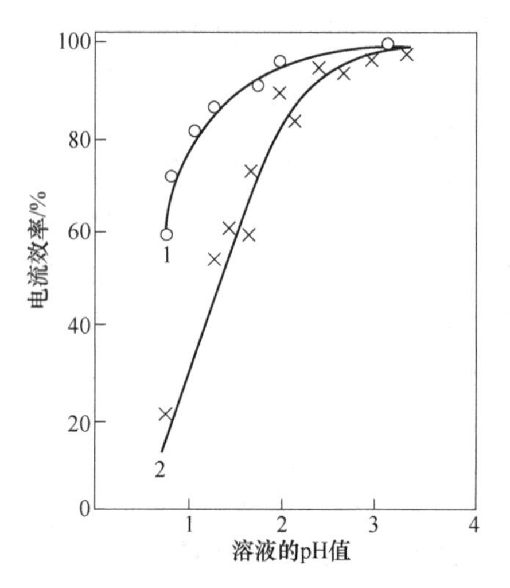

图 4-5-14　镍的电流效率与 pH 值及氯离子浓度的关系

1—加有表面活性氯离子；2—未加入添加剂

$$\Delta\varepsilon_{H} = -\frac{RT}{\alpha_{H}F}\ln\frac{D_{H}}{D_{0}^{H}} \tag{4-5-92}$$

简化这些方程，设 $\alpha_{Me}=\alpha_{H}=\frac{1}{2}$。这个简化只可能带来较小的误差，因 α_{Me}和 α_{H} 均接近于 1/2。从而，得到：

$$\Delta\varepsilon_{Me} = -\frac{2RT}{z_{Me}F}\ln\frac{D_{Me}}{D_{0}^{Me}} \tag{4-5-93}$$

$$\Delta\varepsilon_{H} = -\frac{2RT}{F}\ln\frac{D_{H}}{D_{0}^{H}} \tag{4-5-94}$$

式中，$\Delta\varepsilon_{Me}$和 $\Delta\varepsilon_{H}$是不同的量，但是过程进行的电位对两个反应来说却是一样的。因此

$$\varepsilon = \varepsilon_{e}^{Me} + \Delta\varepsilon_{Me} = \varepsilon_{e}^{H} + \Delta\varepsilon_{H} \tag{4-5-95}$$

将式（4-5-93）和式（4-5-95）以及 25 ℃下各有关常数值代入上式，便可导出以下关系：

$$\lg\frac{D_{H}}{(D_{Me})^{1/z_{Me}}} = \frac{\varepsilon_{e}^{H} - \varepsilon_{e}^{Me}}{0.1182} + \lg\frac{D_{0}^{H}}{(D_{0})^{1/z_{Me}}} \tag{4-5-96}$$

上式可用于计算 D_{H}/D_{Me}比值，也就是求析出氢时所消耗的电流分数。

现以锌从硫酸锌溶液中的还原过程为例。设溶液含锌 0.25 mol/L，并以硫酸酸化至 pH=0。在此情况下，$\varepsilon_{e}^{Zn}\approx -0.78$ V，$\varepsilon_{e}^{H}=0$；在这种溶液中，锌的交换电流 $D_{0}^{Zn}=10^{-5}$ A/cm²，氢在锌上的交换电流 $D_{0}^{H}=10^{-11}$ A/cm²。将这些数据代入式（4-5-96），得到：

$$D_{H} = 10^{-1.9}(D_{Zn})^{1/2} \tag{4-5-97}$$

若取 $D_{Zn}=100$ A/cm²。得到 $D_{H}=10^{-0.9}$ A/cm²，约为 D_{Zn}的 0.13%。知道了 D_{H} 和 D_{Zn}以后，便可利用上式求得 η_{Zn}。

最后还应该指出：如果在阴极上析出能溶解原子氢的金属，则会发生金属吸收氢作用。例如，在用电解法制取铁时，发现铁中含有达 9.2%（原子数分数）的氢。金属吸收

氢可造成晶格严重变形并使金属的机械性质急剧变坏。后续的加热能除去大部分吸收的氢。由水溶液电解产出的铁和镍的电化学行为与重熔除氢后的同一金属的行为显著不同。

D　主要金属离子与杂质金属离子的共同放电

两种金属在阴极上共同还原的相互关系，从定性上讲，与上面讨论过的有关金属和氢共同析出的情况基本相类似。有一点不同的是：两种金属的共同还原无疑会导致在阴极上形成合金。所产合金的结构取决于体系的状态图，当然也与各种金属在合金时的含量有关。

我们知道，反应 $Me^{z+} + ze = Me(纯)$ 的 $\varepsilon_e^{Me} = -\dfrac{\Delta G_1}{zF}$。但在形成合金的情况下，离子开始还原的电位 ε_e'（有关文献中也将这个电位称为金属在合金中的平衡电位）与 ε_e^{Me} 不一样。在此情况下，反应可表示如下：

$$\begin{array}{ll} Me^{z+} + ze = Me(纯) & \Delta G_1 \\ Me(纯) = Me(合) & \Delta G_2 \\ \hline Me^{z+} + ze = Me(合) & \Delta G = \Delta G_1 + \Delta G_2 \end{array} \tag{4-5-98}$$

从而

$$\varepsilon_e' = -\frac{\Delta G}{zF} = \frac{\Delta G_1 + \Delta G_2}{zF} \tag{4-5-99}$$

由于形成合金时总有能量放出，亦即 $\Delta G_2<0$，故 $\varepsilon_e'>\varepsilon_e^{Me}$。当阴极电位比 ε_e' 更负时，就可能发生金属伴随形成合金的还原过程，金属相互作用的亲和力愈大，它们共同放电就愈容易。

碱金属离子在汞阴极上的还原就是一个典型的例子。如果按照析出纯态金属的电位关系来判断，负电性很大的碱金属似乎不可能在汞阴极上析出。但事实上由于这些金属对汞的亲和力很大，它们的还原电位显著地向正一方移动，故可在汞阴极上呈合金形态析出，在采用固体金属作阴极的电解过程中，也有类似情况发生，锌在铁族金属电解中在阴极上析出，就是一个实例。应该指出：上述原理无论对理论研究或生产实践都具有重要意义。

下面利用极化曲线讨论某些金属共同还原的问题。设溶液含 Me^{2+} 离子多，而含 Me_i^{2+}（杂质）离子少。金属 Me^{2+} 比杂质 Me_i^{2+} 更正电性（见图 4-5-15）。在阴极电位 ε 下，金属 Me_i^{2+} 在极限电流条件下还原，而 Me^{2+}（曲线 1）由于离子的浓度高，故离极限电流尚远。在此情况下，提高极化应该使金属 Me 的电流效率增大，因为 Me_i 离子的还原速度不可能更大地升高。如果金属 Me 在电化学动力学区还原，而 Me_i 在极限电流条件下还原，则增大溶液的流速可使金属 Me_i 极限电流提高（曲线 2 的位置向上移动），但不能改变金属 Me 的还原速度。这样会导致金属 Me 的电流效率降低。

对两种以上更多的阳离子共同还原的更为复杂的情况，也可用类似方法进行分析，这里不再讨论。从冶金原理的观点看来，讨论关于杂质金属在阴极沉积物中的含量问题具有重要的意义。

设第 i 种杂质在阴极沉积物中的含量（%）为 $x[Me_i]$。若考虑到 $D_{Me}>D_{Me_i}$，则 $x[Me_i]$ 可表示为：

$$x[Me_i] = \frac{100D_{Me_i}}{D_{Me}} = \frac{100D_{Me_i}}{\eta_{Me}D_K} \tag{4-5-100}$$

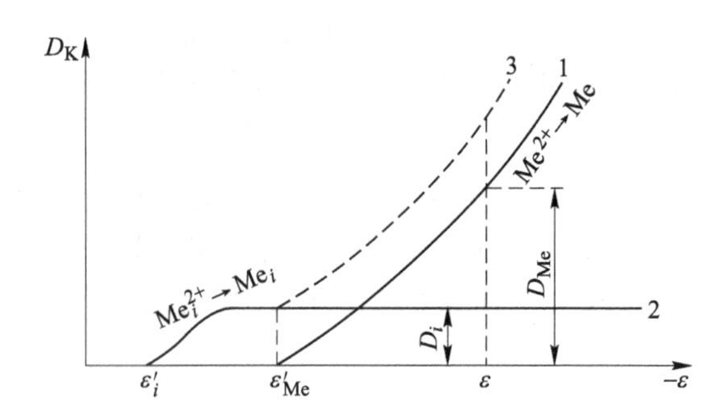

图 4-5-15 两种金属共同还原的极化曲线

为了便于讨论问题，可把共同放电的规律分成以下 4 个类型：

（1）杂质的析出取决于扩散阶段，而主要金属的析出取决于放电阶段；

（2）杂质和主要金属的析出均取决于扩散阶段；

（3）杂质和主要金属的析出均取决于放电阶段；

（4）杂质的析出取决于放电阶段，而主要金属的析出决定扩散阶段。

在第一种类型中杂质的析出取决于扩散阶段，也就是说第 i 种杂质的放电在极限电流密度下进行，从而 D_{Me_i} 可表示如下：

$$D_{Me_i} = D_{Me_i(c)} = zFc_i \frac{K_d}{\delta} = K_e c_i \tag{4-5-101}$$

式中 K_e——对流扩散速度常数；

c_i——第 i 种离子在溶液中的浓度。

将式（4-5-101）代入式（4-5-100）得到：

$$x[\mathrm{Me}_i] = \frac{100K_e c_i}{\eta_{Me} D_K} \tag{4-5-102}$$

从上式可以看出：

在遵循第一类共同放电规律的情况下，杂质在电解液中的浓度愈高，那么它在阴极沉积物中的含量愈大。所有提高对流扩散速度的因素，其中包括温度的提高和溶液循环速度的增大等因素，都会使主要金属含杂质更多。相反，提高阴极电流密度和电流效率则可提高金属的纯度。这些基本关系见图 4-5-16。

主要金属愈负电性和它放电的极化值愈大，则杂质在阴极电流下放电的机会便愈多。例如，在镍电解时，诸如铜、铅、镉、钴和锌等按各自电化学性质不相同的杂质，都是在极限电流下放电，只有在锰作为杂质在阴极上沉积的情况下，杂质的析出速度才取决于放电缓慢阶段。相反，在锡电解时，只有铜是在极限电流下析出。

从式（4-5-102）还可得出两条非常重要的结论。已经证实：几乎所有二价金属的对流扩散速度常数可认为是相等的。这样，既然式（4-5-102）中没有其他说明个别杂质本性的变量，所以应该指出各种在极限电流下放电的杂质进入金属的程度，在其他条件相同的情况下，对所有杂质来说都是一样的。此外，式（4-5-102）未含有取决于主要金属特性的变量，因此，主要金属的本性及其浓度对阴极沉积物的夹杂程度不应该发生影响。

在第二种类型中，应该指出，对 $x[\mathrm{Me}_i]$ 来说，其表达式与第一类放电规律相同，亦

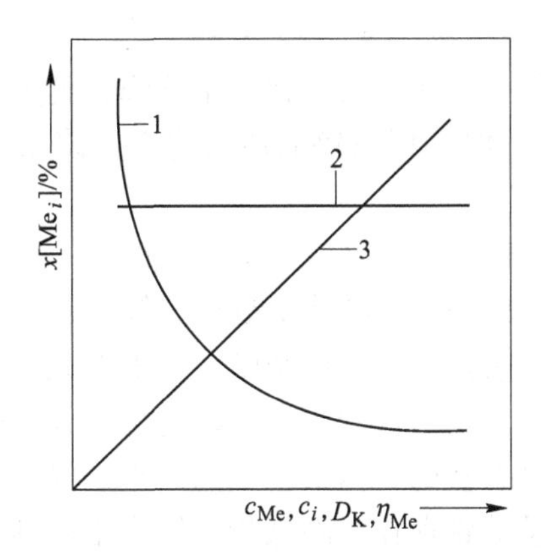

图 4-5-16 极限电流下放电的杂质在阴极沉积物中的含量与各种因素的基本关系示意图
1—$x[Me_i]=f(D_K, \eta_{Me})$；2—$x[Me_i]=f(c_{Me})$；3—$x[Me_i]=f(c_{Me_i})$

即式（4-5-102）对第二种情况也是正确的。

对遵循第三种类型放电规律的各种过程来说，推导方法类似，本书不做推导。

E 电解液中的杂质在电沉积过程中的行为

以锌的电沉积为例，在生产实践中，常常由于电解液含有某些杂质而严重影响析出锌的结晶状态、电沉积过程的电流效率和电锌的质量，杂质金属离子在阴极放电析出是影响锌电沉积过程的主要因素。

杂质金属离子能否在阴极上析出，取决于其平衡电位的大小、锌离子浓度和杂质离子浓度，因此，在生产中必须控制电解液中杂质含量在一定范围内。表 4-5-5 为某厂电解液成分。

表 4-5-5 某厂电解液成分实例

元素	质量浓度	元素	质量浓度
Zn	140~165 g/L	Co	≤2.0 mg/L
Cd	≤2.0 mg/L	Ni	<1.0 mg/L
Cu	≤0.3 mg/L	Ca	约 1 g/L
Fe	<10 mg/L	Mg	5~15 g/L
Mn	3.5~6 g/L	Na，K	17~20 g/L
As	<0.05 mg/L	Cl	<450 mg/L
Sb	<0.10 mg/L	F	<50 mg/L

a 比锌正电性的杂质的影响

电解液中常见的电位比锌更正的杂质有铁、镍、钴、铜、铅、镉、砷、锑等。铁存在于硫酸锌溶液中的亚铁离子在阳极被氧化：

$$Fe^{2+} - e = Fe^{3+} \tag{4-5-103}$$

使锌返溶，即

$$Zn + 2Fe^{3+} = Zn^{2+} + 2Fe^{2+} \tag{4-5-104}$$

三价铁离子在阴极发生还原反应：

$$Fe^{3+} + e = Fe^{2+} \tag{4-5-105}$$

这样还原、氧化反复进行，使阴板析出锌产量下降，无效消耗电能，致使电能消耗增加。当含铁量达 100 mg/L 以上时，析出锌的质量将有所降低。生产中要求电解液中含铁量小于 20 mg/L。

（1）钴。电解液中的钴离子对电积锌过程危害很大，能使析出的锌强烈地返溶（工厂称之为烧板）。钴引起的烧板特征是靠阴极铝板的锌片面（背面）腐蚀成独立小圆孔，严重时可烧穿成洞。由背面往表面烧，表面灰暗，背面有光泽，未烧穿处有黑边。电解液中的钴对电流效率有显著影响。当有锑共同存在时危害更大。降低电解液酸度，适当加入胶量，对抑制钴的危害作用是有益的，但最根本的措施是提高净化深度。当溶液中锑、锗和其他杂质含量较低时，适量的钴存在对降低析出锌含铅有利。在生产实践中，要求电解液含钴小于 2 mg/L。

（2）镍。镍在电沉积过程中的行为与钴相似，只是镍腐蚀锌板是葫芦瓢形孔洞，烧板是由表面往背面烧，当有锑、钴存在时危害更大。因此，除适当加添加剂（β-萘酚）外，努力降低溶液中锑和钴的含量可减轻镍的危害。一般要求电解液含镍小于 1 mg/L。

（3）铜。电解液中的铜在电沉积过程中与锌一道在阴极析出，影响锌的化学成分。严重时也会造成烧板，使锌返溶。与镍引起的烧板相同，也是由表面往背面烧。只是铜烧板是圆形透孔，孔的周边不规则。因此，电解液中铜的存在既影响锌的化学成分，又显著降低电流效率，当有钴、锑存在时危害更大。在电解操作中要高度注意，防止铜导电头上的硫酸铜结晶物掉入槽内。一般要求电解液含铜小于 0.5 mg/L。

（4）镉。电解液中镉离子的危害主要是它会在阴极析出，影响锌的化学成分。它不像铜、钴、镍等引起烧板，所以对电流效率影响不大。生产中一般要求电解液含镉小于 0.5 mg/L。

（5）铅。铅在硫酸溶液中溶解度很小，所以铅在电解液中含量甚微。它与镉的行为相似，在阴极上与锌一同放电析出，降低析出锌的化学成分，降低电解液温度。添加碳酸锶可降低析出锌含铅量。

（6）砷、锑。它们的行为很相似，都能在阴极上放电析出，并产生烧板现象。砷的危害性较锑小。它们都对电流效率有很大影响。锑引起烧板的特征是表面呈条沟状；砷烧板的特征是阴极表面呈粒状。砷、锑引起的烧板现象在工厂中时有发生。为消除这种现象，要求加强浸出过程水解除砷、锑的操作，严格控制新液中砷、锑含量不得超过 0.1 mg/L。降低电解液温度，适当加入胶量，可以减轻砷、锑的危害，改善锌的析出状况。

（7）锗。锗是有害的杂质，它使电流效率急剧下降。原因是锗在阴极析出，并造成阴极锌剧烈返溶（烧板）。由于锗离子在阴极析出后与氢原子生成氢化锗，氢化锗又与氢离子作用生成锗离子，因而造成电能无益的消耗与锗的氧化-还原反应。其反应过程可用下列反应式表示：

$$Ge^{4+} + 4e = Ge \tag{4-5-106}$$

$$Ge + 4H = GeH_4 \tag{4-5-107}$$

$$GeH_4 + 4H^+ = Ge^{4+} + 4H_2 \tag{4-5-108}$$

锗引起烧板的特征是由背面往表面烧，并形成黑色圆环。严重时形成大面积针状小孔。因此，电解液中锗的含量不宜超过 0.05 mg/L。

b 比锌负电性的杂质的影响

这些杂质有钾、钠、钙、镁、铝、锰等。由于这些杂质比锌更负电性，在电沉积时不在阴极析出。因此，对析出锌化学成分影响不大。但这类杂质富集后会逐渐增大电解液的黏度，使电解液的电阻增大，特别是镁。电解液中钙含量高时易形成硫酸钙和硫酸锌的共结晶，造成输送管道堵塞。锰离子的存在，除上述不良影响外，Mn^{7+}离子会使砷、锑危害更严重。但锰还起着有益的作用。如二氧化锰对铅阳极起保护作用，可吸附砷、锑、钴，减少它们的危害性。故现代电锌生产都要求电解液含一定量的锰离子，一般是3~5 g/L，也有一些工厂控制锰含量在12~14 g/L，个别的高达17 g/L。

c 阴离子的影响

锌电解液中常遇到的阴离子杂质有氟离子（F^-）和氯离子（Cl^-）。

（1）氟离子。电解液中的氟离子能腐蚀阴极铝板表面的氧化膜，使剥锌操作困难，造成阴极铝板的消耗增加。在生产实践中，如遇剥锌困难时，可向电解液中加适量的酒石酸锑钾（吐酒石），但严防过量，否则会发生烧板现象。生产要求电解液中含氟不超过50 mg/L。

（2）氯离子。电解液中的氯离子主要对铅阳极有腐蚀破坏作用，从而缩短阳极寿命，造成析出锌含铅升高，降低析出锌的化学纯度。因此，在生产中要求电解液含氯不超过200 mg/L。

综上所述，各种杂质在电解过程中的行为是很复杂的，对电流效率、电能消耗以及析出锌的质量有很大影响。因此，工厂都特别重视提高电解液的质量，研究深度净化的工艺和操作条件，以改善电积锌过程的各项技术经济指标。

4.5.2.2 阳极过程

无论是电解精炼过程还是电解沉积过程，都不可避免会联系到在各个电极上进行的阳极反应和阴极反应。因此，为了掌握电解过程，就必须对阴极反应和阳极反应特征的各种规律进行研究和了解。此外，阳极过程在生产实践中也很重要，比如硫化物（或其他半产品）阳极的电化学溶解以及溶液中某些离子的阳极氧化等。

在水溶液中可能发生的阳极反应，可分成以下几个基本类型：

（1）金属的溶解：

$$Me - ze = Me^{z+}(\text{在溶液中}) \tag{4-5-109}$$

（2）金属氧化物的形成：

$$Me + zH_2O - ze = Me(HO)_z + zH^+ = MeO_{\frac{z}{2}} + zH^+ + \frac{z}{2}H_2O \tag{4-5-110}$$

（3）氧的析出：

$$2H_2O - 4e = O_2 + 4H^+ \tag{4-5-111}$$

或者

$$4HO^- - 4e = O_2 + 2H_2O \tag{4-5-112}$$

（4）离子价升高：

$$Me^{2+} - ne \longrightarrow Me^{(z+n)+} \tag{4-5-113}$$

（5）阴离子的氧化：

$$2Cl^- - 2e \longrightarrow Cl_2 \tag{4-5-114}$$

$$S^{2-} - 2e \longrightarrow S \tag{4-5-115}$$

$$S^{2-} + 4H_2O - 8e \longrightarrow SO_4^{2-} + 8H^+ \tag{4-5-116}$$

下面将分别对有关各种阳极反应的基本原理进行分析和讨论。

A　金属的阳极溶解

金属转为离子状态的过程本身以终端速度进行，电位位移与电流密度的关系由式（4-5-28）表示：

$$\Delta\varepsilon_A = \varepsilon - \varepsilon_e = \frac{RT}{\beta zF}\ln\frac{D_A}{D_0}$$

由上式可以看出：阳极电位位移和阴极电位位移一样，与交换电流有关。交换电流大的金属，无论是阴极还原或是阳极氧化，所需极化都很小。作为例子，可举出银、铜、锌、镉、锡等。

交换电流小的金属在阴极还原和在阳极氧化时皆须加以强烈极化。属于这类情况的金属有铁、镍、钴、锰等。因此，金属按阳极极化（超电位）大小排列的顺序类似于金属按阴极超电位大小排列的顺序。

在阳极极化时，不能建立像发生在阴极过程那样的浓度极限电流。随着电流密度升高，被溶解金属的离子在阳极电解液层中的活度（浓度）应该连续地增大。金属盐浓度在阳极层中的增大，受到盐溶解度的限制。达到溶解度极限后，盐便开始在阳极表面上结晶（因为紧靠阳极的浓度为最大值），并且阳极表面迅速被一致密薄盐层覆盖着。

结晶状态的金属盐的电导极小，所形成的薄盐层将阳极与电解液隔离，阻止电流通过。图 4-5-17 所示曲线 1，可说明阳极受盐钝化时，极化曲线走向的情况。应该指出：这类阳极钝化是较为常见的，只要选取的阳极电流密度比较大。对许多金属来说，随着溶液中金属盐的浓度增大到某一数值以后，电导便显著降低。在这些情况下，阳极层中盐浓度的增大可导致盐的电阻，在溶液被盐饱和以前就显著升高，结果在极化曲线上出现独特的极限电流线段，如曲线 2 所示。

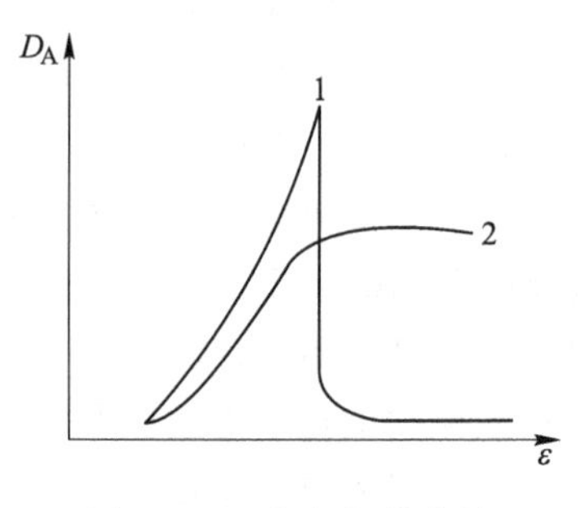

图 4-5-17　阳极极化曲线

B　合金的阳极溶解

为了查明各种含有杂质的金属在阳极上的行为，必须研究合金的电化学性质。在这里只讨论有关二元合金体系的问题。二元合金大致可分为 3 类：两种金属晶体形成机械混合物的合金，形成连续固溶体的合金，形成金属化合物的合金。在电解精炼实践中，照例要处理第一和第二类合金体系。

在第一类合金中，以形成共晶混合物的 Sn-Bi 二元系为例。图 4-5-18 所示为 Sn-Bi 合金的电位随其成分变化的关系曲线。从图中可以看出：含铋达 95%（原子数分数）的合金保持着锡的电位。在此情况下，锡的晶体看来未完全被铋屏蔽，从而保持了较负电性相（在这里指锡）的电位。铋含量进一步的提高便使得合金的电位向正的一方发生急剧的变化。

Sn-Bi 合金的阳极行为与它们在合金中的含量比值有关。为了说明这类合金阳极溶解

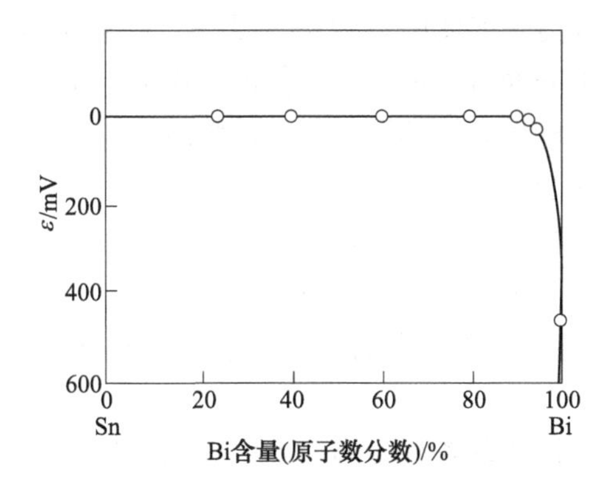

图 4-5-18 Sn-Bi 合金在 0.1 mol/L 的 HCl 溶液中的电位随组分含量变化的关系

的特点，可归结成以下两条：

（1）如果合金含较正电性相很少，则在阳极上进行较负电性金属的溶解过程。同时，较正电性金属形成阳极泥。如果这种泥能从阳极掉下或者是多孔质，则溶解可无阻地进行。

（2）如果经受溶解的阳极是含较负电性相很少的合金，则表面层中的较负电性金属便迅速溶解，表面变得充满着较正电性金属的晶体，阳极电位升高到开始两种金属溶解的数值，而且两种金属按合金成分成比例地转入溶液中。

对形成固溶体的合金（例如 Cu-Au 二元系）来说，其特征是每个合金成分具有它自己所固有的电位。这个电位介于形成合金的两种纯金属电位之间。较负电性金属的含量高时，固溶体的电位与这种金属在纯态时的电位差别甚小；随着较正电性组分含量的增大，固溶体就得到更正的电位。

在上述情况下，含较正电性金属占优势的合金（例如少量铜的 Cu-Au 合金）的阳极溶解过程很简单。相当于贵金属电位值的电位立即在阳极上建立起来。两种金属由于阳极氧化的结果，便将自己的离子转入溶液中。在有配位体（例如氯离子）存在的情况下，金的配合离子便在阴极上放电并析出金属，而铜离子则在电解液中积累。

如果合金含较负电性金属占优势，则其溶解机理较复杂，可用不同的模型进行解释。例如，有一种模型认为合金溶解的机理是在一个给定成分的合金所固有的电位下进行；同时两种组分按照合金成分比例地转入溶液。溶液中较正电性组分离子的浓度可按下列方程计算：

$$\varepsilon_a = \varepsilon_{PM}^{\ominus} + \frac{RT}{zF}\ln c_{PM} \qquad (4\text{-}5\text{-}117)$$

式中 ε_a——合金的阳极电位；

$\varepsilon_{PM}^{\ominus}$——贵金属的标准电位；

c_{PM}——贵金属离子的浓度。

溶解过程中形成的所有过剩量的较正电性离子，受阳极合金的接触取代作用，呈金属析出而成为阳极泥。在含金和银的铜及含铂族金属的镍进行电解精炼时，便有类似情况发生。通常，这些贵金属和铂族金属在粗金属中的含量有98%以上进入阳极泥，在生产中需要另外进行回收处理。

对 Ni-Cu 合金来说，这类固溶体的溶解机理认为，是较负电位的金属首先进行溶解。随着电解过程的进行，阳极表面含铜增多，电位就由镍的电位向铜的电位变化。在达到铜的电位时便开始铜的溶解。最后，镍和铜进行共同溶解。

C 不溶阳极及其电极过程

作为不溶性阳极通常可采用以下材料：

（1）具有电子导电和不被氧化的石墨（碳）；

（2）电位在电解条件下，位置在水的稳定状态图中氧线以上的各种金属，其中首先是铂；

（3）在电解条件下发生钝化的各种金属，如铅在硫酸盐溶液中，又如镍和铁在碱性溶液中。

在某些场合下，采用硅与铜、铁、镍以及铁与锰组成的合金作为不溶性阳极。作为不溶性阳极还可采用诸如熔化后的磁性氧化铁、氧化钌等氧化物。

下面分别讨论在不溶性阳极上进行的各种过程。首先讨论如反应式（4-5-110）所示的金属氧化物形成的过程，这对了解第 3 类不溶性阳极材料的特性来说具有重要的意义。

目前，在湿法冶金中，通常采用铅或铅合金作为电沉积过程的阳极。在此情况下，硫酸盐溶液的电沉积体系可用下列形式表示：

$$\mathrm{Me}\ominus\left|\begin{matrix}[\mathrm{Me}\cdot x\mathrm{H_2O}]^{2+} & [\mathrm{SO_4}\cdot x\mathrm{H_2O}]^{2-}\\ [\mathrm{H}\cdot\mathrm{H_2O}]^{+} & \mathrm{H_2O}[\mathrm{OH}\cdot\mathrm{H_2O}]^{-}\\ [\mathrm{Pb}\cdot x\mathrm{H_2O}]^{2+} & [\mathrm{Pb}\cdot x\mathrm{H_2O}]^{2+}\end{matrix}\right|\begin{matrix}\mathrm{PbO_2}\\ \oplus\,\mathrm{Pb}\end{matrix}$$

当铅在酸性硫酸铅盐溶液中发生阳极极化时，便可能进行下列阳极过程：

（1）金属铅按下列反应氧化成二价状态：

$$\mathrm{Pb} + \mathrm{SO_4^{2+}} - 2e = \mathrm{PbSO_4} \tag{4-5-118}$$

$$\varepsilon^{\ominus} = -0.356\ \mathrm{V} \tag{4-5-119}$$

（2）二价氧化成四价铅：

$$\mathrm{PbSO_4} + 2\mathrm{H_2O} - 2e = \mathrm{PbO_2} + \mathrm{H_2SO_4} + 2\mathrm{H^+} \tag{4-5-120}$$

$$\varepsilon^{\ominus} = +1.685\ \mathrm{V} \tag{4-5-121}$$

（3）金属铅直接氧化成四价状态，伴随形成二氧化铅：

$$\mathrm{Pb} + 2\mathrm{H_2O} - 4e = \mathrm{PbO_2} + 4\mathrm{H^+} \tag{4-5-122}$$

$$\varepsilon^{\ominus} = +0.655\ \mathrm{V} \tag{4-5-123}$$

（4）氧的析出：

$$4\mathrm{OH^-} - 4e = \mathrm{O_2} + 2\mathrm{H_2O} \tag{4-5-124}$$

$$\varepsilon^{\ominus} = +0.401\ \mathrm{V} \tag{4-5-125}$$

（5）SO_4^{2-} 放电，伴随形成过硫酸：

$$2\mathrm{SO_4^{2-}} - 2e = \mathrm{S_2O_8^{2-}} \tag{4-5-126}$$

$$\varepsilon^{\ominus} = +2.01\ \mathrm{V} \tag{4-5-127}$$

铅在硫酸溶液中阳极极化的行为，曾经过试验研究，如图 4-5-19 所示：当阳极电流密度 D_A=0.2 A/m²时，全部电流均用于铅溶解成二价离子。当 D_A增大到 0.2 A/m²以上时，

阳极电位 ε_A 急剧增大，同时硫酸铅转变为二氧化铅。当电流密度继续增大时，才有氧析出。因此，铅阳极在电流作用下的行为可表述如下：当电流通过时，铅便溶解，但由于硫酸铅的溶解度很小，故在阳极迅速出现电解液为硫酸铅过饱和现象，于是硫酸铅便开始在阳极表面上结晶。

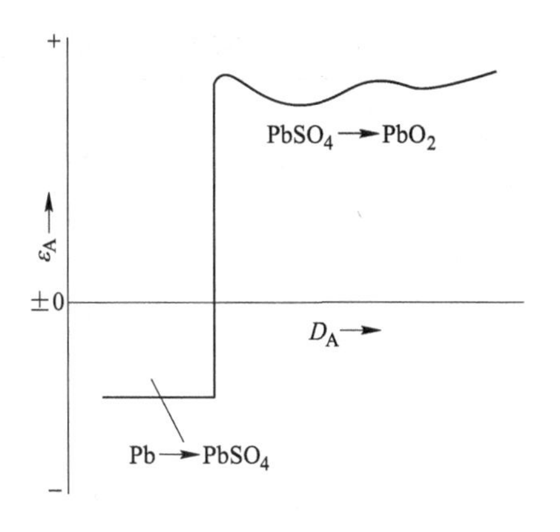

图 4-5-19　铅在电流密度增大时的阳极氧化

这样一来，与电解液相接触的金属铅的表面减小，就使得铅离子转入电解液增多，并且也使得有更多的硫酸铅在阳极上结晶，直到比电导很小的硫酸铅膜几乎覆盖整个阳极表面时为止，结果铅阳极上的实际电流密度增大，从而阳极电位便急剧地增大。

根据标准电极电位（还原电位）来判断，阳极上首先应该进行氢氧离子的放电，但因为氧的析出伴随着很大的超电位，故实际上首先是进行二价铅离子和铅本身的氧化作用，伴随生成四价铅的盐，此盐发生水解而生成二氧化铅。二氧化铅开始在由硫酸铅组成的阳极膜的孔隙中生成，然后硫酸铅逐步为二氧化铅膜所代替。最后，这个二氧化铅成为阳极基本过程，即成为氧析出过程的工作表面。由于二氧化铅膜的形成，电沉积时铅阳极被破坏的过程不会终止。

铅阳极由于二氧化铅膜的多孔性而受到破坏，经由这些孔隙，电解液可直接通向铅的表面。在这些孔隙中，进行着所有上述各种氧化和离子放电的过程。

在孔隙中发生和消失的二氧化铅及铅的其他化合物具有不相同的比体积（铅的比体积为 0.09 cm^3/g、硫酸铅的为 0.16 cm^3/g、二氧化铅的为 0.11 cm^3/g）。由于比体积的剧烈变化，致使二氧化铅膜变得松散，甚至可以脱离阳极，这在生产实践中也会发生。

根据以上分析，知道铅阳极的稳定性较差，从而要求寻找更稳定的阳极材料，其中包括铅基合金。许多冶金工作者曾进行了这方面的研究工作，认为含 1%（质量分数）银的铅银合金比较稳定。

铅和铅银合金的稳定度与电沉积的条件有关。例如，温度的升高会引起阳极被破坏的程度增大。随着溶液酸度的增大，也可能增大阳极被破坏的程度，因为在此情况下生成二氧化铅的水解反应的速度会降低。

下面讨论关于氧在铅和铅-银阳极上析出的问题。

很早以前，就已经知道：在阳极上，氧的析出是在比氧电极平衡电位更正得多的电位下发生。这个实际的电极电位与氧电极平衡电位之差，便是氧的超电位。氧的超电位在很多以工业规模进行的电解过程（其中也包括有色金属的电解沉积）中表现出来。但是，氧析出时的超电位现象的研究工作，现在还远远没有完成。研究氧的超电位现象最大的障碍是氧电极平衡电位的不可重现性，这样就阻碍了氧超电位的测定。所以，在很多情况下都是利用实测的阳极电位。

表 4-5-6 所列为利用已预先在 H_2SO_4 溶液中进行阳极极化，并已覆盖二氧化铅膜的铅和铅银合金阳极进行试验，测定出来的阳极电位数据。

表 4-5-6　铅和铅银合金阳极的电位与电流密度和温度的关系

电流密度 /A·m^{-2}	温度/℃					
	25	50	75	25	50	75
	铅阳极电位/V			铅-1%银合金阳极电位/V		
50	1.99	1.90	1.83	1.91	1.86	1.82
100	2.02	1.95	1.86	1.94	1.89	1.85
200	2.04	1.98	1.90	1.99	1.92	1.88
400	2.07	2.01	1.95	2.02	1.96	1.90
600	2.09	2.02	1.96	2.03	1.97	1.92
1000	2.12	2.05	1.98	2.05	2.00	1.94
2000	2.15	2.09	2.01	2.10	4.05	1.96
3000	2.18	2.12	2.03	2.15	2.09	1.96
4000	2.23	2.18	2.06	—	—	—
5000	2.27	2.20	2.09	2.19	2.17	1.99

从表 4-5-6 可以看出：铅和铅银合金在硫酸溶液中的阳极电位数值都相当高，这证明氧在覆盖着二氧化铅的阳极上的超电位很大。铅银合金阳极的电位稍低于铅阳极的电位（视条件而定，差值在 0.01~0.1 V 之间），这是由于氧在铅银合金阳极上更容易析出的缘故。

氧在阳极上通常认为是由于氢氧离子按下列反应放电：

$$4OH^- - 4e = O_2 + 2H_2O \tag{4-5-128}$$

该反应在含 5%（质量分数）H_2SO_4 的溶液中发生，当硫酸浓度增大到 13%~19% 时，阳极上便开始 SO_4^{2-} 的放电，并很可能有 $S_2O_8^{2-}$ 形成，如以下反应所示：

$$2SO_4^{2-} - 2e = S_2O_8^{2-} \tag{4-5-129}$$

关于文献上记载的，氧在各种阳极材料上析出的超电位数据，列举在表 4-5-7 中，以供参考和查用。

表 4-5-7　25 ℃下，氧在不同电极材料上的超电位与电流密度的关系

电流密度 /A·m^{-2}	超电位/V							
	石墨	Au	Cu	Ag	光铂 Pt	铂黑 Pt	光镍 Ni	海绵镍 Ni
10	0.525	0.673	0.442	0.580	0.721	0.398	0.535	0.414
50	0.705	0.927	0.546	0.674	0.800	0.480	0.461	0.511
100	0.896	0.963	0.580	0.729	0.850	0.521	0.519	0.563
200	0.963	0.996	0.605	0.813	0.920	0.561	—	—
500	—	1.064	0.637	0.912	1.160	0.605	0.670	0.653
1000	1.091	1.244	0.660	0.984	1.280	0.638	0.726	0.687
2000	1.142	—	0.687	1.038	1.340	—	0.775	0.714
5000	1.186	1.527	0.735	1.080	1.430	0.705	0.821	0.740
10000	1.240	1.630	0.793	1.131	1.490	0.766	0.853	0.762
15000	1.282	1.680	0.836	1.140	1.380	0.786	0.871	0.759

D　硫化物的阳极行为

研究硫化物的电化学行为，在硫化物阳极进行电解中有重要意义，就是在金属阳极进行电化溶解时也应加以考虑，因为其中经常含有某种数量的硫。

在硫化物阳极上（如果不考虑自动溶解反应），可以发生以下电化学反应：

（1）$4OH^- - 4e = O_2 + 2H_2O$，这反应同时发生金属的离子化和离子进入溶液以及析出元素硫。所形成的元素硫一部分呈阳极泥形态从阳极掉下，一部分呈壳状物留在阳极上。

（2）$4OH^- - 4e = O_2 + 2H_2O$，当这个反应在溶液中进行时，溶液的酸度会增高并有 SO_4^{2-} 积累，这个反应在有 1 mol 金属溶解时要消耗 4 倍的能量（8 个电子），如果反应以显著的速度进行，则体系的状况在很大程度上受到破坏，电解液的成分和酸度均发生变化。

（3）在硫化物阳极上也可能发生如式（4-5-111）、式（4-5-112）、式（4-5-113）、式（4-5-114）、式（4-5-115）和式（4-5-116）所示的氧和氯析出的过程，这两个反应浪费了能量，对生产毫无意义，而且还会使电解液成分发生变化，不过，它们实际上不会起很大的作用。

在实际条件下问题还要更加复杂，这是因为进行溶解的电极通常是一系列金属硫化物的固溶体，或者是由某些金属硫化物组成的多相体系。不同硫化物的溶解顺序由各自的电极电位决定。

硫化物通常是电子导体，这一点与金属相类似。但是，由于金属与硫的化学作用，硫化物电极上发生的过程、性质起了很大变化。其几乎不会在金属硫化物与金属离子溶液界面上建立平衡电位，因为在此情况下，金属转为离子状态与硫氧化成原子状态的过程，在某种程度上是共轭进行的。

金属硫化物在金属离子溶液中的电位虽然不是可逆的，但仍可通过试验测出，并称之为安定电位，亦即无电流通过，不随时间改变的电位。通常，也可测出硫化物的阳极极化曲线（见图 4-5-20）。

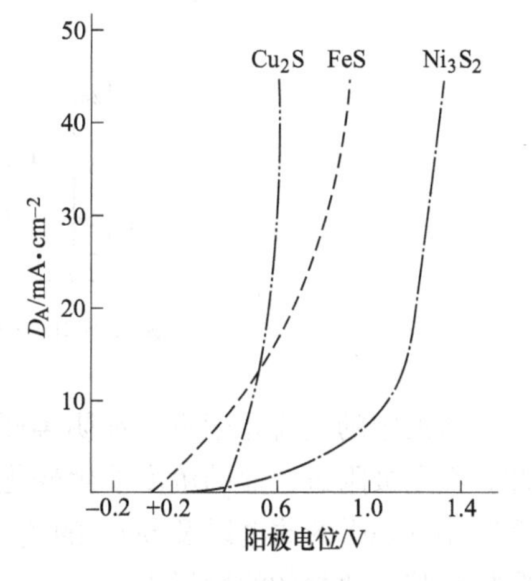

图 4-5-20　某些硫化物的阳极极化曲线

根据硫化物电极的阳极极化曲线，就有可能判断各个硫化物的溶解顺序。从图 4-5-20 所示的铜、铁、镍的硫化物阳极极化曲线可以看出：在多相硫化物进行溶解时，铜和铁的硫化物比镍的硫化物更早溶解。如果电极是多相的，那么就会有周期性溶解的现象发生。当电极表面存在可在较负电性电位下溶解的相，则在给定电流密度下将使这些相溶解。在它们消失之后，电位升高后较正电性的相开始溶解。当由于较正电性相的溶解再在电极表面上出现较负电性的晶体时，这些晶体又开始溶解，并且电位下降，如此周而复始。如果从阳极溶解的是两种硫化物组成的固溶体，则会出现类似于前面已讨论过的金属固溶体阳极溶解时发生的规律性。

4.5.3　电解过程

现以硫酸水溶液用两个铜电极进行的电解（见图 4-5-21）为例来分析电解过程。很明显，在未接上电源以前没有任何因素使平衡破坏，那么两个铜电极的平衡电位 ε_e 应该相同。在每个电极表面上建立起与平衡相适应的电位跳跃以及一定的交换电流，这种交换电流表示铜离子进入溶液的速度等于其逆向还原的速度。

当把电极接上电源以后，电极电位发生变化，并且在电路中有电流通过。电源的负极向其所连的阴极输入电子，使电极电位向负的方向移动；正极则从其所连的阳极抽走电子，使电极电位向正的方向移动。

电极电位相对平衡值的偏离引起电极过程的进行：在阴极上发生铜阳离子的还原，而在阳极上发生铜的氧化，也就是其阳离子转入溶液中。最小的电位位移就足以使这两个过程以一定的速度（取决于电极过程动力学方程）开始进行。与此同时，在由外电压产生的两电极之间的电场中，发生离子的运动，离子的运动也靠扩散发生。因此，在电解的情况下，电路分为两个部分：连接电源和电极（电子沿着其上移动）的金属导体（外电路）及有离子在里面运动的溶液导体（内电路）。在这两个电路接触的界面上，也就是在电极的表面上，进行着化学反应：在阴极上进行结合电子的还原反应，而在阳极上发生释放电子的氧化反应（见图 4-5-21）。

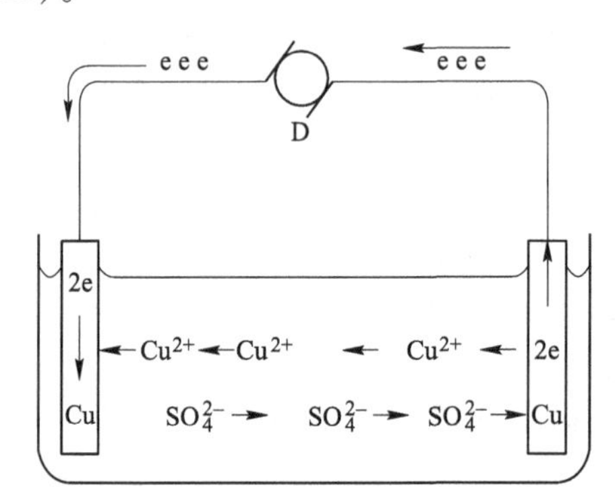

图 4-5-21　$CuSO_4$ 水溶液用两个铜电极的电解

溶液中的电流是阳离子和阴离子迁移，可在每个电极上只有一种离子参与反应。因此，在电极附近，盐的浓度发生变化。例如，对所讨论的例子来说，在阴极附近，盐的浓度减小（Cu^{2+}的放电以及 SO_4^{2-} 的离开）；在阳极附近，由于有 Cu^{2+}进入溶液以及 SO_4^{2-} 向阳极迁移，故盐的浓度增大。

上述硫酸铜溶液的电解，可用图 4-5-22 所示的极化曲线来说明。图中 *AK* 线为铜的极化曲线，ε_e 为给定浓度下铜在溶液中的平衡电位。当电解电路未接通以前，没有电流通过，并且两个电极的电位相同并都等于 ε_e。在电路接通以后（阴极电位取 ε_K 值，而阳极电位取 ε_A 值），在电极上开始有反应进行，其速度取决于阴极电流强度 I_K和阳极电流强度 I_A。显然，电流强度 I_K和 I_A应该相等，因为电极是串联的。因此，在所有情况下，阴极电流都应该等于阳极电流，也就是等于串联在电解电路中的电流计测出的电流强度。

在已建立的电解过程中，两个电极的电位虽然是不平衡的电位，但并不随时间而改变。电位由平衡值分别向阴极电位和向阳极电位方面的位移，在一般情况下是彼此不相等的；电位的位移与阴极极化曲线和阳极极化曲线的斜率有关，电位的位移总是保持着阳极电流强度和阴极电流强度相等。

因为考虑到阴极表面和阳极表面的大小一般可以不同，所以在本例中是讨论电位与电流强度的关系而不是讨论电位与电流密度的关系。但是，因为动力学方程表示的是电位与电流密度之间的关系，所以在表面小的电极上，电流密度将更大，从而此电极将发生更大的极化。

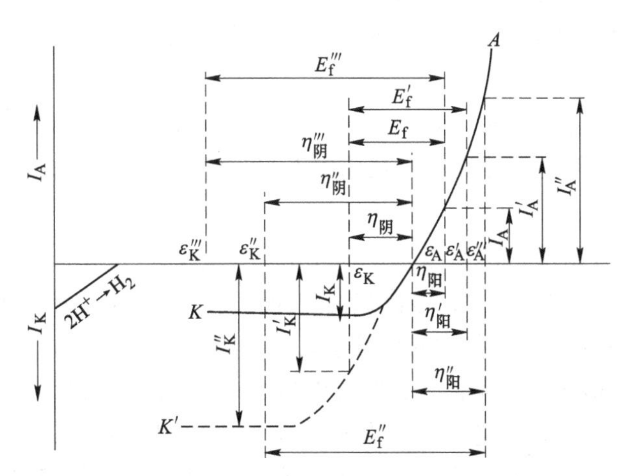

图 4-5-22　$CuSO_4$ 水溶液用两个铜电极在阴极极限电流的条件下进行电解的极化曲线

在图 4-5-22 中铜极化曲线的左边，表示了氢的极化曲线，此曲线在氢电极左边，在溶液给定 pH 值下氢电极的平衡电位比铜的 ε_e 更负；右边则绘出了 SO_4^{2-} 和 OH^-的阳极极化曲线，其平衡电位比铜的 ε_e 更正。从图 4-5-22 可以看出：在两电极之间的某种电位差下（这种电位差决定 $\eta_阴$ 和 $\eta_阳$ 的值并等于 $E_f=\varepsilon_A-\varepsilon_K$），唯一可能的阴极反应是铜的还原，而阳极反应则是铜的氧化，其他的电极反应（H^+的还原以及 OH^-或 SO_4^{2+} 的氧化）只有在更高的电极极化下才可能发生。如果已知溶液中所存在的各种离子的平衡电位及其相应的极化曲线，那么就有可能预见在给定的 $\eta_阴$ 和 $\eta_阳$ 值下电解产物是什么。

由外电源给予电极的电压 E_t，应比电位差（$\varepsilon_A-\varepsilon_K$）大过一个 E_0 值，这个 E_0 值为溶液中的欧姆电压降，与溶液本体及电极附近溶液层的比电阻、电池的形状以及与电极间的距离有关。因此 $E_t=(\varepsilon_A-\varepsilon_K)+E_\Omega=E_f+E_\Omega$。

阴极过程和阳极过程的动力学特征可以是不同的。例如，在一个电极上的过程可以在电化学动力学区进行，而在另一电极上可以在扩散动力学区进行。尤其可能的是，阴极会处在极限电流的条件下，这种情况可用图 4-5-23 来说明。

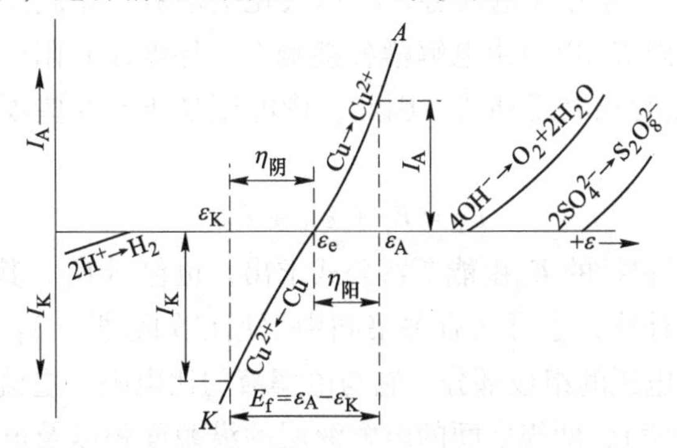

图 4-5-23　$CuSO_4$ 水溶液用两个铜电极电解的极化曲线

为了简化起见，设溶液中的欧姆电压降等于零，那么，在保证极限电流 I_K（阴极曲线）的某种溶液运动的条件下，电位 ε_K 和 ε_A 将取决于两极电位差。因为两极电流强度的相等性，以及电解稳定进行时 I_K 为常数，所以两极电位差由 E_f 增大到 E_f''' 值，只能使阴极电位移至 ε_K'''，I_K 不因此而发生变化。同时，阳极电位应保持恒定，因为阳极电流强度 I_A 不可能变化。

当两极有足够大的电位差时，阴极极化可以增大到这种程度，以致金属和氢开始一起还原。这将使得阴极上的总电流增大，从而应引起阳极电位向更正的一方移动，以保持阴极电流和阳极电流相等。

如果更强烈地搅拌溶液，那么极限电流增大，并且阴极极化曲线如虚线 K' 所示的走向。在阴极电位 ε_K 不变的情况下，电流强度增大到 I_K'，阳极电位相应地变为 ε_A' 值，而其位移增到 $\eta_{阳}'$，以便在阳极建立更大的且等于 I_K' 的电流强度 I_A'。为此，两极电位差须增大到 E_f'。因为在新的溶液运动的条件下，阴极电位 ε_K 已经不再与极限电流相适应，所以有可能靠提高外电压来使电流强度增大，直至阴极电流达到在电位 ε_K'' 的新的极限值 I_K'' 为止（新的电位位移为 $\eta_{阴}''$）。与此同时，阳极电位也变到 ε_A''，以使阳极电流强度增大到与 I_K'' 相等的 I_A'' 值，与这些条件相适应的两极电位差为 E_f''。

在所讨论的例子中，阳极上发生金属的氧化，也就是金属以离子转入到溶液中。然而，如果由于这种或那种原因致使阳极电位极化到足够高的正值，那么金属离子转入溶液就可能非常缓慢甚至完全停止。在这样的情况下，便开始 OH^- 离子的氧化，并且阳极转入钝化状态。当阳极发生钝化时，电流强度便降低，阴极电流强度从而减小。应该指出：阳极的钝化，对金属精炼的可溶性阳极电解过程常常造成困难，但是，在金属硫酸盐溶液以铅作不溶性阳极的电解过程中，由于阳极钝化而铅表面上形成的二氧化铅薄膜是有利的。

4.5.3.1　槽电压

对于一个电解槽来说，为使电解反应进行所必须外加的总电压，通常称之为槽电压。

阳极实际电位 ε_A 与阴极实际电位 ε_K 之差，即电解两极端点电位差或所谓电解电动势 E_f，是槽电压的一个组成部分，E_f 由两部分组成，即 $E_f = E_{ef} + E_\eta = (\varepsilon_{e(A)} - \varepsilon_{e(K)}) + (\eta_{阴} + \eta_{阳})$。$E_{ef}$ 是为了电解的进行而必须施加于电极上的最小外电压，也可称之为相应原电池的电动势。$E_\eta = \eta_{阴} + \eta_{阳}$ 这部分外加电动势，叫作极化电动势。除此以外，还有由电解液的内阻所引起的欧姆电压降 E_Ω 以及由电解槽各接触点、导电体和阳极泥等外阻所引起的电压降 E_R，也都需要附加的外电压补偿，因此，槽电压是所有这些项目的总和，并可用下式表示：

$$E_T = E_f + E_\Omega + E_R \tag{4-5-130}$$

式中，右边第一项 E_f 所包括的 E_{ef} 由能斯特公式求出，也包括 E_η，其可利用塔菲尔公式或通过交换电流数据进行计算，也可从有关书刊中引用已知数据。E_R 无论是在电解沉积还是在电解精炼中都是槽电压的组成部分。它与电解液的比电阻、电流密度或电流强度、阳极到阴极的距离（即极距）、两极之间的电解液层的纵截面积以及电解液的温度等因素皆有关系。现就以上有关问题分别讨论如下：

我们知道，在电解实践中，每个电解槽内的电极是按一块阳极一块阴极相间地排列着，而最后一块也是阳极，故阳极比阴极板多一块。但是，靠电解槽两边的两块阳极各只有一个表面起电极反应，从而，进行电极过程的阳极表面和阴极表面的数目是相等的。电解槽与电解槽是串联的，每个槽内的相同电极则是并联的，从而构成了一个所谓的复联电解体系。

4.5.3.2 电流效率

对一切电解反应来说，法拉第定律皆是正确的。但是，实际上，析出 1 mol 物质所需要通过电解液的电量往往大于 1 F(96500 C)，这并没有违背法拉第定律，而正说明阴极上不仅有金属析出，还有氢析出、阴极沉积物发生氧化和溶解、电解液中存在的杂质起作用以及电路上有漏电、短路等现象发生，致使通入的电量未能全部用于析出金属。于是，提出了关于有效利用电流亦即电流效率的问题。所谓电流效率，是指金属在阴极上沉积的实际量在与相同条件下按法拉第定律计算得出的理论量之比（以百分数表示）。

在大多数情况下，金属的电流效率为 90%~95%，只有在实验室条件下（库仑计）才能达到 100%。实际上，阴极电流效率与阳极电流率并不相同。这种差别对可溶性阳极电解有一定的意义。在此情况下，测出的阳极电流效率，是指金属从阳极上溶解的实际量与相同条件下按法拉第定律计算出应该从阳极上溶解的理论量或应该在阴极上沉积的理论量之比值（以百分数表示）而言。

一般来说，在可溶性阳极的电解过程中，阳极电流效率稍高于阴极电流效率，在此情况下电解液中被精炼金属的浓度逐渐增加，如在铜的电解精炼中就有此种现象发生。必须指出：在湿法冶金中，所谓电流效率通常是指阴极电流效率而言，因为阴极沉积物是主要的生产成品。因此，金属的电流效率按下式计算：

$$\eta(\%) = \frac{b}{qI\tau} \times 100 \tag{4-5-131}$$

式中 $\eta(\%)$——以百分数表示的电流效率；

b——阴极沉积物的质量，g；

I——电流强度，A；

τ——通电时间，h；

q——电化当量，g/(A·h)。

根据前节所作理论分析可见，为了提高电流效率，应尽可能控制或减少副反应的发生，防止漏电和短路。为此要加强对电解液的浓度和温度等技术条件的控制，使电解液中的有害杂质尽量除去，适当加入某些添加剂以保持良好的阴极表面状态以及选择适当的电流密度等，这都是值得注意的途径。

习 题

4-1 何为硫位、硫化物的离解压？请说明它们与硫化物稳定性的关系。

4-2 硫化物焙烧有哪几种类型，不同类型焙烧的目的是什么？

4-3 说明 Me-S-O 等温平衡图的作图方法及 Me-S-O 平衡图的作用。

4-4　说明硫化矿氧化富集造锍的目的和原理。

4-5　写出锍形成的化学反应方程式；说明铜锍吹炼过程两个周期的主要目的及化学反应；简要说明铜锍和镍锍的吹炼过程的不同点。

4-6　金属硫化物 MeS 为什么不能用 C、H_2、CO 还原剂直接还原为金属，试由 MeS 的吉布斯自由能图作简要说明。

4-7　已知反应：

$$2PbS(s) = 2Pb(s) + S_2 \qquad \Delta G^{\ominus} = 314469.44 - 160.04T \text{ J/mol}$$

求：1000 K 时 PbS 的离解压。

4-8　欲在 1000 K 使 Cu_2O 转化为 $CuSO_4$，对体系中的 SO_2 和 O_2 的分压有何要求？

已知：

$$2Cu(s) + \frac{1}{2}O_2 = Cu_2O(s) \qquad (1) \qquad \Delta G_1^{\ominus} = -168400 + 71.25T \text{ J/mol}$$

$$Cu(s) + \frac{1}{2}S_2(g) + 2O_2 = CuSO_4(s) \qquad (2) \qquad \Delta G_2^{\ominus} = -765762 + 369.87T \text{ J/mol}$$

$$S_2(g) + 2O_2 = 2SO_2 \qquad (3) \qquad \Delta G_3^{\ominus} = -723400 + 145.36T \text{ J/mol}$$

4-9　某黄铁矿中含有铜钴等有价金属，欲将铜钴分离，拟采用选择性硫酸化焙烧的方法，使之生成溶于水的硫酸钴和不溶于水的氧化铜。已知炉气中含 O_2 为 5%（体积分数），含 SO_2 为 4%（体积分数），计算焙烧炉的温度应控制范围（设总压为 10^5 Pa，凝聚相活度为 1）。

已知：

$$4CuO + 2SO_2 + O_2 = 2(CuO \cdot CuSO_4) \quad (1) \qquad \Delta G_1^{\ominus} = -623291 + 525.51T \text{ J/mol}$$

$$2CoO + 2SO_2 + O_2 = 2CoSO_4 \quad (2) \qquad \Delta G_2^{\ominus} = -719983 + 578.21T \text{ J/mol}$$

4-10　何为氯化冶金，有何特点？

4-11　说明金属氧化物加碳氯化的热力学原理。

4-12　工业上 HCl 氯化 MgO 生产 $MgCl_2$ 时，要防止 773 K 以上 $MgCl_2$ 重新被水解，试由热力学规律分析。

4-13　说明氯化钠做氯化剂的原理。

4-14　试由 $MeCl_2$ 的吉布斯自由能图分析 C、H_2 作还原剂还原金属氯化物制取金属的可能性。

4-15　利用氯化物标准生成自由能变化和温度的关系，可以得到哪些氯化冶金的热力学信息？

4-16　动力学研究中，得到了反应速度（v）与温度（T）的关系图线，试说明其意义，说明提高反应速度的措施。

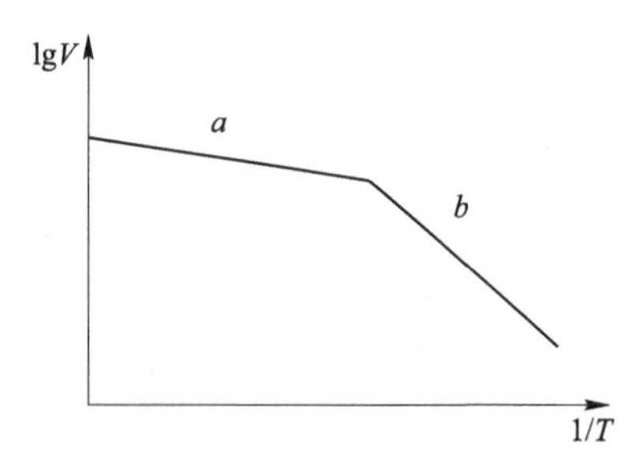

4-17　黄铁矿烧渣中的锌是以 ZnO 和 $2ZnO \cdot SiO_2$ 形态存在，欲在 500 K 用氯气氯化，使锌都转变成 $ZnCl_2$，试问炉气中氯氧比例关系至少为何值？计算结果说明什么？

已知：

$$2ZnO \cdot SiO_2(s) + 2Cl_2 = 2ZnCl_2(s) + SiO_2(s) + O_2 \qquad (1)$$

$$\Delta G_1^{\ominus} = -108242 - 49.78T\lg T + 264.85T \text{ J/mol}$$

$$2ZnO(s) + 2Cl_2 = 2ZnCl_2(s) + O_2 \quad (2)$$

$$\Delta G_2^\ominus = -144642 - 49.78T\lg T + 262T \text{ J/mol}$$

4-18　试判断1000 K时，在标准状态下的氯化氢和氯气的热力学氯化能力何者更强？它们热力学氯化能力相等时的温度为多少？

已知：　$H_2 + \frac{1}{2}O_2 = H_2O(g)$　　(1)　$\Delta G_1^\ominus = -247500 + 55.81T$ J/mol

$\frac{1}{2}H_2 + \frac{1}{2}Cl_2 = HCl(g)$　　(2)　$\Delta G_2^\ominus = -94100 - 6.40T$ J/mol

4-19　粗金属火法精炼的目的是什么？如何分类？

4-20　何为熔析精炼、区域精炼？两种精炼方法有何异同点？

4-21　简要说明氧化精炼和硫化精炼的基本原理。

4-22　蒸馏精炼的原理是什么？

4-23　A、B两金属的相图为一形成简单共晶的二元素，其共晶组成约在中点，能否用熔析法分离A、B？C、D两金属的相图为一具有局部固溶体的二元素，能否用区域精炼法分离C、D？

4-24　含有Fe、Ni、Ag、S等杂质的粗铜氧化精炼时，若采用鼓入空气于铜水中，把杂质氧化除去。试作ΔG-T图并判断哪些杂质能氧化？哪些杂质不能氧化？杂质氧化的顺序如何？

已知：$4[Cu] + O_2 = 2[Cu_2O]$　　(1)　$\Delta G_1^\ominus = -361498 + 163.76T$ J/mol

$2[Fe] + O_2 = 2(FeO)$　　(2)　$\Delta G_2^\ominus = -523853 + 212.88T$ J/mol

$2[Ni] + O_2 = 2(NiO)$　　(3)　$\Delta G_3^\ominus = -480072 + 280.50T$ J/mol

$4[Ag] + O_2 = 2(Ag_2O)$　　(4)　$\Delta G_4^\ominus = -101253 + 327.94T$ J/mol

$[S] + O_2 = SO_2$　　(5)　$\Delta G_5^\ominus = -257107 + 58.74T$ J/mol

4-25　在623 K的温度下进行粗铅加硫除铜，试问铅中铜可能降低到何种程度（质量分数）？623 K时，铜在铅液中的饱和浓度为0.3%（原子数分数），假设Cu_2S与PbS互不相溶。

已知：$4[Cu]_{Pb} + S_2(g) = 2Cu_2S(s)$　　(1)　$\Delta G_1^\ominus = -317566 + 101.04T$ J/mol

$2[Pb] + S_2(g) = 2[PbS]_{Pb}$　　(2)　$\Delta G_2^\ominus = -279742 + 134.93T$ J/mol

4-26　粗铅中含有少量锌，在663 K通入氯气，将锌氯化入渣，其反应为：

$[Zn]_{Pb} + (PbCl_2) = [Pb] + (ZnCl_2)$　　$\Delta G_{663}^\ominus = -60242$ J/mol

设渣仅由PbCl+$ZnCl_2$组成的理想溶液；Zn在Pb中呈无限稀溶液时，其活度为$a_{Zn} = 29x(Zn)$

计算当渣中$x(ZnCl_2) = 0.983$时与其平衡的铅液中的含Zn量。

4-27　粗铜中含镍为0.6%（质量分数），若在1473 K采用氧化精炼，计算除镍效率。$\gamma_{Ni}^0 = 2.8$，NiO为纯固相产物，Cu_2O在熔体中已达饱和。

已知：　$[Ni] + Cu_2O = 2Cu + (NiO)(s)$　　$\Delta G_{1473}^\ominus = -57740$ J/mol

4-28　画图并说明水的热力学稳定区。

4-29　湿法冶金包括哪几个过程，何为湿法冶金的浸出？

4-30　试述电位-pH图的结构和绘制方法要点。

4-31　何为离子沉淀？说明氢氧化物沉淀的规律。

4-32　何为置换沉积？对于金属从水溶液中的置换沉积，写出金属锌置换铜离子的反应式，推导平衡状态下铜离子与锌离子活度的比值与其标准电位的关系。

4-33　试根据图4-4-3 Cu-H_2O系在298 K下的ε-pH图，分析氧化矿中Cu、Cu_2O、CuO浸出铜的可能条件（并写出离子反应式）。

4-34　铀矿原生矿UO_2溶解时使用的氧化剂是什么？分别写出其电极反应和原电池反应，计算25 ℃时的平衡常数K，K数值的大小说明了什么问题。

4-35 求反应 $Ni(NH_3)^{2+} + 2e = Ni + NH_3$ 在 298 K 时的标准电极电位 $\varepsilon^{\ominus}$ 及 ε-pH 关系式。

已知：

物种	$Ni(NH_3)^{2+}$	e	Ni	NH_3
$\Delta G^{\ominus}_{f(298)}/J \cdot mol^{-1}$	-89115.02	0	0	-26610.24

4-36 已知 298 K 时，反应 $Fe^{3+} + Ag = Fe^{2+} + Ag^+$ 的平衡常数 $K=0.531$，$\varepsilon^{\ominus}_{Fe^{3+}/Fe^{2+}}=0.771$ V，求 $\varepsilon^{\ominus}_{Ag^+/Ag}$。

4-37 镍浸出液含 Ni^{2+} 为 7 g/L，含 Co^{3+} 为 2 g/L。试计算：(1) 在 298 K 开始沉淀的 pH 值；(2) 镍、钴水解分离的条件和限度；(3) 结果说明什么？(假设活度系数为 1)

已知：$K_{SP[Co(OH)_3]} = 8.76 \times 10^{-44}$，$K_{SP[Ni(OH)_2]} = 1.50 \times 10^{-16}$

4-38 在标准状态下，298 K 时，能否用氢气使金属镍从溶液中还原析出？若氢气的分压为 10^5Pa，镍离子（Ni^{2+}）的活度为 10^{-2}时，氢气能够使金属镍从溶液中还原析出，问溶液中 pH 值需要满足什么条件？已知：$\varepsilon^{\ominus}_{Ni^{2+}/Ni}=-0.241$ V。

4-39 在 293 K 时，向 500 g 水中加入过量的硼酸晶体，在一定的搅拌速度下进行，开始时 1 min 内可溶解 10 g。若硼酸的表面积认为一定，293 K 时硼酸的溶解度为 35.7 g/L。

试求：(1) 溶解速度常数；(2) 溶解 17 g 所需的时间；(3) 经 10 min 后，溶解了多少克硼酸晶体？

4-40 在铜精炼厂，1×10^6 A 的电流通过溶液。铜按下反应沉积在阴极上：

$Cu^{2+}+2e = Cu$，试计算在 24 h 内沉积多少铜？

4-41 溶液中含有活度均为 1 的 Zn^{2+} 和 Fe^{2+}。已知氢在铁上的超电位为 0.40 V。如果要使离子的析出次序为 Fe、H_2、Zn，问 25 ℃时溶液的 pH 值最大不超过多少？在此最大 pH 值溶液中氢开始放电时，Fe^{2+}浓度为多少？已知，$\gamma^0_{Fe^{2+}/Fe} = -0.44$ V，$\gamma^0_{Zn^{2+}/Zn} = -0.763$ V，Zn^{2+} 和 Fe^{2+} 活度系数假定为 1。

4-42 什么叫极化？试比较原电池和电解池中的极化作用，各有什么特点？

4-43 在某电解锌厂中，每一个电解槽每昼夜生产锌 250 kg，28 个电解槽串联成一个系列。通过此系列的电流为 9000 A，系列的电压降为 96 V。试求：(1) 金属锌沉积的电流效率；(2) 电能效率。已知锌的电沉积反应为：$Zn^{2+} + H_2O = Zn + 1/2O_2 + 2H^+$，在该厂生产条件下 $\Delta G=384.38$ kJ/mol。

4-44 阳离子同时放电的基本条件是什么？

4-45 何谓平衡交换电流密度，其大小与哪些因素有关？

4-46 画出一般的电化学反应的极化曲线，标注出平衡电极电位，交换电流，并说明平衡电位左右两侧的意义。

4-47 画出一般的电化学阴极极化曲线，定性地标注相关的动力学区域，解释阴极电流密度的意义。

4-48 (电解) 电流效率的定义是什么？电流效率一般不能达到 100%，其原因有哪些？

4-49 依据电化学反应的极化曲线，并回答：(1) 标注出平衡电极电位、交换电流，并解释其概念；(2) 实线、虚线的专业名称及其意义；(3) 电化学过程进行的条件。

5 稀土冶金过程应用案例

5.1 稀土金属及合金的制取

5.1.1 概述

稀土金属和合金的制取通常是以稀土化合物为原料利用熔盐电解法和金属热还原法等火法冶金工艺技术来实现的，该过程包括了化学冶金过程和物理冶金过程。其中混合稀土金属和低纯度的单一稀土金属一般用熔盐电解法来制取，而高纯度稀土金属则采用金属热还原法来制取。

在熔盐电解法制取稀土金属及合金方面，早在 1875 年，W. Hillebrand 和 T. Norton 首次对电解熔融氯化物制取稀土金属进行了研究；1940 年左右，奥地利 Treibacher 公司以 Fe 为阴极、碳素或石墨作阳极、$RECl_3$-NaCl 作熔盐，实现了电解稀土金属的工业化生产。在以稀土氧化物-氟化物作为熔盐电解方面，1902 年 W. Munthman 首先提出，关于稀土氧化物溶于熔融氟化盐作为电解稀土的熔体，1960 年后 E. Morrice 等做了大量工作。我国自从 1956 年开始也进行了大量的相关研究，并取得了一定成就。

稀土火法冶金技术的发展是缓慢的。到 20 世纪 40 年代末，英国的 Morrogh 和威廉斯开发了金属铈和铈合金用于熔炼球墨铸铁，从而开发了稀土金属在冶金领域的新用途，推动了稀土火法冶金技术的新一轮发展，随着稀土金属用途及应用研究领域的不断增加，所用稀土金属品种、纯度及数量不断增加，不断地促进了制备工艺的发展，从而逐渐使熔盐电解和金属热还原法成为制备稀土金属的主要工艺技术方法。到 20 世纪 80 年代后，随着稀土金属及合金在新型稀土功能材料应用领域的迅速增加和商品化，又一次推动了制备稀土金属熔盐电解和金属热还原工艺技术的发展，使稀土火法冶金制备稀土金属及合金工业化技术逐渐成熟。

5.1.2 熔盐电解法制取稀土金属及合金

5.1.2.1 稀土氯化物熔盐电解制取稀土金属

A 电解质的组成

a 电解质体系

为了使稀土氯化物熔盐电解制取的稀土金属达到较高的质量，其电解体系必须满足以下条件：

（1）为了便于金属与电解质的分离，在电解温度下，稀土金属的密度与电解质的密度应该相差较大。

（2）稀土氯化物可按不同比例溶解于盐的熔体中。

（3）在电解所需的温度下，电解质的流动性要好，这样电解质易均质化且阳极所产生的氯气易排出。

（4）在电解所需的温度下，电解质要有良好的导电性，这样其在熔融状态下电压降较小，电流效率得以提高。

（5）电解质各组元中阳离子半径应较小，以减少稀土金属在电解质中的溶解损失。

（6）电解质中其他盐的分解电压要高于稀土盐的分解电压，且至少相差 0.2 V，以保证稀土离子的优先析出。而碱金属与碱土金属氯化物的分解电压一般比稀土氯化物的分解电压高 0.2 V 以上，所以一般使用碱金属与碱土金属氯化物的电解质体系电解。

（7）在电解所需温度下，电解质组元的蒸气压要低，且不与石墨阳极和阴极材料发生反应，并力求它们能形成堆积密度大，稳定性好的络合体。

有关电解质体系，前人做了很多相关工作，对选择电解质体系起了很大的作用，例如 $CeCl_3$-KCl、$CeCl_3$-NaCl、$LaCl_3$-KCl、$LaCl_3$-NaCl、YCl_3-KCl、YCl_3-NaCl、$CeCl_3$-KCl-NaCl-$CaCl_2$-$BaCl_2$ 体系的熔度研究等。稀土氯化物与氯化钾在熔融状态时，会形成稳定络合物，而稀土氯化物与氯化钠在熔融状态时，即使形成络合物，其稳定性也很差。因此，在工业生产中，稀土氯化物电解时，常采用氯化钾作熔剂。

b　稀土氯化物熔盐相图

稀土氯化物熔盐电解质的基本体系为 $RECl_3$-KCl 二元系，有时添加或原料带入部分其他碱金属或碱土金属氯化物，构成多元电解质。

如图 5-1-1 所示为 $CeCl_3$-KCl 二元系相图，它形成了熔点分别为 623 ℃和 628 ℃的两个稳定络合物 K_2CeCl_5 和 K_3CeCl_6。

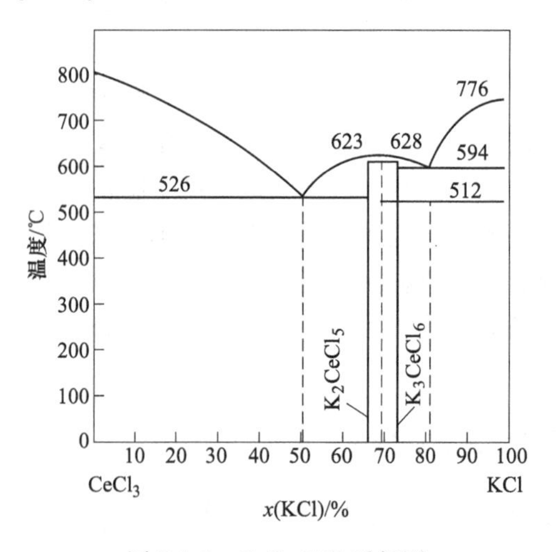

图 5-1-1　$CeCl_3$-KCl 系相图

研究表明，$RECl_3$-KCl 和 $RECl_3$-KCl-NaCl 混合熔盐体系的低共晶点和包晶点最高为 690 ℃（$SmCl_3$-KCl 和 YbCl-KCl 除外），大多在 500 ℃左右，说明体系熔化温度较低，有利于降低电解温度。在电解温度下，电解质 KCl 的分解电压比 $RECl_3$ 的分解电压高 0.3～0.4 V 以上，达到了至少相差 0.2 V 的要求，这样就避免了 K^+ 与 RE^{3+} 同时析出；同时，由于 K^+ 离子半径小于 RE^{3+}，且体系中存在络合离子，所以可减少稀土金属的溶解损失，表明 KCl 适合作电解质来制备熔点较低的稀土金属和稀土有色合金。这就从相图的角度说明了稀土氯化物电解时，可采用氯化钾作熔剂。

$Nd\text{-}NdCl_3$ 体系相图如图 5-1-2 所示，由图可知，钕与氯化钕在较低温度下即可相互作用生成 $NdCl_2$、$NdCl_{2.27}$、$NdCl_{2.37}$等低价化合物，在 900 ℃时钕在其二元熔盐中的含量就可高达 31%（摩尔分数）。$Sm\text{-}SmCl_3$ 体系亦有类似情况。

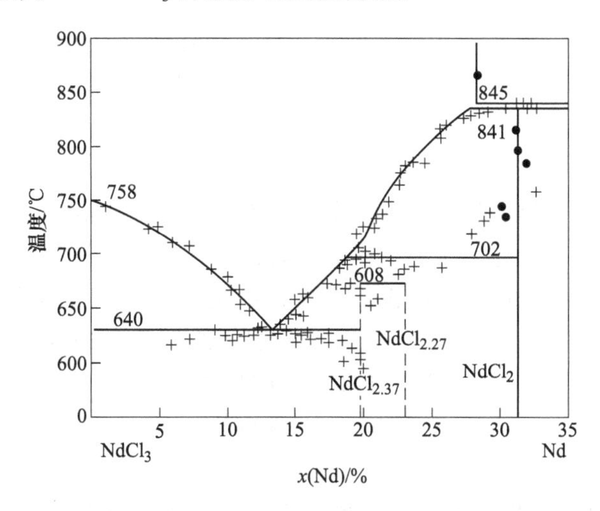

图 5-1-2　$Nd\text{-}NdCl_3$ 体系相图

如表 5-1-1 所示，单一轻稀土金属在其氯化物熔盐中的溶解度随原子序数增加而增大，电解时电流效率则随原子序数的增加而降低。这是由于钕和钐的原子半径较小，较易进入熔盐的空洞。所以在稀土氯化物熔盐电解过程中被溶解、氧化，而损失的钕比镧快且多，这会使其电流效率相对更低。

研究表明，向熔融盐中添加析出电位更低的阳离子盐类，可使稀土金属的溶解度降低。例如，在 $La\text{-}LaCl_3$ 体系中添加 KCl 越多，镧的损失越小。因为 K^+的原子价与原子半径比较小，而 La^{3+}的原子价与原子半径比较大，在熔融盐中前者可以取代后者而使 La 原子析出。此外，KCl 与 $LaCl_3$ 或 $CeCl_3$ 能形成堆积密度大的化合物，使 $RE\text{-}RECl_3$ 熔盐中的空洞和缝隙减少；KCl 的加入还强化了 La—Cl 键；这些都有利于降低稀土金属在其自身氯化物熔盐中的溶解度。研究表明，加入 NaCl 也有类似作用，但效果不及 KCl。

表 5-1-1　轻稀土金属在其熔融氯化物中的溶解度和电流效率

金属	熔盐	温度/℃	溶解度（摩尔分数）/%	电流效率/%	电解 1 h 后含水不溶物/%
La	$LaCl_3$	1000	12	80	5.6
Ce	$CeCl_3$	900	9	77	6.8
Pr	$PrCl_3$	927	22	60	
Nd	$NdCl_3$	900	31	<50	11.8
Sm	$SmCl_3$	>860	33.3		
Mg	$MgCl_2$	800	0.2~0.3	>80	
Li	LiCl	640	0.5±0.2		

B 电极过程

工业生产中常采用稀土氯化物与碱金属氯化物的混合熔盐作为熔体，在电解过程中，氯化稀土和碱金属氯化物的化合物被离解成自由运动的阴阳离子，其反应式如下：

$$RECl_3 \rightleftharpoons RE^{3+} + 3Cl^- \quad (5\text{-}1\text{-}1)$$

$$KCl \rightleftharpoons K^+ + Cl^- \quad (5\text{-}1\text{-}2)$$

在直流电场作用下，阳离子 RE^{3+}、K^+朝阴极方向移动，而阴离子 Cl^-则朝阳极方向移动。电解的结果，阴阳离子在阳极和阴极放电后，在阴极上析出稀土金属，在阳极上析出氯气。

a 阴极过程

阴极一般是用不与熔体和熔融的稀土金属作用的钼棒或钨棒做材料。在实际的电解过程中，整个阴极过程要比上述情况复杂得多，其过程可大致分为如下阶段：

(1) 在比稀土金属平衡电位更正的区间，即阴极电位相对于氯参比电极为-1.0~-2.6 V，阴极电流密度为 10^{-4}~10^{-2} A/cm^2，电位更正的阳离子会在阴极上析出。例如：

$$2H^+ + 2e \longrightarrow H_2 \quad (5\text{-}1\text{-}3)$$

$$Fe^{3+} + e \longrightarrow Fe^{2+} \quad (5\text{-}1\text{-}4)$$

$$Fe^{2+} + 2e \longrightarrow Fe \quad (5\text{-}1\text{-}5)$$

在这个电位区间，有些稀土离子，特别是 Sm^{3+}、Eu^{3+}等变价离子发生不完全放电反应：

$$RE^{3+} + 3e \longrightarrow RE \quad (5\text{-}1\text{-}6)$$

所以对电解质要求尽量减少较稀土金属电位更正的组分和变价元素。

(2) 在接近稀土金属平衡电位的区间，即阴极电位在-3.0 V 左右，阴极电流密度在每平方厘米 0.1 至几安培的范围内（视电解质中的 $RECl_3$ 含量、温度而定），稀土离子直接还原为金属：

$$RE^{3+} + 3e \longrightarrow RE \quad (5\text{-}1\text{-}7)$$

试验表明，稀土金属的析出是在接近于它的平衡电位下进行的，并没有明显的过电位。

同时，析出的稀土金属有一部分又会溶于氯化稀土的熔盐中，发生反应：

$$RE + 2RECl_3 = 3RECl_2 \quad (5\text{-}1\text{-}8)$$

或者又与碱金属氯化物发生置换反应，其反应式为：

$$RE + 3MeCl = RECl_3 + 3Me \quad (5\text{-}1\text{-}9)$$

电解温度越高，这些反应进行得越剧烈，因此，电解温度不宜过高，一般电解温度应该高于金属的熔点 50~100 ℃。此外，还应从电解质组成、电解工艺、槽型等方面限制或减少稀土金属的溶解和二次反应。

有资料指出，在上述两个电位区间还伴随着碱金属离子还原为低价离子的反应：

$$2Me^+ + e = Me_2^+ \quad (5\text{-}1\text{-}10)$$

而碱金属低价离子又可将三价稀土离子还原为稀土微粒，使其分散或溶解于电解质中，从而造成了稀土的损失。

(3) 比稀土金属平衡电位为负的区间，即阴极电位在-3.3~-3.5 V 左右，发生碱金属离子的还原，其反应式为：

$$Me^{+} + e \longrightarrow Me \tag{5-1-11}$$

这一反应是在以下条件下进行的：当阴极附近的稀土离子含量逐渐降低，电流密度处于它的极限扩散电流密度时，阴极极化电位迅速上升，达到了碱金属离子的析出电位而使其析出。为了避免这个过程，电解质中氯化稀土的含量不能过低，阴极电位和电流密度要控制在稀土金属的析出范围内。

b 阳极过程

在稀土氯化物熔盐电解体系中，一般用石墨作阳极，在石墨阳极上进行氧化反应，主要过程是：

$$Cl^{-} \longrightarrow [Cl] + e \tag{5-1-12}$$

$$2[Cl] \longrightarrow Cl_2 \tag{5-1-13}$$

在测定阳极极化曲线时，发现氯的析出电位偏离平衡电位，有人认为这是原子氯结合为分子这一缓慢过程所引起的极化超电位所致。

在工业生产过程中，当阳极电流密度超过临界值（大致为1.5~2.5 A/cm^2）时，电流会明显下降，槽电压和阳极电位会突然升高，甚至产生电火花，这就是熔盐电化学中所熟知的阳极效应。它产生的原因是氯气与阳极材料作用生成一层电阻远远大于石墨的氯碳化合物和气膜，它们可导致电解质不能很好地润湿石墨阳极，此时就失去了正常电化学反应所需的电极-熔盐之间的边界层。

如果在电解质中存在放电电位比 Cl^- 负的阴离子，它们将比 Cl^- 优先或与 Cl^- 同时析出。如表5-1-2所示为一些常见的阴离子的阳极电位，由表可见，电位比 Cl^- 负的阴离子的存在对稀土氯化物电解不利。因此在电解生产过程中，要求电解质尽可能纯净，在电解原料和电解质中这些阴离子含量尽量减少。

表5-1-2 几种常见阴离子在700 ℃时的电极反应

阴离子	电极反应	电极电位/V	阴离子	电极反应	电极电位/V
F^-	$2F^- = F_2 + 2e$	+3.51	S^{2-}	$S^{2-} = S + 2e$	+2.69
Cl^-	$2Cl^- = Cl_2 + 2e$	+3.39	NO_3^-	$2NO_3^- = N_2O_5 + O + 2e$	+2.59
SO_4^{2-}	$SO_4^{2-} = SO_3 + O + 2e$	+3.19	I^-	$2I^- = I_2 + 2e$	+2.42
Br^-	$2Br^- = Br_2 + 2e$	+2.98	OH^-	$2OH^- = H_2O + O + 2e$	+2.29

注：取700 ℃氯离子的放电电位为+3.39 V（相对钠电极）。

C 工艺及设备

稀土氯化物熔盐电解广泛应用于生产混合轻稀土金属、富镧（少铈）混合金属及镧、铈、镨单一稀土金属和稀土合金。

在原料的应用上，生产轻稀土混合金属及单一稀土金属所用原料，我国南方1000 A石墨槽多采用以脱水的氯化稀土（脱水料）为原料，北方石墨槽多采用结晶氯化稀土为原料；但所有陶瓷槽，无论是3000 A还是10000 A都用脱水料。

在电解质体系的应用上，熔盐多采用 $RECl_3$-KCl 二元系，也有用 $RECl_3$-KCl-NaCl 三元系的。

稀土氯化物熔盐电解制取混合稀土金属和单一稀土金属的基本流程如图5-1-3所示。

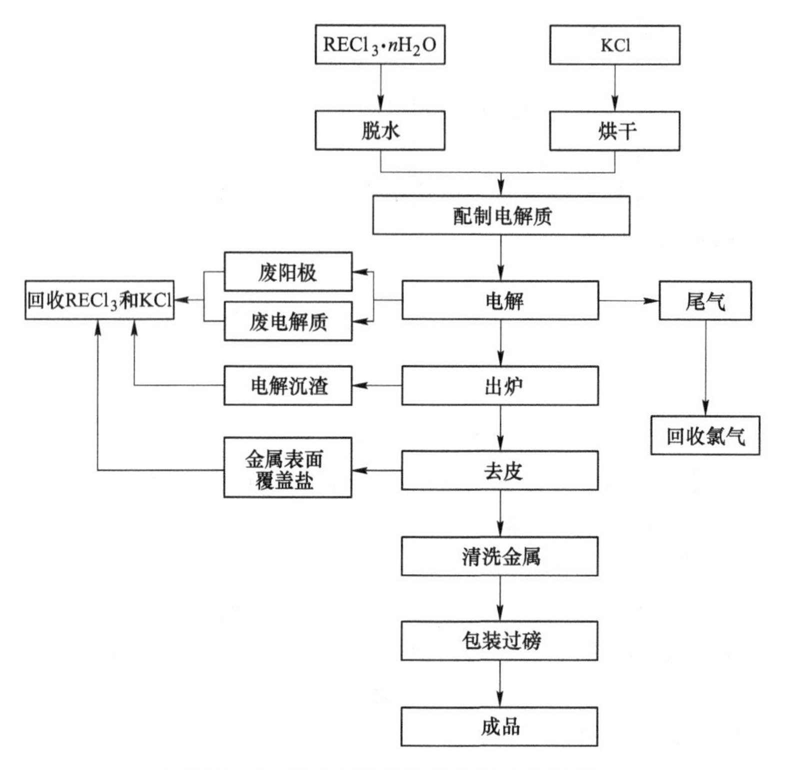

图 5-1-3 稀土氯化物熔盐电解工艺流程

制取混合稀土金属的电解槽如图 5-1-4 所示。

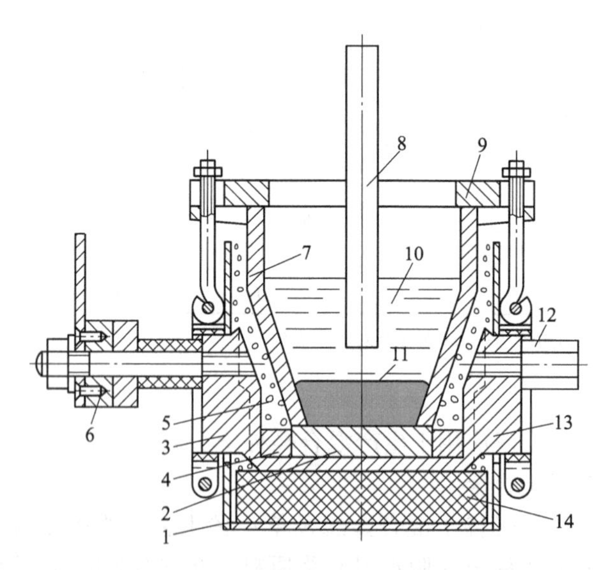

图 5-1-4 制取工业纯铈和铈组稀土合金（混合金属）的电解槽

1—钢壳体；2—石墨阴极；3—铸铁壳体；4—石墨填料；5—细的熟耐火黏土填料；6—向阴极引入电流的导板；7—石墨坩埚；8—石墨阳极；9—铸铁环；10—熔融电解质；11—熔融金属；12—电解槽转动轴颈；13—铸铁坩埚；14—黏土砖砌的底座

由图 5-1-4 可知，电解槽的主要结构为石墨坩埚和石墨阳极。石墨坩埚放置于石墨底板上，两者一并放在铸铁壳体内，电流通向铸铁壳体。铸铁壳体与石墨坩埚的石墨底板之间用石墨和沥青填充，使之相互接触。外壳与石墨坩埚的间隙用细碎的熟耐火黏土填满，槽底用黏土砖砌成。槽中间装有可升降的石墨阳极。

熔融电解过程为：通过熔融物的电流产生热量使槽内维持熔融状态。随着电解的进行，应周期性地向电解质中加入稀土氯化物，使熔体中的稀土氯化物的量维持在 50%～60%（质量分数），最低不应低于 25%，其电解过程要一直持续至坩埚装满为止。同时，还要注意在电解时必须使用稀土氧氯化物含量极少的无水稀土氯化物，这是由于稀土氧氯化物在电解过程中不分解，且易使部分稀土金属在阴极析出，从而使其浮在槽表面而被氧化。落在阳极上的金属粉会氧化并生成能溶于熔融物中的稀土氯化物，从而使电流效率下降。

直接电解所制得的混合稀土金属或铈组稀土金属含 94%～99%的稀土金属及碳、钙、铝等杂质，以及 1%的硅和 1%～2.5%的铁及其他杂质。若用钼、钽电极，用纯氧化镁或纯氧化铍作坩埚内衬，并在惰性气氛下进行电解，可以提高混合稀土金属或铈组稀土金属的纯度。

稀土氯化物熔盐电解法的尾气处理主要是氯气的回收，氯气的回收通常有两种办法：一是把氯气通入灼热的铁屑中生成三氯化铁，二是通入 NaOH 和石灰水中，回收次氯酸钠和漂白粉。其在鼓泡反应器中的反应为：

$$2NaOH + Cl_2 = NaCl + NaClO + H_2O \tag{5-1-14}$$

稀土氯化物熔盐电解法制取稀土金属的突出优点是组成电解质的熔盐体系比氟化物熔盐体系的温度低，从而可使电解槽操作温度降低，并且其腐蚀性也比氟化物的低，这些特点都有利于降低操作条件、提高产物的纯度，显著降低生产成本。该法缺点为稀土氯化物易潮解、水解，所以加入电解槽之前要进行真空脱水，而且稀土氯化物的蒸汽压较低，熔体易挥发。

5.1.2.2 稀土氧化物熔盐电解制取稀土金属

A 电解质的组成

a 电解质体系

稀土氧化物熔盐电解质体系中，对电解质的基本要求是熔点低、导电性好，在电解高温下稳定，组分中的阳离子不能与稀土同时析出。就目前来说，只有碱金属和碱氟化物具有这些性质，而比较常用的电解质体系是 REF_3-LiF，加入 LiF 的目的是提高熔体的电导性。因为稀土氟化物的熔点较高（1140～1515 ℃），其溶解氧化物后的导电性也较弱，只有 Ca、Sr、Li、Ba 的氟化物分解压较高，并大于 $RECl_3$；而钾、钠氟化物的分解电压与稀土氟化物接近，不宜选作电解质组分，同时 CaF_2 的熔点较高、SrF_2 价格较高，所以只有 LiF 和 BaF_2 比较适合作添加剂，加入 BaF_2 可减少 LiF 的用量，同时可降低熔点、抑制 LiF 的挥发、稳定电解质。LiF 的缺点是沸点较低、蒸汽压高、与稀土金属作用强，由于 LiF 的蒸汽压大，在长期电解过程中必须加以补充。一些常见电解质成分和固液相线温度列于表 5-1-3。

表 5-1-3 电解质起始成分和固液相线温度

起始成分（质量分数）/%	固体相线温度/℃	起始成分（质量分数）/%	固体相线温度/℃
35Li-65CeF_3	745	37LiF-73SmF_3	690
32LiF-68PrF_3	733	15LiF-85YF_3	825
35LiF-65LaF_3	787	27LiF-73GdF_3	625
37LiF-33NdF_3	721	11LiF-89DyF_3	701
20LiF-35BaF_2-45(Pr,Nd)F_3	715	60LaF_3-327LiF-13BaF_3	750

b　稀土氟化物熔盐相图

稀土氟化物熔盐相图可以对选择电解质起到参考作用。电解质的选择应考虑前述对电解质的要求，对于氧化物电解来说，一般选择稀土氟化物为电解质的重要组分，这主要是考虑氧化物在氟化物熔盐中的溶解度较大，而在氯化物体系中溶解度很小。如前所述，稀土氟化物熔点高，因此需加入低熔点氟化物（如 LiF、BaF_2）作为助熔剂。目前常用的电解质体系为 LiF-REF_3，如图 5-1-5 所示，加入 LiF 能使稀土氟化物体系的熔点降低，从而使导电性增加。

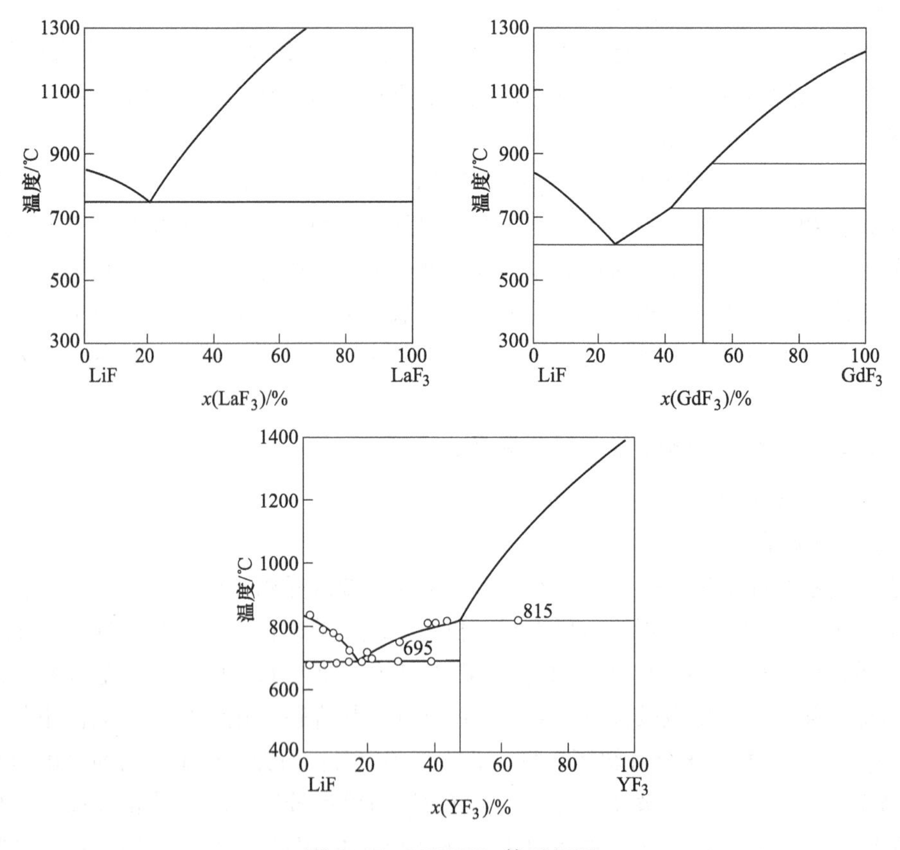

图 5-1-5　LiF-REF_3 体系相图

某些含 REF_3 的二元和三元熔盐的初晶温度和组成关系列于表 5-1-4。由表 5-1-4 可以看出，这些二元和三元熔盐的初晶温度都在 700 ℃以上，比氯化物体系的相应温度高约

200 ℃。显然，这些熔盐适用于电解制备熔点较高的稀土金属及合金。

表 5-1-4　电解质成分和液相线温度

熔盐组成（质量分数）/%	初晶温度/℃	熔盐组成（质量分数）/%	初晶温度/℃
$35Li\text{-}65CeF_3$	745	$27LiF\text{-}73SmF_3$	690
$32LiF\text{-}68PrF_3$	733	$15LiF\text{-}85YF_3$	825
$35LiF\text{-}65LaF_3$	768	$27LiF\text{-}73GdF_3$	625
$37LiF\text{-}63NdF_3$	721	$11LiF\text{-}89DyF_3$	701
$20LiF\text{-}35BaF_2\text{-}45(PrNd)F_3$	715	$60LaF_3\text{-}27LiF\text{-}13BaF_3$	750
$34.5LiF\text{-}65.5RE(Ce)F_3$	735	$25LiF\text{-}75RE(Y)F_3$	678

B　电极过程

加入电解槽中的稀土氧化物在熔体中是呈离子状态存在的，除具有变价的稀土元素外，其他的稀土离子均呈三价。以具有 Ce^{3+} 和 Ce^{4+} 的铈离子为代表，它们在氟化物中的溶解反应可能存在以下 3 种形式：

（1）简单的离解：

$$Ce_2O_3 \rightleftharpoons 2Ce^{3+} + 3O^{2-} \tag{5-1-15}$$

$$CeO_2 \rightleftharpoons Ce^{4+} + 2O^{2-} \tag{5-1-16}$$

（2）有碳存在条件下，与碳发生化学反应：

$$2CeO_2 + C \rightleftharpoons 2Ce^{3+} + 3O^{2-} + CO\uparrow \tag{5-1-17}$$

（3）CeO_2 与熔体中同名离子盐发生化学反应：

$$CeO_2 + 3CeF_4 \longrightarrow 4CeF_3 + O_2\uparrow \tag{5-1-18}$$

这个反应能促进 CeO_2 进入电解质内，有利于弥补氧化铈在氟化物熔盐中溶解度低和溶解速度慢的缺陷。

稀土氧化物在熔体中离解后生成的稀土阳离子和氧阴离子，在电场的作用下，分别向阴极和阳极迁移，在两极表面放电，发生阴极过程和阳极过程。

a　阴极过程

稀土氧化物在熔融电解质中离解出的三价正离子，在电场作用下向阴极移动，按下式进行反应：

$$RE^{3+} + 3e \longrightarrow RE \tag{5-1-19}$$

通过此反应，在阴极上有金属析出。在轻稀土金属中，由于钐是变价离子，在一般电解情况下，它在阴极上可能不是以金属形态析出，而是被还原成低价离子：

$$Sm^{3+} + e \longrightarrow Sm^{2+} \tag{5-1-20}$$

b　阳极过程

稀土氧化物电解采用石墨作阳极。可能发生的反应有一次电化学与二次化学反应。

（1）一次电化学反应

$$O^{2-} - 2e = \frac{1}{2}O_2 \tag{5-1-21}$$

$$\frac{1}{2}O_2 + C = CO \tag{5-1-22}$$

$$2O^{2-} + C - 4e = CO_2\uparrow \tag{5-1-23}$$

$$2O^{2-} - 4e = O_2\uparrow \tag{5-1-24}$$

这4个反应可能同时发生。在电解温度低于857 ℃或高电流密度条件下，阳极上的主要产物是CO_2，但在较高（900 ℃以上）温度下，则会使生成CO的反应在热力学上占优势，而在实际电解操作中条件多变，所以石墨阳极上析出的一次气体可能是以CO和CO_2为主要组成的混合物。

（2）二次化学反应。阳极生成的一次气体逸出熔融电解质界面时，熔体上灼热的气体与石墨阳极相互作用，发生以下反应：

$$CO_2 + C = 2CO\uparrow \tag{5-1-25}$$

$$O_2 + C = CO_2\uparrow \tag{5-1-26}$$

$$O_2 + 2C = 2CO\uparrow \tag{5-1-27}$$

当温度高于1010 ℃时，反应式（5-1-25）及反应式（5-1-26）得到充分发展，其平衡成分相当于99.5%CO。阳极上产生的气体除与石墨阳极发生反应外，还可能在熔体内与溶解在电解质中的金属发生下列反应：

$$RE + \frac{3}{2}CO_2 = \frac{1}{2}RE_2O_3 + \frac{3}{2}CO\uparrow \tag{5-1-28}$$

$$RE + \frac{3}{2}CO = \frac{1}{2}RE_2O_3 + \frac{3}{2}C \tag{5-1-29}$$

上述这两个反应都会使阴极产生的金属重新被氧化。

由阴极和阳极反应式，稀土氧化物熔盐电解体系的总反应为：

$$RE_2O_3 + \frac{3}{2}C = 2RE + \frac{3}{2}CO_2\uparrow \tag{5-1-30}$$

C　工艺及设备

电解过程中的温度控制应略高于金属熔点，在浓度控制上加入到熔融体中的稀土氧化物的浓度应略低于有限的稀土氧化物的溶解度，以免过剩的稀土氧化物污染稀土金属产品。同时减少了与析出的稀土金属发生逆反应的可能性。

在电流的控制上，稀土氧化物-氟化物熔盐电解可采用较大的阴极电流密度（一般为5~8 A/cm^2）。同时应小心控制电解温度和加料速度，并将阳极电流密度限制在0.5 A/cm^2以下，这是由于电解质中稀土氧化物的溶解有限，易发生阳极效应。

该法是以石墨坩埚为电解槽，阴极选用钼或钨，在电解槽材料的选择及热能供应方式上，由于电解法制取钆以后的高熔点稀土金属须在1350~1700 ℃的温度条件下进行，如用石墨坩埚作电解槽，外部用铝矾土和高铝砖砌成，用石墨阳极和钨阴极，所需热量由两支石墨阳极通以交流电供给，所供给的能量约占总能量消耗的四分之三。析出的稀土金属留在槽底部，槽底部的温度与稀土金属回收率和纯度有关。为了减少稀土金属与电解质发生逆反应和受到污染，槽底温度须低于稀土金属熔点约500 ℃ ，可通过石墨坩埚底下的空气冷却蛇形管来控制槽底温度。

稀土氧化物熔盐电解中由于稀土氧化物在电介质中的溶解度有限，其主要反应在阳极处进行。因此，速度控制步骤是阳极上的反应，所以加料速度应与阳极逸出一氧化碳（部分为二氧化碳）的速度相同。其简单的电解槽结构如图5-1-6和图5-1-7所示。

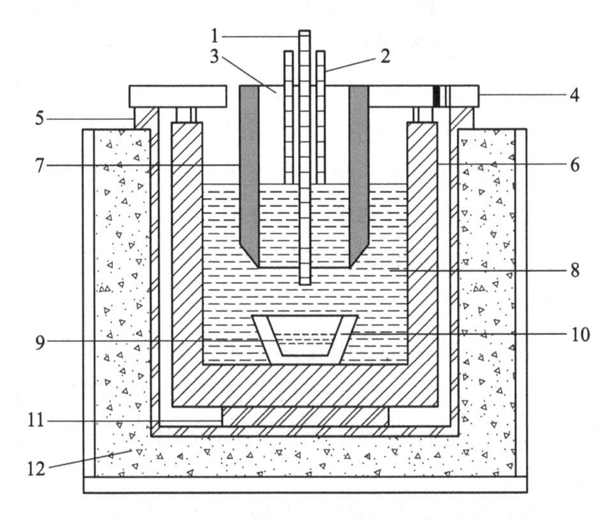

图5-1-6 3000 A氧化钕电解槽结构示意图

1—钨（钼）阴极；2—保护管；3—加料口；4—阳极导线；5—绝缘体；6—石墨坩埚；7—石墨阳极；8—电解质；9—金属钕；10—钼坩埚；11—坩埚底座；12—保温层

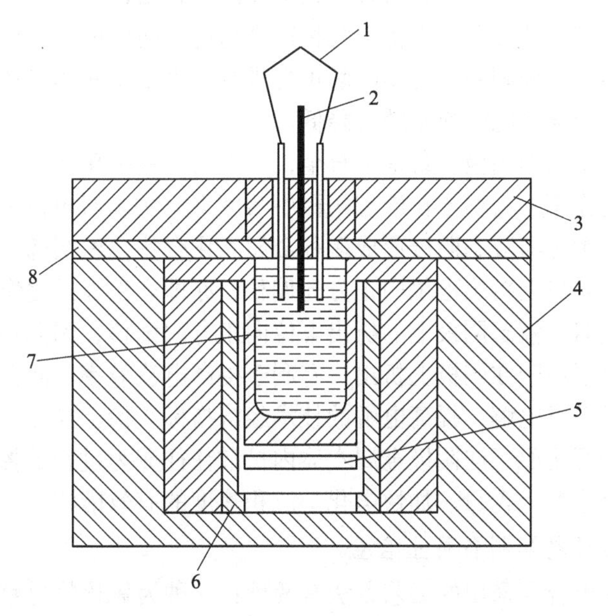

图5-1-7 高温电解槽

1—石墨阳极；2—钨阴极；3—炉盖；4—莫来石砌体；5—铜冷却器；6—刚玉槽壁；7—石墨坩埚；8—石墨盖面

与金属热还原法相比，熔盐电解法具有合金不偏析，产品质量好、易于大规模生产的优点，并可用来生产稀土铝系列合金、稀土镁合金等多种稀土合金。其缺点为 RE_2O_3 在电解质中的溶解度小，只适用于熔点1100 ℃以下的混合稀土和轻稀土。

5.1.2.3 熔盐电解制取稀土合金

熔盐电解法是制取稀土合金普遍采用的方法，在国内外已有许多研究报道。采用此方法能制取多种稀土合金，如稀土铝系列合金、稀土镁合金、锌基稀土合金、镍基稀土合金，钕铁、镝铁合金等。其电解的分类可以从两方面来进行，根据熔盐体系和所电解的原料分类，其主要工艺研究方法包括氯化物熔盐体系氯化物电解法、氟化物熔盐体系氧化物电解法和氟化物熔盐体系氟化物电解法；根据阴极上的电化学行为不同可以分为电解共析法制取稀土合金及以合金组元为阴极电解稀土合金，后者由于阴极状态的不同又可分为液态阴极电解制取稀土合金和自耗阴极电解制取稀土合金。

A 液态阴极电解制取稀土合金

熔盐电解法制取稀土合金是工业上采用较多的工艺方法，其主要优点是采用该方法易实现连续、大规模工业化生产，产品具有合金成分偏析较少、产品质量较好、制造成本较低等优点。液态阴极电解制取稀土合金的主要工艺是利用低熔点的非稀土液态金属作为电解过程的阴极制备含稀土的合金。

熔盐电解制取稀土合金的阳极过程与熔盐电解法制取稀土金属完全相同，而阴极过程则有所不同。以合金组元为阴极进行电解，在直流电场作用下，电解质中的稀土离子 RE^{3+} 向阴极迁移、扩散，并在阴极上进行电化学还原，其速度都很快。在阴极上析出的稀土金属与阴极组元进行合金化，生成低熔点合金或金属间化合物，整个过程的控制步骤是稀土向阴极本体扩散这个较慢的环节。当稀土沉积速度超过它向体内扩散的速度时，阴极表面便形成富稀土的高熔点合金硬壳，妨碍电解正常进行，来不及向阴极体内扩散的稀土有时从阴极上游离出来，合金的电流效率随之降低。

利用非稀土液态金属作阴极制备稀土合金，具有明显去极化作用。在液态阴极上形成的稀土合金的去极化作用，与稀土在液态阴极中活度低有关。对电沉积的合金样品进行 X 射线衍射分析表明，稀土与液态阴极形成多种金属间化合物，说明稀土与液态阴极的合金化作用是稀土在液态阴极上析出电位向正方向偏移，亦即产生去极化作用的重要原因。

由于稀土在非同名的液态阴极上的析出电位向正方向偏移，因此用液态阴极电解熔融稀土氯化物，稀土离子易于在阴极上析出，有利于提高电流效率、降低槽电压、降低电能消耗，并可在较低温度下电解，提高电解的技术经济指标。稀土在非同名液态阴极上形成合金时，由于沉积的稀土原子向阴极金属本体内扩散往往成为过程的控制步骤，因此搅拌液态阴极是提高合金中稀土含量、加快电化学沉积速度的有效措施。

B 自耗固态阴极电解制备稀土合金

熔盐电解制备稀土合金采用的工艺方法有两种：一种为氧化物电解，另一种为氯化物电解。氯化物电解工艺中所用的氯化物熔盐在高温下挥发损失严重。钕在氯化钕中的溶解度很高，且阳极产物对环境污染严重。而氧化物电解工艺具有流程短、电流效率和金属直收率高、阳极产物对环境基本无污染等优点，而且适于制备较高熔点的稀土金属及合金。为此，以稀土氧化物为电解原料、氟化物为电解质的氧化物电解工艺已成为工业生产的主要方法。

以合金组元作为阴极，当阴极金属的熔点过高时，就不能用液态阴极进行电解。在此情况下，若稀土与阴极形成合金的熔点较低，可采用可溶性固态自耗阴极电解。如铁、钴、镍、铜、铬、锰等都可作阴极。固态自耗阴极电解稀土合金，存在稀土离子在固态阴极上获得电子生成稀土金属以及稀土金属向固态阴极金属扩散形成低熔点合金、并凝聚成合金球两个过程。电解温度应低于阴极金属熔点而高于生成的合金熔点。通过采用高电流密度、缩小阴极面积可提高阴极区温度，达到如下要求：（1）使析出的金属立即与阴极合金化；（2）阴极表面温度高于合金熔点，可加速稀土金属与阴极金属合金化的速度。

在氯化物熔盐中用铁自耗阴极电解制备钕铁合金时，第一个还原峰在-2.84 V，反应为：

$$Nd^{3+} + 3e + 2Fe = Fe_2Nd \tag{5-1-31}$$

在700 ℃下$NdCl_3$浓度为2.51%（摩尔分数）的熔盐中，$E_{Nd^{3+}/Nd}$的计算值为-2.94 V，可知第二个还原峰的反应为：

$$Nd^{3+} + 3e = Nd \tag{5-1-32}$$

5.1.3 金属热还原法制取稀土金属及合金

5.1.3.1 金属热还原的化学热力学原理

化学热力学可以解决一个化学反应在热力学上能否进行，以及进行的方向和限度问题，所以针对金属热还原反应来说，通过化学热力学能够判断此热还原反应能否发生、发生反应需具备的条件以及如何提高反应程度。

在恒温、恒压条件下，化学反应的状态函数是：

$$\Delta G = \Delta H - T\Delta S \tag{5-1-33}$$

式中 ΔG——化学反应自由能变化值；

ΔH——化学反应热焓变化值；

ΔS——化学反应熵变化值；

T——热力学温度。

当$\Delta G<0$时，体系处于自发过程，反应能够发生；当$\Delta G>0$时，体系处于非自发过程，反应向相反方向进行；$\Delta G=0$时，体系处于动态平衡，即正、逆方向的反应速度相等。

稀土氧化的生成自由能负值很大，是稳定的化合物。因此一般将其卤族化合物作为制备单一稀土金属的原料。金属还原稀土卤族化合物的化学反应方程式可用下式表示：

$$REX_n + M \rightleftharpoons RE + MX_n \tag{5-1-34}$$

式中 REX_n——被还原的稀土卤族化合物；

MX_n——还原剂金属卤族化合物；

M——金属还原剂。

在一定温度下，该反应取决于稀土金属卤化物的化学亲和力，其定量的函数值就是生成该化合物的自由能变化值，其负值越大亲和力越大。因此，在一定温度下，如果金属卤化物的生成自由能负值远大于被还原金属卤化物的自由能负值，该金属就可以作为还原剂。金属钙的卤化物的生成自由能负值远大于稀土金属卤化物的自由能负值，因此经常用金属钙作为还原剂从稀土卤化物中还原稀土金属。

利用热力学计算不仅能判断化学反应的方向，还能确定反应进行的程度。在给定的条件下，通过化学反应的平衡常数K可判断反应进行的程度，K值可通过试验测定，也可利用标准自由能与反应平衡常数的函数关系求出。标准自由能与反应平衡常数之间的关系为：

$$\Delta G^{\ominus} = -RT\ln K \tag{5-1-35}$$

化学反应平衡常数与温度的关系可用范特霍夫方程式表示如下：

$$\mathrm{d}\ln K/\mathrm{d}t = \Delta H^{\ominus}/(RT^2)$$

在一般火法冶金温度范围内，反应热焓（$\Delta H^{\ominus}$）值很小，可视为常数，则方程式 $\mathrm{d}\ln K/\mathrm{d}t = \Delta H^{\ominus}/(RT^2)$ 积分后为

$$\lg K = -\Delta H^{\ominus}/4.575 + A$$

式中 A——积分常数。

从上式可以看出，当化学反应的 $\Delta H^{\ominus}>0$，即反应为吸热反应时，提高温度会增大反应平衡常数，使反应向右进行，有利于提高反应速度；当化学反应的 $\Delta H^{\ominus}<0$，反应为放热反应（多数金属热还原为放热反应）时，提高温度则会减小反应平衡常数。所以要根据反应热力学来确定操作条件。在合成（制备）中，用热力学数据可以估算新产物的生成自由能，进而判断是否能用一定的制备技术来达到制备这些新物质的目的，或是用来判断这些新物质在操作条件下是否易分解。

以上是从化学热力学上进行分析反应进行的程度及如何提高反应的平衡常数。但是，实际冶炼过程中选择的工艺条件不仅要使 K 值尽量大，还要求反应速率快、生产效率高、消耗少、操作简便等，这就要求在化学动力学上是可行的，即反应的速率要能达到工业化的要求。

金属热还原法按所用原料的类型可分为氟化物金属热还原法、氯化物金属热还原法和氧化物金属热还原法。在金属热还原中，选择金属还原剂是十分重要的，除了考虑化学热力学的可能性，还需兼顾到还原工艺及设备条件的现实性。目前生产上采用的还原剂有钙、镁、铝、锂和轻稀土金属。其中钙常用于氟化物的还原，锂用于氯化物的还原，轻稀土金属则用于氧化物的还原，有时为了提高还原效率，往往同时采用两种金属（如钙和锂，钙和镁等）作还原剂。金属热还原法制备稀土金属可分别在氟化物体系、氯化物体系和氧化物体系中进行。

5.1.3.2 钙热还原稀土氟化物

一般用稀土卤化物作真空钙热还原制备稀土金属的原料，目前比较常用的是稀土氟化物，制备金属的化学反应通式如下：

$$2REF_3 + 3Ca = 3CaF_2 + 2RE \tag{5-1-36}$$

式中 REF_3——被还原稀土金属的氟化物；

RE——稀土金属；

Ca——还原剂金属钙；

CaF_2——还原产物氟化钙。

根据化学热力学可以判断上述反应能否进行以及进行的程度，同时可以确定反应温度条件、参与该反应的反应物（包括还原剂）和产物的物理化学性质以及过程所处的环境是否合适，比如物质的熔点、沸点、蒸气压、标准生成焓和标准生成自由能等。

该法的冶炼设备为真空感应炉，同时由于稀土金属和氟化物都有化学腐蚀性，因此在坩埚材料的选择上必须选用耐腐蚀性及耐高温性能好的钽、铌或钼、钨坩埚。反应应该用

惰性气体（氩气）保护，在密闭的不锈钢制的反应器中进行。将预先经蒸馏净化的比理论量过量 10%~15%的纯金属钙与无水稀土氟化物混合均匀，放入反应器的钽坩埚中压实，然后放入真空感应炉中抽真空脱气，缓慢用感应电炉加热，在深脱气后充入净化氩气，继续升温。反应开始的温度依所制取的稀土金属而异，大约加热至 800~1000 ℃时，反应材料本身温度突然升高，表明反应已开始，然后将温度升至所需温度并保持 10~15 min，此步骤是使渣和稀土金属均熔化，可使稀土金属锭与渣很好分离。

制取镧、铈、镨、钕、钆、铽、镝等金属的反应温度一般为 1450~1750 ℃。制取熔点更高的稀土金属时，温度以高于该金属熔点 50 ℃左右为宜。达到预定温度后，保持十几分钟以使反应完全，并使稀土金属与渣充分离析。冷却后剥去上层脆性渣，脱去钽坩埚，获得稀土金属锭。稀土金属纯度约 97%~99%（质量分数），其中主要杂质为钙，其含量约 0.1%~2%（质量分数），可用真空蒸馏法除去。

还原温度和还原时间应适宜，否则都会降低金属的回收率。还原剂的用量一般只过量 10%~15%，过量太多会在降低钙的利用率的同时污染稀土金属产品、增加能量消耗。

此法制取的稀土金属中杂质钽的含量较高。由于钽溶于稀土金属中，但不与稀土金属生成金属间化合物，因此，不会改变稀土金属性质。

稀土氟化物的钙热还原法制取稀土金属具有反应速度快、金属回收率高的优点，而且采用该法制得的高熔点致密稀土金属（如钇、钆、铽、钬、铒等）还有以下优点：（1）氟化钙与热还原产物稀土金属的熔点相近，而氟化钙的蒸气压低，此特点会使反应过程进行得平稳，氟化钙流动性好，便于金属凝聚和分离；（2）稀土氟化物不易水解，且还原过程易于操作；（3）此过程使用的金属钙还原剂易于提纯且货源稳定；（4）此反应的反应速度快，金属回收率高。但此法制得的稀土金属纯度不高（一般含有 Ca、F、O、Ta 等杂质，其中钙含量约 1%左右），需经处理以除去杂质，纯化金属。

5.1.3.3 钙/锂还原稀土氯化物

稀土氯化物（由稀土精矿经氯化法分解直接得到无水稀土氯化物）热还原过程常用钙和锂作还原剂。其还原反应式为：

$$2RECl_3(l) + 3Ca\downarrow \xrightarrow{850\sim1100\ ℃} 2RE(l) + 3CaCl_2(l) \tag{5-1-37}$$

$$RECl_3(l) + 3Li(g)\downarrow \xrightarrow{850\sim1000\ ℃} RE(l) + 3LiCl(g) \tag{5-1-38}$$

由于参加还原反应的氯化物较相应的氟化物的熔点低 400~600 ℃，这就减少了杂质污染，同时也简化了设备，可采用价格较低的钛或钼坩埚，稀土金属回收率也较高（95%~98%）。用钙热还原铈组稀土氯化物制取镧、铈、镨、钕是很有效的，与熔盐电解法相比，它具有稀土回收率高、杂质少的优点。稀土金属中含有的杂质主要是还原剂钙、无水氯化稀土原料、氢气及坩埚带入的杂质。锂热还原可制备高纯金属钇（99.91%）及纯度较高的镝、钬、铒等稀土金属。

钙热还原稀土氯化物中，由于还原炉料化学性质活泼，还原过程须在惰性气氛中进行。因此还原设备除需达到 1100 ℃温度可调的要求外，还要有真空系统和充氩气的设备。还原炉可用电阻炉也可用感应炉。为了在还原熔炼温度下缩短熔融的炉料与坩埚接触时间，延长坩埚的使用寿命，使用还原浇铸设备较为合理。

在锂热还原中，使用的无水氯化钇预先经真空蒸馏净化并熔成块状。为了防止金属还原剂带入杂质，采用锂蒸气与熔融的氯化钇作用。反应在密闭的不锈钢制反应器中进行，且其反应器分为两段加热区，还原和蒸馏过程在同一个设备中进行。将氯化钇放入反应器上部的钛坩埚中，将金属锂放在反应器的下部。然后对反应器抽真空、充氩气，在氩气保护下，用感应电炉加热反应器的中下部位，当温度达 900~1000 ℃时，坩埚中的氯化钇熔化，并与反应器底部蒸发出来的锂蒸气反应，要在此温度下保持一段时间以使反应物充分反应。还原反应完成后，在真空条件下，只加热下部坩埚，将反应产物氯化锂蒸馏出来，并凝结于反应器上部的蛇形管冷凝器上。此法获得海绵状金属钇结晶，然后采用自耗电极电弧熔炼为金属钇锭。

此外，可用此法制取金属镧、铈、镨、钕、钆、镝、铽、钬、铒、镥等，纯度达 99.9%以上，但还原剂金属锂的成本较高。

5.1.3.4 还原-蒸馏法制备稀土金属

对于蒸气压高的稀土金属卤化物，用金属热还原法不能制取稀土金属，只能得到低价的稀土卤化物。蒸气压高的稀土金属如 Sm、Eu、Tm、Yb，甚至 Dy、Ho、Er，可以利用它们的氧化物，通过蒸气压低的 La、Ce 或铈族混合稀土金属，在高温和高真空下还原-蒸馏制得。有关反应式如下：

$$RE_2O_3(s) + 2La(l) \xrightarrow{1200 \sim 1400\ ℃} 2RE\uparrow(g) + La_2O_3(s) \tag{5-1-39}$$

$$RE_2O_3(s) + 2Ce(l) \xrightarrow{1200 \sim 1400\ ℃} 2RE\uparrow(g) + Ce_2O_3(s) \tag{5-1-40}$$

式中的 RE_2O_3 为 Sm_2O_3、Eu_2O_3、Yb_2O_3 等。

其原则工艺流程见图 5-1-8。

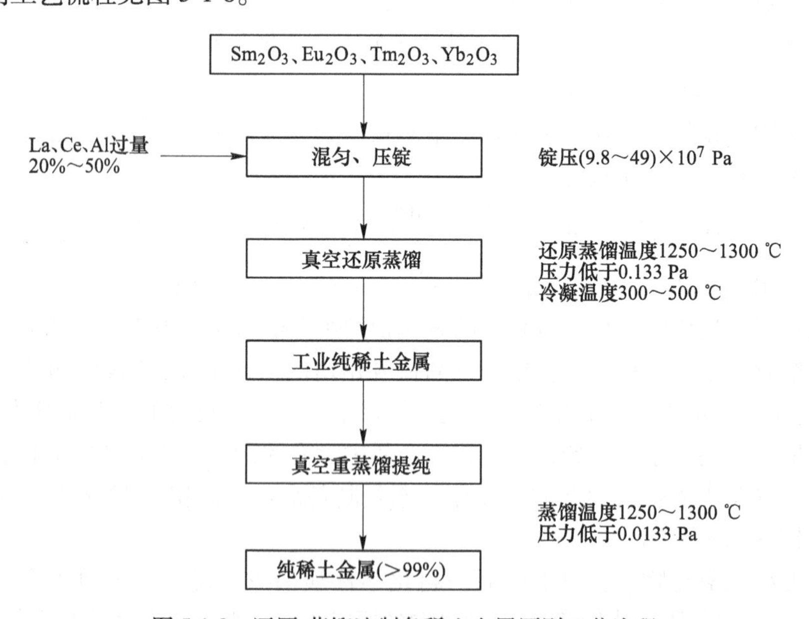

图 5-1-8 还原-蒸馏法制备稀土金属原则工艺流程

还原-蒸馏可用真空感应炉或真空电阻炉加热，前者升温、降温速度快，便于控制还原-蒸馏区和冷凝区的温度，已广泛应用于工业生产。Eu_2O_3 的还原反应最为激烈，还原温度较还原 Sm、Yb、Tm 的氧化物低 100~500 ℃，操作应在惰性气氛中进行。上述工艺也适于稀土金属 Dy、Ho、Er 的制备，只是需要更高的温度和真空度。

还原用的稀土氧化物其品位要求视对金属纯度的要求而定，但由于金属蒸气压与还原剂金属蒸气压相近的氧化物，如 Pr_6O_{11}、Nd_2O_3、La_2O_3、CeO_2、Tb_4O_7、Y_2O_3、Gd_2O_3 基本不能被还原-蒸馏，因此在制备工业纯的金属钐、铕、镱、铥时，可使用品位大于 80% 的相应金属氧化物，甚至亦可使用品位大于 60%的富集物为原料。氧化物原料应不含水分，还原前应在 800~850 ℃进行煅烧。

还原剂使用工业纯的金属镧、铈，同时还原剂屑粒的粒度对于还原过程没有实质性的影响。此外，也可用混合轻稀土金属为还原剂，只是由于混合稀土金属中常含有镁、铝、硅、钙等杂质，在制备较高纯度的金属钐、铕、镱、铥时需要进行提纯。在用金属铝作还原剂时，被还原金属易被污染，特别是还原温度高于 1250 ℃时，被还原金属中铝含量显著增加。

还原使用的坩埚可用钽、铌或钼片材焊接而成。上部冷凝材料可用铌、钼片材，由于温度不高（300~500 ℃），要求不很严格，也有用风冷的不锈钢或钢质及铜质冷凝器，现在多用非金属的瓷坩埚。

还原-蒸馏法的工艺为：首先用过量 20%~50%的还原金属屑与金属氧化物混合均匀，装入坩埚、压实，然后其上部接上冷凝管，将装置放入炉子的高温区。当系统压力低于 0.1 Pa 时，加热至所需温度进行反应并保持一段时间，还原出的金属蒸气被冷凝在冷凝管中。

还原-蒸馏法的优点是直接用稀土氧化物为原料，还原和蒸馏过程同时进行，简化了工序。此外还原-蒸馏工艺产生的渣也是稀土氧化物，减少了非稀土杂质的污染，便于提高稀土产品纯度。

5.1.3.5 中间合金法制备稀土金属

中间合金法适于制备熔点高、沸点低的钇族稀土金属，如钇、镝、镥等金属。该法与稀土氟化物的钙热还原法相似，所不同的只是在炉料中添加了熔点低、蒸气压高的合金化组元金属镁和氯化钙造渣剂，其反应式如下：

$$2REF_3(s) + 3Ca(l) \xrightarrow{950 \sim 1100\ ℃} 3CaF_2(s) + 2RE(s) \tag{5-1-41}$$

$$RE(s) + Mg(l) \longrightarrow RE \cdot Mg(l)\text{（中间合金）} \tag{5-1-42}$$

$$CaF_2(s) + CaCl_2(l) \longrightarrow CaF_2 \cdot CaCl_2(l)\text{（低熔点渣）} \tag{5-1-43}$$

它生成的还原渣密度小，有利于金属和渣的分离，且使还原温度显著降低（950~1120 ℃），而稀土氟化物钙热还原制备钇组稀土金属则需要 1450~1700 ℃。反应要在氩气中进行，反应所用坩埚由于其较低的反应温度使其可选用价格更低的纯钛坩埚，同时也避免了在高温下坩埚材料对金属产品的污染。

加料的量可以以相图作为参考来确定，如图 5-1-9 所示。

还原设备如图 5-1-10 所示，不锈钢制反应罐上部设有加料器，其中盛装 YF_3 和 $CaCl_2$，反应罐中放置盛装还原剂钙和合金组元镁的难熔金属坩埚。外部加热炉可用硅碳棒电阻炉，反应所需的热量由电阻炉供给。反应罐反应温度用附于反应罐外部的热电偶来测量。整个反应罐密封，可以抽真空或充氮气。

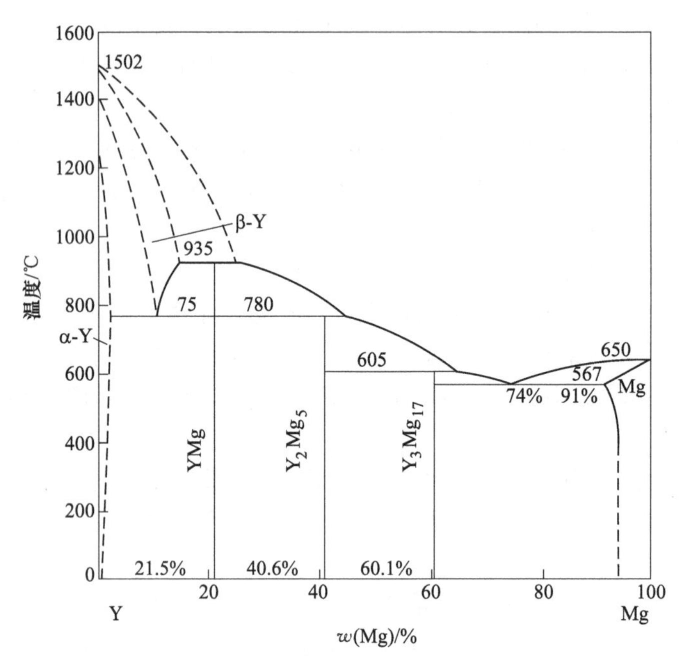

图 5-1-9 Y-Mg 相图

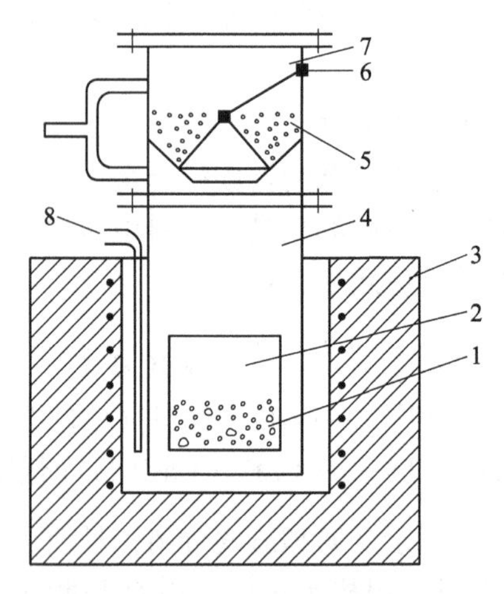

图 5-1-10 钙热还原-中间合金法制备金属钇的还原设备示意图

1—金属钙和镁；2—钛坩埚；3—硅碳棒电炉；4—反应罐；5—YF_3+CaCl_2；6—加料机构；7—储料罐；8—热电偶

其蒸馏设备如图 5-1-11 所示，是由不锈钢制蒸馏罐接真空系统和外部加热的电阻炉组成。蒸馏罐底部为外凸的半球形，以确保在高温下（950 ℃）抽真空不致变形。还原坩埚根据它的大小可以采用 1~5 mm 厚的钽、铌、钛、锆板用氩弧焊接而成。

其工艺流程如图 5-1-12 所示。

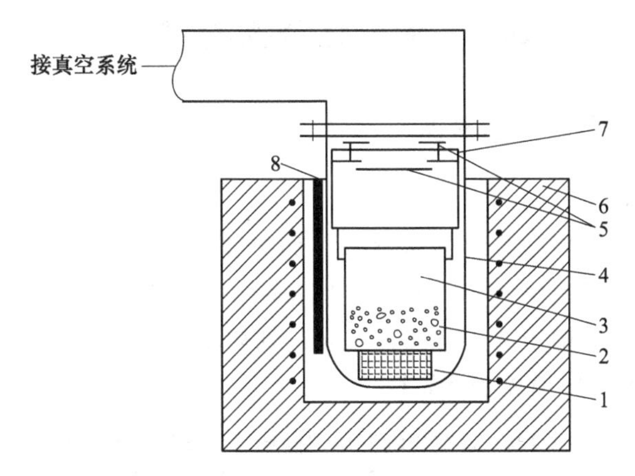

图 5-1-11 钙热还原-中间合金法制备金属钇的蒸馏设备示意图

1—坩埚地垫；2—稀土镁合金；3—坩埚；4—不锈钢衬套；5—挡板；
6—硅碳棒电炉；7—不锈钢蒸馏罐；8—热电偶

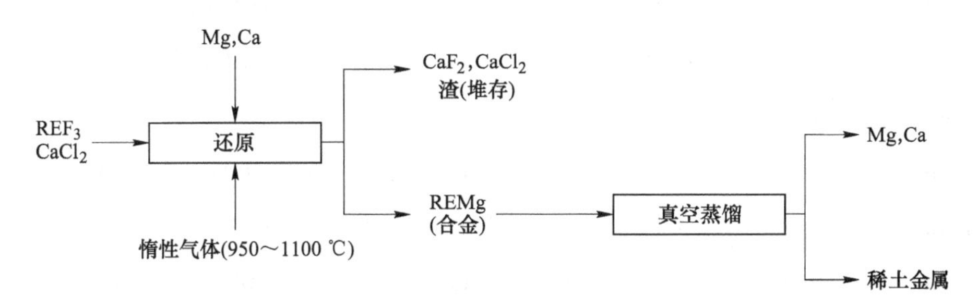

图 5-1-12 中间合金法制备稀土金属工艺流程图

由图 5-1-12 可知，中间合金法制备稀土金属分两个工艺步骤：第一步是还原制备稀土镁合金；其具体步骤为抽真空，加热至 750 ℃后充氩气，随后把温度加热至 900 ℃，待 Mg、Ca 全熔后把加料器中的 $CaCl_2$ 和 REF_3 加入，然后将温度升至 950 ℃保温，使反应进行完全。第二步是真空蒸馏除去合金中的镁和钙，得到海绵稀土金属。待反应完成后，取出坩埚，倒出炉料得到 RE-Mg 合金（由于熔渣的密度较小，易与稀土金属分离）。将所得稀土镁合金破碎至 5~10 mm 的小块，置于真空炉中进行蒸馏。在压力保持不低于 6.5×10^{-3}Pa 的情况下于 900~950 ℃进行分段升温蒸馏。开始在所需压力下逐渐升温至 900 ℃并保温数小时，随着合金中 Mg 含量的不断减少，合金熔点也逐步升高，此时要提高蒸馏温度至 950 ℃并保温 20 h，得到纯度为 99.5%~99.7%的海绵状稀土金属，金属回收率可达 91%~95%。海绵状钇组稀土金属可进一步经过自耗电弧炉熔炼成致密的稀土金属。

中间合金法的优点为反应温度低，减少了稀土对坩埚的腐蚀，且不需要昂贵的钽材坩埚，只需要钛坩埚即可，同时也避免了高温下坩埚材料对产品的污染；熔渣的密度小，产物易于与渣分离。此生产设备虽然易于解决，但生产作业较多，为此法的缺点。

5.2 稀土化合物的制备

5.2.1 稀土元素与非稀土杂质的分离

5.2.1.1 中和法

中和法分离非稀土杂质就是将碱性物质（如氢氧化钠、氨水、碳酸钠或碳酸氢铵等）作为中和剂，加到稀土溶液中进行中和，使其 pH=4~5，碱性弱的金属离子将首先形成氢氧化物沉淀而与溶液中的稀土离子分离，从而达到初步分离非稀土杂质的目的。氢氧化物开始沉淀及重新溶解的 pH 值见表 5-2-1。

表 5-2-1 氢氧化物开始沉淀和重新溶解的 pH 值

化学反应方程式	开始沉淀的 pH 值	重新溶解的 pH 值	化学反应方程式	开始沉淀的 pH 值	重新溶解的 pH 值
$Co^{3+} + 3OH^- \longrightarrow Co(OH)_3\downarrow$	0.5		$Cu^{2+} + 2OH^- \longrightarrow Cu(OH)_2\downarrow$	5.0	14.0
$Ce^{4+} + 4OH^- \longrightarrow Ce(OH)_4\downarrow$	0.7		$Be^{2+} + 2OH^- \longrightarrow Be(OH)_2\downarrow$	5.8	
$Zr^{4+} + 4OH^- \longrightarrow Zr(OH)_4\downarrow$	约 0.7		$Pb^{2+} + 2OH^- \longrightarrow Pb(OH)_2\downarrow$	6.5	
$Sn^{2+} + 2OH^- \longrightarrow Sn(OH)_2\downarrow$	1.5	13.0	$Zn^{2+} + 2OH^- \longrightarrow Zn(OH)_2\downarrow$	6.8	13.5
$Th^{4+} + 4OH^- \longrightarrow Th(OH)_4\downarrow$	3.0		$Mn^{2+} + 2OH^- \longrightarrow Mn(OH)_2\downarrow$	7.8	14.0
$Fe^{3+} + 3OH^- \longrightarrow Fe(OH)_3\downarrow$	3.3		$La^{3+} + 3OH^- \longrightarrow La(OH)_3\downarrow$	8.0	
$In^{3+} + 3OH^- \longrightarrow In(OH)_3\downarrow$	3.4	14.0	$Cd^{2+} + 2OH^- \longrightarrow Cd(OH)_2\downarrow$	8.3	
$Al^{3+} + 3OH^- \longrightarrow Al(OH)_3\downarrow$	4.7	10.6	$Fe^{2+} + 2OH^- \longrightarrow Fe(OH)_2\downarrow$	9.1	

中和法沉淀除去的非稀土杂质如 Th^{4+}、Zr^{4+}、Fe^{3+}和 Co^{3+}等，在 pH=5 以下开始沉淀的非稀土离子。而 Cu^{2+}、Al^{3+}、Pb^{2+}和 Be^{2+}等离子，开始沉淀的 pH 值与稀土离子相近，此类杂质用中和法很难将其与稀土离子完全分开。当 pH=5 时，Fe^{2+}、Zn^{2+}、Mn^{2+}以及碱金属和碱土金属离子不产生沉淀，而是与稀土离子共存于溶液中。所以，对于 Fe^{2+}、Mn^{2+}可以先将其氧化为 Fe^{3+}、Mn^{4+}，再用中和法除去。中和法净化稀土溶液时，生产胶状的氢氧化物沉淀，其颗粒很细，过滤很慢，常在沉淀中吸附很多溶液，造成稀土的损失。所以用中和法净化稀土溶液时，其中杂质含量不宜太高。并且用中和法净化稀土溶液不能得到很纯的产品，必须配合其他方法才能得到纯的稀土产品。综上所述，中和法只能进行稀土与非稀土的粗分离。

5.2.1.2 沉淀法

A 草酸盐沉淀法

草酸是净化稀土元素的最普遍采用的沉淀剂。由于稀土与草酸作用产生的草酸盐在酸性介质中的难溶性以及受热可分解为氧化物的性质，从而可以分离非稀土离子和生产稀土氧化物。

草酸盐沉淀法是将过量的草酸加入到稀土的微酸性溶液中，可沉淀析出白色的稀土草酸盐，其组成为 $RE_2(C_2O_4)_3 \cdot nH_2O$（$n$ 一般为 5、6、9、10）。反应方程式如下：

$$2RE^{3+} + 3H_2C_2O_4 + nH_2O \longrightarrow RE_2(C_2O_4)_3 \cdot nH_2O + 6H^+ \quad (5\text{-}2\text{-}1)$$

稀土草酸盐微溶于酸性溶液，在一定的酸度下，稀土草酸盐的溶解度随着镧系元素原子序数的增大而增大，并随溶液酸度的增加而增加。当溶液中存在大量的 NH_4^+ 时，重稀土草酸盐将少量溶解在草酸铵溶液中，从而造成重稀土的损失。

一些金属草酸盐的溶度积常数如表 5-2-2 所示，由表可见，许多金属离子都能和草酸作用生成草酸盐沉淀，但许多非稀土草酸盐在酸性溶液中的溶解度较大，所以在用草酸沉淀分离非稀土杂质时，关键是设计分离条件，保持沉淀溶液的微酸性，可以得到比较纯的稀土氧化物。沉淀条件的改变对草酸稀土的物理性质有很大的影响。如果溶液酸度低，溶解温度低，析出的草酸稀土则粒度细，不致密，过滤慢；反之溶液酸度高，沉淀温度高，析出的草酸稀土粒度粗而致密。

介质 pH 值不仅影响沉淀稀土时的草酸用量，而且影响稀土沉淀率和稀土沉淀物的纯度。介质 pH 值高时，草酸钙的溶解度小，致使大量的钙与稀土共沉淀析出，降低了稀土沉淀物的纯度，增加草酸的相对用量。介质 pH 值太低时，草酸稀土的溶解度增大，将降低稀土沉淀率，欲达到相同的稀土沉淀率，就必须增加草酸的相对用量。生产中一般控制草酸沉淀稀土的最终 pH 值约 1.5 左右和控制沉淀上清液中稀土含量的方法来决定草酸的适宜添加量。

表 5-2-2 一些金属草酸盐的溶度积常数（K_{SP}）

草酸盐	K_{SP}	草酸盐	K_{SP}
$Bi_2(C_2O_4)_3$	4.0×10^{-36}	PbC_2O_4	4.8×10^{-10}
$Y_2(C_2O_4)_3$	5.3×10^{-29}	CaC_2O_4	4.0×10^{-9}
$La_2(C_2O_4)_3$	2.5×10^{-27}	$MgC_2O_4\cdot2H_2O$	1.0×10^{-8}
$Th(C_2O_4)_2$	1.0×10^{-22}	CuC_2O_4	2.3×10^{-8}
$MnC_2O_4\cdot2H_2O$	1.1×10^{-15}	ZnC_2O_4	2.7×10^{-8}
$Hg_2C_2O_4$	2.0×10^{-13}	BaC_2O_4	1.6×10^{-7}
NiC_2O_4	4.0×10^{-10}	$FeC_2O_4\cdot2H_2O$	3.2×10^{-7}

B 硫化物沉淀法

利用草酸盐沉淀法很难得到含铁、镍、锰、铅很低的纯稀土氧化物，这是由于很多非稀土杂质能与草酸形成草酸盐并与草酸稀土共沉淀。为了提高所生产的稀土氧化物的纯度，料液在草酸沉淀稀土之前，可采用硫化物沉淀法事先除去料液中的微量重金属杂质。因为许多重金属的硫化物都是溶度积很小的沉淀（某些硫化物的溶度积常数见表 5-2-3），所以可以采用硫化物沉淀法除去稀土溶液中的 Fe、Pb、Mn、Ni 和 Cu 等微量的重金属杂质，得到纯度较高的稀土化合物。

表 5-2-3 某些硫化物的溶度积常数（K_{SP}）

硫化物	K_{SP}	硫化物	K_{SP}
HgS	4.0×10^{-58}	CdS	8.0×10^{-27}
Ag_2S	6.3×10^{-50}	SnS	1.0×10^{-25}
Cu_2S	2.5×10^{-48}	NiS	2.0×10^{-24}
CuS	6.3×10^{-36}	ZnS	1.6×10^{-24}
PbS	1.0×10^{-28}	FeS	6.3×10^{-18}
SnS_2	2.5×10^{-27}	MnS	2.5×10^{-10}

硫化物沉淀法一般是在 REO 为 50～80 g/L，pH=3～4 的氯化稀土溶液中，在不断搅拌的条件下缓缓加入（$(NH_4)_2S$）或 Na_2S 水溶液，它可与非稀土杂质反应生成灰黑色的胶体沉淀，然后加热沸腾 30 min，硫化物颗粒变粗，易于澄清过滤。过滤后的稀土溶液再用草酸沉淀稀土，经过洗涤焙烧可制得含铁、镍、铜、铅等重金属杂质很低的高纯纯稀土氧化物，在硫化物沉淀渣中还含有大量的稀土氢氧化物，需用盐酸溶解，用碳铵或草酸沉淀，灼烧成氧化物后再返回硫化物净化工序回收稀土。

采用硫化物沉淀法从稀土溶液中除去重金属离子是很有效的方法，但硫化物为胶体，在含量低时不易沉淀，可以使用树脂或活性炭吸附硫化物，达到净化的目的。

在稀土氧化物中，最难除去的非稀土杂质是碱土金属钙。当用氢氧化物沉淀法除钙时，虽然将 Ca^{2+} 留在溶液中与稀土分离，但此法过滤困难。若采用有机沉淀剂二苯羟乙酸或丙基三羧酸沉淀稀土，控制沉淀的 pH=2 时，只有稀土形成沉淀，而钙留在溶液中与稀土分离，该法可以制得含氧化钙为 1×10^{-6} 的稀土氧化物，但有机溶剂成本高，只能在实验室使用。近年来，人们用 P_{507} 和 P_{204} 萃取法除去稀土中的碱土金属，用 N_{235} 萃取法除去锌，均获得较好的效果，已在工业上用于生产高纯单一稀土氧化物。

5.2.1.3 萃取法

溶剂萃取分离法是指被分离物质的水溶液与互不混溶的有机溶剂接触，借助于萃取剂的作用，使一种或几种组分进入有机相，而另一些组分留在水相，从而达到分离的目的。溶剂萃取分离法具有处理容量大、反应速度快、分离效果好及可连续化生产等优点，已经成为一种分离稀土和非稀土杂质的常用有效方法，并成为国内外稀土工业生产中分离提取稀土元素的主要方法，也是分离制备高纯单一稀土化合物的主要方法之一。目前，用溶剂萃取分离法在工业上可生产纯度高达 99.9999%的单一稀土产品。

稀土矿物多与铀、钍等矿物共生，如氟碳铈矿、独居石、磷钇矿等。以这些矿物为原料提炼的系统产品均含有铀、钍等放射性元素，对其分离多采用萃取法，如在硝酸介质中用磷酸三丁酯（TBP）萃取分离 U、Th；在盐酸介质中用 TBP 或 N_{503} 萃取分离 U；在硫酸介质中用伯胺萃取分离 Th 等。

过渡元素的萃取已经是应用很成熟的工艺，只要选择适当的介质和萃取剂，就可以很方便地将这些元素选择性地分离出来。用 N_{503} 在盐酸介质中萃取分离稀土溶液中的 Fe，可以降到 10^{-6} 数量级水平；用 P_{507}-HCl 体系从氯化镧中除去 Pb、Zn、Co、Ni 和 Cu 等杂质，可降至 10^{-6} 数量级水平。

对于难以被萃取的 Na、K 以及碱土金属 Ca、Mg、Ba 等元素，工业上常采用将大量稀土元素萃入有机相中实现与碱金属和碱土金属分离的方法，如 P_{507}、P_{204} 和环烷酸都是常用的萃取剂，可以起到很好的分离效果。但经济成本较大，因此在工业设计时，应将稀土的分离与稀土和碱金属、碱土金属的分离结合考虑，提高化工材料的利用率和经济效益。

特别值得提出的是，当稀土中有多种过渡元素共存时，可以使用铜试剂（DDTC）作为清扫剂除杂，铜试剂在微酸条件下可以与 30 多种金属元素生成沉淀，而稀土不沉淀，从而达到分离的目的。

5.2.2　稀土氧化物及超细粉体的制备

稀土氧化物的制备可利用在空气中灼烧稀土元素的氢氧化物、碳酸盐、草酸盐等含氧酸盐的方法。一般形成倍半氧化物 RE_2O_3（除 CeO_2、Pr_6O_{11} 和 Tb_4O_7 外），Pr_6O_{11} 和 Tb_4O_7 在加压的氧气气氛中加热，可得 PrO_2 和 TbO_2。由于草酸盐的溶度积很小，能使稀土离子完全沉淀，因而工业上常用草酸盐热分解来制备稀土氧化物，其反应式为：

$$RE_2(C_2O_4)_3 \xrightarrow{\text{加热}} RE_2O_3 + 3CO_2\uparrow + 3CO\uparrow \tag{5-2-2}$$

为了得到活性较高的稀土氧化物，灼烧温度不宜过高。但温度太低又分解不完全。因此，以 800～1000 ℃灼烧 30～45 min 为宜。

稀土氧化物也可由稀土金属与氧直接反应来制备。稀土氧化物的超微粉末可用醇盐法、热分解法或沉淀法来制得。

5.2.2.1　超细稀土氧化物的制备

超细稀土化合物较一般粒径的稀土化合物用途更为广泛，目前研究也较多。其制备方法按物质的聚集状态分为固相法、液相法和气相法。目前实验室和工业上广泛使用液相法制备稀土化合物超细粉体。主要有沉淀法、溶胶-凝胶法、水热法、微乳液法、醇盐水解法和模板法等，其中最适合工业生产的是沉淀法。

沉淀法是把沉淀剂加入到金属盐溶液中进行沉淀，然后经过滤、洗涤、干燥、热分解得到粉体产品，它包括直接沉淀法、共沉淀法和均匀沉淀法。在普通沉淀法中，灼烧稀土氧化物和含有挥发性酸根的稀土盐类就能得到稀土氧化物，其粒度一般为 3～5 μm，比表面积小于 10 m^2/g，不具备特殊物理化学性质。碳铵沉淀法和草酸沉淀法是目前生产普通氧化物粉体最常使用的方法，而只要通过改变其沉淀法工艺条件就可用来制备稀土氧化物的超细粉体。

研究表明，在碳铵沉淀法中影响稀土超细粉体粒度和形态的主要因素有稀土浓度、沉淀温度、沉淀剂浓度等。稀土浓度是形成均匀分散的超细粉体的关键。在沉淀 Y^{3+} 的试验中，当稀土的质量浓度为 20～30 g/L（以 Y_2O_3 计），沉淀过程顺利，碳酸盐沉淀经烘干灼烧得到的氧化钇超细粉体粒度小、均匀、分散度好。在化学反应中，温度是一个决定性因素，当温度为 60～70 ℃时沉淀缓慢，过滤较快，颗粒松散且均匀，基本呈球状；而当反应温度低于 50 ℃时，沉淀形成较快，形成晶粒多而粒度小，反应中 CO_2 和 NH_3 溢出量较少，沉淀成黏糊状，不宜过滤和洗涤灼烧成氧化钇，仍有块状存在，团聚严重，粒径较大。碳铵浓度也影响氧化钇的粒度，当碳铵浓度小于 1 mol/L 时，得到的氧化钇粒度很小且均匀；当碳铵浓度大于 1 mol/L 时，会出现局部沉淀，造成团聚，颗粒较大。在适宜条件下，得到了粒度为 0.01～0.5 μm 的氧化钇超细粉体。

在草酸盐沉淀法中，在滴加草酸溶液的同时滴加氨水，确保反应过程 pH 值恒定，最后得到粒度小于 1 μm 的氧化钇粉末。先用氨水沉淀硝酸钇溶液得到氢氧化钇胶体，再加草酸溶液转化，得到粒度小于 1 μm 的 Y_2O_3 粉体。将 EDTA 加入到 Y^{3+} 浓度为 0.25～0.5 mol/L 的硝酸钇溶液中，用氨水调节 pH=9，加入草酸铵，在 50 ℃时以 1～8 mL/min 的速度滴加 3 mol/L 的 HNO_3 溶液，至 pH=2 时沉淀完全，可得粒径为 40～100 nm 的氧化钇粉体。

沉淀法制备超细稀土氧化物的过程中，容易产生不同程度的团聚。因此，在制备过程中要严格控制合成条件，通过调节 pH 值，采用不同的沉淀剂，添加分散剂等方法使中间产物充分分散，然后选择合适的干燥方法，最后经灼烧得到分散性良好的稀土化合物超细粉体。

5.2.2.2 大比表面积复合氧化物的制备

由于催化反应一般在表面进行，在催化反应和吸附过程中，大比表面积催化剂通常因其自身具有更高的催化性组分，从而表现出更高的催化与吸附活性，所以要求制备大比表面积的复合氧化物。

铈锆复合氧化物具有储氧性及其他优异性能，大比表面积铈锆复合氧化物的制备方法主要包括共沉淀法、溶胶-凝胶法、模板法、微乳液法、络合法等，其中研究最多且最具生产价值的是共沉淀法。

共沉淀法一般的流程是将沉淀剂加入到金属盐溶液中将可溶的组分转化为难溶化合物，然后再经过滤、洗涤、干燥、灼烧等步骤得到目标化合物。所用的沉淀剂一般是氨水、碳铵等。例如用碳铵-氨水为复合沉淀剂沉淀金属离子，并保持沉淀过程中的 pH 值在 4.5～4.8 之间，沉淀结束后加入一定量的表面活性物质，制备出 $Ce_{0.5}Zr_{0.5}O_2$ 固溶体，在 400 ℃下灼烧 2 h，其比表面积为 155.06 m^2/g，在 1000 ℃下老化 2 h，比表面积为 25.5 m^2/g。

在 200～1000 ℃下热分解含肼（或肼盐）的铈锆前驱体化合物可得到大比表面积纳米铈锆复合氧化物，该复合氧化物在高温下长时间灼烧仍保持单相。将微波加热技术用于铈锆混合离子的共沉淀反应，可得到比表面积为 125 m^2/g、粒度分布均匀、立方相的大比表面积 $Ce_{0.75}Zr_{0.25}O_2$ 复合氧化物。

5.2.3 无水稀土氯化物的制备

5.2.3.1 含水稀土氯化物的真空脱水

市售稀土氯化物产品由湿法处理稀土精矿而得，所以均含结晶水（$RECl_3 \cdot nH_2O$），水合氯化物中的结晶水可用加热的方法除去。由于在通常情况下，稀土氯化物遇水极易水解生成稀土氯氧化物使无水氯化物夹杂不纯。其反应方程式如下：

$$RECl_3(s) + H_2O(g) \longrightarrow REOCl(s) + 2HCl(g) \tag{5-2-3}$$

尤其是重稀土水合氯化物的脱水，更易生成氯氧化物。稀土氯氧化物是高熔点化合物，这是生产过程中会造成稀土元素的损失和氧、氯污染的主要原因。

含水稀土氯化物在敞开体系中进行脱水，除了生成氯氧化物外，还有可能生成氧化物。研究表明，采用减压加热脱水的方法制备重稀土的无水氯化物是比较困难的，用减压加热脱水法生产的无水氯化稀土中一般都含有约 10%的水不溶物（即氯氧化稀土）。

为抑制脱水过程中产物水解，可采用在氯化氢气流中或氯化铵存在的条件下真空加热脱水的方法，氯化氢或氯化铵的存在，可使产生的水解产物 REOCl 被氯化。

$$REOCl + 2HCl \longrightarrow RECl_3 + H_2O\uparrow \tag{5-2-4}$$

$$REOCl + 2NH_4Cl \longrightarrow RECl_3 + 2NH_3\uparrow + H_2O\uparrow \tag{5-2-5}$$

工业上生产无水稀土氯化物一般采用在氯化铵存在下真空加热脱水。采用这种方法可制得仅含 2%~3%（质量分数）REOCl 和 0.5%（质量分数）水的稀土氯化物产品。

5.2.3.2 稀土氧化物直接氯化

将稀土氧化物与氯化剂（CCl_4、HCl、PCl_5、SCl_2、NH_4Cl、Cl_2 等）或有碳存在下的氯气在较高温度下反应，如：

$$RE_2O_3 + 3CCl_4 \longrightarrow 2RECl_3 + 3COCl_2 \tag{5-2-6}$$

$$RE_2O_3 + 3CCl_4 \longrightarrow 2RECl_3 + 3Cl_2 + 3CO \tag{5-2-7}$$

这种方法的效率较高，可以制备试剂用的稀土氯化物，但设备腐蚀严重。而大批量生产无水氯化物则可采用在有炭存在下的氯气高温氯化法和氯化铵氯化法。这两类氯化反应的反应方程式如下：

$$RE_2O_3 + 3Cl_2 + 3C \longrightarrow 2RECl_3 + 3CO \tag{5-2-8}$$

$$RE_2O_3 + 6HCl + 3C \longrightarrow 2RECl_3 + 3CO + 3H_2 \tag{5-2-9}$$

$$RE_2O_3 + 6NH_4Cl \longrightarrow 2RECl_3 + 6NH_3 + 3H_2O \tag{5-2-10}$$

$$2CeO_2 + 8NH_4Cl \longrightarrow 2CeCl_3 + Cl_2 + 4H_2O + 8NH_3 \tag{5-2-11}$$

其中氯化铵氯化法比较简单，只需将氯化铵混入氧化物原料中，氯化温度也无需太高。在该法中，将稀土氧化物与理论计算量 2~3 倍的 NH_4Cl 相混合，在惰性气体保护下，于 200~300 ℃下反应，直至反应产物能全部溶于水为止，氯化率可达到 100%，回收率达到 90%以上。氯化时间与氯化料装载量及氯化反应器的结构有关，氯化温度过高和氯化时间过长都会降低稀土的氯化率。随后在一定温度及真空度下加热所得到的氯化物，用以除去过剩的 NH_4Cl。但在生产钐、镨的无水氯化物时，必须加入还原剂，以制得纯的无水氯化物。用上述方法制得的无水稀土氯化物常含有少量氧、碳等杂质，一般能满足熔盐法生产稀土金属的要求。同时我们往往采用真空蒸馏法，将含杂质的稀土氯化物置于真空蒸馏设备中进行蒸馏，制得高纯氯化物。

5.2.4 无水稀土氟化物的制备

氟化稀土是熔盐电解法和金属热还原法制备单一稀土金属特别是高纯重稀土金属及其合金的主要原料。稀土氟化物具有吸湿性小、不易水解、在空气中稳定性好的优点。稀土金属用 F_2 或 HF 直接氟化，用氟化剂 NH_4F、F_2、ClF_3、BrF_3、SF_4、CCl_2F_2 等与稀土氧化物反应均可制得稀土氟化物，但是这些方法不适用于工业生产。工业生产中一般采用氢氟酸沉淀-真空脱水氟化法、氟化氢铵干法氟化法、氟化氢气体氟化法等，后两种方法俗称干法氟化。

5.2.4.1 氢氟酸沉淀-真空脱水法

氢氟酸沉淀-真空脱水法是目前常用的一种无水氟化稀土的制备方法。其包括沉淀和脱水两个步骤，优点是操作简便，而且可以直接用湿法工序产出的稀土溶液沉淀出稀土，可省去制取稀土氧化物的步骤而降低生产氟化物的成本。

在稀土溶液中用氢氟酸沉淀水合稀土氟化物，通常使用的方法是在稀土氯化物溶液、硝酸盐溶液或碳酸盐溶液中进行氢氟酸沉淀，沉淀后在真空（不高于 0.1333 Pa）和不低于 300 ℃温度下脱水。另一种脱水方法是将水合氟化稀土放在无水氟化氢气流中脱水，最终脱水温度为 600~650 ℃。这种在氟化氢气氛保护下进行的脱水方式可使水合氟化物进一步氟化，产品优于真空脱水。

由于氢氟酸沉淀是在水溶液中进行的，所以氟化过程所用的容器应能耐氟的腐蚀，一般使用塑料容器，脱水设备的材质须耐高温腐蚀，一般采用镍基合金或纯镍做成的容器。湿法制备无水稀土氟化物的工艺流程较长，操作步骤较多，影响稀土回收率，而且产品受污染的机会也多。

5.2.4.2　干法氟化法

（1）氟化氢气体氟化法。稀土氧化物与干燥的氟化氢气体直接接触可得无水稀土氟化物，其反应是在氟化炉中进行的，反应方程式为

$$RE_2O_3 + 6HF \longrightarrow 2REF_3 + 3H_2O \tag{5-2-12}$$

此反应在 550~575 ℃下能迅速进行，氟化反应在镍制的管式炉中进行。其具体步骤为：用镍舟盛放氧化物料，将炉子快速升温至 300 ℃，通入 HF 气体，在 2.5~3 h 内继续升温至 650 ℃以排除原料中的水分，然后在 650~700 ℃下保温 4~5 h 进行氟化。氟化结束后炉子冷却至 300 ℃左右，停止通 HF 气体，继续冷却至 100 ℃出料。

此法可制得高品质的稀土氟化物产品，其氧含量在 0.04%~0.1%内，转化率可达 99%，稀土回收率大于 98%。缺点是反应温度高，操作危险性高，特别是对强腐蚀性的氟化氢气体的防护和炉气处理较困难。

（2）氟化氢铵氟化法。该法是用氟化氢铵作为氟化剂直接与稀土氧化物反应，制取无水稀土氟化物，其氟化反应方程式为

$$RE_2O_3 + 6NH_4F \cdot HF \longrightarrow 2REF_3 + 6NH_4F + 3H_2O \tag{5-2-13}$$

此法可用于制备全部稀土氟化物。一般是将过量 30%的氟化氢铵与稀土氧化物均匀混合，然后把混合料放入铂舟中，置入镍铬合金管，在电阻炉内加热，于 300 ℃进行氟化，保温 12 h，待反应完全后，把炉温升至 400~600 ℃，通入干燥的空气或氮气，用来排除反应过剩的氟化氢铵蒸气和反应过程生成的氟化铵和水蒸气。

该法的优点是：氟化率高，对钇可达 99.5%；对镧可高达 99.99%，以及工艺流程和所需设备简单，易于操作，反应温度低，只需 300 ℃（氟化氢气体氟化法反应温度高达 700 ℃），设备寿命长，劳动条件好等优点。其缺点为氟化成本较高，处理量较少，而且要求排除和回收氟化铵气体。

习　　题

5-1　稀土熔盐电解有几种体系，各有何特点？可制备哪些稀土金属，为什么？

5-2　何谓熔盐电解的电极电位，与熔盐的分解电压有何关系？影响稀土熔盐电位序的因素有哪些？

5-3　简述稀土电解槽的结构类型。各有何特点，适应于制备何种产品？

5-4　简述氯化物熔盐体系的性质和电极过程。

5-5　简述氟化物-氧化物熔盐体系的性质和电极过程。
5-6　简述熔盐电解稀土合金的主要方法、生产效果和主要产品。
5-7　稀土氟化物钙热还原法的主要工艺条件有哪些？是如何确定的？
5-8　简述氟化钇钙热还原法的优点。
5-9　简述锂热还原氯化钇的工艺过程。
5-10　简述镧或铈还原-蒸馏法生产稀土金属的原理。
5-11　简述稀土还原-蒸馏法的工艺。
5-12　简述中间合金法与钙热还原氟化物法制备稀土金属的区别。
5-13　稀土和非稀土杂质元素分离时，有几种沉淀分离方法？并说明其沉淀的基本原理。
5-14　为什么稀土氧化物中，最难除去杂质钙（Ca）？
5-15　简述溶剂萃取分离法的原理及优点。
5-16　在碳铵沉淀超细稀土氧化物工艺中，碳铵的浓度对沉淀产物有何影响？
5-17　简述稀土氯化物的制备工艺和操作方法。
5-18　简述稀土氟化物的制备工艺和操作方法。

参 考 文 献

[1] 高善，徐玉虎．基于层次分析法的在役检查质量影响因素分析［J］．科技视界，2022，397（31）：52-56.
[2] 叶子．除了发电，核能还有这么多用途［N］．人民日报海外版，2022-01-01.
[3] 贾宝山．钍在核能应用中前景广阔［J］．稀土信息，2007，280（7）：13-14.
[4] 陈鹏．一种钍基熔盐实验堆的钍利用与转换特性研究［D］．北京：中国科学院大学，2020.
[5] 中国稀土学会．钍其实并不“土”［J］．稀土信息，2019，428（11）：25-27.
[6] 张铁岭．用于轻水堆的钍燃料——核动力燃料循环扩散的前景下降［J］．国外铀金地质，1999（1）：30-35.
[7] 林双幸，张铁岭．加快钍资源开发　促进我国核能可持续发展［J］．中国核工业，2016，185（1）：32-36.
[8] 李良才．钍，可期待的核燃料［J］．稀土信息，2022，461（8）：14-18.
[9] 陈海峰．用“党建红”引领“生态绿”［J］．企业文明，2021，398（1）：1.